超圖解物聯網 IoT 實作入門

使用
JavaScript • Node.JS
Arduino • Raspberry Pi
ESP8266 • Espruino

感謝您購買旗標書,
記得到旗標網站
www.flag.com.tw
更多的加值內容等著您…

<請下載 QR Code App 來掃描>

1. 建議您訂閱「旗標電子報」:精選書摘、實用電腦知識搶鮮讀; 第一手新書資訊、優惠情報自動報到。
2. 「更正下載」專區:提供書籍的補充資料下載服務, 以及最新的勘誤資訊。
3. 「網路購書」專區:您不用出門就可選購旗標書!

買書也可以擁有售後服務, 您不用道聽塗說, 可以直接和我們連絡喔!

我們所提供的售後服務範圍僅限於書籍本身或內容表達不清楚的地方, 至於軟硬體的問題, 請直接連絡廠商。

● 如您對本書內容有不明瞭或建議改進之處, 請連上旗標網站, 點選首頁的 讀者服務, 然後再按右側 讀者留言版, 依格式留言, 我們得到您的資料後, 將由專家為您解答。註明書名 (或書號) 及頁次的讀者, 我們將優先為您解答。

學生團體 訂購專線:(02)2396-3257 轉 362
傳真專線:(02)2321-2545

經銷商 服務專線:(02)2396-3257 轉 331
將派專人拜訪
傳真專線:(02)2321-2545

國家圖書館出版品預行編目資料

超圖解物聯網 IoT 實作入門 / 使用 JavaScript/Node.JS/Arduino/Raspberry 趙英傑 作. --
臺北市:旗標, 2016 . 06 面; 公分

ISBN 978-986-312-343-9 (平裝附光碟片)

1. 系統程式 2. JavaScript (電腦程式語言)
3.微電腦 4. 電腦程式設計

471.516 103006158

作　　者/趙英傑
發 行 所/旗標科技股份有限公司
　　　　台北市杭州南路一段15-1號19樓
電　　話/(02)2396-3257(代表號)
傳　　真/(02)2321-2545
劃撥帳號/1332727-9
帳　　戶/旗標科技股份有限公司
監　　督/楊中雄
執行企劃/黃昕暐
執行編輯/黃昕暐
美術編輯/林美麗
封面設計/古鴻杰
校　　對/黃昕暐
校對次數/7 次

新台幣售價:699 元
西元 2022 年 6 月 初版 8 刷
行政院新聞局核准登記-局版台業字第 4512 號
ISBN 978-986-312-343-9

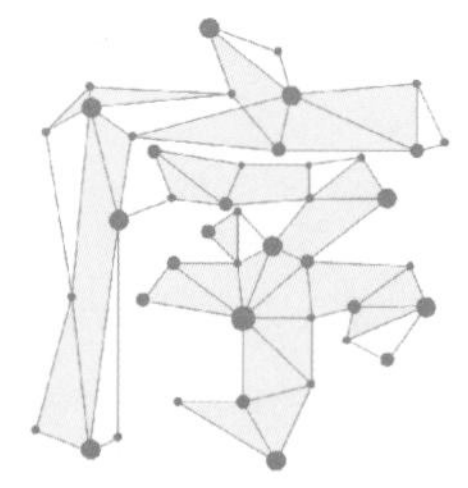

本書探討的核心主題是串聯、匯流整合。網際網路從最初的人際溝通橋樑，開拓成機器之間協同合作的交流管道。

筆者假設讀者曾經閱讀**超圖解 Arduino 互動設計入門**，並且曾使用 Arduino 開發工具寫過 Arduino 程式。

超圖解 Arduino 互動設計入門探討的重點是電子電路基礎，以及 Arduino 和周邊介面、感測器與零組件的整合應用。本書強調的則是串聯網路軟體和微電腦控制板，以 JavaScript 為主軸，開發網路應用程式、手機 App、互動網頁、資料庫程式和操控微電腦。沒有軟體程式，微電腦設備終將淪為無用武之地。

本書使用物聯網應用中，兩種最根本的語言來建構應用程式：

- **Arduino 的 C 語言**：Arduino 系列控制板是電子互動 maker 的最愛，許多非 Arduino 控制板，也強調跟 Arduino 的程式開發環境或者控制接腳相容，儘管控制板廠商不斷推陳出新，C 語言仍是當家主流。

- **JavaScript**：在全球資訊網（World-Wide Web），最通行的語言是 JavaScript，也是所有網頁/網站開發人員必知必會的程式語言。經過數年來的發展，JavaScript 的應用領域也擴展到電腦應用程式、手機 App 開發，甚至操控微電腦控制板。

書中採用的控制板類型比較多元，不限於 Arduino，但它們的控制程式都是用 C 或 JavaScript。

當今書市不乏大師級的 JavaScript 相關著作，像本書每個章節，從互動網頁、網站資料庫程式設計、動態圖表到手機 App 開發，都有專門的參考書籍，但它們都鮮少提及 JavaScript 在物聯網和微控制器的整合應用。所以本書的定位，並不是要取代這些書籍，而是一種延伸和擴充。

感謝旗標出版社編輯黃昕暐先生對此書初稿提出許多專業看法和指正，也謝謝本書的美術編輯林美麗小姐，容忍筆者數度調整版型。

衷心期盼本書能幫助讀者了解物聯網程式設計，進而開發出自己的雲端物聯網應用。

趙英傑　2016.5.11 於
台中糖安居
http://swf.com.tw/

光碟使用說明

使用說明一：光碟內含這些資料夾：

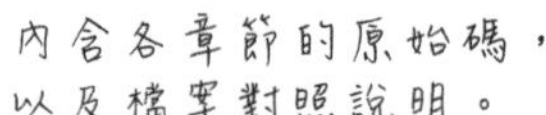

Arduino程式開發工具，
內含Windows和Mac版。

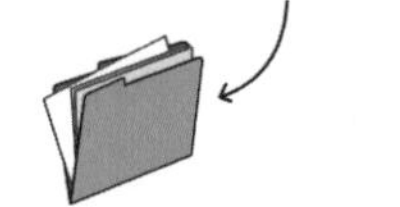

範例檔案　　Arduino IDE　　Arduino程式庫

請先把範例檔複製
到電腦上再測試

使用說明二：簡單幾個步驟，把光碟改造成塗鴉機！

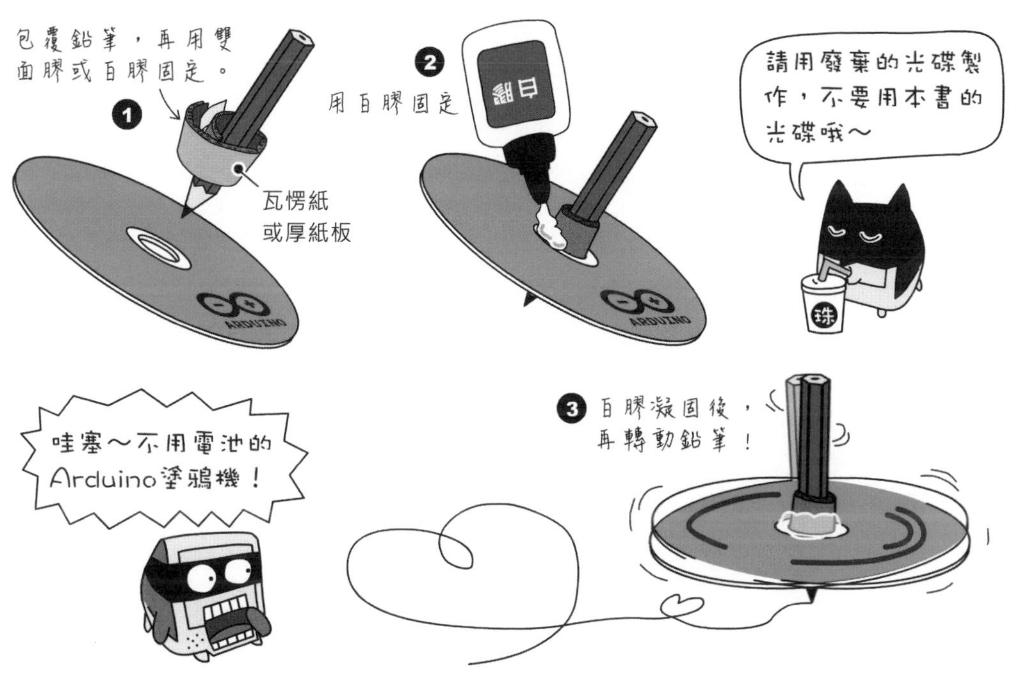

目錄

無所不在的 JavaScript 與物聯網裝置

JavaScript 入門

認識 jQuery 程式庫

5 使用霹靂五號操控 Arduino

6 電子郵件、串流視訊、電腦視覺與操控伺服馬達

7 Espruino 控制板簡介

使用 MongoDB 資料庫以及 ejs 樣版引擎建立動態網頁

資料視覺化─使用 C3.js 與 D3.js 繪製圖表

10 使用 Cordova 開發行動裝置 APP

11 製作藍牙手機遙控 App

ESP8266 物聯網應用入門

ESP8266 物聯網實作

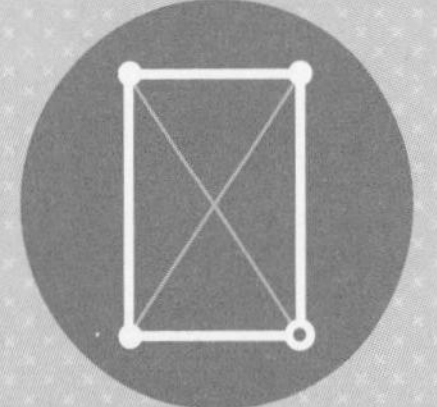

無所不在的 JavaScript 與物聯網裝置

物聯網（Internet of Things，簡稱 IoT）一詞，是由美國麻省理工學院 Auto-ID 中心主任 Kevin Ashton，於 1999 年進行 RFID 研究時所提出的概念。物聯網是指替每個東西，包括一般物品（例如：超商以及它所販售的所有商品）、感測器、甚至人類和動物，都標上唯一識別碼（unique identifiers，如：條碼、IP 位址、身份證號碼...），彼此之間透過約定好的通訊協定，利用網際網路相連、分享數據。

物聯網不僅只是兩個裝置之間的互相連結，它們通常也連結到負責收集資料，以及協調這些裝置運作的（雲端）伺服器。此外，控制器、感測器等物聯網裝置，通常也都要具備讓使用者操作和監控的介面，無論是網頁或者 App 形式。底下是物聯網的基本架構：

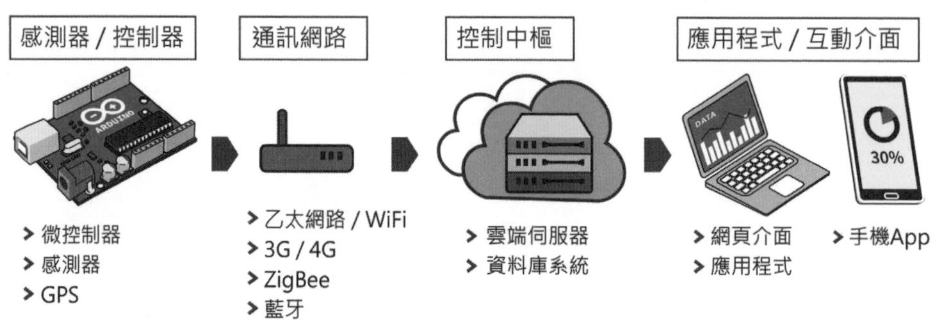

可連結網際網路設備的數量，在 2011 年時超越地球總人口數，Gartner 更預估 2016 年將達到 64 億個。這些裝置包含消費性電子產品、工廠機器設備、家電、醫療器材、感測器...等等。以往，資料透過人力輸入到電腦（例如，抄錄水電、瓦斯用量），現在多半則是由裝置直接提供數據給另一個裝置。

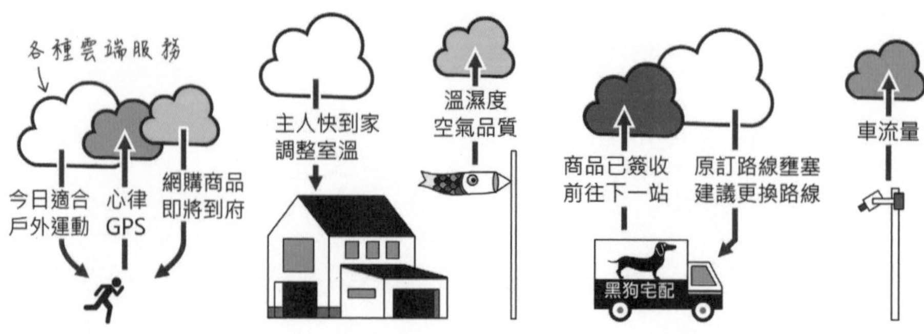

舉例而言，你的手機認得「你」和「家人」，當你的小孩抵達校園時，「學校」會自動發送簡訊通知；手機可以紀錄你的運動習慣並協調智慧型温控器，在你到家之前調整好室温：若是下班快抵達家門時，手機可以自動過濾公司電話，並通知住家的房子自動開啟車庫門。宅配的貨車可即時更新網購商品位置和預計送達時間，也能讀取送貨路線的交通狀況，並適時提醒或規劃避開車流量大的路線。

所以，**機器和機器相互連結、協同合作（Machine to Machine, 簡稱 M2M）**，就能完成代理人或者貼身秘書的工作。隨著寬頻網路基礎建設普及、各式雲端服務推陳出新，加上感測器、通訊晶片和微控制器技術提昇與價格下滑，使得「物聯網」從概念融入真實的日常生活。

0-1 JavaScript 與物聯網

許多嵌入式系統採用的是運算效能、記憶體容量相對較低的 8 位元微控制器，它們也通常採用專屬的程式庫和開發工具，並且多採用 C/C++語言開發。就像電視、冷氣機等家電，逐漸脱離「單機」運作時代，為了搶食物聯網市場大餅，原本軟硬體較為封閉的嵌入式控制器，也開始擁抱開放的網際網路和 Web 標準。

這股風潮，也將原本稱霸 Web 前端技術的 JavasScript（註：在網頁上提供互動功能的程式語言），順勢帶入物聯網。例如，Pebble 智慧錶提供的開發工具 PebbleKit 和 Pebble.js，讓你用 JavaScript 來開發手錶的 App。又如，2014 年被 Google 收購的 Nest Labs 公司推出的 Nest 温度控制器，也有供 JavaScript 程式使用的 **API（Application Interface，應用程式介面，也就是提供讓外部程式控制的管道）**，因此，程式設計師可用 JavaSctipt 讀取或調控 Nest 温控器的狀態。基本上，凡具備 Web 瀏覽器的裝置，就能執行 JavaScript。

在瀏覽器內操作的應用程式（像 YouTube, Google Docs 和 Office365），叫做 Web 應用程式。**Web 應用程式分成前端和伺服器端兩大部分**（對岸稱為「前台」和「後台」），以電子郵件服務網站（如：Gmail）為例，顯示在瀏覽器裡電子郵件操作的介面（網頁）是前端，提供使用者填寫信件的介面，負責寄送郵件的則是後端。**網頁介面的架構透過 HTML 定義，外觀樣式由 CSS 定義**，動態改變字體樣式、大小、插入表情圖案...等**互動功能則是用 JavaScript 程式語言寫成的**。

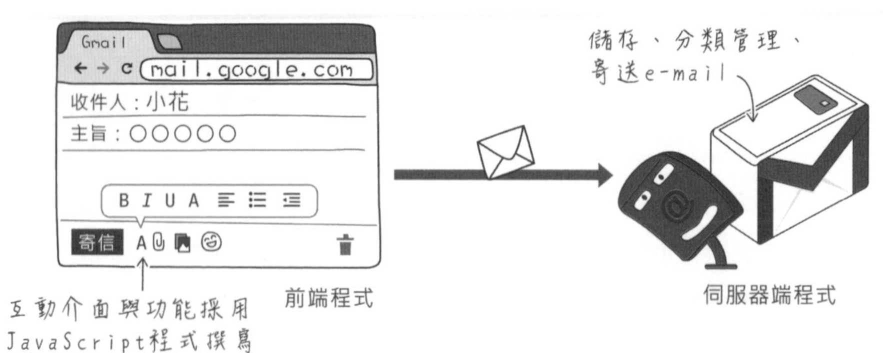

JavaScript 語言具有下列幾項特色：

- 所有瀏覽器都支援，也是網頁的標準語言。
- 語法簡單，學習門檻低，容易入門。
- 不需要特殊程式開發工具，在電腦、平板或手機上，用文字編輯軟體和瀏覽器就能開發和測試 JavaScript 程式。
- 有為數眾多的開發者，以及書籍、網路等參考資源和範例程式。

用於電腦伺服器和微控制器的 JavaScript

當 Gmail 用戶按下**寄信**鈕之後，信件內容會從瀏覽器傳給 Gmail 伺服器，而在伺服器上執行的程式碼，將負責寄送信件和保存郵件等功能。不像瀏覽器，在伺服器端執行的程式語言並沒有統一，常見的程式語言和執行環境有 PHP, ASP.NET, Ruby, ...等等。

其實，**伺服器端程式也能用 JavaScript 語言開發**。可在瀏覽器之外獨立執行 JavaScript 程式的 Node.js 於 2009 年問世，並相繼獲得 Walmart（世界最大連鎖超市），PayPal（線上支付款項系統）和 Netflix（網路第四台）等大型企業採納，用來建置可應付購物旺季高流量的高效能網站伺服器程式。

> Node.js 並不是第一個可在瀏覽器外運作的 JavaScript 程式環境，但它是最成功的一個。

Node.js 能夠在 Windows, Mac OS X 以及 Linux 系統執行；不只是個人電腦，風靡自造者界的 Raspberry Pi（以下稱「樹莓派」）、BeagleBone Black（http://beagleboard.org/BLACK），以及美金 9 元的開放原始碼微電腦 C.H.I.P.（https://goo.gl/GVFril），還有基於 x86 處理器架構的 Intel Galileo 控制板也都能執行 Node.js。

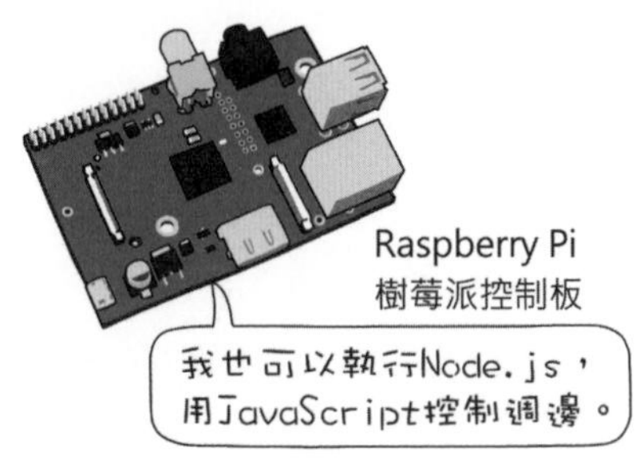

Raspberry Pi
樹莓派控制板
我也可以執行Node.js，
用JavaScript控制週邊。

某些採用 32 位元處理器的控制板，更直接把 JavaScript 語言當作「母語」，例如 Espruino（http://espruino.com/）和 Tessel 2（http://tessel.io/），而三星電子公司在 2015 年 5 月發表了一個「瘦身」版的 JavaScript 程式語言，叫做 **JerryScript**（https://samsung.github.io/jerryscript/），可運用在僅有 64KB 主記憶體的微控制器。換句話說，在這些控制板上讀取和設定 I/O 腳位，都是用 JavaScript。因此，從前端網頁、網站伺服器程式，到微控制器和感測器終端，都能用相同的 JavaScript 語言撰寫；學習 JavaScript，也就能同時掌控前端、伺服器端和感測端的軟、硬體！

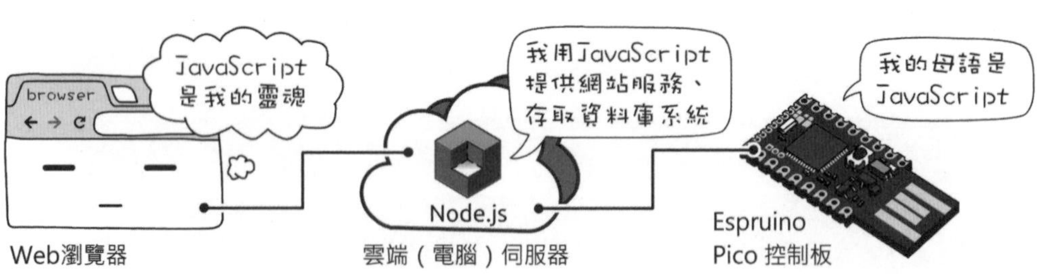

0-2 MPU、MCU 與 SoC 介紹

處理器晶片依照功能來區分，大致分成底下三種類型：

- MPU：全名是 **Microprocessor Unit（微處理器單元）**，其實就是 CPU（中央處理器），可執行程式指令，進行運算和邏輯處理。
- MCU：全名是 **Microcontroller Unit（微控制器）**，把微處理器（MPU）和快閃記憶體、主記憶體，包含在同一個晶片裡面，相當於一台微型電腦，耗電量低，但是處理器的效能不高（時脈在 200MHz 以內），而且記憶體容量不大（以 KB 為單位）。

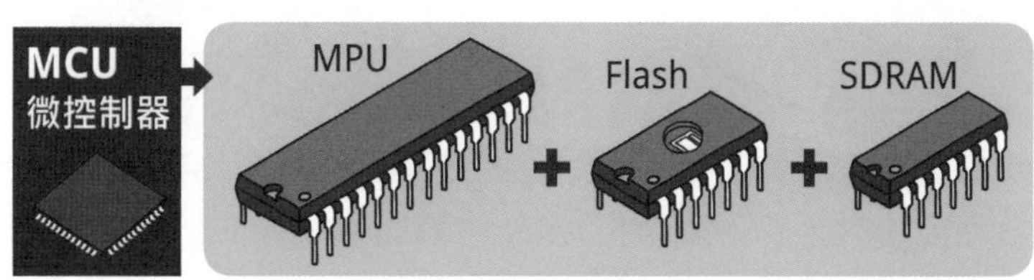

  當今的 MCU 通常也會整合類比數位轉換器、USB 和其他週邊介面控制器。Arduino UNO 的 ATmega328 晶片屬於 MCU。

- SoC：全稱為 **System on a Chip（系統晶片）**，整合微處理器和特定功能，例如，圖像處理單元（顯示卡）、Wi-Fi 網路、藍牙、音效處理...等等。智慧型手機以及某些個人電腦的處理器，都屬於 SoC。採用這一類型處理器的裝置，通常需要較高速的運算效能（運作時脈達數百 MHz～數 GHz）以及較大的記憶體容量（單位是 MB 或 GB），所以記憶體不在同一個晶片上，耗電量也較大。

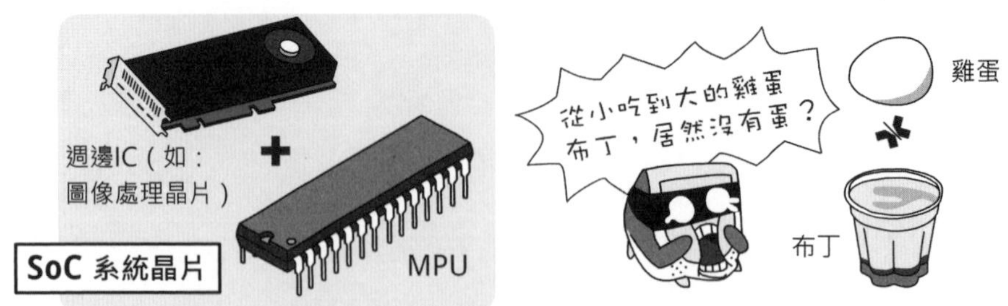

樹莓派的處理器晶片屬於 SoC。就功能而言，SoC 大於 MCU：

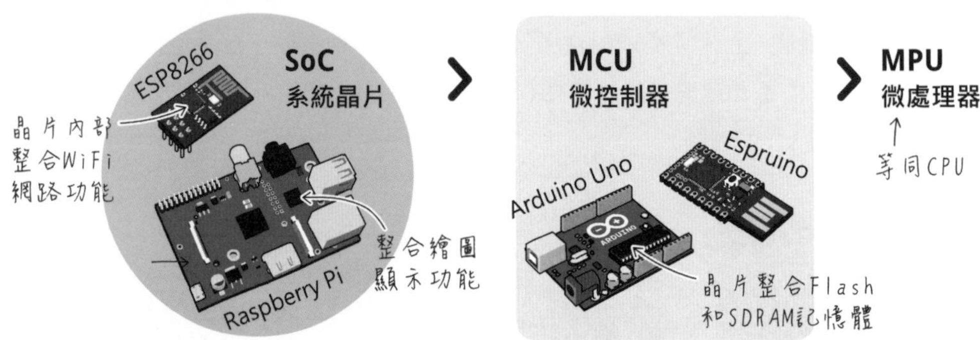

以穿戴裝置應用來說，MCU 足以勝任普通數位手環所需，而且能長時間運作；具備多媒體功能的智慧型手錶，就必須採用 SoC。某些智慧型手錶甚至同時搭載 SoC 和 MCU，前者處理複雜的多媒體運算，後者用於連接感測器以及電源管理。

本書採用的硬體裝置

本書的範例採用下列控制平台和裝置：

- **個人電腦（Window, Mac OS X 或 Linux）**：執行 Node.js 程式，用 JavaScript 程式建構網站伺服器、即時訊息交換平台、連接資料庫以及控制序列埠連接的 Arduino 板。

- **Arduino UNO**：受限於微控制器的效能和記憶體容量，它無法直接執行 JavaScript 程式。Arduino UNO 板在本書中主要扮演兩種角色：

  1. 搭配乙太網路卡，採用 C 語言當作網路控制節點，或者感測器節點，並且以被廣泛使用的 JavaScript 資料交換格式（JSON），傳遞訊息給用戶端或者網站伺服器，詳細請參閱第一章。

  2. 充當電腦的序列介面控制器，接收來自電腦（或者其他可執行 JavaScript 程式的高階微控制板，如：樹莓派）的指令操控，請參閱第五章。

- **樹莓派**：安裝官方的 Raspbian 作業系統，執行以下工作：

  1. 個人電腦相同的作業（建立網站伺服器、提供資料庫服務、序列埠控制...）

  2. 使用 JavsScript 程式存取與控制 GPIO 介面（參閱第四章）

3. 透過 JavaScript 執行 Linux 系統命令，配合專屬的相機拍攝照片以及串流視訊（參閱第六章）。

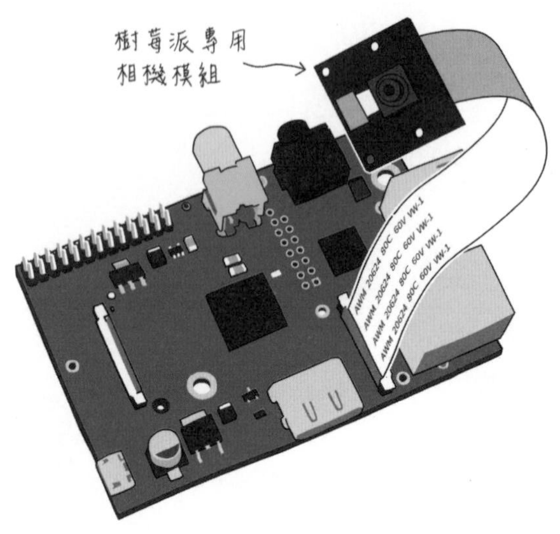

- **Android 手機**：HTML 和 JavaScript 技術，也能用來開發手機 App。第十章將介紹使用開放原始碼的 Cordova (PhoneGap)，透過 JavaScript 程式語言開發手機 App，並製作 Wi-Fi 和藍牙遙控程式。

- **Espruino 控制板**：這是一款採用 32 位元 ARM 微控器（STM32 系列），**韌體內建 JavaScript 解譯器（Interpreter，也就是執行 JavaScript 語言的軟體）的開源微控制板**。Espruino 官方目前推出兩種控制板，一種是尺寸約 Arduino UNO 2/3 大小的 Espruino（也稱為 Espruino Original），另一種是約成人拇指大小的 Espruino Pico。

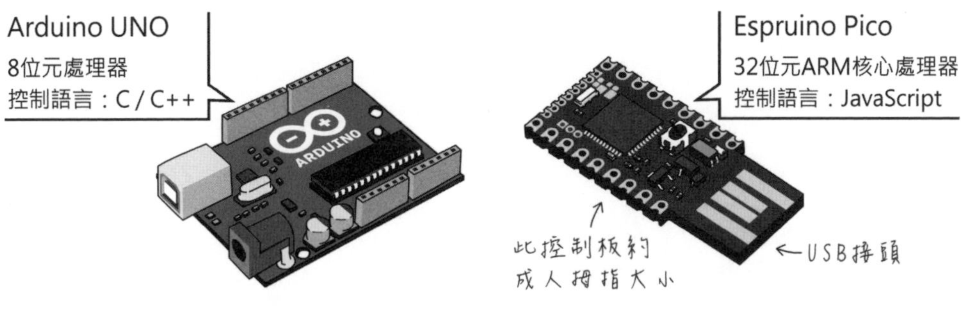

由於它的韌體是開放原始碼，所以**只要處理器相容，即使不是 Espruino 官方推出的產品，也能夠燒錄 Espruino 韌體**，執行 JavaScript 程式。第七章將說明如何挑選以及燒錄 Espruino 相容的微控制板。

Espruino 雖然是 32 位元，價格卻比 Arduino UNO 板便宜。

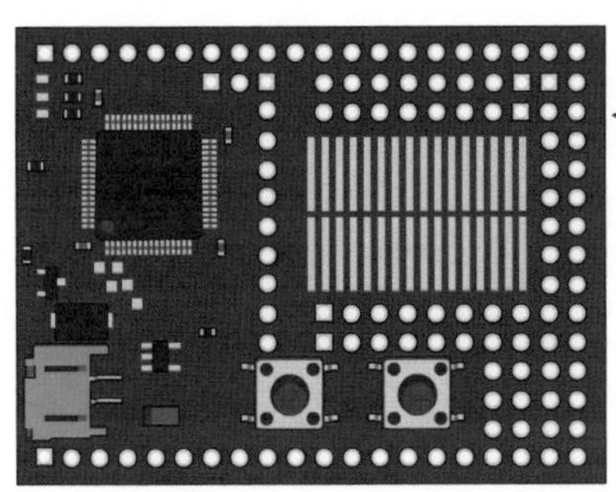

- **ESP8266 控制板**：採用中國樂鑫公司推出的 **Wi-Fi 與 32 位元系統晶片（SoC）**，控制板有不同尺寸大小以及 I/O 腳位數量可供選擇。底下是最基本的 ESP-01 型，此控制板約成人拇指大小，並且預先燒錄「Wi-Fi 轉 TTL 序列通訊」程式。因其價格低廉（約美金 3~5 元），所以一推出，就在自造者圈形成一股風潮。

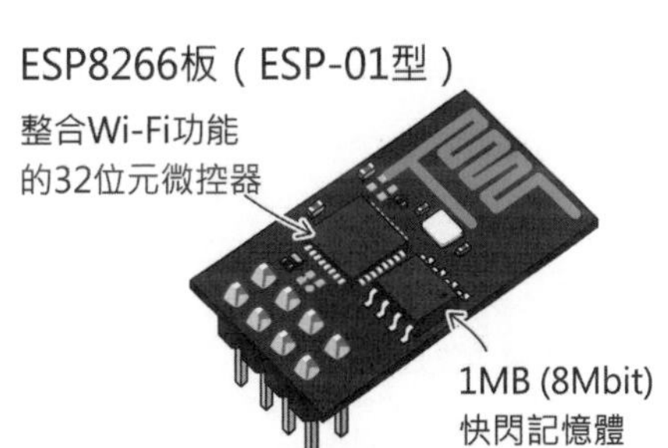

實際上，ESP8266 的處理效能高於 Arduino UNO，只拿它來當作 Wi-Fi 無線介面卡，真是大材小用。許多程式設計師替此晶片客製了多種開放原始碼韌體，其中一種，能**讓我們透過 Arduino 程式開發工具，以及 Arduino 的 C 程式語法來開發程式**，所以它能獨立運作，甚至能取代部份 Arduino 控制板。

也有開發人員和廠商推出適用於 ESP8266 控制板的 JavaScript 解譯器，相關介紹與韌體燒錄說明，請參閱第十三章。

0-3 章節導讀

第一章 JavaScript 入門：介紹 JavaScript 的由來、基礎語法、瀏覽器的 DOM（文件物件模式）、事件處理程式、使用 Chrome 瀏覽器測試 JavaScript 程式、在網頁中嵌入 JavaScript 程式...等主題。

第二章 jQuery 入門：jQuery 是當今最廣泛使用的 JavaScript 程式庫，主要的作用是讓動態網頁程式變得更簡單。本章將透過整合 Arduino 乙太網路與 jQueryUI（互動介面）程式，帶領讀者認識 jQuery 語法、網頁訊息交換格式（CSV, XML 和 JSON）和「不重新載入網頁，動態更新內容」的 AJAX 技術。

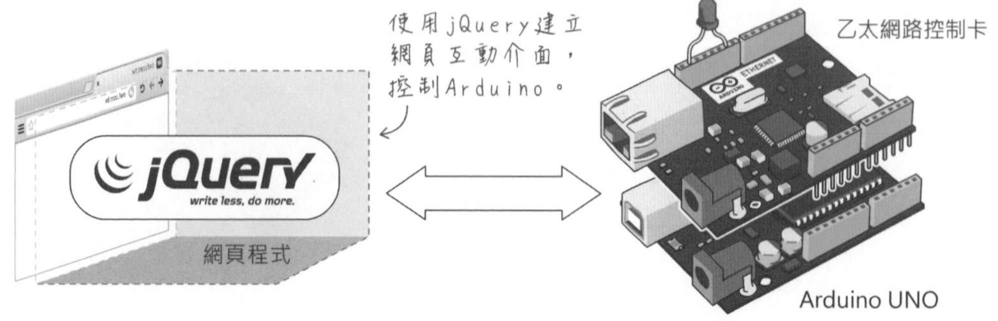

第三章 Node.js 入門：Node.js 是一個獨立的 JavaScript 執行環境，可以讓我們使用 JavaScript 程式語言開發應用程式，在瀏覽器之外執行。本章將說明 Windows, Mac OS X 和 Linux（樹莓派）系統的 Node.js 安裝方式，並透過非阻塞 I/O 讀取檔案、自訂與引用程式模組、使用 npm 工具程式管理模組、使用 Express 框架開發網站應用程式、從 Arduino 傳遞溫溼度值給 Node 網站...等數個實做範例認識 Node.js。

第四章 Node.js 序列埠通訊與樹莓派 GPIO 控制：序列埠是連接 Arduino 與個人電腦和 Linux 微電腦控制板，最常用的介面。GPIO 則是樹莓派控制板的標準週邊介面，本章除了介紹如何使用 Node.js 連接與控制序列埠和 GPIO 介面，也將介紹 GPIO 介面整合自製 Arduino 控制板的方法，還有 MOSFET 電子元件，以及透過 MOSFET 組成 5V 和 3.3V 的訊號電壓轉換板。

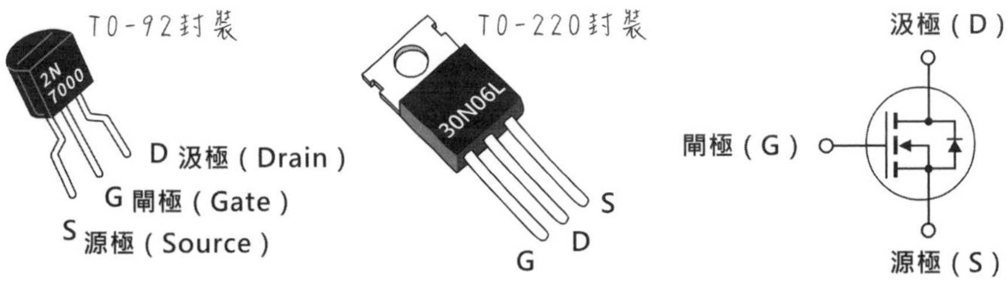

第五章 使用 Johnny-Five（霹靂五號）及 Socket.io 即時操控 Arduino：Johnny-Five（霹靂五號）是個 Node.js 程式庫，讓電腦（或 Linux 微電腦控制板）以 JavaScript 程式操控連接在 USB 介面的 Arduino。本章將比較「霹靂五號」與 Arduino 的 C 語法異同，並且透過讀取開關（數位）訊號、類比輸入和 PWM 輸出、LM35 溫度感測器、伺服馬達控制，還有瀏覽器與矩陣 LED 作畫等範例實做，讓讀者了解「霹靂五號」和網頁即時通訊程式（Socket.io）。

第六章 電子郵件、串流視訊與操控伺服馬達：本章的範例以樹莓派相機為主，第一個範例搭配 PIR 人體紅外線感測器，在偵測到入侵者時，自動拍照並 e-mail。第二個範例介紹使用 Socket.io 和 M-JPEG 壓縮程式，在網頁上顯示串流視訊。第三個範例介紹簡易的相機＋DIY 伺服馬達雲台，並且透過觸控螢幕、鍵盤和實體遙桿控制雲台。最後一個例子是在電腦的瀏覽器上，透過 JavaScript 擷取 Web Cam 攝影機的視訊影像，並偵測其中是否有人類臉孔，若有的話，則控制伺服馬達跟著臉孔轉動。

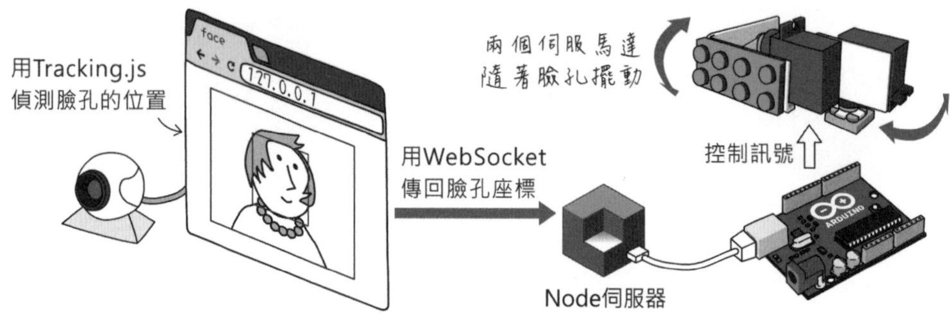

第七章 Espruino 控制板入門：介紹採用 JavaScript 作為「母語」的 Espruino 開源控制板、如何自行燒錄一個相容的 Espruino 板，並且透過超音波 LED 燈光強弱控制、藍牙 H 橋馬達控制、SD 記憶卡溫濕度記錄器、深層睡眠省電模式...等 DIY 實作練習，認識 Espruino 控制板的數位和類比 I/O 腳位的接線和控制方式。

第八章 MongoDB 資料庫系統：MongoDB 是一款適合處理大數據與物聯網資料的免費、開放原始碼資料庫，本章將介紹 MongoDB 的安裝方式、基本架構、資料的新增、擷取（篩選）、修改和刪除等基本操作，並且透過 Node.js 的 Mongoose 套件連結資料庫，儲存 Arduino 上傳的數據。

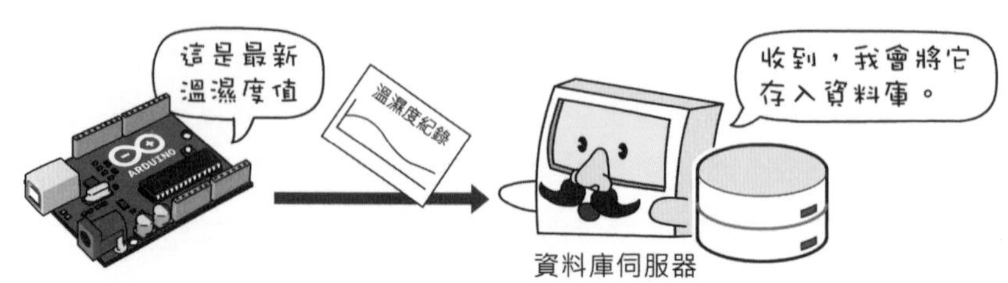

第九章 資料視覺化－使用 C3.js 與 D3.js 繪製圖表：若只在網頁上用文、數字列舉數據，未免太乏味，本章將說明如何透過知名的 C3.js 和 D3.js 程式庫，以活潑生動的量表（gague）和圖表（chart）形式呈現儲存在 MongoDB 資料庫裡的數據，以及 Arduino 傳入的即時數據，並且透過簡易的數位濾波手法過濾雜訊。

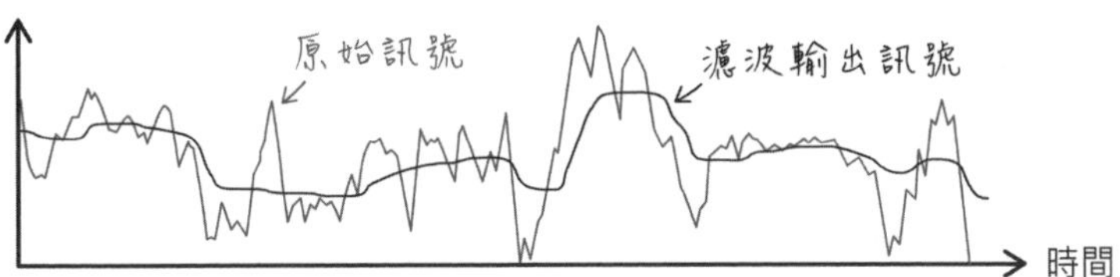

第十章 Cordova 開發手機 App 入門：Cordova 是免費、開放原始碼的工具軟體，讓開發者使用 HTML 和 JavaScript 來開發手機和平板的 App。本章將說明 Cordova 與 Android 系統的開發環境與相關軟體的安裝、App 程式基本架構並且使用 jQuery Mobile 建立 App 操作介面。

第十一章 製作 Cordova 藍牙手機遙控 App：說明如何透過 Cordova 的藍牙、加速度感測器和序列埠通訊等外掛，製作手機藍牙遙控機器人的 App，以及用手機的加速度感測器控制伺服馬達雲台。

第十二章 ESP8266 物聯網實作（一）：介紹 ESP8266 微控器的 I/O 腳位，連接 Arduino 控制板，提供 Arduino 控制板 Wi-Fi 無線通訊的功能，並且說明如何替它燒錄 Arduino 韌體，用 Arduino 的 C 程式語言操控 ESP8266。

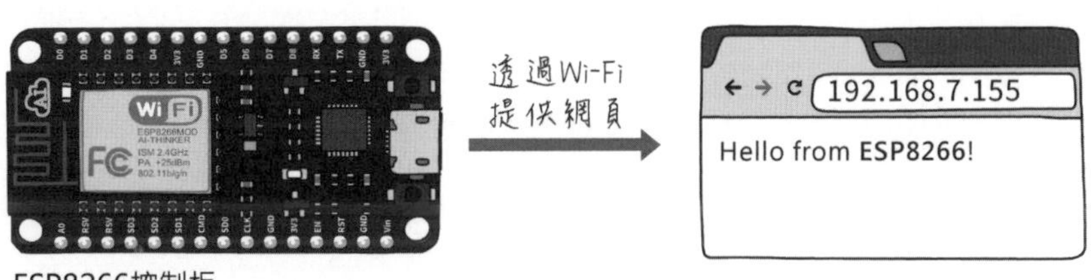

第十三章 ESP8266 物聯網實作（二）：介紹如何替 ESP 模組設定區域網路的域名、替 ESP-01 模組燒錄 Arduino 程式、透過網路更新 ESP 模組的韌體、連接 OLED 顯示器，以及燒錄並透過 Espruino（JavaScript 程式）控制 ESP8266。

Arduino IDE 補充說明

Arduino 創始團隊因為理念不合，在 2015 年初分家，各自販售並推出 Arduino 相關產品，也各自維護開放原始碼的 Arduino IDE（程式開發工具）。由於 Arduino Srl 公司（網址：arduino.org）在多個國家取得 Arduino 的商標權，所以 Arduino LLC 公司（arduino.cc 網站擁有者）開創了 "Genuino" 新品牌（與 "genuine"，「正統」之意相近）。

因此，在 arduino.cc 下載的 IDE 軟體中，**『工具/板子』**子選單會出現 "Genuino" 的名稱：

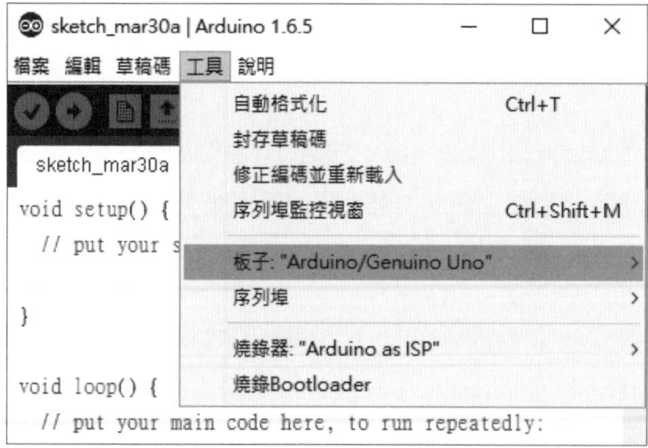

本書採用的 IDE 是 arduino.cc 維護的版本，因為它從 1.6.4 版開始提供 "Boards Manager（控制板管理員）"，方便擴充 IDE 支援其他控制板，例如，替它加入使用 Arduino 語言編寫 ESP8266 控制板的功能。

如果你採用 arduino.org 公司的產品，例如 Arduino Yun, Arduino Tian 和 Arduino Industial 101，請使用該網站提供的 IDE 來編寫程式。

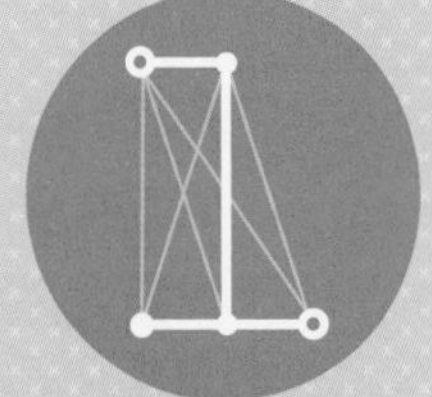

JavaScript 入門

JavaScript 是 Brendan Eich（布蘭登·艾克，http://brendaneich.com/）在 1995 年五月，受命為 Netscape 2 瀏覽器開發的程式語言。布蘭登只花了 10 天就完成原型開發，此程式語言最初命名為 Mocha，隨後改名為 LiveScript，但當時昇陽電腦（Sun Microsystems）的 Java 技術變得越來越流行，為了搭順風車推廣新的程式語言，他們從昇陽電腦取得商標授權，改名為 JavaScript。

JavaScript 和 Java 的關係，僅止於名稱相似，就好像太陽餅跟太陽花完全無關。最初，JavaScript 只是在瀏覽器裡面，執行一些像表單驗證（例如，檢查用戶輸入的 e-mail 格式）、切換影像等簡單任務的程式語言，相較於其他語言（如：C 和 Java），JavaScript 的執行效率比較差。

1-1 JavaScript 入門

瀏覽器內部，負責解析 HTML 和 JavaScript 程式的核心元件，分別稱為**排版引擎**（layout engine）和 **JavaScript 引擎**；網頁原始碼經過此核心處理（render，通常譯作**渲染**或**算圖**）而完整地呈現在瀏覽器視窗中。

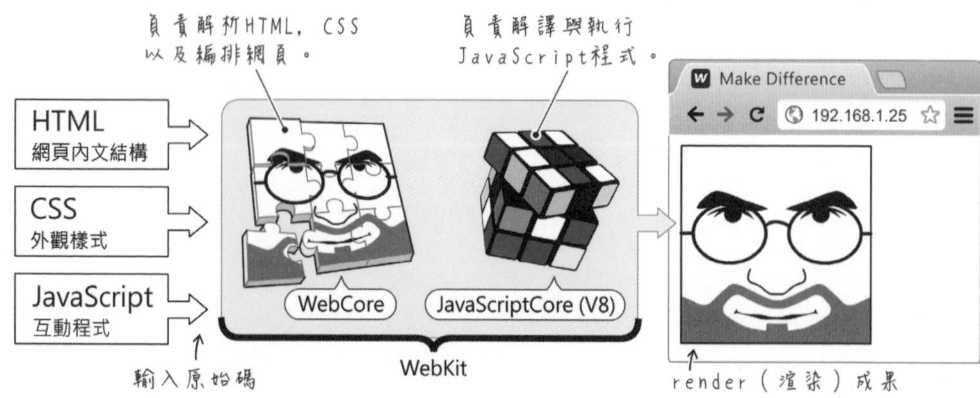

WebKit 是一款開放原始碼的瀏覽器核心，用於 Apple Safari 和 Google Chrome 等瀏覽器。WebKit 內部分成 WebCore 和 JavaScriptCore 兩大核心，Google 自行開發的 JavaScript 引擎（相當於上圖裡的 JavaScriptCore）稱為 **V8**。

以前的 JavaScript 程式是由**解譯器（interpreter）**逐行翻譯成機械語言再執行，為了提昇效能，現已改用**編譯（compile）**方式，讀取並分析整個程式碼，予以最佳化轉成機械語言，因此其執行效率大幅接近其他高階程式語言。Google 於 2008 年將 V8 開放原始碼。

> 有興趣的讀者可搜尋關鍵字：JavaScript V8 benchmark。

編寫網頁的工具程式

讀者可以用任何「文字編輯器」編寫網頁的 HTML 或者 JavaScript 程式碼，像 Windows 的記事本或者 Mac OS X 裡的 TextEditor，但使用專門的編輯工具來編寫，會更加得心應手，因為它們通常提供語法提示、指令自動完成（例如，輸入 <p>，按下 Enter 鍵，它會自動輸入 </p> 結尾）、語法錯誤警告等功能。

知名的程式編輯器有：

- **Sublime Text**：共享軟體，可免費試用。下載網址：http://www.sublimetext.com/
- **Atom**：由 GitHub（儲存程式原始碼的網站）開發的開放原始碼文字及程式編輯器。下載網址：https://atom.io/
- **brackets**：Adobe 軟體公司開發的開放免費、原始碼軟體，也被 Arduino Studio（arduino.org 推出的免費 Arduino 程式開發工具）和 Intel XDK 軟體開發工具採用。下載網址：http://brackets.io/
- **Visual Studio Code**：微軟開發的免費軟體。下載網址：https://code.visualstudio.com/
- **Caret**：免費的文字及程式編輯器，可從 Chrome 瀏覽器的應用程式商店下載。

以上編輯器都有 Windows, Mac OS X 和 Linux 等版本，讀者可任選愛用的編輯器。

初試 JavaScript

相較於 Arduino 的 C 語言有固定的結構，例如，每個 Arduino 程式都包含 setup() 和 loop() 兩個函式，並且自動從 setup() 開始執行；**JavaScript 沒有既定的架構，程式總是從第一行開始往下執行。**

開啟程式編輯器編寫程式之前，可以先直接在瀏覽器中嘗試 JavaScript 程式。打開 Chrome 瀏覽器，同時按下 Ctrl ＋ Shift ＋ J 鍵（或 F12 功能鍵），或選擇主功能表的『**工具/JavaScript 控制台**』指令，開啟 **JavaScript 控制台**（以下簡稱「JS 控制台」）。

JavaScript 控制台的指令輸入窗口

在控制台內按滑鼠右鍵，選擇這個指令，可清空控制台

我們可以直接在控制台輸入 JavaScript 來控制瀏覽器，例如，底下的指令將開啟警告方塊，顯示「你好！」：

```
alert("你好！");
```

結尾可不加分號，建議加上！

指令輸入完畢後，按下 Enter 鍵，程式將立即被執行：

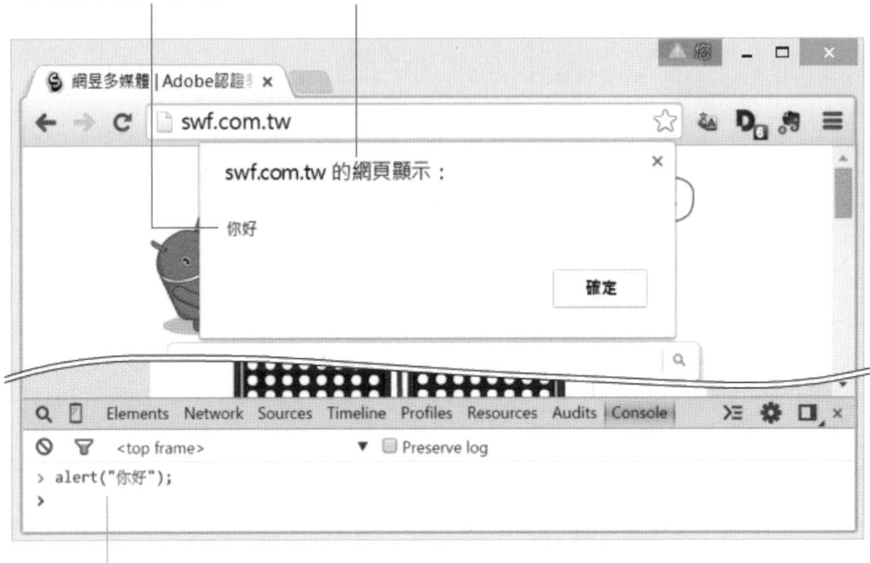

按下警告視窗裡的**確定**鈕關閉它，「JS 控制台」將顯示 undefined（未定義），代表剛才的指令沒有傳回值。

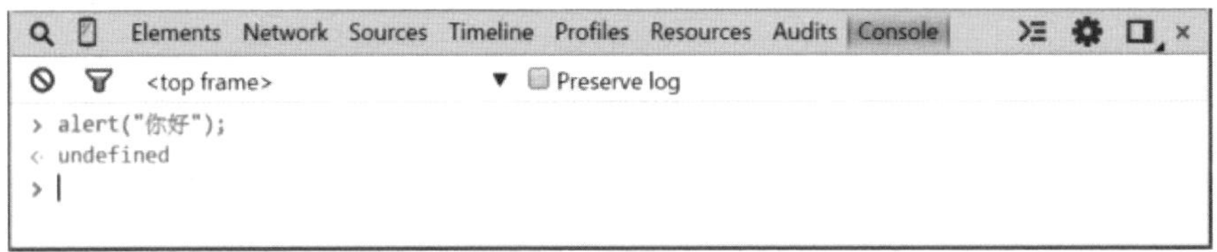

再輸入底下的開啟「確認」對話方塊的 confirm() 敘述：

```
confirm("飲料要珍奶嗎？"); ← 開啟「確認」對話方塊
```

它將依照用戶按下**確定**或**取消**，傳回 "true" 或 "false"：

最後，您可以輸入 **clear()** 指令，清空 JS 控制台內容。

每次在 JS 控制台內按下 Enter 鍵，該行指令就被立即執行。若要輸入多行敘述（例如，函式定義），請在每行的結尾按下 Shift ＋ Enter 鍵（代表「斷行」），最後一行再按下 Enter 鍵，確認執行。

在 JavaScript 控制台輸出訊息

「控制台」的英文叫做 "console"，**瀏覽器提供一個叫做 "console" 的物件，讓我們操作此控制台；可被 JavaScript 程式操控的東東，統稱為「物件」**。例如，底下的敘述將在 JS 控制台顯示 "你好！"：

"." （點）用於執行物件裡的指令

```
console.log("你好！");
```

「控制台」物件　顯示訊息

請將該行指令輸入控制台：

在計算機領域中，"log" 有「記錄」之意，在此代表「輸出訊息」。JavaScript 控制台以及 console.log() 敘述，對測試程式碼很有幫助，本書的程式碼經常用到它們。

物件、方法和屬性

物件也能被看待成「容器」。JavaScript 程式語言有數百個指令，這些指令依照功能分類放在不同的物件裡面。例如，操作日期和時間資料的指令，放在 Date 物件裡面、數學函數（如：三角函數、取絕對值、取整數...等）放在 Math 物件、操作陣列資料的指令則放在 Array 物件。

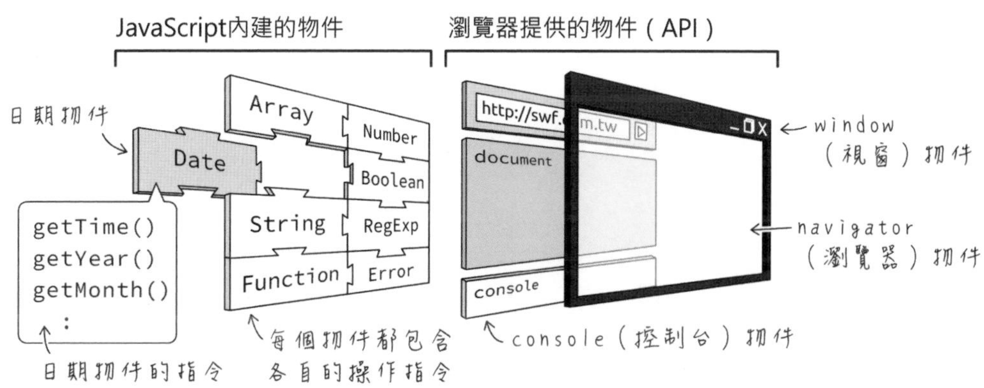

像 log()，分類在 console 物件中，因此我們不能直接執行 log()，而是要寫成 console.log()。

~~log("你好！");~~ → 正確寫法 → console.log("你好！");

執行時會產生 "log is not defined"（未定義）錯誤

執行 console 物件「的」log 方法

建立在**物件裡的函式，通常稱為「方法」**（method）；除了**函式以外，物件中還可以儲存資料值，稱為「屬性」**（property）。**JavaScript 採用點（.）符號來取用物件裡的方法和屬性。**

1-2 JavaScript 語言基礎

JavaScript 的語法類似 C 語言，像註解符號、分號結尾、條件判斷與迴圈的指令名稱、指令敘述區塊用大括號包圍......如果曾寫過 Arduino 或 C 語言程式，看到 JavaScript 會有種似曾相似的感覺。

變數宣告與保留字

JavaScript 變數透過 var 宣告。宣告變數時，不需要設定資料類型。底下是 JavaScript 和 C 語言宣告字串及字元變數的敘述，**JavaScript 不區分字元和字串，所有文字資料都是字串（string）類型。**

> var 取自 variable，「變數」之意。

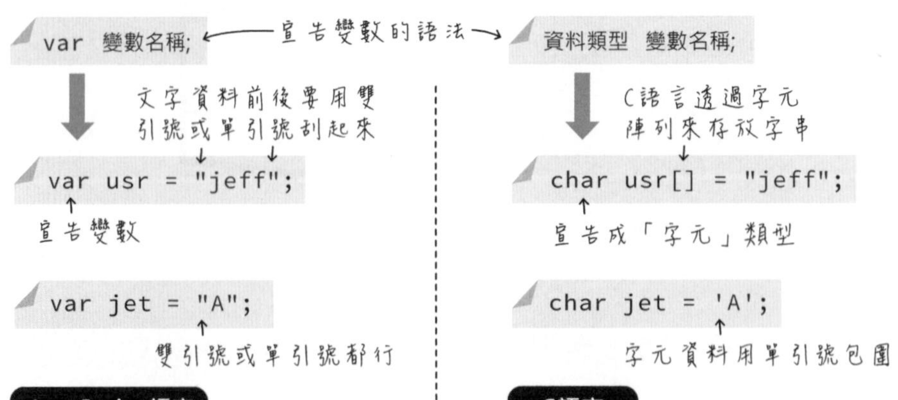

識別字（亦即，變數、函式等的名稱）可以由**英文**、**數字**、**底線**及**美元符號($)**組成，**大小寫字母有差別**。多個變數可以在一個 var 敘述中宣告，例如，底下的敘述宣告兩個變數：

```
var usr = "cubie", age = 18;
```

變數之間用逗號分隔

表 1-1 列出 JavaScript 語言的部分保留字，這些保留字不能用作識別字名稱；完整的保留字表列，請上網搜尋關鍵字："JavaScript Reserved keywords"。

表 1-1　JavaScript 保留字

break	default	function	return	var
case	delete	if	switch	void
catch	do	in	this	while
const	else	instanceof	throw	with
continue	finally	let	try	
debugger	for	new	typeof	

早期的 JavaScript 並沒有常數，為了在語意上凸顯常數，程式設計師通常會將「其值不應改變」的變數名稱全部用大寫，像 Math.PI，代表數學物件的一個常數（3.14159...）。

新的 JavaScript 語言版本（ECMAScript 6，簡稱 ES 6）新增宣告常數的指令 "const"，IE 7, Chrome 38, Safari 7 和 Firefox 34 瀏覽器，以及後面章節提到的 Node.js 都有支援。宣告範例：

```
const LED_PIN = 13;       // 宣告常數 "LED_PIN"，常數名稱慣用大寫。
LED_PIN = 10;             // 修改常數值，沒有作用也不會產生錯誤。
console.log(LED_PIN);     // 顯示 13
```

ECMAScript（以及 ECMA 262）是 JavaScript 語言標準的名稱。若把 ECMAScript 比喻成教育部頒訂的課程大綱標準，JavaScript 則相當於各家出版社依據課綱所編著的教材。JavaScript 的版本編號不同於 ECMAScript，例如，JavaScript 1.6 是基於 ECMAScript 3 的實作版本，詳細的版本對應可查詢維基百科的 JavaScript 條目。

資料類型

JavaScript 會在宣告變數時，自動辨別並視需要轉換其類型，像底下的敘述，最初宣告存放字串資料，隨後改存數字資料，這在 C 語言是不被允許的：

所以 JavaScript 被稱為 untyped（無類型）或 dynamically typed（動態類型）語言，而這也是造成它的執行效能瓶頸的因素之一（參閱：http://goo.gl/K708a4），因為在程式執行階段，JavaScript 程式引擎必須花時間辨別變數的資料類型，再決定如何處理資料。

相較之下，需要預先設定資料類型的 C 語言，屬於 **statically typed（靜態類型）**，執行速度比較快，而且可以在編譯階段根據資料類型替程式做最佳化處理。雖然在宣告變數時無需指定類型，但 JavaScript 仍有明確的兩大類型：

- 基本（primitive）：泛指存放單一資料的變數。
- 參照（reference）：代表參照到存放多筆資料的記憶體空間的變數，包括：array（陣列）、object（物件）和 function（函式）。

基本資料類型

JavaScript 的基本資料類型包括：

- 布林（Boolean）：可能值為 true（是）或 false（否）
- 數字（Number）：可能值為整數或帶小數點數字（亦即，浮點數字）。
- 字串（String）：用單引號或雙引號包含的文字、數字和字元。
- 空（Null）：其值為 null，代表「沒有指向任一物件的參照」，範例：

```
var object = null;    // 設定一個「空」值的變數
```

- 未定義（Undefined）：其值為 undefined，代表變數沒有初始值，範例：

```
var ref;              // 預留記憶體空間，但未給定任何值。
```

若想要查看資料類型，可以透過 typeof 運算子，例如，讀者可嘗試在 JavaScript 控制台輸入底下的敘述：

```
console.log(typeof "hello");    // 顯示 "string"   (字串)
console.log(typeof  13);        // 顯示 "number"   (數字)
console.log(typeof  3.14159);   // 顯示 "number"   (數字)
console.log(typeof  true);      // 顯示 "boolean"  (布林)
console.log(typeof  undefined); // 顯示 "undefined" (未定義)
console.log(typeof  null);      // 顯示 "object"   (物件)
```

補充說明最後一行的結果：object（物件）是一種可存放多個值的資料類型，而參照到物件或是陣列的變數，typeof 都會傳回 object。

JavaScript 將以下的數值都看待成 false：

- undefined
- null
- NaN（Not a Number，代表「不是數字」），此類型出現在計算錯誤的情形，例如，用任何數字除以 0。
- 0（數字 0）
- ""（空字串）

數字格式與算術運算子

JavaScript 的算術運算子與 C 語言相同，只是 **"+" 運算子兼具連接字串**的功能：

```
var str1 = "Hello ";
var str2 = str1 + "world!";
```

若"+"的任一邊是「字串」"+"就代表字串相連。

"Hello "
str1
"world!"
str2
"Hello world!"

如果 "+" 兩邊的運算元都是數字，"+" 就是數字相加；若任何一邊的資料類型為「字串」則 "+" 就變成「字串相連」。請在 JavaScript 控制台輸入這兩段敘述測試看看：

```
var num = 123 + 456;

console.log(num);
```

579

```
var str = 10 + "321";

console.log(str);
```

字串

"10321"

JavaScript 的數字也有分成整數和帶小數點的浮點數字，而且都以 64 位元長度儲存（相當於電腦 C 語言的 double，雙倍精確度類型）。JavaScript 也具備三個將字串轉換成數字的函式：**Number(), parseInt()** 和 **parseFloat()**。"parse" 代表「解析」，int 代表整數（integer），因此 parseInt() 會去除小數點，它和 Number() 函式的比較如下，讀者可在 JavaScript 控制台測試這些指令：

轉換成數字	結果	解析成整數	結果
Number("8.24") ➡	8.24	parseInt("8.24") ➡	8
Number("123abc") ➡	NaN	parseInt("123abc") ➡	123
Number("1e3") ➡	1000	parseInt("1e3") ➡	1
Number("0xCC") ➡	204	parseInt("0xCC") ➡	204

1e3 ← 1×10^3

0x開頭代表16進制

NaN：代表 Not a Number，不是數字。

204：轉成10進制

非數字開頭的字串（如：'D12'），轉換結果都會是 NaN（非數字）。

parseFloat() 可解析出帶小數點的浮點數字：

```
parseFloat("8.24")  ➡  8.24  ←parseInt() 會捨去小數點數字。
parseFloat("1e3")   ➡  1000
```

十進位數字 0.1 換算成二進位，會產生無限循環的數字，就好像十進位的 1/3。電腦的數字儲存空間是有限的，所以無限循環數字會產生誤差。底下的計算式會產生出乎意料的結果：

```
console.log(0.1 + 0.2);          // 輸出：0.30000000000000004
console.log(0.1 * 0.2);          // 輸出：0.020000000000000004
console.log(0.1 + 0.2 == 0.3);   // 比較運算值，結果為 false
```

解決的簡單方法是限制浮點數字的精確度，像底下透過 toPrecision() 將精確度縮限在小數點後 12 位：

```
var num = 0.1 * 0.2;
console.log(parseFloat(num.toPrecision(12)));     // 輸出：0.02
```

toPrecision(12)：精確度縮限成小數點後12位

比較運算子

JavaScript 的比較運算子（亦即：<, >, <=, ...等等）比 C 語言多了一個 "===" （連續三個等號，稱為「嚴格相等」運算子）和 "!==" （嚴格不相等）運算子，請參閱表 1-2。

表 1-2　比較運算子

運算子	說明	範例

==	判斷是否相等，進行這種判斷時，JavaScript 會自動嘗試轉換資料類型	// false，兩個數值不相等
		console.log(8 == 9);
		
		// true，因為 "8" 會先被轉換成數字 8
		console.log(8 == "8");
		
		// true，兩個字串相同
		console.log("abc" == "abc");
		
		// true，預設不分 null 和 undefined
		console.log(null == undefined);

===	判斷是否相等，且資料類型也相同	// false，兩者類型不同
		console.log(8 === "8");
		
		// false，兩者類型不同
		console.log(null === undefined);

!=	判斷是否不相等	// true，兩個數值不相等
		console.log(8 != 9);

!==	判斷是否不相等，或資料類型不相同	// true，兩者類型不同
		console.log(8 !== "8");
		
		// true，兩個數值不相等
		console.log(8 !== 9);

JavaScript 的條件判斷，以及 while 和 for 等迴圈語法格式與 Arduino 的 C 語言相同，在此不再贅述。

邏輯運算子

JavaScript 支援表 1-3 的邏輯運算子。底下是基本的邏輯運算測試，請直接在瀏覽器的 JS 控制台輸入這些敘述，首先宣告兩個變數：

```
var a = true, b = false;
```

接著測試運算式：

輸入 ⇨ a && b —邏輯AND→ false

輸入 ⇨ a || b —邏輯OR→ true

|| 與 && 是依據其運算的規則，傳回兩個運算元的其中一個，如果兩個運算元都是布林值，傳回值就也是布林值。假設變數 a=5、b=6，表 1-3 列舉並說明邏輯運算的結果。

表 1-3　邏輯運算子

運算子	範例	說明
&&	運算式1 && 運算式2 (a > 8) && (b < 4) —邏輯AND（且）→ false false	若運算式 1 可被換算成邏輯值 false，則傳回運算式 1 的值，否則傳回運算式 2 的值。因此，若運算式 1 和運算式 2 的值都是 true，則傳回 true。
||	運算式1 || 運算式2 (a > 8) || (b < 4) —邏輯OR（或）→ true true	若運算式 1 可被換算成邏輯值 true，則傳回運算式 1 的值，否則傳回運算式 2 的值。若任一運算式的值為 true，則傳回 true；若兩個運算式值都是 false，則傳回 false。
!	! (a = = b) —邏輯NOT（否）→ true false	若運算式的值可被轉成邏輯 false，則傳回 true，否則傳回 false。

因為上述特性，程式能夠以單一敘述判斷並設定變數的初始值，像底下的敘述：

```
var ip = ip ||  '192.168.1.3' ;
```

如果 ip 變數在這一行之前，已經宣告過而且有設定值，則**邏輯或**運算子將傳回原有的 ip 值；否則，它將傳回第二個運算元的值（'192.168.1.3'）。請在 JS 控制台測試：

輸入 ⇨ `undefined || 13` —回應→ `13`

輸入 ⇨ `'' || '192.168.1.3'` —回應→ `"192.168.1.3"`

位元運算子以及 16 進位、8 進位和 2 進位數字表示法

和 C 語言一樣，JavaScript 也支援表 1-4 的**位元（bitwise）運算子**。在 JavaScript 進行位元運算之前，資料會先被轉換成 32 位元**不帶正負號（unsigned）**數字。

表 1-4　位元運算子

運算子	說明
&	位元與（AND）
|	位元或（OR）
~	位元否（NOT）
^	位元互斥或（XOR）
<<	左移
>>	右移

在 ES 6 版本之前，JavaScript 僅支援 10 進位、**8 進位（用數字 0 開頭）**和 **16 進位（用 0x 開頭）**資料表示法。請嘗試在 JS 控制台輸入下列 8 進位和 16 進位數字，它將傳回 10 進位數字：

輸入 ⇨ `010` —8進位轉成10進位→ `8`

輸入 ⇨ `0xff` —16進位轉成10進位→ `255`

JavaScript 第 6 版新增**用 0b 開頭表示 2 進位資料**，以及新的 **0o（數字 0 和小寫字母 o）表示 8 進位資料**：

輸入 ⇨ `0b1001` —2進位轉成10進位→ 9

輸入 ⇨ `0o123` —8進位轉成10進位→ 83

不管使用那一種進位數字進行位元操作，JavaScript 都會傳回 10 進位值。請嘗試在 JS 控制台進行下列位元運算：

輸入 ⇨ `0b0101 & 0b0100` —位元AND→ 4（二進位：0100）

輸入 ⇨ `0b0101 | 0b0010` —位元OR→ 7（二進位：0111）

輸入 ⇨ `0b0101 ^ 0b1111` —位元XOR→ 10（二進位：1010）

輸入 ⇨ `0b0101 >> 1` —右移1位元→ 2（二進位：0010）

輸入 ⇨ `0b0101 >> 2` —右移2位元→ 1（二進位：0001）

輸入 ⇨ `0b0101 << 1` —左移1位元→ 10（二進位：1010）

輸入 ⇨ `0b0101 << 2` —左移2位元→ 20（二進位：10100）

16 進位數字的英文是 he**x**，**8 進位**是 **o**ctal，**2 進位**則是 **b**inary，所以它們的數字前面分別要加上 0x, 0o 和 0b。

在 ES 6 之前，JavaScript 沒有描述 2 進位格式的語法，但可折衷採用 parseInt() 來轉換。底下的敘述執行後，num 將是 13，等同於設定 2 進位值 '1101'：

```
var num = parseInt('1101', 2);
```

資料字串（'1101'）　指定2進位（2）

條件運算子

條件 (conditional) 運算子也稱為三元 (ternary) 運算子，它會依據條件傳回兩個數值的其中一個：

(條件式) ? 成立時執行的敘述 : 不成立時執行的敘述

```
var msg = (temp < 20) ? "天氣轉涼了" : "天氣還好";
```

若temp小於20，msg存入此值。

若條件不成立，msg存入此值。

上面一行敘述，相當於這個 if...else 條件式的簡寫：

```
if (temp < 20) {
  msg = "天氣轉涼了";
} else {
  msg = "天氣還好";
}
```

1-3 函式定義

JavaScript 採用 function 關鍵字定義函式，常見的語法格式如下，這種寫法稱為**函式定義 (function definition)**：

```
function 自訂函式名稱( 參數1, 參數2, ...參數n ) {
  //函式本體
  return 傳回值;
}
```

選擇性的參數

選擇性的傳回值敘述

函式的傳回值可以是任何類型，包含物件和函式。function 亦是 JavaScript 語言的一種**資料類型**，底下是另一種稱為**函式表達式（function expression）**的寫法。**function 關鍵字後面沒有接函式名稱，這種函式又稱為「匿名函式」**。

相當於函式名稱　　匿名函式

```
var 變數名稱 = function (參數1, 參數2,...參數n) {
    //函式本體
    return 傳回值;
};
```

通常會加上分號，代表變數宣告結束。

這兩種函式寫法的主要差別在於「可用」時機。第一種寫法的函式定義，將在執行階段被**提昇（hoist）**到程式的最開頭。因此，函式呼叫敘述可以放在函式定義之前或之後：

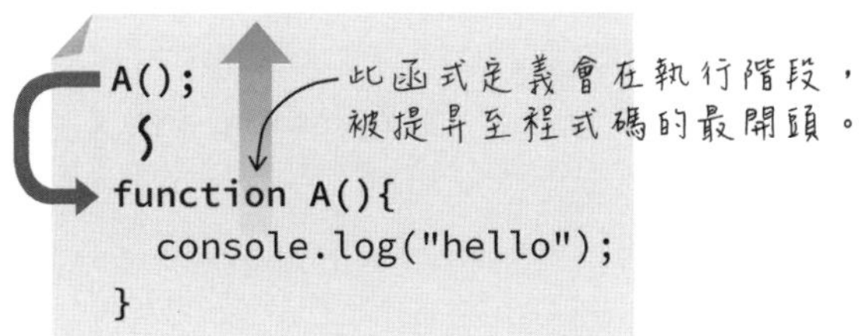

第二種函式定義寫法，**只有在該程式碼被執行到時，函式才被定義**。所以，函式呼叫敘述必須放在此函式定義之後。

B函式此時不存在

```
B();

var B = function (){
  console.log("hello");
};
```

程式執行到這一行，此函式才被定義。

設定函式參數的預設值

呼叫函式時，若未傳入參數，該參數的值將是 undefined。如需設定參數的預設值，可以透過**條件判斷式**或者**邏輯或（||）**達成，底下的程式建立一個相加兩個數字的自訂函式 add()，若呼叫時沒有傳入數字，它將把參數預設為 0；此程式碼執行後會在 JS 控制台顯示 5 和 8：

```
function add(x, y) {
  if (x === undefined) {
    x = 0;
  }
  y = y || 0;
  return x + y;
}
console.log(add(5));
console.log(add(5, 3));
```

等同

```
x = (x === undefined) ? 0 : x;
```

或者

```
x = x || 0;
```

若x值為false，則填入0（註：undefined, null, 0和空字串，都是false。）

附帶一提，ES 6 版支援在函式定義中，設定參數值的敘述：

```
function add(x, y = 0) {
   :
}
```

y參數預設為0

變數的有效範圍

C 語言的變數有效範圍為**區塊型**（block，也就是在大括號 { 和 } 之間的程式）。在區塊內宣告的變數，稱為區域變數，例如：

```
boolean sw = true;

void setup() {
  int motor = 6;

  if (sw) {
    int pin = 10;
     :
  }
}
```

boolean sw = true;：全域變數，全部程式碼都可存取。

int motor = 6;：區域變數，setup()函式的程式碼都能存取。

int pin = 10;：區域變數，僅限此判斷條件程式碼能存取。

JavaScript 的變數有效範圍為**函式**，凡是**在函式內以 var 宣告的變數，都是區域變數**。相較之下，在函式以外定義的變數則屬於**全域變數**。

```
var sw = true;          ← 全域變數，全部程式碼都可存取。

if (sw) {
  int pin = 10;         ← 全域變數
    :
}

function setup() {
  var motor = 6;        ← 區域變數，僅限setup()函式的程式碼能存取。
   :
}
```

區域變數相當於「免洗餐具」，底下 counter 自訂函式裡的 num 變數為例，每次執行此函式，num 就被建立並賦予 0 的值；一旦函式執行完畢，num 變數就被回收，下一次執行又重新建立。

免洗餐具，用完就回收。

```
function counter() {
  var num = num || 0;
  return ++num;
}
```

先累加，再傳回值。

執行 → `console.log(counter());` 傳回 → 1

無論執行幾次，都回傳1

請注意，程式裡的 **"++num" 若改寫成 "num++"，則代表「先傳回目前的 num 值，再累加」**，該函式將始終傳回 0。如果要保存 num 變數值而且能不停地累計，請在函式外面宣告 num 變數：

```
var num = 0;       /* 全域變數 */
function counter() {
  return ++num;   /* 引用全域變數 */
}
```

附帶一提，ES 6 版本支援 **let 指令宣告區塊型變數**，但並非所有瀏覽器都支援：

```
if (sw) {
  let pin = 10;
    :
}
```

區域變數，僅限此判斷條件程式碼能存取。

網頁的全域變數將附加在 window 物件裡面，因此有些程式設計師習慣用底下的形式宣告全域變數：

`window.全域變數名稱` ⇨ `window.sw = true;`

1-4 定時產生隨機數字

JavaScript 的 **Math（數學）物件**包含 **random() 方法**，可傳回 0~1 之間的隨機數字。隨機指令通常搭配 Math.floor() 使用，以取得隨機**整數**值：

```
Math.random()                  ➡ 隨機傳回數字：0~0.99999...
Math.random()×10               ➡ 隨機傳回數字：0~9.9999...
Math.floor(Math.random()×10)   ➡ 隨機傳回數字：0~9
```

Math.floor：無條件捨去小數點數字

setInterval() 是 JavaScript 語言內建，定時反覆執行程式的函式，作用類似 Arduino 裡的 loop() 函式，其語法格式如下（在 JS 控制台中輸入多行敘述時，每一行的末尾，請按 Shift ＋ Enter 鍵斷行，最後一行按 Enter 鍵執行）：

```
window.setInterval(自訂函式, 毫秒數);
```

"window." 可省略

```
setInterval(function(){
  // 每隔5000毫秒（5秒）執行此處的程式碼...
}, 5000);
```

JavaScsript的定時迴圈程式

```
void loop() {
  // 反覆執行的程式碼...
}
```

Arduino的迴圈程式

若定時執行的敘述只有簡短幾行，可以把這些敘述寫成字串，無需匿名函式：

```
setInterval( function() {
  console.log('hello');
} , 1000 );
```

← 每隔一秒，在控制台顯示"hello"。

可寫成

```
setInterval( "console.log('hello');" , 1000 );
```

執行 setInterval() 函式時，它將傳回一個識別碼，稍後若要停止此定時程式，就要用到識別碼。請在 JS 控制台輸入底下的程式：

```
var id = setInterval(function () {
  var num = Math.floor(Math.random() * 1024);
  console.log(num);
}, 3000);
```

程式將每隔 3 秒在 JS 控制台顯示隨機數字 0~1023，並且把識別碼存入 id 變數。一段時間過後，請在 JS 控制台輸入底下的指令，停止定時迴圈：

```
clearInterval(id);  // 停止指定識別碼的定時迴圈
```

JavaScript 還有另一個常見的 setTimeout() 定時執行函式，但是它只會在指定時間到時**執行一次**。

```
setTimeout(function(){
  // 時間到時，執行這裡的敘述。
}, 毫秒值);
```

```
setTimeout(function(){
  console.log("泡麵可以吃了");
}, 180000);
```

三分鐘到時，顯示一次「泡麵可以吃了」

若把 setInterval() 或 setTimeout() 的延遲微秒值設定成 0，並非代表「立刻」執行，而是「儘快」，實際狀況視作業系統和瀏覽器而定。HTML5 定義的最短時間是 4ms，而 IE 瀏覽器則是 15ms。

1-5 Array（陣列）物件

陣列用於儲存一組相關資料，和 C 語言一樣，陣列元素從 0 開始編號。JavaScript 提供數種建立陣列的方式：

```
var she = [ "Selina", "Hebe", "Ella" ];
var she = new Array("Selina", "Hebe", "Ella");
var she = new Array(3); // 建立 3 個元素的空陣列
var she = [];           // 建立空白陣列
```

JavaScript 的陣列，不單只是「儲存序列編號元素的空間」，而是具備操作方法和屬性的 Array 物件。例如，**length 屬性**可傳回或者設定陣列的元素數量：

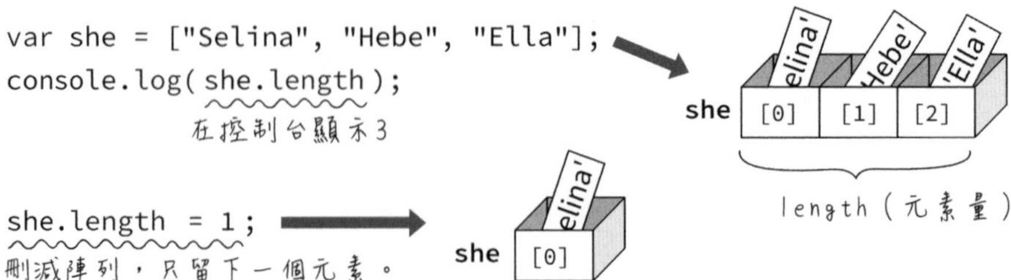

she 實際上儲存了指向（或者說「參照」）到陣列內容的記憶體位址，它扮演類似「仲介」或者中間商，每當我們想存取陣列當中的某個元素時，必須要透過 she 變數。

底下這兩個語法，都能在 she 陣列後面，添加一個新元素：

```
she[3] = "杰倫" ;
she.push("杰倫");
```

pop() 方法將刪除並傳回陣列的最後一個元素：

```
she.pop();
```

unshift() 方法可以在陣列「最前面」，加入新元素 "阿中"：

```
she.unshift("阿中");
```

shift() 方法則可刪除並傳回第一個陣列元素，底下的敘述執行之後，第一個元素變成 "Selina"：

```
she.shift();
```

splice() 方法可以從指定索引位置，刪除或替換新的元素，例如，底下的敘述將從第 1 個索引處，刪除一個元素：

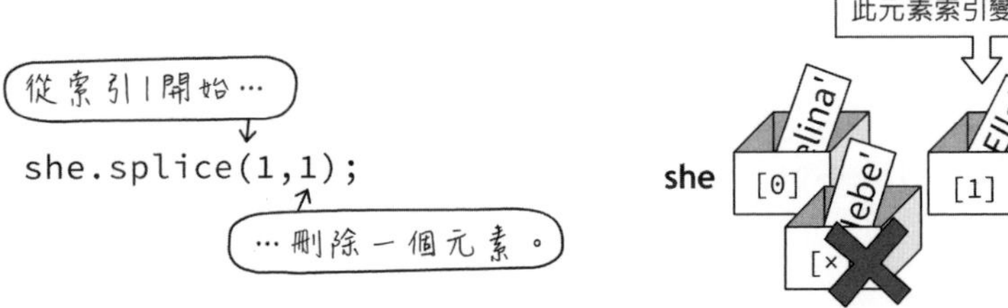

從 splice() 方法的第三個參數開始，可以讓我們指定要替換的單一值，或者多個數值（之間用逗號隔開）。

```
she.splice(1,1,"杰倫", "昆凌");
```

刪除she的元素1，並且加入兩個新元素。

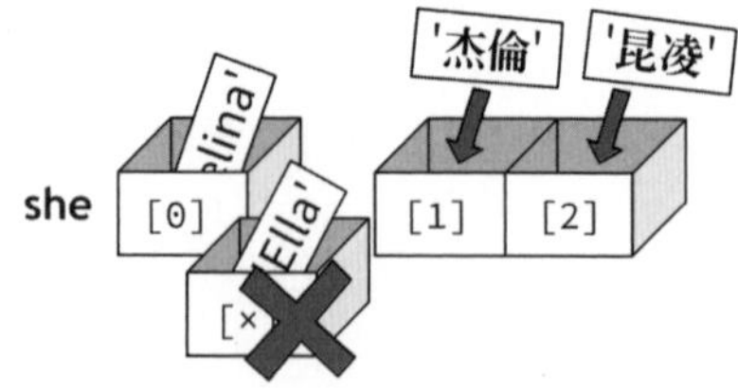

和 C 語言的陣列比較，JavaScript 的陣列：

- 同一個陣列可混合儲存不同資料類型的元素。
- 無須指定陣列的大小，指派新元素給陣列時，它會自行擴充容量。例如，假設 she 陣列目前只有 3 個元素，執行底下的敘述之後，she 陣列的元素數量將變成 100，除了前 3 個和最後一個元素，其餘值都是 undefined。

```
she[99] = '阿蝙' ;
console.log(she.length);  // 顯示 100
```

- 若讀取超過陣列範圍的元素值，不會發生錯誤，其值將是 undefined。
- 不直接支援多維陣列，但是可以在陣列中儲存另一個陣列，達成多維陣列的效果。

使用 for 和 forEach 迴圈取出所有陣列元素

取出所有陣列元素的基本方法是透過 for 迴圈：

```
var she = ['Selina', 'Hebe', 'Ella'];
var total = she.length;

for ( var i=0; i<total; i++ ) {
  console.log( she[i] );
}
```

隨著i值，逐一取出每個元素。

she [0] [1] [2]

我們可以把取得陣列元素數量的指令寫在 for 迴圈中，但是不建議這樣寫，因為此舉會降低大型程式的執行效率：

```
for ( var i=0; i<she.length; i++ ) {
  console.log( she[i] );
}
```

每一次迴圈，都要再次計算元素的數量。

另一種寫法是透過 **forEach 方法**，它宛如一部自動機器，會從陣列的第一個元素開始提取，並傳給「處理函式」當作參數，直到取出最後一個元素為止：

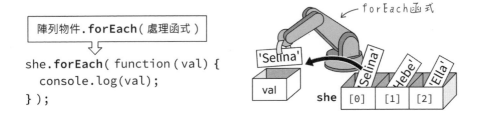

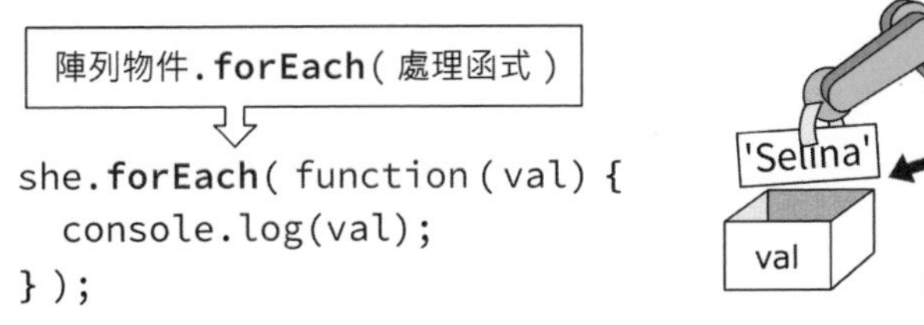

1-6 認識 Object（物件）類型

Object（以下稱「物件」或「原生物件」）是另一種可儲存多組數據的資料類型，儲存在物件裡的元素稱為**屬性**（**property**）；陣列的元素是透過**索引數字**來存取，物件的屬性則是透過**名稱**（**key**）。

假設我們要儲存一組「燈光」資料：

編號	名稱	狀態
0	壁燈 (wall)	"ON"
1	檯燈 (table)	"OFF"
2	神燈 (magic)	"ON"

陣列元素用數字編號，若編號和資料值沒有直接的關聯性，程式敘述本身就無法描述取值的對象：

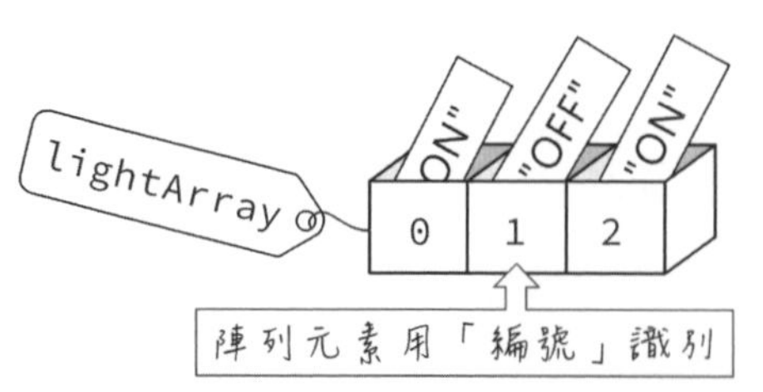

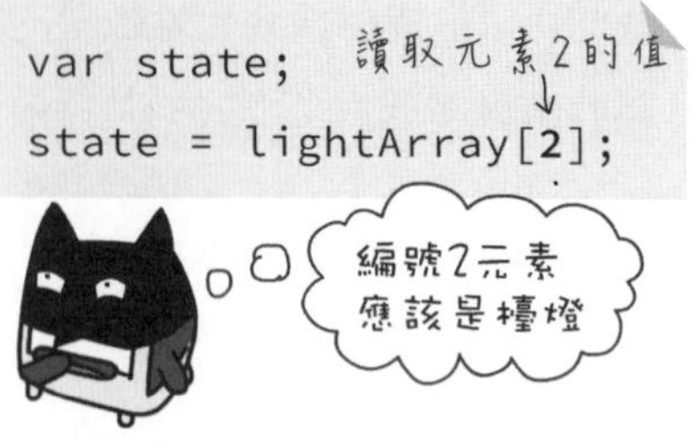

物件的**屬性**透過**名稱**識別，假如我們建立了一個叫做 lightObj 的物件，從底下的程式敘述，我們可直接從字面得知程式擷取的值所代表的意義：

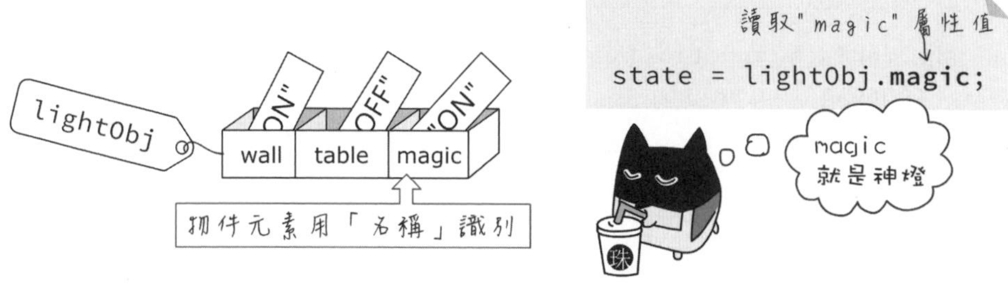

物件的資料也因此被稱為**「名稱/值對」**（**key/value pair**）。建立物件的語法與範例：

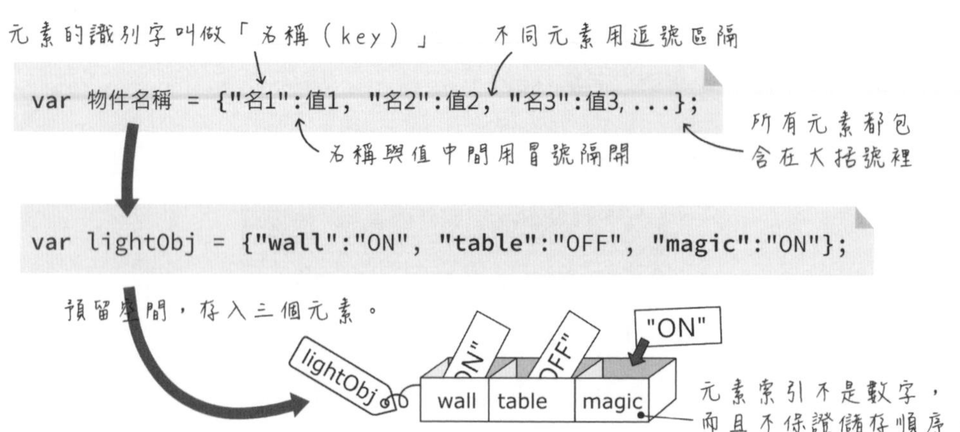

為了增加可讀性，「名稱/值對」往往分開數行撰寫，**「名稱」可以包含空格和特殊字元**：

若屬性名稱不含英文、數字、底線和美元符號以外的字元，可以不用引號括起來。

```
var lightObj = { wall:"ON",
                 table:"OFF",
                 magic:"ON" };
```

屬性名稱允許使用特殊字元和空白，但必須用雙引號或單引號括住。

```
var data = { '@-@':8,
             '2':"number",
             ' ':"Space" };
```

數字也要用引號包圍　空白字元

若名稱不含特殊字元，可直接用「物件.名稱」的語法存取屬性；若包含特殊字元，則需要使用方括號的語法存取。請在 JavaScript 控制台輸入以上的敘述，建立 lightObj 和 data 物件，再執行底下的語法讀取看看：

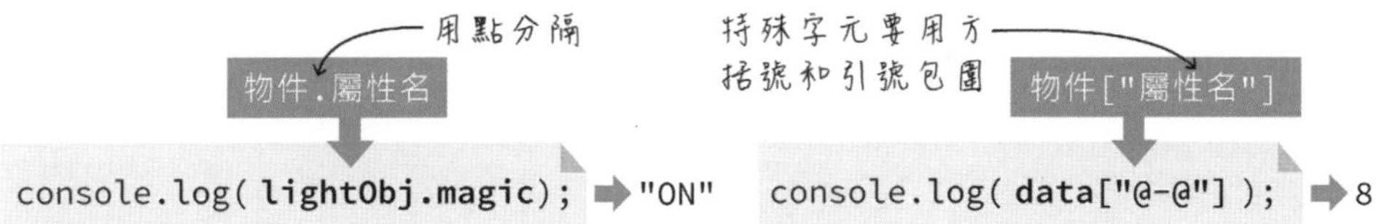

新增與刪除物件屬性

JavaScript 的陣列和物件的元素，都可以任意增加。因此，我們可先宣告一個空白的物件：

```
var lightObj = {};   // 或寫成：var lightObj = new Object();
```

隨後再依照需要加入屬性，例如，底下的敘述將在 lightObj 物件當中加入 pwm 和 LED 屬性：

```
lightObj.pwm = 10;
lightObj.LED = 13;
```

delete 指令用於刪除物件屬性，底下的敘述將刪除 LED 屬性：

```
delete lightObj.LED;
```

delete 指令僅能刪除物件的屬性，無法刪除一般的變數或是整個物件。像底下的寫法是錯的：

```
var temp = 20;   // 定義一個變數
delete temp;     // 無效指令
```

若要告訴電腦，某個變數空間可以讓系統回收使用，請將其值設定成 null 即可，例如：

```
var obj = {'pin':13, 'val': 'off'};  // 定義一個物件變數
var temp = 20;
 :
obj = null;        // 清空物件內容，讓系統回收此記憶體空間
temp = null;
```

物件的屬性可以是任何類型值，數字、字串，乃至另一個物件、陣列和函式。底下的敘述將在 lightObj 物件當中新增一個 hello 函式：

寫在物件裡的函式又稱作「方法」。

```
lightObj.hello = function() {
  console.log("你好！");
}
```

底下是執行 hello() 方法的敘述，在控制台顯示 "你好！"：

```
lightObj.hello();
```

使用 for...in 迴圈列舉物件的全部屬性

由於物件元素的索引不是數字，因此無法用 while 或者 for 迴圈，從編號 0 開始取出所有元素。底下的程式片段採用 for...in 迴圈，在 JS 控制台列舉 lightObj 物件的全部屬性：

自訂變數，通常命名成"key"。

```
for(屬性 in 物件) {
  // 處理所有物件屬性的程式碼......
}
```

此敘述代表：「對lightObj的每個屬性，執行…」

```
for(var key in lightObj) {
    var val = lightObj[key];

    console.log("屬性："+key+" 值："+val);
}
```

在每一次迴圈中，程式會自動取出一個屬性值，直到全部取出為止。

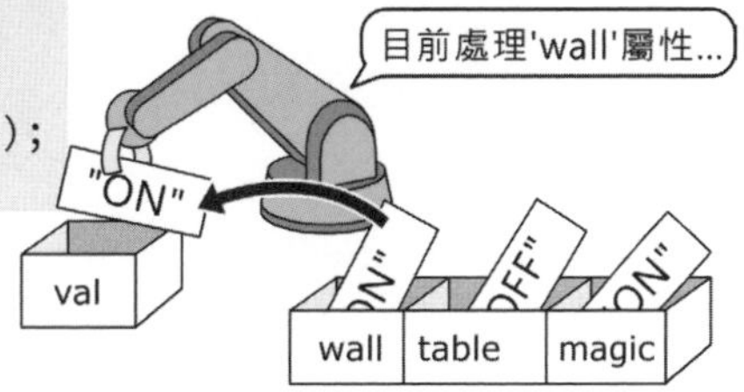

目前處理'wall'屬性...

"ON" val wall table magic

如同 forEach 方法，for...in 迴圈會自動提取物件裡的每個屬性。假如 lightObj 物件包含三個屬性，實際的執行結果如下：

```
top  Preserve log  Show all messages
> var lightObj = { wall:"ON", table:"OFF", magic:"ON" };
< undefined
> for(var key in lightObj) {
      var val = lightObj[key];

      console.log("屬性："+key+" 值："+val);
  }
  屬性：wall 值：ON                                  VM303:5
  屬性：table 值：OFF                                VM303:5
  屬性：magic 值：ON                                 VM303:5
< undefined
> |
```

in 運算子用於確認物件的某個屬性或方法是否存在。以上文的 lightObj 物件為例，若在 JS 控制台輸入底下的敘述，將傳回 true，代表 "magic" 存在 lightObj 之中：

```
"magic" in lightObj  ➡  true  （lightObj包含magic屬性）
"trick" in lightObj  ➡  false （lightObj不含trick屬性）
```

底下的敘述用於確認內建的 Math（數學）物件是否包含 floor() 方法，答案當然是肯定的：

```
"floor" in Math  ➡  true
```

in 運算子也能用於陣列，但陣列資料的索引是數字，所以必須要用數字確認某位置的元素是否存在：

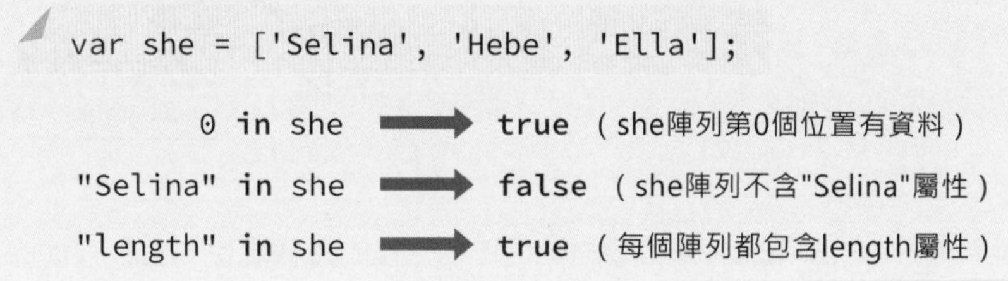

1-7 BOM（瀏覽器物件模型）與 DOM（文件物件模型）

在網頁中執行的 JavaScript 程式，經常用於處理動態改變頁面內容（例如，改變 Google 街景圖的角度）或者讀取數值（例如，判讀信用卡欄位的資料）。這類需求產生一個基本問題：程式該如何描述或者指定頁面上的某個元素？

假設有個如下圖般包含 3 個文字欄位的網頁，我們可以說「被加數」是左邊數來第 1 個欄位，或者從右邊算起第 2 個欄位，或是從左邊開始的第 2 個元素（欄位標題也算一個元素）……

為了統一網頁元素的指定方式，產生了 **DOM（Document Object Model，文件物件模型）標準**。以下面的 HTML 表單為例，每個表單欄位元素都透過 id 屬性設定唯一的識別名稱（註：文字欄位前面的標題文字，由 **label 標籤**定義）：

```
<html>
<body>
  <form>
    <label for="num1">被加數：</label>
    <input type="text" name="num1" id="num1"><br>
    <label for="num2">加數：</label>
    <input type="text" name="num2" id="num2"><br>
    <label for="result">結果：</label>
    <input type="text" name="result" id="result"><br>
    <p>
      <input type="button" name="calc" id="calc" value="計算">
    </p>
  </form>
</body>
</html>
```

設定"num1"欄位的標題字

資料名稱　識別名稱

習慣上，這兩個都取一樣的名稱。

id 是表單欄位的**識別名稱，用於讓程式選取元素。**

瀏覽器載入網頁之後，它將依照每個元素所在位置，在記憶體中解析成如下的樹狀結構。**網頁文件元素構成的樹狀結構，稱為 DOM**（Document Object Model，文件物件模型）；**整個瀏覽器視窗構成的結構，稱為 BOM**（Browser Object Model，瀏覽器物件模型）。

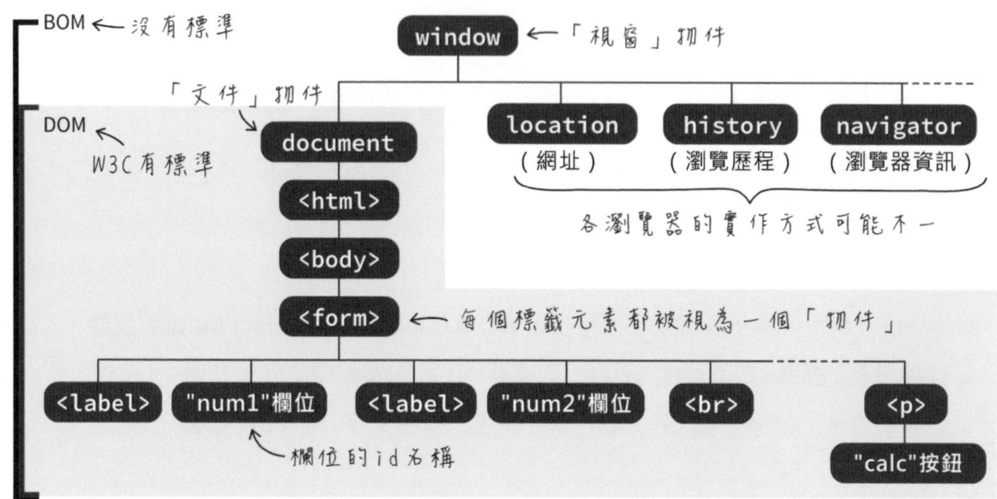

網頁互動程式大多是處理文件內容，因此我們大多只關注 DOM；而且制定 WWW 各項技術規範的 W3 協會（World Wide Web Consortium，簡稱 W3C），並沒有 BOM 的標準規範。透過 DOM 可以進行下列處理：

- 取得頁面中特定標籤中的數據；
- 修改標籤的數據（文字、屬性等）；
- 在頁面中添加標籤；
- 設定事件處理程式。

讀取與操作網頁物件

隸屬於 document（文件）物件的 getElementById() 方法，可選取指定 id 的元素。假設我們要在「被加數」欄位填入 12，由於該欄位的 id 是 "num1"，底下兩行程式碼將能達成這個目的：

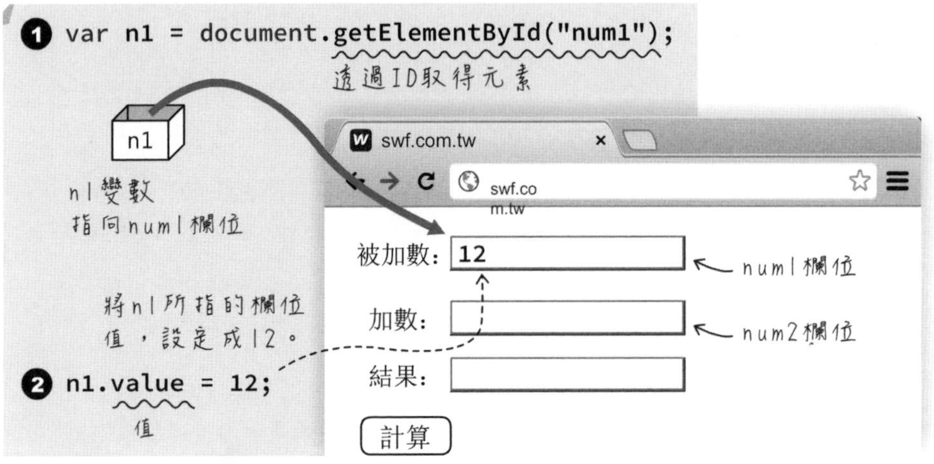

動手做 操作網頁物件

開啟 calc.html 檔，再按下 Ctrl ＋ Shift ＋ J 鍵（或 F12 功能鍵）開啟 JavaScript 控制台，輸入：

```
var n1 = document.getElementById("num1");
n1.value = 12;
```

網頁上的「被加數」欄位值將被設定成 12。

從「瀏覽器物件模型」的觀點來看，document（物件）是 window（視窗）的子物件，因此，上面的敘述可以寫成：

```
var n1 = window.document.getElementById("num1");
```

window 是瀏覽器最上層的物件，可以省略不寫。像上文提到的 alert（警告方塊）與 confirm（確認方塊）方法，同樣隸屬 window 物件，完整的寫法如下，但我們習慣省略 window 物件：

```
window.alert("你好！");      // 執行 window 物件的 alert() 方法
window.confirm("你確定？"); // 執行 window 物件的 confirm() 方法
```

window 物件底下的 **location（位置）物件**，可傳回目前的網址或者改變瀏覽網址，例如，若在 JavaScript 控制台輸入底下的敘述，瀏覽器將切換到筆者的網站：

```
location.href = "http://swf.com.tw/" ;  // 改變瀏覽網址
```

window 物件底下的 **navigator（瀏覽器）物件**，包含與瀏覽器相關的資訊，例如，底下的敘述將分別傳回瀏覽器的語系，以及瀏覽器處於連線或離線狀態：

```
navigator.language;    // 傳回 "zh-tw"，代表「正體中文」語系
navigator.onLine;      // 傳回 true（上線）或 false（離線）
```

1-8 在網頁中嵌入 JavaScript

在網頁嵌入 JavaScript 程式的方式有兩種：

- JavaScript 程式碼與 HTML 寫在同一個網頁文件。
- JavaScript 程式碼單獨存成 .js 文件，讓網頁文件透過連結方式引用它。

網頁裡的 JavaScript 程式，要寫在 <script> 和 </script> 標籤之間。以前的設計師習慣把 JavaScript 程式碼放在檔頭區，因為這樣可以在網頁內容全部下載完畢之前，先執行程式碼。

```
<html>
  <head>
    <title>網頁標題</title>
    <script>
      alert("你好！");
    </script>
  </head>
  <body>
   網頁內文
     ：
  </body>
</html>
```

檔頭區

內文區

JavaScript程式碼。瀏覽器會先完成載入檔頭區內容，才接著載入網頁內文。

網頁內文載入完畢之前，瀏覽器畫面將呈現空白。

以前的網頁寫法

由於網頁互動功能需求日益增加，使得 JavaScript 程式碼愈寫愈長，程式檔變得越來越大。為了避免用戶等待太久才看到內文，所以有越來越多網頁設計師把 JavaScript 程式碼放在文末，讓瀏覽器最後再載入它：

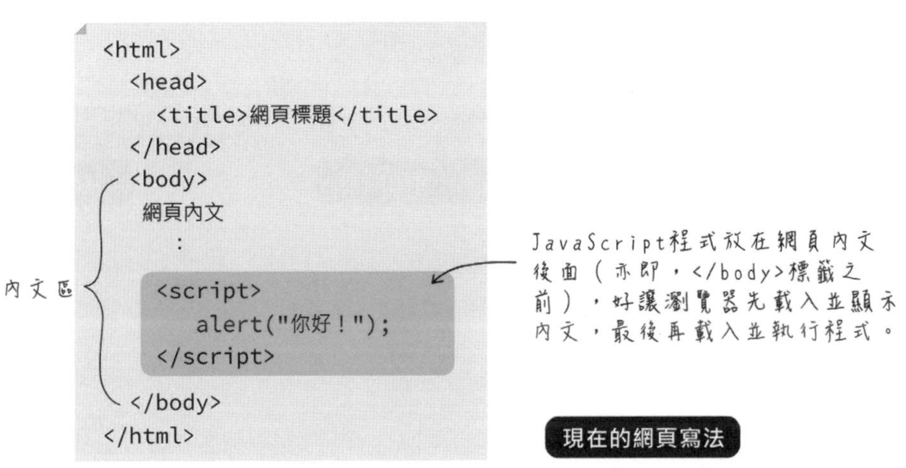

01

根據 2014 年七月的調查統計（http://goo.gl/4Ni2DQ），單一網頁文件的平均大小已超過 1600KB（約 1.5MB），讀者可搜尋關鍵字 "average web page size"（平均網頁大小），獲取最新的數據。

引用外部.js 程式檔

JavaScript 程式碼可單獨寫成一個文件，副檔名是 .js。外部 JavaScript 程式檔通常都存在名叫 "js" 或 "script" 的資料夾；把 .js 和 .html 檔放在同一個資料夾也行，只是一旦網頁文件變多，將不同類型的檔案分類存放在不同的資料夾比較好管理。

引用外部 .js 文件，需要在 <script> 標籤的 **src 屬性**（原意是 "source"，代表「來源」）設定 .js 檔的路徑：

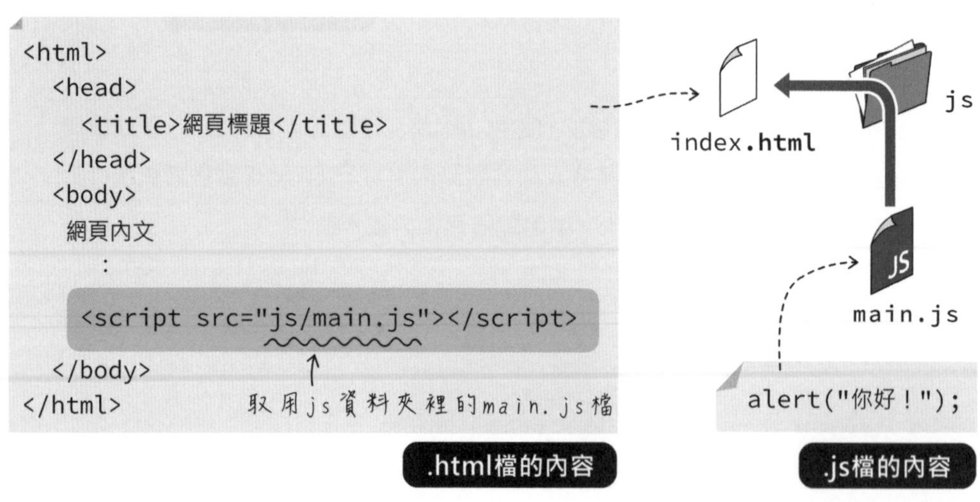

1-9 事件處理程式

一般的 JavaScript 程式碼是從第一行開始往下執行到底，但有些程式碼只在特殊時機（如：網頁載入完畢）或特定狀況（如：滑鼠點選）才會執行；觸發這些程式執行的關鍵因素稱為**事件（event）**，當事件發生時，才會執行的程式碼稱為**事件處理（Event handling）程式**。

瀏覽器已預先定義了許多事件，表 1-5 列舉其中的一小部份，這些名稱都是由 "on" 起頭（代表「當...事件發生」之意），後面加上事件的名稱。例如，**滑鼠「按一下」**的事件叫做 "onClick" 。

> 這些事件名稱為 HTML 標籤屬性，由於 **HTML 並不區分大小寫**，因此也能寫成 onclick。

表 1-5　常見的事件名稱

事件名稱	說明
onLoad	「當網頁完全載入完畢」，用於<body>標籤
onMouseOver	當滑鼠滑入
onMouseOut	當滑鼠滑出
onClick	當滑鼠左鍵按一下，也就是按下再放開
onKeyDown	當任何按鍵被按下
onKeyUp	當任何按鍵被放開

其中的 onLoad 事件附加在 <body> 標籤，其餘事件可用於網頁本體的任何標籤。事件與事件處理程式的基本寫法如下，當此網頁內容完全載入之後，onLoad 事件就會觸發 hello() 函式，顯示「歡迎光臨～」的訊息；按一下「打招呼」連結，將顯示「您好！」訊息。

```
<html>
 <head>
  <meta charset="utf-8">
  <script>
   function hello(msg) {
     alert(msg);
   }
  </script>
 </head>                ↙雙引號          ↙單引號
 <body onLoad="hello('歡迎光臨~')">   ← 當網頁內容全部載入完畢時，觸發執行。
   :
   :  中略
  <p><a href="#" onClick="hello('你好！')">打招呼</a></p>   ← 當此超連結被「按一下」時，觸發執行。
 </body>
</html>
```

這種事件處理程式的寫法已不被推薦使用，因為網頁內文(也就是 body 元素裡面)最好不要摻雜 JavaScript 程式碼，也就是要分離**內容(HTML)**和**互動邏輯(JavaScript)**，兩大主因：

1. **類似功能的程式分散在網頁中，不便重複使用和維護。**假設網站裡的許多頁面都包含以上的超連結事件程式，每次要修改或刪除事件程式，都得逐一查看每個網頁的超連結，不僅麻煩還可能會改錯或遺漏。

2. **節省頻寬與網站伺服器效能。**JavaScript 可以單獨寫在副檔名為.js 的文字檔裡面，讓所有需要的網頁引用。由於瀏覽器會在本機電腦暫存(cache)網頁資源，所以之前載入過的程式碼就不需要重新下載。

第二章「jQuery 簡介」單元，將說明分離內容與互動程式的寫法。

CSS 樣式入門

階層式樣式表(Cascading Style Sheet,以下簡稱 CSS 樣式表)是建構網頁的另一種「語言」,若用蓋房子來比喻 CSS 和 HTML 語言的關係,**HTML 就好比是規劃房子結構的建築師,CSS 則是裝潢設計師**。蓋房子少不了建築師,裝潢設計人員並非必要,但是他們能把房子妝點得更美觀舒適。

換句話說,HTML 標示了文件的結構語意,決定了哪個部分是標題、哪個部分是段落,哪個部分是超連結...至於標題和段落文字的字體、顏色、大小...等外觀樣式,都交給 CSS 決定。

下一章 jQuery 程式設計單元,將會用到部份 CSS 樣式的概念(關於選取 HTML 元素部份),如果讀者未曾接觸過 CSS,請花一點時間閱讀以下基礎介紹。

CSS 樣式指令通常寫在**檔頭區(<head> 與 </head> 之間),並且放在 <style> 與 </style> 標籤之間**,基本語法規則如下:

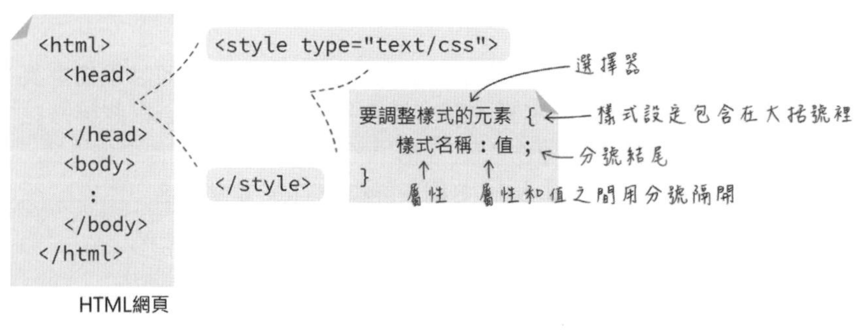

01

上圖右裡的「要調整樣式的元素」，在 CSS 樣式表的真實術語為**選擇器**（selector）。下文將介紹四種選擇樣式元素的基本方式：

- 標籤名稱
- id（唯一識別）名稱
- class（類別）名稱
- 複合選擇器

設定標籤樣式

例如，定義網頁內文範圍的標籤是 <body>，底下的敘述選擇 body 元素，將此元素的前景色（文字顏色）設定成紅色：

```
<style type="text/css">
  body {           ← 選擇body元素
    color: red ;   ← 顏色屬性 / 紅色值
  }
</style>
```

設定 id 樣式

HTML 標籤元素可以運用 id 和 class（類別）屬性來設定識別名稱和分類名稱。例如，在網頁內文使用 <div> 標籤（原意為 **div**ision，區塊，主要用於劃分版面區域），定義一個名叫 "swatch" 區域的 HTML 碼：

```
<body>
<div id="swatch">arduino</div>   ← 定義名叫"swatch"的區域
</body>
```

id 用於設定網頁元素的唯一名稱。id 和 class 屬性名稱可以是任意長度的英文和數字的組合，名稱的第一個字不可以是數字，否則將無法在 Firefox（火狐）瀏覽器中運作，而且名稱中間不能有空格或其他特殊符號。此外，為了避免混淆，id 和 class **名稱不要和 HTML 標籤同名**，例如 p, br, body...等等，都不是恰當的名稱。

在此網頁檔頭區的 <style> 元素內，加入底下的 CSS 樣式設定，將在網頁上產生 150×100 像素大小的深藍色矩形：

id元素名稱要加上井號 →

```
#swatch {
    color:#fff;            /* 前景色：白色 */
    background-color:#00008B;   /* 背景色：深藍 */
    width: 150px;          /* 寬度：150像素 */
    height:100px;          /* 高度：100像素 */
}
```

註解文字包含在/*和*/之間

數值和單位之間不能有空格

⇩

arduino

swatch元素，白字、深藍底

設定寬、高、留白空間、粗細...等屬性的數值時，**除了 0 以外，數值全都要緊跟著單位**(如：代表像素的 px)，而且數值和單位之間不能有空格。

設定類別樣式

class (類別) 屬性用來標示一組具有相同特質的元素。例如，替網頁的部份文字填入淡藍背景色，形成螢光筆般的重點註記效果：

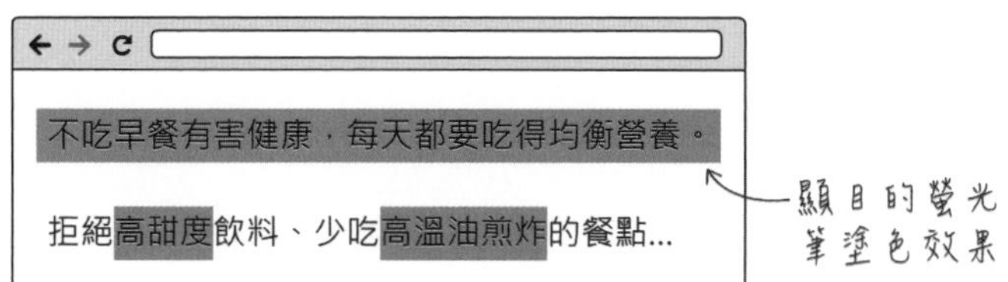

筆者將此螢光筆效果取名為 "marker"，CSS 樣式敘述如下。欲引用此效果的 HTML 元素，僅需要加入 marker 類別：

類別樣式名稱用點符號開頭 →

```
.marker {
  background-color : #0ff;
}
```

「背景色」屬性

水藍色 (aqua) 的16進位色彩編碼

＋

設定類別屬性

```
<body>
  <p class="marker">不吃早餐有害健康，每天都要吃得均衡營養。</p>
  <p>拒絕<span class="marker">高甜度</span>飲料、少吃<span
  class="marker">高溫油煎炸</span>的餐點...</p>
</body>
```

標定一部份內文的範圍

把 p 標籤設定成 marker 類別，整段文字都會有水藍色底。若只想改變部份文字的樣式，可用 <span> 標籤來標定設置範圍。

複合選擇器

複合選擇器 (compound selector) **限定某元素組合**才會套用此樣式。例如，底下的 HTML 片段包含兩個超連結 <a> 標籤，其中一個位於識別名稱為 "bt" 的 <div> 元素之中：

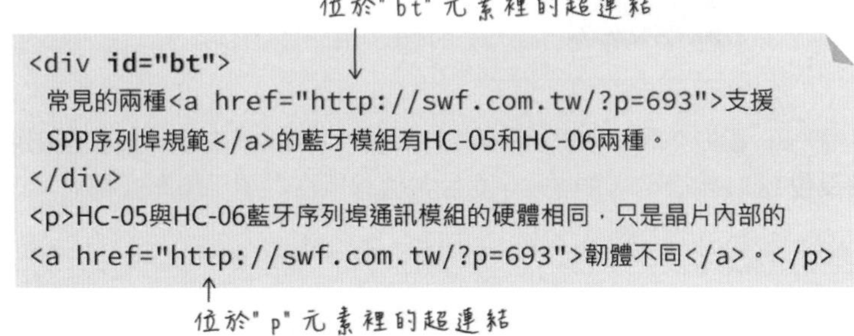

位於"bt"元素裡的超連結
<div id="bt">
常見的兩種<a href="http://swf.com.tw/?p=693">支援
SPP序列埠規範</a>的藍牙模組有HC-05和HC-06兩種。
</div>
<p>HC-05與HC-06藍牙序列埠通訊模組的硬體相同，只是晶片內部的
<a href="http://swf.com.tw/?p=693">韌體不同</a>。</p>
位於"p"元素裡的超連結

假設我們只想針對 "bt" 元素裡的 <a> 設定樣式，CSS 樣式的寫法如下：

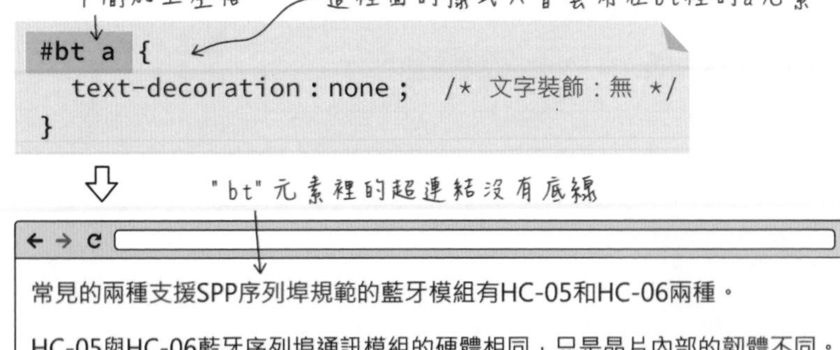

中間加上空格
這裡面的樣式只會套用在bt裡的a元素
#bt a {
text-decoration : none ;   /* 文字裝飾：無 */
}
"bt"元素裡的超連結沒有底線
常見的兩種支援SPP序列埠規範的藍牙模組有HC-05和HC-06兩種。
HC-05與HC-06藍牙序列埠通訊模組的硬體相同，只是晶片內部的韌體不同。

在樣式設定中取消超連結文字的裝飾，就代表取消超連結底線。

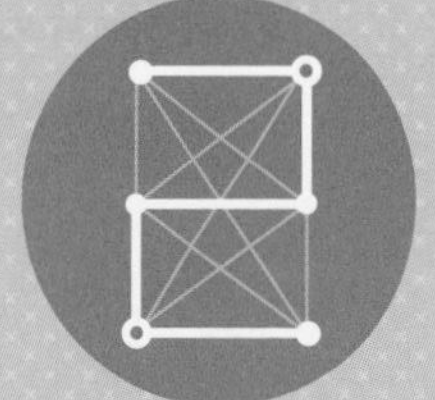

認識 jQuery 程式庫

比起 Java 和 C 語言，JavaScript 更簡單易學，但這並不代表很容易就能用它開發出網頁應用程式。

雖然都採用 JavaScript 語言，但各家瀏覽器的某些語法不太一樣，就好像「腳踏車」一詞，某些人稱它「單車」，有些人則叫它「自行車」，對不同的瀏覽器要用不同的敘述方式。此外，瀏覽器軟體也會有 bug（程式錯誤），新舊版本支援的功能也不同，要讓絕大多數、不同瀏覽器的使用者都能有近乎一致的體驗，網頁程式設計師必須付出很大的心血。

為了解決這些惱人的狀況，陸續有廠商和開發人員製作出**讓 JavaScript 變得更簡單易寫**的程式庫，包括：Prototype, MooTools, YUI, AngularJS, jQuery, ...等等。

JavaScript 程式庫也是用 JavaScript 語言撰寫，就好像膠囊咖啡和手工研磨沖煮的咖啡的本質都是咖啡豆，只是前者不需要高超的手藝，也不必了解不同咖啡豆的特性，就能輕鬆沖泡香濃咖啡，而膠囊咖啡本身也是由專家調配研製，品質可靠。

自家烘焙咖啡豆 + 手工沖煮

全自動生產膠囊咖啡

2-1 jQuery 簡介

根據 w3cook.com 公佈的 2016 年 4 月份統計報告(http://www.w3cook.com/javascript/jquery),**jQuery 是當今最廣泛使用的 JavaScript 程式庫**,普及率高達 95%。jQuery 原創者是 John Resig,創造的目標是 "Write less, do more."(用簡潔的程式碼,完成多元的功能),其主要特色和功能:

- **免費、開放原始碼**
- **支援主流瀏覽器**:從 IE 6.0, Safari 5.0, Chrome, iOS, Android, ...等,全都採用一致的語法,開發人員不用為瀏覽器相容性傷神。
- **簡化選取網頁元素的語法**
- **簡易地讀取與設定元素的屬性和樣式**
- **內建動畫與轉場效果**等擴充功能,像是淡入/淡出(fadeIn/fadeOut)、滑上/滑下(slideUp/slideDown)、...等,提供用戶良好的視覺體驗。
- **簡化互動網頁程式**:從事件處理到動態資料網頁,都變得更容易開發。

以第一章的「加法計算」表單網頁,設定「被加數」欄位值為例,jQuery 的寫法簡單多了:

```
$("#num1").val(12);
```

然而,若直接在瀏覽器的控制台輸入上面的敘述,將會得到如下的錯誤訊息。因為瀏覽器並不認得 jQuery 的 "$" 函式,所以在執行時出現 "undefined"(未定義)的錯誤。

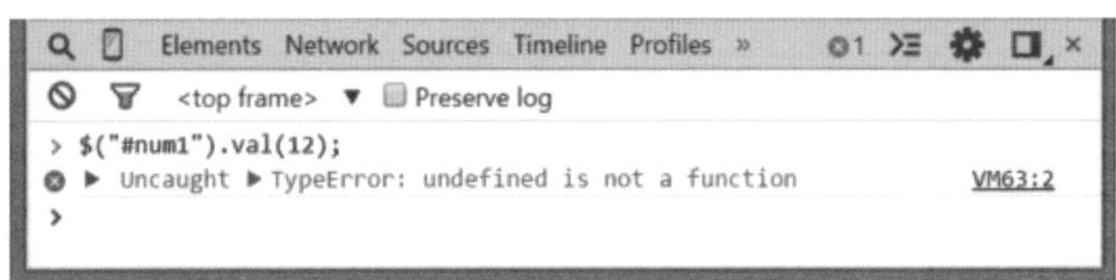

使用 jQuery 程式庫

執行任何 jQuery 程式敘述之前，必須先在網頁中匯入 jQuery 程式庫檔案。 讀者可以到 jquery.com 網站下載最新的 jQuery 程式庫，它分成 1.x 和 2.x 兩個系列版本，兩者的主要差異是 2.x 版僅支援 IE 8 和新版的瀏覽器，而 1.x 版最低支援到 IE 6.0。

此外，jQuery 程式庫檔案分成 Development（開發）與 Production（營運）兩種版本，它們的功能相同，但**「營運」版刪除了程式碼註解、斷行和空白等多餘的字元，檔案比較精簡**；若想要閱讀 jQuery 程式庫的原始碼，可下載「開發」版。

開發版
（檔案大小：241KB）

營運版
（檔案大小：82.3KB）

為了方便區別，**「營運」版的檔名當中多了 "min" 文字（代表 minified，小型檔案）**。我們並不需要去理解 jQuery 的原始碼運作方式，所以只需要下載營運版即可。

以下載 2.x 版「營運」版為例，請在底下的網頁連結上按滑鼠右鍵，選擇『**另存連結為**』指令，請將此 jQuery 檔案存入 js 資料夾。

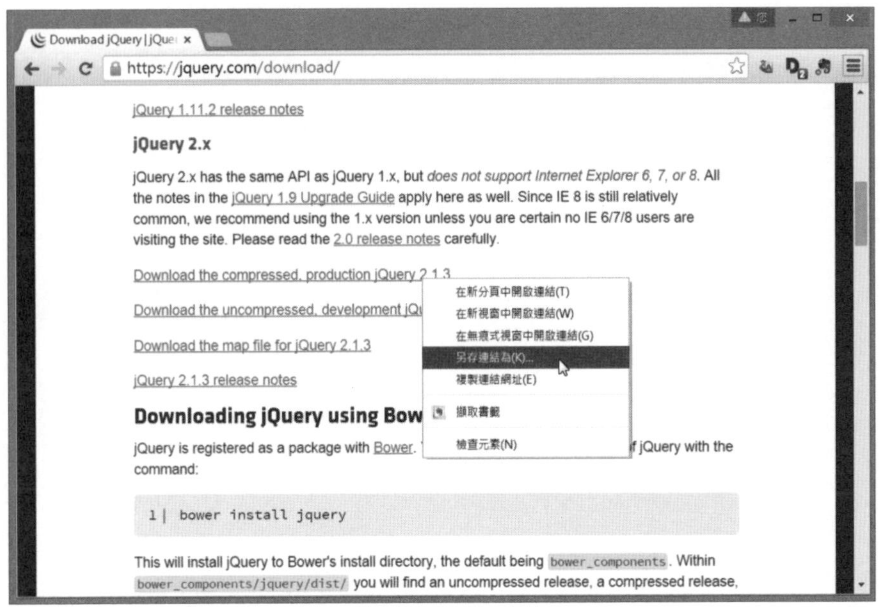

引用本機的 jQuery 程式檔案

為了方便管理網頁檔案，JavaScript 程式檔通常放在名叫 "js" 或 "scripts" 的資料夾。

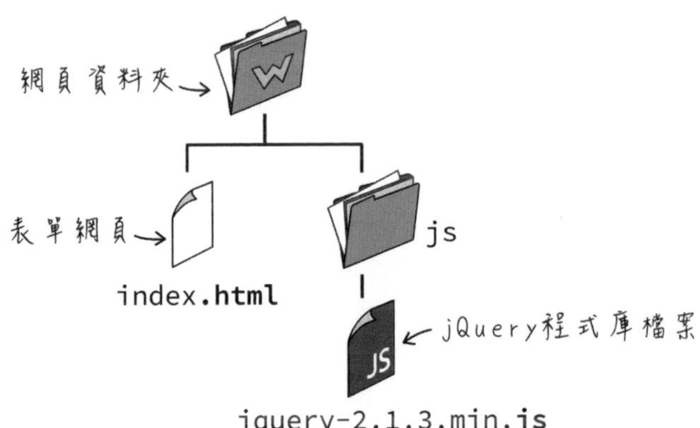

<script> 標籤的 src 屬性（src 代表 source，「來源」之意），用於指定 JavaScript 程式檔的路徑與檔名。底下的原始碼將能在 "num1" 欄位，填入數字 12。

```
<body>
  : 網頁內文
  <script src="js/jquery-2.1.3.min.js"></script>
  <script>
    $("#num1").val(12);
  </script>
</body>
```

必須先引用jQuery程式庫

自訂的jQuery程式碼，寫在另一個<script>標籤內。

js

jquery-2.1.3.min.js

此範例程式的 JavaScript 程式放在網頁內文底部，是故意的。假如將 JavaScript 程式碼移到網頁開頭，將無法產生預期的效果。

```
<html>
 <head>
  <meta charset="utf-8">
  <script src="js/jquery-2.1.3.min.js"></script>
  <script>
   $("#num1").val(12);
  </script>
 </head>
 <body>
  <form>
    <label for="num1">被加數：</label>
    <input type="text" name="num1" id="num1"><br>
     : 中略
</html>
```

原始碼由上而下被讀取並執行

先引用jQuery程式庫

讀取並執行到此時，網頁內文尚未被讀入，所以程式找不到"num1"。

至少要把 JavaScript 程式放到 "num1" 欄位後面，程式才能指定到它。

透過 CDN 引用 jQuery 程式庫

除了把 jQuery 程式庫下載到本機電腦，還可以透過分佈在全球各地的伺服器組織起來的 **CDN（Content delivery network，內容傳遞網路）**，引用 jQuery 程式庫。CDN 就像「網路硬碟」，裡面有最新的 jQuery 程式庫備份，當網頁要求使用 jQuery 時，CDN 會自動從最接近使用者電腦的伺服器，將程式庫傳遞給使用者，因此可縮短下載時間。

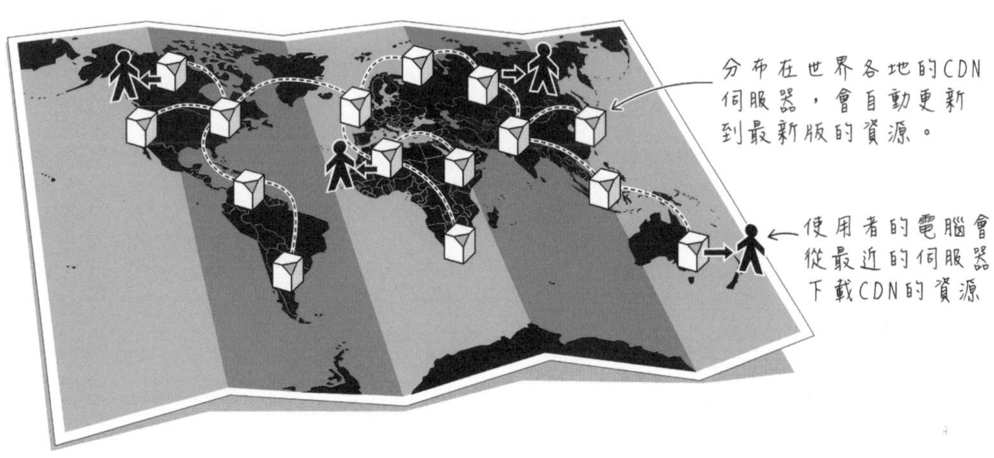

jQuery 官網的下載頁面提供了幾個 CDN 網址，以 jQuery 2.x 營運版為例，表 2-1 列舉三個任君選用：

表 2-1

CDN 供應者	網址
MaxCDN	https://code.jquery.com/jquery-2.1.3.min.js
Google	https://ajax.googleapis.com/ajax/libs/jquery/2.1.3/jquery.min.js
Microsoft	http://ajax.aspnetcdn.com/ajax/jQuery/jquery-2.1.3.min.js

使用時，只需將 <script> 標籤中的 src 屬性，改成 CDN 網址即可，例如：

```
<script src="js/jquery.min.js"></script>
```

存在本機的jQuery程式庫檔案

```
<script src="http://code.jquery.com/jquery-2.1.3.min.js"></script>
```

取用CDN伺服器的jQuery程式庫檔案

引用外部網站的程式庫或 CSS 樣式檔，通訊協定只保留雙斜線，代表讓瀏覽器自動選擇 http 或者 https（註：s 代表 secure，加密）協定：

```
<script src="//code.jquery.com/jquery-2.1.3.min.js"></script>
```

讓瀏覽器自行選用http或https通訊協定

不過，這種寫法不適合用在直接從本機磁碟開啟的網頁檔，因為瀏覽器將會採用 file:// 協定，試圖在本機開啟 "code.jquery.com"，而導致錯誤：

```
<script src="file://code.jquery.com/jquery-2.1.3.min.js"></script>
```

代表讀取本機電腦檔案路徑

02

2-2 jQuery 語法基礎

jQuery 讓我們用一個**以 "$" 符號命名的函式**來選擇操作對象：

```
$(選擇器);
```

用雙引號或單引號包圍

```
$("p");
```

選取網頁裡的全部<p>元素

id名稱前面要加上#號

```
$('#num1');
```

jQuery 選取網頁元素的語法和 CSS 樣式相同，例如，$("p") 代表選取所有 p（段落文字）元素。**在選取的敘述後面，通常會加上處理動作**，以設定名叫 "num1" 欄位的值為例：

```
$(選擇器).處理動作;    ──────▶    $("#num1").val(12);
```

jQuery 的 $ 函式其實是附加在瀏覽器 window 物件底下的全域函式，而 $ 是 jQuery 的別名，因此底下三個寫法都一樣，$() 最常用。

```
window.jQuery(選擇器) ➡ window.$(選擇器) ➡ $(選擇器)
```

等待網頁文件載入完畢再執行程式碼

jQuery 程式敘述通常都放在一個匿名函式裡面，這個匿名函式會在網頁文件載入完畢時，自動被執行：

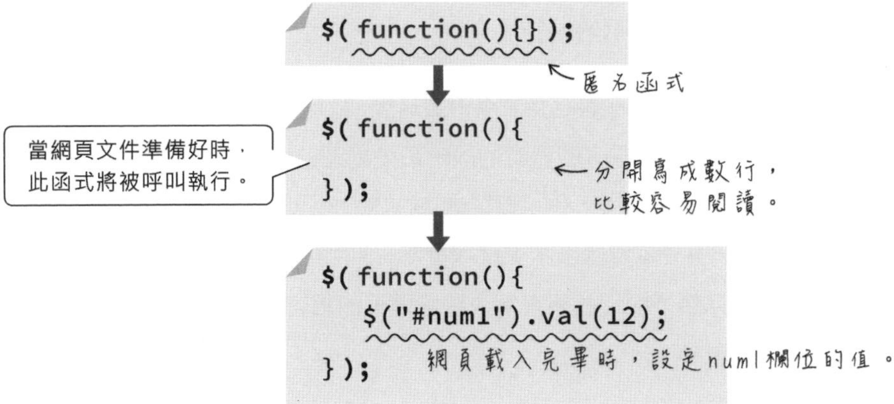

$(function(){...}); 敘述，相當於底下程式的簡寫，代表：**當網頁文件載入完畢時，開始執行自訂的程式碼**。

代表「網頁文件」　準備好了…

```
$(document).ready(function () {
  // 自訂的程式碼放在這裡......
});
```

簡寫成 ➡

```
$(function () {
  // 自訂的程式碼......
});
```

補充說明，第一章「事件觸發程式」一節中，寫在 <body> 標籤裡的 onLoad 事件，可改寫成底下的 JavaScript 敘述：

當視窗內容全部下載完畢時，開始執行。

```
window.onload = function(){
   // 自訂的程式碼...
};
```

注意："window.onload" 要全部小寫。

onLoad 事件和 jQuery 的 ready 事件的執行時機不太一樣，onLoad 事件是「當視窗內容（網頁文件以及相關檔案，例如：影像檔）全部下載完畢時，才開始執行自訂程式」，**而 ready 事件則是網頁的 HTML 載入之後，其餘檔案（如：影像）尚未載入之前，就開始執行**。

由於網頁的媒體檔案可能會佔用許多下載時間，採用 jQuery 提供的 ready 事件比較好，瀏覽器也能在下載資源的同時預先處理 JavaScript 程式。在不使用 jQuery 的情況下，JavaScript 也可以透過 DOMContentLoaded 事件，達成 ready 事件的效果，但由於瀏覽器版本支援程度不一（主要是 IE 9 以下的版本），我們必須自行撰寫額外的程式碼來解決跨瀏覽器的相容性問題，採用 jQuery 可以省掉許多麻煩。

處理滑鼠事件

延續第一章的「加法計算」表單網頁，在 id 名稱為 "calc" 的按鈕上，處理 "click" 事件的語法如下：

```
$(選擇器).事件(事件處理函式);
```

事件名稱不用 "on" 開頭

```
$("#calc").click(function(){
    // 處理事件的程式碼放在這裡......
});
```

和寫在 HTML 標籤裡的事件屬性名稱不同，jQuery 事件名稱不用 "on" 開頭，而且事件名稱都是小寫。

底下的程式將取出被加數(num1)和加數(num2)欄位的值，並且在 JavaScript 控制台輸出兩個相加的值。

```
<script src="js/jquery-2.1.3.min.js"></script>
<script>
$(function(){
  $("#calc").click( function() {
    var num1 = $("#num1").val();
    var num2 = $("#num2").val();

    console.log("轉成數字之前相加：" + num1 + num2);
    console.log("轉成數字之後相加：" + (Number(num1) + Number(num2)));

  });
});
</script>
```

按一下計算(calc)鈕，此匿名函式將被執行。

從 JavaScript 控制台的輸出畫面可得知，**從文字欄位取得的數值是「字串」類型**，所以 "+" 運算子將把兩個字串相連；為了獲得正確的相加結果，可**透過 Number() 函式把字串轉換成數字類型**。

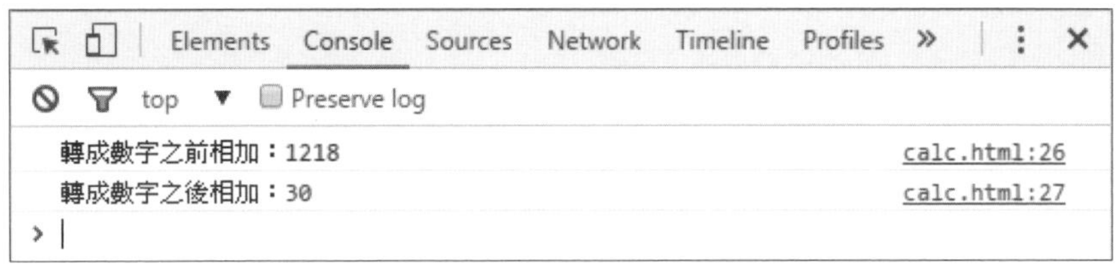

本文的 click() 事件處理語法，其實是 jQuery 提供的簡寫版本。另一種 jQuery 事件處理程式的寫法：

事件名稱為字串格式

```
$(選擇器).on("事件", 事件處理函式);
```

```
$("#calc").on("click", function(){
    // 處理事件的程式碼放在這裡......
});
```

不同的物件引用相同的事件處理函式

事件處理程式不一定要寫成匿名函式，如果有多個事件需要觸發相同的事件處理程式，可以將它單獨寫成具名函式。為了示範這個語法，請在表單網頁新增「計算」超連結文字：

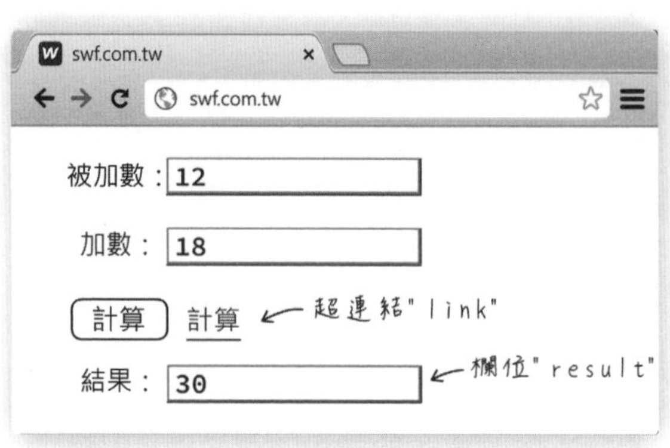

新增超連結和結果欄位的 HTML 原始碼如下：

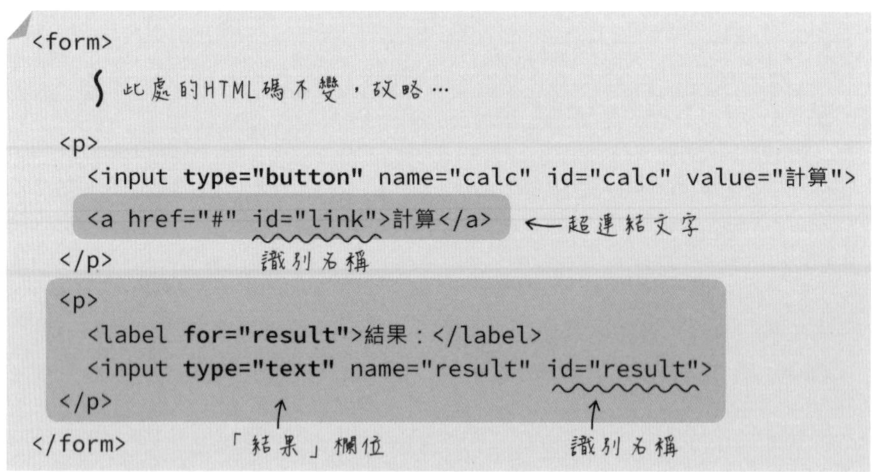

```
<form>
    ⟆ 此處的HTML碼不變，故略…
  <p>
    <input type="button" name="calc" id="calc" value="計算">
    <a href="#" id="link">計算</a>
  </p>
  <p>
    <label for="result">結果：</label>
    <input type="text" name="result" id="result">
  </p>
</form>
```


筆者希望無論使用者按下**計算**鈕還是超連結，都會產生相同的結果，所以事先定義一個負責相加計算的 cal() 函式，提供給兩個 click 事件使用：

```
<script>
$(function(){
  function cal() {
    var num1 = $("#num1").val();
    var num2 = $("#num2").val();

    $("#result").val(Number(num1) + Number(num2));
  }

  $("#calc").click(cal);
  $("#link").click(cal);
});
</script>
```

把相加結果設定給 result欄位

「計算」鈕及連結，都引用相同的"cal"自訂函式。

此處函式名稱後面不加小括號

填入 click() 裡的函式名稱後面**不要加小括號**，因為程式在此是告訴瀏覽器，若發生按一下事件時，該執行那一個函式；在函式名稱後面加上小括號，代表「立即執行」該函式，用在一般的函式呼叫。

建立一個純粹用來觸發 JavaScript 程式碼的超連結，可將 <a> 標籤的 href 屬性設成 "#"。"#" 是欲連結的命名錨點的開頭符號，例如，用戶點擊底下的回頁首連結時，將令瀏覽器捲動到 "top" 錨點所在位置。

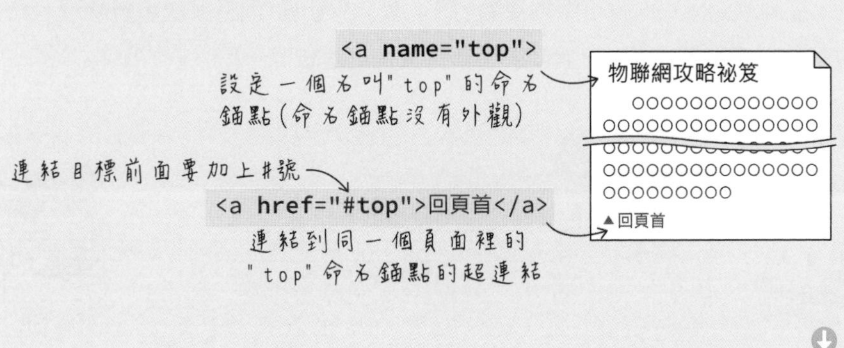

"#" 號後面沒有命名錨點名稱，代表一個無效的超連結，當用戶點擊此連結時，瀏覽器會因為找不到連結目標，而把網頁捲動到最上方；為了避免瀏覽器執行連結，可在超連結的事件處理程式中加入底下的敘述：

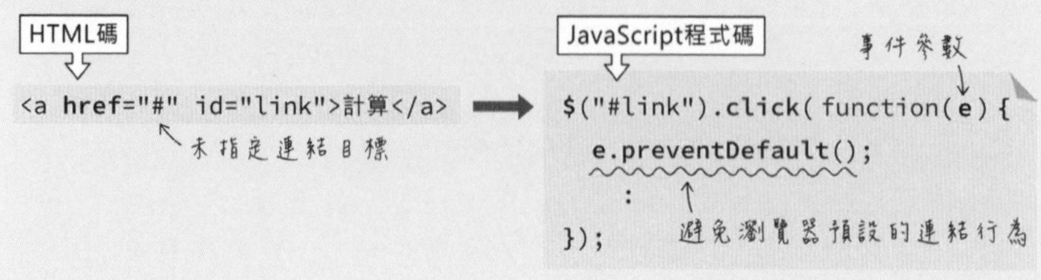

2-3 AJAX 技術：動態更新 HTML 內容

以前的 Web 應用程式，每按下一個按鈕就開始顯示下一個頁面，在頁面完整呈現之前，用戶只能等待，無法進行其他操作。動態網頁的一項重要機制，就是在**不重新載入網頁的情況下，變換某部份頁面的顯示內容**（如：切換圖片）。

超圖解 Arduino 互動設計入門「讓瀏覽器自動更新顯示溫濕度值」一節透過 HTML 的 <meta> 元素，令瀏覽器每隔 3 秒自動重新整理頁面，那樣做的缺點是，整個瀏覽器畫面會不斷地更新，讓人看了不舒服，而且每次重新整理，都會向伺服器提取整個網頁，浪費網路頻寬與伺服器資源。

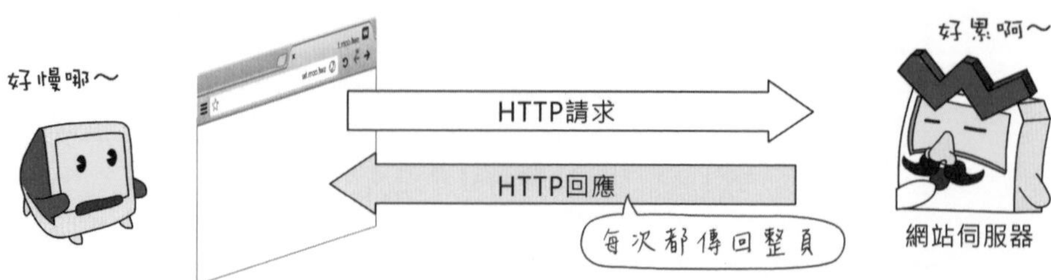

比較好的方法，是由 JavaScript 程式悄悄地向網站伺服器請求最新的溫度值，然後用新的數據替換頁面上的部份內容。**像這種透過 JavaScript 載入資料，在不重新整理網頁的情況下，更新網頁內容的技術，稱為 AJAX（Asynchronous JavaScript and XML，非同步 JavaScript 和 XML）**。

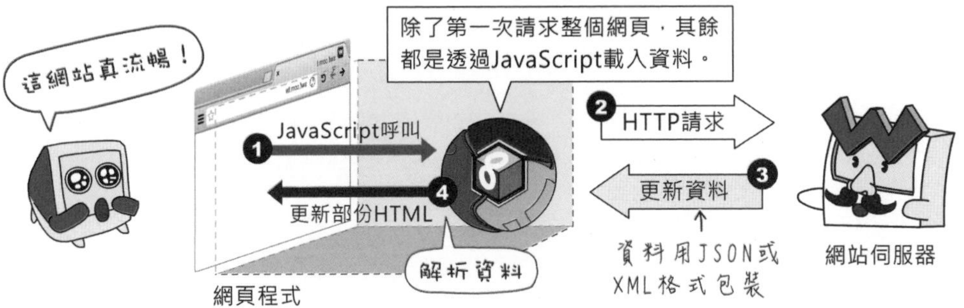

從伺服器推送的更新資料，通常不是 HTML 格式，而是純文字、XML 或 JSON（後兩者格式請參閱下文介紹）。

動態更新網頁

假設有個如下圖的網頁，我們想透過程式更改其中的溫度數字。首先，我們得替「溫度數字」區域，設定唯一的識別名稱。**在 HTML 內文標定一個區域的方法，是透過 <span> 標籤：**

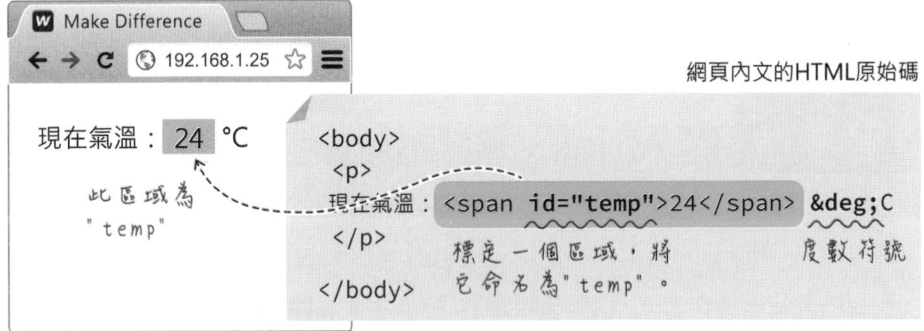

jQuery 提供 **html()** 以及 **text()** 方法，在指定區域填入 **HTML 碼**或**純文字**內容。底下的程式將會把原本的氣溫 24 度，替換成 21 度：

```
<html>
 <head>
  <meta charset="utf-8">
 </head>
 <body>
  現在氣溫：<span id="temp">24</span> &deg;C      ← 先引用jQuery程式庫
  <script src="js/jquery-2.1.3.min.js"></script>
  <script>
   $(function(){
     $("#temp").html("21");  ← 替換"temp"區域的HTML內容
   });
  </script>
 </body>
</html>
```

html() 以及 **text()** 方法的差異：

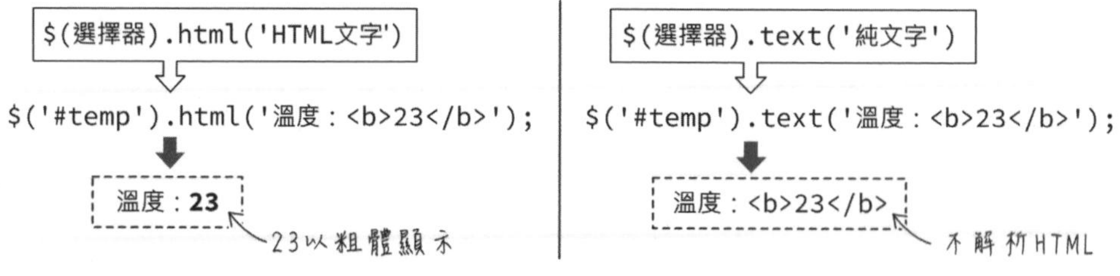

動手做 從 Arduino 輸出純文字溫度

實驗說明：繼續撰寫網頁程式之前，先搞定 Arduino 網路程式。DHT11 溫濕度模組的介紹與操作方式，請參閱**超圖解 Arduino 互動設計入門** 9-2 節「數位溫濕度感測器」。

實驗材料：

Arduino UNO 控制板	一片
Arduino Ethernet 乙太網路擴充卡（採用 W5100 晶片）	一片
DHT11 温濕度感測模組	一片

實驗電路：請依下圖，將 DHT11 模組接在乙太網路卡，DHT11 模組的資料輸出腳，接在數位 2 腳：

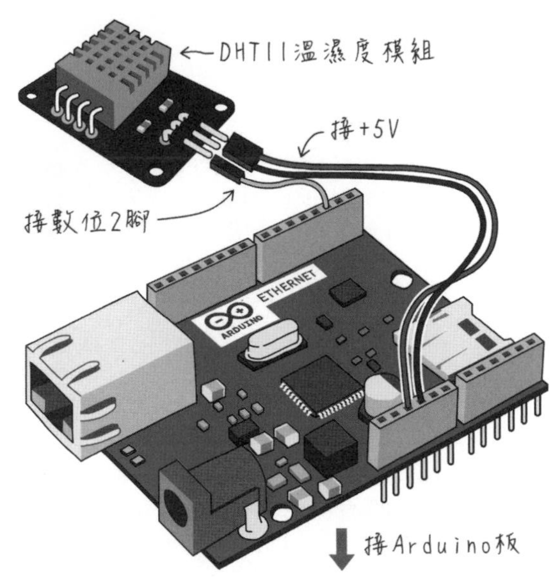

實驗程式：本單元程式改自**超圖解 Arduino 互動設計入門**動手做 16-1「監控遠端的温溼度值」單元，底下只說明修改過的部份。

筆者把讀取 DHT11 模組的温度值，設成名叫 "dht11Cmd" 的自訂命令，這個命令只輸出温度數值，不包含 HTML 標籤，也就是單純的文字。例如，假設温度是 21 度，這個命令將傳回 "21" 給瀏覽器。

從網站伺服器傳遞 HTML 頁面給瀏覽器時，HTTP 回應狀態碼中的「內容類型」敘述會標示成 "text/html"（實際的訊息為：Content-Type:text/html）。**若要告訴瀏覽器，傳回的內容是純文字，「內容類型」敘述要標示成 "text/plain"**。

```
void dht11Cmd(WebServer &server,
              WebServer::ConnectionType type, char *, bool)
{
  int chk = DHT11.read(dataPin);
  char buffer[5] = "";
  server.httpSuccess("text/plain");   // 設定回傳「純文字」內容類型

  if (type != WebServer::HEAD) {
    if (chk == 0) {
      server << dtostrf(DHT11.temperature, 5, 2, buffer);
    } else {
      server << "??";
    }
  }
}
```

若不寫，代表回傳"text/html"類型

傳回DHT11的溫度值

若DHT11沒反應，則傳回兩個問號。

設定回傳內容的程式片段

其實沒有一定要標示 "text/plain" 內容類型，因為使用預設的 text/html 類型，下一節的 jQuery 程式也能處理。然而，從這個小例子，讀者可以知道如何修改 HTTP 訊息的內容類型。

```
void setup() {
  Ethernet.begin(mac, ip, gateway, subnet);
  webserver.setDefaultCommand(&defaultCmd);
  webserver.addCommand("temp", &dht11Cmd);
  webserver.begin();
}
```

網頁資源路徑名稱

實驗結果：完整的程式碼請參閱光碟 diy2_1.ino 檔。編譯並上傳到 Arduino 之後，開啟瀏覽器連結到 Arduino 控制器的溫度計網址，此例為 http://192.168.1.25/temp，將能見到溫度值。

http://192.168.1.25/temp

純文字格式的溫度資料 → 24.5

若把一般網頁文件的內容類型，從 "text/html" 改成 "text/plain"，瀏覽器將不會解析 HTML，而是把它當成一般文字，直接在視窗中顯示 HTML 原始碼。

動態讀取 Arduino 網站溫度值：使用 get() 與 setInterval() 函式

本單元採用 jQuery 程式，在背地裡向 Arduino 讀取並更新頁面上的溫濕度值。**jQuery 提供數個連接、接收網站回傳資料的指令，其中一個是 get()**，基本語法如下：

代表執行jQuery程式庫裡的get()函式

```
$.get( 網址 , 回呼函式 )
```

收到網站傳回的資料後，自動被呼叫的函式。

```
$.get("http://192.168.1.25/temp", function(data){
  // 處理收到網站資料的程式碼...
});
```

接收傳回值的參數，通常命名成data。

底下的程式把 get() 放在 getTemp() 自訂函式中，當自訂函式被呼叫執行時，它將把收到的溫度值，顯示在 "temp" 文字區域。這段程式也透過 setInterval() 方法，每隔 5 秒執行 getTemp() 自訂函式，擷取最新的溫度值，如此一來，就達成「不重新載入網頁，動態更新內容」的 AJAX 效果了！

```
<script>
 $(function(){
   function getTemp() {
     $.get("http://192.168.1.25/temp", function(data){
       $("#temp").html(data);
     });        在temp欄位填入溫度值
   }
   getTemp();  // 網頁載入完畢時，立即讀取並顯示溫度值。
   window.setInterval(function(){
     getTemp();
   }, 5000);
 });          每隔5秒更新溫度值
</script>
```

2-4 網頁訊息交換格式

上一節的 Arduino 控制器每次都只傳送一個溫度值給網頁，如果每次傳送的數據包含數筆不同資料，例如：氣溫、濕度、數位腳的狀態...等等，我們就得規劃一個資料格式。

下文將介紹三種常見的資料交換格式標準：CSV、XML 和 JSON，然後再說明如何將 JSON 應用在 Arduino 和網頁上。

使用與解析 CSV 字串

紀錄不同數據最簡單的方法是用逗號（或其他不包含在資料裡的字元）分隔每一項資料，這種格式就叫**逗號分隔值**（Comma-Separated Values，簡稱 **CSV**）。例如，我們可以讓溫度、濕度、數位腳 2 和 3 等資料，以右邊的格式編排：

CSV 格式的好處是輕量（佔用少量空間），也很容易解析。JavaScript 的字串物件有個 **split() 方法，能把字串分割成陣列元素**。底下的程式片段將能在瀏覽器的控制台顯示溫度和數位腳 2 的值：

```
var str = "22,60,0,1";
var data = str.split(",");

console.log('溫度：' + data[0]);
console.log('腳2：' + data[2]);
```

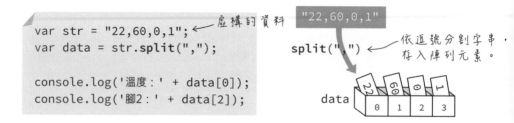

CSV 格式的缺點是，有時我們無法從字面上看出每個元素所代表的意義，所以程式碼也比較不易閱讀和維護。假如要在 CSV 訊息之中加入其他資料（如：亮度值），相關的程式也要一併修改。

其實可以像右邊這樣，於逗號分隔的資料中加入描述資訊，但是還有更好且標準的辦法：改用 XML 及 JSON。

```
氣溫=21.5,濕度=55
```

使用與解析 XML

XML（eXtensible Markup Language，可延伸標記式語言）是在純文字當中加入描述資料的標籤，標籤的寫作格式有標準規範，看起來和 HTML 一樣，最大的區別在於 **XML 標籤名稱完全可由我們自訂**，而 HTML 的標籤指令則是 W3 協會或瀏覽器廠商制定的。就用途而言：

- HTML：用於**展示**資料，例如，<h1> 代表大標題文字、<p> 代表段落文字。
- XML：用於**描述**資料

下圖左是筆者自訂的 XML 格式訊息，無須額外的解釋，即可看出這是一段描述某個控制器的溫濕度和數位腳的資料；下圖右則是電腦解析此 XML 訊息的結果，也就是將資料從標籤中抽離出來（這只是個示意圖，我們無須了解運作細節）：

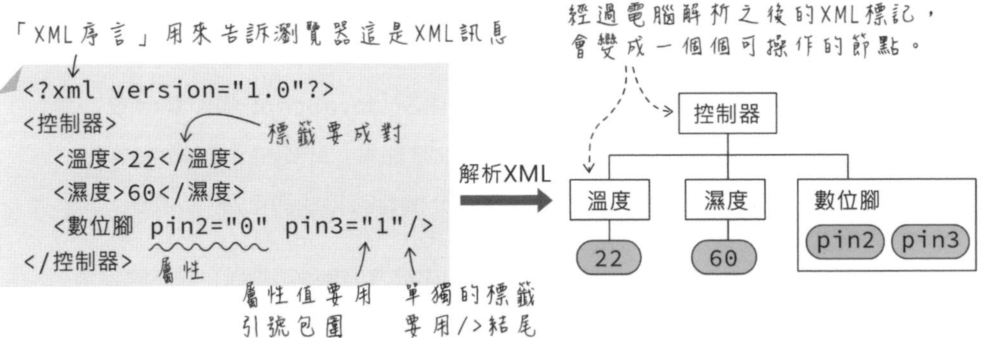

許多網站採用 XML 當作資料交換格式，台北市政府的開放資料就是一例，另外，廣泛用於部落格和新聞網站的 RSS（註：節錄網站內容與連結的訊息格式），也是 XML。某些應用軟體的「偏好設定」，像 Adobe Photoshop 影像處理軟體的「鍵盤快速鍵」設定，亦採用 XML 格式紀錄。

jQuery 程式庫具備解析 XML 文件的指令，只需兩道步驟即可取出 XML 資料：

1. 執行 **parseXML() 方法**，解析 XML 文字。

2. 透過 **find() 方法**，讀取解析後的 XML 標籤（或者說「節點」）。

使用 jQuery 程式庫解析 XML 資料的程式片段如下，完整的網頁程式碼請參閱書本光碟 xml.html 檔：

「XML序言」可省略

```
var str = '<控制器><溫度>22</溫度><濕度>60</濕度>' +
          '<數位腳 pin2="0" pin3="1"/></控制器>';
var xmlDoc = $.parseXML(str);
    xml  = $(xmlDoc),
    temp = xml.find("溫度"),
    val  = xml.find("數位腳").attr('pin2');

console.log('溫度：' + temp.text());
console.log('腳2：' + val);
```

解析XML

參照到根元素（控制器）

參照到「溫度」元素

讀取「數位腳」元素的pin2屬性

讀取「溫度」元素的文字

使用與解析 JSON

JSON（JavaScript Object Notation，直譯為「JavaScript 物件表示法」，發音為 "J-son"）也是通行的**資料描述格式**，它採用 JavaScript 的物件語法，比 XML 輕巧，也更容易解析，因此變成網站交換資訊格式的首選。

許多程式語言（如：PHP, Python, Ruby, C#...）都具有解析 JSON 資料的相關函式庫，因此 **JSON 廣泛用於網路訊息交換**。某些應用軟體的「偏好設定」採用 JSON 格式紀錄，像 Arduino 軟體的控制板和程式庫套件資料。

下圖左是以 JSON 格式描述的溫、濕度和數位腳資料，下圖右則是採用 JavaScript 程式內建的 JSON 物件解析（parse）之後，取出溫度和數位 2 腳的值。

以字串形式輸入程式碼

```
{
  "溫度":22,
  "濕度":60,
  "數位腳": {
    "2":0,
    "3":1
  }
}
```

物件裡面可包含物件

```
var str = '{"溫度":22,"濕度":60,"數位腳":' +
          '{"2":0,"3":1}}';

var obj = JSON.parse(str);

console.log('溫度：' + obj.溫度);
console.log('腳2：' + obj.數位腳[2]);
```

屬性名稱為數字，須使用陣列語法存取。

物件的屬性值可以是陣列，例如，採用「數位腳」陣列儲存 pin（腳位）和 val（值）屬性：

```
{
  "溫度":22,
  "濕度":60,
  "數位腳": [
   {"pin":2,"val":0},
   {"pin":3,"val":1}
  ]
}
```

用陣列儲存數位腳狀態

```
var str = '{"溫度":22,"濕度":60,' +
          '"數位腳":[{"pin":2,"val":0},'+
          '{"pin":3,"val":1}]}';

var obj = JSON.parse(str);

console.log('溫度：' + obj.溫度);
console.log('腳' + obj.數位腳[0].pin +
            '：' + obj.數位腳[0].val);
```

取出元素0的val值

舊版瀏覽器（如：IE 7）並未內建 JSON 物件，為了顧及舊版本相容性，可採用 jQuery 程式庫解析 JSON：

```
var str = '{"溫度":22,"濕度":60,"數位腳":{"2":0,"3":1}}';

var obj = jQuery.parseJSON(str);

console.log('溫度：' + obj.溫度);
console.log('腳2：' + obj.數位腳[2]);
```

可改寫成 $（指 jQuery）

2-5 Arduino 輸出 JSON 訊息

本單元將把 Arduino 的 DHT11 感測器的溫、濕度值，以 JSON 形式傳遞出去。**對 Arduino 程式而言，JSON 就是加了大括號、冒號...等內容的字串資料**。假設我們用 "t" 代表溫度，"h" 代表濕度，這個 JSON 敘述就表示氣溫 24 度、濕度 60%：

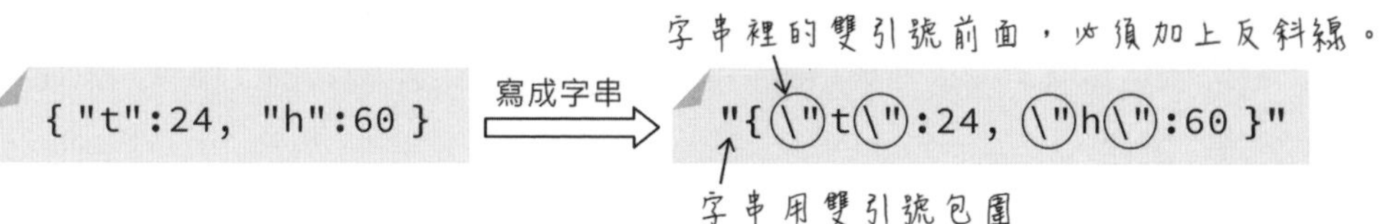

C 語言的字串要用雙引號包圍，字串裡面的雙引號前面要加上**反斜線 (\)**。

為了明確告知瀏覽器，此溫濕度訊息是 JSON 格式，不是一般的 HTML 文件，最好將 **HTTP 回應訊息的內容類型指定成 "application/json"**。本單元的自訂命令叫做 "thCmd"：

```
void thCmd(WebServer &server,
           WebServer::ConnectionType type, char *, bool)
{
  int chk = DHT11.read(dataPin);
  char buffer[5] = "";                    ← 設定回傳 JSON 內容類型
  server.httpSuccess("application/json");

  if (type != WebServer::HEAD) {                    傳回DHT11的溫度值
    if (chk == 0) {
      server << "{\"t\":" << dtostrf(DHT11.temperature, 5, 2, buffer)
             << ",\"h\":" << dtostrf(DHT11.humidity, 5, 2, buffer)
             << "}";
    } else {                                        傳回DHT11的濕度值
      server << "{\"t\":\"?\",\"h\":\"?\"}";
    }
  }          若DHT11沒反應，則傳回 {"t":"?", "h":"?"}
}
```

網路的資源命名成 "th.json"：

```
void setup() {
  Ethernet.begin(mac, ip, gateway, subnet);
  webserver.setDefaultCommand(&defaultCmd);
  webserver.addCommand("th.json", &thCmd);
  webserver.begin();
}
```

網頁資源路徑名稱

完整的程式碼請參閱書本光碟 diy2_2.ino 檔。編譯並上傳到 Arduino 控制板之後，開啟瀏覽器連線到 "192.168.1.25/th.json"，即可看見 JSON 格式的溫濕度訊息：

192.168.1.25/th.json

```
{ "t":24.00, "h":60.00 }
```

使用 jQuery 讀取並解析 JSON 訊息

本單元的網頁新增一個 id 為 "hum" 的濕度值區域，稍後再透過 jQuery 動態填入實際的溫濕度值：

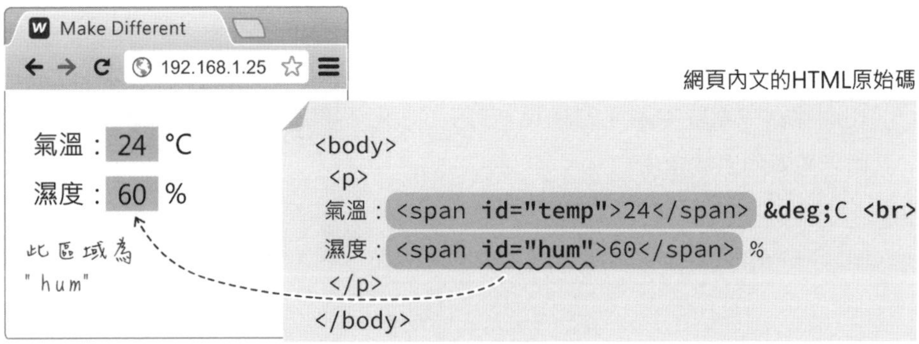

jQuery 程式向 Arduino 伺服器請求最新的溫濕度資料的流程：

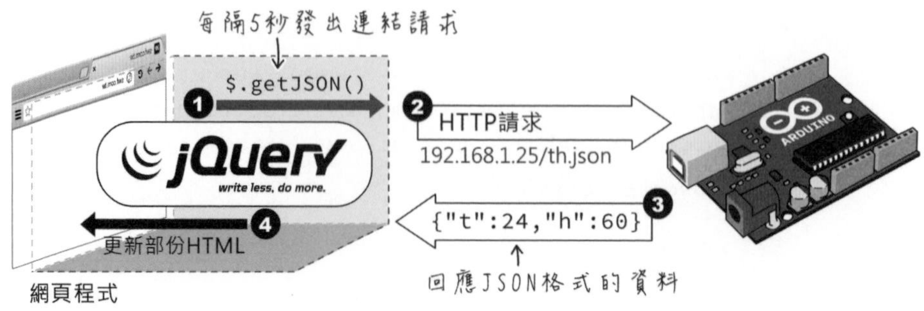

從某個網址讀取並解析 JSON 訊息的 jQuery 方法，叫做 getJSON()，其語法和簡易範例如下。Arduino 傳入的 JSON 資料字串將被轉換成 JavaScript 物件，傳給回呼函式的 data 參數，所以程式可簡單地用 "**物件.屬性**" (data.t) 這樣的敘述取出溫度值。

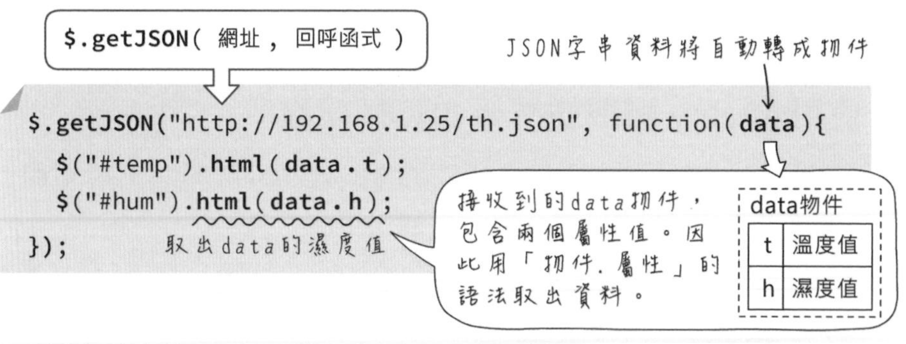


```
$.getJSON("http://192.168.1.25/th.json", function(data){
  $("#temp").html(data.t);
  $("#hum").html(data.h);
});
```

在瀏覽器中開啟本單元的網頁，它將顯示最新的溫濕度值。

192.168.1.25
氣溫： 24.00 °C
濕度： 60.00 %

最後，請嘗試自行搭配 setInterval() 定時執行函式，讓網頁定時更新溫濕度資料。完整的程式碼請參閱光碟 temp_json.html 檔。

如果你採用 1.5 之前的 Webduino 程式庫開發 Arduino 乙太網路程式（註：書本光碟裡的程式庫是 1.7 版），本單元的 jQuery 程式將無法接收 Arduino 的傳入值，詳細說明請參閱下文「**AJAX 的安全限制**」一節。

AJAX 技術的催生者是微軟，該公司替 **IE 瀏覽器內建稱作 XMLHttpRequest 的物件（簡稱 xhr），讓 JavaScript 得以在背地裡存取網站資源**，這項技術後來廣被其他瀏覽器採用，並且納入 HTML5 標準。

jQuery 把 xhr 物件包裝成 getJSON(), get(), post() 和 ajax() 等方法，透過這些簡單的指令就能完成 AJAX 網頁。

2-6 調整燈光亮度的網頁介面

本單元將製作下圖的互動網頁，頁面中包含一個調整亮度的滑桿，以及充當「亮度值」視覺回饋的矩形區域。調整亮度後，網頁會將設定值傳給 Arduino 控制板。

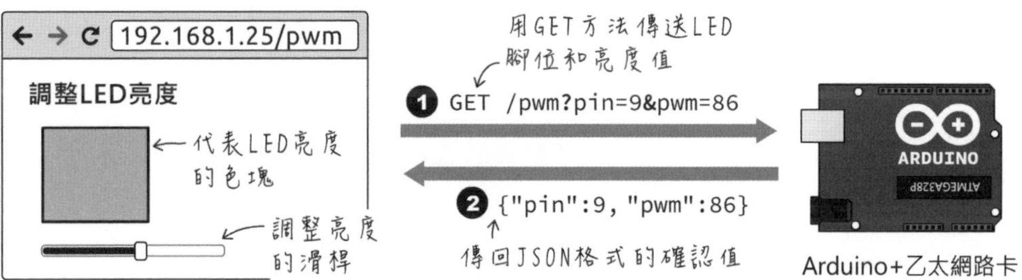

02

動手做 接收調光值的 Arduino 網站程式

實驗說明：Arduino 扮演網站伺服器，接收 GET 方法的 led（腳位）和 pwm（輸出功率）兩個參數，並且傳回 JSON 格式訊息給用戶端，確認有收到資料。

實驗材料：

Arduino UNO 或相容控制板	1 個
採用 W5100 晶片的**乙太網路介面卡**	1 個
LED（顏色不拘）	1 個
電阻：220Ω（紅紅棕）～680Ω（藍灰棕）	1 個

實驗電路：在乙太網路卡的第 9 腳（或其他 PWM 腳）插入 LED，如打算長時間使用，請在 LED 與 Arduino 的 PWM 腳之間串接限流電阻。

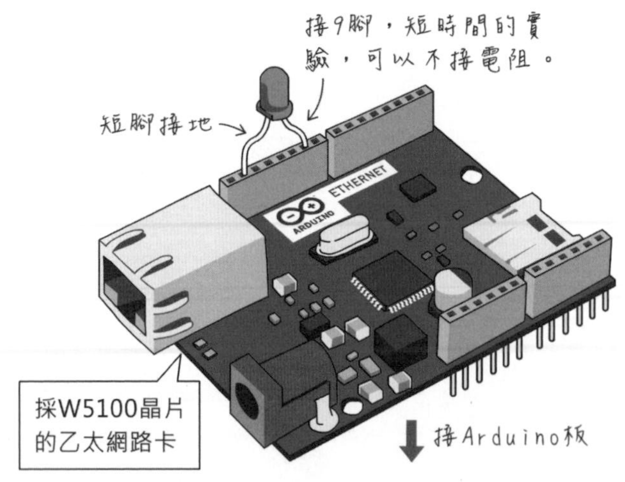

實驗程式：底下程式改自**超圖解 Arduino 互動入門**動手做 16_4_get.ino 檔，採用 Webduino 程式庫（https://github.com/sirleech/Webduino）撰寫乙太網路程式。

輸出 PWM 訊號之前，可先確認該腳位編號是否支援 PWM，方法是先把所有 PWM 腳位編號存入陣列，再透過迴圈逐一比對參數值。負責確認 PWM 腳位的自訂函式叫做 isPWMpin()：

```
boolean isPWMpin(byte pin) {
    byte pins[] = {3, 5, 6, 9};

    for (byte i=0; i < 4; i++) {
        if (pins[i] == pin) {
            return true;
        }
    }
    return false;
}
```

暫存UNO板支援的PWM腳位；10和11腳已被乙太網路卡佔用，不能用於PWM輸出！

若找到相同值…中止迴圈和函式，傳回true。

若找不到相同值，則傳回false，代表非PWM腳。

底下是負責接收 GET 資料以及處理調光請求的自訂命令：

```
void getCmd(WebServer &server, WebServer::ConnectionType type,
            char *url_tail, bool tail_complete) {
  URLPARAM_RESULT rc;
  char name[16];
  char value[16];

  server.httpSuccess("application/json");  // 內容類型設定成 JSON

  if (type == WebServer::GET) {            // 處理 GET 請求
    while (strlen(url_tail)) {
      rc = server.nextURLparam(&url_tail, name, 16, value, 16);

      if (rc != URLPARAM_EOS) {
        if (strcmp(name, "led") == 0) {    // 讀取 led 參數
          ledPin = atoi(value);     // 將資料轉換成數字類型

        if (!isPWMpin(ledPin)) {   // 確認是否為 PWM 控制腳位
          ledPin = 255; // 若不是，則設定成（不存在的）255 腳
        } else {
          pinMode(ledPin, OUTPUT); // 若是，則把該腳設成「輸出」模式
```

```
        }
      }

      if (strcmp(name, "pwm") == 0) {  // 讀取 pwm 參數
        pwm = atoi(value);             // 將資料轉換成數字類型
        if (pwm > 255) pwm = 255;      // 確認數值不超過 255
        if (ledPin != 255) {  // 只要 led 腳位編號不是 255...
          analogWrite(ledPin, pwm);    // 輸出 PWM 訊號
        }
      }
    }
  }
  // 輸出 JSON 格式訊息
  server << "{\" pin\ ":" << ledPin << ", \" pwm \ ":" << pwm << "}";
}
```

最後，把自訂命令加入主程式：

```
void setup() {
  Ethernet.begin(mac, ip, gateway, subnet);
  webserver.setDefaultCommand(&defaultCmd); // 處理「首頁」請求
  webserver.addCommand("pwm", &getCmd); // 處理「pwm 頁面」請求
  webserver.begin();
}
```

實驗結果：完整的程式請參閱書本光碟的 diy2_3.ino，請將程式碼上傳到 Arduino 板。上傳完畢後，將 Arduino 接上網路線，然後在瀏覽器中輸入網址和測試參數：

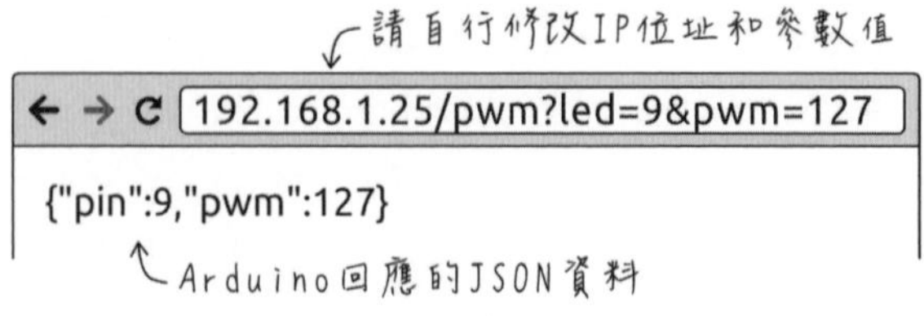

接下來，開始撰寫網頁端程式。

使用 jQuery UI 附加網頁使用者介面元素

jQuery 除了簡潔便利的語法，還有提供**使用者操作介面元素的 jQueryUI（http://jqueryui.com/）擴充程式**。以下列舉 jQueryUI 提供的部份功能，完整的列表請參閱 jqueryui.com 網站。本單元將採用它的 slider（滑桿）介面元素。

- **介面元素（widget）：**
  - Accordion（摺疊式面板）
  - Datepicker（日期選擇器）
  - Dialog（對話面板）
  - Silder（滑桿）
- **互動（interaction）機制：**
  - Draggable（讓元素支援滑鼠拖曳）
  - Dropable（讓元素支援滑鼠拖放）
  - Resizable（可調整操作元素的大小）
  - Selectable（讓元素支援呈現點選狀態）

點選 jQueryUI 網頁左邊的任一元件名稱（如：Slider），可試用並了解該元件的互動效果：

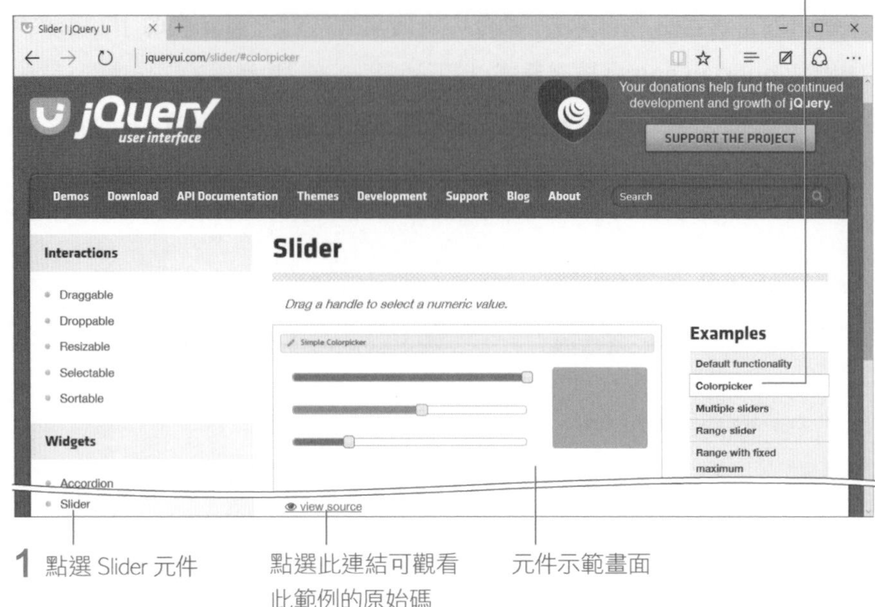

下載 jQuery UI

jQuery UI 具有許多互動元件，我們只下載本單元需要的 slider (滑桿) 元件，以減少程式檔的大小，下載步驟：

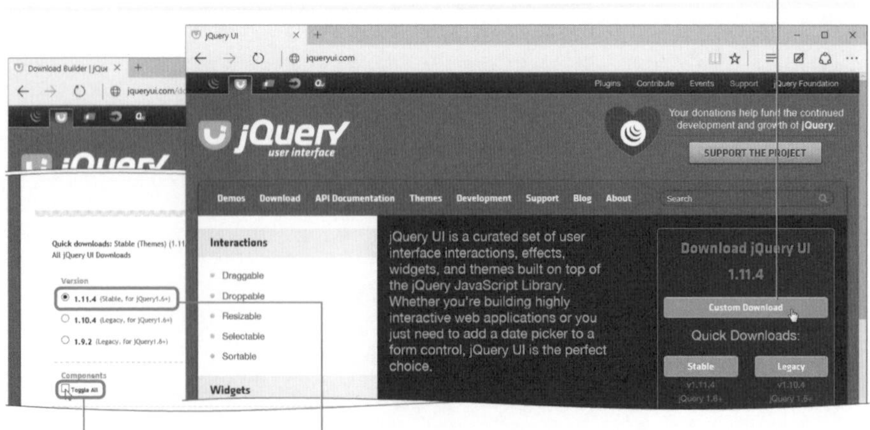

jQuery UI 程式庫分成數個 UI Core（UI 核心）、Interactions（互動功能）、Widgets（小工具）和 Effects（效果）等分類，從 Widgets（小工具）選擇需要的介面元素之後，系統會自動勾選其他必要的元素。

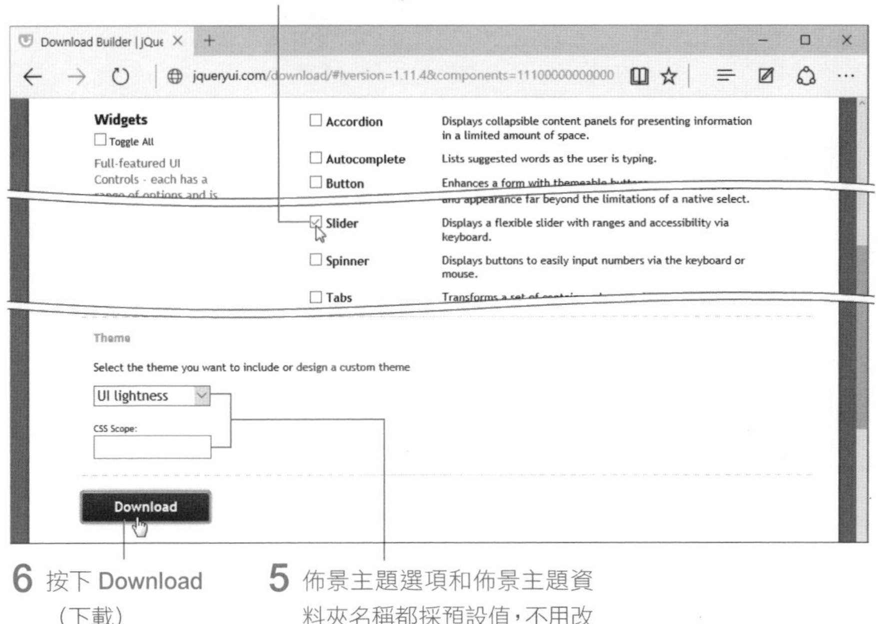

按下 **Download（下載）** 鈕之後，將下載 jquery-ui-x.x.x.custom.zip 檔名的壓縮檔（檔名中的 x 代表版本編號）。壓縮檔包含底下內容：

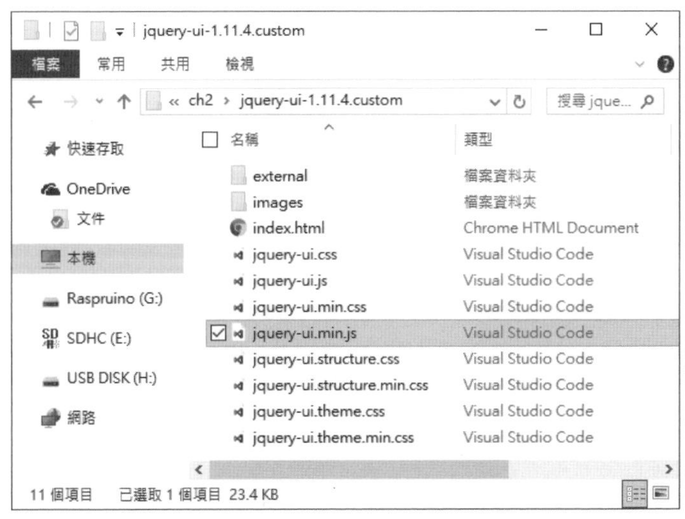

請將其中的全部 .css 檔和 images 資料夾，複製到網站根目錄的 css 資料夾（若沒有，請建立一個）；把 jquery-ui.min.js 檔以及 jquery.js 檔存入網站根目錄的 js 資料夾：

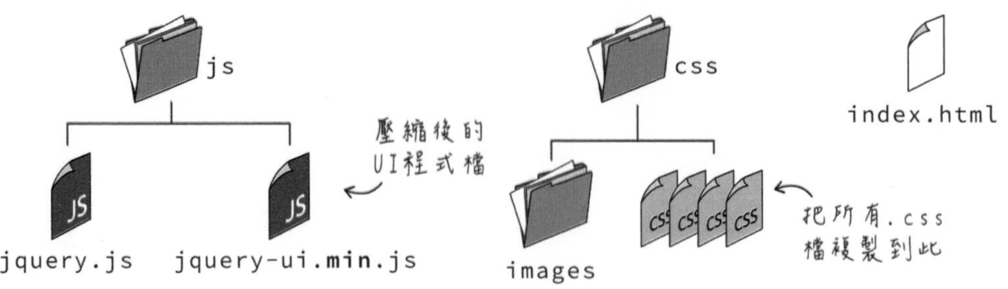

動手做 製作滑桿介面網頁

實驗程式：網頁 HTML 內文如下，滑桿元素使用 <div> 標籤定義，id 名稱隨意（筆者設定成 slider）：

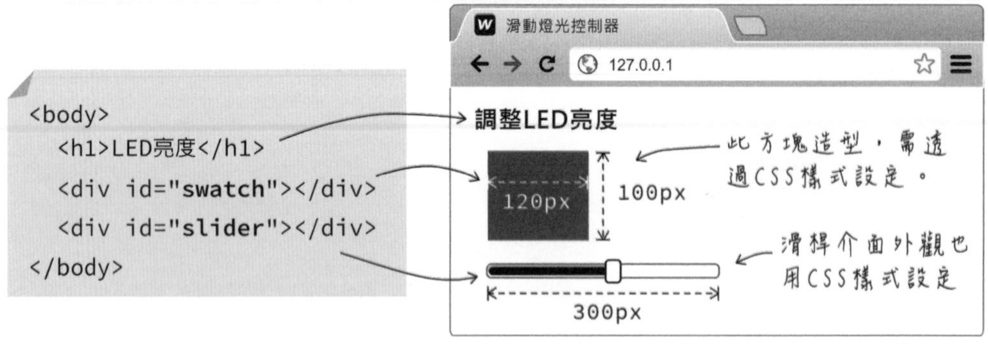

滑桿介面的主程式位於上一節下載的 jqueryui 檔，所以首要步驟是引用該 .js 檔，最基本的滑桿程式如下：

```
<script src="js/jquery-2.1.3.min.js"></script>
<script src="js/jquery-ui.min.js"></script>   ← 引用jQueryUI程式庫
<script>
$(function() {
  $("#slider").slider( );   ← 將"silder"元素變成滑桿介面
});
</script>
```

網頁也可以直接引用 CDN 的 jQuery 程式庫，不一定要下載到本地磁碟，例如：

```
<script src= "https://code.jquery.com/jquery-1.11.3.min.js" >
</script>
<script src= "https://code.jquery.com/ui/1.11.4/jquery-ui.min.js" >
</script>
```

以及定義 UI 元素佈景主題（theme）的 css 樣式檔：

```
<link href=
"https://code.jquery.com/ui/1.11.4/themes/ui-lightness/jquery-
ui.css"  rel= "stylesheet" type= "text/css" >
```

引用自 CDN 網路的 jQueryUI 程式庫包含所有 UI 元件，這些程式庫的 CDN 網址收錄在 jQuery 官網：https://code.jquery.com/ui/

透過滑桿物件的屬性，可調整滑桿的設置並設定事件處理函式：

```
$(function() {
  $("#slider").slider({
    orientation: "horizontal",
    range: "min",
    max: 255,
    value: 127,
    slide: refreshSwatch,
    change: upload
  });
});
```

以「物件」資料格式設定滑桿參數

水平式滑桿；設定成 "vertical" 代表垂直。

垂直式滑桿

滑桿最大值

滑桿初始值

只要滑桿被滑動，就呼叫 refreshSwatch 自訂函式。

滑桿值改變時，呼叫upload自訂函式。

range屬性說明

```
range: "min"
range: "max"
```

滑桿填色以最小值為基準點

以最大值為基準點

根據上面的屬性設定，只要用戶滑動滑桿，refreshSwatch 函式就被觸發執行。此自訂函式負責改變 swatch 元素的背景色，營造出亮度改變的效果。

CSS 背景色樣式可接受 16 進位以及 10 進位值，本例中的 swatch 方塊只須呈現白到黑的灰階，因此紅、藍、綠三色都採相同值。透過 jQuery 改變 swatch 元素背景色樣式的範例敘述：

```
$("#swatch").css("background-color", "rgb(168, 168, 168)");
```

此參數值等同："#A8A8A8"

```
$("#swatch").css("background-color", "rgb(80, 80, 80)");
```

紅　藍　綠（10進位）

隨滑桿值改變 swatch 元素背景色的自訂函式程式碼：

```
var color = 127;      // 儲存滑桿值(0~255顏色值)的變數

function refreshSwatch() {
  color = $("#slider").slider("value");  ← 讀取滑桿(色彩)值

  var str = color + ',' + color + ',' + color;   // 將顏色值組成"紅,藍,綠"字串
  $( "#swatch" ).css( "background-color", "rgb(" + str + ")" );
}
```

傳送亮度值的程式:傳送資料的自訂函式為 upload(),它將讀取滑桿的值,存入 light 變數備用:

```
function upload() {
  var light = $("#slider").slider("value");
}
```

實際在背地收發資料的指令,可選用:

- **get()**:以 GET 方法傳送資料
- **post()**:以 POST 方法傳送資料
- **ajax()**:以 GET 或 POST 等方法傳送資料

以上指令都可選擇性地接收伺服器的傳回值,**get() 和 post() 其實是 ajax() 語法的簡寫形式**。本單元的 Arduino 網路程式採用 GET 方法接收資料,因此 jQuery 也要用 get() 或 ajax() 方法傳送資料:

```
$.get("http://192.168.1.25/pwm", {led:9, pwm:light}, function (data) {
   console.log("arduino傳回腳位:" + data.pin + ", pwm: " + data.pwm);
}, 'json');
```

(請改成你的arduino網址 → "http://192.168.1.25/pwm";傳給Arduino的資料 → {led:9, pwm:light};接收資料 → function (data);傳回的資料類型 → 'json')

```
$.get("連線網址", 傳送資料, 回呼函式, 傳回的資料類型)
```

(傳送資料:資料為物件格式;回呼函式:接收伺服器(Arduino)傳回的資料)

post() 方法和 get() 的指令格式相同，底下是 ajax() 的寫法：

```
$.ajax({
  url:"http://192.168.1.25/pwm",
  method: "GET",
  data: {led:9, pwm:light},
  dataType: "json",  ←── 傳回的資料類型
  success: function(data) {
    console.log("arduino傳回腳位：" + data.pin + ", pwm: " + data.pwm);
  }
});
```


常見的回傳資料類型（dataType）有 json, xml 和 html，也可以不填寫這個參數，讓 jQuery 自動判讀。完整的程式碼請參閱書本光碟裡的 slider_1_ajax.html 檔。

2-7 AJAX 的安全限制

假如你使用 1.5 版之前的 Webduino 程式庫開發 Arduino 乙太網路程式，那麼，以上單元的調光器可以運作，但瀏覽器收不到 Arduino 的回應訊息。請在 Chrome 瀏覽器中按下 F12 鍵，開啟 JS 控制台，你將看到如下的錯誤訊息：

無法載入這個網頁的資料

請求資源的檔頭沒有 "Access-Control-Allow-Origin" 資訊

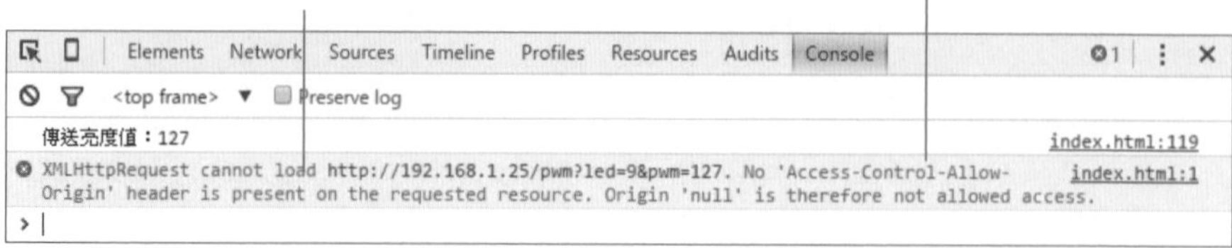

這是因為瀏覽器允許載入來自不同網站的 .js 程式碼，但是不允許 JavaScript 程式（AJAX）讀取外部網站的資源（如：JSON 資料）。

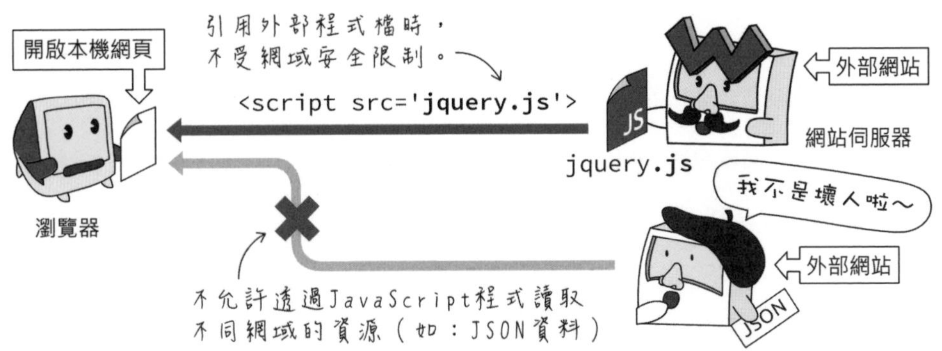

「外部網站」的正式說法是「不同源（origin）」。網頁可以透過 AJAX 技術存取與當前網頁**相同來源**的其它資源，但是**不能**存取**不同來源**的資源。相同來源指的是，資源的 URL 協定、域名、主機和埠號，都和目前的網頁相同，才可以被 JavaScript 程式取用。

以 http://swf.com.tw/ 網址的 index.html 檔，和其他資源網址的比較為例，請參閱表 2-2。

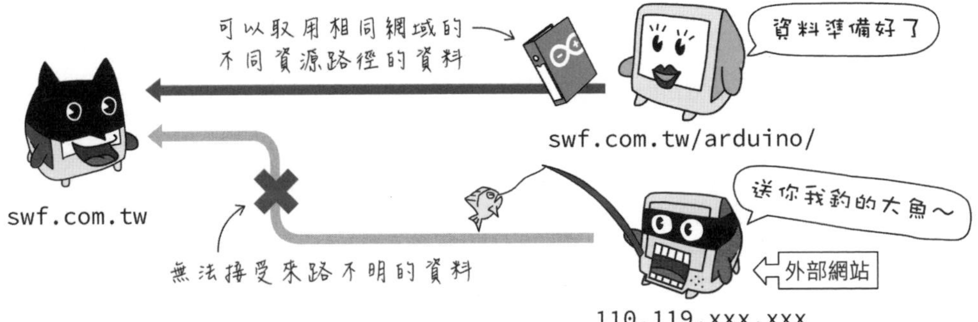

表 2-2

網址	同源與否	說明
http://swf.com.tw/arduino/	相同	相同網域底下的不同**資源路徑**，視為同源。
http://bbc.com/	不同	網域名稱完全不同
http://swf.com.tw:8080/	不同	埠號和預設的 80 埠號不同
https://swf.com.tw/	不同	通訊協定不同（https 的 s 代表 secure，加密通訊）
http://www.swf.com.tw/	不同	主機資訊（www）不同
http://110.119.xxx.xxx/	不同	主機資訊不同

解決這個問題的方法有三種：

1. 在 HTTP 檔頭提供跨網頁存取的資訊
2. 把調光器網頁寫在 Arduino 網站伺服器程式裡面
3. 改用 JSONP 格式傳送資料，請參閱第三章介紹

在 HTTP 檔頭提供跨網頁存取的資訊

若使用 1.5 版以後的 Webduino 程式庫開發 Arduino 乙太網路程式，瀏覽器就能順利接收 Arduino 傳入的資料，沒有跨網域的問題：

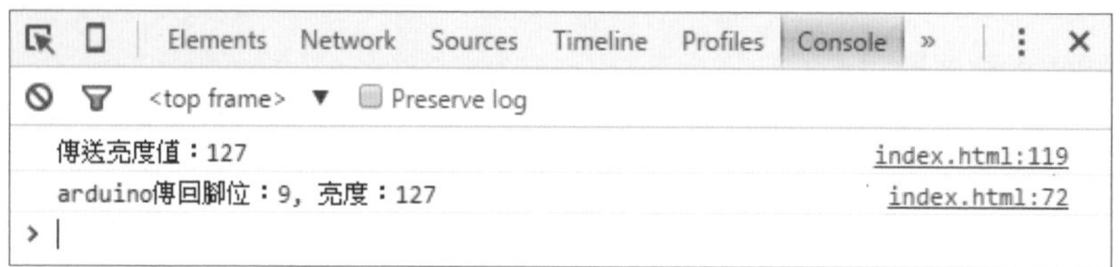

這是因為 Webduino 程式庫加入了目前所有瀏覽器都支援的 **CORS（Cross-Origin Resource Sharing，跨源資源共享）標準**，以 swf.com.tw 裡的網頁，向 koding.io 網站發出請求為例：

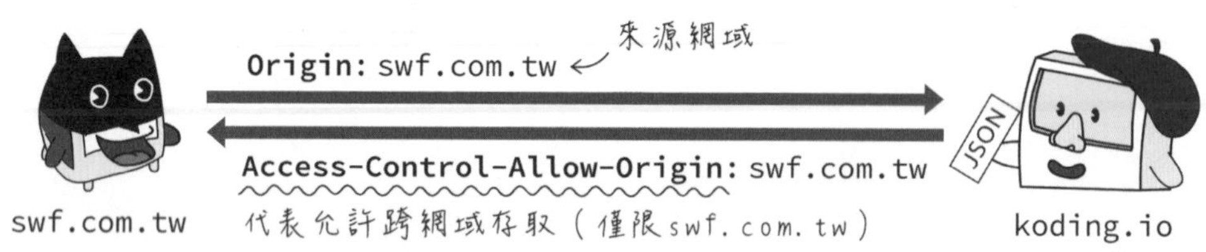

來自 swf.com.tw 的請求檔頭將附帶 Origin 資訊，而 koding.io 的回應檔頭，只要加入 **Access-Control-Allow-Origin**（直譯為「存取-控制-允許-源」）資訊，swf.com.tw 就能順利讀取資料。

在 Chrome 瀏覽器與 Arduino 通訊之後，請按下 F12 鍵，然後按下**『開發人員工具』**裡的 **Network（網路）**標籤頁。從這個窗格，可以看到剛才與伺服器往來通訊的路徑名稱（Name）、方法（Method）、狀態（Status）、類型（Type）...等資訊。

按一下 Network（網路）

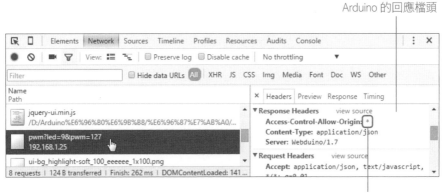

按一下 pwm 路徑，可從右邊窗格的 **Headers（檔頭）**分頁，查看此路徑的**請求（Request）**以及**回應（Response）**的檔頭資訊：

Arduino 的回應檔頭

星號代表允許所有網域讀取資料

Webduino 已經在 HTTP 檔頭中，加入「允許跨網域存取」的訊息，所以調光器網頁可順利收到 Arduino 的回應資料。

把網頁移入 Arduino

解決同源問題最直接的方式，就是把網頁存入 Arduino。由於調光器前端網頁，以及回應調光器資訊的程式碼都來自相同的 Arduino，所以這兩者視為同源。完整的 Arduino 調光網站程式碼，請參閱書本光碟的 diy2_4.ino 檔。

雖然這個方法可行，但是用 Arduino 當網站伺服器有幾個顯著的問題：

- 效能低落
- 記憶容量有限
- 網頁程式和 Arduino C 語言程式混合寫在同一個程式檔，不易維護

所以我們也不可能在其中嵌入複雜的網頁。畢竟 Arduino UNO 只是 8 位元處理器，能夠上網已經很不起了。

最好把 Arduino 單純地當成網路終端（控制節點），前端網頁和 Arduino 程式分開來，例如，網頁可以放在效能高出甚多的樹莓派微電腦，或者做成手機 App，而 Arduino 只負責傳輸感測器資料，或者接收指令控制週邊。

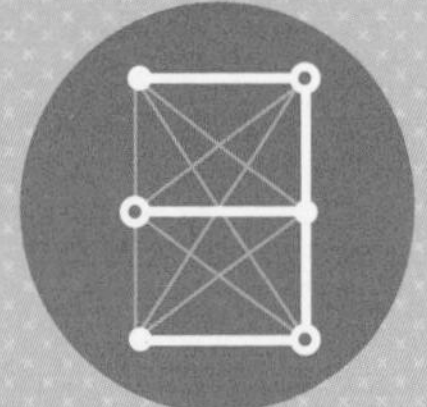

Node.js 入門

前兩章介紹了如何撰寫在瀏覽器中執行的 JavaScript 程式，由於瀏覽器的功能與安全性限制，網頁裡的 JavaScript 程式無法存取大部分的系統功能，例如，透過藍牙或序列埠控制週邊設備、複製或搬移檔案、啟動應用程式...等等。

Node.js 是一個獨立的 JavaScript 執行環境（亦即，不在瀏覽器中執行的 JavaScript），可以讓我們使用 JavaScript 程式語言開發應用程式，直接在 Windows, Mac OS X 和 Linux/Unix 等系統上執行。

Node.js 不僅免費且開放原始碼，最初是 Ryan Dahl 和 Joyent 公司的同仁聯手開發，目前由 Node.js 基金會擁有和維護。Node.js 也寫成 NodeJS 或是 Node，本書內容使用 Node.js 或 Node 程式稱呼。

Node.js 內建網站伺服器，所以通常被用來開發網站應用程式，例如，建置部落格、微博平台和資料庫管理程式。非但如此，它也能存取系統資源和控制週邊設備，例如，操控序列埠連接的 Arduino 板、樹莓派的 GPIO 介面，或者讀取某個資料夾裡的照片，將它們依拍攝日期自動分類歸檔。

請搜尋關鍵字 "node.js organize picture"。

Node.js 採用 Google 的 **V8 JavaScript 程式引擎**，與另一個常見的伺服器端程式語言 PHP 比較，Node.js 的執行效能在諸多方面都領先 PHP（請搜尋 node.js vs. php benchmark 等關鍵字）。加上 JavaScript 程式易於開發的特點，使得 Node.js 廣獲開發人員青睞，許多大型企業，包含微軟、Yahoo、IBM、渥爾瑪（Walmart）、PayPal...都有採用 Node.js。

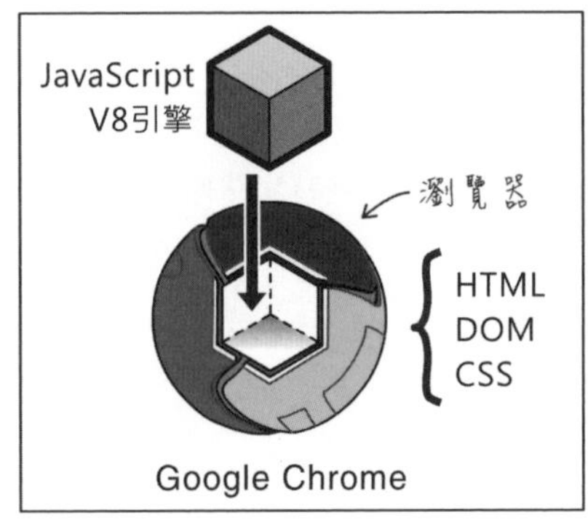

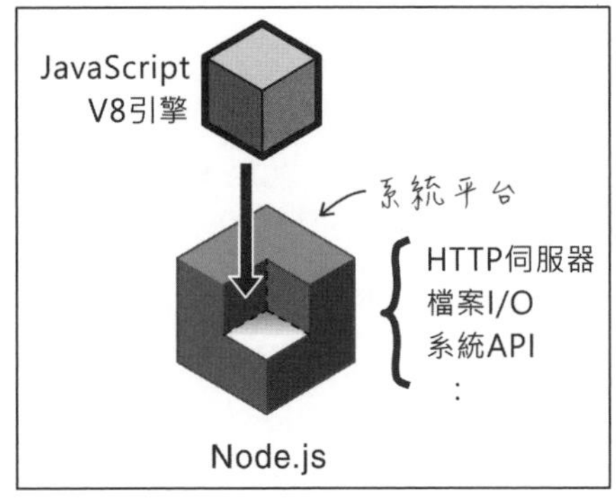

本章主題包含：

- 在 Windows, Mac OS X 和 Linux（樹莓派）系統上安裝 Node.js 執行環境
- Node.js 程式設計起步
- 使用 Node.js 建立網站伺服器程式

2015 年初，一群 Node 開發人員因為不滿 Joyent 公司的管理方式，以及遲遲未採用最新版的 Google V8 引擎，因而在 Node 基礎上建立新的分支（fork），也就是複製原有的程式碼，再加以改良成自己的版本，命名為 io.js（因為 Node.js 是註冊商標，不能沿用）。

io.js 的成員很活躍，積極更新與維護原始碼，在短短數月之內就從 1.0 晉升到 3.x.1 版，並且獲得 Uber, MongoDB, Microsoft, ...等公司的支援。

所幸在分裂數個月之後，Node.js 和 io.js 團隊取得共識，將兩個開放原始碼專案合而為一，由新成立的 Node.js Foundation 獨立基金會掌管，Joyent 不再擁有絕對的主導權。合併後的 Node.js 版本從原本的 0.12.x 版，升級成 4.0.x 版，這是因為它是從 io.js 的 3.x 版本改進而來。

其實 Microsoft 也有建立自己的 Node.js 版本，而且它的 JavaScript 程式引擎採用和 Edge 瀏覽器相同的 "ChakraCore" 而非 Google V8；此 Node.js 用於 Windows 10 IoT Core 作業系統，可在樹莓派 2 代（或更高階）控制板上運作。

JavaScript 語言包含 Core（核心）和 Client（前端）兩大部分。核心指的是資料操作、邏輯運算、迴圈...等，不涉及操作網頁與瀏覽器的前端部分。

Node.js 的 JavaScript 屬於核心部分，再加上網路通訊、檔案系統、作業系統相關 API... 以及其他工具程式，例如，console 物件以及 setTimeout(), setInterval() 函式。由於 Node 不是在瀏覽器中執行，所以沒有瀏覽器相容性的問題。

附帶一提，Node.js 本身以及它的許多模組 (module) 和套件 (package)，都是用 C++ 語言寫成；它們與外部溝通的介面則是採用 JavaScript 語言。

3-1 在電腦以及樹莓派安裝 Node.js

Windows 與 Mac OS X 系統版本安裝說明

到 node.js 官方網站 (nodejs.org)，瀏覽器會依照您使用的作業系統 (Windows, Mac OS X 或 Linux)，顯示對應的下載連結。以底下的網頁為例，它提供 4.4.0 LTS 和 5.8.0 Stable (穩定) 兩個版本，並建議使用者採用 4.4.0 版以維持相容性，想要嘗試新功能的話，可安裝 5.8.0 版：

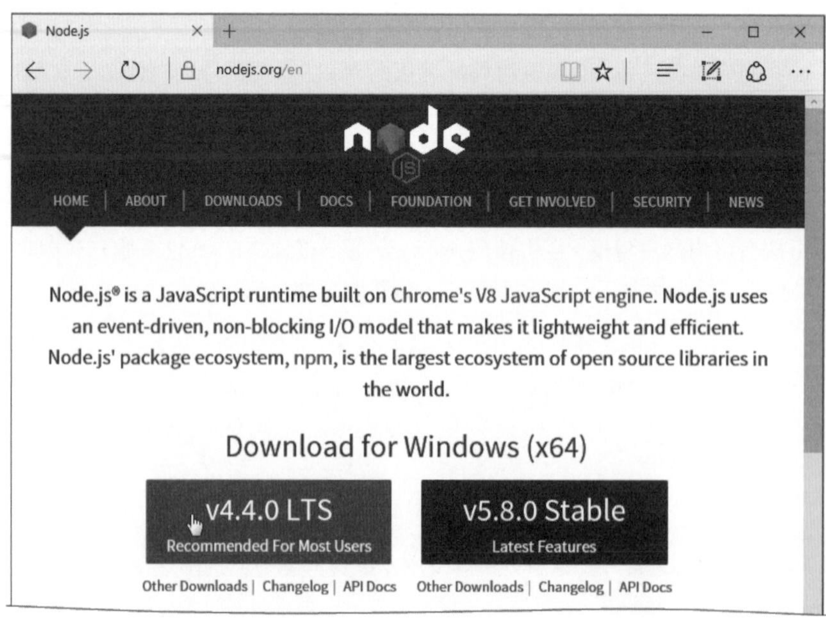

LTS 代表為期 30 個月的 Long Term Support（長期支援），這期間的軟體重大問題（bug）和安全性漏洞，都會獲得修補。

以 Windows 系統為例，雙按下載 4.4.0 LTS 安裝程式（.msi 檔），使用預設的設定，按 **Next**（下一步）鈕進行安裝即可。

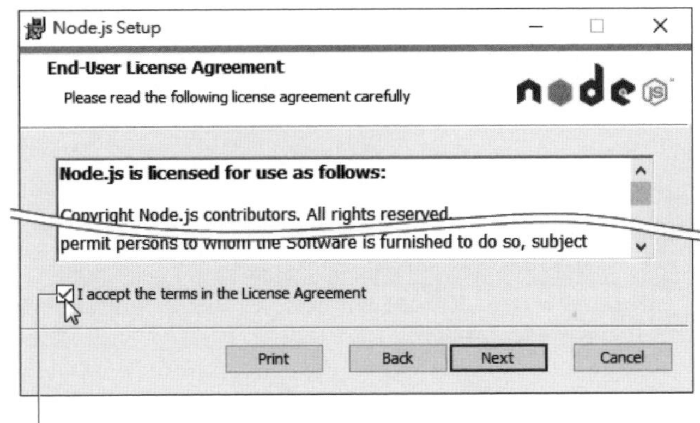

安裝程式將在電腦上安裝 Node.js 和 npm（Node Package Manager，套件管理器，用於搜尋、安裝、移除和更新 Node 程式模組）。

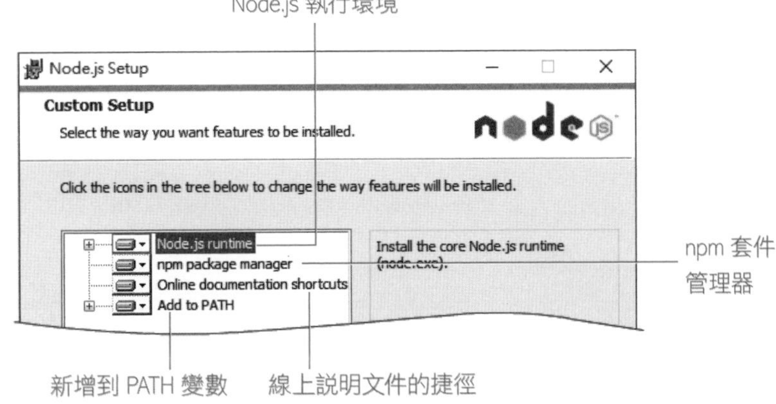

"Add to PATH（新增到 PATH 變數）"，代表把 Node.js 和 npm 程式的安裝路徑，紀錄在系統環境變數中，如此，我們就能在「命令列」的任何路徑下啟動 Node.js 和 npm。

從 Windows 的**進階系統設定/環境變數**設定面板，可以看到**系統變數**裡的 Path，其值包含 Node.js 的安裝路徑：

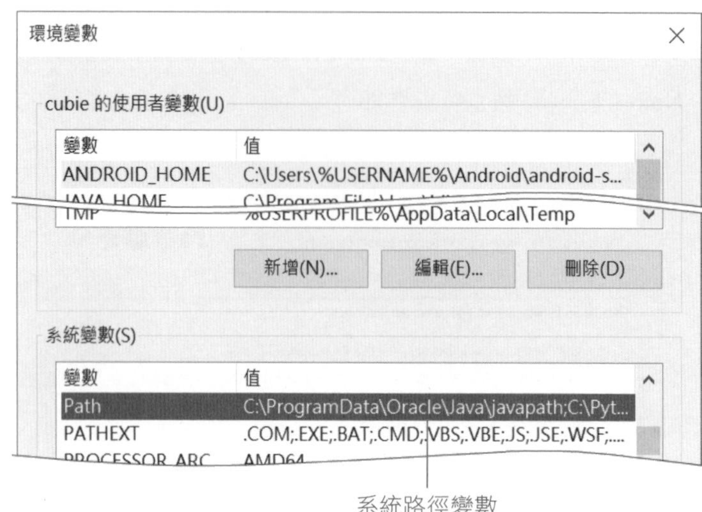

Mac OS X 系統也是依預設安裝即可，安裝程式最後會顯示 Node 的安裝路徑：

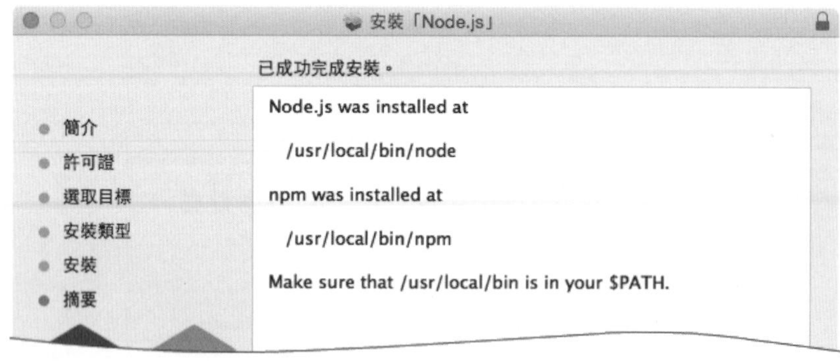

Mac OS X 和 Linux 系統（樹莓派的 Raspbian）的 PATH 環境變數已預設 /usr/local/bin/，因此，在 Windows 的命令列或 Mac 的終端機視窗的任何路徑，輸入 "node -v"，將能顯示安裝的 Node.js 版本：

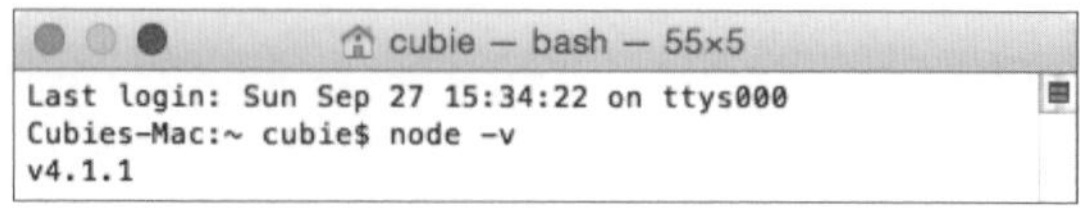

系統 PATH 環境變數說明

軟體程式必須從它所在的資料夾啟動。以**記事本**為例，它預設安裝在 C:\WINDOWS\system32 目錄，開啟**記事本**之前，我們原本必須先瀏覽到該路徑，再雙按該 notepad.exe 可執行檔，才能啟動它。

但這樣顯然太麻煩了，所以 Windows 設立了一個**附屬應用程式**的「捷徑」，方便我們從其他地方執行。

系統 PATH 環境變數的作用相當於「捷徑」，每當我們在命令列或終端機輸入應用程式的名稱，系統就會到 PATH 設定的路徑，找尋應用程式。

樹莓派 Raspbian 系統版本安裝說明

在 Raspbian 系統通常是**透過 apt-get 指令安裝軟體**，在終端機輸入底下的命令，將能更新軟體目錄並安裝 Node.js：

```
sudo apt-get update
sudo apt-get upgrade
sudo apt-get install nodejs
```

不過，透過 apt-get 安裝的 Node.js 通常不是最新版本（實測為 0.10.x 版）。若是在樹莓派一代執行 Wheezy 版的 Raspbian 系統，建議採用底下的安裝步驟，先透過 wget 下載事先編譯好的 ARM 處理器版 Node.js 安裝程式（.deb 是 Debian 系統程式套件的副檔名，Raspbian 是基於 Debian 系統的樹莓派硬體最佳化版本），再執行 dpkg 指令安裝 Debian 套件：

```
sudo wget http://node-arm.herokuapp.com/node_latest_armhf.deb
sudo dpkg -i node_latest_armhf.deb
```

日後若要更新 node.js 和 npm，請重新下載並安裝 node.js。

若是在樹莓派第 2 代或第 3 代上執行 Jessie 版系統，可參閱筆者的「在 Raspberry Pi 編譯與安裝最新版 Node.js」這篇貼文（swf.com.tw/?p=836），自行編譯 Node.js 軟體的原始碼，或者下載、安裝筆者編譯完成的 Node.js 套件。

Raspbian 是樹莓派官方提供的作業系統，它是基於知名的 Linux 系統發行版 "Debian"，針對樹莓派硬體最佳化的版本。

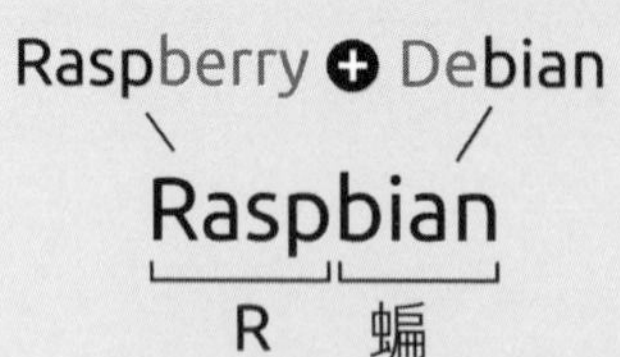

Raspbian唸起來太拗口？那就叫它「阿蝙系統」吧～

03

Raspbian 目前有代號 "Wheezy" 和 "Jessie" 兩大分支；"Jessie" 版的系統核心（Kernel）以及系統程式庫比較新，有些新版的軟體，例如 Chromium（開放原始碼的 Chrome 瀏覽器），必須使用新版的程式庫才能編譯執行。就本書的應用而言，使用 Wheezy 或 Jessie 版都行。

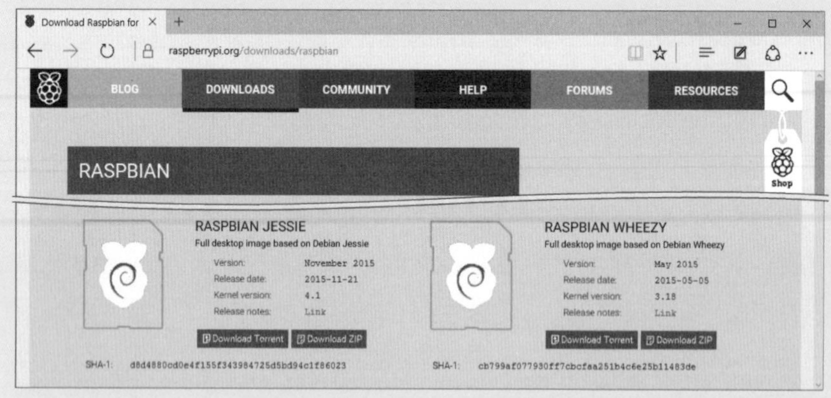

此外，樹莓派只要接上鍵盤、滑鼠和螢幕就能當成一般的小電腦使用。建議讀者在樹莓派上安裝 **VNC 伺服器軟體**，這樣就能在電腦、平板或手機上，以圖像介面遠端操控它，彷彿直接操作樹莓派，而且還可以在電腦和樹莓派之間剪貼文字。

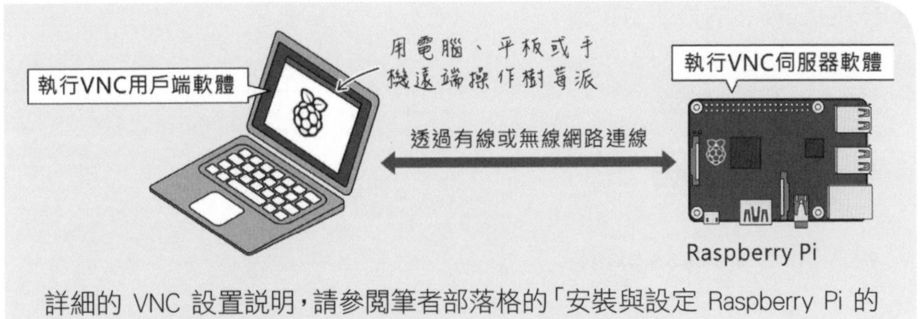

詳細的 VNC 設置說明，請參閱筆者部落格的「安裝與設定 Raspberry Pi 的 RealVNC 伺服器」這篇文章（http://swf.com.tw/?p=795）。

3-2 Node 程式設計起步

Node 程式有三種執行方式，詳細請參閱以下單元說明：

- 以 REPL 模式執行
- 直接在命令列執行
- 先把程式寫在 .js 檔再執行

以 REPL 模式執行

就像瀏覽器的控制台，Node.js 也提供 **REPL（Read Evaluate Print Loop，輸入-求值-輸出迴圈）介面**，讓人在命令列輸入程式並立即執行，適合用來測試指令敘述。在終端機視窗輸入 node，即可啟動 **JavaScript 互動式命令列**。

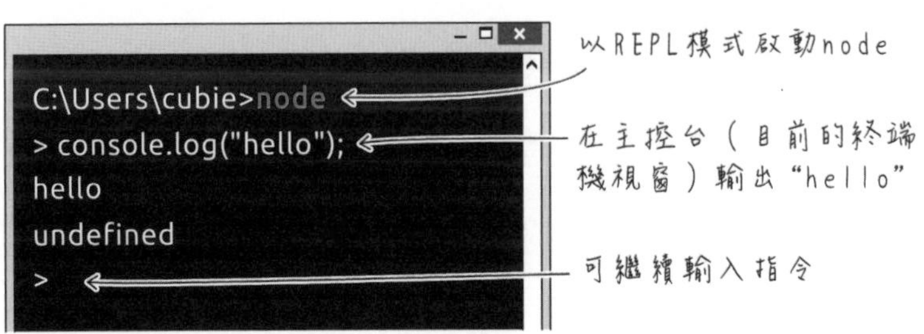

退出 REPL 模式的方法有三種：

- 按一次 Ctrl + D
- 按兩次 Ctrl + C
- 輸入指令：**process.exit();**

直接在命令列執行 Node 程式敘述

執行 node 命令時，加上 **"-e" 參數（代表 execution，「執行」之意）**，代表立即執行後面的程式敘述字串：

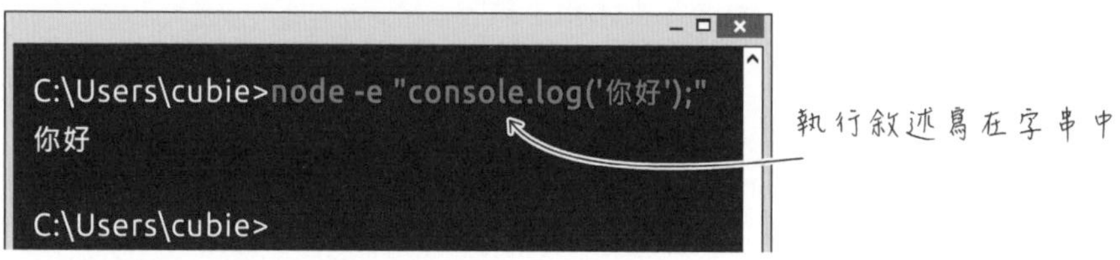

執行 Node.js 程式檔

絕大多數的 Node 程式都是先寫在副檔名為 .js 的文字檔，再透過 node 指令執行。.js 檔可以存放在任何地方，但為了方便管理，我們通常都會依專案，將 Node 程式放在不同的資料夾。假設我們要在桌面建立一個名叫 "test" 的 Node 專案，請在桌面新增一個 "test" 資料夾。

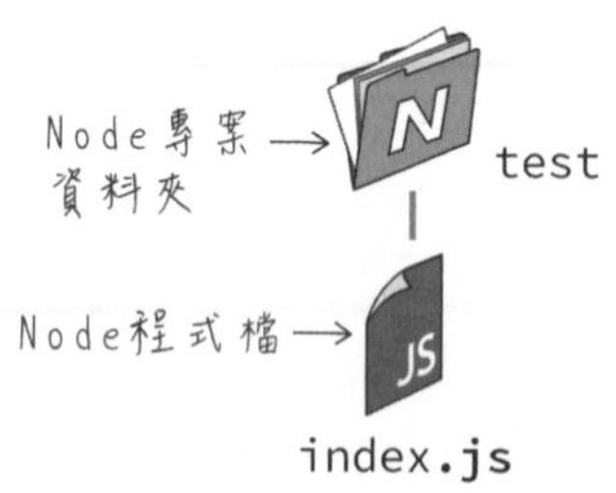

接著，開啟文字編輯器，在其中輸入底下的 JavaScript 程式：

```
console.log('你好');
// %s 用於接收字串參數；%d 接收數字參數
console.log('%s：%d', '年份', 2015);
```

命名成 index.js 儲存，若是用 Windows 記事本編輯程式，請在存檔時選擇 "UTF-8" 編碼：

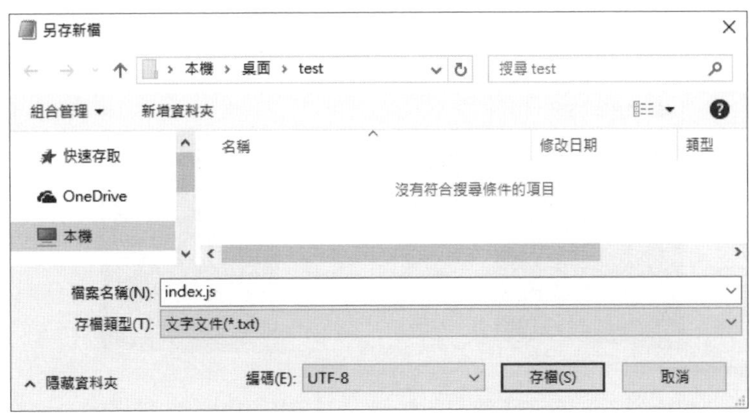

最後，開啟命令列（終端機），進入 index.js 所在的目錄，執行以下指令：

```
> node index.js
```

即可看到底下的的訊息：

.js 副檔名是遵循 JavaScript 一致的命名慣例，"index" 則是主執行檔或首頁的命名慣例，但是以其他檔名儲存也行，例如：index.xyz。

在 Windows 系統命令列切換路徑之前，可以先在視窗環境複製路徑：

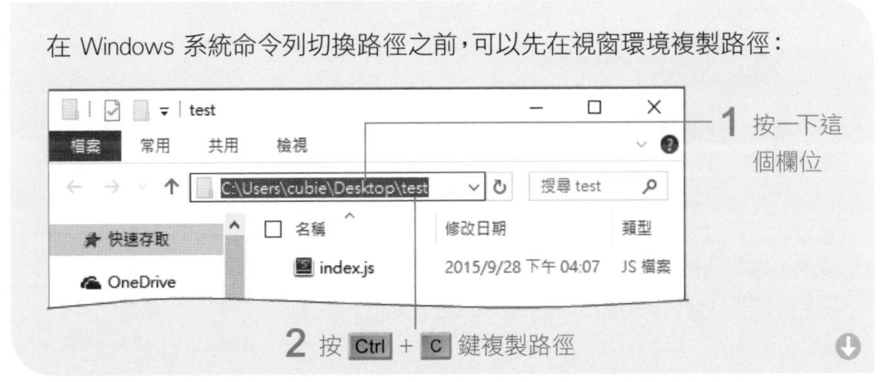

然後在命令列視窗輸入 "cd"(代表 "change directory",切換目錄)指令,再按滑鼠右鍵,選擇『**貼上**』指令,即可切換到該路徑:

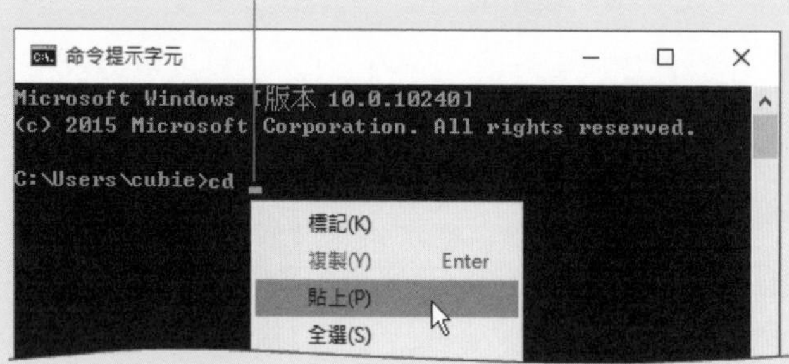

若是要切換到不同**磁碟路徑**,例如,從 C 磁碟切換到 E 磁碟的 node 路徑,請在 cd 後面加上/d 參數:

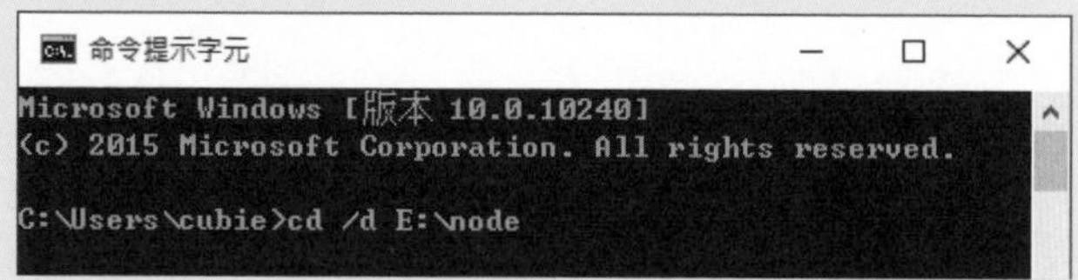

在樹莓派 Raspbian 系統上,請在檔案視窗的目錄名稱上面按滑鼠右鍵,選擇『**以終端機開啟**』指令,即可開啟終端機視窗並進入該路徑:

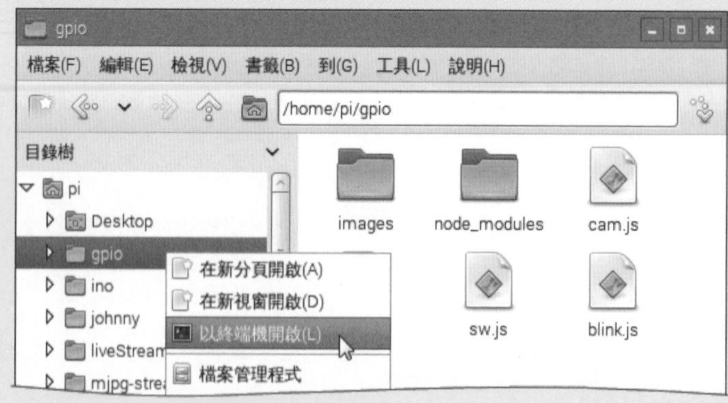

或者,如同 Windows 系統一般複製路徑之後,在終端機視窗,輸入 cd 指令,再按下 Ctrl + Shift + V 鍵,貼上路徑。

03

充電時間

在 Linux 和 Mac OS X 系統上,我們可以在程式檔的第一行指定執行此程式的編譯器或解譯器,例如,指定由 bash 執行此程式(註:bash 是 Raspbian, Mac OS X 以及許多 Linux 系統預設的命令列處理程式):

"#!" 代表「指定執行程式」→ **#!/bin/bash** ← 編譯器或解譯器的路徑

或者指定由 Python 來執行:

#!/usr/bin/python ← Linux系統的Python預設安裝路徑

若 Python 未依預設路徑安裝,上面的敘述將失效,可改寫成:

#!/usr/bin/env python (空格) ← 在env(系統環境)變數中,找尋Python的安裝路徑並執行它。

底下的敘述則代表指定由 node 執行程式碼:

#!/usr/bin/env node (空格)

請在空白文件中輸入底下的程式碼:

```
#!/usr/bin/env node
console.log('hello');
```

然後替此程式檔加入「執行」的權限,假設此程式檔名為 hello(加或不加 .js 附檔名都行),請在終端機執行 chmod 指令:

```
$ chmod +x hello
```

如此即可直接在終端機執行此程式檔,不再需要透過 node 指令了,例如(指令檔名前面要加上 './' ,代表「目前的路徑」):

```
$ ./hello
```

3-3 使用 http 模組建立網站伺服器程式

如果把 Node.js 比喻成 Arduino 控制板，node 程式模組 (module) 就相當於預先焊接好的擴充電路以及程式庫：每個電路元件和程式庫 (模組) 都專責一小部份的工作，最後由我們撰寫的主程式碼 (Node.js) 拼湊在一起，達成目標功能。

例如，Node.js 內建 HTTP 伺服器模組，不需要額外的軟體就能提供高效能的網站服務。**HTML 網頁裡的 JavaScript，透過 <script> 標籤來引用外部程式檔，Node.js 則是透過 require() 指令引用內建或者外部模組。**

如右敘述將引用建立網站服務的 http 模組：

```
var http = require('http');
```

模組名稱
引用http模組

指向模組的變數 (此例的 http) 通常以模組的名稱命名，以利識別。基本的網站程式如下：

```
var server = http.createServer(function(req, res) {
  res.writeHead(200, {"Content-Type": "text/html;charset:utf-8"});
  res.write("Node網站開工了！");
  res.end();
});

server.listen(8080);
console.log("http伺服器已在8080埠口啟動");
```

儲存http伺服器物件
接收請求的物件，通常命名成req或request。
回應用戶端的物件，通常命名成res或response。
事件處理函式
內容類型為HTML
文字採UTF-8編碼
網頁內容
網站伺服器埠號

程式使用 http.createServer() 方法建立 http 伺服器，這個方法將傳回 http.Server 物件，每當有新的連線請求時，Server 物件將觸發 "request" 事件，並且傳遞接收請求的 request，以及回應用戶的 response 物件。http.createServer() 裡的匿名函式為事件處理程式。

事件處理函式裡的 res 參數物件，具備下列三個方法：

- **writeHead(狀態碼 [, 標頭])**：設定 HTTP 回應的狀態碼（200 代表請求成功），以及選擇性的標頭（請參閱**超圖解 Arduino 互動設計入門**第十五章「認識 HTTP 協定」），這個方法必須放在訊息主體（即：網頁內容）之前。
- **write(資料 [, 編碼])**：輸出回應主體，資料的預設編碼為 UTF-8 格式。
- **end([資料, 編碼])**：告知連線端，訊息已經傳送完畢。如果最後沒有執行此方法，用戶端將始終處於等待接收資料狀態。

以上的程式敘述可透過 JavaScript 的連鎖函式呼叫（chaining function call）機制串接在一起，寫成如下的單一敘述。但為了便於閱讀與維護，我們通常不會這樣寫。

前一個敘述產生的物件，直接丟給後面的敘述處理。

```
require('http').createServer(function(req, res) {
  res.writeHead(200, {"Content-Type":"text/html"});
  res.write("<html><head>");
  res.write("<meta charset='utf-8'><title>網誌</title>");
  res.write("</head><body>用Node.js搭建網站</body>");
  res.end("</html>");
}).listen(8080);

console.log("http伺服器已在8080埠口啟動");
```

網頁內容

end() 也能輸出內文

假設目前 node 的 A 程式正在執行，而你修改了它的程式碼，你必須先重新啟動 A 程式，也就是在終端機視窗裡按下 Ctrl + C 鍵，再重新執行它。

電腦系統可同時執行多個網站伺服器軟體，只要這些伺服器的「埠號」不同即可。HTTP 網站伺服器預設的埠號是 80，開發或者測試網站的埠號通常指定成 8080，或者 1024 到 65535 之間的任意數字。相關說明，請參閱**超圖解 Arduino 互動設計入門**第十五章「埠號」單元。

測試程式碼：在終端機視窗輸入執行此 node 程式，再開啟瀏覽器瀏覽到本機 IP 位址或 127.0.0.1，後面加上 8080 埠號，即可看見網頁：

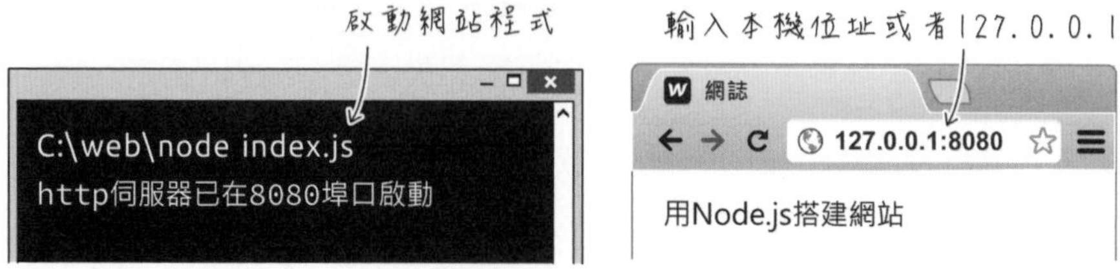

依據路徑顯示不同的網頁

假設網站除了根路徑，還包含 faq 和 blog 兩個路徑，例如，若用戶在網址後面加上/blog，伺服器將回應 blog 網頁。依照 URL 請求，產生對應路徑的 HTML 內容的程序，稱為「**路由**（router）」。

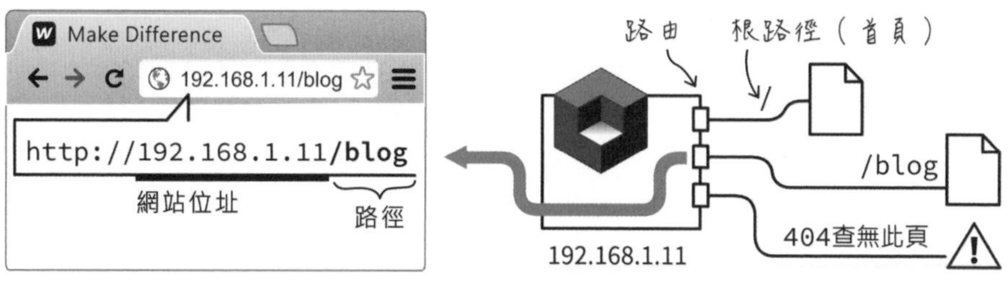

http.Server 物件的事件處理函式中，接收用戶的連線請求的 req 參數，包含連線請求的資料，其中的 url 屬性，紀錄了連線請求的路徑。因此，我們可以透過 switch...case 敘述，根據請求的路徑，傳回不同的網頁資料（若用戶請求的資源不存在，伺服器應該發出 404 錯誤狀態碼）：

```
require('http').createServer(function(req, res) {
  switch (req.url) {    // 判讀請求連線路徑
    case "/" :          // 若是根路徑
      res.writeHead(200, { "Content-Type" : "text/html" });
      res.end("歡迎光臨！");
      break;
```

```
    case "/blog" : // 若是/blog 路徑
      res.writeHead(200, { "Content-Type" : "text/html" });
      res.end("這是網誌。");
      break;
    default:          // 若是其他路徑
      res.writeHead(404, { "Content-Type" : "text/html" });
      res.end("找不到資源！");
  }
}).listen(8080);
console.log("http 伺服器已在 8080 埠口啟動");
```

測試程式碼：在終端機啟動 Node 程式後，開啟 Chrome 瀏覽器，輸入不存在於本機網站的路徑（如：127.0.0.1:8080/test），接著從瀏覽器的**開發人員工具**，可見到伺服器傳回 404 Not Found（找不到資源）狀態碼。

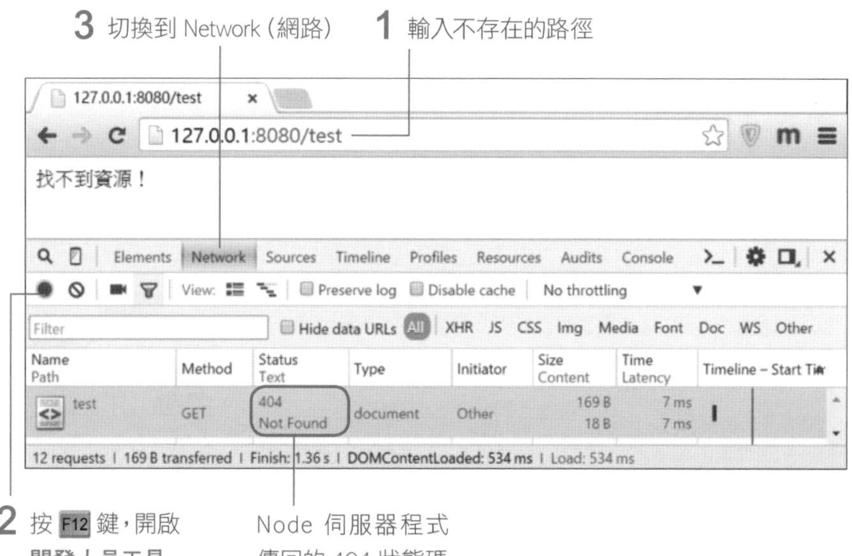

3-4 事件驅動、非阻塞 I/O 示範：讀取檔案

Node.js 官網首頁提到 Node 的特色：採**事件驅動、非阻塞輸出/入模型**（event-driven, non-blocking I/O model），讓程式碼精簡且有效率。程式在運作時，經常會遇到許多輸出/入介面的操作，例如，讀寫檔案、請求網路資源、操控週邊裝置...等等。

傳統的程式在操作 I/O（如：讀取檔案）時，會等到檔案全部讀入，才進行下個處理動作；在等待讀取過程中，處理器資源和時間就平白浪費掉了。**非阻塞 I/O 代表「I/O 操作不會阻斷程式的執行」**，也就是在操作 I/O 的同時，程式可以繼續進行其他作業。

這相當於把工作交辦給他人，我們可以繼續手邊的工作，等他人的工作完成，對方再回應並交給我們成果，而接收與處理回應的程式，則稱為**回呼（callback）**函式。

以讀取檔案程式為例，請在新增的資料夾中，建立 index.js 檔，輸入底下的程式碼。其中的 **fs（file system，檔案系統）**是 Node 內建的模組，用於處理檔案輸出入相關作業。

引用「檔案系統」模組 ❶

選擇性參數

fs.readFile(檔案路徑與檔名, 編碼, 回呼函式)

```
var fs = require("fs");

fs.readFile("node.txt", "utf8", function(err, file) {
  if (err) throw err;
  console.log("檔案讀取完畢，內容：");
  process.stdout.write(file + '\n');
});

console.log("Node程式執行中...");
```

❷ ❸ 接收錯誤訊息與檔案的回呼函式 ❹

在命令列輸出檔案內容

"檔案讀取完畢" 事件

在此資料夾中，存入一個 node.txt 文字檔（或複製書附光碟裡的 node.txt 文字檔）。右下圖是執行此程式的結果：

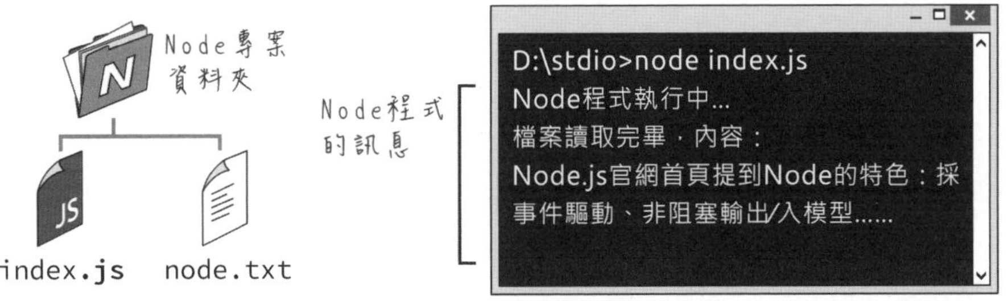

這個範例採用「非同步」方式讀取檔案，在交待 fs.readFile() 方法讀檔之後，就繼續往下執行其他程式（顯示 "Node 程式執行中..."）。等到檔案讀取完畢，readFile() 方法的匿名函式（回呼函式）將被觸發執行。

process.stdout.write() 方法的作用和 console.log() 相同，都是在終端機視窗顯示訊息。console.log() 的程式結構相當於：

```
// 在 console 物件建立一個 log 方法，接受一個參數
console.log = function(msg) {
  process.stdout.write(msg + '\n');
};
```

如果讀取檔案沒有問題，readFile() 的 err 參數值（原意為 error，代表「錯誤」）為 null；否則，它將收到錯誤訊息。底下的判斷條件代表：如果 err 有值（發生錯誤了），就拋出錯誤（此舉將停止後續程式）。

```
if (err) {
  throw err;
}
```

條件成立的敘述只有一行，可省略大括號。

```
if (err) throw err;
```

若有需要，也可以在終端機視窗顯示錯誤訊息，例如，把處理錯誤的條件式改成：

```
if (err) {
  console.log("執行出錯了，訊息：" + err);
  process.exit();  // 中斷程序
}
```

當程式執行出錯時，例如，指定的檔案不存在或者檔名寫錯了，將出現底下的錯誤訊息並退出程序：

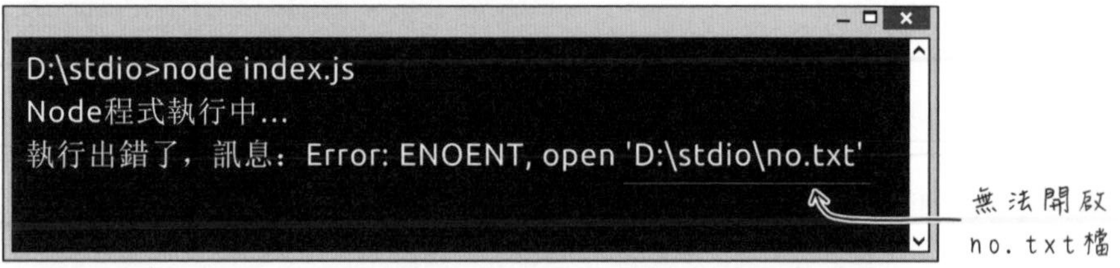

D:\stdio>node index.js
Node程式執行中...
執行出錯了，訊息：Error: ENOENT, open 'D:\stdio\no.txt'
無法開啟 no.txt 檔

Node.js 的非同步程式設計介面，習慣以函式的最後一個參數作為回呼函式。其實上文的 server.listen() 也具有選擇性的回呼函式，例如：

```
server.listen(8080);
```

```
server.listen(8080, function () {
      console.log("網站已在8080埠口開工了");
});
```

等網站伺服器真正準備就緒，再觸發事件，顯示訊息。

同步讀檔與 try...catch 錯誤處理程式

fs 模組也有提供「同步」讀取檔案的方法。**同步處理程式總是由上而下依序執行，因此沒有回呼函式**。後續的程式碼必須等到檔案讀取完畢之後才會執行：

```
var fs = require("fs");
var file = fs.readFileSync("node.txt", "utf8");
console.log("檔案讀取完畢，內容：" + file);
console.log("Node程式執行中...");
```

（readFileSync 標註：代表「同步」；"utf8" 標註：選擇性的「編碼」參數）

如同上文提到，某些程序可能會因為磁碟損毀、網路中斷、I/O 故障...等因素，無法順利執行而發生錯誤。對於可能會發生錯誤的程式，JavaScript 提供 try...catch 敘述，讓我們處理錯誤情況：

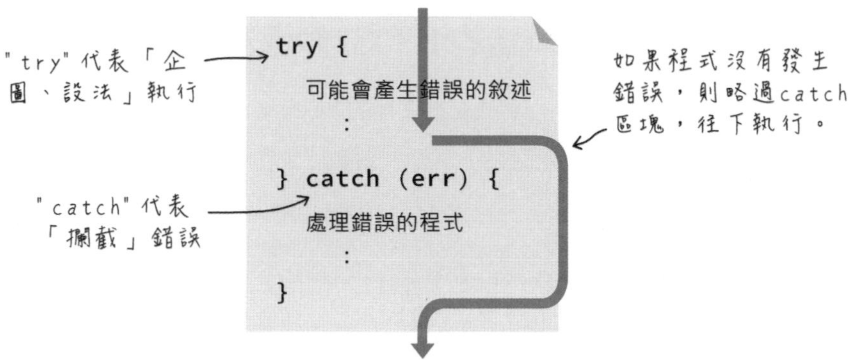

讀取檔案的指令可能會發生錯誤，因此最好將它寫在 **try 區塊**中。像底下的程式嘗試讀取不存在的 "no.txt"，fs 模組將會**拋出 (throw)** 錯誤，而 **catch 區塊**將會攔截錯誤訊息並加以處理：

```
var fs = require("fs");
try {
  var file = fs.readFileSync("no.txt");
  console.log("檔案讀取完畢，內容：" + file);
} catch (err) {
  console.log("執行出錯了，訊息：" + err);
  process.exit();   // 中斷程序
}
console.log("Node程式執行中...");
```

可能出錯的敘述

處理錯誤的敘述

程式的執行結果：

```
D:\stdio>node index.js
執行出錯了，訊息：Error: ENOENT, no such file or directory 'D:\stdio\no.txt'
```

沒有這個檔案或目錄

結合「檔案系統」模組的 HTTP 伺服器程式

底下程式採用 fs 模組讀取 www 資料夾裡的 index.html 檔，如此，Node 網站程式和 HTML 網頁就不會攪和在同一個程式檔：

```
var fs = require('fs');
require('http').createServer( function(req, res) {
  fs.readFile('www/index.html',
    function(err, file) {
      if (err) {
        res.writeHead(500);
        res.end('網頁載入錯誤');
        return ;
      }

      res.writeHead(200);
      res.end(file);
  });
}).listen(8080, function(){
  console.log('網站已在8080埠口啟動');
});
```

網頁檔案路徑

退出（中止）函式

顯示檔案內容

Node專案資料夾

index.js

www

網頁

index.html

錯誤處理程式裡的 HTTP 500 訊息代表「伺服器內部發生錯誤」，例如：磁碟機發生問題或者檔案損毀。

HTTP 404 訊息代表「找不到檔案」。

充電時間

在 Node.js 官網，你可以看到類似底下寫法的簡易伺服器程式：

```
const http = require('http');
const hostname = '127.0.0.1';   // 主機IP位址
const port = 1337;              // 埠號

http.createServer( (req, res) => {    ← 接收兩個參數的箭頭函式
  res.writeHead( 200, { 'Content-Type': 'text/plain' } );
  res.end( 'Hello World\n' );
} ).listen( port, hostname, () => {    ← 箭頭函式
  console.log( `網站在此位址啟動了：http://${ hostname }:${ port }/` );
} );
```

tick 符號

tick（剔號），樣版字串開頭。

在字串中嵌入變數

執行此 Node 程式，將在控制台顯示「網站在此位址啟動了：http://127.0.0.1:1337」。

此程式運用到 ECMAScript 6 的三個語法：

- **常數定義**：使用 const 關鍵字定義不變的資料
- **箭頭函式（Arrow Function）**：匿名函式的簡寫
- **樣版字串（Template String）**：可定義多行文字並可在字串中插入表達式。

箭頭函式相當於匿名函式的簡寫，使用一個等號和大於符號組成箭頭外型，這兩者的語法比較如下：

```
var foo = function (str) {
  console.log( '你好，' + str);
}
foo('cubie');
```

普通的匿名函式

```
var foo = (str) => {
  console.log( '你好，' + str);
}
foo('cubie');
```

箭頭函式

03

以上兩個程式的執行結果都會在控制台顯示 "你好，cubie"。

樣版字串是採用 Tick (剔號) 包圍的字串，Tick 符號位於數字 1 鍵左邊：

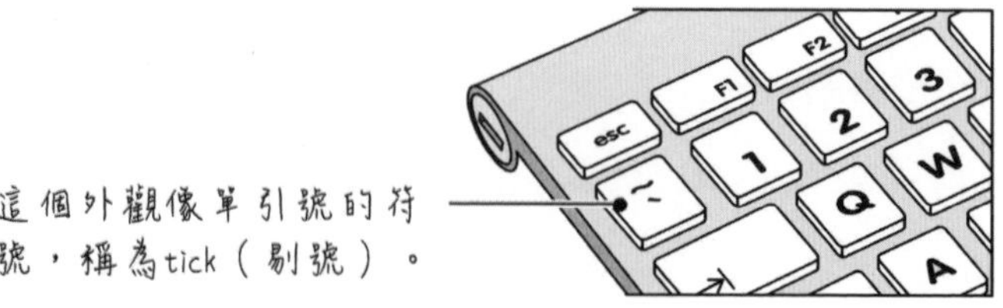

樣版字串比普通用雙引號或單引號定義的字串，增加「定義多行文字」的功能，像底下的敘述若改用雙引號或單引號，將產生語法錯誤：

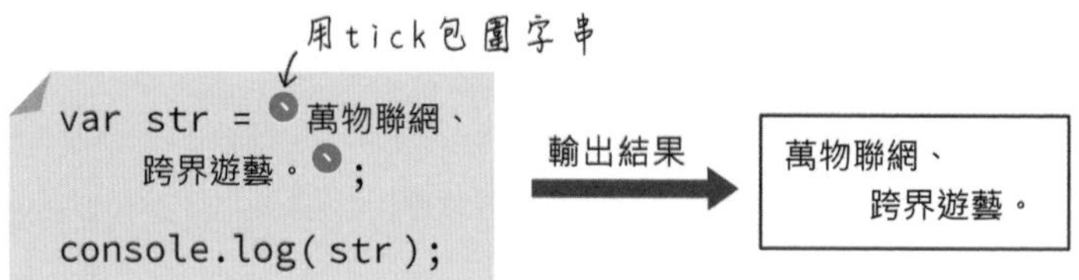

樣版字串的另一項特異功能，是允許在字串中採用 "${" 和 "}" 嵌入表達式，所以程式不需要使用 "+" 串連表達式或變數：

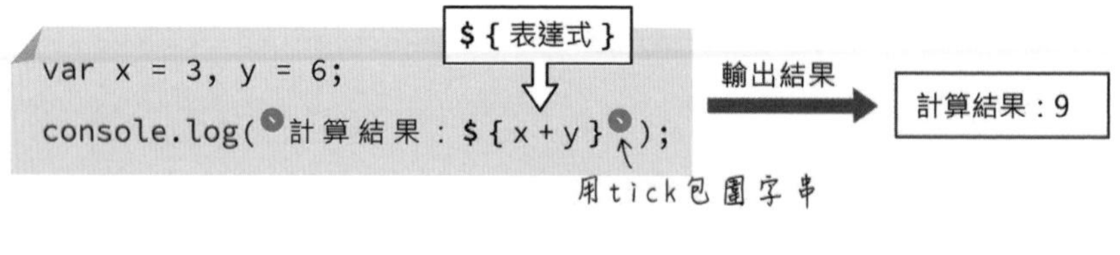

3-5 global（全域）物件與模組檔案

瀏覽器有個代表全域變數範圍的 window（瀏覽器視窗）物件，node 程式不在瀏覽器執行，因此沒有 window 物件。Node 的全域變數隸屬於 **global 物件**。底下列舉一些 node 內建的全域物件與函式：

- **console**：控制台物件，主要用在終端機視窗顯示訊息。
- **require()**：引用外部程式（模組）檔案的函式。
- **process**：包含與程序相關資訊的物件，你可以在 node 的 REPL 執行模式下，輸入底下的指令測試輸出結果：
  - process.version：傳回 node.js 版本
  - process.env：傳回系統環境資訊
  - process.env.OS：傳回作業系統名稱
- **setTimeout()**：在指定的毫秒之後，觸發執行一次。
- **clearTimeout()**：在 setTimeout() 尚未觸發之前，取消執行。
- **setInterval()**：以指定的毫秒間隔，重複觸發執行。
- **clearInterval()**：取消執行 setInterval()。

上述指令的前面可以冠上 "global"，像這樣：global.console.log('你好')，但顯然是畫蛇添足。

__dirname 和 __filename 全域變數

使用 fs 模組讀取的檔案，不一定要存在 Node 專案路徑，因為程式可用「絕對路徑」方式存取檔案。**「絕對路徑」代表從 "磁碟名稱" 開始的路徑**。假設檔案存在 D 磁碟機裡的 test 資料夾，底下的敘述將讀取 node.txt 檔（Windows 系統使用反斜線 '\' 分隔磁碟路徑，Node 程式統一使用斜線 '/'）：

路徑使用斜線（/）分隔

```
fs.readFile('d:/test/node.txt', 回呼函式);
```

Node.js 內建下列兩個與路徑和檔名相關的全域變數（名稱用兩個底線開頭），可用於 fs 模組：

- **__dirname**：紀錄 Node 程式所在的絕對路徑
- **__filename**：紀錄 Node 程式的絕對路徑和檔名

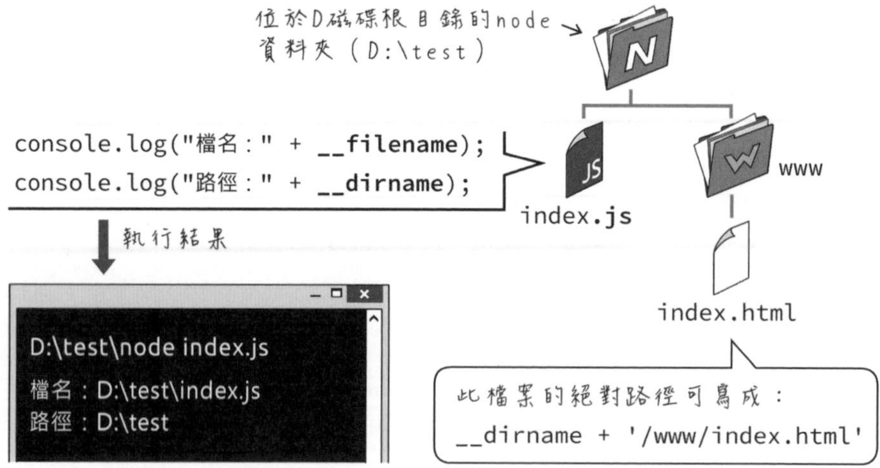

自訂與引用程式模組

模組就是一個 Node.js 程式檔，和普通的 Node 程式檔的差別在於，**模組檔案包含可讓外部程式引用的物件**。假設你正在開發的應用程式經常需要使用某些計算式，你可以把這些計算式全放在一個 .js 檔，讓其他程式使用。

此例的模組檔名為 "f.js"：

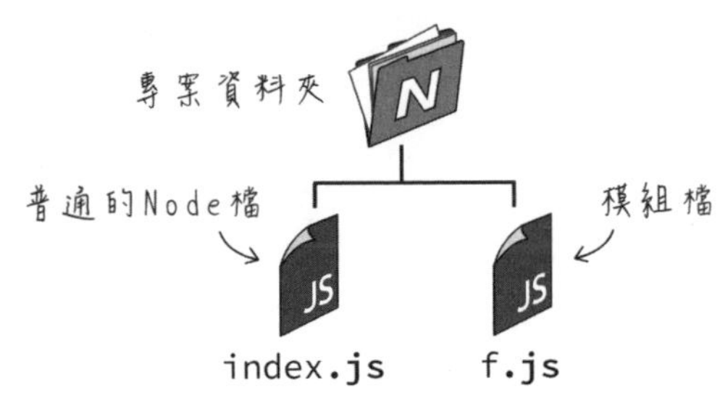

f.js 檔的內容如下，要提供給外部程式引用的變數或函式，請在前面加上 **exports** 或 **module.exports**（註：exports 是 Node 內建的全域物件，也是 module.exports 的簡寫形式）：

PI常數並沒有匯出給其他程式，相當於「私有」。

exports代表「匯出」，讓指定的變數或函式變成「公用」。

接收「半徑」參數

```
const PI = Math.PI;
exports.name = 'lucky';
exports.circleArea = function (r) {
  return PI * r * r;    // 傳回圓面積
};
exports.cube = function(n) {
  return n * n * n;
};
```

index.js 或其他 Node 程式，則透過 require() 方法引用模組檔。請注意，**引用本地路徑的模組，請在模組檔名前面加上 "./"**：

'./' 代表「當前」或「相同」的目錄

```
var f = require('./f.js');

console.log('半徑5的圓面積：'+ f.circleArea(5));
console.log('8的三次方: ' + f.cube(8));
console.log('name的值:: ' + f.name);
```

index.js 程式的執行結果：

```
D:\test>node index.js
半徑5的圓面積：78.53981633974483
8的三次方: 512
name的值: lucky
```


3-6 安裝與管理模組：使用 npm 工具程式

除了內建的模組，全世界的開發人員也為 node 貢獻了數以萬計的各種功能模組和**套件（package）**，從連接 Facebook、資料庫管理到序列埠通訊。套件是一組執行某項功能的模組的集合，用餐點來比喻，模組是「單點」，套件則是「套餐」。

一杯飲品（模組）

一份套餐（套件）

從 npmjs.com 網站可以查詢到所有 node.js 模組的資料。

在此輸入關鍵字，搜尋相關模組

以網站開發的 express (http://npmjs.com/package/express) 為例，從該套件的介紹頁面能看到它的版本、安裝指令、範例程式和**相依套件 (dependencies，也就是執行套件所需要安裝的其他模組或套件)** 等資訊。

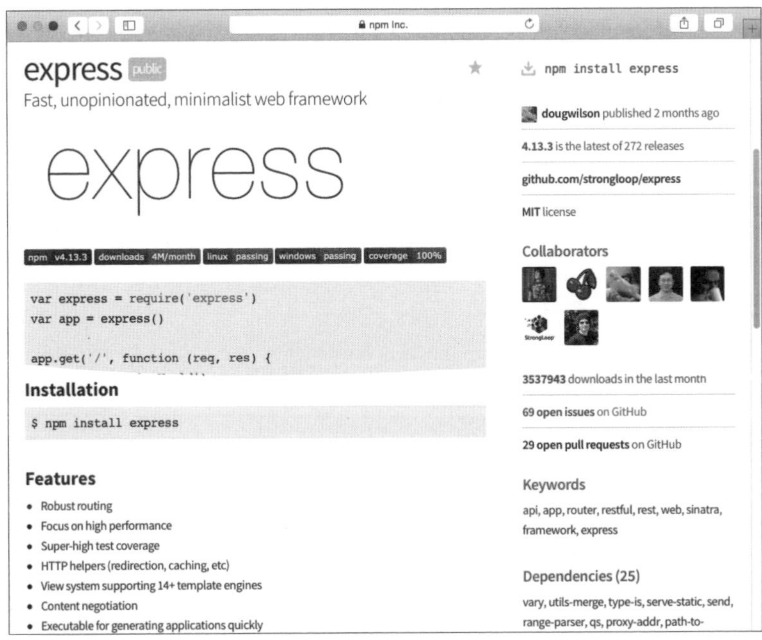

所幸在安裝套件時，我們無須手動逐一安裝相依模組，一切都交給 npm 工具指令。**npm 是 Node.js 官方提供的套件管理工具，提供套件的發佈與相依控制**，它的作用相當於 Debian/Ubuntu（以及 Raspbian）作業系統裡面，下載與安裝程式的 apt-get 工具指令。

透過 node-dev 自動重新啟動 node 程式

每次改寫 node 程式之後，都要先回到終端機按 Ctrl + C 終止程序，然後再重新執行。為了免除這個困擾，請安裝 **node-dev**（dev 代表 "development"，「開發」工具）：

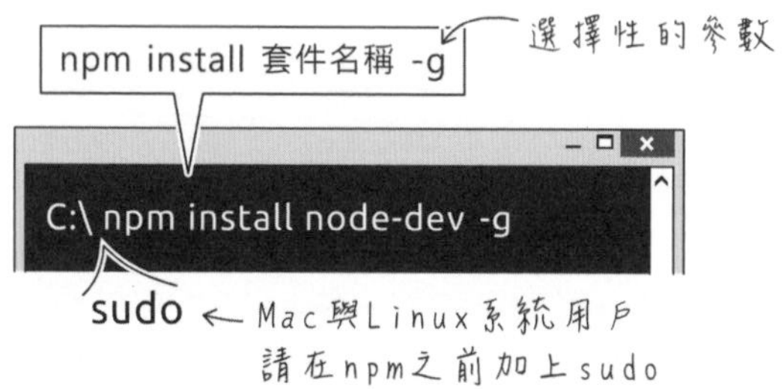

執行 npm install 指令時， 它會自動到 npmjs.com 搜尋並下載套件。最後的**參數 -g，代表 global（全域），指的是 node-dev 套件能在系統的任何路徑被呼叫執行**；相較之下，安裝時若沒有 -g 參數，該模組或套件將只能在目前的路徑使用。

用全域模式安裝的套件會被裝入系統目錄，譬如：/usr/local/lib/node_modules/。**在 Linux/Mac 上使用 -g 安裝時，需要管理員（root）權限，因為 /usr/local/bin/ 通常只有管理員才有權寫入。**

> Windows 系統下的安裝目錄則是 C:\Users\使用者名稱\AppData\Roaming\npm\。

安裝 node-dev 之後，即可透過它執行 node 程式，例如：

```
$ node-dev index.js
```

隨後，每當我們編輯並儲存 index.js 檔，它就會自行重新啟動程序，直到按下 Ctrl + C 鍵才會終止執行。

若要解除安裝套件，請執行 npm uninstall 指令。以解除全域安裝的 node-dev 為例，請在命令列視窗執行：

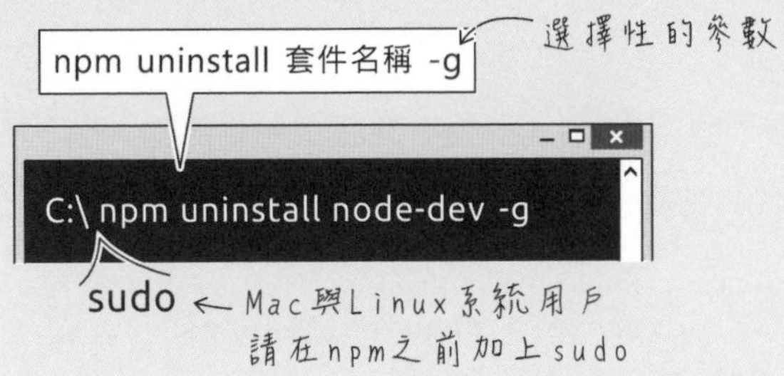

除了 node-dev，Node 還有多種檢測原始碼改變並自動重新啟動程序的工具，例如：**nodemon** (http://nodemon.io/) 和 **forever** (https://github.com/foreverjs/forever)，請讀者自行參考網路上的使用範例。

3-7 使用 Express 框架開發網站應用程式

Node 內建的 http 模組，就像基本食材，你要花費較多功夫還要有手藝，才能完成一道美味料理。Web **框架 (framework) 則是預先開發好常用的功能模組**，像是路由 (URL 路徑) 處理、接收 POST 表單、處理靜態網頁、連結資料庫...等，並且提供簡潔的語法，縮減開發網站的時間。Express 是在 Node 上廣泛被使用的 **Web 應用程式框架 (Web Application Framework)**，從本單元開始，網站功能將透過 Express 框架完成。

安裝 Express 框架

請新增一個名叫 exp 的資料夾，放置本單元的練習程式。在命令列視窗切換到 exp 路徑，輸入底下的指令安裝 express **框架**（此框架只應用於這個目錄，所以不用加上參數 -g）：

```
> npm install express
```

在此目錄中新增一個 index.js 檔，接著在程式編輯器輸入底下的程式碼，其中的 get() 方法，代表處理 HTTP GET 的請求：

```
var express = require("express");
var app = express();

app.get('/', function(req, res) {
  res.send("歡迎光臨！");
});

app.listen(5438, function(req, res) {
  console.log("網站伺服器在5438埠口開工了！");
});
```

引用express模組

express的物件習慣命名成app

代表根路徑（首頁）

send()會自動送出HTTP檔頭

你的專案目錄現在應該包含底下的內容。透過 npm 工具安裝的本地模組和套件，都會被放在自動新增的 node_modules 資料夾裡面。

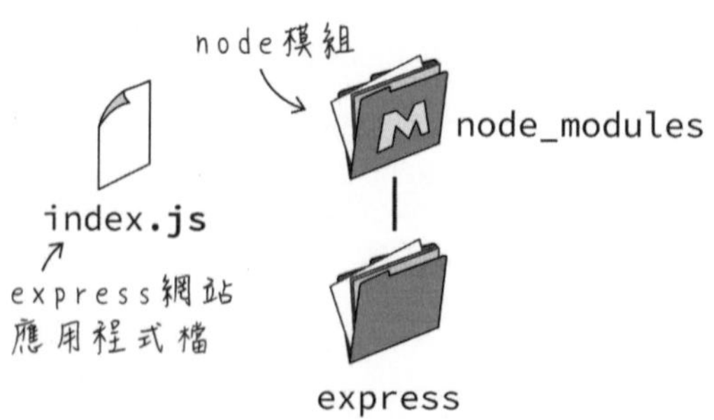

執行此 node 程式，並透過瀏覽器連結此網路應用程式，將看到「歡迎光臨！」；若是瀏覽根路徑以外的網址，將顯示錯誤訊息：

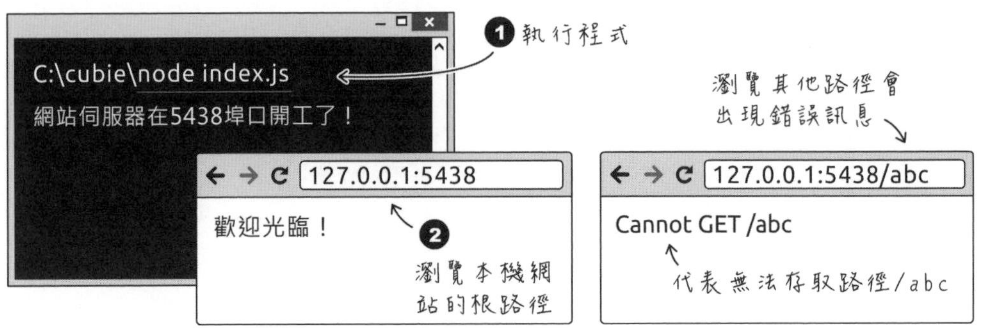

Express 的路由

Express 框架透過「**路由 (route)**」處理連線請求和回應。上一節的程式就是使用 get() 方法處理「網站根路徑」請求的路由，語法如下：

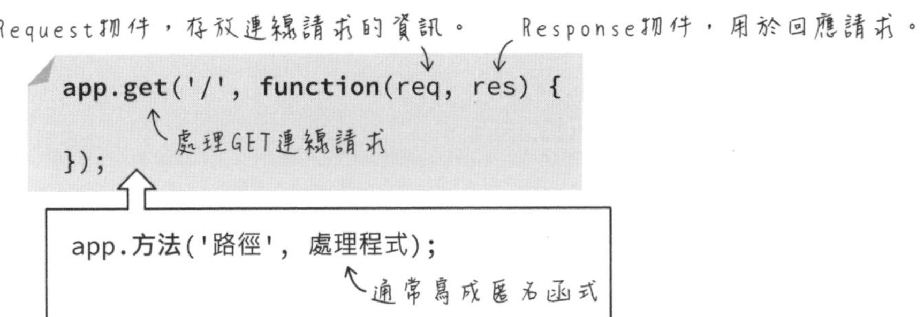

我們可以替網站的每個路徑設定路由，例如，底下新增兩個路由，分別處理 "/blog" 路徑以及其他所有路徑：

```
var express = require("express");
var app = express();

app.get("/", function(req, res) {
  res.sendFile(__dirname + "/www/index.html");
});

app.get("/blog", function(req, res) {
  res.redirect("http://swf.com.tw");
});

app.get("*", function(req, res) {
  res.status(404);
  res.send("找不到網頁！");
});

app.listen(5438, function(req, res) {
  console.log("網站伺服器在5438埠口開工了！");
});
```

路由的比對順序

傳送檔案（靜態網頁）

重新導向到另一個網址

代表「所有路徑」

這段「路由」程式，一定要放在最後。

若非送出200 OK的HTTP檔頭，請使用status()設定狀態碼。

上面處理「所有路徑」的程式片段中，送出狀態碼和 HTML 內容的敘述，可寫成一行：

```
res.status(400).send("找不到網頁！");
```

這個單元的資料夾架構如下：

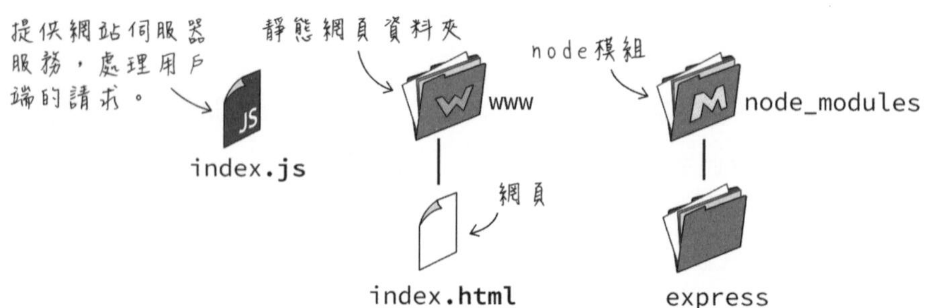

請注意路由的比對順序，若把 "*" 路徑的路由放在最前面，那麼，所有路徑的網頁都將呈現「找不到網頁！」的錯誤訊息：

```
var express = require("express");
var app = express();

app.get("/", function(req, res) {
  res.send("歡迎光臨！");
});
⋮
```

```
app.get("*", function(req, res) {
  res.status(404);
  res.send("找不到網頁！");
});
```

此路由不能放在最前面

接收 URL 資料

Express 框架也讓 Node 處理表單和 URL 資料變得簡單。本單元將介紹兩種接收 URL 參數資料的方式：「路徑參數」以及「查詢字串」。

接收 URL 資料：REST 風格的路徑參數

當用戶端發出 GET 請求時，可**在網址後面以「路徑」方式附加訊息傳給伺服器**；假設我們要傳遞其值為 8 的 sw 參數，接收此參數值的路由寫成這樣（這種參數傳遞方式，稱為 REST 風格或 RESTful，請參閱本章末的「充電時間」說明）：

```
app.get('/路徑/:參數1/:參數2/../:參數n', function(req, res) {
});
```

參數前面要加 : 號

不同參數用 / 隔開

```
app.get('/sw/:pin', function(req, res) {
  res.send("收到的腳位編號：" + req.params.pin);
});
```

讀取URL參數的語法：

請求變數.params.URL參數名稱

如此，透過瀏覽器開啟本機網站的 /sw 路徑，再加上代表資料的路徑，可被上面的程式片段解析（完整的程式碼請參閱 expr_3_path.js 檔）：

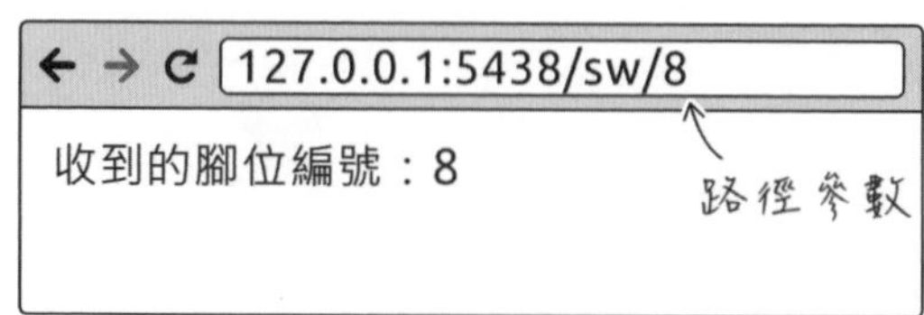

底下的程式片段可解析兩個路徑參數；**參數路徑的順序必須和程式設定相符**，此例的第一個參數是腳位資料，第二個是選擇性的狀態值：

路徑參數後面加上問號，代表此參數是選擇性的。

```
app.get('/arduino/:pin/:val?', function(req, res) {
  var html = "腳位：" + req.params.pin + "<br>" +
             "狀態：" + req.params.val;

  res.send(html);
});
```

HTML斷行標籤

執行結果如下，對於沒有輸入值的參數，其值將是 undefined：

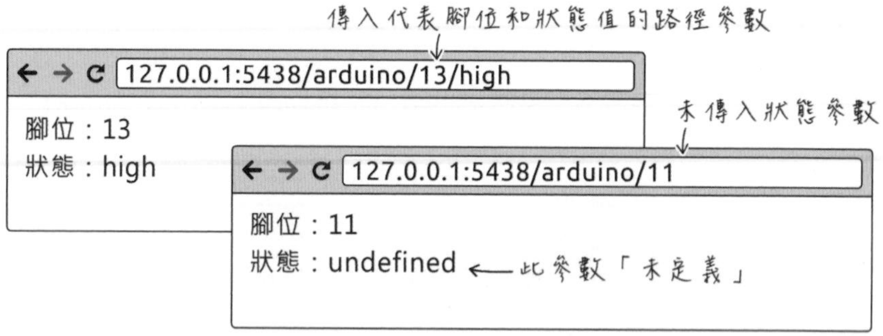

若路徑和參數的結構不符預期，將產生「找不到資源」之類的錯誤：

127.0.0.1:5438/arduino/11/high/13 ← 多一個路徑

Cannot GET /arduino/11/high/13

此路徑或資源不存在

接收 URL 資料：查詢字串

另一種透過網址傳遞資料的方式，稱作「**查詢字串（query string）**」。資料字串用 ? 號開頭，**每一筆資料之間用&號隔開**（資料的排列順序不重要）。例如，底下的查詢字串代表向 control 路徑，傳遞 pin 和 val 資料：

```
http://127.0.0.1:5438/control?pin=13&val=high
```

路徑　　參數1　　參數2

路徑和參數之間用？隔開　參數之間用&隔開

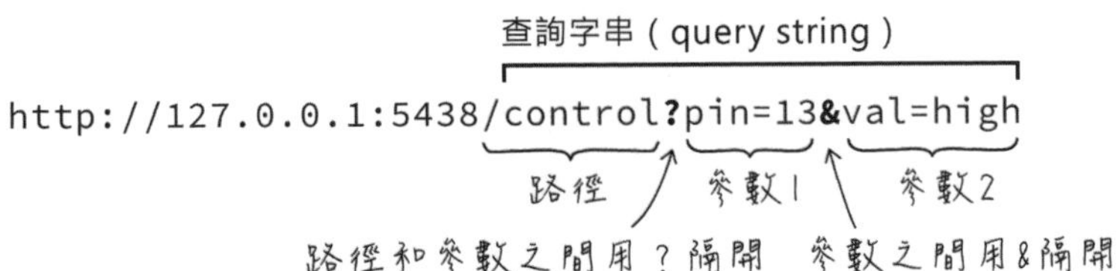

URL 網址通常只能包含英文、數字和某些字元，特殊符號（如：空格、&）和中文字會被轉換為稱為「URL 編碼」的數字，例如，空格會被編碼成 "+" 或 "%20"，"&" 符號則會被編碼成 "%26"，也就是百分比符號，加上該字元的 16 進位文字編碼。

查詢字串的資料存放在「請求變數」的 **query 物件**中，底下的程式透過一個條件判斷式確認 pin 和 val 都有值（亦即，其值不是 undefined），再將它們顯示出來：

「請求」變數

```
app.get("/control", function(req, res) {
  var pin = req.query.pin;
  var val = req.query.val;

  if (pin != undefined && val != undefined) {
    var html = "腳位：" + pin + "<br>" +
               "狀態：" + val;
    res.send(html);
  } else {
    res.send("沒收到資料！");
  }
});
```

讀取查詢字串資料的語法：
請求變數.query.查詢字串變數

undefined代表參數沒有資料

程式執行結果如下(完整的程式碼請參閱 expr_3_get.js 檔):

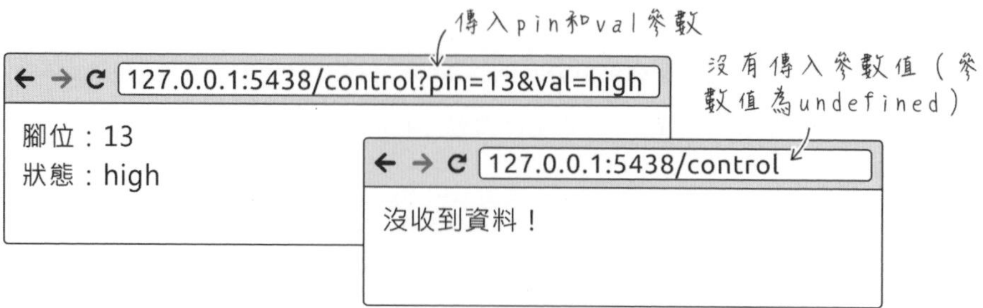

接收與處理 POST 資料

另一種從用戶端傳遞資料給伺服器的方法稱為 POST。**GET 方法會把傳遞資料附加在網址後面**,傳送的資料量有限(最大通常是 2KB)。**POST 方法則是把資料附加在請求內文**,沒有限制上傳資料的大小(實際情況由網站伺服器決定,通常都大於 2MB)。

從 Express 4.x 版開始,解析 POST 資料的 **body-parser 模組**就不內建在 Express 框架,需要額外安裝。請在目前的 Express 專案資料夾路徑,輸入底下的指令安裝 body-parser:

```
> npm install body-parser
```

建立表單網頁

為了便於測試 POST 方法,我們將在專案資料夾裡的 www 資料夾,新增一個表單網頁(筆者將它命名為 index.html)。這個網頁的外觀,以及內文部份的表單原始碼如下:

```
<h1>註冊</h1>
<form action="/regist" method="post">
  帳號：<input type="text" name="user"><br>
  電郵：<input type="text" name="email">
  <br><br>
  <input type="submit" value="送出">
</form>
```

127.0.0.1:5438

註冊

帳號：

電郵：

送出

表單處理程式的網址與傳送方法

欄位名稱即是資料名稱

當使用者填完表單按下**送出**鈕，表單資料將以 POST 方法，傳送到本機伺服器的 /regist 路徑。認識如何解析 POST 資料之前，請在表單中加入一個包含數個核取方塊的**控制板**選項：

127.0.0.1:5438

註冊

帳號：

控制板：

☐ Arduino

☐ 乙太網路卡

☐ 馬達驅動板

```
<form action="/regist" method="post">
    ⋮
  <p>控制板：<br>
  <label>
    <input type="checkbox" name="boards[]" value="Arduino">Arduino
  </label><br>
  <label>
    <input type="checkbox" name="boards[]" value="Ethernet">乙太網路卡
  </label><br>
  <label>
    <input type="checkbox" name="boards[]" value="motor">馬達驅動板
  </label>
  </p>
  <input type="submit" value="送出">
</form>
```

核取方塊

名稱用方括號結尾（代表陣列）

同一組核取方塊的名稱必須一致

選項值

選項標籤

核取方塊的 HTML 標籤為 <input type= "checkbox" >，因為核取方塊代表「多重選項」，因此其資料值為**陣列**類型。

負責解析 POST 表單資料的 node.js 程式檔名為 post.js，目錄結構如下：

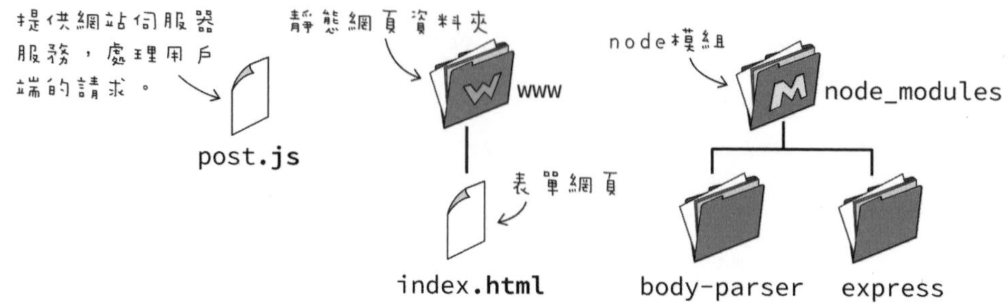

Express 框架透過 "body-parser" 模組的 urlencoded 中介程式（參閱下一節介紹）解析 POST 資料，程式片段如下：

```
var express = require("express");
var bodyParser = require("body-parser");
var app = express();

app.use(bodyParser.urlencoded({extended: true}));
// 省略程式碼......

app.post('/regist',function(req,res){
  var user  =req.body.user;
  var email =req.body.email;
  var boards=req.body.boards;

  var html = '暱稱：' + user + '<br>' +
             '電郵：' + email+ '<br>' +
             '控制板：' + boards.toString();

  res.send(html);
});

// 省略程式碼......
```

引用程式模組

false代表接受字串類型，true代表接受任何類型。

使用body-parser中介程式解析資料

處理POST請求

讀取POST資料的語法：

請求變數.body.POST變數

把陣列轉成字串

此表單傳入的資料類型為字串和陣列，因此 body-parser 中介程式的 extended 選項要設定成 true。執行此 Node 程式，並從表單網頁送出資料的結果如下：

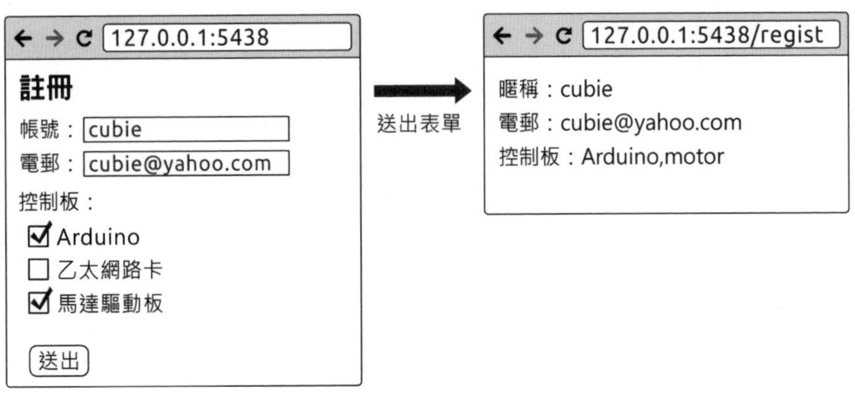

透過 HTTP POST 方法傳送的資料，不像 GET 那樣直接附加在 URL 網址後面，所以測試表單網頁的處理程式之前，我們先要完成表單頁面。其實，Chrome 應用程式商店有個超好用的測試工具，可以傳送 POST 在內的任何 HTTP 請求，名叫 "Postman"。在應用程式商店中搜尋 "Postman"，即可找到此工具程式，詳細用法請讀者查閱網站上的說明。

認識中介程式（middleware）

Express 框架提供類似「生產線」的運作流程，每個工作站（中介程式模組）負責一個任務，做完之後可選擇性地交給下一個工作站，整個流程可視需要增加或刪除工作站：

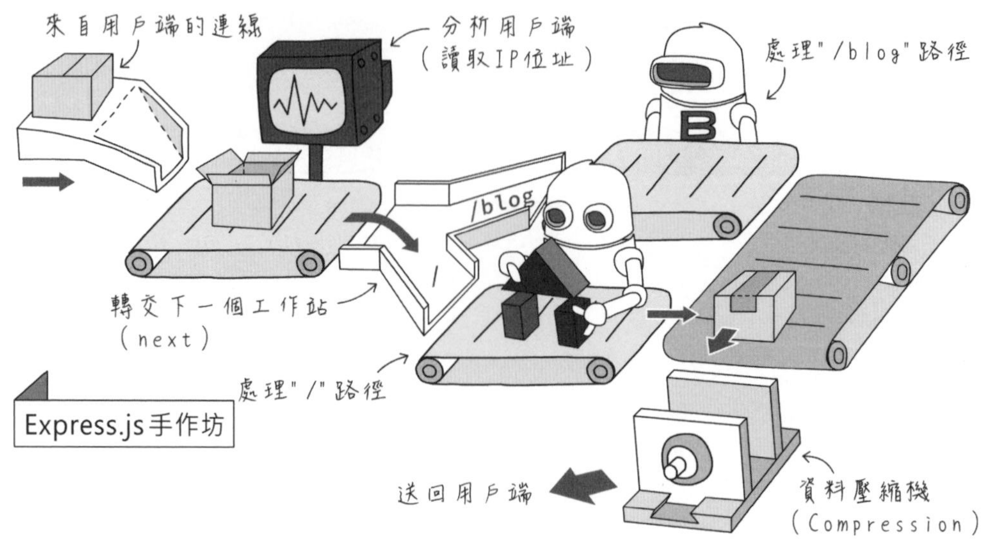

中介程式的本質是自訂函式，和處理路由的自訂函式的主要差別在於，多了一個 **next 流程回呼參數**。假設我們要讓網站紀錄每個連線用戶的 IP 位址，中介程式的語法和範例如下：

```
app.use(路徑, function (req, res, next) {
  // 中介程式碼......可執行任何程式。
  next();
});
```

執行use()、選擇性的作用路徑參數、流程處理完畢的回呼函式；next()：執行回呼函式，轉交控制權給下一個中介程式。

```
app.use(function (req, res, next) {
  console.log('用戶IP位址：'+ req.connection.remoteAddress);
  next();
});

app.get("/", function(req, res) {
  res.send("歡迎光臨！");
});
// 省略程式碼......
```

路由的比對順序

此自訂函式稱為「中介程式（middleware）」

若未執行next()，程式將停在這裡。

根路徑的路由處理程式

啟動本單元的 Node 程式，並透過瀏覽器連結首頁的結果如下（router.js 檔）：

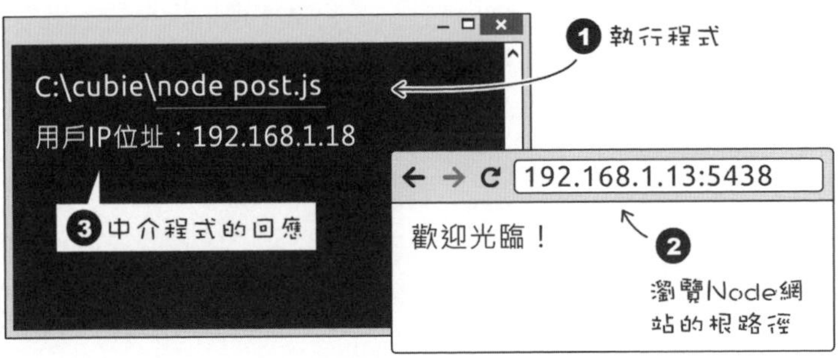

app.use() 會對「全部」連線（如：GET 和 POST）執行中介程式。

3-8 使用 package.json 管理 Node 專案的模組程式

在本機開發好 Node 程式之後，若想要移植到其他電腦執行（如：從 PC 到樹莓派），最下策是直接把專案資料夾複製到其他電腦，因為：

1. 最新版模組程式都放在 npmjs.com, github.com 等網站，從網路下載安裝即可。
2. 編譯後的模組程式，無法複製到不同系統平台執行，因為處理器的架構不同。

在新的電腦上手動安裝每一個模組，不僅麻煩還可能會遺漏安裝。為此，我們可以**在 Node 專案根目錄，新增一個 package.json 檔案**，在其中記載**專案的名稱、版本、功能描述、所需的模組...**等資訊。日後備份或移植程式時，只要複製 JavaScript 程式檔和 package.json 檔，不需要複製 node_module 資料夾。

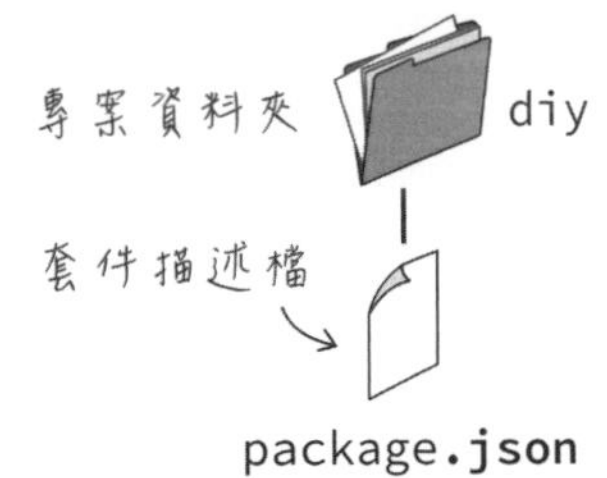

package.json 內容有固定的寫作格式，其中必不可少的是 **name（專案名稱）**和 **version（版本）**欄位。底下是 package.json 的基本範例，它宣告一個名叫 "test" 的專案、0.0.1 版、相依檔（亦即，執行專案程式所需的模組）為 express 4.12.0 版：

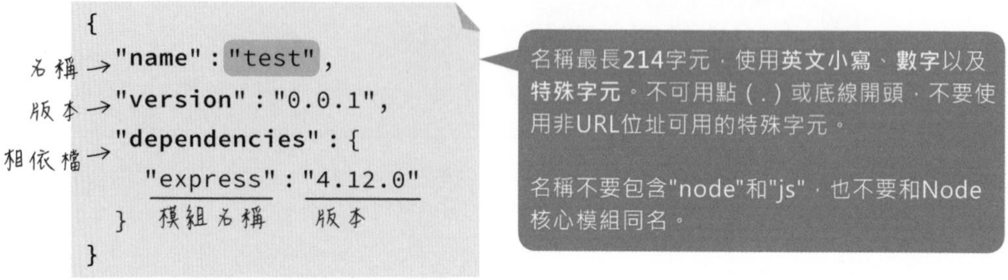

```
{
  "name" : "test",
  "version" : "0.0.1",
  "dependencies" : {
    "express" : "4.12.0"
  }
}
```


這裡的程式版本編號採用 "semver" 語法（http://semver.org/），它由三個編號數字中間加上點（.）組成，這些數字代表的意義如下：

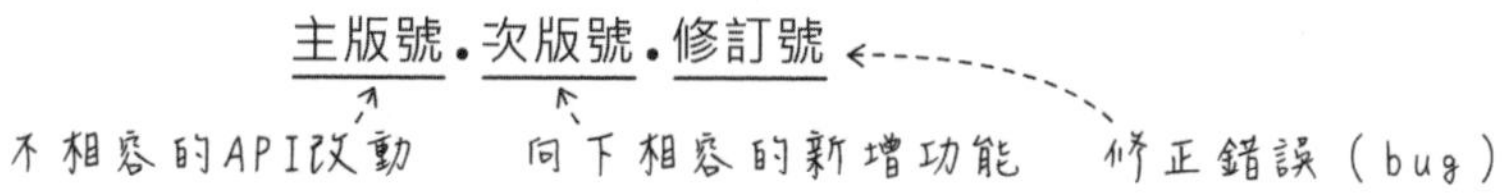

以蘋果的 iOS 系統為例，iOS 9.0.0 是 iOS 8.x 之後的重大改版，iOS 9.0.1 則是 iOS 9 的錯誤（bug）修正版，沒有新增功能。相依模組的版本除可指定版本編號，也能用>, >=, <, <=等語法設定版本編號的範圍，常見的設定：

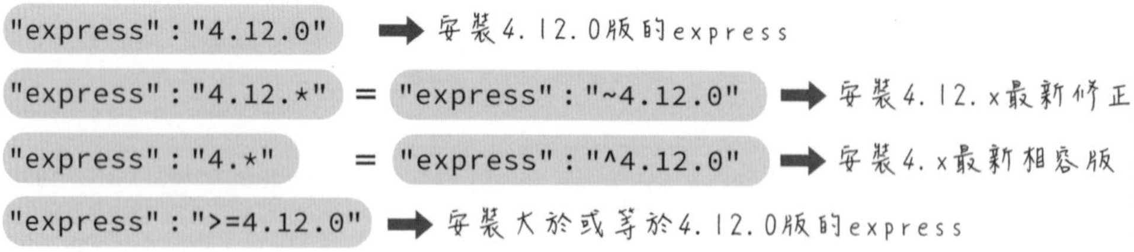

由於**不同「主版號」（如：3.x 和 4.x 版）模組的程式語法不甚相容**，為了確保專案程式能順利執行，相依模組的版本編號前面通常加上**插入號（^）**，例如："^4.12.0"，這代表將來即使出現最新的 5.x 版，此專案仍只會安裝 4.x 版；寫成 ">=4.12.0"，則代表可安裝任何新版本（4.x, 5.x, ...）。

此外，***, x 和空白都代表「任意編號」**，這幾個版本編號的意義相同："4.12.x"、"4.12.*" 以及 "4.12"。更多 package.json 檔案的說明，請參閱官方文件（https://docs.npmjs.com/files/package.json）。

描述檔設置完畢後，從終端機視窗進入 Node 專案資料夾路徑，然後輸入 **npm install** 指令，它就會自動下載與安裝指定的模組。在執行過程中，npm 會回報如下 4 則警告訊息，提醒我們描述檔裡面缺少一些欄位（屬性），請忽略它們：

```
$ npm install
npm WARN package.json test@0.0.1 No description
npm WARN package.json test@0.0.1 No repository field.
npm WARN package.json test@0.0.1 No README data
npm WARN package.json test@0.0.1 No license field.
```

← 安裝package.json指定的模組

缺少「描述」
缺少「模組網址」
缺少「讀我」
缺少「授權」
npm安裝程式顯示的「警告」訊息
我們自訂的套件名稱和版本

動手做 從 Arduino 傳遞溫溼度值給 Node 網站

實驗說明：將 Arduino 製作成網路用戶端，在電腦上建立並執行 Node 網站伺服器程式，讓 Arduino 定時向 Node 網站發布最新採集的溫濕度資料。

本單元的實驗材料和電路，同第二章「**從 Arduino 輸出純文字溫度**」單元。

Arduino 實驗程式：Arduino 將把採集到的溫濕度值，傳到 Node 伺服器的 /th 路徑，並且在 URL 位址附加 t 和 h 參數，分別代表溫度和濕度值：

傳送查詢字串給網站程式

GET /th?t=24&h=60 HTTP/1.1

Arduino+乙太網路卡
（IP:192.168.1.177）← 請自行修改IP位址值

執行Node的電腦或樹莓派
（IP:192.168.1.19）

乙太網路用戶端連線程式如下，首先宣告儲存位址的變數，採用 DHCP（動態分配 IP 位址）的程式請參閱下文。

```
#include <SPI.h>
#include <Ethernet.h>

// 乙太網路卡的實體位址
byte mac[] = { 0xDE, 0xAD, 0xBE, 0xEF, 0xFE, 0xED };

// Node 伺服器 IP 位址，請自行修改
IPAddress server(192, 168, 1, 19);
// Arduino 的 IP 位址，請自行修改
IPAddress ip(192, 168, 1, 177);
IPAddress subnet(255, 255, 255, 0); // 子網路遮罩
IPAddress gateway(192, 168, 1, 1);  // 閘道位址，請自行修改

// 宣告乙太用戶端連線物件，命名為 client
EthernetClient client;
```

用戶端物件透過 **connet() 方法**與伺服器建立連線，底下的程式碼將在連線成功時，傳送虛構的溫濕度資料：

```
void setup() {
  Serial.begin(9600);
  Ethernet.begin(mac, ip, gateway, subnet);  // 初始化乙太網路連線

  // 等待一秒鐘，讓乙太網路卡有時間進行初始化
  delay(1000);
  Serial.println("connecting...");

}
      if (client.connect(server, 5438)) {
        Serial.println("connected");  // 顯示「已連線」

        client.println("GET /th?t=24&h=60 HTTP/1.1");

        client.println();  // 輸出斷行字元
      } else {
        Serial.println("connection failed");  // 顯示「連線失敗」
      }
```

連線到指定伺服器的5438埠號，若連線成功，則傳回true。

發送HTTP請求

本範例程式(DHT11Client_1.ino 檔),loop() 保留空白即可:

```
void loop() { }
```

如果你的電腦網路環境採用動態 IP 配置(DHCP),請將程式改成:

```
// 乙太網路卡的實體位址
byte mac[] = { 0xDE, 0xAD, 0xBE, 0xEF, 0xFE, 0xED };
                                                    ← 無需宣告其他
EthernetClient client;   // 宣告乙太用戶端連線物件      IP變數

void setup() {
  Serial.begin(9600);
  Ethernet.begin(mac);   // 初始化乙太網路連線
      :
      : ← 其餘程式不變
}
```

Node.js 程式:接收來自 Arduino 的溫濕度數據,並將它們顯示在終端機視窗的 Node 程式如下:

```
var express = require('express');
var app = express();

app.get("/", function(req, res) {
  res.send("arduino 資訊網頁");
});

app.get("/th", function(req, res) {
  var temp = req.query.t;    // 讀取查詢字串的 t 值
  var humid = req.query.h;   // 讀取查詢字串的 h 值

  // 確認有收到溫度和濕度值(兩者都不是 undefined)
  if (temp != undefined && humid != undefined) {
    console.log("溫度: " + temp + ",濕度:" + humid);
    res.send("溫度: " + temp + "°  C,濕度:" + humid + "%");
  } else {
    console.log("沒收到資料!");
```

```
  }
});

app.use("*", function(req, res){
  res.status(404).send( '查無此頁！');
});

var server = app.listen(5438, function () {
  console.log("網站伺服器在 5438 埠口開工了！");
});
```

程式執行結果：執行 Node 程式後，再開啟 Arduino，即可在終端機視窗看到傳入的資料：

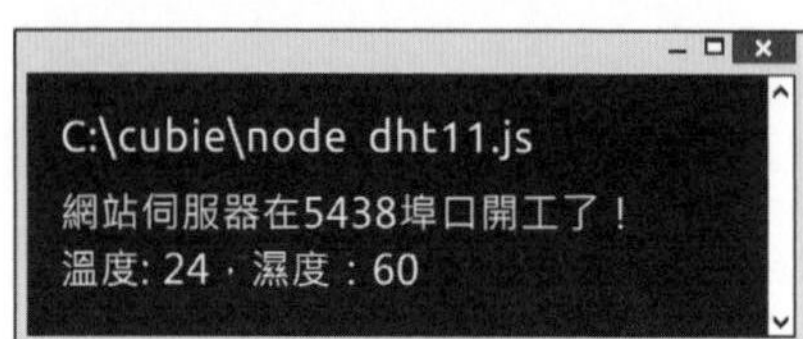

動手做 讓 Arduino 定時上傳 DHT11 資料

實驗原理：上一節的 Arduino 程式只會傳送一次溫濕度值，本節將把它改成可定時上傳資料的形式，並且引用 DHT11 感測器的程式庫實際採集感測器的數據，透過 Streaming 程式庫輸出動態字串。

> 這兩個程式庫說明，請分別參閱**超圖解 Arduino 互動設計入門**第九章與十六章。

實驗程式：請在程式開頭引用下列程式庫並初始化 dht11 感測器物件：

```
#include <SPI.h>
#include <Ethernet.h>
#include <dht11.h>
#include <Streaming.h>
dht11 DHT11;                 // 宣告 dht11 程式物件，命名為 DHT11
const byte dataPin = 2;      // dht11 感測器的資料輸出接在數位 2 腳
```

為了方便檢視實驗結果，本程式設定讓 Arduino 每隔 5 秒傳回溫濕度值，讀者可在實驗成功後自行修改間隔時間。本例的延時間隔不用 delay() 函式，因為在 delay 期間，Arduino 將會停擺，不做任何運算，也不接收輸入值。

此延遲程式採用比較時間差的方式，首先宣告兩個用於計時的長整數變數，interval 存放間隔時間：

```
unsigned long past = 0;
const unsigned long interval = 5 * 1000L;
```

（註：unsigned long：正長整數類型；L：長整數類型；5 * 1000L：5000毫秒）

傳送 DHT11 感應器資料時，將目前的毫秒數存入 past 變數，後面的程式將不停地比對時間差（目前的毫秒數減去 past 值），若時間差大於「間隔時間」，則再次讀取 DHT11 資料：

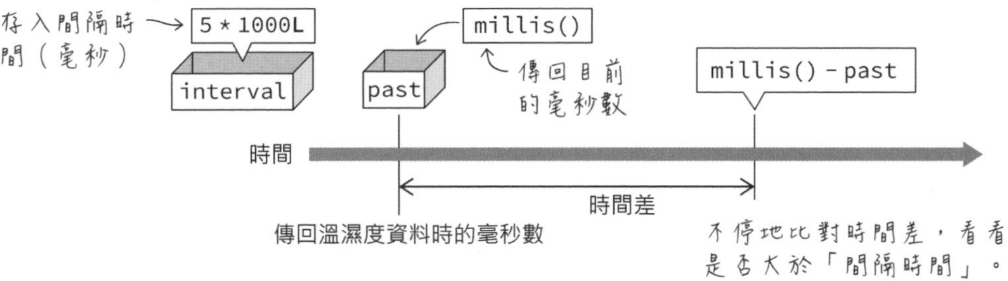

實際的 Arduino 主程式如下：

```
void setup() {
  Serial.begin(9600);

  Ethernet.begin(mac, ip);  // 初始化乙太網路連線

  // 等待一秒鐘，讓乙太網路卡有時間進行初始化
  delay(1000);
  Serial.println("connecting...");
}
```

```
                    上次執行的時間       預定的間隔時間
void loop() {
  if (millis() - past > interval) {
目前的時間
（毫秒值）
    int chk = DHT11.read(dataPin);   // 讀取DHT11的資料

    if (chk == 0) {
      httpSend();          // 若DHT11有傳回資料，則傳送給伺服器。
    } else {
      Serial.println("Sensor Error");   // 顯示「感測器錯誤」
    }
  }
}
```

傳送數據給伺服器的程式寫成 httpSend() 自訂函式，來自 DHT11 感測器的動態數據以 "<<" 運算子合成為字串：

```
void httpSend( ) {
  char tBuffer[6] = "";
  char hBuffer[6] = "";

  client.stop();  // 停止之前的連線

  if (client.connect(server, 5438)) {  // 連線到指定伺服器的5438埠號
    Serial.println("connected");

    client << "GET /th?t="            將浮點格式的溫度值轉成字串
           << dtostrf(DHT11.temperature, 5, 2, tBuffer)
           << "&h="
           << dtostrf(DHT11.humidity, 5, 2, hBuffer)
           << " HTTP/1.1\n";
    client.println();

    past = millis();    // 紀錄本次執行的毫秒數
  } else {
    Serial.println("connection failed");  // 顯示「連線失敗」
  }
}
```

將上面的程式 (DHT11Client_2.ino 檔) 上傳到 Arduino，即可在電腦的終端機視窗看到每 5 秒更新的溫溼度值。

3-9 使用 JSONP 格式跨網域存取資訊

第二章「**AJAX 的安全限制**」單元提到，瀏覽器不允許讀取非同源的 JSON 資料。假設我們使用 express 框架建立一個傳回主機名稱、可用記憶體的 JSON 資料，完整的程式碼如下（OS.js 檔）：

```
var os = require("os");  ← 引用Node內建的"os"程式庫
var express = require("express");
var app = express();

app.get('/', function(req, res) {
   var hostname = os.hostname();  ← 取得主機名稱
   var freemem = Math.floor(os.freemem() / 1024 / 1024) + "MB";  ← 將可用記憶體轉成MB單位

   res.json( {host: hostname, mem: freemem} );  ← 傳遞JSON物件給用戶端
});

app.listen(5438);
```

在本機網頁中，同樣以 get() 方法讀取 JSON 資料，將發生錯誤：

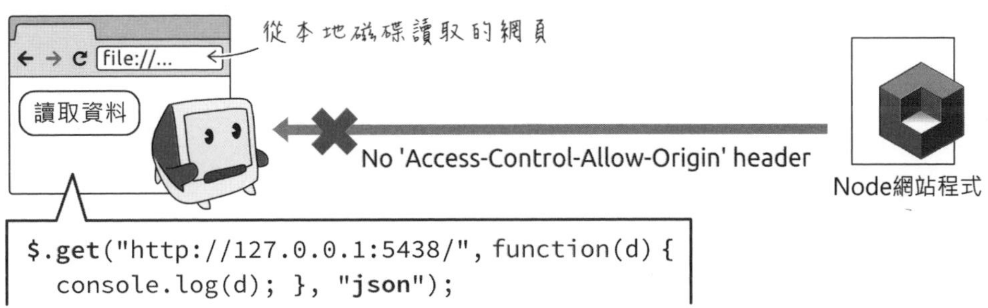

Node 內建的 os 程式庫（https://nodejs.org/api/os.html），包含存取系統資訊的各種方法，讀者可在 Node 的 REPL 模式測試下列指令：

- **os.hostname()**：取得主機名稱。
- **os.type()**：取得系統類型，可能的傳回值包含：'Linux', 'Darwin'（代表 OS X）和 'Windows_NT'（代表 Windows）。
- **os.totalmem()**：主記憶體大小，單位是 bytes（位元組）。
- **os.freemem()**：可用記憶體大小（位元組）。
- **os.cpus()**：取得處理器類型、時脈速度（MHz）等資訊。
- **os.networkInterfaces()**：取得網路介面卡和 IP 位址等資訊。

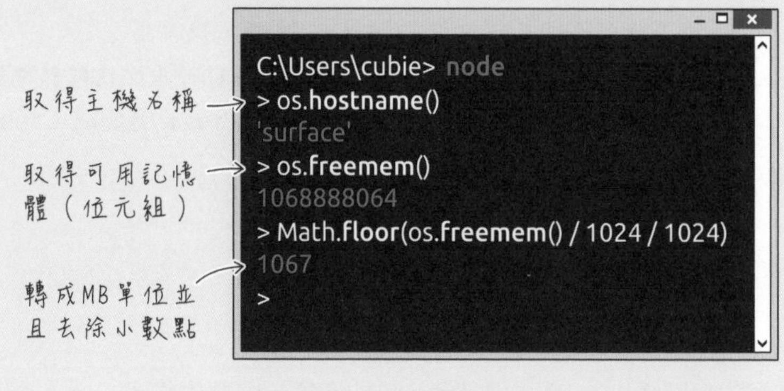

我們可以在 express 程式中，加入設置檔頭的中介程式，對所有請求傳回允許跨網域存取的回應，這樣就跟 Webduino 程式庫一樣，解決不同源的問題：

```
var os = require("os");
var express = require("express");
var app = express();
app.use(function(req, res, next) {
  res.setHeader( "Access-Control-Allow-Origin", "*" );
  next();
});
app.get('/', function(req, res) {
    ⋮ // 其餘程式不變
```

處理所有連線請求的中介程式

代表允許跨網域存取

代表任何網域

採用 JSONP 格式

瀏覽器不允許跨網域存取資料，但是程式碼不受此限。JSONP 格式就是**把資料包裝成程式碼**的形式，迴避跨網域的問題（註：JSONP 的 "P" 代表 padding，有「填充」之意），更精確地說，是**把 JSON 資料當成自訂函式的參數**，傳回給用戶端：

包裝資料的自訂函式名稱，由用戶端網頁決定。假設此函式叫做 duino，底下的用戶端網頁程式採用 jQuery 的 ajax() 方法，向伺服器請求 JSONP 格式的資料，並透過 **jsonCallback 屬性**指出自訂函式的名稱：

```
function duino( data ) {
  console.log( data );
}
```

❸ 收到JSONP資料時，此自訂函式將自動執行。

```
$.ajax( {
  url:"http://127.0.0.1:5438/",
  jsonpCallback:"duino",
  dataType: "jsonp"
});
```

向伺服器請求JSONP格式資料的程式

回呼函式名稱（jsonpCallback:"duino"）

❶ 實際發出的請求連結格式

```
http://127.0.0.1:5438/?callback=duino&_=1446377339402
```

回呼函式名稱（duino）　ajax方法自動附加的時間戳記（1446377339402）

送出請求時，ajax() 方法會在網址後面加上時間戳記（從 1970 年 1 月 1 日到目前為止的毫秒數），所以每一次發出請求時，這個數值都會不一樣，如此可以避免瀏覽器直接讀取暫存（cache）在用戶端電腦裡的資料（請參閱第四章「串流視訊：推播即時影像」說明）。

處理 JSONP 資料請求的 Node 程式和處理 JSON 的程式幾乎一樣，只差在回應用戶端的敘述。Express 框架會自動擷取請求連結當中的 callback 參數，用自訂函式名稱包裝 JSON 資料：

```
var os = require("os");
var express = require("express");
var app = express();
app.get('/', function(req, res) {
    :
  res.jsonp( { host:hostname,mem:freemem} );
});
app.listen(5438);
```

Node.js伺服器程式

由於此 Node 程式傳回的是 duino() 函式呼叫程式（和 JSON 參數），所以不受跨網域存取資料得限制。用戶端網頁的 duino() 函式將被執行，在 JS 控制台顯示收到的資料。

採用預設的 JSONP 回呼函式

如果沒有在 ajax() 方法中指定回呼函式，它會自動幫我們產生。當它收到伺服器傳回的資料時，success 函式將被自動執行，所以我們也不需要額外設定回呼函式：

```
$.ajax( {
   url: "http://127.0.0.1:5438/",
   dataType: "jsonp",
   success: function(d) {
     console.log(d);
   }
});
```


Node 伺服器程式碼不用改。

網路服務：你要香皂 (SOAP) 還是休息 (REST)？

一般網站 (HTTP) 伺服器的作用是提供 HTML 網頁**給人類瀏覽；Web Service（網路服務）**的作用則是透過 HTTP 協定提供資訊**給程式存取**，例如，公車管理單位的網站，可提供特定公車的所在位置，讓網站、手機 App 或其他程式讀取。

為了讓不同的系統平台和程式語言都能存取資源，網路服務必須要遵循共通的標準協定。最早的網路服務協定是由微軟和 IBM 等公司於 90 年代末提出的 **SOAP**（註：這個拼寫正好跟「香皂」一樣），在這個協議之下，前端（請求服務的程式）以及提供網路服務的 HTTP 伺服器，都必須透過**特定的 XML 標籤格式傳遞訊息**。

下圖假設從用戶端對伺服器請求 id 編號為 39 的裝置的溫濕度資料，以及伺服器的回應訊息（兩者都是 XML 格式）：

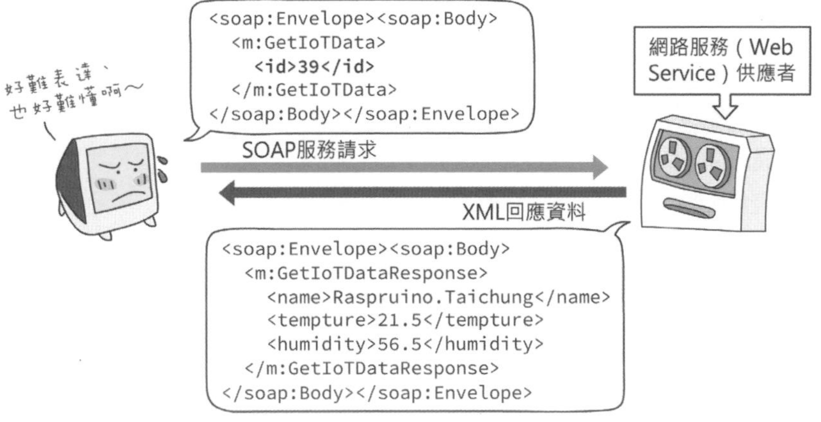

SOAP 訊息內容有點繁瑣，而且前後端程式都要有解析 XML 訊息的程式，不太適用於像 Arduino UNO 這種記憶體容量小、處理速度也不快的 8 位元微控制器。

因此，當前的網路服務大都支援簡潔許多的 REST (Representational State Transfer，具象狀態傳輸，REST 正好也代表「休息」) 架構。**REST 代表採用我們所熟知的 URL 位址格式來存取網路服務**，而網路服務端則看你的設計需求，可回應 XML, JSON, HTML 或純文字格式內容。支援 REST 架構的方案，一般稱為「REST 風格」或者 "RESTful"。

同樣以請求 id 編號為 39 的裝置的溫濕度資料為例，REST 架構的請求和回應訊息如下：

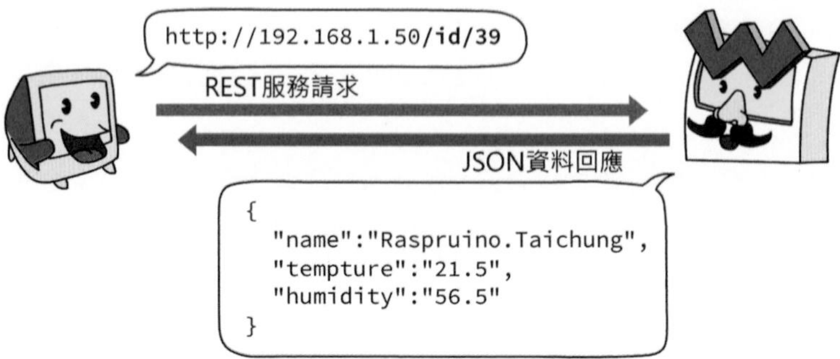

REST 架構對網路服務資源的讀取、建立（上傳資料）、修改和刪除等操作，分別透過 HTTP 協定的 GET、POST、PUT 和 DELETE 方法執行。例如：

取得 id 為 39 的資源：

```
GET http://192.168.1.50/id/39
```

建立（上傳）溫濕度資料：

```
POST http://192.168.1.50/th
{ "temp" : "21.5", "humid" : "55.3" }
```

表 3-1 列舉 HTTP 協定 1.1 版本提供 8 種標準的請求方法，其中最常見的就是 GET 和 POST。

表 3-1

方法	說明
GET	向指定的資源位址請求資料
POST	在訊息本體中附加資料（entity），傳遞給指定的資源位址
PUT	上傳文件到伺服器，類似 FTP 傳檔
HEAD	讀取 HTTP 訊息的檔頭
DELETE	刪除文件
OPTIONS	詢問支援的方法
TRACE	追蹤訊息的傳輸路徑
CONNECT	要求與代理（proxy）伺服器通訊時，建立一個加密傳輸的通道

某些方法會引發安全問題，例如上傳檔案的 PUT 和刪除檔案的 DELETE 方法，本身都不具驗證機制，任何人都可以上傳或刪除檔案，除非搭配自行開發的驗證機制，一般網站都不使用這些方法。

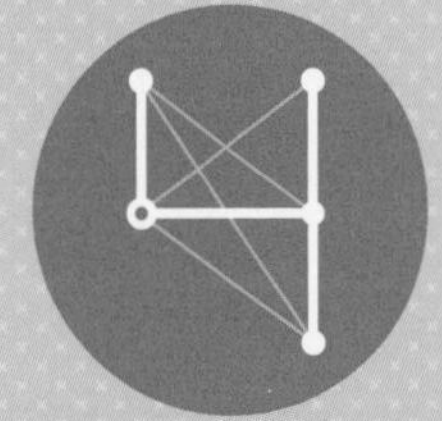

Node.js 序列埠通訊與樹莓派 GPIO 控制

序列埠是連接 Arduino 與個人電腦和 Linux 微電腦控制板，最常用的介面。GPIO 則是樹莓派控制板的標準週邊介面，本文將介紹如何透過 Node.js，使用 JavaScript 程式連接與控制序列埠和 GPIO 介面。

4-1 安裝編譯 Node 模組所需的軟體

Node 本身不具備連接序列埠和 GPIO 介面的功能，必須仰賴外掛模組，而模組程式大多是以跨平台的 C 或 C++ 語言的原始碼方式提供。因此，在 Node 中引用這些模組之前，必須先將模組的原始碼編譯成適合本機環境（如：PC 的 x86 處理器和樹莓派的 ARM 處理器）執行的版本，編譯 Node 模組需要兩個程式工具：

- **C/C++程式編譯器**：負責把 C 或 C++ 語言原始碼編譯成機械碼，在 Windows 系統上，採用微軟推出的 Visual C++；Mac OS X 和 Linux 系統（含樹莓派），則採用開放原始碼的 GCC。
- **node-gyp**：跨平台、命令列形式的 Node.js 模組編譯工具。它相當於指揮官，對它下達相同的指令，即可在不同系統平台上，協調編譯器和其他資源，完成編譯模組的工作。

安裝 Python 2.x 版

執行 node-gyp 需要用到 Python，Mac OS X 和 Linux 系統都有預先安裝 Python，Windows 系統用戶要自行安裝。

若不確定電腦上是否已安裝了 Python，請在命令列視窗輸入 "python -V"（V 要大寫），如果出現錯誤訊息，代表系統「可能」未安裝 Python（參閱下文「設定系統 PATH 變數」單元說明）：

04

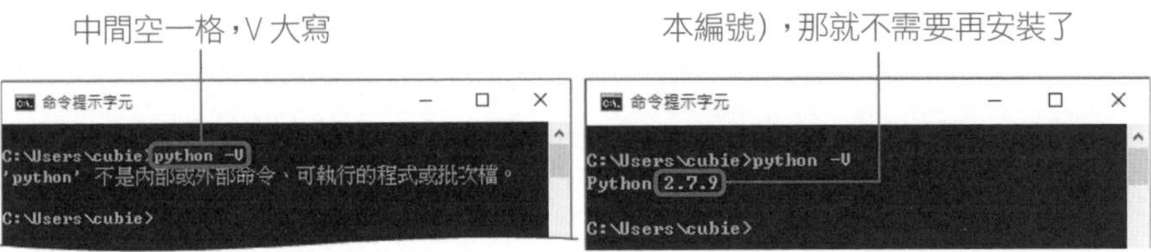

如果尚未安裝，請到 Python 官網 (python.org) 下載 Python 的安裝程式，Python 語言分成 2 和 3 版，這兩個版本的語法不相容，**node-gyp 仰賴第 2 版**，因此請下載 Python 2.x 版。

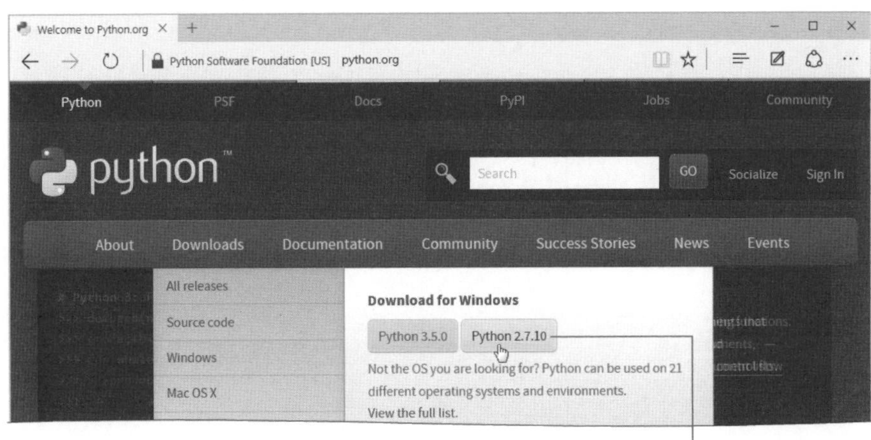

下載之後，直接雙按它即可進行安裝。在安裝 Python 過程中，有一個設定選項 **Add python.exe to path** (將 python.exe 加入 Path 環境變數)，請將它勾選，如此才能在任何路徑下執行 Python (萬一忘記勾選，請參閱下文，自行手動設定)：

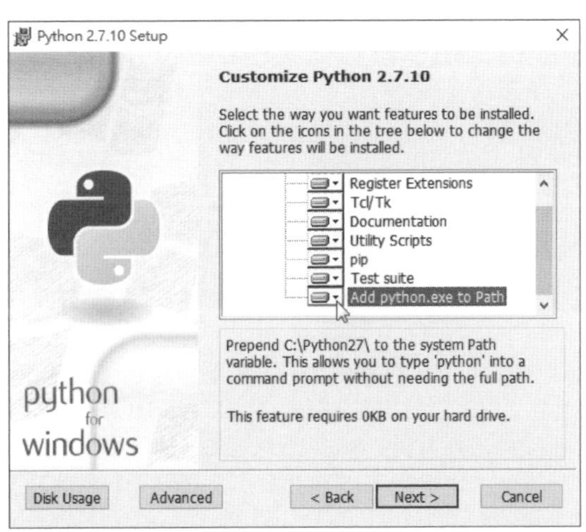

設定 Path 環境變數

若希望能在 Windows 的任何路徑啟動 Python，我們需要替它建立一個系統「捷徑」——更正確的說，是把 Python 的安裝路徑設定在系統 PATH 變數之中。設定方式如下：

1 按下**系統**畫面左邊的**進階系統設定**，開啟**系統內容**設定面板：

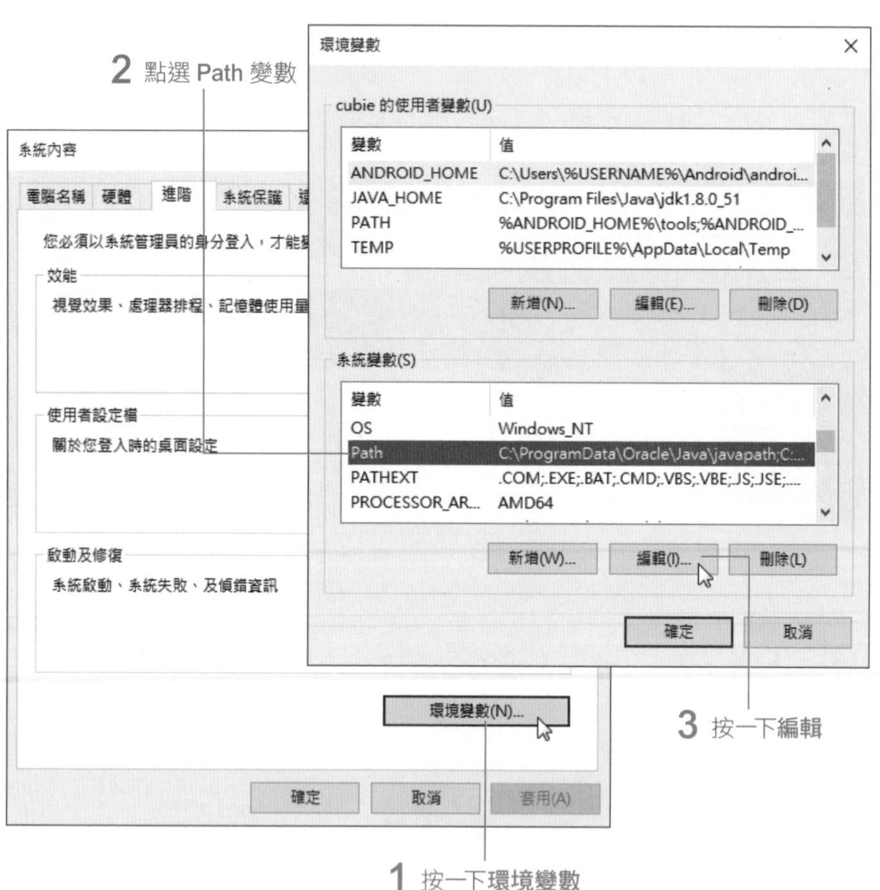

2

Python 預設安裝在 C 磁碟的根目錄，以 2.7 版為例，其路徑是 C:\Python27，請在 Path 變數值的最後，輸入 ";C:\Python27;C:\Python27\Scripts"。

編輯系統變數

變數名稱(N): Path

變數值(V): :s (x86)\Windows Live\Shared;C:\Program Files\nodejs\;C:\Python27\;C:\Python27\Scripts

確定 取消

路徑之間用分號區隔。

設定完畢後開啟命令列視窗測試看看，在任何路徑下輸入 "python -V"，都能顯示 Python 安裝的版本編號。

安裝 C/C++ 編譯器

樹莓派和 Linux 系統已經內建 GCC 編譯器，Windows 和 Mac OS X 使用者請參閱底下的說明，下載與安裝 C/C++ 編譯器。

Windows 系統：下載與安裝 Visual Studio 軟體

Visual Studio 是微軟由研發，用來開發應用程式、網頁和手機軟體的整合開發工具。以前它有根據不同的程式語言，單獨推出開發工具，例如 Visual Basic, Visual C, ...等等，現在則是把所有語言全都整合至單一開發工具。

這套工具有不同版本，讀者可以選擇下載 Express 或 Community 版，這兩者都是免費的（前提是不能用來開發要收費的軟體），Community 版的功能比較完整，但我們只用到 C++ 編譯功能，所以沒有差別。筆者安裝的是 Community 2015 版（下載網址：https://www.visualstudio.com/）：

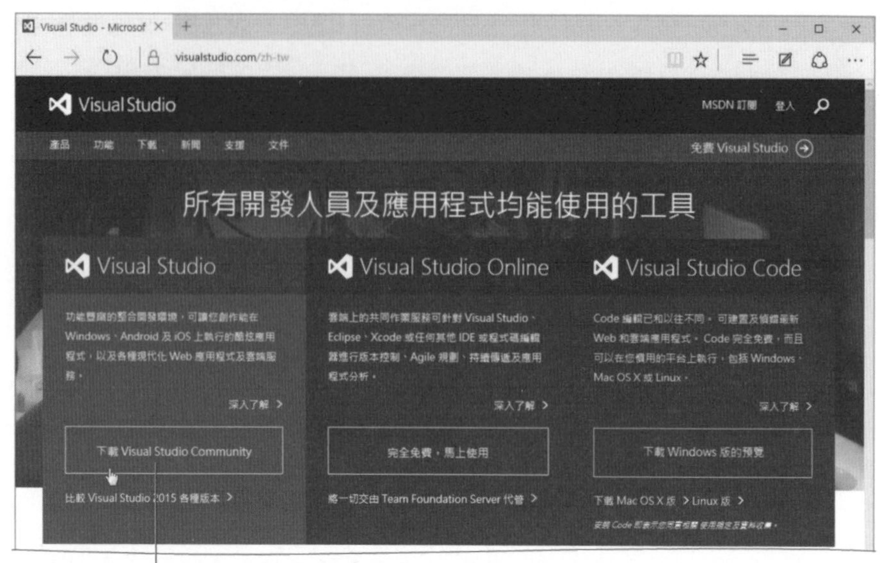

下載 Community 版

在 Visual Studio 安裝過程中，選擇**自訂**選項，然後在**下一步**畫面中，取消所有選項，僅需要安裝 **Visual C++ 的通用工具**：

接著一路按照預設選項完成安裝。

04

Mac OS X 系統：安裝 Xcode 命令列工具

Xcode 是蘋果推出的程式開發工具，具有完整、圖像式開發工具，以及純文字命令操作的 Command Line（命令列）兩種版本。我們只需安裝 Xcode Command Line Tools（以下稱為「Xcode 命令列工具」），即可編譯 Node.js 模組。

請在 Mac 的終端機視窗中輸入底下指令 "xcode-select -p"（"-p" 之前有空格）：

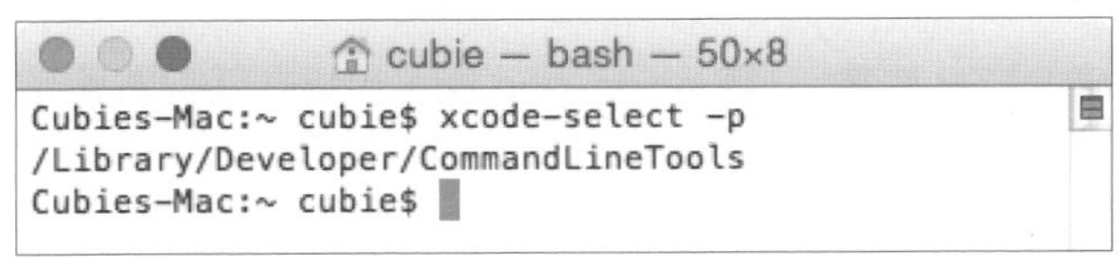

如果你的系統上已經安裝了 Xcode 命令列工具，它將顯示工具的安裝路徑，否則，它會顯示如下的錯誤訊息：

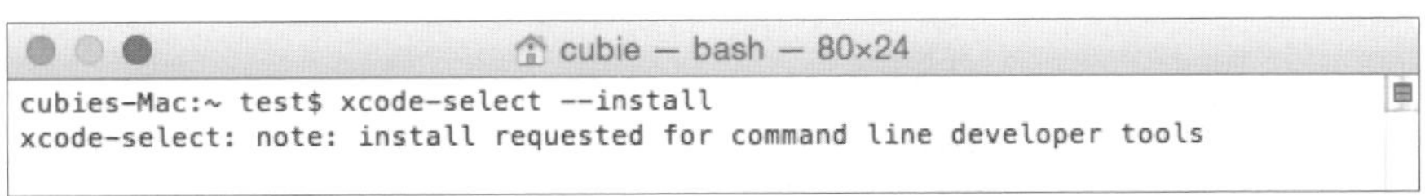

請輸入指令 "xcode-select --install"：

```
cubies-Mac:~ test$ xcode-select --install
xcode-select: note: install requested for command line developer tools
```

畫面將出現如下的對話方塊，請按下**安裝**鈕，開始下載與安裝 Xcode 命令列工具：

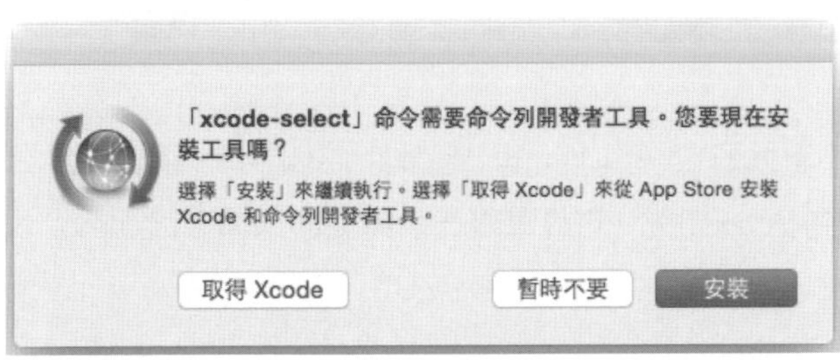

在樹莓派上安裝 node-gyp 模組

Windows 系統可不必手動安裝 node-gyp，因為在下載與編譯 Node 模組時，系統會自動下載並安裝。然而在樹莓派的 Linux 系統上，因為安裝 node-gyp 需要管理員權限，所以請在終端機視窗輸入底下指令手動安裝：

```
$ sudo npm install -g node-gyp
```

"sudo" 代表以管理員權限執行指令。**"-g" 代表「全域（global）」，其作用是類似設定「系統 PATH 變數」，讓 node-gyp 指令可以在任何路徑下執行。**

動手做 Node.js 序列埠通訊

實驗說明：從電腦或樹莓派接收從 USB 埠傳入的 Arduino 數據。

04

實驗材料：

電腦或者樹莓派控制板	一片
Arduino UNO 控制板	一片

實驗電路：

實驗程式：本單元包含 Arduino 和 Node.js 兩個程式。請先上傳底下的**序列傳送測試**程式到 Arduino 板，它將每隔一秒鐘從序列埠發出 "hello!" 文字：

```
void setup() {
  Serial.begin(9600);
}

void loop() {
  Serial.println("hello!");
  delay(1000);
}
```

安裝 Node 的 Serialport 序列埠通訊模組：C++ 編譯器、Python 和 node-gyp 模組都安裝完畢後，即可準備安裝 Node 的序列埠通訊模組。在 npm.org 網站搜尋關鍵字 "serial port"，可找到許多序列埠通訊相關套件。

本書採用的是 serialport（官網：https://goo.gl/OwsOJ3），請先新增一個資料夾來存放此 Node 專案程式，然後在裡面新增一個包含如下內容的 package.json 檔（此例的 serialport 模組採用 2.x 版）：

```
{
  "name" : "serialTest",
  "version" : "0.0.1",
  "dependencies" : {
    "serialport" : "^2.0.0"
  }
}
```

最後，開啟終端機視窗，在你的 Node 專案資料夾，執行 "npm install" 指令，安裝序列埠程式庫。

安裝過程中，命令列視窗會出現一堆文字訊息，有時會出現黃色警告文字，不用理會它；**若是出現紅色 Error 開頭的錯誤訊息，代表安裝不成功**，請確認電腦是否安裝好 C++ 編譯器、Python 和 node-gyp，或者，將 "serialport" 版本改成 "^1.5.0"。

接收序列資料的 Node 程式：使用 serialport 模組建立序列通訊程式需要兩大元素：

- 建立序列埠連線物件，並指定連線的序列埠名稱。
- 透過序列埠物件偵聽兩個事件：
    - **open**：開啟序列埠時觸發。
    - **data**：收到序列資料時觸發。

請在本單元的 Node 專案資料夾裡面新增一個 index.js 檔。程式必須引用 serialport（序列埠）模組，接著建立連接 Arduino 板的序列埠物件：

```
var com = require("serialport");
var serialPort = new com.SerialPort("COM4");
```


Windows 系統的序列埠名稱以 COM 開頭，後面跟著數字編號；Mac OS X 與 Linux 系統的序列埠，和其他裝置一樣，以檔案方式呈現，它們都位於 /dev/ 路徑下。Mac OS X 的 USB 序列埠介面的名稱通常以 tty.usbserial 開頭（或 **tty.usbmodem，如果連接的控制板是 Arduino UNO 的話**），Linux 系統（如：樹莓派的 Raspbian）則是以 ttyUSB 開頭，相關說明請參閱**超圖解 Arduino 互動設計入門**第五章「Mac OS X 與 Linux 的通訊埠」一節。

在 Mac 或樹莓派的終端機輸入底下的指令，可列舉所有序列埠裝置：

```
ls /dev/tty*
```

或者，開啟 Arduino 編輯器軟體，從『**工具/序列埠**』選單，也能看到連接本機的序列通訊裝置。

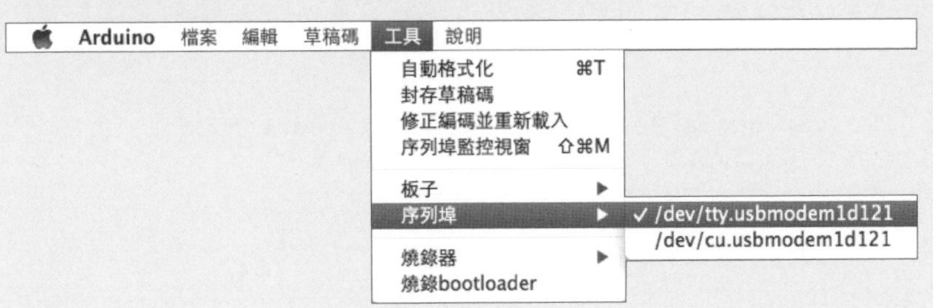

接收和傳送序列資料的程式，寫在「開啟（open）」序列埠的事件處理程式裡面。接收序列資料的程式如下：

序列埠開啟時，將觸發此事件處理程式。

```
serialPort.on("open", function(){
  console.log("已開啟序列埠");
```

收到資料時，將觸發此事件。

```
  serialPort.on("data", function(d){
      console.log("資料：" + d);
  });
});
```

實驗結果：將 Arduino 接上 USB 埠，然後執行 Node 的 index.js 程式。終端機視窗將每隔一秒呈現從 Arduino 發出的訊息：

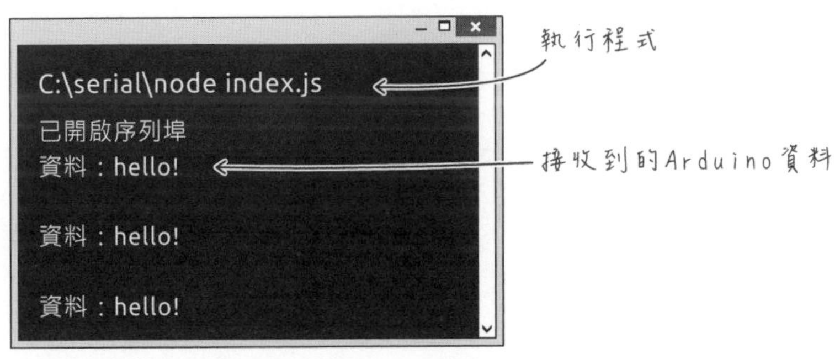

Arduino 傳送的字串包含 '\n' 字元（因為是透過 println() 指令輸出字串），所以收到的訊息後面會出現空行。

設定序列埠連線速率：序列埠物件預設採用 9600bps 速率連線，此值可運用 **baudrate 屬性**修改。序列埠物件還具有 **parser（解析器）屬性**，可設定字串結尾的字元符號（'\n'），請將上一節的 serialPort 物件宣告改成：

```
var serialPort = new com.SerialPort("COM4", {
  baudrate: 9600,  // 設定連線速率
  parser: com.parsers.readline("\n")
});
```

以'\n'當作行結尾

其餘程式不變，重新執行此 Node 程式的結果：

動手做 從 Node.js 傳送序列資料

實驗說明：藉由 Node 讀取命令列輸入 on 或 off，從序列埠傳送開、關 LED 燈訊號給 Arduino。

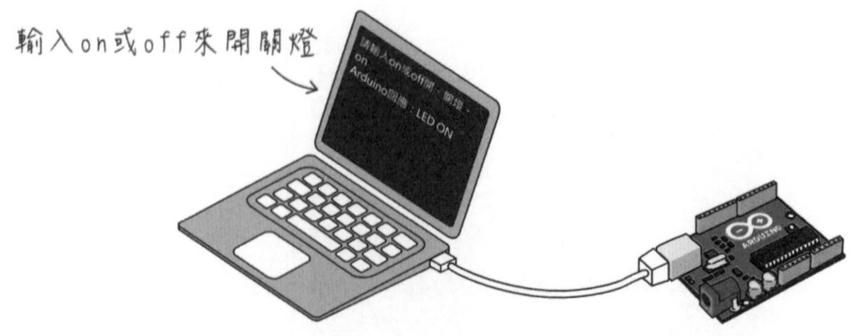

實驗程式：請將底下的程式碼上傳到 Arduino：

```
const byte LED = 13;            // LED 接在 13 腳
char val;                       // 儲存接收資料的變數，採字元類型
void setup() {
  pinMode(LED, OUTPUT);         // 腳位設定成「輸出」模式

  Serial.begin(9600);
  Serial.println("Arduino ready.");    // 傳出訊息
}

void loop() {
  if( Serial.available() ) {          // 若序列埠收到字元...
    val = Serial.read();              // 讀入字元
    switch (val) {
      case  '0'  :                    // 若收到字元 '0' ...
        digitalWrite(LED, LOW);       // 輸出低電位
        Serial.println("LED OFF"); // 傳出訊息
        break;
      case  '1'  :                    // 收若收到字元 '1' ...
        digitalWrite(LED, HIGH);      // 輸出高電位
        Serial.println("LED ON");
        break;
    }
  }
}
```

讀取命令列文字的 Node 程式：同樣在 Node 序列埠專案資料夾，新建一個 onOff.js 程式。Node 程式可透過內建的 **process.stdin 物件取得命令列輸入文字**，這部份的基本程式架構為：

```
var stdin = process.stdin;          // 宣告讀取命令列輸入的物件
stdin.setEncoding( 'utf8' );  // 選擇性的設定輸入文字編碼

stdin.on( 'data', function( d ){
   // 處理輸入命令列的資料
});
```

在命令列輸入文字並按下Enter鍵，將觸發此事件。

接收命令列文字

完整的程式碼如下，「讀取命令列文字」事件程式放在「開啟序列埠」事件程式裡面，以便確保序列埠可用時，才接受使用者輸入命令：

```
var stdin = process.stdin;
stdin.setEncoding('utf8');

var com = require("serialport");
var serialPort = new com.SerialPort("COM4");

serialPort.on("open", function(){
  // 底下這一行可改寫成：console.log("請輸入 on 或 off 開、關燈。\n");
  process.stdout.write("請輸入 on 或 off 開、關燈。\n");

  serialPort.on("data", function(d){
    console.log("Arduino 回應：" + d); // 顯示傳入序列埠的資料
  });

  stdin.on('data', function( d ){
    // 消除命令列文字中的多餘空白，請參閱下文說明
    var str = d.toString().toLowerCase().trim();

    switch (str) {
      case  'on' :                  // 若用戶輸入 'on'
        serialPort.write('1');      // 從序列埠發出 '1'
        break;
      case  'off' :                 // 若用戶輸入 'off'
        serialPort.write('0');      // 從序列埠發出 '0'
        break;
      default:                      // 若用戶輸入其他文字
        console.log("請輸入 on 或 off 開、關燈。\n'");
    }
  })
});
```

以上的 switch...case 流程僅判斷全部小寫的 'on' 和 'off' 字串，若使用者輸入大寫 'ON' 或 'On'，或者在文字前後輸入空白，如：'on '，程式將無法正確判讀。藉由底下的敘述，將能把輸入文字轉成小寫，並去除多餘的空白：

04

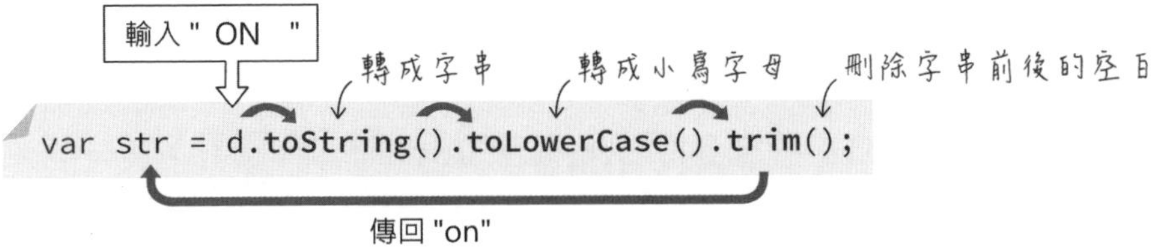

上面一行敘述，等同於底下三行：

```
var str = d.toString();
str = str.toLowerCase();
str = str.trim();
```

Node 序列埠程式與 Arduino 控制板相連的實驗在此先告一段落，後面的章節將會介紹另一種序列連接 Arduino 的方式。

JavaScript 的字串，不僅是一連串字元的集合，也是一種可操作的物件，下圖列舉 4 個字串物件方法和屬性，讀者可在 JS 控制台測試：

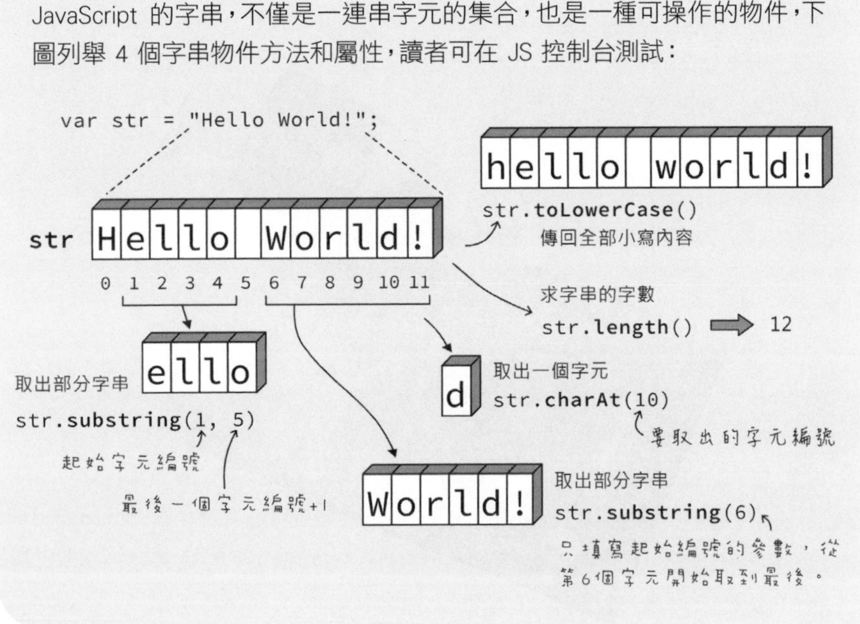

4-2 透過 Node.js 執行系統指令（執行 raspistill 指令拍照）

本單元將練習透過 Node.js 執行樹莓派的 **raspistill 命令**，操作樹莓派專用相機來拍攝照片，並且以當前的日期和時間作為影像的檔名，在此之前請先把相機模組裝設好。

設置與測試樹莓派的專用相機模組

樹莓派專屬的 500 萬像素相機模組，透過特殊介面槽連接樹莓派，它可以拍攝相片也能錄製 Full HD 影片。相機模組的技術規格和裝設方式，可參閱樹莓派官網的 Camera Module Setup 說明（相機模組設置，https://goo.gl/7RBV62）。

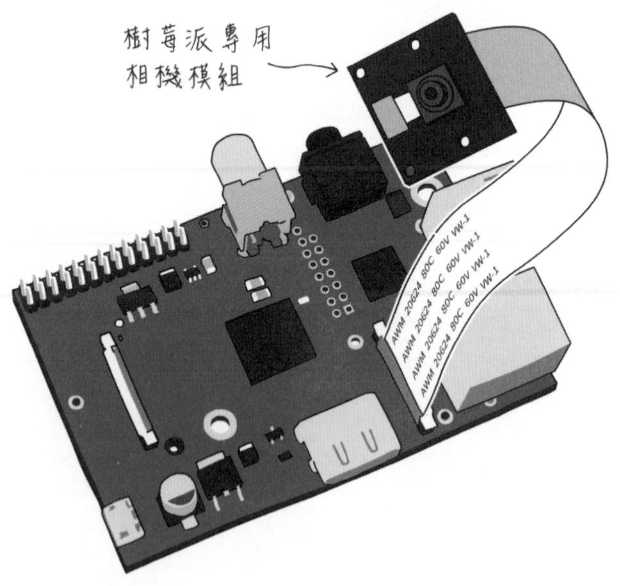

模組裝設完畢後，請用官方的 Raspbian 作業系統開機，**Jessie 版**的 Raspbian 系統內建如下圖的視窗設定工具：

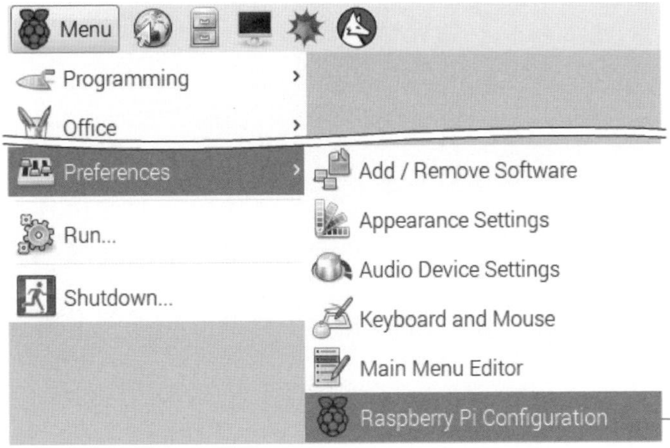

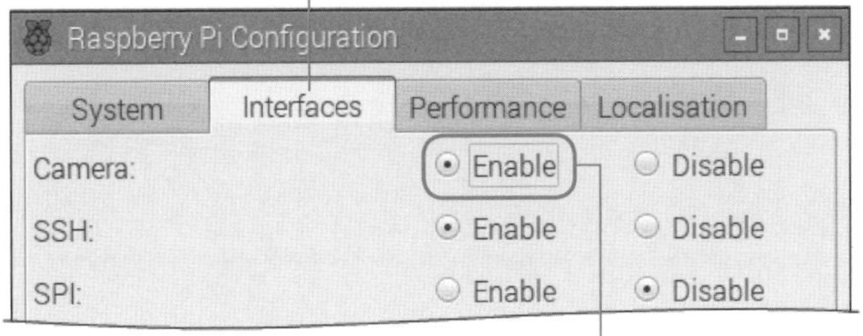

1 選擇這個指令

2 切換到 Interfaces（介面）設定頁

3 點選 Enable

如果你採用的是 Wheezy 版，請在終端機視窗執行 sudo raspi-config 指令，依照底下的步驟啟用相機模組：

1 用方向鍵選擇這個選項，然後按下 Enter 鍵

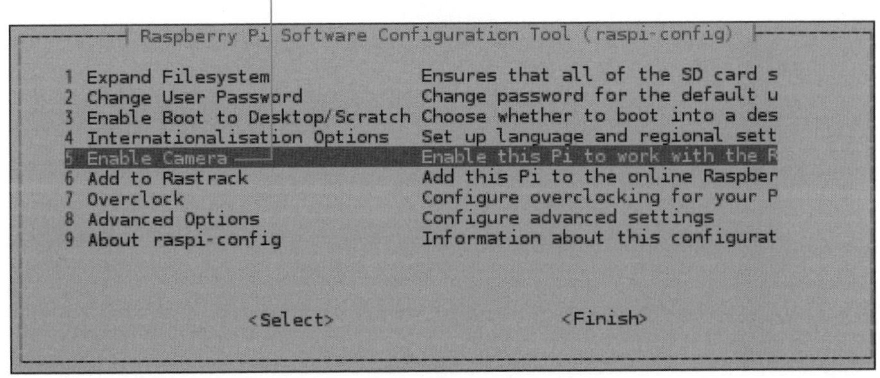

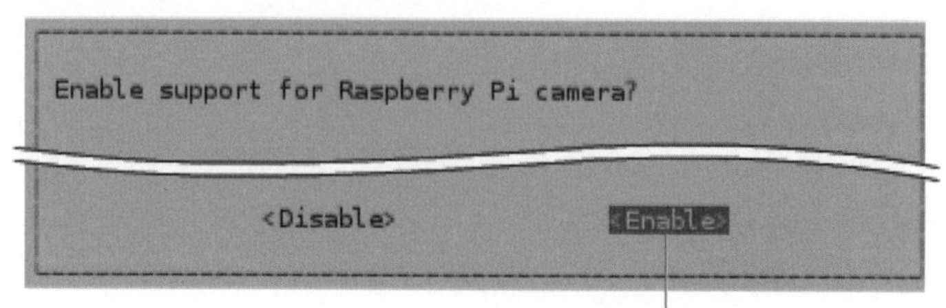

2 用方向鍵選擇 **Enable**（**啟用**）選項，再按下 Enter 鍵

設置畫面將回到最初的主畫面，請選擇 **Finish**（**結束**），然後重新啟動樹莓派。

拍攝相片的指令說明

樹莓派相機模組基本上是透過文字命令操作，拍攝靜態影像的指令叫做 raspistill，在終端機視窗輸入底下的指令和參數，將拍攝一張 640×480 像素、40% 品質的 JPEG 影像檔，存在目前所在路徑：

```
raspistill -w 640 -h 480 -t 1 -q 40 -o photo.jpg
```

寬640，高480　品質40%　影像檔名

表 4-1 列舉常用的 raspistill 指令參數，完整的參數列表，請參閱 Raspberry Pi 官方網站的 Camera 文件（http://goo.gl/uduaP2）。

表 4-1

參數（簡寫）	參數（完整名稱）	說明
-?	--help	顯示指令說明
-w	--width	設定影像寬
-h	--height	設定影像高
-q	--quality	設定 JPEG 畫質（從 0 到 100；數字越大畫質越好，檔案也越大）
-o	--output	指定輸出路徑和檔名
-t	--timeout	拍攝之前的延遲時間，單位是 ms。若未指定，則採用預設的 5000ms（5 秒）；設定成 1ms 代表「立即拍攝」
-hf	--hflip	水平翻轉影像
-vf	--vflip	垂直翻轉影像

執行 raspistill 拍照指令，若出現 "Failed to create camera component（無法建立照相機組件）" 的錯誤訊息，請確認有開啟照相機模組功能，而且相機模組的接線也沒有問題。

建立傳回目前日期與時間值的函式

JavaScript 的 **Date 類別物件**可讀取本機的時間，表 4-2 列舉幾個 Date 的方法。

表 4-2

方法	說明
getFullYear()	取得 4 位數字的年份
getMonth()	取得 0~11 的月份數字，0 代表一月
getDate()	取得日期數字，1~31
getHours()	取得 24 時制的「時」數，0~23
getMinutes()	取得分鐘數，0~59
getSeconds()	取得秒數，0~59

執行表 4-2 的方法之前，必須先建立一個 **Date（日期）物件**。底下的敘述將在瀏覽器的 JavaScript 控制台顯示今天的日期：

```
// 建立日期物件，now 變數將紀錄當前的日期與時間資料
var now = new Date();
// 取出 now 裡的「日期」資料
console.log("日期：" + now.getDate());
```

本單元程式將以底下的日期時間格式當作影像檔名（時間是 24 時制，時、分和秒若小於 10，則在十進位數字填 0）：

日期和時間中間用底線分隔　　若小於10，前面補0。

"2015.8.24_11.09.42"

年　月　日　時　分　秒

筆者把產生時間資料的程式寫成如下的 time() 自訂函式，每次呼叫這個函式，它就會傳回上述格式的日期與時間：

```
var time = function () {
  var now = new Date();
  var str = now.getFullYear() + '.' +
          (now.getMonth()+1) + '.' +
          now.getDate()
           + '_' +
          ((now.getHours() < 10) ? "0" : "") + now.getHours()
           + '.' +
          ((now.getMinutes() < 10) ? "0" : "") + now.getMinutes()
           + '.' +
          ((now.getSeconds() < 10) ? "0" : "") + now.getSeconds();

  return str;
};
```

這個加號代表「連結字串」

月份值為0~11，所以要加1。（用小括號包圍，讓兩數先相加）

如果秒數小於10，則輸出"0"，否則輸出""（空字串）。

04

透過 exec 方法執行系統指令

raspistill 拍照指令是樹莓派的 Raspbian 系統內建的工具程式。要在 Node 程式中執行系統指令，可以透過 **child_process 程式庫**（代表「子程序」）的 **exec 方法**（代表 **exec**ution，執行）。exec 方法指令的呼叫格式如下：

```
exec(要執行的命令, function(error, stdout, stderr) {
     // 回呼函式程式主體
});
```

命令執行完畢，將觸發此回呼函式，並傳入三個參數。

其中的回呼函式有三個參數，假若指令執行無誤，error 參數值將是 null；stdout 將包含指令輸出結果，stderror 則包含指令的錯誤訊息（如果有的話）。

以執行列舉目錄內容的 ls 指令為例：

與指令同名的變數　引用此程式庫

```
var exec = require('child_process').exec;

exec('ls -al', function(error, stdout, stderr) {
  console.log('命令回應：' + stdout);
  console.log('命令錯誤訊息： ' + stderr);
  if (error !== null) {
    console.log('exec執行出錯了：' + error);
  }
});
```

要執行的命令

若exec執行無誤，error的值將是null。

程式執行結果如下：

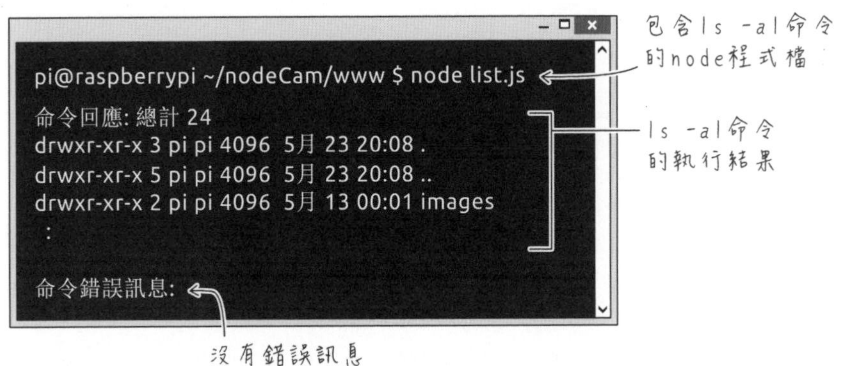

pi@raspberrypi ~/nodeCam/www $ node list.js
命令回應: 總計 24
drwxr-xr-x 3 pi pi 4096 5月 23 20:08 .
drwxr-xr-x 5 pi pi 4096 5月 23 20:08 ..
drwxr-xr-x 2 pi pi 4096 5月 13 00:01 images
:
命令錯誤訊息:
包含ls -al命令的node程式檔
ls -al命令的執行結果
沒有錯誤訊息

綜合以上說明，透過 exec 方法執行拍照，並且以當前時間為影像檔名的程式碼如下（影像將存在**目前路徑裡的 images 資料夾**）：

```
var exec = require('child_process').exec;  // 引用程式庫
var cmd = 'raspistill -w 640 -h 480 -t 1 -q 40 -o ./images/'
     + time() + '.jpg';

exec(cmd, function(error, stdout, stderr) {
  if (error !== null) {
    console.log('exec執行錯誤：' + error);
  } else {
    console.log('拍攝完畢！');
  }
});
```

取得目前的日期與時間

執行拍照

插入time()自訂函式

由於 raspistill 指令不會傳回任何訊息，所以 exec 方法的 stdout 參數值是空字串，這個程式也就不必顯示 stdout 參數值。測試此程式之前，請先在此程式檔的目錄當中，建立一個存放影像的 images 目錄。

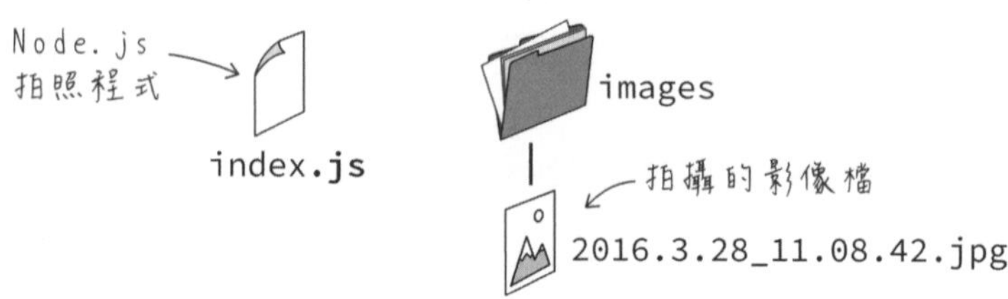

程式（program）和程序（process 或 procedure）的關係，類似「劇本」和「演員」。假如電腦是一個舞台，演員（程序）就是按照劇本（程式）在舞台上表演的實體，會佔用舞台空間和資源。

4-3 樹莓派的 GPIO 簡介

樹莓派控制板包含一個雙排的數位輸出/入針腳，稱為 GPIO（General Purpose Input/Output）介面。**「通用」代表接腳的用途可由我們的程式自由設定，而非固定用途。**

樹莓派第一代分成 Rev.1 和 Rev.2 兩個版本，除了主記憶體大小的差異，GPIO 的腳位定義也稍微不同：

Rev.2 控制板還包含兩個大穿孔。

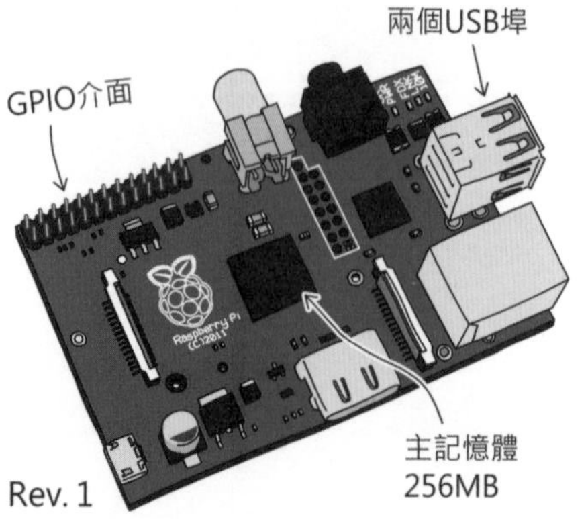

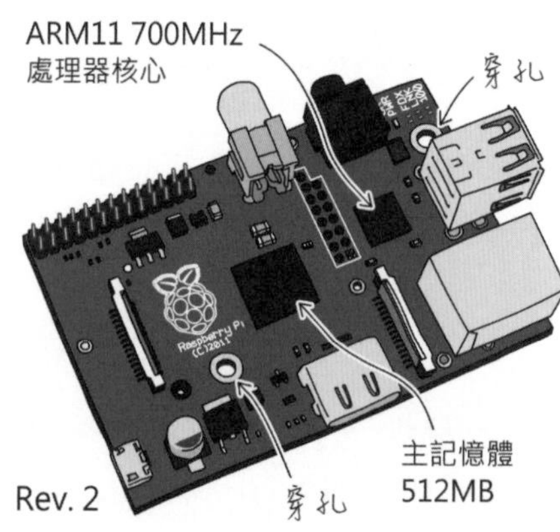

第一代樹莓派的 GPIO 共有 26 腳，**腳位編號**和**功能名稱**如下：

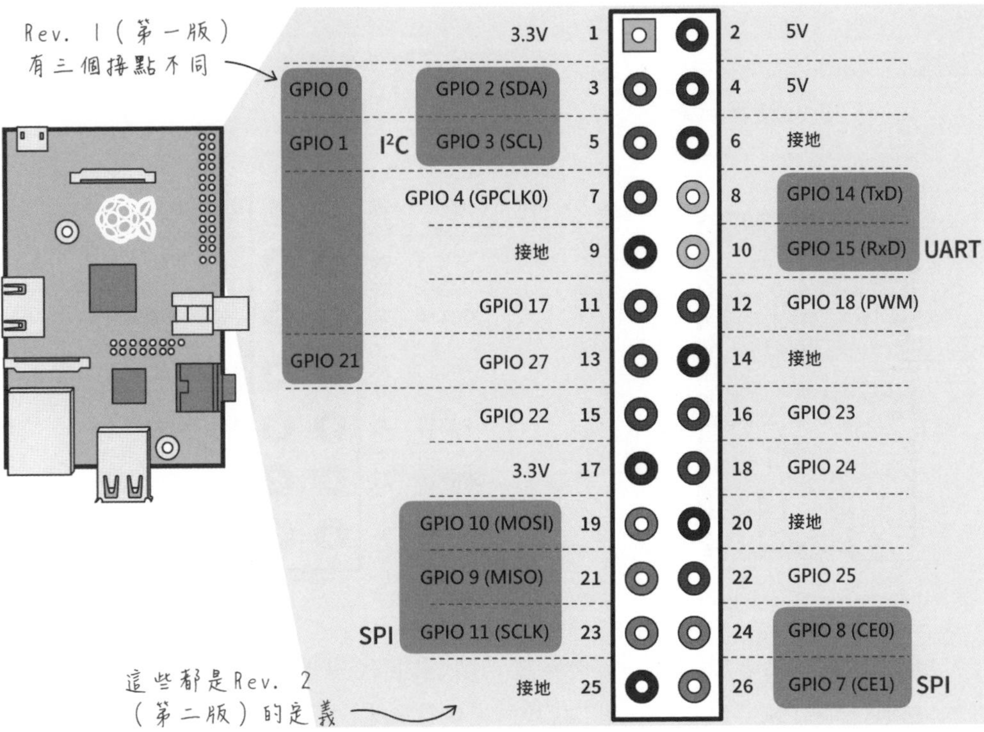

其中：

- 扣除電源及接地腳，總共有 17 個 GPIO 腳位。
- **每個 GPIO 腳最大允許流入或流出 16mA (0.016A)**。
- 某些接腳除可用在一般的控制場合，也具備特殊功能，像 8 和 10 腳是系統預設的序列埠。
- 每個 GPIO 接腳都可以輸入或輸出數位訊號（高電位為 3.3V）。

樹莓派第一代的 Model B+，以及第二代（Raspberry Pi 2 Model B）有 4 個 USB 連接埠以及 40 個 GPIO 針腳，額外增加的 14 個針腳定義如下：

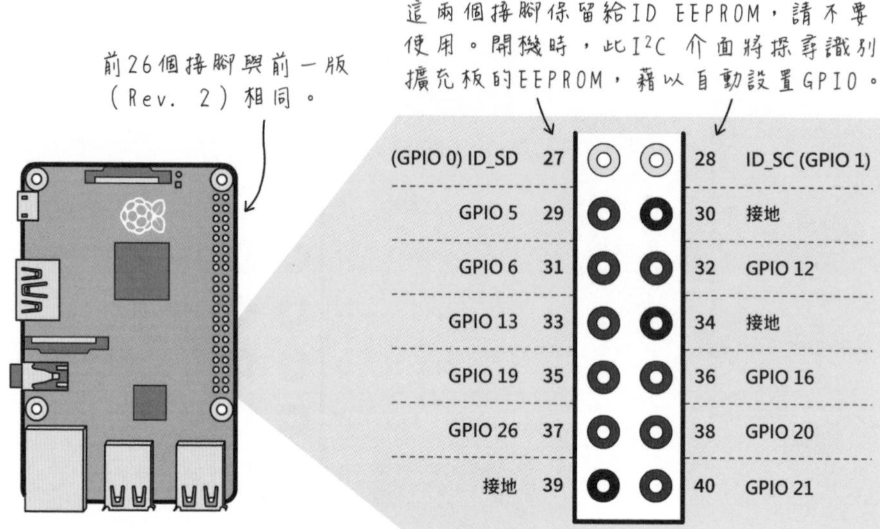

除了比第一代增加 GPIO 腳位數量，一代和二代的 **SoC** 內部採用相同的 GPU，但是 CPU 效能不同。第二代控制板具有 ARM Cortex-A7 四核心 900MHz 處理器和 1GB 主記憶體；第三代的運算效能大約比第 2 代提昇 50%，GPIO 以及專屬相機介面都跟第二代相同，其主要特點如下：

- 採用 1.2GHz 的四核心 64 位元 ARM Cortex A53 處理器
- 負責影像繪圖的 GPU 單元，運作時脈為 400MHz（第一和二代為 250MHz）
- 1GB 主記憶體，運作時脈 900MHz（第二代為 450MHz）
- 內建 Wi-Fi 無線網路和藍牙 4.0

就本書的控制應用而言，第一代樹莓派已足敷使用；如果是第一次選購樹莓派，建議買第三或第二代，因為圖像操作介面流暢很多，用來當作瀏覽網頁、文書處理、程式開發和媒體播放器的 Linux 小電腦也沒問題。

GPIO 介面的補充說明與注意事項

拆裝介面卡或接線時，**請先拔除樹莓派的電源**。

就像 Arduino 控制板，樹莓派 GPIO 接腳直接與 SoC 晶片相連。SoC 只能輸出或流入微量的電流，而且它的邏輯「高」準位是 3.3V，**請勿輸入高於 3.3V 的電壓給 GPIO 接腳，否則可能會損壞樹莓派**。

GPIO 沒有類比輸入腳位，但是第 12 腳（GPIO18）**有支援 PWM 輸出**。若需要擷取類比訊號，可自行製作或購買 ADC（類比轉數位）介面卡，像採用 **MCP3428 類比轉數位 IC** 的開源擴充介面卡（http://goo.gl/Rs0hLE），或者連接 Arduino 控制板，透過 Arduino 內建的類比輸入埠採集數據。本書採用連接 Arduino 板的方案。

I²C 接腳（SDA 和 SCL，也就是第 3 和 5 腳）**已連接 1.8KΩ 上拉電阻**，因此連接 I²C 週邊設備無須額外的上拉電阻。

GPIO 腳位內部也有上拉和下拉電阻，可透過程式啟用，它們的電阻值：

- 上拉電阻：50 KΩ ~ 65KΩ
- 下拉電阻：50 KΩ ~ 60KΩ

GPIO 有 5V 和 3.3V 電源輸出接腳，但是它們的輸出功率有限，以第一代來說，板子上有三個保險絲：兩個 USB 插座各有一個 140mA 限流保險絲、micro USB 電源輸入附近有一個 750mA 限流保險絲。在未插接 USB 裝置的情況下，第一代控制板本身約消耗 700mA 電流，第二代約 650mA。因此，**在採用 5V, 1A 電源供電的情況下，最後僅剩下 200mA~300mA 可提供 GPIO 介面使用**（詳請參閱 elinux.org 的 GPIO 條目）。

GPIO 上的 3.3V 腳位，最大輸出電流為 50mA（詳請參閱 elinux.org 的 Power 條目）。因此，連接消耗大電流的 GPIO 週邊設備時，請替它們外接電源（週邊設備的接地要跟 GPIO 的任何一個接地腳相連）。

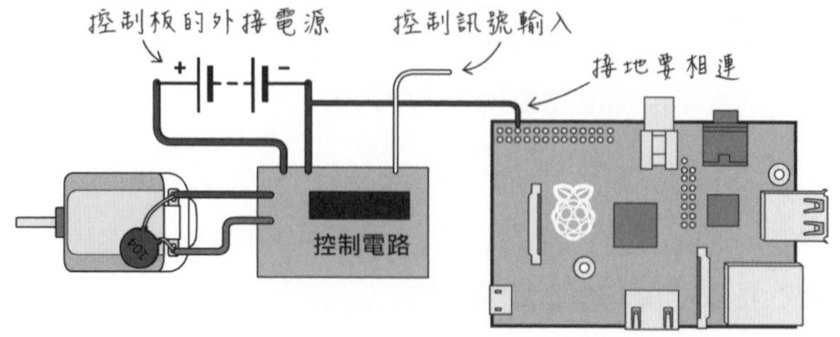

Google Play 商店有個 Pi Power Estimator 免費 App，可估算樹莓派的消耗電力。如果你打算採用行動電源供電，這個 App 能幫你計算樹莓派可以運作多久。

Node.js 程式 GPIO 控制：使用 onoff 模組

Node 有多個操控樹莓派 GPIO 腳位的程式模組，請嘗試在 npmjs.com 網站輸入關鍵字 "pi GPIO" 即可看到，不同模組的操作指令不大相同。筆者選用的是 **"onoff" 模組**。底下列舉 onoff 模組提供的幾個方法，完整的指令表列及語法說明，請參閱 onoff 專案網頁 (https://www.npmjs.com/package/onoff)：

> 指令語法中，用方括號包圍的部份，代表選擇性參數。

- **Gpio(腳位名稱數字, 輸出或輸入[, 觸發時機])**：初始化 GPIO 腳位的建構函式

> 建構函式（constructor），用於建立程式物件時，設定該物件的預設值。

- **read([回呼函式])**：非同步讀取 GPIO 值
- **readSync()**：同步讀取 GPIO 值
- **write(值[, 回呼函式])**：非同步寫入 GPIO 值
- **writeSync(值)**：同步寫入 GPIO 值
- **watch(回呼函式)**：監測 GPIO 硬體中斷

操作（讀取或寫入）GPIO 腳位之前，必須先透過 Gpio() 函式建立一個物件。底下敘述將把 GPIO18（第 12 腳）設成「**輸出（out）**」，後面的程式將能透過 led 變數操作這個腳位（**請注意！onoff 程式庫的 GPIO 接腳，採用 GPIO 名稱數字，而非腳位編號**）：

```
var Gpio = require('onoff').Gpio,  // 引用程式庫
    led = new Gpio(18, 'out');
                          ↖ GPIO18設為「輸出」
```

若是把某個 GPIO 腳位設成「**輸入（in）**」模式，則需要指定輸入訊號的「觸發時機」，其可能值為：

- none：**無**，代表不會觸發輸入訊號，此為預設值，也就是不接收輸入訊號。
- rising：**上昇階段**，代表訊號從低變高（從 0 變 1）時觸發。
- falling：**下降階段**，代表訊號從高變低（從 1 變 0）時觸發。
- both：**上昇與下降**，從 0 變 1 以及從 1 變成 0 都會觸發。

訊號的上昇階段和下降階段示意圖：

'rising' 上昇階段 → 0 → 3.3v　　3.3v → 'falling' 下降階段 → 0

底下的敘述將把 GPIO4（第 7 腳）設成「輸入」，並且在開關**按下**或**放開**時觸發：

```
var button = new Gpio(4, 'in', 'both');
       GPIO4設為「輸入」↗     ↖在按下和放開時觸發事件
```

讀、取 GPIO 值的指令各有**非同步**和**同步**兩種。根據 onoff 專案網頁提供的數據，在 700MHz 第一代樹莓派上執行效能測試的結果如表 4-3，其中的「中斷」代表「偵測到輸入訊號」：

表 4-3

Node.js	onoff	write（寫入）/秒	writeSync（同步寫入）/秒	中斷/秒
0.11.7 版	0.2.3 版	3355 次	49651 次	2550 次

由此可知，若需要 onoff 程式庫即時在 GPIO 腳位輸出訊號，應該使用**同步式**指令。

動手做 GPIO 輸出入訊號練習：按開關閃爍 LED

實驗說明：GPIO 介面連接一個開關（按鈕）和 LED。每按一下開關，LED 就會閃爍 5 秒。

實驗零件：

樹莓派控制板	一片
電阻： 270Ω（紅紫棕）	1 個
電阻： 10KΩ（棕黑橙）	1 個
LED	1 個（顏色不拘）
開關	1 個（形式不拘）

實驗電路：

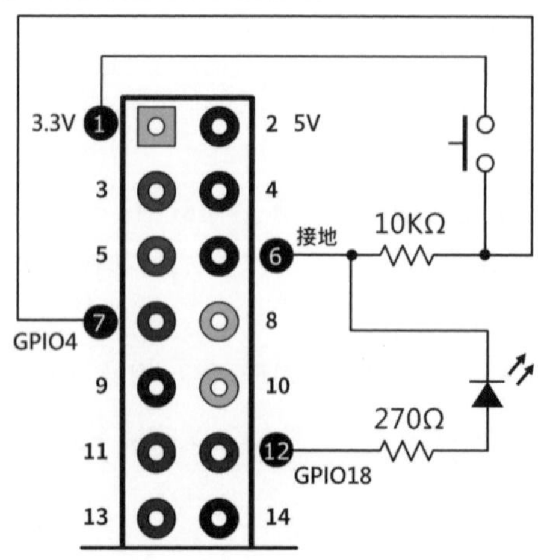

麵包板組裝範例：

270Ω
（紅紫棕）
10KΩ
（棕黑橙）
+
-
GPIO18
3.3V
GPIO4

實驗程式：閃爍 LED 的程式，需要每次都翻轉 LED 腳位的狀態。本程式 LED 輸出腳位的 GPIO 物件叫做 led，底下的 XOR 運算敘述將在每次執行時，輸出和前一次相反的值：

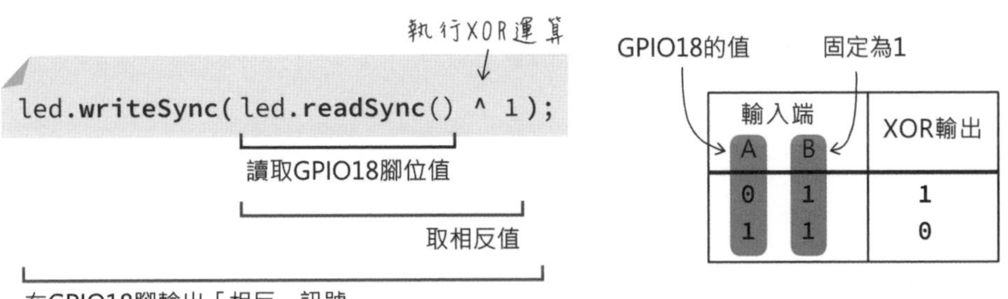

定時反覆執行程式敘述的指令是 **setInterval**；在指定的時間到時，執行一次程式敘述的指令則是 **setTimeout**。結合這兩個指令，即可完成底下「每隔 200ms 閃爍 LED、閃爍 5 秒之後熄滅」的自訂函式：

```
function blink() {
  // 每隔200ms，在GPIO18輸出0或1，產生LED閃爍效果。
  var id = setInterval( function () {
             led.writeSync( led.readSync() ^ 1);
           }, 200);

  setTimeout( function () {
    clearInterval(id); // 停止閃爍LED
    led.writeSync(0);   // GPIO18輸出0
  }, 5000);
}
```

5秒鐘後，執行一次這些敘述。

設定按鈕事件處理程式：底下的敘述將 GPIO4 腳設定成「上昇與下降」階段觸發的輸入腳：

```
var button = new Gpio(4, 'in', 'both');
```

實際偵測與處理輸入事件的程式，寫在 watch() 的回呼函式裡面。底下的程式片段將在開關「接通」與「斷開」時執行，如果輸入值為高電位，則閃爍 LED：

```
button.watch( function (error, value){
  if (error) {
    throw error; // 若發生問題，則拋出錯誤。
  }

  if (value == 1) {
     blink();     // 執行閃爍LED的自訂函式
  }
});
```

偵測到輸入端變化時，此函式將被觸發執行，並傳入兩個參數。

確認輸入值為1（高電位）

onoff 模組官網提到，**退出程序時（例如：在終端機視窗中按下 Ctrl 和 C），程序並不會釋放已佔用的資源**（如：按鈕程式物件佔用的記憶體空間）。因此，關閉程式之前請在每個腳位物件，執行 **unexport() 方法**釋放資源，如底下的 exit() 自訂函式：

```
function exit() {
    led.unexport();                    // 釋放資源
    button.unexport();                 // 釋放資源
    console.log( '\n 結束程式');
    process.exit();                    // 結束此程式
}
```

最後加上偵測系統關閉程序訊息的事件敘述，本單元程式就完成了！

按下Ctrl和C鍵，系統將發出此訊息。

```
process.on('SIGINT', exit);
```

執行此自訂函式

偵聽'SIGINT'訊息

動手做 透過紅外線感測模組拍攝照片

實驗說明：連接 PIR 人體紅外線感測器與樹莓派，在偵測到人員經過時，啟動相機模組拍攝照片。換句話說，PIR 感測器相當於啟動相機快門的開關。

實驗材料：

PIR 人體紅外線感測器模組	一個
樹莓派專用相機模組	一個
樹莓派	一片

實驗電路：將 PIR 感測器的輸出接在 GPIO7，5V 電源可直接引用樹莓派的 5V 輸出：

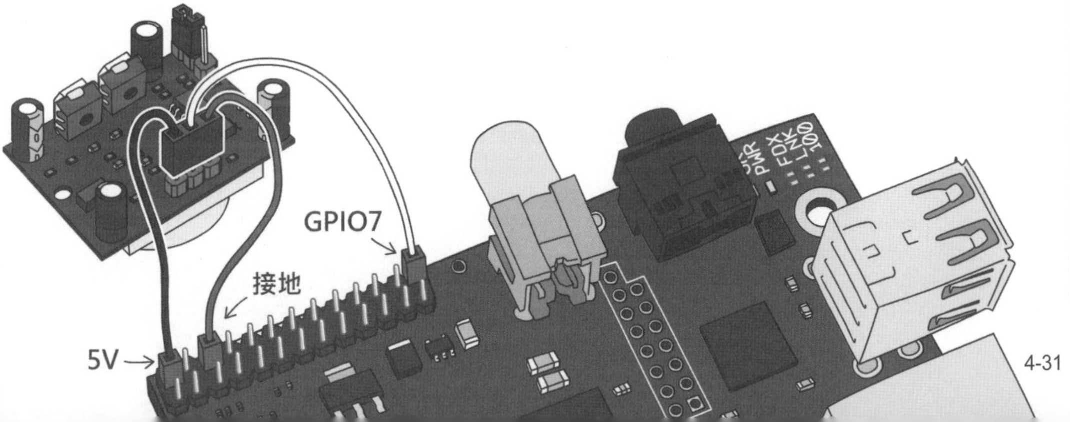

PIR 感測器的輸出平時處於**低電位**狀態，當偵測到人體移動時，輸出訊號將轉變成高電位，並維持一段時間（預設 5 秒）：

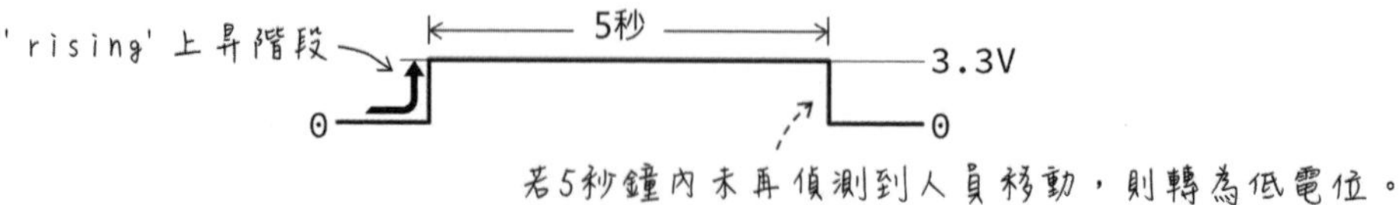

因此，程式碼只需要偵聽 PIR 訊號接腳的「上昇階段」，若偵測到高電位訊號，則拍照並且 5 秒鐘之內不再偵測（亦即，5 秒內不重複拍照）。Node 的主要程式碼如下，請自行加上產生目前時間格式的 time() 自訂函式（請參閱上文「建立傳回目前日期與時間值的函式」）：

```
var exec = require('child_process').exec;
var Gpio = require('onoff').Gpio,
pir = new Gpio(7,'in','rising'), // GPIO7 連接 PIR 訊號輸出腳
captured = false;              // 暫存是否已拍照的狀態，預設為「否」

// 將拍照程式敘述寫成 takePhoto()自訂函式
function takePhoto() {
  // 影像檔以自訂日期格式為名，存入 img 資料夾
  var imgFile =  './img/'  + time() +  '.jpg' ;
  // 拍照並存檔
  var args =  'raspistill -w 640 -h 480 -o '  + imgFile +
      ' -t 1 -q 40' ;
  exec(args, function(error, stdout, stderr) {
    if (error) {
      throw error;
    } else {
      console.log("拍照中，請微笑～");
    }
  });
}

// 處理 pir 腳位變化的事件處理程式
pir.watch(function(err, value) {
   if (err) exit();
```

```
    // 若腳位是「高電位」而且尚未拍照
  if(value == 1 && captured == false)  {
    captured = true;              // 先設定成「已拍照」
    console.log('偵測到入侵者，開始照相存證...');
    takePhoto();                  // 拍照

    // 5 秒定時程式，5 秒之後設置成「未拍照」狀態
    setTimeout(function () {
      captured = false;
    }, 5000);
  }
});

// 關閉程序時，清理資源的自訂函式
function exit() {
  pir.unexport();  // 釋放資源
  console.log('\n結束程式');
  process.exit();
}

// 收到「關閉程序」訊息時，執行 exit 自訂函式
process.on('SIGINT', exit);
console.log('自動拍照裝置準備好了～');
```

4-4 樹莓派 GPIO 整合 Arduino 控制板

透過 USB 埠連接 Arduino 的優點是方便，但是在樹莓派上，顯得有點多此一舉。因為**樹莓派 GPIO 埠的 8 和 10 腳分別是序列埠的傳送（TxD）和接收（RxD）腳**，可與 Arduino 控制板的數位 0（接收）和 1（傳送）腳相連。

直接和樹莓派的 GPIO 相連，Arduino 的序列訊號就不需要經過「USB 轉序列埠 IC」，不僅減少一點體積，也些微降低電力消耗。市面上整合樹莓派的 Arduino 相容控制板產品（如：開源硬體的 RandA，http://goo.gl/xbVLPY），大多採用這種連線方式。下圖是整合樹莓派與自製 Arduino 板的外觀（相關照片請參閱：http://swf.com.tw/?p=791）：

這種整合方式的缺點是要自行焊接控制板（嗯～對電子 DIY 來說，這應該算是一種樂趣）；**如果想要在樹莓派上執行 Arduino 開發軟體，並上傳到此控制板，軟體也需要額外的設定。**

連接樹莓派 GPIO 與 Arduino 板的三種方式

與樹莓派相連，至少需要連接三條線：**序列傳送**、**接收**和**接地**，底下列舉三種 Arduino 控制板與樹莓派 **GPIO 序列腳位**相連的方式：

1. GPIO 連接 Arduino UNO 控制板：

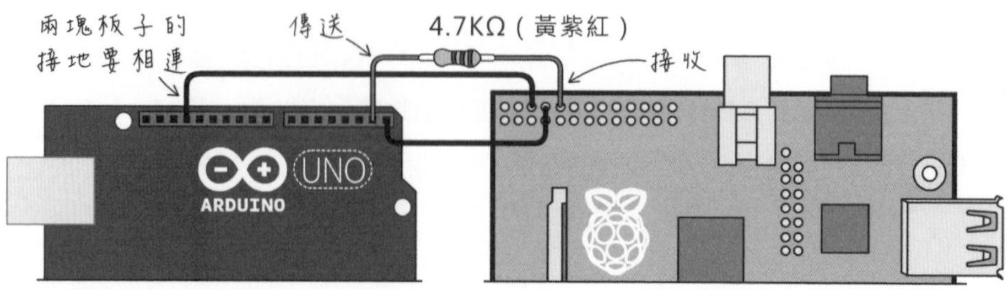

UNO 控制板的邏輯高電位是 5V，可能會損壞樹莓派，因此，UNO 控制板的「序列傳送」腳位和樹莓派之間，要連接一個限流電阻。此電阻值通常選用 4.7KΩ（黃紫紅）。或者，使用兩個電阻構成分壓電路（請參閱下文「5V 和 3.3V 電壓準位轉換 MOSFET 電路」），但是光用一個電阻來限流也行。

2. GPIO 連接 Arduino Mini 控制板：

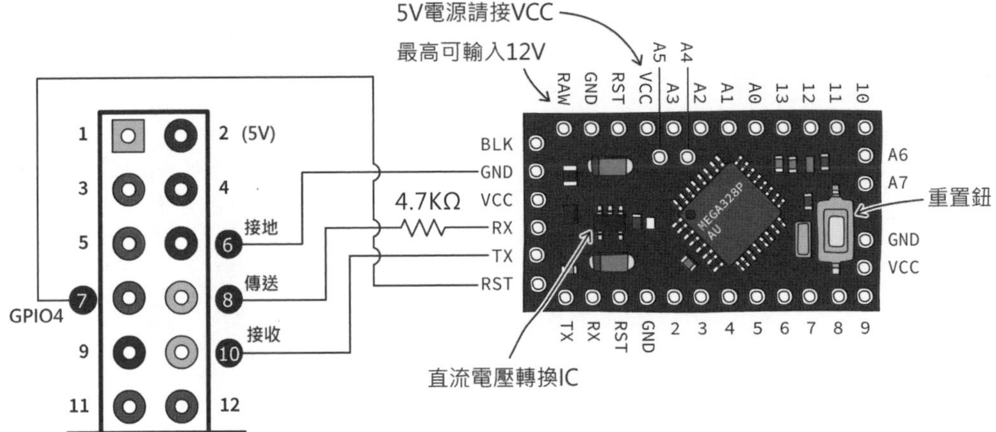

像 Arduino Mini 這種小型 Arduino 控制板，沒有內建 USB 座（也沒有 USB 轉序列訊號 IC），很適合用於連接樹莓派的 GPIO 序列埠。它的微控器和 UNO 板一樣，都是 ATmega328，但 IC 的封裝形式不同，也**多了 A6 和 A7 兩個類比輸入腳**。

Mini 控制板有兩個電源輸入接腳，使用 5V 電壓時，請連接 VCC 腳；另一個 RAW 腳，與板子上的直流電壓轉換 IC 相連，最大可接受 12V 電壓輸入。

假如你打算在樹莓派上執行 Arduino IDE，編寫並上傳 Arduino 程式，那就需要像上面的電路圖一樣，把 Arduino 板子的 RST（重置）腳，連接到樹莓派的某個 GPIO 腳（實際腳位依程式而定，筆者設定為第 7 腳，詳細請參閱下文「setup腳本補充說明」）；若單純只是透過序列埠在樹莓派和 Arduino 板子之間傳遞資料（像第五章的「霹靂五號」程式），就不需要連接 RST 腳。

3. GPIO 連接自製的 Arduino 板：

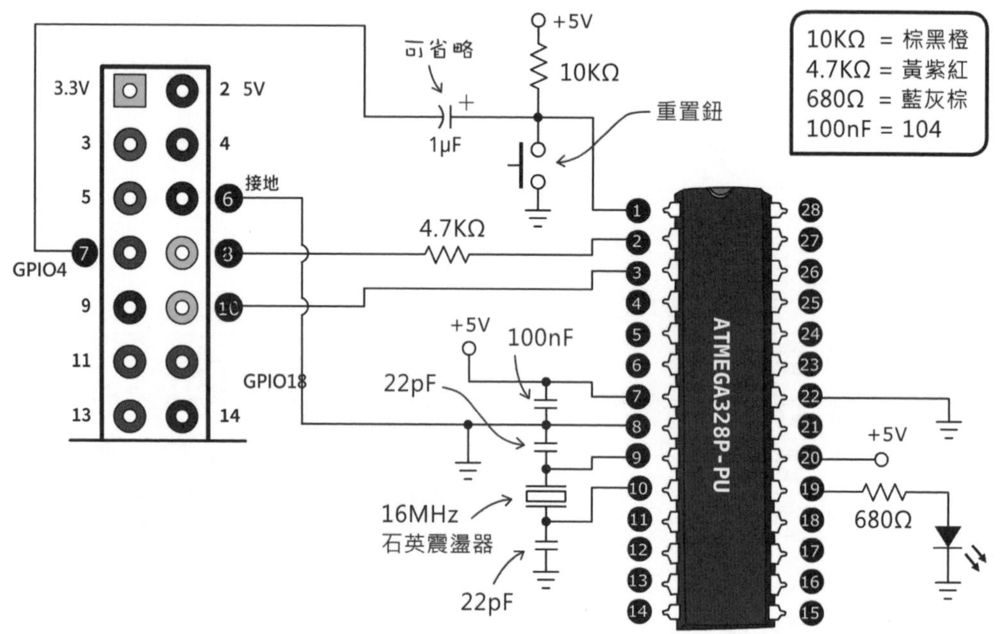

除了透過 TxD 和 RxD 序列腳相連，**GPIO 的 I²C, SPI 腳位，也能用於連接 Arduino**。考量到程式碼的可移植性，本書的範例都是用序列腳位連接（亦即，Node 程式只須修改序列埠名稱，就能在不同的電腦系統和微電腦控制板使用）。

從樹莓派本體取得 5V 電源

Arduino 控制板最好不要直接使用樹莓派 GPIO 的 5V 電源供電。筆者是直接從樹莓派背面的 5V 電源輸入端，焊接電源線接給 Arduino 板。

在樹莓派上焊接導線或零件，將失去保固。

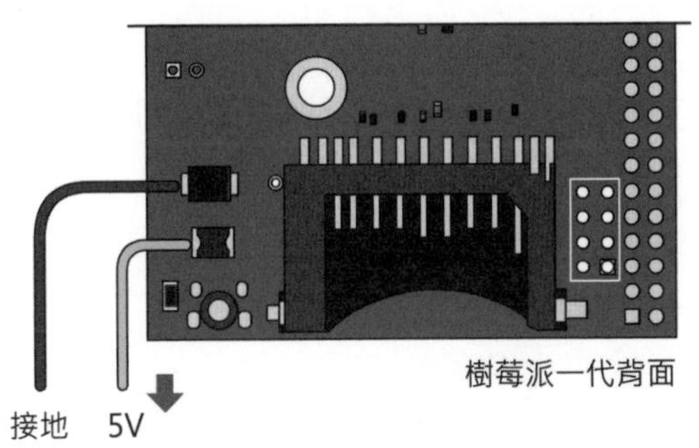

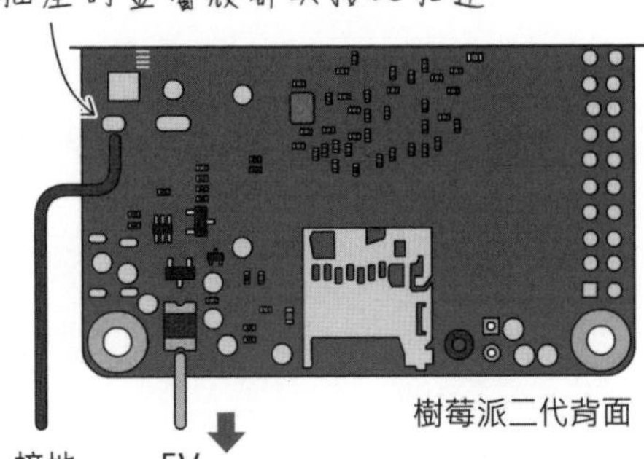

樹莓派板子的 5V 電源線，請焊接在保險絲的一邊，接地線比較容易，板子上的插座（如：HDMI 和 USB）的金屬殼，都有跟接地相連，所以隨便焊接其中一個金屬外殼接點即可。

電源線焊接完畢後，請用「三用電錶」的**歐姆**檔位，測試接地和電源線，如果阻抗為 0，代表電源短路，請重新焊接。

關閉樹莓派的序列控制台

樹莓派和其他 Linux 系統一樣，都提供使用者透過序列埠連線操作主機，這項功能稱為「**序列控制台（serial console）**」。因為許多 Linux 系統用於嵌入式控制板或者伺服器，它們通常沒有連接螢幕和輸入裝置。維修或管理人員只要攜帶具有序列埠連線功能的電腦、手機或平板，就能登入該 Linux 系統進行維護。

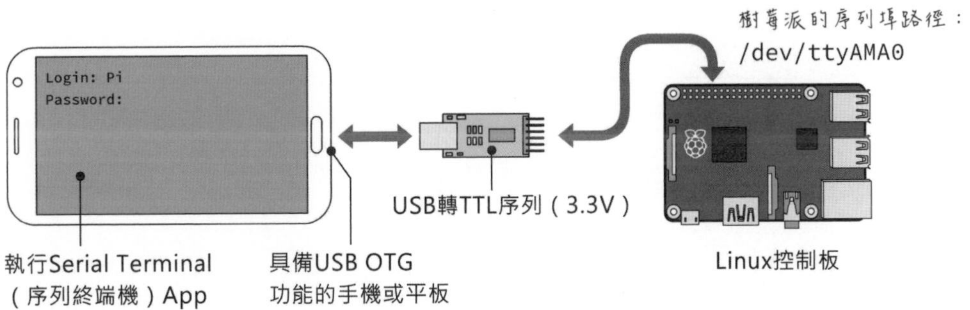

樹莓派 GPIO 上的序列埠（名稱：**/dev/ttyAMA0**），預設用於序列控制台連線，必須關閉「序列埠登入主機」功能，才可連接 Arduino 或當作其他用途。**Jessie 版**的 Raspbian 系統，請透過 **Raspberry Pi Configuration** 設置工具取消序列埠：

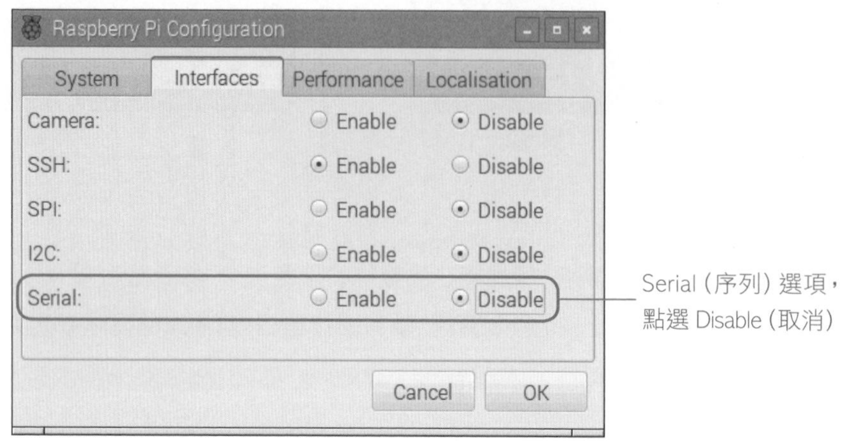

若採用 **Wheezy 版**的 Raspbian 系統，請在**終端機**輸入 "sudo raspi-config" 命令，並按照底下的步驟操作：

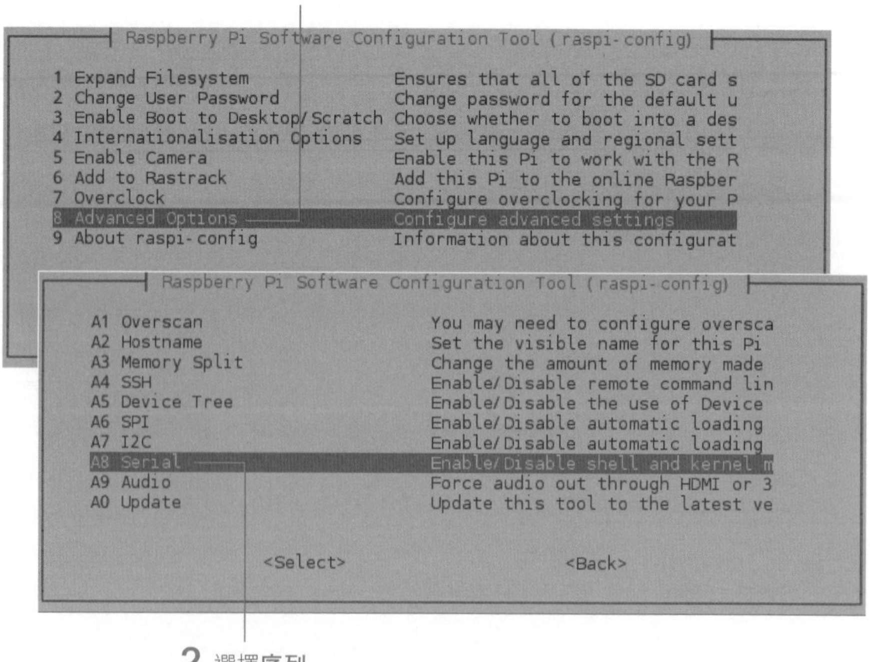

2 選擇**序列**

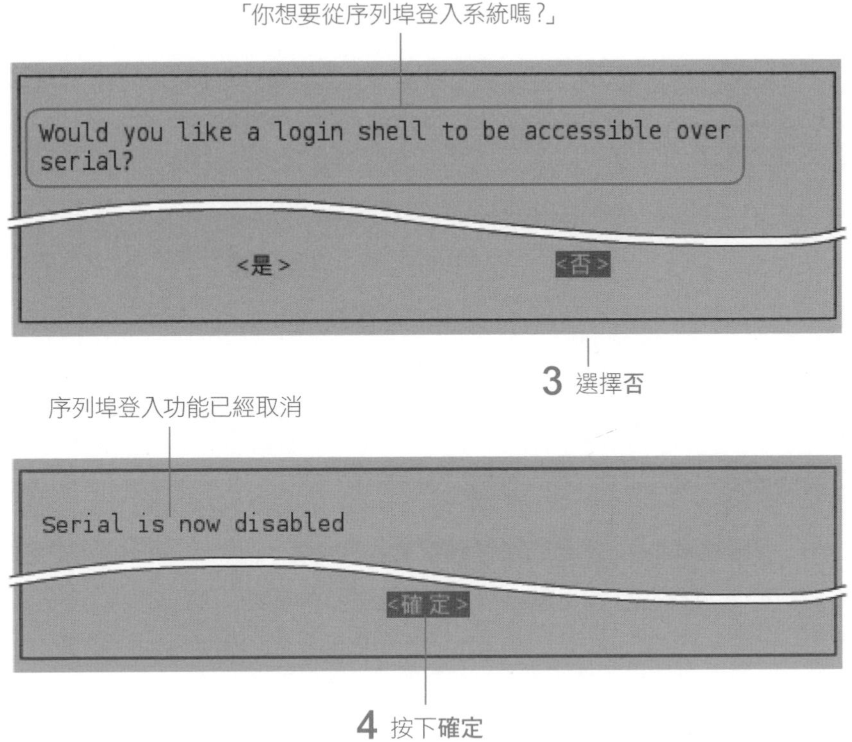

下載與執行自製 Arduino 板的環境設置腳本

本單元將說明如何在樹莓派上，建置適用於透過 GPIO 序列連接的 Arduino 控制板的程式開發環境，如果讀者不需要在樹莓派上開啟 Arduino IDE 寫程式，請略過本單元，直接跳讀下文「**5V 和 3.3V 電壓準位轉換**」一節。

Arduino 軟體開發工具預設透過 USB 埠上傳程式給控制板，此外，開始上傳新程式之前，**Arduino 軟體還會發送一個重置控制板的訊號，好讓微控制器裡的 bootloader（開機啟動程式）開始接收新程式**。

為了讓軟體開發工具直接上傳程式給接在 GPIO 埠的 Arduino 控制板，筆者參閱網友 Dean Mao（以下稱毛先生，https://github.com/deanmao/avrdude-rpi）的 Python 腳本，撰寫了相關設定和移除的腳本程式，放在筆者的網站。

請依照底下的操作步驟，設定樹莓派的 Arduino 軟體工具環境：

1 執行底下的指令，在樹莓派安裝 Arduino 開發工具軟體（1.0.x 版），雖然不是最新版，但也夠用了。

```
$ sudo apt-get install arduino
```

2 在終端機輸入下列命令，下載並解壓縮 setup.tar.gz 檔，然後解壓縮：

```
$ wget http://swf.com.tw/raspruino/setup.tar.gz
$ tar -xvzf setup.tar.gz
```

解壓縮之後，當前的路徑底下會產生一個 raspruino 目錄，其中包含 setup（設置）和 uninstall（移除）兩個腳本程式。

3 用最高使用者權限執行 setup 腳本，進行安裝：

```
$ sudo raspruino/setup
```

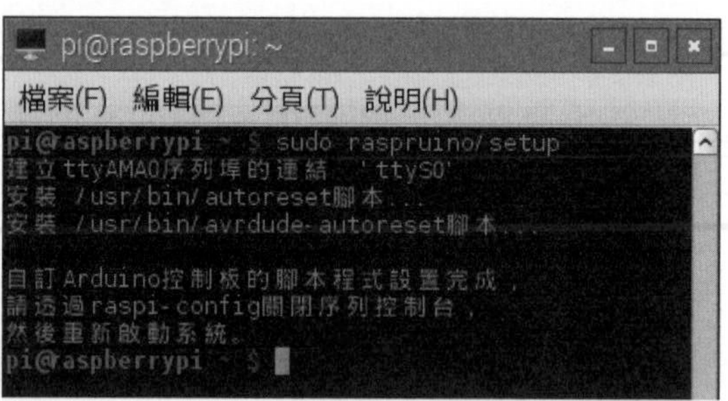

這個腳本主要將完成底下兩項工作：

1. **建立 ttyAMA0 序列埠的軟連結 'ttyS0'**：Arduino 開發工具讀取不到樹莓派的 ttyAMA0 序列埠，所以要替它建立一個軟連結（相當於 Windows 系統上的「捷徑」）。軟連結可用其他名稱（如：ttyUSB88），重點是避免和 USB 序列埠同名。

04

2. 將 GPIO 第 7 腳設置成燒錄 Arduino 程式的「重置」腳：開發工具將在上傳程式之前透過此接腳**輸出低電位**重置 Arduino 板。同樣地，重置腳也可以改用其他 GPIO 腳位，筆者是為了將接線集中在一起，所以選用第 7 腳。

上傳程式測試

setup 腳本執行完畢後，請重新啟動樹莓派，再開啟 Arduino 編輯器。從工具選單選擇你的控制板類型，序列埠選擇 ttyS0：

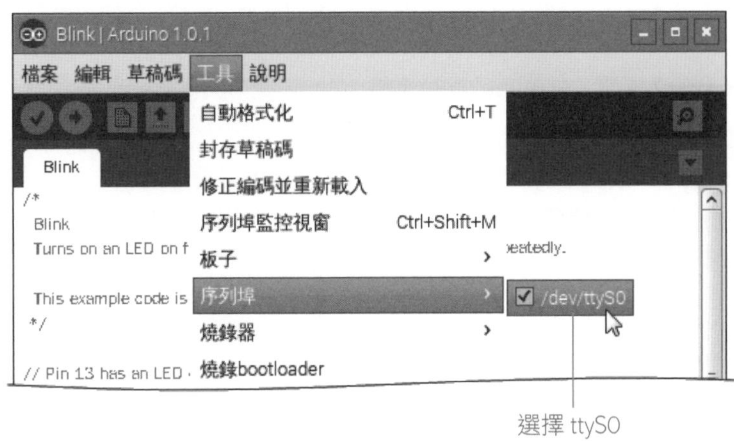

選擇上傳 blink (閃爍 LED) 程式，在上傳過程中，Arduino 軟體下方的訊息列，將顯示 "Arduino Reset OK !" (此訊息源自我們自訂的 avrdude 腳本)。

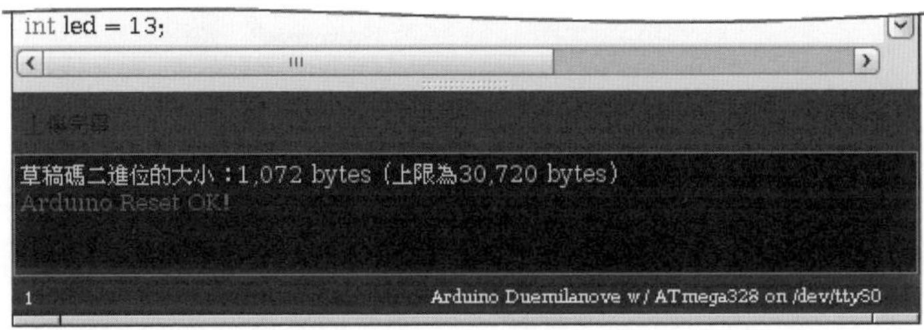

程式上傳完畢，Arduino 板將自動重啟，然後執行閃爍 LED 程式。

setup 腳本補充說明

setup 腳本一開始，先在 /etc/udev/rules.d 底下，建立一個「開機自動執行」的設定檔，命名為 "80-arduinopi.rules"。這個設定檔透過底下的指令，建立 Arduino 控制板序列埠的軟連結：

> 這些設定檔會依照檔名的排列順序執行，因此它們通常用數字開頭命名。

```
KERNEL=="ttyAMA0",SYMLINK+="ttyS0",GROUP="dialout",MODE:=0666
```

燒錄程式「重置」Arduino 板的流程

除了我們熟知的操作介面之外，Arduino 軟體整合了 C 語言編譯器（**avr-gcc 程式**），以及上傳（燒錄）程式檔的 **avrdude 程式**。每當按下 Arduino 軟體工具列上的**驗證**鈕，avr-gcc 編譯器軟體就會依照我們選擇的控制板和處理器類型，將原始碼編譯成機械碼（.hex 檔）。

若按下**上傳**鈕，avrdude 將向指定的序列埠傳送一個**重置（DTR）訊號**，再傳送編譯完成的 .hex 檔給控制板。

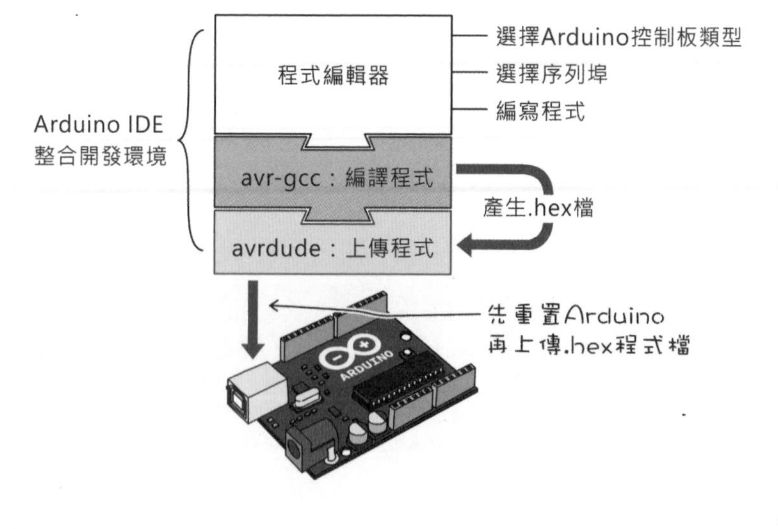

04

avr-gcc 和 avrdude 都是命令列工具程式，也就是透過文字指令操作，指令格式如下：

```
$ sudo avrdude -c arduino -p m328p -P /dev/ttyAMA0 -b 57600 -v
```

-c arduino：指定燒錄器；-p m328p：處理器類型；-P /dev/ttyAMA0：序列埠；-b 57600：鮑率；-v：詳細模式

多虧 Arduino 將編譯和上傳程式碼變成自動化流程，所以我們無須理會它們的運作細節。

自動重置（Reset）功能實作

網友毛先生在他的部落格發表了用 Python 語言以及 Shell 腳本，讓 AVRdude 在執行燒錄時，自動讓某個 GPIO 腳變成低電位，進而重置 Arduino 的方法。

Linux 系統有個 "strace" 除錯命令，可以偵聽應用程式的系統呼叫訊息，毛先生透過這個命令分析 avrdude 程式的 ioctl 函式呼叫，發現它發出的要求重置訊息當中包含 "TIOCM_DTR" 文字。

ioctl 代表 "input/output control（輸入/輸出控制）"，在 Linux 系統上提供應用程式和週邊裝置驅動程式溝通的管道。就這個例子來說，我們可以想像，avrdude 透過 ioctl 函式，對燒錄器（Arduino 控制板上面的 USB 晶片或者 USB 轉序列線）的驅動程式，發出包含 "TIOCM_DTR" 參數的呼叫。當驅動程式收到此訊息時，就令 DTR 腳輸出低電位。

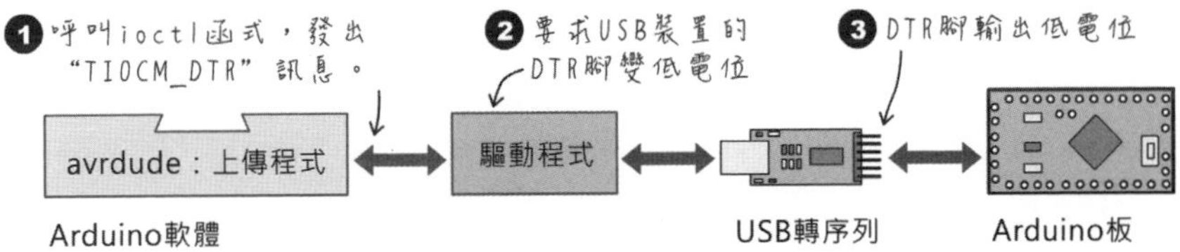

從筆者網站下載的 setup 腳本程式，會把原本的 avrdude 替換掉；原有的 avrdude 將被命名成 avrdude-original。

新裝的自訂 avrdude 腳本位於 /usr/bin 路徑，其中與本單元相關的程式如下：

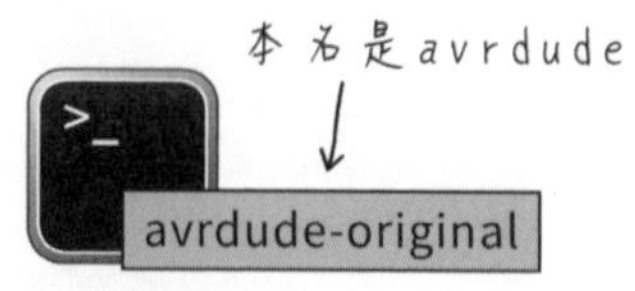

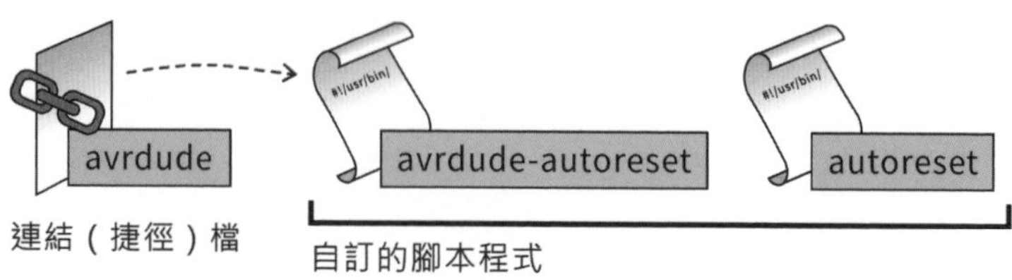

當 Arduino 工具軟體開始上傳程式時：

1. avrdude 將被執行（這是新裝的自訂腳本）
2. avrdude 自訂腳本將啟動原有的 avrdude 程式（被重新命名成 avrdude-original 的那一個），並且追蹤它所發出的 ioctl 函式呼叫。

「avrdude 自訂腳本程式」實際上是個指向 avrdude-autoreset 腳本程式的軟連結，其原始碼如下（若想觀看此原始碼，請在終端機輸入 sudo nano /usr/bin/avrdude-autoreset）：

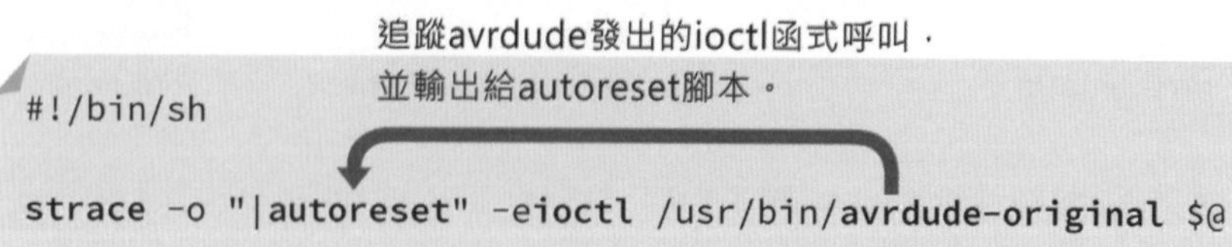


```
#!/bin/sh

strace -o "|autoreset" -eioctl /usr/bin/avrdude-original $@
```

setup 程式也將在 /usr/bin 路徑存入 autoreset 腳本，這個腳本將接收上述的函式呼叫訊息。一旦發現 "TIOCM_DTR" 文字，就令 GPIO 第 7 腳變成低電位，經過 0.1 秒之後，再轉成高電位，達成自動重置的效果。

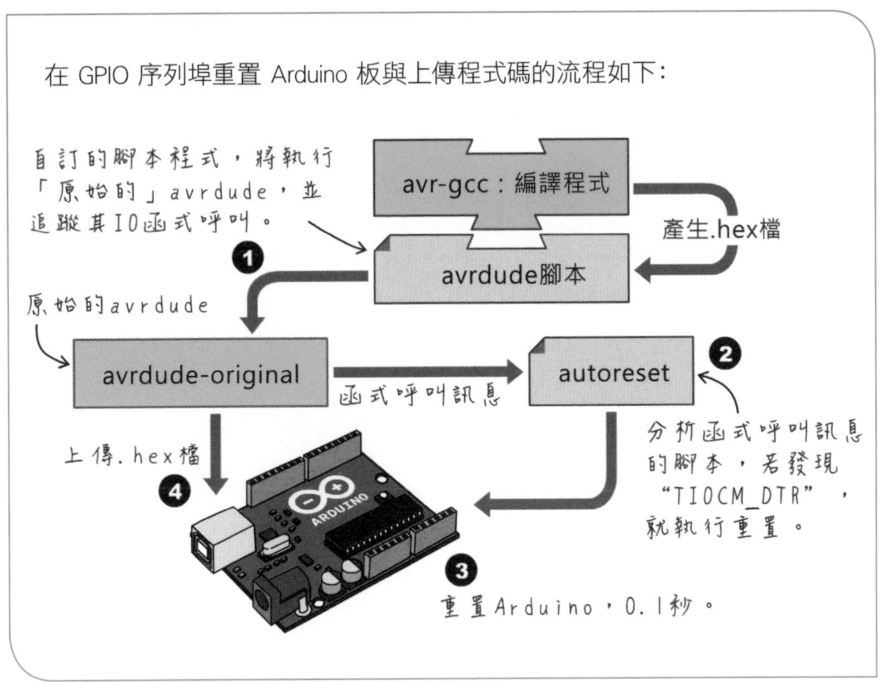

4-5 5V 和 3.3V 電壓準位轉換

樹莓派以及 Arduino 系列在內的某些微控制板的邏輯電壓準位是 3.3V，為了搭配 5V 輸出訊號的感測器和控制板使用，訊號電壓必須轉換成 3.3V，以避免損壞微控制器。最基本的電位轉換方式是**採用電阻分壓電路**。

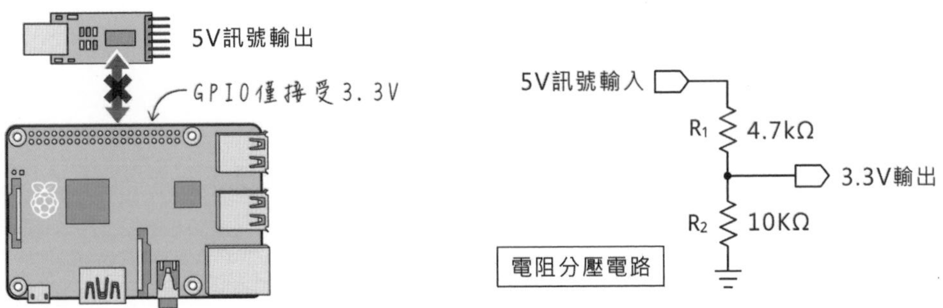

3.3V 輸出訊號在理想情況下，應該會與 5V 輸入訊號同步變化（如下圖左，上方是 5V 原始訊號，底下是經電阻分壓後的 3.3V 輸出）。

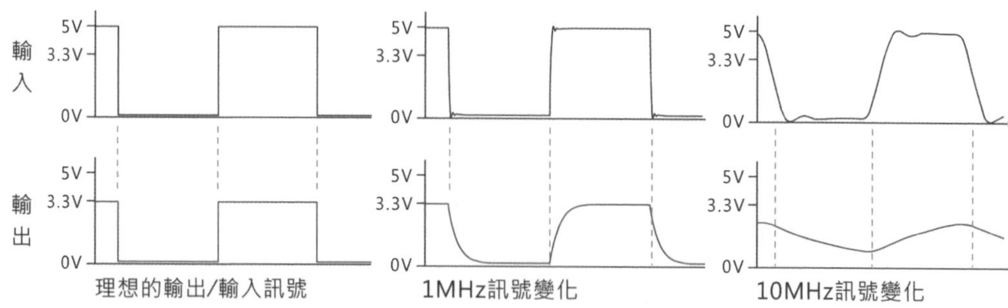

若用示波器（註：檢視訊號波形變化的儀器）觀察，**輸入訊號頻率越高，3.3V 輸出訊號的失真度也越高**。像上圖右，輸入 10MHz 頻率訊號，輸出訊號完全不像方波，因此無法正確表達高、低訊號。

造成訊號失真的因素之一，是因為電路導線、電路板的佈線和元件本身，都可能產生意料之外的電容效應（稱為「**寄生電容**」）。電容和電阻結合，構成 **RC 低通濾波**電路，導致高頻率訊號被濾除掉。

普通的 USART 串列訊號頻率只有幾 KHz（如：9600bps，也就是 9.6Kbps），可以使用電阻分壓電路；**對於 I^2C, SPI 這些高速傳輸介面，就得採用 MOSFET 或者專用的邏輯電平轉換 IC 來處理**。

搜尋關鍵字 "voltage level translator IC"，即可找到相關的電平轉換 IC 資料，例如 74LVC245。

使用 MOSFET 元件轉換邏輯電位

市面上可以買到像下圖這種用於 I^2C 介面的邏輯電平轉換板，其中的元件是電阻和 MOSFET：

04

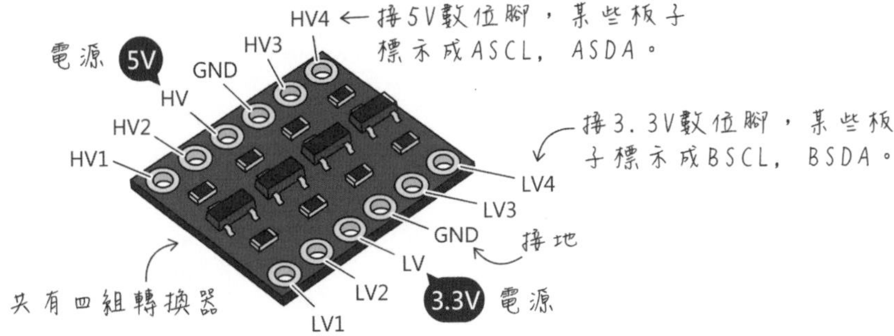

MOSFET 元件是電晶體的一種，中文全名是「金屬氧化物半導體場效電晶體」。它和 9013, 3904, 2N2222 等雙極性（BJT）電晶體最大的不同之處在於，**BJT 電晶體是用「電流」控制開關；MOSFET 則是用「電壓」控制。**

MOSFET 也分成 N 通道和 P 通道兩種（代表電流的流動方向不同），底下是兩種常見的 2N7000 和 30N06L 外觀和電路符號，它們都屬於 N 通道（實際的分類名稱是「增強型 N 通道」）：

MOSFET 有**閘極（Gate）**、**汲集（Drain）**和**源集（Source）**三個接腳。不接電時，D 和 S 腳處在「高阻抗」的絕緣狀態；當 N 通道的 G 腳接正電源（實際電壓值依元件型號而不同）D 和 S 腳之間的阻抗將急遽下滑，形成「導通」狀態。

上圖兩種 MOSFET 的 D 和 S 腳內部有個二極體相連，其作用是避免 MOSFET 元件遭**靜電放電**（Electrostatic Discharge，簡稱 **ESD**）破壞，在下文的邏輯電位轉換電路中，它也扮演關鍵角色。

2N7000 適合用於低電流裝置開關（如：LED 和小型繼電器）以及邏輯電位轉換，底下是 2N7000 開關 LED 的電路：

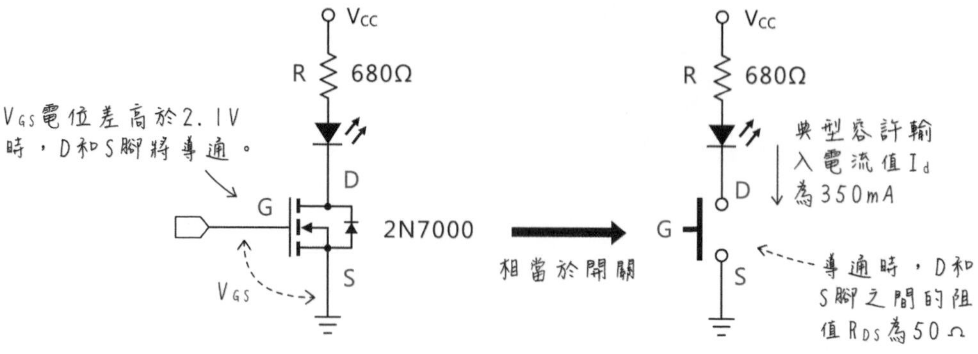

讓 MOSFET 導通的關鍵因素 V_{GS}，稱為臨界（Threshold）電壓，2N7000 和 30N06L 的臨界電壓都小於 3.3V，因此可直接透過 Arduino 或樹莓派驅動。

底下是 2N7000 型的重點規格，詳細規格請參閱技術文件（搜尋 "2N7000 datasheet" 關鍵字）：

- 典型的 **V_{GS} 臨界電壓**：2.1V，最大可承受 ±18V
- D 和 S 腳之間的**耐電壓 V_{DS}**：60V
- 連續**耐電流量（I_D）**：350mA
- 最大**可承受瞬間電流量（I_D）**：1.4A

30N06L 為中功率型 MOSFET，連續**耐電流量（I_D）**達 32A，適合用於大電流開關和驅動直流馬達。

在實際應用中，G 腳通常連接一個 10KΩ 電阻接地（有人接 4.7KΩ 甚至 1MΩ），以確保在沒有訊號輸入或者浮接狀態下，將 G 腳維持在低電位。因為某些 MOSFET 的 **V_{GS}** 臨界電壓很低，浮動訊號（雜訊）可能讓它導通。底下是採用 2N7000 控制 LED 和小型直流繼電器，且連接 10KΩ 電阻的例子：

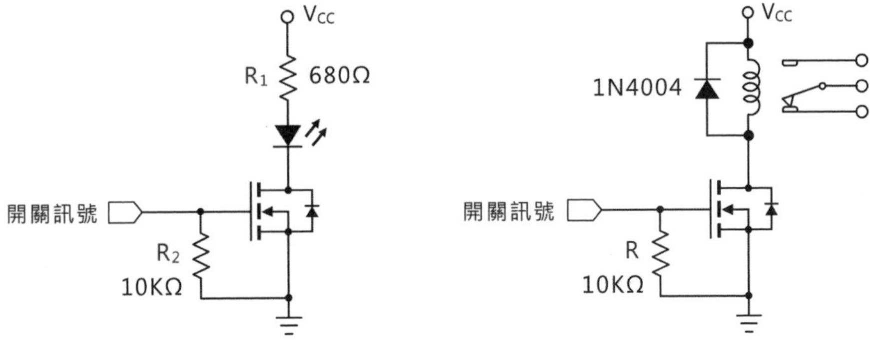

MOSFET 和普通的 BJT 型電晶體，都能當作電子開關，但是大多 DIY 專案都選用 BJT 電晶體元件。成本價格是主因，筆者住家附近的電子材料行，9013 電晶體一個 2 元，2N7000 一個 7 元。然而，MOSFET 比較省電且製造面積也比較小，因此 IC 內部的邏輯開關元件通常是 MOSFET。

MOSFET 邏輯電位轉換電路原理解說

下圖左是採用 2N7000 元件的 3.3V 轉 5V 電路，由於 **G 腳固定在 3.3V，所以當 S 腳輸入低電位，D 和 S 腳就會導通，令輸出端呈現低電位**；若 S 腳輸入 3.3V，V_{GS} 電位差為 0，所以 MOSFET 不導通，輸出端將產生高電位：

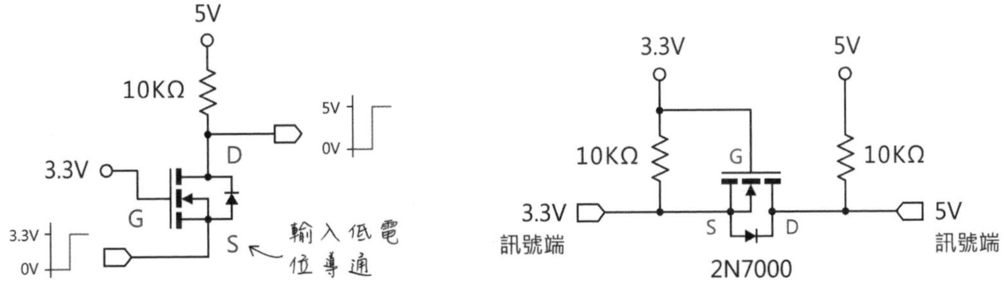

上圖右則是 3.3V 和 5V 雙向電位轉換電路，上文介紹的 I²C 介面的邏輯電位轉換板裡面就包含四組相同的電路。有些電路板採用的 MOSFET 型號是 BSS138，機能相同。

雙向電位轉換的運作原理請參閱下圖，左、右圖分別代表從 3.3V 端輸出 0 和 1 的情況，為了便於解說，MOSFET 及其內部的二極體用兩個開關代表：

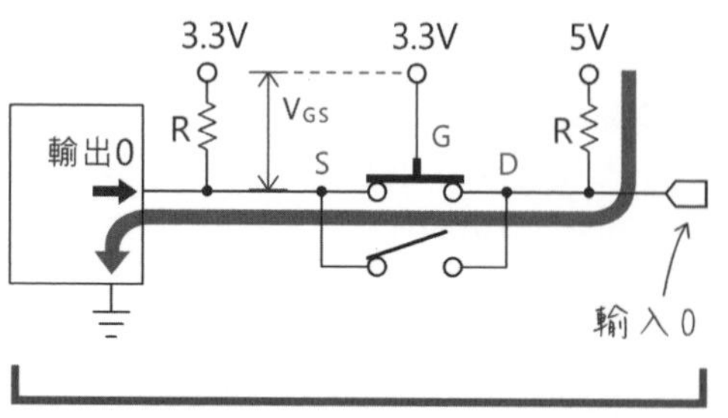

3.3V訊號端輸出0，V_{GS}電位差3.3V，MOSFET導通；5V訊號端的電流將流入D腳，因此5V端的訊號為0。

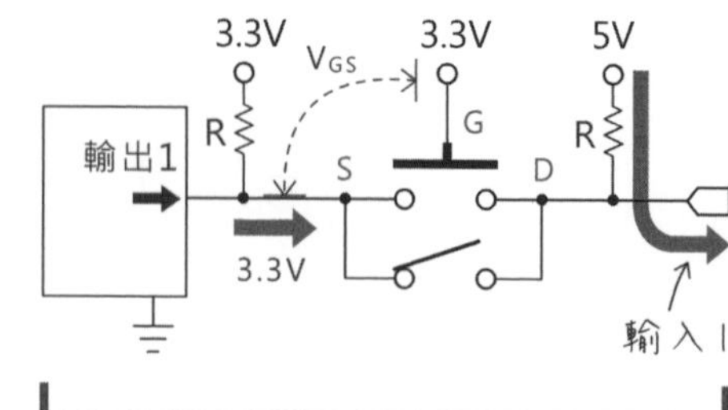

3.3V訊號端輸出1，V_{GS}電位差0，MOSFET截止；5V訊號端也將呈現高電位。

下圖則分別是從 5V 端輸出 0 和 1 訊號的情況：

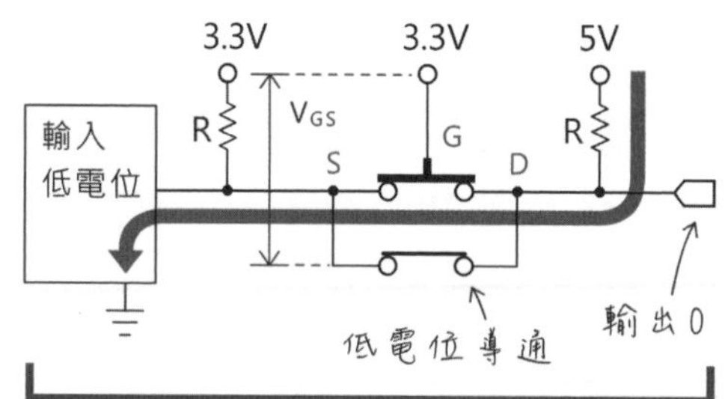

5V訊號端輸出0，MOSFET內部的二極體將導通，連帶使得V_{GS}電位差3.3V，進而讓MOSFET導通，因此3.3V端的訊號也降為0。

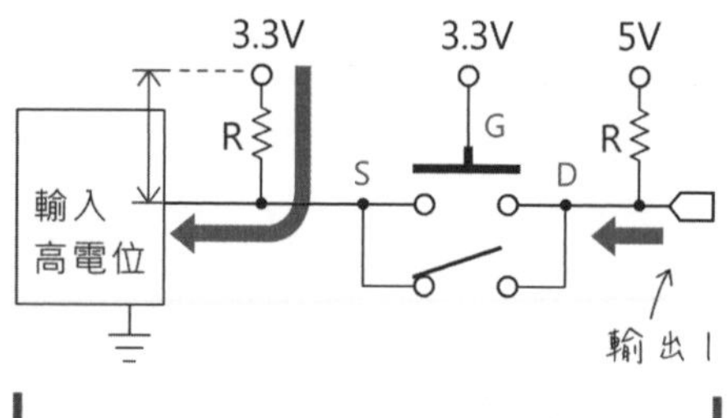

5V訊號端輸出1，V_{GS}電位差0，MOSFET截止；3.3V訊號端也將呈現高電位。

由於微處理所能接受的電流量有限，因此電路中的電阻 R 值不宜太低，通常都是用 10KΩ。

使用 MOSTFET 電壓轉換模組連接 3.3V 周邊

MOSFET 電壓轉換模組可用於連接 I²C, SPI, 序列埠和其他數位腳位的週邊，以連接 SPI 介面的 Wii 左手把 (Nunchuck) 為例，需要使用兩組 MOSFET 元件：

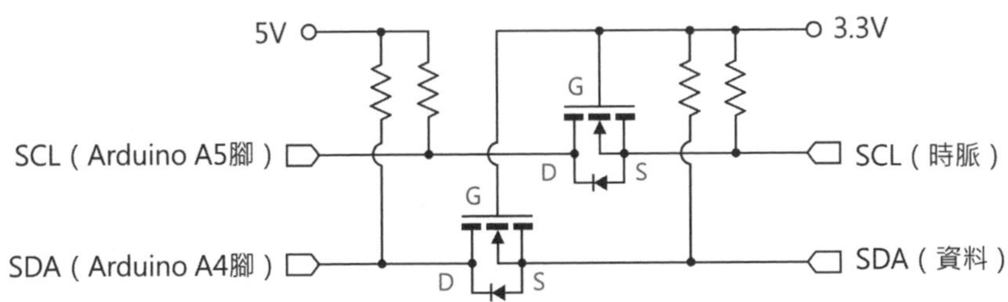

使用現成的電壓轉換模組的接線示範：

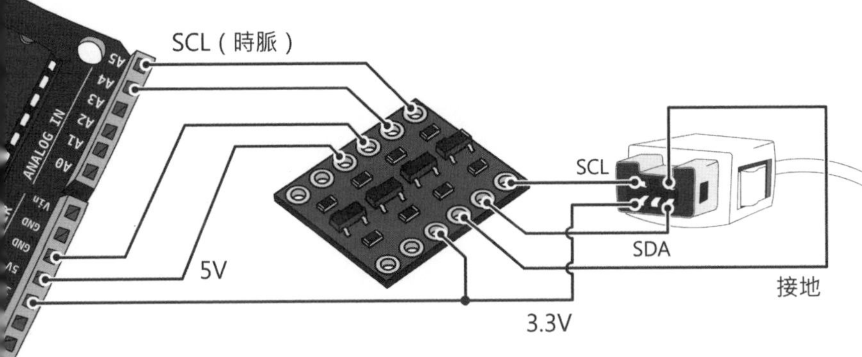

Arduino 連接 Wii 左手把的說明請參閱**超圖解 Arduino 互動設計入門**，實際上，Wii 左手把可以接受 5V 電壓，不一定要連接電壓準位轉換器。

Arduino UNO 電路板上的 MOSFET 元件

Arduino UNO 控制板的電源電路也有使用 MOSFET 元件，作為 USB 和外部電源輸入的自動切換開關。

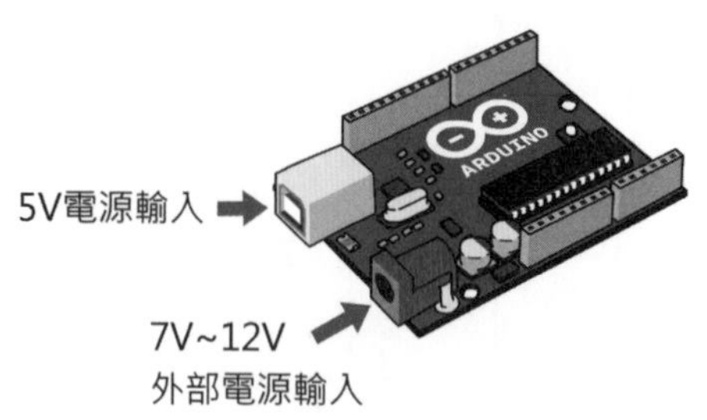

底下是 Arduino Uno 的電源電路簡圖。負責切換 USB 與外部電源供電的是電壓比較器，以及 P 通道 MOSFET 電晶體。**P 通道 MOSFET 相當於「反相」邏輯閘，若它的閘極（Gate）輸入低電位，MOSFET 將會導通**，讓來自 USB 的 5V 電源流入 Arduino：

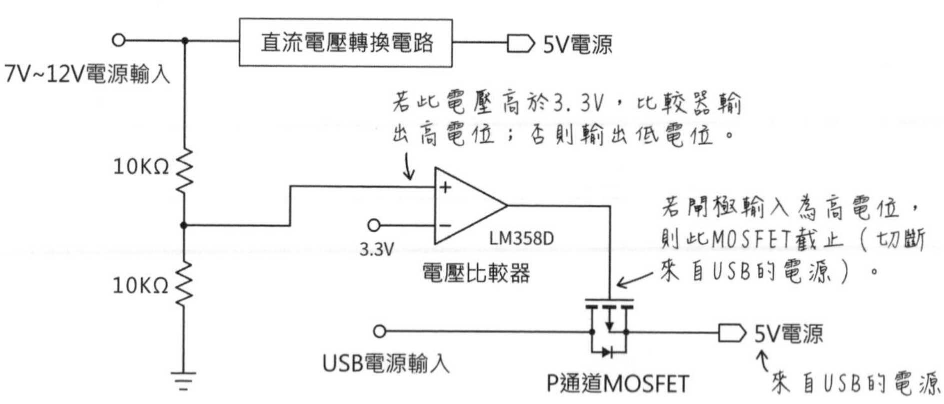

若有大約 7V 以上的外部電源輸入（經過電阻分壓後，變成 3.5V），電壓比較器電路將輸出高電位，導致 P 通道 MOSFET 截止，因而切斷來自 USB 的供電。

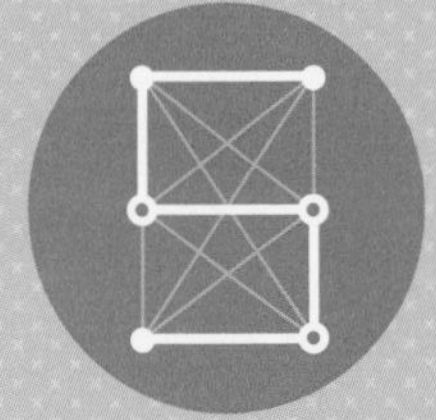

使用霹靂五號
操控 Arduino

前面單元的操控模式有個問題：Arduino 執行 C 語言，而主控端執行 JavaScript，一次要撰寫和維護兩種程式。既然瀏覽器和伺服器都用 JavaScript，若 Arduino 也能用 JavaScript 程式控制，那豈不是完美？

這就是 Rick Waldron 設計 Johnny-Five 程式庫的原因。Johnny-Five 是 1986 年上映的科幻電影 "Short Circuit（直譯為「短路」，台灣譯作「霹靂五號」）" 當中的機器人主角的名字。電影中的機器人原本是人工智慧軍武，由於雷擊造成短路，讓它有了自我意識而開始一連串的故事。

5-1 霹靂五號：用 JavaScript 控制 Arduino

Johnny-Five（以下稱「霹靂五號」）是在電腦或樹梅派之類的高階控制板上執行的 **Node.js 套件**，透過電腦上的 JavaScript 執行所有程式邏輯，而 Arduino 控制板只充當乖乖聽話的「週邊介面」。

實際的硬體接線如下，電腦或樹梅派透過 USB 介面（或 GPIO 序列埠）與 Arduino 板相連：

超圖解 Arduino 互動設計入門的 17-3 單元提到，有一種**在電腦應用程式和微處理器之間傳遞資料的通用訊息格式，叫做 Firmata**。「霹靂五號」的 JavaScript 程式和 Arduino 控制板，就是用 Firmata 協定來溝通。

Arduino 工具軟體提供了一個 **"StandardFirmata" 程式，讓 Arduino 板能收、發 Firmata 訊息**。我們不需要去了解 Firmata 的語法，霹靂五號的 JavaScript 程式會搞定一切。除了霹靂五號，普遍用於兒童電腦教育的 Scratch 軟體，也是運用 Firmata 協定與 Arduino 板溝通。

霹靂五號不僅支援 Arduino 控制板，也支援 Raspberry Pi, BeagleBone Black, Intel Galileo, Edison, ...等控制板，詳細的表列與說明，請參閱：

`http://johnny-five.io/platform-support/`

霹靂五號的基本程式架構

和 Arduino 的 C 語言不同，霹靂五號程式至少包含三大要素：

- 引用 "johnny-five" 程式庫
- 建立 board 物件，透過它跟 Arduino 控制板的序列埠相連。
- 建立連線回呼函式

基本程式結構如下：

```
var five = require("johnny-five");
var board = new five.Board();

board.on("ready", function() {
    // 指揮Arduino控制板的程式碼......
});
```

引用程式庫

建立控制板物件，B要大寫。

當連線成功，控制板準備就緒時，此函式將被執行。

霹靂五號程式會自動搜尋連接在 USB 序列埠的 Arduino 板，程式也可以明確指定序列埠（若是透過樹莓派的 GPIO 序列埠連接 Arduino 控制板，就一定要設定序列埠名稱，否則會產生錯誤）。

底下是在不同的作業系統上，指定 USB 序列埠的方式，星號 (*) 代表序列埠編號：

```
// Windows 系統
var board = new five.Board({ port: "COM*" });

// Mac OS X 系統
var board = new five.Board({ port: "/dev/tty.usbmodem****" });

// Linux (Raspberry Pi)系統
var board = new five.Board({ port: "/dev/ttyUSB*" });

// 樹莓派 GPIO 序列埠
var board = new five.Board({ port: "/dev/ttyAMA0" });
```

動手做 用霹靂五號指揮 Arduino 閃爍 LED

實驗說明：學習霹靂五號的基本程式架構以及相關設置；撰寫 JavaScript 程式令 Arduino 板第 13 腳閃爍。

實驗材料：

Arduino UNO 控制板	一片

實驗程式：請先新增一個存放 Node 程式的資料夾，本文將此資料夾命名為 blink。接著開啟終端機視窗，在 blink 路徑執行底下安裝「霹靂五號」模組的指令：

```
> npm install johnny-five
```

安裝完畢後，在此路徑新增一個 index.js 程式，並輸入 LED 閃爍程式 (請自行修改序列埠名稱)：

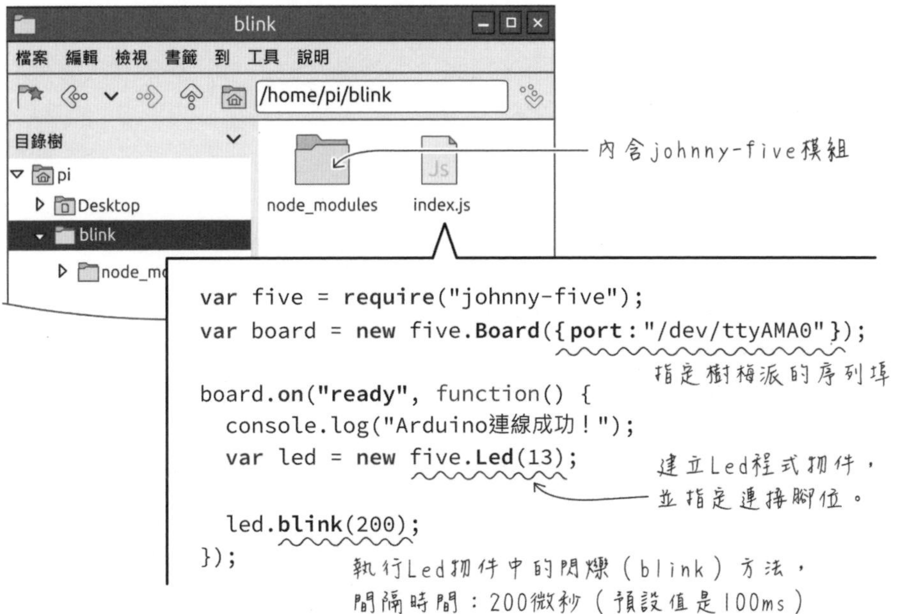

Arduino 板要上傳 StandardFirmata 程式，請開啟 Arduino 開發工具裡的**『檔案/範例/Firmata/StandardFirmata』**，並上傳到 Arduino 板。

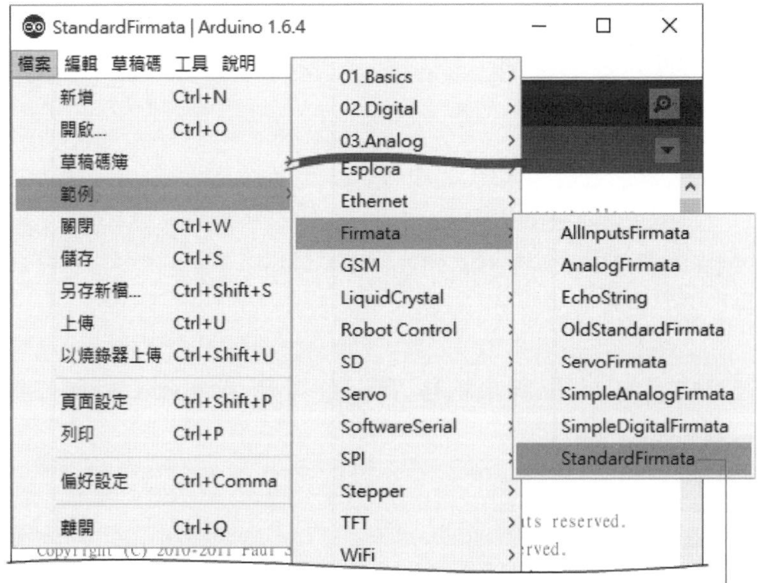

選擇並上傳 StandardFirmata 程式

實驗結果：在終端機視窗輸入 node index.js 指令，Node 將回應連線狀況並且初始化一個 REPL 環境（參閱下文說明），緊接著，操控 Arduino 的程式將開始運作，讓 13 腳的 LED 開始閃爍。

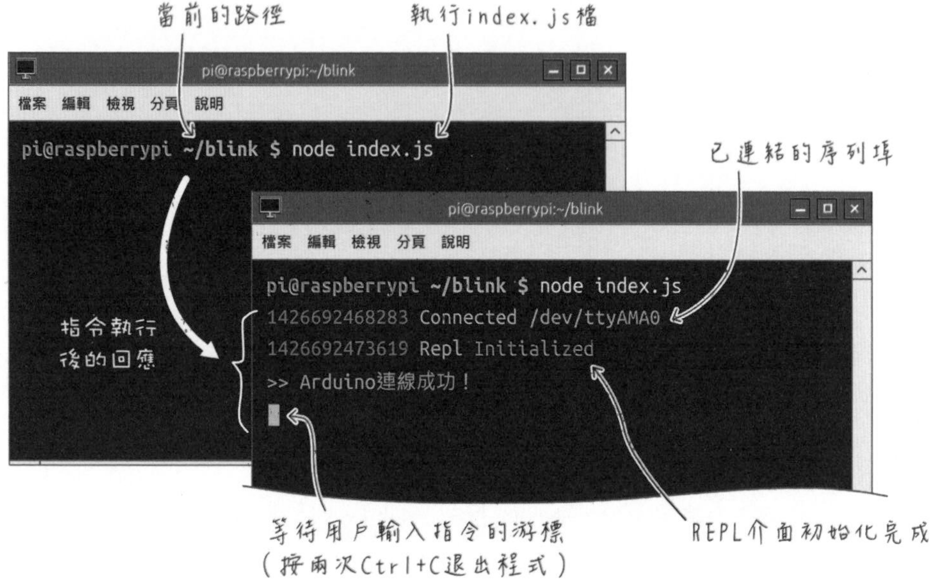

若執行 Node 程式時，終端機視窗呈現類似底下的錯誤訊息，代表無法跟 Arduino 板連線：

```
1440865565684 Connected /dev/ttyAMA0
1440865575745 Device or Firmware Error A timeout occurred
while connecting to the Board.
Please check that you've properly flashed the board with the
correct firmware.
```

請檢查程式裡的 USB 埠名稱是否正確，以及 Arduino 板是否有上傳 StandardFirmata 程式。

霹靂五號與 Arduino 的 C 語言程式架構比較

Arduino 的程式語言是簡化版的 C/C++，它提供許多標準C語言所沒有的指令，例如 setup(), loop(), delay(), digitalRead()...等等。同樣地，「霹靂五號」也向 Arduino 看齊，提供不存在於標準 JavaScript 語言，但是簡單易懂的指令和物件，方便我們操控微電腦。

比較使用 Arduino 的 C 語言，以及霹靂五號的 JavaScript 程式來控制 LED，霹靂五號不需要事先設定 Arduino 腳位的模式（即：輸出或輸入），也不需要透過迴圈控制 LED 閃爍，因為霹靂五號把一些常用的電子元件控制模式都寫成物件（參閱下文），我們無須理會背後的運作細節。

```
void setup() {
  pinMode(13, OUTPUT);
}

void loop() {
  digitalWrite(13, HIGH);
  delay(200);
  digitalWrite(13, LOW);
  delay(200);
}
```

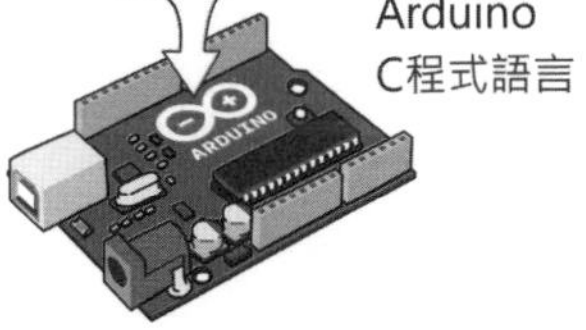

```
var five = require("johnny-five");
var board = new five.Board({
              port:"/dev/ttyAMA0"
            });

board.on("ready", function() {
  this.pinMode(13, five.Pin.OUTPUT);
  var led = new five.Led(13);

  led.blink(200);
});
```

Arduino 的 C 語言程式，經過編譯之後，儲存在微控器裡面執行。霹靂五號的 JavaScript 程式則是在電腦上執行，Arduino 無法獨立運作。換句話說，如果電腦關機或者拔除 USB 連線，霹靂五號程式和 Arduino 控制板就沒有作用了......看到這裡，讀者一定感到疑惑，這種運作模式有比較好嗎？

視情況而定。若只為了閃爍 LED，當然不好。但若是在電腦上執行 Node 網站伺服器或者複雜的運算，同時需要與外界環境互動時，那就不失為一種良好的解決方案。此外，樹莓派和其他高階微控制板，甚至是能**安裝 Windows 或 Linux 系統的電視棒，也能執行 Node 與霹靂五號**，不一定要使用耗電量較高的個人電腦。

可安裝與執行 Linux 系統的 Android 電視棒（本例為 MK-809III），能透過 USB 介面連接 Arduino 控制板

透過 REPL 模式操控 Arduino

霹靂五號會在執行階段，自動設置一個 REPL 操作模式，也就是讓我們在終端機視窗，直接輸入 JavaScript 敘述來操控 Arduino。至於要開放哪些指令在終端機視窗操作，由 repl 物件的 inject() 方法設定：

```
var board = new five.Board({port:"/dev/ttyAMA0"});
  :
  :
board.repl.inject({
  指令1: 執行內容1,
  指令2: 執行內容2,
    :
});
```

指定序列埠並建立Board物件

"inject" 代表「注入」

以原生物件格式，設定在 REPL模式執行的指令。

底下的程式將提供 Led 物件給 REPL 模式操作，請將此程式檔命名成 index.js，存入上一節的 blink 資料夾：

```
var five = require("johnny-five");
var board = new five.Board({port:"/dev/ttyAMA0"});

board.on("ready", function() {
  console.log("Arduino連線成功！");
  board.repl.inject({
    led:new five.Led(13)
  });
});
```

自訂的指令名稱

只有一個指令時，後面不用加逗號。

執行此 node.js 程式後，即可在終端機視窗測試上文提到的 LED 物件方法，例如 led.on() 將點亮 LED：

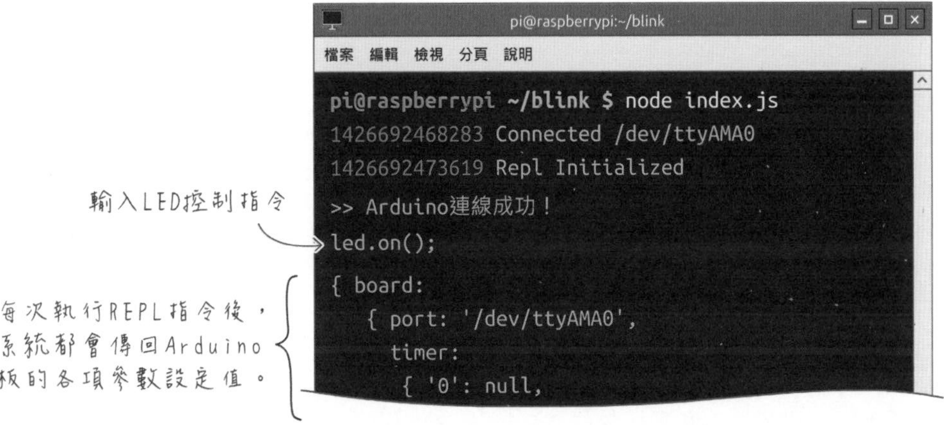

接著輸入 led.blink(500) 或 led.strobe(500)，LED 將以 500ms 時間間隔閃爍（預設間隔時間為 100ms），直到你輸入 led.stop() 為止。測試完畢後，按兩次 Ctrl + C 鍵退出程式。

repl 物件也能包含自訂函式，方便我們執行一連串事先定義好的敘述。底下的程式注入名叫 on 和 off 的自訂函式，分別執行點亮和關閉 LED 的方法。

```
board.on("ready", function() {
  var led = new five.Led(13); ← 建立Led物件

  board.repl.inject({
    on: function() {   ← 宣告兩個指令
      led.on();
    },←──────────────── 別忘了用逗號分隔
    off: function() {
      led.off();
    }
  });
});
```

執行此程式進入 REPL 模式後，輸入 on() 可點亮 LED；輸入 off() 則關閉 LED。

若程式不需要使用 REPL 模式，可以在建立 Board 物件時取消。取消之後，程式裡的 REPL 相關敘述將無法執行（會產生錯誤）。

```
var board = new five.Board({                逗號
                 port:"/dev/ttyAMA0",↙
                 repl:false
                 ~~~~~~~~~~
               });     關閉REPL模式
```

05

霹靂五號的方法與內建物件

霹靂五號提供的數位和類比腳位控制指令，都刻意設計成和 Arduino 的 C 語言指令同名，例如：

- **pinMode(腳位, 模式)**：設定腳位模式，「模式」的可能值如右：

數位輸入	Pin.INPUT
數位輸出	Pin.OUTPUT
類比輸入	Pin.ANALOG
PWM 輸出	Pin.PWM
伺服馬達訊號	Pin.SERVO

- **digitalWrite(腳位, 訊號)**：輸出數位訊號，可能值為 0 或 1。
- **digitalRead(腳位, 處理函式(值))**：讀取數位輸入訊號。底下的範例將讀取數位 2 腳，並將其值顯示在終端機視窗：

```
var five = require("johnny-five");
var board = new five.Board();

board.on("ready", function() {
  this.pinMode(2, five.Pin.INPUT);

  this.digitalRead(2, function(value){
    console.log(value);
  });
});
```

this代表 "board"（目前的控制板）

第2腳設定成「輸入」

每當第2腳的輸入值改變，此函式就被觸發。

- **analogWrite(腳位, 值)**：輸出 0~255 的 PWM 值。
- **analogRead(腳位, 處理函式(值))**：讀取類比輸入訊號，可能值：0~1023。底下的程式片段，將讀取 A0 腳位的類比輸入值：

```
board.on("ready", function() {
  this.pinMode(0, five.Pin.ANALOG);       // A0 腳設定成類比輸入
  this.analogRead(0, function(value) {  // 持續讀取 A0 腳位值
    console.log(value);
  });
});
```

- **loop(毫秒, 處理函式)**：相當於 Arduino 的 loop() 迴圈函式，**也是 JavaScript 的 setInterval() 方法的簡化版**。底下的程式將每隔 0.5 秒變換第 13 腳的輸出狀態：

```
var five = require("johnny-five");
var board = new five.Board();
const LEDPIN = 13;    // 宣告儲存腳位編號的常數

board.on("ready", function() {
  var out = 0;    // 輸出狀態值
  this.pinMode(LEDPIN, five.Pin.OUTPUT);

  this.loop(500, function() {  // 每隔500ms執行此匿名函數
    this.digitalWrite(LEDPIN, (out ^= 1));
  });
});
```

此迴圈相當於led.blink(500)

out與1做XOR運算，out值將是1或0。

完整的 API 指令請參閱霹靂五號官網的 **Board 類別**的 API 單元（http://johnny-five.io/api/board/#api）。

霹靂五號也內建常用的控制物件（Component Class，元件類別），有助於精簡程式碼：

- Button：讀取開關或按鈕的狀態，支援**上拉電阻**設置
- Led：控制普通的發光二極體
- Led.Matrix：控制矩陣 LED 顯示器，內建 ASCII 字元集
- LCD：支援並列連接或者用 I^2C 介面串連的 HD44780 液晶顯示器
- Sensor：感測器，泛指讀取所有**類比輸入元件**的輸入值
- Servo：控制普通或者 360° 旋轉的伺服馬達
- Motor：控制碳刷馬達，支援 H 橋式電路和 PWM 速度與轉向控制
- Ping：讀取超音波測距模組的傳回值
- IR.Reflect.Array：讀取連接在類比腳的數個反射或遮光型光電感測器
- ShiftRegister：控制並輸出資料給 74HC595 位移暫存器
- Thermometer：讀取溫度值

完整的控制物件表列和範例程式碼，請參閱霹靂五號官網的 API 單元（http://johnny-five.io/api/）。

JavaScript 程式和霹靂五號並沒有 Arduino 的 delay（延遲或暫停執行）指令，**JavaScript 採用 setTimeout() 函式來設定要延後執行的敘述：**

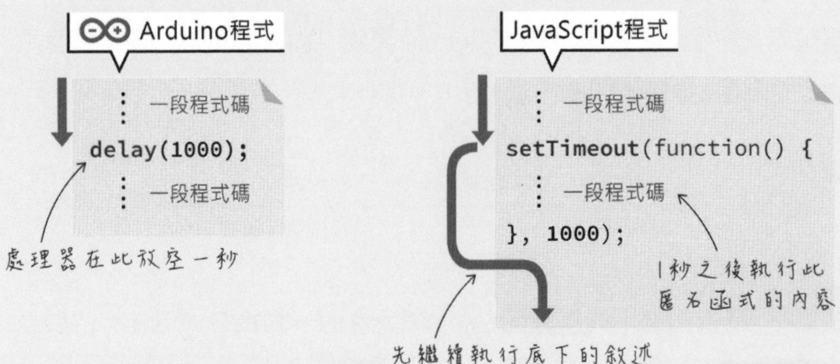

或者，使用霹靂五號 board 物件的 **wait() 方法**（代表「等待」），例如，底下的程式一開始點亮 13 腳的 LED，經過 3 秒之後，將它關閉：

```
var five = require("johnny-five"),
    board = new five.Board(),
    ledPin = 13;    // LED接在13腳

board.on("ready", function() {
  this.pinMode(ledPin, this.MODES.OUTPUT);  // 13腳設定成「輸出」模式
  this.digitalWrite(ledPin, 1);  // 點亮LED

  this.wait(3000, function() {      // 設定一個3秒延時程式
    this.digitalWrite(ledPin, 0);  // 關閉LED
  });

});
```

wait() 函數等同底下的程式片段

```
setTimeout(function() {
  this.digitalWrite(ledPin, 0);
}, 3000);
```

JavaScript 也沒有 Arduino 的 millis() 指令，JavaScript 提供的是 getTime() 函式和 Date（日期）物件。

millis() 可傳回從 Arduino 開機到現在所經過的毫秒數。

getTime() 可傳回從 1970 年 1 月 1 日零時到現在所經過的毫秒數。

動手做 啟用上拉電阻並讀取開關訊號

實驗說明：透過霹靂五號內建的 Button 類別，啟用 Arduino 微控制器晶片內部的上拉電阻，並讀取開關訊號。

實驗材料：

Arduino UNO 控制板	一片
開關	一個（樣式不拘）

實驗電路：請依照底下的接線圖，將開關元件的一腳接在 Arduino 的數位 2，另一腳接在接地（GND）。

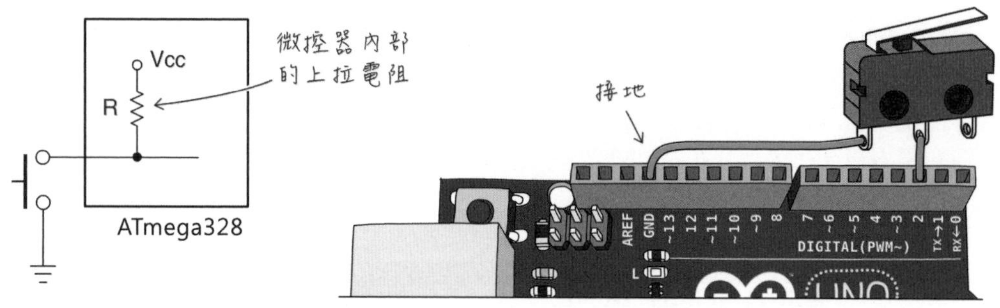

實驗程式：處理開關和按鈕等數位 0 與 1 輸入訊號的程式物件是 **Button**（註：另有一個 **Switch 物件**，但**無法設置使用上拉電阻**），它可以選擇性地設置「上拉電阻」，底下是宣告第 2 腳為開關輸入的敘述：

```
var 按鈕物件 = new 霹靂五號物件.Button(腳位編號)
var button = new five.Button(2);
```

底下的開關程式啟用上拉電阻，當偵測到「**按下（down 或 hit）**」事件時，點亮第 13 腳的 LED；偵測到「**放開（up 或 release）**」事件，則關閉 LED。

```
var five = require("johnny-five"),
   button, led;
var board = new five.Board();

board.on("ready", function() {
  led = new five.Led(13);       // 建立LED物件
  button = new five.Button({  // 建立開關(按鈕)物件
    pin: 2,
    isPullup: true  ←啟用「上拉電阻」
  });
        代表「按下」,也能寫成"hit"。
  button.on("down", function() {
    led.on();
  });
        代表「放開」,也能寫成"release"。
  button.on("up", function() {
    led.off();
  });
});
```

動手做 類比輸入與 PWM 輸出程式實驗

實驗說明:以可變電阻充當類比感測器,改變 A0 腳位的輸入電壓,並藉此改變燈光亮度。

實驗材料:

任何顏色 LED	一個
10KΩ 可變電阻	一條
Arduino UNO 板	一片

實驗電路:請依下圖接好 LED 和可變電阻:

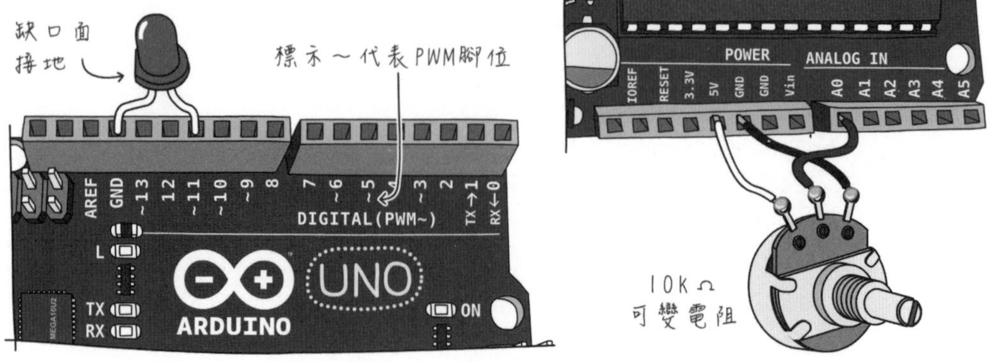

實驗程式：處理類比輸入的類別物件是 **Sensor（原意為「感測器」），預設會每隔 25ms 偵測指定的類比輸入腳位訊號變化**。底下的程式將讀取 A0 腳位的類比值，並且將原本的 0~1023 輸入值限縮（scale）在 0~255 之間。每當訊號**改變（change）**時，它將調整接在第 11 腳的 LED 亮度：

```
var five = require("johnny-five"),
    board = new five.Board();

board.on("ready", function() {
  var led = new five.Led(11);
  var pot = new five.Sensor("A0");

  pot.scale([0, 255]).on("change", function() {

    var pwm = Math.floor(this.value);

    console.log("PWM輸出值：" + pwm);
    led.brightness(pwm);
  });
});
```


輸出類比訊號的指令是 analogWrite，為了符合各程式物件的語意，它有不同的別名。在 led 物件上，輸出類比訊號的方法是 **brightness**（原意為「亮度」），例如，底下的敘述將令 LED 呈現一半的亮度。

```
led.brightness(128);
```

"change" 事件名稱可用這些同義字替代："**slide**（滑動）", "**touch**（碰觸）", "**force**（壓力）", "**bend**（彎曲）"，以便彰顯程式的意義。

Sensor（類比輸入）物件的偵測**頻率（freq）**以及偵測變化的**臨界值（threshold）**，可在宣告物件時設置，例如：

```
var pot = new five.Sensor({
  pin: "A0",          // 連接腳位：A0
  freq: 500,          // 偵測頻率：0.5 秒
  threshold:10        // 原始值變化超過±10，才發佈新值（預設為 1）
});
```

若需要**持續輸出類比訊號感測值**，可將 "change" 事件改成 "**data**"：

```
pot.scale([0, 255]).on("data", function() {
  var pwm = Math.floor(this.value);
  console.log("PWM 輸出：", pwm);
  led.brightness(pwm);
});
```

動手做 檢測溫度

實驗說明：透過霹靂五號的 Thermometer 類別物件讀取溫度資料。

實驗材料：

Arduino UNO 板	一片
溫度感測器 LM35	一個

實驗電路：LM35 元件有不同的型號和封裝形式，例如：LM35D, LM35DZ 和 LM35CZ，讀者可任選一種，常見的是外觀像小功率電晶體，有 3 個引腳的 TO-92 封裝。根據 LM35 技術文件說明，它的輸出電壓與溫度呈線性變化：在 0 ℃ 時輸出 0V，溫度每升高 1 ℃，輸出電壓就增加 10mV，因此，23 ℃ 時的輸出為 230mV（常溫下的誤差約 ±0.25 ℃）。

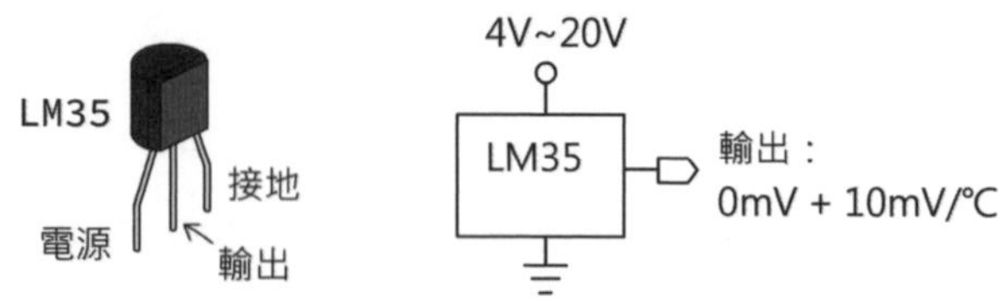

LM35 可接 Arduino 的任何類比輸入腳，本例接在 A0 腳：

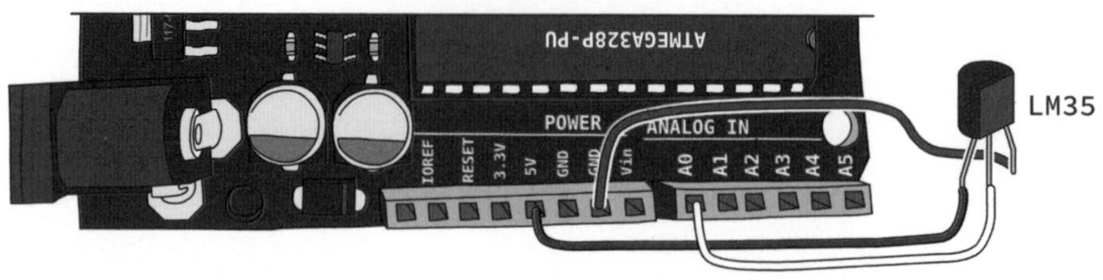

實驗程式：霹靂五號內建支援溫度感測器的 **Thermometer（溫度計）類別物件**，我們只需要告訴它感測器類型以及 Arduino 的接腳，即可接收溫度值。此「溫度計」物件支援多種溫度感測器，包括 LM35, TMP36, DS18B20 , ...等，完整的清單請參閱線上說明文件：http://johnny-five.io/api/thermometer/

請在霹靂五號專案資料夾新增一個 LM35.js 檔，並且輸入底下的程式碼：

```
var five = require("johnny-five"),
    board = new five.Board();

board.on("ready", function() {
  var temp = new five.Thermometer({
    pin: "A0",            // 接腳
    controller: "LM35"    // 溫度感測器類型
  });

  temp.on("change", function(){
    console.log("溫度: %d", this.celsius);
  });
});
```

定義「溫度計」物件

偵聽「溫度計」物件事件，當溫度值改變（change）時觸發。

程式輸入完畢後，在終端機視窗輸入 node LM35.js 命令執行，就能看到溫度：

```
D:\node\five\node LM35.js
溫度：23
溫度：22
```

若希望程式能固定頻率（如：每 3 秒一次）讀取類比輸入值，請替「溫度計」物件設定 **freq（頻率）屬性**，事件處理程式也要改成**偵聽 "data" 事件**：

```
var temp = new five.Thermometer({
  pin: "A0",              // 接腳
  controller: "LM35",  // 溫度感測器類型
  freq: 3000              // 資料更新頻率：3秒
});

temp.on("data", function(){
  console.log("溫度: %d", this.celsius);
});
```

每當「溫度計」更新資料時（此例為3秒）觸發。

Arduino 的 C 語言程式有許多現成元件的程式庫（相當於「驅動程式」）可用，所以我們不用理會跟週邊元件溝通的繁文末節，只要專注於主程式開發。霹靂五號的 JavaScript 程式，硬體週邊元件的程式庫數量不及 Arduino，例如，霹靂五號的 Thermometer（溫度計）類別，不支援 DHT11 元件。若仍舊要採用 DHT11，大致有兩種作法：

1. 仔細閱讀 DHT11 的技術文件，了解它的通訊協定和資料格式，然後用 JavaScript 自行撰寫「驅動程式」，但這有點像要求廚師自己種菜、畜牧。
2. 使用 Arduino 的 C 語言開發，再透過序列埠（有線，或者藍牙、WiFi、ZigBee 等無線通訊）傳遞溫濕度值給電腦上的 JavaScript 程式，就像第四章「Node.js 序列埠通訊」單元的方式。

從這個簡單的例子可知，想用單一語言促進電腦世界大同，可能太理想化了。話說回來，這個世界本來就是多元、兼容並蓄，就拿汽車來說，光是動力來源就分成汽油、柴油、瓦斯、氫氣、電池...等多種類型，儘管運作方式不同，但只要遵循相同的規範，都能在道路上暢行無阻。

家裡的聯網裝置也是，無論是 Android 機上盒、Apple TV 或者電視機廠商自行開發的作業系統，不管是用哪種程式語言開發，凡支援多媒體存取標準（如：DLNA），就能存取另一個裝置裡的影音檔。

霹靂五號（JavaScript）比較適合開發以電腦為主導的互動操作情境，像下文的「瀏覽器與矩陣 LED 作畫」以及第六章的臉孔偵測應用。至於遠端環境品質監測、藍牙遙控自走車等，不需要仰賴電腦運算的場合，直接用 Arduino 的 C 語言或 Espruino（參閱第七章）開發比較合適。

使用 Arduino 讀取溫度值

單純使用 Arduino 的 C 語言，讀取連接在 A0 腳的 LM35 感測器溫度值的程式碼如下：

```
const byte LM35 = A0;     // LM35 溫度感測器接在 A0 腳

void setup() {
  Serial.begin(9600);
}

void loop() {
  int val;
  int temp;

  val = analogRead(LM35);// 讀取並暫存感測器的類比值
  temp = val * 0.488;     // 將類比值輸入轉換成溫度值（參閱下文）

  Serial.print("Temp:");
  Serial.print(temp);     // 在序列埠監控視窗顯示溫度值
  Serial.println("C");

  delay(3000);            // 暫停 3 秒
}
```

假設目前氣溫是 20 ℃，LM35 的輸出將是 200mV。因為 Arduino UNO 類比輸入埠的解析度約為 4.88mV（註：參閱**超圖解 Arduino 互動設計入門**第 63 頁），所以透過 analogRead() 讀入的數值將是 41：

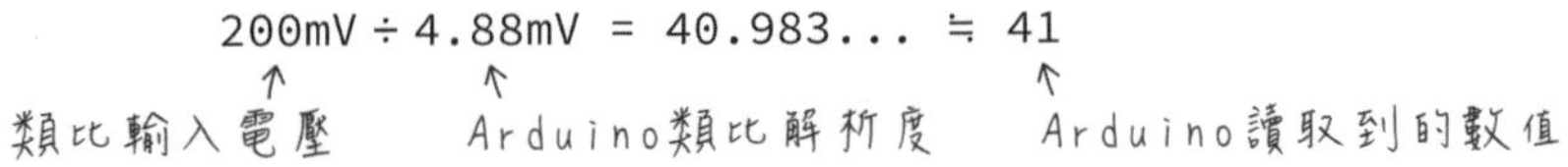

200mV ÷ 4.88mV = 40.983... ≒ 41

類比輸入電壓　　Arduino類比解析度　　Arduino讀取到的數值

亦即：

200mV —A0腳→ analogRead(A0) → 41（Arduino控制板）

所以，把類比值轉換成溫度值，就是把它乘上 0.488：

41 × 0.488 ≒ 20

此外，我們可以用**左移（<<）**和**右移運算子（>>）**代替**乘法**和**除法**，因為對處理器而言，移動數字位置，遠比乘除運算來得輕鬆容易多了：

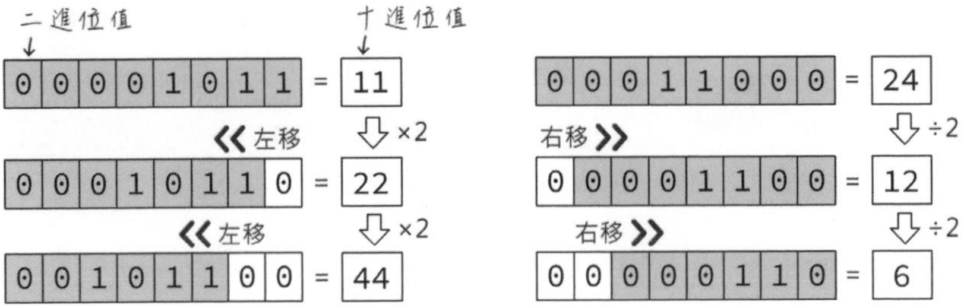

二進位值　　十進位值

0 0 0 0 1 0 1 1 = 11
≪ 左移　×2
0 0 0 1 0 1 1 0 = 22
≪ 左移　×2
0 0 1 0 1 1 0 0 = 44

0 0 0 1 1 0 0 0 = 24
右移 ≫　÷2
0 0 0 0 1 1 0 0 = 12
右移 ≫　÷2
0 0 0 0 0 1 1 0 = 6

0.488 相當於 125÷256（或者 500÷1024），也就是將 125 右移 8 次：

$125 \div 256 \rightarrow 125 \div 2^8 \rightarrow 125 >> 8 \fallingdotseq 0.488$

所以，上面程式裡的類比轉換溫度值（temp = val * 0.488;）敘述可以改寫成：

```
temp = (125 * val) >> 8;
```

由於此電壓和溫度轉換算式並不複雜，因此改用位移運算，其實也沒有節省多少計算時間。再加上當今的程式編譯器的最佳化技術日益精良，為了方便日後閱讀和維護程式碼，推薦用這樣的寫法：temp = val * 0.488;

動手做 控制伺服馬達

實驗說明：練習透過霹靂五號的 Servo 類別物件控制伺服馬達。

實驗材料：

Arduino UNO 板	一片
伺服馬達	二個

實驗電路：請將兩個伺服馬達的訊號腳接在 Arduino 的第 4 和 5 腳，若採用重量 9g 的微型伺服馬達，電源可銜接在 Arduino 的 5V 腳；若是一般類型的伺服馬達，建議外接 5V 電源。

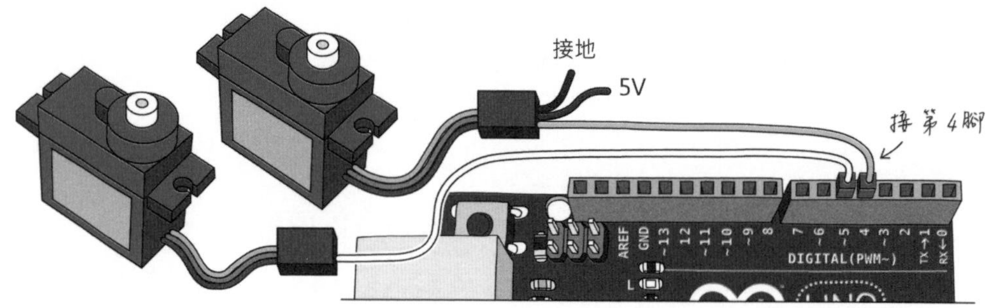

實驗程式：Servo 物件所提供的操控伺服馬達的部份屬性與方法如下：

- **startAt**：設定初始角度
- **range**：以陣列資料形式設定馬達的旋轉角度範圍：〔最小值, 最大值〕
- **step(角度值)**：設定轉動角度
- **to(角度值)**：轉動到指定的角度
- **min()**：轉到最小角度
- **max()**：轉到最大角度
- **center()**：轉到中間角度

請在霹靂五號的專案資料夾中，新增一個 servo.js 檔，並在其中輸入底下的程式碼：

```
var five = require("johnny-five");
var board = new five.Board();
var servos = {};  // 儲存伺服馬達物件的變數

board.on("ready", function() {
  console.log("Arduino 控制板已連線！");

  // 在 servos 變數中宣告 x, y 兩個伺服馬達物件
  servos.x = new five.Servo({
    pin: 4,              // Arduino 接腳編號
    startAt: 90,         // 初始角度
    range: [70, 130]     // 設定馬達的旋轉角度範圍
  });

  servos.y = new five.Servo({
    pin: 5, startAt: 120   // 接在數位 5 腳，初始角度 120
  });

  board.repl.inject({
    s: servos    // 開放 s (伺服馬達) 物件給命令列操作
  });
});
```

實驗結果：在終端機視窗的霹靂五號專案路徑，執行 node servo.js 啟動程式，接著依序輸入下列指令，測試伺服馬達的操控方法：

```
s.y.to(30);          // 令 y 馬達旋轉到 30 度
s.x.step(-10);       // 令 x 馬達逆向旋轉 10 度
s.x.center();        // 令 x 馬達旋轉到中間角度 (100 度)
s.x.max();           // 令 x 馬達轉到最大角度 (130 度)
s.x.min();           // 令 x 馬達轉到最大角度 (70 度)
```

霹靂五號也支援 360° 旋轉伺服馬達，底下兩段敘述都代表在數位 10 腳，連接 360° 旋轉類型的伺服馬達：

```
var servo = new five.Servo.Continuous(10);
```

或者：

```
var servo = new five.Servo({
  pin: 10,
  type: "continuous" // 類型：連續旋轉型
});
```

底下兩個方法用於控制馬達的正轉和逆轉：**cw(速度)**：依順時針 (**c**lock**w**ise) 方向旋轉，速度值介於 0~1。**ccw(速度)**：依逆時針 (**c**ounter **c**lock**w**ise) 方向旋轉，速度值介於 0~1。

例如，底下的敘述將令伺服馬達以 80% 速度依順時針方向旋轉：

```
servo.cw(0.8);    // 速度值介於 0.8
```

動手做 控制 LED 矩陣顯示圖像

實驗說明：在 LED 矩陣模組顯示自訂的圖像以及霹靂五號內建的字元。

實驗材料：

Arduino UNO 板	一片
MAX7219 LED 矩陣模組	一個

實驗電路：LED 矩陣模組的外觀和接腳圖如右：

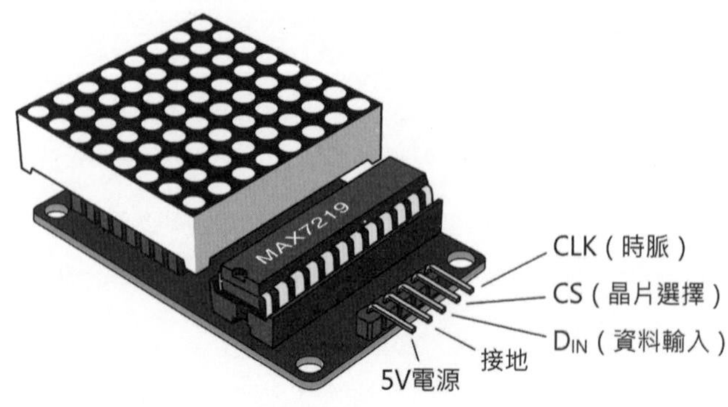

請依下圖組裝 LED 矩陣模組，5V 電源可接在 Arduino 板的 5V 插孔。

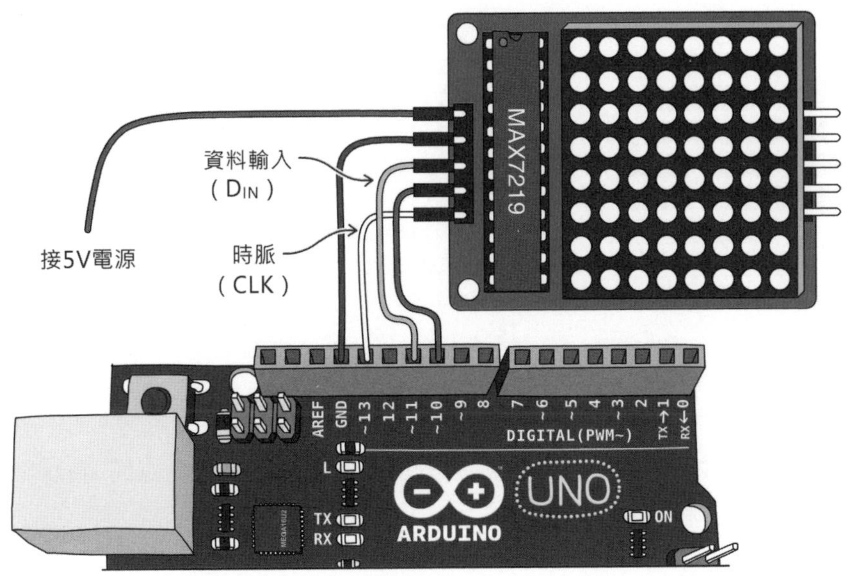

實驗程式：霹靂五號內建控制**七節顯示器（Led.Digits）**和**矩陣顯示器（Led.Matrix）**的類別。底下列舉 Matrix 類別提供的部份方法，完整的列表請參閱官網的 Led.Matrix API 文件（http://johnny-five.io/api/led.matrix/）：

- **on()**：開啟 LED 矩陣模組。
- **off()**：關閉 LED 矩陣模組。
- **clear()**：清除矩陣模組畫面（全部變暗）。
- **brightness(0~100)**：設定 0~100% 亮度。
- **draw(字元或自訂圖案)**：在 LED 矩陣上顯示數字、英文大、小寫字母或特殊符號等字元，或者顯示自訂圖案。

自訂圖像使用陣列定義，裡面的數據通常用二進位字串，或者 16 進位數字：

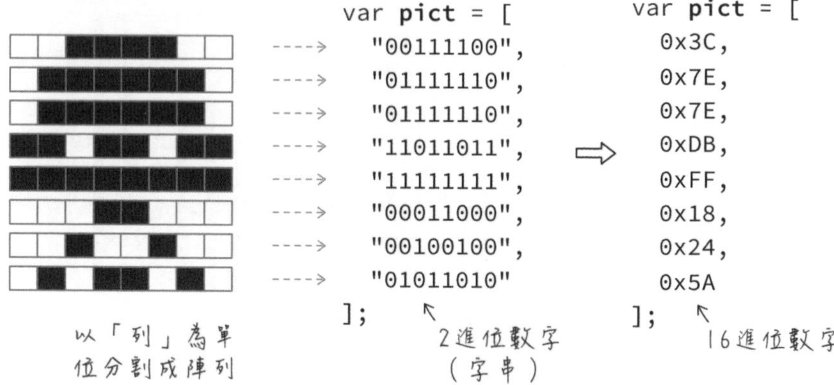

在 LED 矩陣上顯示自訂圖像的霹靂五號程式如下，請將它命名成 matrix.js 檔，存入霹靂五號專案資料夾：

```
var five = require("johnny-five");
var board = new five.Board();

board.on("ready", function() {
  // 宣告自訂的矩陣圖像
  var pict = [0x3C, 0x7E, 0x7E, 0xDB,
      0xFF, 0x18, 0x24, 0x5A];
  // 宣告 LED 矩陣物件
  var matrix = new five.Led.Matrix({
    pins: {
    data: 11,       // 資料腳
    clock: 13,      // 時脈腳
    cs: 10          // 晶片選擇腳
    }
  });

  matrix.on();            // 開啟 LED 矩陣
  matrix.draw(pict);      // 顯示自訂圖像
});
```

實驗結果：執行 matrix.js 程式，LED 矩陣將呈現自訂圖像。程式中的 matrix.draw(pict) 可改成顯示字元，例如：

```
matrix.draw( 'A'); // 顯示字母 'A'
matrix.draw( '@'); // 顯示字元 '@'
```

5-2 使用 Socket.io 建立即時連線

以上單元的霹靂五號程式，都沒有運用到 Node.js 的網路連線功能，為了結合網路即時監控以及霹靂五號，我們必須先認識 socket.io 以及發佈靜態網頁的方法。

一般網頁使用 HTTP 通訊協定，伺服器在傳送網頁資料給用戶端之後，就切斷與該用戶的連線，以便空出資源服務下一個用戶。假設瀏覽器向伺服器請求 index.html 網頁，而此網頁裡面嵌入一張 ar.jpg 影像，那麼，這個連線將包含兩個請求和兩個回應：

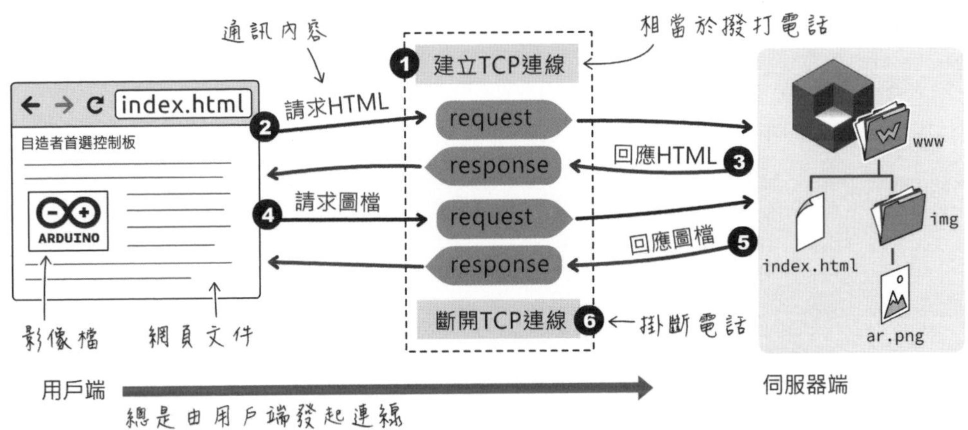

這種通訊模式屬於**單向**式：一定是由用戶端發起連線請求，**伺服器不能主動把資料傳遞給用戶端**。所以之前使用 Arduino 建立的微型溫濕度伺服器，用戶端必須自行定時連接伺服器才能取得最新的溫溼度值。

HTML5 新增了一個稱作 "WebSocket" 的功能，能夠在瀏覽器和伺服器之間建立**雙向**通信連線，而且**一旦連線成功，伺服器和用戶端將維持連線，直到其中一方中斷為止**。只要利用 WebSocket，就能完成從伺服器發布資訊、即時通訊、多人連線互動遊戲...之類的應用程式。

不過，除了瀏覽器要支援 WebSocket 技術，網站伺服器也要支援這種基於 TCP 連線的雙向通訊協定。所幸，Node.js 的 **socket.io 套件**解決了瀏覽器相容性以及網站伺服器支援的兩大問題。

"socket"（直譯為「插座」，這個網路名詞似乎沒有正式的中文譯名）**代表軟體中的通訊介面，它能讓兩個不同的程序彼此溝通**。用現實生活比喻，socket 相當於「電話」，有了電話，就能和其他人通訊。

socket 包含**位址**、**埠口**和**通訊協定**這三大要素（相當於電話號碼、分機和溝通語言），每個網路通訊軟體都會用到它。例如，當瀏覽器連線到遠端伺服器時，本機系統就會建立一個 socket，並隨機指派 1024~65535 之間的埠號，讓遠端網站資料從這個 socket 進出電腦。

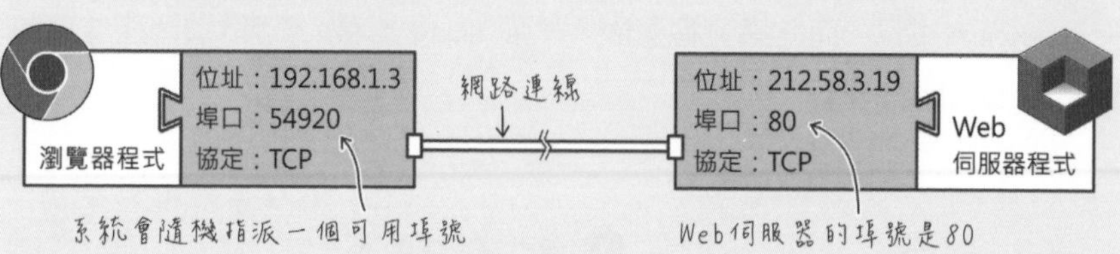

若要觀察本機的 socket 運作狀態，讀者可先用瀏覽器開啟任何網站，接著在 Windows 命令列輸入 netstat（原意為 **net**work **stat**us，網路狀態），或者在 Mac OS X/Linux 系統上的終端機輸入 netstat -n。底下是在命令列執行 netstat 的結果，它將列舉通訊協定、本機位址和埠號，以及外部連線位址：

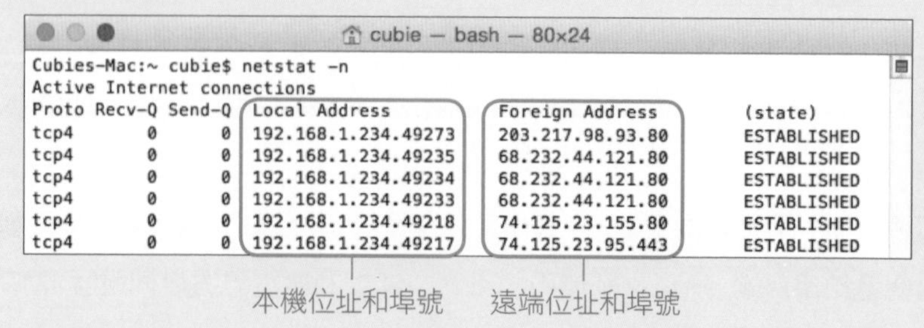

使用 express.static() 方法設定靜態網頁檔案路徑

截至目前，本書的 Node 網站程式都是把 HTML 網頁內容直接寫在 Node 程式檔案裡面，如果網頁內容很多，程式碼將變得混雜、不容易閱讀與管理。比較好的作法，是**把要在用戶端顯示的 HTML 網頁，和在伺服器端處理資料的 Node 程式分開來**。

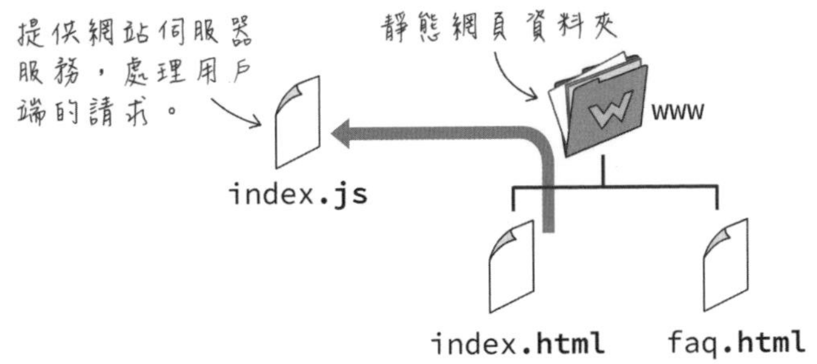

express 模組的 **static() 方法，可以指定把某個路徑底下的 HTML 網頁，傳遞給用戶端**。假設在目前的 Node 程式資料夾裡面，有個 www 資料夾存放所有網頁內容，底下的敘述將能把「根路徑」請求導向到 www，用戶端可以取用此資料夾裡的所有內容：

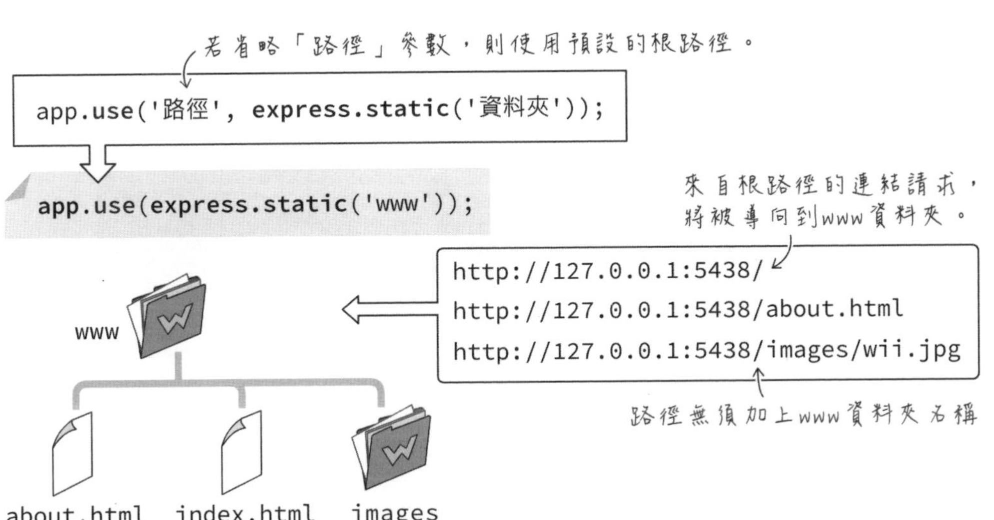

底下的敘述將把 "/files" 路徑導向到 "uploads" 資料夾：

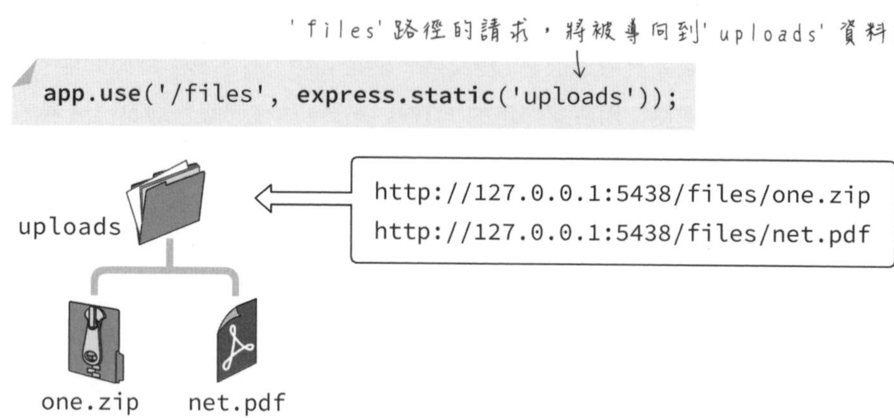

下文的 Node 伺服器程式將採用這個機制發布網頁。

動手做 建立即時通訊程式

實驗說明：使用 socket.io 建立一個能在終端機視窗和瀏覽器之間，即時傳遞訊息的程式。

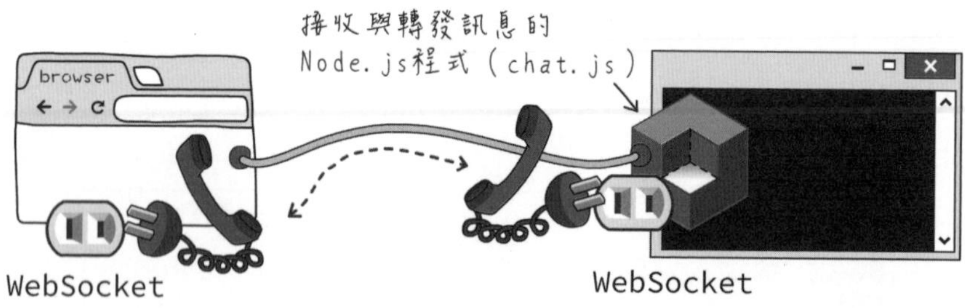

本單元的網站資料夾結構如下：

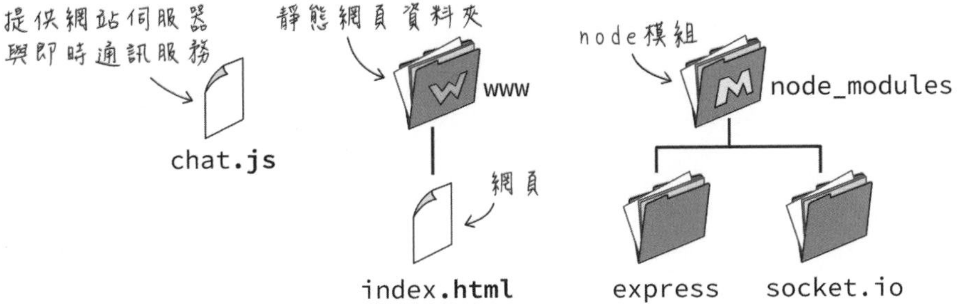

按照慣例，請先在此專案資料夾根路徑新增一個 package.json 檔，紀錄本專案所需的 express 和 socket.io 模組：

```
{
  "name" : "chatTest",
  "description" : "即時通訊測試",
  "version" : "0.0.1",
  "dependencies" : {
    "express" : "^4.12.0",
    "socket.io" : "^1.3.4"
  }
}
```

接著在命令列視窗，於此專案路徑中，輸入 "npm install" 指令，即可安裝 express 和 socket.io 模組。

實驗程式：socket.io 程式分成前端和後端兩大部份。後端程式建立在 HTTP 伺服器程式之上，底下程式灰色部份是採用 express 建立的基本網站伺服器，提供 www 路徑底下的靜態網頁給用戶：

```
var io = require("socket.io");
```

引用socket.io模組

```
var express = require("express");
var app = express();
app.use(express.static('www'));
var server = app.listen(5438);
```

HTTP伺服器程式

```
var sio = io.listen(server);

sio.on('connection', function(socket){
  setInterval(function(){
    // 每隔2000ms（2秒）發送一次訊息
    socket.emit('pi', { 'msg': 'hello world!' });
  }, 2000);

  socket.on('user', function(data) {
    console.log('用戶：' + data.text );
  });
});
```

在HTTP伺服器上建立socket連線，此敘述可簡寫成：var sio = io(server);

每當有用戶連線，此函式就會被執行。

送出自訂事件pi以及資料

偵聽user事件

取出收到的text資料值

以上白色部份是 socket.io 的程式碼。用戶端和伺服器端的程式透過「事件」來溝通；**每當有新的用戶連線，connection（連線）事件將被觸發**，而此事件處理函式將發送一個名叫 "pi" 的事件給用戶端，並且能接收到用戶端發出的 "user" 事件。

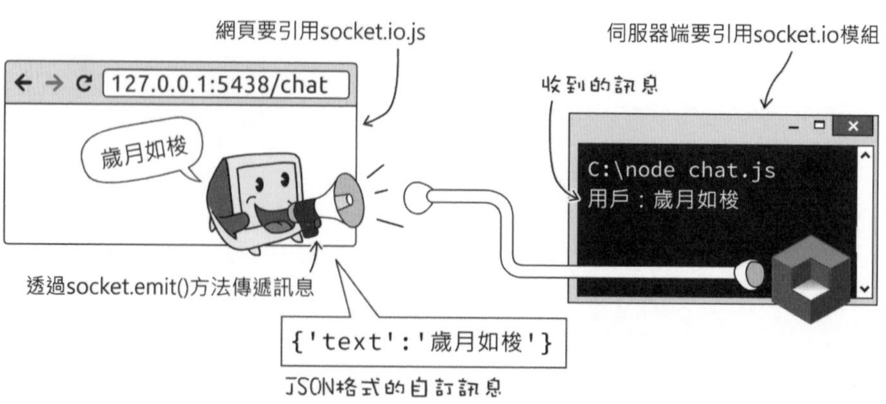

Socket.io 的前端網頁程式如下。每個與 socket.io 連線的網頁，都要引用 **socket.io.js**；這個 .js 程式並不真實存在於網站的檔案資料夾，當 socket.io 連線成功時，它會自動提供給用戶端：

```
<html>
  <head>
    <meta charset="utf-8">
    <script src="/socket.io/socket.io.js"></script>
    <script>
      var socket = io.connect();

      socket.on('pi', function (data) {
        console.log(data.msg);
      });

      setInterval(function(){
          // 每隔1000ms（1秒）發送一次訊息
          socket.emit('user', {'text': '歲月如梭'});
      }, 1000);
    </script>
  </head>
  <body>
  </body>
</html>
```


用戶端的 JavaScript 透過 io.connect() 建立連線物件（通常命名為 socket），後續的程式便可藉由 socket 物件來接收與發送即時事件。

實驗結果：執行此 node.js 程式，再透過瀏覽器連線，即可看到終端機視窗每 1 秒鐘傳入的訊息；開啟瀏覽器的 JavaScript 控制台，可看到從伺服器端每隔 2 秒傳入的 "hello world!"。

本單元即時雙向連線程式的前端採用瀏覽器，使用 Arduino 控制板加上 W5100 乙太網路擴展板，和 Node.js 建立即時通訊的範例，請參閱筆者網站的「建立 Arduino 的 Socket 即時通訊程式」文章說明，網址：http://swf.com.tw/?p=897。

動手做 瀏覽器與矩陣 LED 作畫

實驗說明：本單元的伺服器端連接 Arduino 和 LED 矩陣，用戶端網頁提供一個互動表格，讓使用者繪製在 LED 矩陣呈現的圖像。由於伺服器端的 LED 矩陣必須即時反應用戶的操作，因此它們之間採用 socket.io 連線通訊。

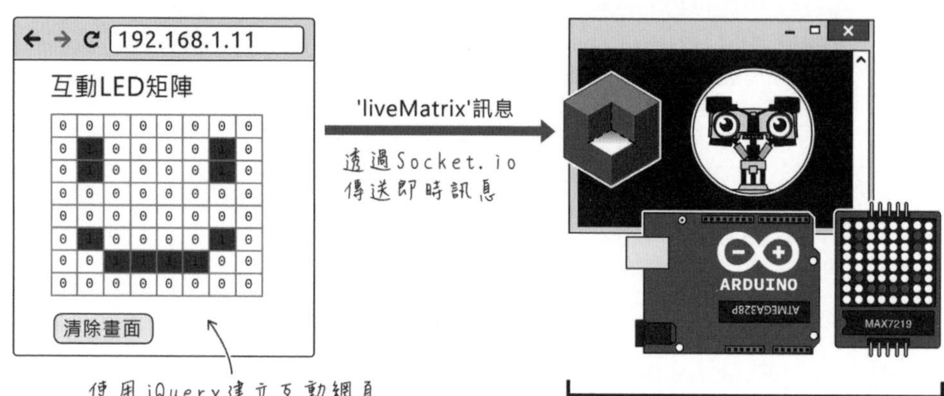

網頁的主要元素是個填滿 0 的 8×8 表格，當使用者點選或者拖曳儲存格，其中的數字就會切換成 0 或 1，並且即時傳遞給伺服器端的霹靂五號程式，熄滅或點亮 LED 矩陣的元素。

實驗材料：本單元的實驗材料和電路，與「控制 LED 矩陣顯示圖像」單元相同。

安裝 Node 套件：本單元採用的 Node 模組包含：express, socket.io 和 johnny-five（霹靂五號），靜態網頁放在 matrix 資料夾，Node 主程式名叫 matrix.js，專案資料夾結構如下：

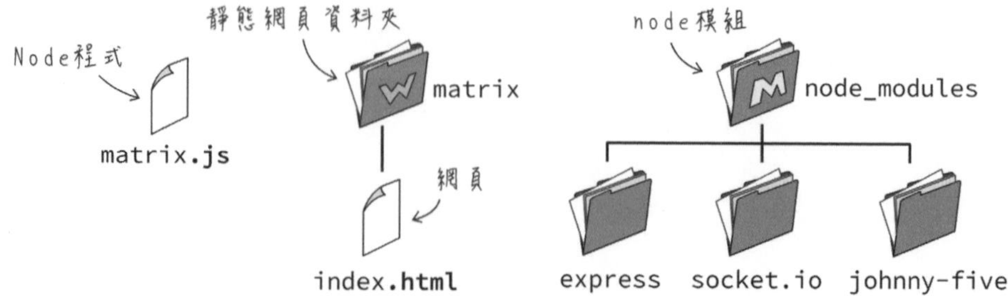

本程式放在上個「即時通訊」實驗單元的專案資料夾裡面，該資料夾已經包含 socket.io 和 express 套件，我們只要再新增霹靂五號套件即可，請在專案資料夾路徑輸入底下的安裝命令：

```
D:\node\socket>npm install johnny-five --save
```

--save參數代表在package.json中新增此套件資訊

套件安裝完成後，package.json 將自動紀錄 johnny-five 套件名稱和版本資訊：

```
{
  "name": "socketTest",
  "description": "即時通訊程式",
  "version": "0.0.1",
  "dependencies": {
    "express": "^4.12.0",
    "johnny-five": "^0.9.7",
    "socket.io": "^1.3.4"
  }
}
```

npm的--save參數自動填入的套件資訊

接收與處理即時 LED 矩陣資料的 Node 程式：本單元的前端網頁將把 LED 矩陣資料包裝成陣列 m，透過 liveMatrix 訊息傳給 Node 伺服器：

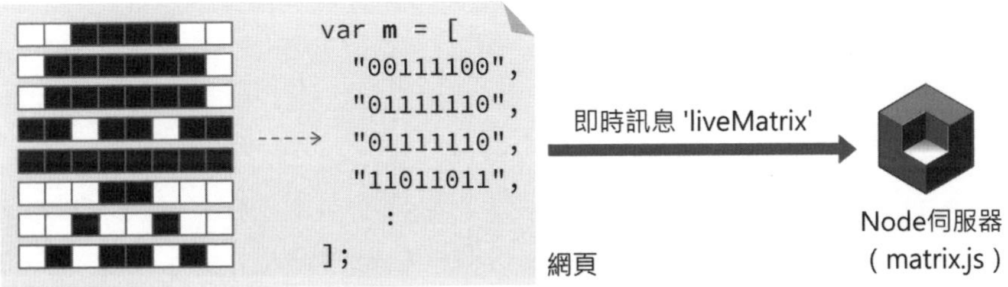

matrix.js 的 Node 網站程式碼如下：

```
var io = require( 'socket.io');    // 引用 socket.io 模組
var express = require("express");  // 引用 express 模組
var five = require("johnny-five"); // 引用霹靂五號模組
```

```
var board = new five.Board();        // 建立霹靂五號控制板物件
var app = express();                 // 建立 Express 網站物件

app.get(express.static( 'matrix'));  // 設置靜態網頁的根路徑

var server = app.listen(5438, function() {
  console.log("網站伺服器在 5438 埠口開工了！");
});
```

繼續在此 Node 檔加入底下的 Socket.io 程式，它負責接收來自前端網頁的 'liveMatrix' 即時訊息和 LED 矩陣資料 (陣列 m)：


```
var sio = io(server);
var matrix;

sio.on('connection', function(socket){
    socket.on('liveMatrix', function(data) {
      if (matrix != null) {
        matrix.draw(data.m);
      }
    });
});
```

若matrix值不是null，代表LED矩陣物件已建立（參閱下文），可令它輸出LED圖像資料。

最後加入霹靂五號程式，建立 LED 矩陣物件：

```
board.on("ready", function() {
  matrix = new five.Led.Matrix({   // 建立 LED 矩陣物件
    pins: {
      data: 11, clock: 13, cs: 10  // 設定 LED 矩陣的腳位
    }
    });

  matrix.on();    // 開啟 LED 矩陣
});
```

產生 LED 矩陣圖案的前端頁面：用戶端網頁原始碼的主要元素是表格，筆者將此表格命名為 "matrixTB"，其中的 64 個儲存格 (<td> 元素)，依序命名成 d1~d64：

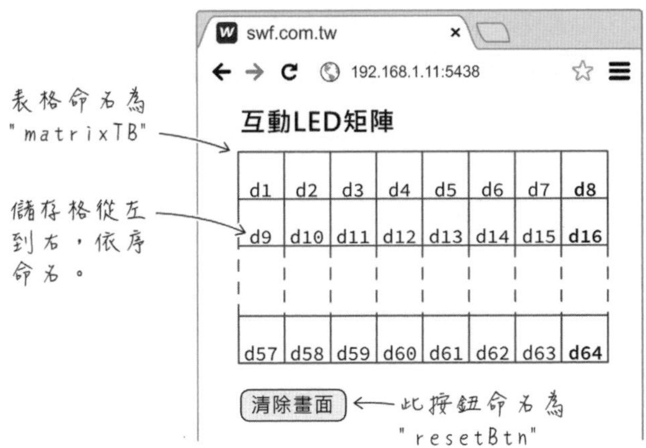

網頁內文的 HTML 原始碼：

```
<body>
<h1>互動 LED 矩陣</h1>
<table id= "matrixTB" >   <!-- 表格開始 -->
  <tr>                     <!-- 表格第一列 -->
    <td id= "d1" >0</td>
    <td id= "d2" >0</td>
    <td id= "d3" >0</td>
    <td id= "d4" >0</td>
    <td id= "d5" >0</td>
    <td id= "d6" >0</td>
    <td id= "d7" >0</td>
    <td id= "d8" >0</td>
  </tr>
  ： 中間省略
  <tr>                      <!-- 表格最後一列 -->
    <td id= "d57" >0</td>
    <td id= "d58" >0</td>
    <td id= "d59" >0</td>

    <td id= "d60" >0</td>
    <td id= "d61" >0</td>
    <td id= "d62" >0</td>
    <td id= "d63" >0</td>
    <td id= "d64" >0</td>
  </tr>
</table>               <!-- 表格結束 -->
<p>                    <!-- 分段並插入按鈕 -->
<input type= "button" value= "清除畫面" id= "resetBtn" />
</p>
</body>
```

在網頁的檔頭區(<head> 和 </head> 之間)加入底下的 CSS 樣式設定,其中的 **cursor: pointer;(游標設定)** 代表:當游標位於表格上方時,始終呈現指標的外觀 ;避免用戶在表格內按著滑鼠拖曳時,游標變成文字插入外觀 。

```
<style type= "text/css" >
#matrixTB {
  cursor: pointer;    /* 游標:指標 */
  width: 200px;       /* 寬 200 像素 */
  height: 200px;      /* 高 200 像素 */
  border-width: 0;    /* 邊框粗細 0(不顯示邊框) */
}

#matrixTB td {
  padding: 0;                    /* 內距 0(內容與邊框之間無留白) */
  height: 10px; width: 10px; /* 寬、高 10 像素 */
  background-color: #e2e2e0; /* 背景色:灰 */
  border: 1px solid #ccc;     /* 邊框 1 像素、實線、灰色 */
  text-align: center;         /* 文字居中對齊 */
}

/* active 類別樣式(紅色背景) */
.active { background-color: #F11444; }
</style>
```

儲存格的預設背景色是灰色(#e2e2e0),若使用者按一下該儲存格,代表點亮 LED,則該格內容將透過程式填入 "1",並且套用 active 類別樣式,把背景色變成 #F11444(紅);再按下同一格,該儲存格會被填入 "0" (關閉 LED),背景色設定為 #e2e2e0(灰)。

網頁動態設定 LED 矩陣畫面的 JavaScript 程式碼: 請在網頁 </body> 標籤(內文結束)之前,插入引用 socket.io 和 jQuery 程式庫的標籤:

```
<script src= "/socket.io/socket.io.js" ></script>
<script src= "http://code.jquery.com/jquery-1.11.3.min.js" ></script>
```

程式一開始先宣告幾個變數:

```
var press = false;       // 暫存滑鼠鈕狀態（是否被按著），預設「否」
var changed = false;
var socket = io.connect();  // 宣告 socket.io 物件
var m_array = [];            // 儲存 LED 矩陣圖像定義的陣列
```

發送即時訊息的自訂函式，訊息為 "liveMatrix"，內容是名稱為 'm' 的 m_array 陣列值。

```
function send2Server() {
  socket.emit( 'liveMatrix', {
    'm' : m_array
  });
}
```

若使用者按下**清除畫面**鈕，程式將在每個儲存格填入 "0"、背景色設成灰色，並且傳回全部元素為 0 的 LED 矩陣值。**清除畫面**鈕的事件處理程式如下：

```
$("#resetBtn").click(function() {
  var index = 0;  // 暫存儲存格編號

  // 將網頁上的 64 個儲存格全都填入 0

  for(var i=1;i<65;i++) {
    // 儲存格的 id 名稱由 "d" 開頭，後面加上 1~64 編號
    $("#d" + i).text( '0');  // 填入文字 '0'
    // 將儲存格的背景色樣式，設成灰色（#e2e2e0）。
    $("#d" + i).css("background-color", "#e2e2e0");
  }

  m_array = [0, 0, 0, 0, 0, 0, 0, 0]; // 將傳回伺服器的 LED 陣列值
  send2Server();                      // 將陣列值傳回 Node 網站
});
```

每當使用者按一下儲存格，或者在儲存格上放開滑鼠鈕時，程式都要讀取 64 格內容，並將它們組成陣列，這可透過一個 for 迴圈，**搭配 %（餘除）運算子**達成。假設每一列儲存格的內容，存在 data 變數，程式碼如下：

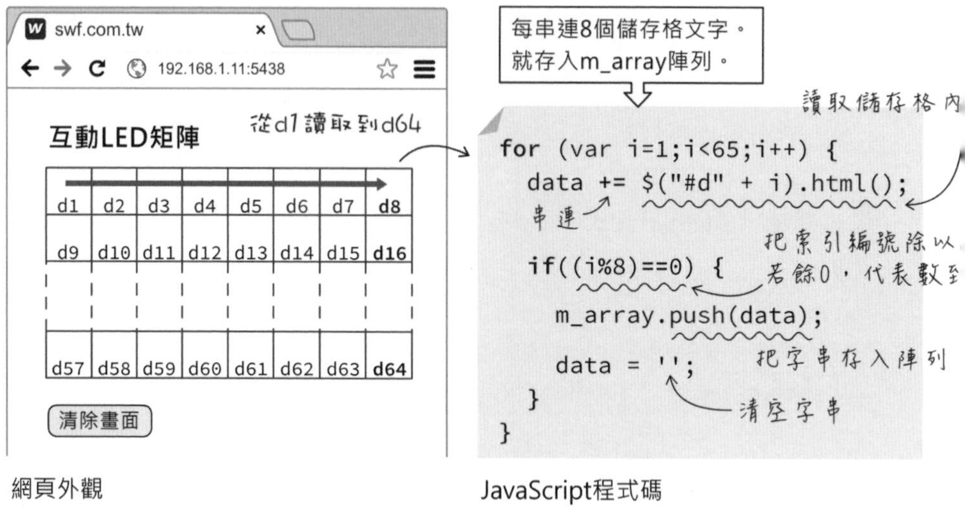

網頁外觀

JavaScript程式碼

根據上文的説明，筆者將讀取並傳送互動表格內容值的程式，寫成名叫 "matrixVal" 的自訂函式：

```
function matrixVal() {
  var data = '';    // 暫存一列矩陣資料，預設為空字串。
  m_array = [];     // 暫存LED矩陣狀態值的陣列，預設為空。

  for(var i=1;i<65;i++) {
    data += $("#d" + i).text();
    
    if((i%8)==0) {
      m_array.push(data);
      data = '';
    }
  }

  send2Server();  // 傳遞陣列資料給伺服器
}
```

取出一個儲存格文字

每8個一組，存入陣列。

data字串（8個一組）

'00111100'

m_array

0 1 2 3 4 5 6 7

push會把資料存入現有元素之後

處理在表格上描繪 LED 狀態的事件程式：網頁上的表格有兩種操作模式：

- **按一下儲存格**，可設定 LED 開或關。
- **按著滑鼠左鍵在儲存格中拖曳**，可連續設定 LED 開或關；若游標滑入的儲存格原本是「關」，它將被設定成「開」，反之亦然。

按著滑鼠左鍵，在表格內拖曳的過程中，網頁文件 (document) 以及儲存格 (td) 物件，都可能會接收到**滑鼠按下 (mousedown)**、**滑鼠放開 (mouseup)** 與**滑鼠滑入 (mouseover)** 的事件。

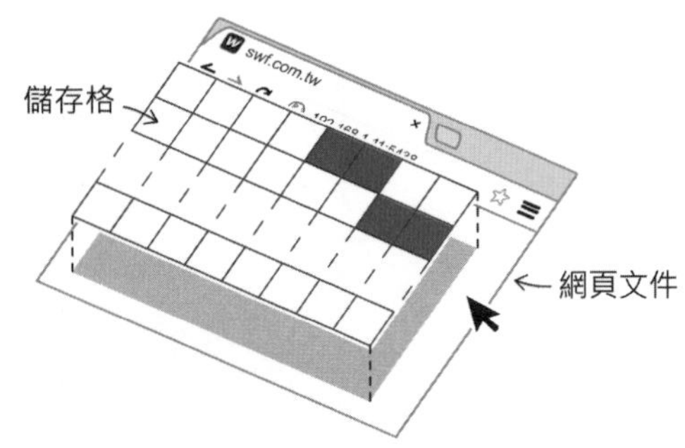

因此，本單元程式在網頁「文件」身上設置一個事件處理程式，當它偵測到**滑鼠按下**，就將 press 變數設成 true，相當於告知後面的程式碼：各位，滑鼠按下囉！

```
$(document).mousedown(function() {
  press = true;
});
```

若網頁文件偵測到**滑鼠放開**，則執行：

```
$(document).mouseup(function() {
  press = false;    // 代表滑鼠目前處於「放開」狀態
  matrixVal();      // 讀取並送出 LED 表格的值
});
```

底下是處理**滑鼠按一下**儲存格的事件程式，它將呼叫 toggleDot() 自訂函式，切換儲存格的值。**事件函式裡的 $(this)，代表觸發此事件的元素**：

```
$('td').mousedown(function(e) {
  toggleDot($(this));
  e.preventDefault();
});
```

接收事件物件的變數，通常命名成event, evt或e。

指向目前觸發事件的儲存格物件

停止預設的行為

在預設情況下，若使用者拖曳網頁上的儲存格，將會選取儲存格內容 (如下圖)；但是這個範例，我們不希望出現「選取儲存格」的現象，因此執行事件物件的 preventDefault() 方法。

在儲存格中切換填入 0 或 1 的自訂函式如下：

傳入要處理的儲存格物件

```
function toggleDot(me) {
  if (me.html() == "0") {
    me.css("background-color", "yellow");
    me.html("1");
  } else {
    me.css("background-color", "#e2e2e0");
    me.html("0");
  }
}
```

如果儲存格的值是"0"，則設成黃色背景，並填入"1"。

底下是處理**滑鼠滑入**儲存格的事件程式。如果滑入時，滑鼠鈕處於「按下」狀態，則同樣要切換儲存格的顯示：

```
$('td').mouseover(function(e) {
  if (press) {   // 如果滑鼠左鍵被按下
    toggleDot($(this));
    e.preventDefault();
  }
});
```

實驗結果：本單元的完整程式碼，請參閱書附光碟裡的 matrix.js 檔。接上 Arduino 電路，在終端機中啟動此 node 程式，即可開啟瀏覽器繪製 LED 矩陣圖案。

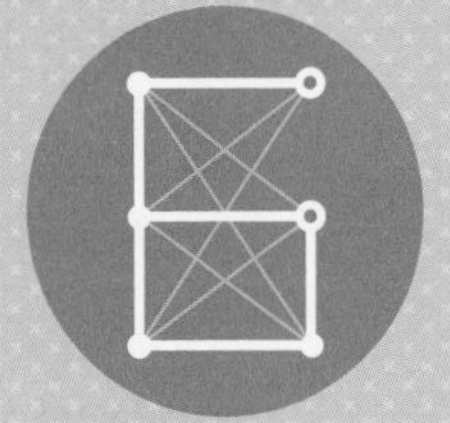

電子郵件、串流視訊、
電腦視覺與操控伺服馬達

本章的範例以樹莓派相機為主，第一個範例搭配 PIR 人體紅外線感測器，在偵測到入侵者時，自動拍照並 e-mail。第二個範例介紹使用 Socket.io 和 M-JPEG 壓縮程式，在網頁上顯示串流視訊。第三個範例介紹簡易的相機+DIY 伺服馬達雲台，並且透過觸控螢幕、鍵盤和實體遙桿控制雲台。最後一個範例介紹如何透過電腦視覺偵測人臉，並藉以控制伺服馬達的轉向。

6-1 透過 Node 傳送電子郵件

本單元將說明如何使用 Node 透過 Gmail 服務，寄送附帶照片的 e-mail。

在網際網路傳遞信件的通訊協定稱為 SMTP（Simple Mail Transfer Protocal，簡易郵件傳輸協定），負責傳遞與寄送電子郵件的伺服器則稱為 SMTP 伺服器。本單元將使用 nodemailer 套件，從 Node.js 程式連接 Gmail 郵件伺服器寄送電子郵件。請先在 Node 專案資料夾輸入底下的命令安裝 nodemailer 套件：

```
> npm install nodemailer
```

Nodemailer 套件支援許多雲端電子郵件服務，包括：Gmail, Yahoo, Hotmail, iCloud, QQ, Naver...等等，也可以使用公司或機關內部的郵件伺服器。

寄信之前要先建立 transporter（以下稱「傳送器」）物件，「傳送器」相當於郵務車，負責載送、傳遞訊息給郵件伺服器。

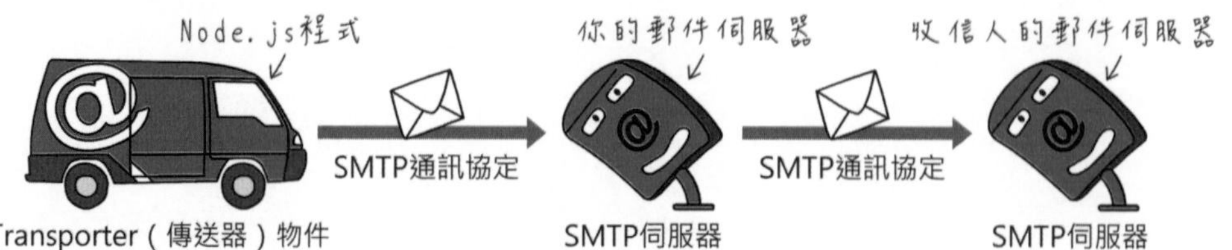

建立「傳送器」物件的語法如下：

「傳送器」物件

```
var transporter = nodemailer.createTransport(郵件伺服器參數物件);
```

```
var transporter = nodemailer.createTransport( {
    service: '電子郵件服務供應商',
    auth: {
        user: '你的e-mail帳號',
        pass: '你的電子郵箱密碼'
    }
} );
```

以採用 Gmail 郵件服務為例，建立「傳送器」物件的語法及程式片段：

```
var nodemailer = require('nodemailer'); // 引用 nodemailer 套件

// 執行 nodemailer 的 createTransport()方法，建立「傳送器」物件。
var transporter = nodemailer.createTransport({
  service:  'Gmail',
  auth: {
    user:  '你的帳號@gmail.com',
    pass:  '你的電子郵箱密碼'
  }
});
```

信件的訊息內容要整理成如下的原生物件格式（物件變數名稱不一定要叫做 mail）：

```
var mail = {
    from: '姓名 <你的帳號@gmail.com>',     // 寄信人和電郵位址
    to: '收件人姓名 <收件人的e-mail>',      // 收信人的大名和e-mail
    subject: '信件主旨',
    text: '這裡面不包含HTML標籤',           // 純文字訊息內容
    html: '這裡面可以加入<b>HTML標籤</b>'   // HTML訊息內容
};
```

```
var mail = {
    from: '欠揉姊姊 <欠揉@gmail.com>',
    to: '阿蝙 <cubie@yahoo.com>, 阿爸氣 <阿爸@apache.org>',
    subject: '來自Node.js的郵件',
    html: 'Are you <b>OK</b>?'
};
```

收信人欄位可填寫多位收信者，中間用逗號隔開。

以粗體顯示"OK"

最後，透過傳送器物件的 sendMail() 方法，寄出信件：

```
transporter.sendMail(信件內容物件, 回呼函式);
```

```
transporter.sendMail(mail, function(error, info){
  if (error) {
    return console.log(error);
  }
  console.log('郵件已寄出：' + info.response);
});
```

如果發生錯誤，則退出函式並顯示錯誤訊息。

如果沒有錯誤，顯示SMTP伺服器的回應訊息。

實際執行此 node 程式寄送信件之前，請先關閉 Gmail 的**兩步驟驗證**功能，因為這項功能預設會阻止未經驗證的程式存取你的 Gmail 帳戶。下文再說明啟用**兩步驟驗證**寄送郵件的方法。

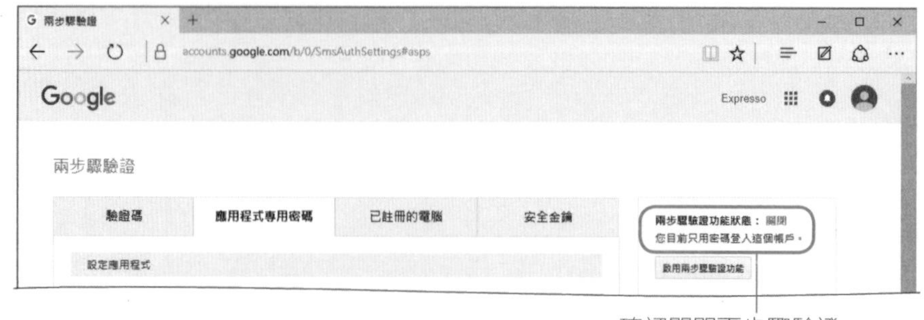

確認關閉兩步驟驗證

假設本單元程式檔名為 mail.js，執行結果如下：

```
D:\node\emailer>node  mail.js
郵件已寄出：250 2.0.0 OK 1447273845 dd4sm10539209pbb.52 - gsmtp
```

Gmail郵件伺服器的回應訊息

若開啟**兩步驟驗證**功能，Node 將回應下列錯誤訊息：

```
D:\node\emailer>node mail.js
{ [Error: Invalid login]
  code: 'EAUTH',
  response: '535-5.7.8 Username and Password not accepted....
```

Gmail回應的「無效的登入」錯誤訊息

附加影像和檔案

信件訊息的原生物件的 **attachments（附件）屬性，用於附加檔案**。由於一封信件可附加多個檔案，因此「附件」屬性的資料值為陣列格式。在原有的 mail 物件裡面，加入 attachments 屬性，附加一個 demo.zip 壓縮檔的敘述如下：

```
var mail = {
     :
     :
   attachments: [{
     filename: 'demo.zip',
     path: __dirname + '/files/demo.zip',
     cid: 'file123'
   }]
};
```

寄信、收件人、主旨…等欄位社鄧不變

附件檔名

路徑和檔名

替附件設定唯一識別名稱

「附件」物件裡的 **cid 屬性**，用於設定檔案的唯一名稱（亦即，不要和同一封信件的其他附件同名），nodemailer 的說明文件建議在 cid 值之中加入網域名稱，例如，把 "file123" 改成："file123@swf.com.tw"，確保此值的唯一性。

底下的程式片段不僅附加兩個影像檔，還將它嵌入信件內文：

```
var mail = {
    :
    :
  html: '<p>照片1<br> <img src="cid:A"/></p>'+
        '<p>照片2<br> <img src="cid:B"/></p>',
  attachments: [{
    filename: 'A.jpg',
    path: __dirname + '/img/A.jpg',
    cid: 'A'
   },
   {
    filename: 'B.jpg',
    path: __dirname + '/img/B.jpg',
    cid: 'B'
   }]
};
```

寄信、收件人、主旨…等欄位社鄧不變

在郵件內文顯示兩張影像

採用識別名稱當作影像來源

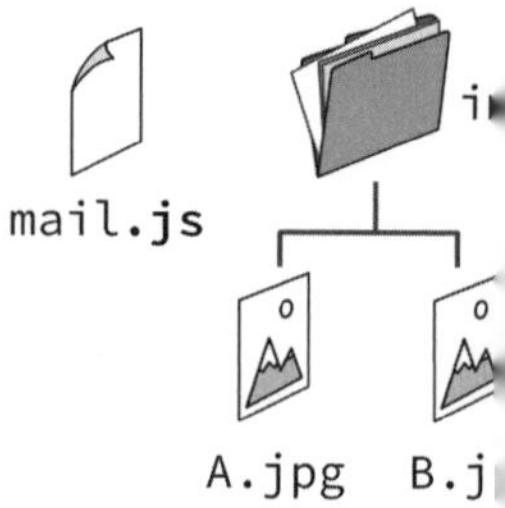

啟用 Gmail 的兩步驟認證寄送郵件

使用雲端服務，無論是 Gmail, Yahoo 還是 iCloud，最好都啟用**兩步驟驗證**。在 Gmail 啟用兩步驟驗證之後，為了讓 Node 或其他程式和軟體存取 Gmail，我們必須額外設置一個「應用程式」專屬的密碼，使用這個密碼存取 Gmail，就不需要額外的簡訊或電子郵件認證。

設定應用程式密碼的步驟：

1 進入 Gmail 的**我的帳戶**的**登入和安全性**設定畫面
(網址：https://myaccount.google.com/security)

2 按下此連結

3 選擇**其他(自訂名稱)**選項

4 輸入自訂的應用程式名稱

5 按下**產生**鈕

Google 將隨機產生一個 16 字元密碼，請記下此密碼：

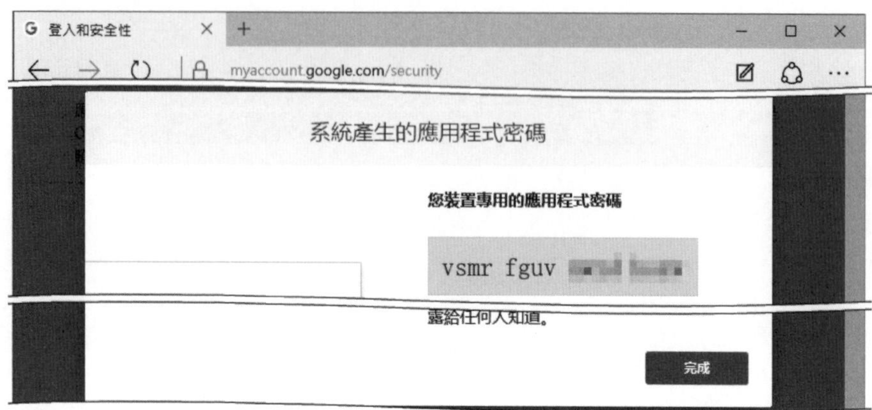

按下**完成**鈕之後，畫面將列舉目前已設定的應用程式密碼。如果你忘記或者不打算開放給 Node 程式使用，請按下**撤銷**鈕，日後可以隨時重新建立。

最後，修改 mail.js 程式檔，把「傳送器」物件的密碼改成剛才的 16 字元密碼，就能在「開啟兩步驟驗證」的情況下寄送郵件了：

```
var transporter = nodemailer.createTransport({
  service:  'Gmail',
  auth: {
    user:  '你的帳號@gmail.com',
    pass:  'vsmrfguvOOOOOOOO'     // 改成應用程式密碼
  }
});
```

動手做 雲端蒐證 / 拍照自動寄送 e-mail

實驗說明：結合樹莓派照相機與 nodemailer 套件，在 PIR 感測器檢測到人體移動時，自動拍攝照片並寄出 e-mail。

實驗材料與電路：與第四章「**透過紅外線感測模組拍攝照片**」實驗相同。

實驗程式：本單元的專案檔案結構如下，node 程式分成 index.js 和 pirMail.js 兩個檔案。其實把兩個程式檔寫在同一個檔案也行，但是將程式依據功能分成不同的模組（檔案）存放，整個專案程式碼的架構會更清晰。

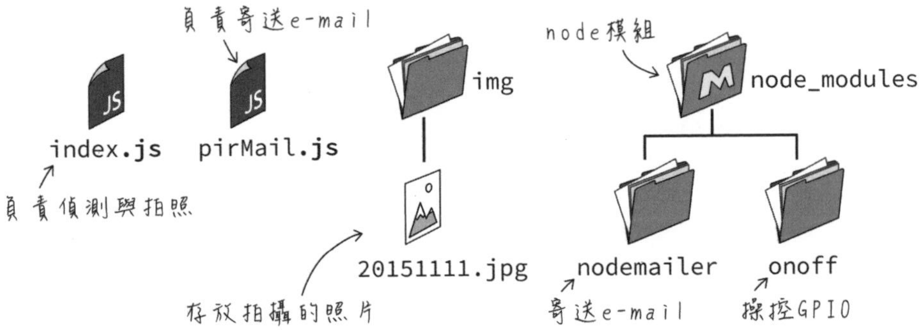

pirMail.js 檔的程式碼幾乎等同上一節的寄送電子郵件程式碼，主要差別在於 pirMail.js 將寄送電子郵件的敘述包裝成自訂函式，並且匯出給外部程式使用。

```
    ⋮                                     檔名   檔案路徑
                                            ↓    ↙
匯出此函式讓 → exports.send = function(f, p) {
外部程式引用     var mail = {
                  from: '送信人 <送信人帳號@gmail.com>',
                  to: '收信人的e-mail',
                  subject: '狗仔相機',
                  html: '發掘到真相了：<br><img src="cid:photo">',
                  attachments: [{
                     filename: f,   // 影像檔名
                     path: p,       // 影像檔路徑
                     cid: 'photo'   // 影像識別名稱
                  }]
                };

                transporter.sendMail(mail, function (error, info){
                  if (error){
                    return console.log(error);
                  }
                  console.log('狗仔照片已寄出：' + info.response);
                });
              };
```

pirMail.js檔

因此，使用 pirMail.js 模組的程式，只要執行 send() 函式，並且傳入影像檔和路徑，即可寄出郵件。

index.js 程式檔改自第四章的「**透過紅外線感測模組拍攝照片**」程式，加入引用 pirMail.js 模組檔案的敘述，並且在負責拍照的 takePhoto() 函式，加入執行寄送 e-mail 的敘述：

06

```
var mail = require('./pirMail.js');   ←—— 引用自訂模組
var exec = require('child_process').exec;
var Gpio = ('onoff').Gpio,
    ⋮
function takePhoto() {
  var file = time() + '.jpg';    // 儲存影像檔名
  var path = './img/' + file;    // 儲存影像路徑
  var args = 'raspistill -w 640 -h 480 -o ' + path + ' -t 1 -q 40';

  exec(args, function(error, stdout, stderr) {
    if (error) {
      throw error;
    } else {
      console.log("拍照中，請微笑～");
      mail.send(file, path);   // 透過pirMail模組寄送信件
    }
  });
}
```

index.js檔

實驗結果：裝設好樹莓派照相機以及 PIR 感測器，在執行本專案的 index.js 檔，即可在人員經過時拍下照片並寄送郵件。

動手做 串流視訊 / 推播即時影像

實驗說明：讓樹莓派照相機持續拍攝，並即時推送給用戶端，在用戶的網頁顯示出動態影像的串流視訊效果。

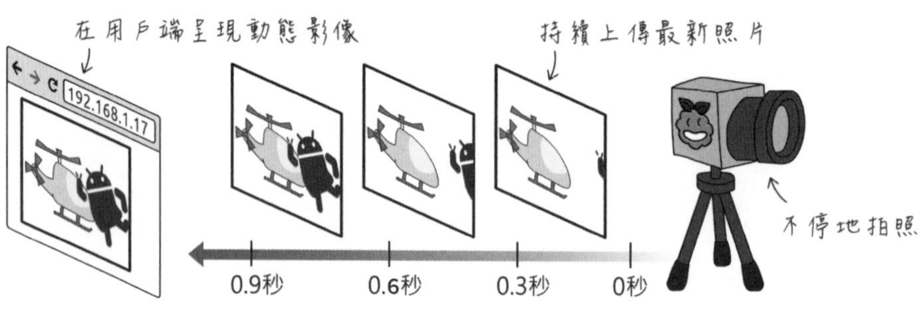

實驗程式：本單元的前端網頁包含一個**開始串流**鈕，按下此按鈕，它將透過 socket.io 傳送 "start" 事件訊息給 Node 程式，讓它開始拍照並且更新影像；若用戶離線，Node 程式的 "disconnect" 事件處理程式將被觸發，進而停止拍照。

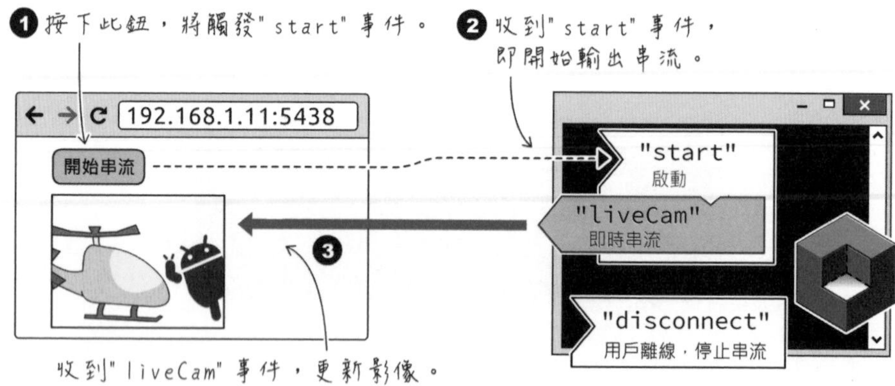

Node 專案資料夾結構如下，靜態網頁置於 www 資料夾，即時拍攝的影像檔放在 images 路徑。每當 Node 拍攝完照片，它將透過 socket.io 傳遞 'liveCam' 事件訊息給前端：

06

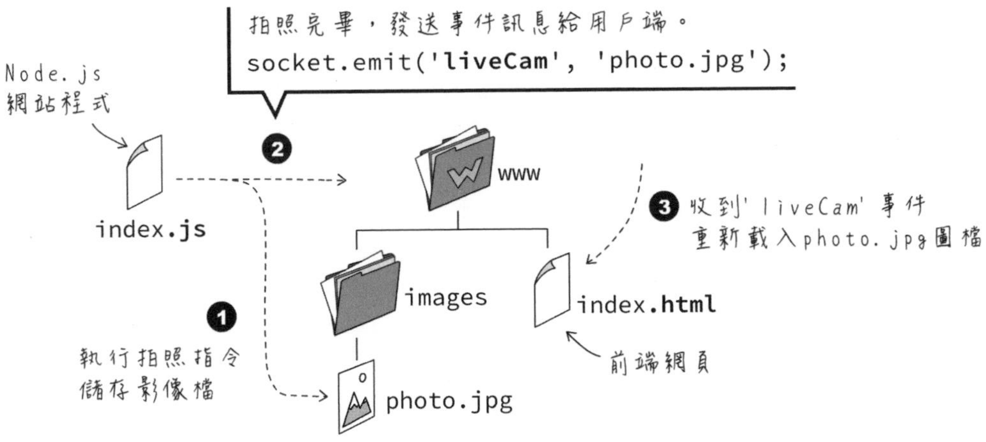

伺服器端 Node 程式碼：Node 程式採用 express 提供網站伺服器服務，程式一開始先引用必要的模組：

```
var express = require('express');
var io = require('socket.io');
var exec = require('child_process').exec;   // 用於執行系統命令
var app = express();

app.use(express.static("www"));             // 指定靜態網頁路徑

var server = app.listen(5438, function() {
  console.log('伺服器在 5438 埠口開工了。');
});
```

在上面程式之後，加入底下的 socket.io 程式：

```
var sio = io(server);
var shoot = false;  // 代表「是否」拍攝照片，一開始設成「否」

sio.on('connection', function(socket) {
    // 若收到自訂的 "start" 事件，則開始拍攝。
  socket.on( 'start', function() {
    shoot = true;
    // 拍攝照片並傳入 socket（連線）物件，以便將訊息傳遞給連線的用戶端。
    takePhoto(socket);
```

```
  });

  // 若收到 "disconnect" （用戶離線）系統事件，則停止拍攝。
  socket.on('disconnect', function() {
    shoot = false;
  });
});
```

實際負責拍攝照片的是自訂函式 takePhoto():

```
function takePhoto(socket) {
  // 定義要執行的拍攝指令
  var cmd = 'raspistill -w 640 -h 480 -o ./www/images/photo.jpg';

  // 執行拍攝指令
  exec(cmd, function(error, stdout, stderr) {
    if (error !== null) {
      console.log('出錯了：' + error);
    } else {
      console.log("拍攝完成！");
      socket.emit('liveCam', 'photo.jpg?r=' +
                             Math.floor(Math.random() * 100000));
      if (shoot) {
        takePhoto(socket);  // 重新拍攝照片
      } else {
        console.log('停止拍攝。');
      }
    }
  });
}
```

-t 1 -q 40

傳送給前端的檔名：
photo.jpg?r=74839

隨機參數，可強制瀏覽器下載影像。

每次拍攝完畢，程式會確認 shoot 變數值是否為 true，若是，它將重複呼叫 takePhoto() 函式執行拍照。實際傳送的圖檔名稱後面包含一個問號、參數 r 以及隨機數字，瀏覽器在讀取影像檔時，會忽略問號及後面的參數。

因為瀏覽器具備避免浪費頻寬的「暫存 (cache)」機制，可能不會重複下載相同路徑和檔名的內容，所以程式**在檔名後面附加隨機參數，讓資源（圖檔）路徑和之前的不同，強迫瀏覽器下載更新的圖片**。隨機參數不一定要命名成 r，可以是其他字母或字串。

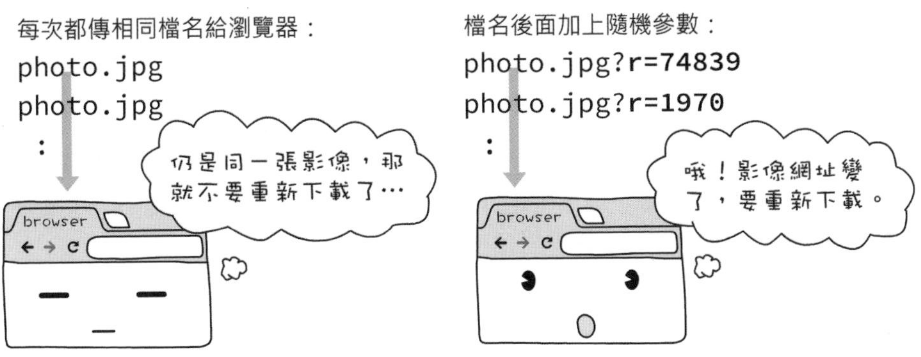

用戶端程式碼：在網頁內文區域，放置一個按鈕和影像，其識別名稱分別為 startBtn 和 stream：

```
<h1>串流視訊</h1>
<p> <a class="btn" id="startBtn">開始串流</a> </p>
<p> <img src="images/blank.jpg" id="stream"> </p>
```

超連結文字

用於顯示串流視訊的標籤，預設顯示blank.jpg圖檔。

在網頁內文底下引用 jQuery 及 socket.io 程式庫，並加入處理即時通訊的程式：

```
<script src="http://code.jquery.com/jquery.js"></script>
<script src="/socket.io/socket.io.js"></script>
<script>
var socket = io();
// 處理liveCam事件                          接收影像檔名
socket.on('liveCam', function(url) {
  $('#stream').attr('src', 'images/' + url);
});              將影像的src（來源）屬性設成'images/'加上檔名

$('#startBtn').on('click', function() {
  socket.emit('start');    // 發送liveCam事件
  $('#startBtn').hide();   // 隱藏「開始串流」鈕
});
</script>
```

一旦網頁收到伺服器的 liveCam 訊息，就立即在 "stream" 影像區域顯示串流視訊。完整的網頁請參閱書附光碟裡的 streaming_1/index.js 檔。執行 node 程式，再瀏覽到串流視訊網頁，即可進行測試。

建立 RAM disk

RAM disk 代表**記憶體虛擬磁碟**，也就是劃分一塊記憶體區域，讓作業系統將它當一般的磁碟機使用。樹莓派的主要儲存媒介是 SD 記憶卡，為了提昇資料存取速度，同時延長記憶卡的壽命，我們可以建立一個「記憶體虛擬磁碟」來暫存拍攝照片。

Linux 作業系統裡的每個裝置（磁碟機、序列埠、顯示器...）都用「文件」形式呈現，因此請先在系統的 /var 路徑底下建立一個代表虛擬磁碟的 "ram" 文件夾：

```
$ sudo mkdir /var/ram
```

接著用 nano 文字編輯器，開啟紀錄開機時要掛載的磁碟的 fstab 文件：

```
$ sudo nano /etc/fstab
```

在此文件最後加入底下這一行，設定虛擬磁碟的路徑以及容量大小（此處設定為 1MB，因為筆者僅打算用於暫存照片，這小小容量已足夠）：

```
tmpfs /var/ram tmpfs nodev, nosuid, size=1M 0 0
```

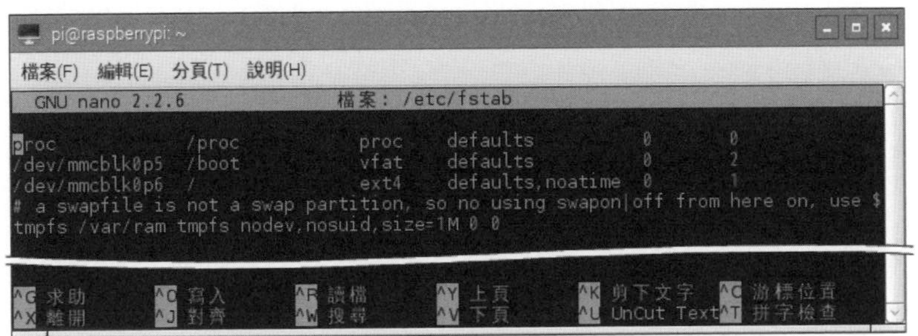

依序按下 Ctrl + O、Enter、Ctrl + X 鍵，寫入並關閉文件。

執行底下的命令，載入所有紀錄在 fstab 文件裡的磁碟：

```
$ sudo mount -a
```

執行 df 命令，顯示已掛載的磁碟機、可用和已用空間狀況，其中包含 ram 磁碟：

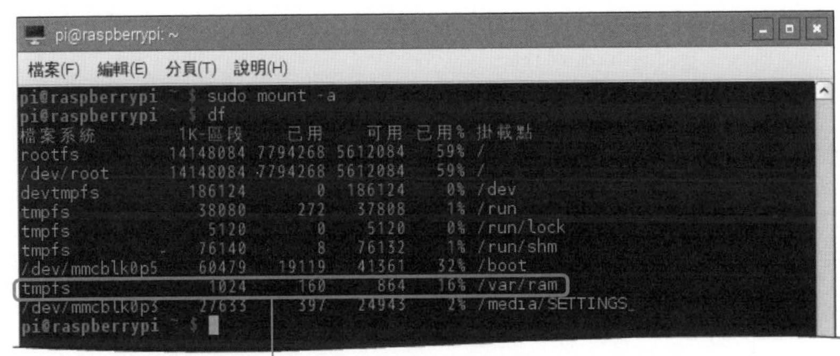

這就是新設立的「記憶體虛擬磁碟」

確認 ram 磁碟建立成功，執行 raspistill 拍攝一張照片，存入虛擬磁碟測試看看：

```
$ raspistill -w 640 -h 480 -o /var/ram/myImage.jpg
```

為了方便存取虛擬磁碟，我們可以替它建立一個「軟」連結（相當於 Windows 系統底下的「捷徑」）。像底下命令，能在家目錄的 nodeCam 文件夾的 www 裡面，建立一個虛擬磁碟的連結：

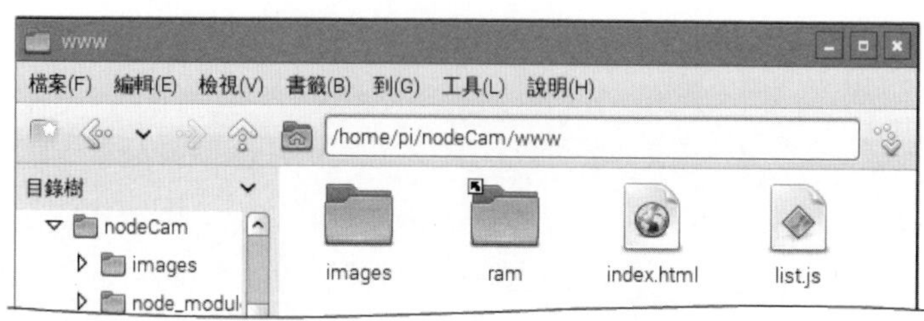


```
$ ln -s /var/ram /home/pi/nodeCam/www/ram
```

如此，在 nodeCam 路徑底下，也可以用底下的命令將照片存入虛擬磁碟：

```
$ raspistill -w 640 -h 480 -o www/ram/pict.jpg
```

請注意，「記憶體虛擬磁碟」並非永久性的儲存媒介，電源關閉資料就消失！暫存在裡面的重要資料請在關機之前備份。

6-2 使用 MJPG 壓縮與串流視訊

上一節的串流（streaming）視訊，每秒只更新幾個畫面，看起來頓頓卡卡的。如果要讓視訊變得流暢，需要運用壓縮技術。以下圖為例，視訊由數個連續畫面構成，而每個畫面都包含相同的背景，所以如果程式可以檢測、並且只壓縮和傳送畫面變動的部份，就能大幅節省頻寬，這就是視訊壓縮程式的基本原理。

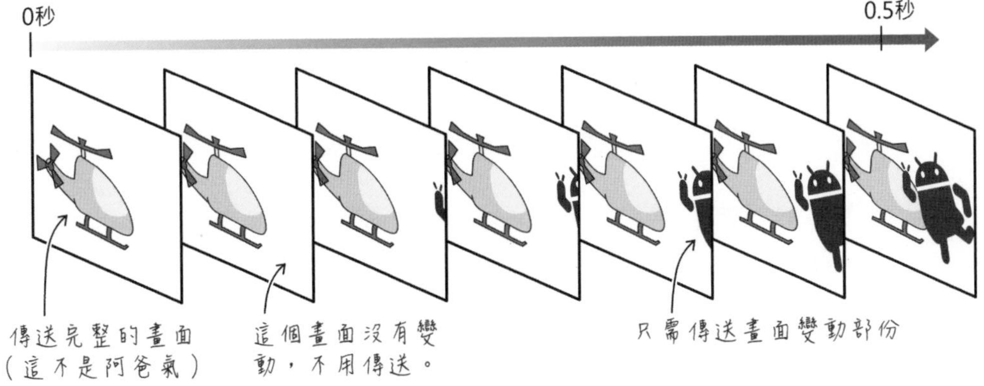

由於壓縮程式必須先擷取一段視訊畫面，加以分析之後才能壓縮傳送，所以即時串流視訊軟體通常都會有些許延遲播送現象，有些延遲甚至達數秒。

MJPG-Streamer 是一個開放原始碼、延遲時間短（不到一秒）的串流視訊壓縮平台，它內建一個網站伺服器，在第一代樹莓派也能順暢執行。

> MJPG 是動態畫面壓縮格式 Motion JPEG 的縮寫。

適用於樹莓派的 MJPG-Streamer 有兩個版本，一個是搭配 USB 攝影機使用的原始版本（http://goo.gl/M7FDxa）；另一個則是 Jackson Liam 特別替樹莓派專屬攝影機改進的版本（https://goo.gl/ul1h0m）。

編譯與安裝 MJPG-Streamer 軟體

底下說明樹莓派專屬 MJPG-Streamer 軟體的安裝過程。軟體作者提供的是**原始碼**，將它下載之後，必須要經過**編譯**程序，才能產生**可執行檔**。根據此專案網頁的說明，編譯程式之前，系統必須先安裝 cmake 和 libjpeg 程式庫，請在終端機視窗依序輸入下列命令安裝必要的程式庫：

```
$ sudo apt-get update && sudo apt-get upgrade -y
$ sudo apt-get install -y cmake
$ sudo apt-get install -y libjpeg8 libjpeg8-dev
```

接著下載 MJPG-Streamer 的原始碼（將被下載到目前路徑的 mjpg-streamer 目錄）：

```
$ git clone https://github.com/jacksonliam/mjpg-streamer.git
```

下載的原始碼將被解壓縮於 mjpg-streamer 路徑底下的 mjpg-streamer-experimental 目錄。請切換目錄並執行 make 命令編譯原始碼：

```
$ cd mjpg-streamer/mjpg-streamer-experimental
$ make
```

編譯完成的程式就放在目前的 mjpg-streamer-experimental 路徑，請執行 make install 命令進行安裝：

```
$ sudo make install
```

Windows 系統的應用程式通常被安裝在 Program Files 路徑，**Linux 應用軟體沒有統一的安裝路徑**，不過，它們通常被安裝在 /bin, /usr/bin 或者 /usr/local/bin，執行應用軟體所需的程式庫或外掛元件，則被安裝在不同的路徑。

mjpg-streamer 串流視訊軟體內建 HTTP **網站伺服器**，安裝程式將把 mjpg-streamer 主程式安裝在 /usr/local/bin，同時建立一個網站資料夾（www），並且把處理視訊輸出/輸入的外掛元件存在 /usr/local/lib 路徑：

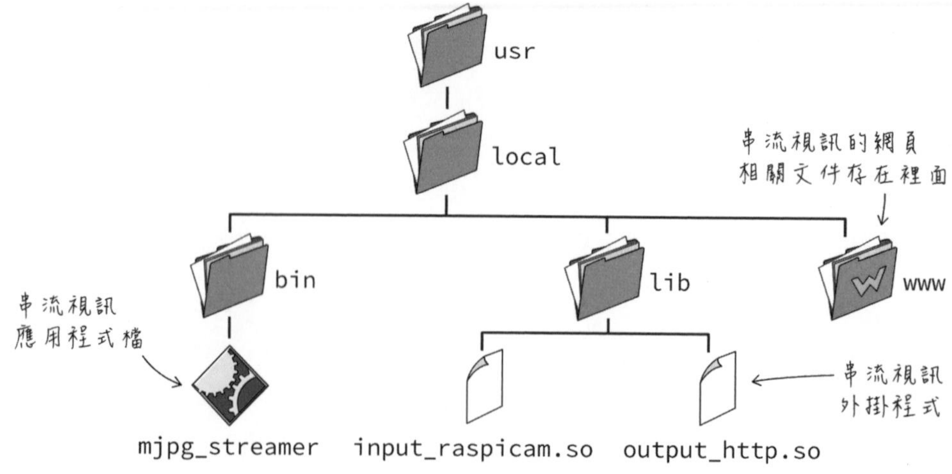

我們需要手動將外掛元件的所在路徑，加到系統的 **LD_LIBRARY_PATH**（元件庫路徑）變數，才能順利執行 mjpg-streamer 串流視訊軟體。請執行底下的命令，開啟 nano 文字編輯器，編輯 shell（Linux 系統操作介面）的啟動程式：

```
$ sudo nano ~/.bashrc
```

請在此程式檔的最後一行，輸入底下的變數設定敘述：

```
export LD_LIBRARY_PATH=/usr/local/lib/
```

如下圖所示：

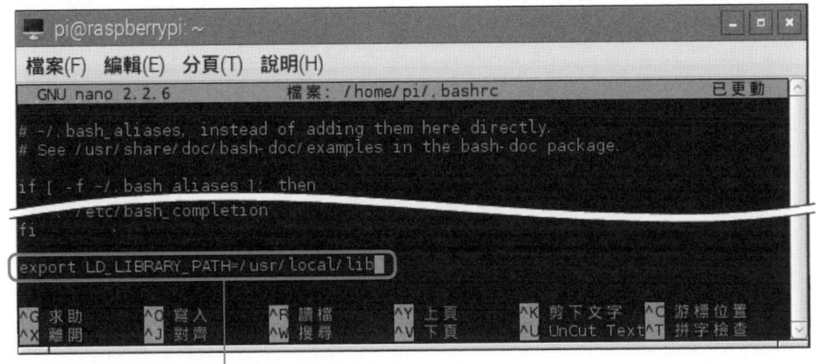

最後一行加入變數宣告敘述

然後按下 Ctrl + O 鍵寫入，按下 Enter 鍵確定，再按下 Ctrl + X 鍵離開。最後執行底下的命令，重新啟動 bashrc 程序，或者重新開機。

```
$ source ~/.bashrc
```

啟動串流視訊伺服器

mjpg-streamer 是個命令列程式，請在終端機視窗輸入底下的命令，啟動串流視訊服務：

```
mjpg_streamer -i "input_raspicam.so"
             -o "output_http.so -w /usr/local/www"
```

代表 input（輸入）

.so是mjpg_streamer 的外掛程式檔

代表 output（輸出）

mjpg_streamer 內建網站的根路徑

這個程序將在 8080 埠開啟 HTTP 網站服務，傳送 640×480 像素、5fps（每秒 5 格畫面）的即時視訊。我們可以在「輸入端」加上畫面尺寸和 fps 等設定參數（所有可用的參數，請參閱 mjpg-streamer 專案網頁）。底下的參數將輸出 1280×720, 15fps 的視訊畫面：

```
mjpg_streamer -i "input_raspicam.so -x 1280 -y 720 -fps 15"
          -o "output_http.so -w /usr/local/www"
```

在串流視訊服務運作期間，請勿關閉終端機視窗。接著，開啟瀏覽器瀏覽到樹莓派的 IP 位址，即可看到如下的視訊服務網頁：

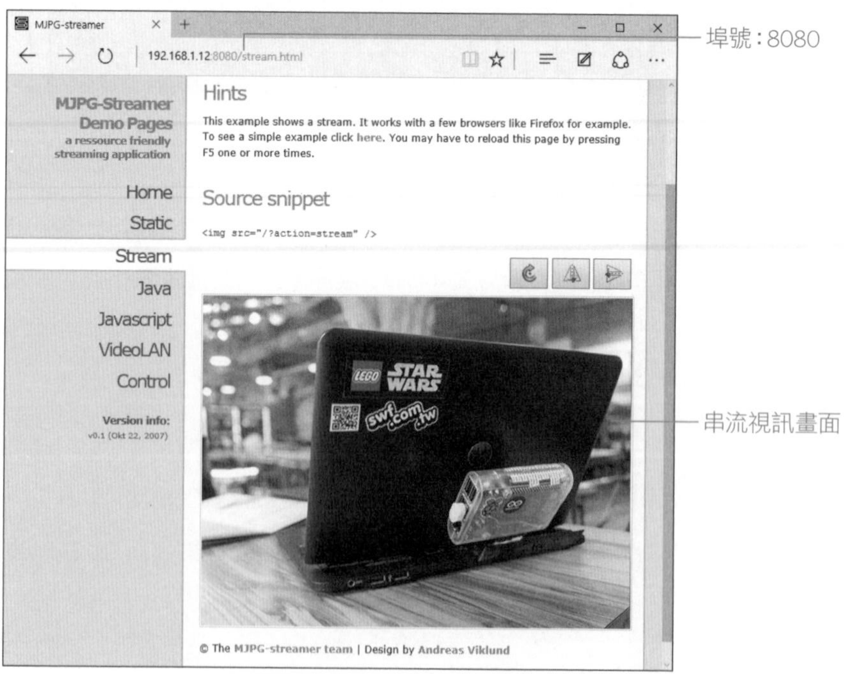

網頁紅色標題 Source snippet（原始碼片段）底下包含嵌入串流視訊的 HTML 片段：

影像檔來源　這個斜線可有可無

```
<img src="/?action=stream" />
```

斜線代表網站根路徑

如果要在此視訊服務的網站伺服器以外的網頁連結視訊影像，影像的路徑必須寫成「絕對路徑」形式，也就是加上 "http://" 和伺服器主機位址的路徑：

```
<img src="http://192.168.1.11:8080/?action=stream" >
```

明確指出樹莓派的網站IP

若要終止視訊串流服務，請在終端機視窗中按下 Ctrl 和 C 鍵終止程序。或者，新開一個終端機視窗，透過 killall 命令終止 mjpg_streamer 程序：

```
$ sudo killall mjpg_streamer
```

從 Node.js 啟動串流視訊伺服器

之前執行 raspstill 拍照，程序在短時間執行完畢就結束了，但 mjpg_streamer 串流視訊服務一旦啟動，就持續在進行，直到我們關閉它為止。

要從 Node 啟動長時間運作的命令和程序，請改用 spawn 方法。底下是透過 spawn 方法啟動串流視訊程序的 node.js 程式，不同於 exec，它沒有等待命令執行結束的回呼函式：

以陣列形式包裝指令參數

```
var spawn = require('child_process').spawn;
var args = ["-i", "input_raspicam.so",
            "-o", "output_http.so -w /usr/local/www"];

spawn('mjpg_streamer', args);
```

spawn(要執行的命令, 參數陣列);

假設此 Node 程式檔命名為 stream.js，原始碼如下：

```
var express = require( 'express');
var spawn = require( 'child_process').spawn;
var app = express();
var users = 0;

app.use(express.static("www"));

// 啟動網站伺服器時，一併啟動串流視訊
var server = app.listen(5438, function() {
  var args = [ "-o", "output_http.so -w /usr/local/www",
               "-i", "input_raspicam.so" ];
  spawn( 'mjpg_streamer', args);

  console.log( '網站在 5438 埠口開工了！');
});
```

前端頁面只要將影像標籤的 src（來源）屬性，設定成樹莓派網址 8080 埠，即可接收到串流視訊（streaming_2/stream.js）：

```
<body>
  <h1>串流視訊</h1>
  <img src="http://192.168.1.12:8080/?action=stream">
</body>
```

請更換成你的樹莓派主機位址

06

6-3 控制伺服馬達雲台

本單元將替樹莓派的串流視訊服務，加上一個攝影機雲台，前端瀏覽器可透過用鍵盤方向鍵、觸控螢幕或電玩控制器操控攝影機的拍攝角度。

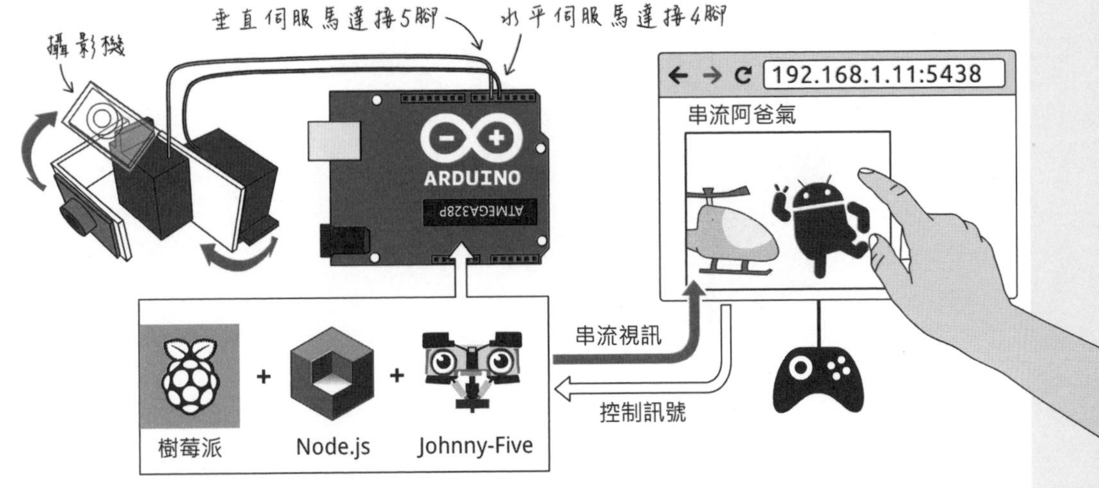

攝影機雲台由兩個伺服馬達構成，由霹靂五號程式指揮 Arduino 控制雲台。市面上可以買到微型伺服馬達的攝影機雲台（註：多用於 FPV 四軸飛行器），也能自己 DIY，像下圖從錄音帶空盒裁切兩塊塑膠，即可簡單地組裝一個雲台。若錄音帶空盒不好找，可以用收納盒替代：

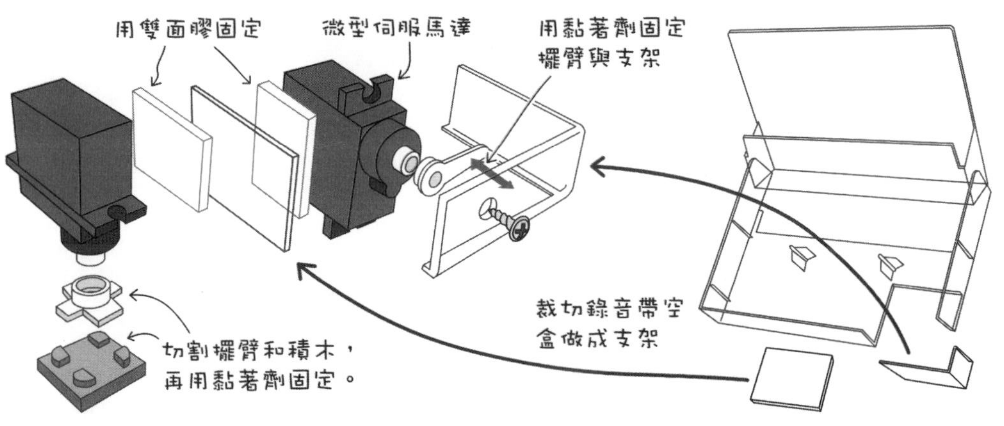

由於筆者的樹莓派外殼是用樂高積木拼湊的（請參閱 http://swf.com.tw/?p=585），所以攝影機雲台的底座也黏貼積木，方便和樹莓派組裝在一起。

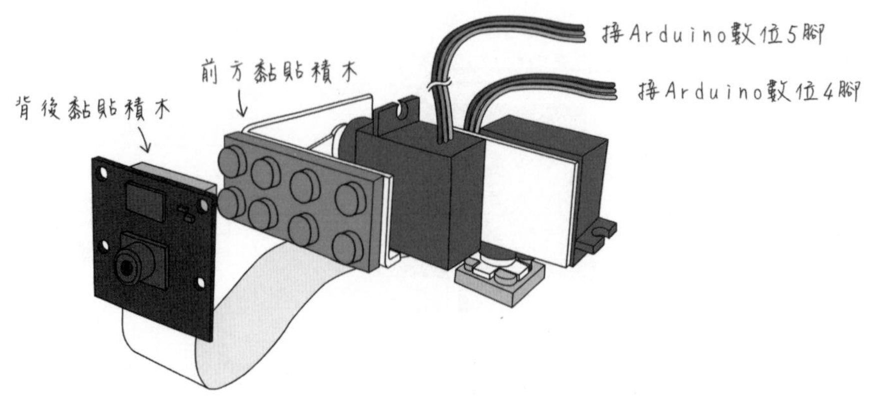

筆者採用的伺服馬達為 SG90 微型伺服馬達，運轉時的消耗電流僅 80mA，所以可直接取用 Arduino 的 5V 電源，此伺服馬達的主要參數請參閱第七章「控制伺服馬達」 一節。

動手做 使用方向鍵操控伺服馬達雲台

實驗說明：本單元的網頁前端程式，將在偵測到使用者按下方向鍵時，傳送 'servo' 訊息和方向鍵資料給 Node 伺服器。

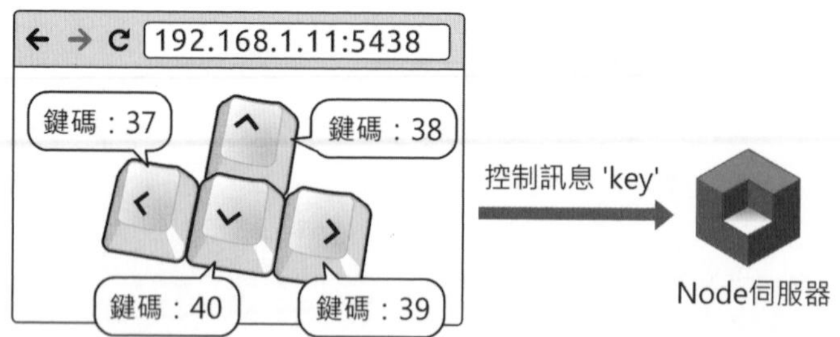

jQuery 程式庫提供支援三種偵測鍵盤的事件函式：

- **keyup()：**當按鍵被**放開**時，觸發此事件。
- **keydown()：**當按鍵被**按下**時，觸發此事件。
- **keypress()：**當按鍵被**按下**時，觸發此事件。

keydown() 和 keypress() 的差異點：

- 按下**特殊按鍵**時，例如 Ctrl 、 Alt / option 、 Shift 、 Delete 或方向鍵，**只有 keydown() 會被觸發**。
- 長按按鍵時，**keydown() 會連續觸發**，直到放開按鍵為止；keypress() 只會被觸發一次。
- 按鍵事件會傳回被按下按鍵的 ASCII 碼，**keydown() 傳回的鍵碼不分大小寫**，例如，'a' 和 'A' 都鍵碼都是 65；**keypress() 會傳回不同的大小寫值**。若只須確認使用者是否按下某鍵，例如，在網頁上提示「請按下 A 開始」，最好使用 keydown()。

基本按鍵事件處理程式如下，在網頁上按下任何按鍵時，JS 控制台將顯示按鍵的 ASCII 碼（不分大小寫）：

處理事件的匿名函式

```
$(document).keydown( function(e) {
  console.log ("鍵碼：" + e.keyCode);
});
```

讀取事件物件的鍵碼值

我們可以透過這段程式測試並紀錄各個按鍵的 ASCII 代碼，例如，「左方向鍵」的代碼是 37、「右方向鍵」是 39。

實驗程式：先建立一個透過 socket.io 即時傳送按鍵訊息的自訂函式：

```
var socket = io.connect();    // 建立socket.io連線物件

function sendKey(n) {
   socket.emit('key', {'dir': n});
}
```

接收按鍵名稱　事件名稱　傳送參數

底下的按鍵事件處理程式，將偵測方向鍵並透過 socket.io 傳出 "left"（左）、"right"（右）、"up"（上）和 "down"（下）字串給 Node 伺服器。

```
$(document).ready(function(){
  // 在網頁文件上附加偵聽「按下按鍵」事件的處理程式
  $(document).keydown(function(e){
  switch (e.keyCode) {
    case 37:  // 左
      sendKey("left");
      break;
    case 39:  // 右
      sendKey("right");
      break;
    case 38:  // 上
      sendKey("up");
      break;
    case 40:  // 下
      sendKey("down");
      break;
  }
  });
});
```

完整的網頁程式請參閱書附光碟 streaming_2/servo.js。

動手做 攝影機雲台的 Node 伺服器程式碼

實驗原理：本單元基於上一節的串流視訊伺服器，加上即時操控伺服馬達的 socket.io 與霹靂五號程式，請在新專案資料夾裡加入底下的 package.json 檔，然後執行 npm install：

```
{
  "name" : "remote_servo",
  "version" : "0.0.1",
  "dependencies" : {
    "express" : "^4.12.0",
    "socket.io" : "^1.3.4",
    "johnny-five" : "^0.8.92"
  }
}
```

實驗程式：底下是設置伺服馬達雲台的霹靂五號程式片段：

```
var io = require('socket.io');
var five = require("johnny-five");
var board = new five.Board();
var servos = {};          // 儲存伺服馬達物件的變數
var sio = io(server);  // 建立 socket.io 連線物件

board.on("ready", function() { // 當 Arduino 就緒時，設置伺服馬達
  servos = {
    x:new five.Servo({ // 接在腳 4 的伺服馬達，預設角度 90（轉到中間）
      pin: 4,
      startAt: 90
    }),
    y:new five.Servo({ // 接在腳 5 的伺服馬達
      pin: 5,
      startAt: 90
    })
  };
});
```

瀏覽器透過 socket 傳送 'key' 訊息，並夾帶伺服馬達的轉動資料。處理 socket 通訊的 Node 程式片段如下：

```
sio.on('connection', function(socket){
  console.log('用戶連線');

  // 當用戶關閉與此伺服器連線的瀏覽器視窗，將觸發底下的事件：
  socket.on('disconnect', function() {
    console.log('用戶離線');
  });

  // 接收用戶端傳來的 'servo' 事件與資料
  socket.on('key', function(data) {
    servoTurn(data.dir);  // 轉動伺服馬達的自訂函式
  });
});
```

負責轉動伺服馬達的自訂函式如下，它將依據接收到的 "left", "right", "up" 和 "down" 等參數，調整伺服馬達的角度：

```
function servoTurn(dir) {
  switch (dir) {
    case "left" :              // 左轉
      servos.x.step(1);        // 腳 4 的伺服馬達順時針轉 1 度
      break;
    case "right" :             // 右轉
      servos.x.step(-1);       // 腳 4 的伺服馬達逆時針轉 1 度
      break;
    case "up" :                // 往上轉
      servos.y.step(1);        // 腳 5 的伺服馬達順時針轉 1 度
      break;
    case "down" :              // 往下轉
      servos.y.step(-1);       // 腳 5 的伺服馬達逆時針轉 1 度
      break;
  }
}
```

實驗結果：在終端機視窗啟動 Node 程式後，開啟瀏覽器連結到 Node 網站，按下方向鍵即可轉動伺服馬達雲台。

6-4 使用觸控螢幕虛擬搖桿操控攝影機雲台

本單元採用 Jerome Etienne 撰寫的開放原始碼虛擬搖桿（Virtual Joystick）程式庫，方便使用者在平板、智慧型手機或者具備觸控螢幕的電腦上操作伺服馬達攝影機雲台。

請到虛擬搖桿專案網頁（https://goo.gl/Z68SGq）下載程式庫原始碼。

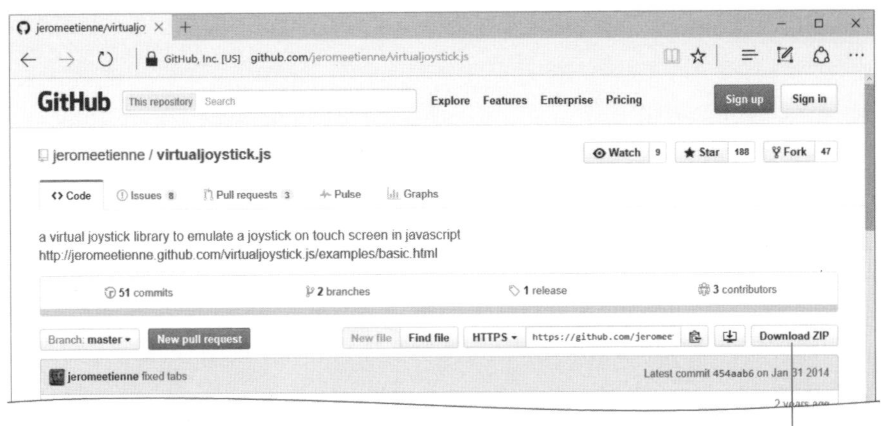

按下 Download ZIP（下載）鈕，可下載.zip 格式的壓縮檔

解壓縮下載的程式庫檔案，把其中的 virtualjoystick.js 複製到此 Node 專案路徑的 www 裡的 js 資料夾：

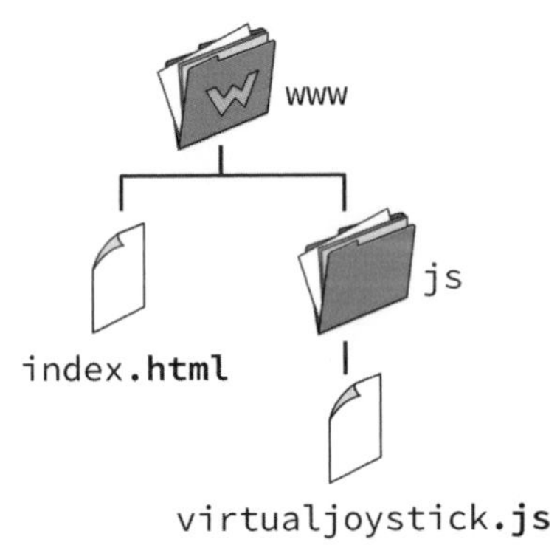

在前端網頁(index.html)引用 socket.io, jQuery 和 virtualstick.js 等程式庫:

```
<script src= "/socket.io/socket.io.js" ></script>
<script src= "http://code.jquery.com/jquery-1.11.3.min.js">
</script>
<script src= "js/virtualjoystick.js" ></script>
```

傳送虛擬搖桿(以及下文的實體搖桿)即時訊息的程式,寫成 sendJoy() 自訂函式:

```
<script>
  var socket = io.connect();

  function sendJoy(val) {
    socket.emit('joy', {
      "stick" : val  // 訊息內容「 "stick" :{x:90, y:90}」
    });
  }
</script>
```

虛擬搖桿的外觀由兩個圓形組成,外圈代表搖桿的作用範圍,內圈是控制桿;在宣告搖桿物件時,可以設定它的線條外觀以及半徑大小:

```
var joystick= new VirtualJoystick({
  strokeStyle : '#FFCC00',     // 線條樣式(黃)
  mouseSupport: true,          // 支援滑鼠操控
  limitStickTravel: true,      // 限制搖桿移動範圍
  stickRadius: 90              // 搖桿作用半徑
});
```

strokeStyle(黃)

90px

若將 limitStickTravel 屬性設置為 false,將能在操作時,把搖桿推到作用範圍之外:

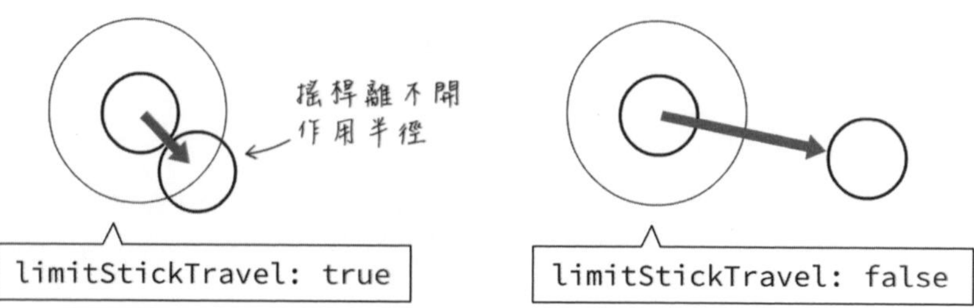

搖桿物件的 **deltaX()** 和 **deltaY()** 方法，可傳回搖桿目前的水平和垂直位置，由於此搖桿的作用半徑是 90，它的水平和垂直移動範圍就介於-90~90，底下的算式用於確保搖桿值的範圍介於伺服馬達可接受的 0~180 之間（註：筆者的伺服馬達顛倒放置，所以角度值調整成 180~0）：

取最小整數（去除小數點）

```
180 - ( Math.floor( joystick.deltaX() ) + 90)
```

⇨ 可能值範圍：180~0

傳回-90~90的水平值

可能值範圍：0~180

只有當搖桿發生變化（x 和 y 數值改變），才需要將數值傳回伺服器，這樣可以減少網路和伺服器程式的負擔。我們可以宣告兩組儲存搖桿值的物件變數：

```
var last = { 'x' :90,  'y' :90};   // 上一次搖桿值
var now = { 'x' :90,  'y' :90};    // 這一次搖桿值
```

以下的程式透過比對這兩個物件屬性值，即可得知是否產生變化。實際程式碼如下，它透過 setInterval() 函式，每隔 100ms 讀取搖桿位置：

```
$(document).ready(function() {
  setInterval(function(){
    // 讀取搖桿的 x, y 值，並存入 now 物件
    now.x = 180 - (Math.floor(joystick.deltaX()) + 90);
    now.y = 180 - (Math.floor(joystick.deltaY()) + 90);

    // 如果 new 物件的 x 或者 y 屬性與 last 物件的值不同...
    if (now.x != last.x || now.y != last.y) {
      last.x = now.x;  // 將 last 物件更新為這次的 x, y 屬性值
      last.y = now.y;

    // 在網頁上顯示 x, y 座標值
      $('#result').html('x:' + now.x + ', y:' + now.y);
      sendJoy(now);    // 傳回伺服器
    }
  }, 100);
});
```

Node 端接收虛擬搖桿訊息的程式碼片段如下：

```
sio.on( 'connection', function(socket){
  // 接收到 joy 事件時，控制 x 和 y 伺服馬達的旋轉角度
  socket.on('joy', function(data) {
    servos.x.to(data.stick.x);
    servos.y.to(data.stick.y);
  });
});
```

虛擬搖桿控制伺服馬達之二

上一節的程式直接把「搖桿」移動值，對應到伺服馬達的旋轉角度。這種操作模式的缺點是，當手指移開搖桿時，搖桿和伺服馬達就會回到中間位置。我們可以把搖桿值改成代表「增加」或「減少」轉動的角度值，而不是目標角度。筆者將角度的增、減值定在-9~9 之間：

```
// 取得水平角度增、減值：-9~9
now.x = Math.floor(joystick.deltaX() / 10);
// 取得垂直角度增、減值：-9~9
now.y = Math.floor(joystick.deltaY() / 10);
```

Node 的訊息接收程式也要修改：

```
socket.on('joy', function(data) {
  servos.x.step(data.stick.x);   // 轉動幾個角度
  servos.y.step(data.stick.y);
});
```

6-5 瀏覽器連接遊戲控制器（電玩把手）

Chrome 21.0 版和 Firefox 29.0 版支援 W3 協會的 **Gamepad 草案**（https://w3c.github.io/gamepad/），也就是讓使用者以實體電玩搖桿控制網頁內容。筆者在 Windows 7/8.1 系統上測試過底下四種遊戲控制器：

1. XBox 一代把手（透過玩家自製的 XBCD 驅動程式，以及 USB 轉接頭連接）
2. XBox 360 無線控制器（透過無線接收器連接）
3. PlayStation 2 把手（透過 USB 轉接器連接）
4. 虛擬電玩控制器（用 Android 手機模擬）

支援度最高的是 XBox 360 控制器，其餘兩款有些問題，例如，XBox 一代的右類比搖桿，只能感測到上、下移動，A, B, X, Y 按鍵無法正確對應。此外，微軟的 XBox One 控制器有官方的 Windows 10 系統驅動程式，另有免費的 DS4Windows 軟體（http://ds4windows.com/），能在 Windows 系統上，將 PlayStation 4 控制器模擬成 XBox One 控制器使用。

在 Google Play 商店搜尋 "gamepad" 關鍵字，可找到虛擬電玩控制器相關 App，例如：DroidJoy Gamepad, Mobile Gamepad, AndroG - Game Controller...。

連接遊戲把手之後，使用 Chrome 或 Firefox 瀏覽器開啟底下的網頁（http://goo.gl/2IdMuU），即可測試搖桿的功能（雖然此程式庫是微軟開發的，但是 IE 11 版無法偵測到 XBox 360 控制器）：

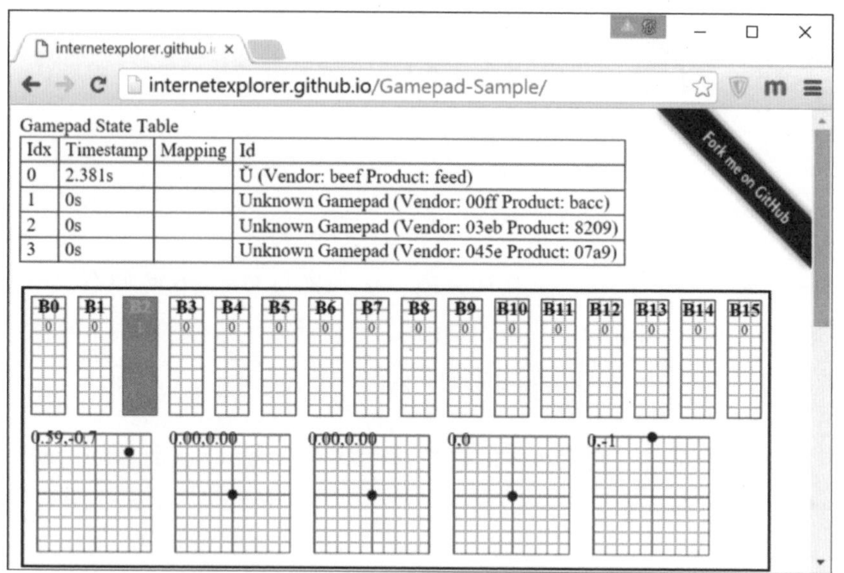

使用 Android 虛擬遊戲控制器與電腦連線的測試畫面

動手做 使用 gamepad.js 程式庫 建立遊戲器操作的網頁程式

實驗原理：本單元採 Priit Kallas 老兄開發的 gamepad.js 程式庫（https://goo.gl/3Ut5wO），接收搖桿的控制訊息。gamepad.js 程式庫定義的各個搖桿與控制鈕名稱如下（以 XBox 360 控制器為例）：

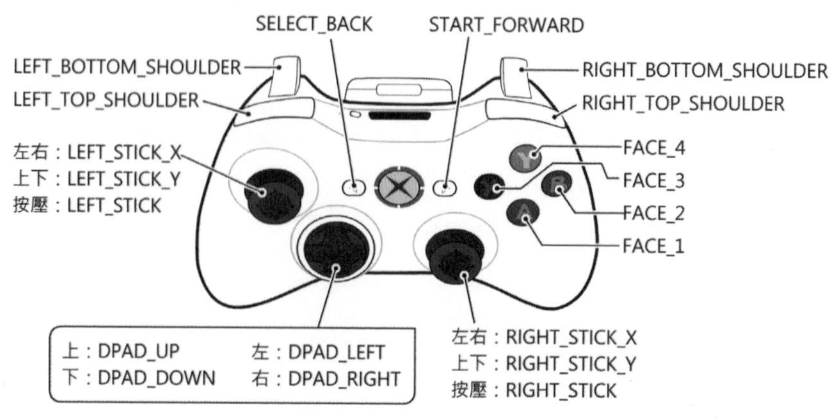

本節程式只用到左類比搖桿，gamepad.js 程式庫傳回的類比搖桿值介於 -1~1，例如，當往右移動一半時，傳回值為 0.5。

底下列舉 gamepad.js 支援的事件：

- **Gamepad.Event.CONNECTED**：有新的遊戲控制器連線
- **Gamepad.Event.DISCONNECTED**：遊戲控制器離線
- **Gamepad.Event.UNSUPPORTED**：未獲支援的遊戲控制器已連線
- **Gamepad.Event.BUTTON_DOWN**：遊戲控制器上的按鈕被按下
- **Gamepad.Event.BUTTON_UP**：遊戲控制器上的按鈕被放開
- **Gamepad.Event.AXIS_CHANGED**：遊戲控制器上的類比搖桿值改變了
- **Gamepad.Event.TICK**：告知遊戲控制器的數值已經更新（1 秒約偵測 60 次）

建立支援遊戲控制器操作的網頁程式，大致的流程如下：

1. 在網頁中引用 gamepad.js 程式庫：

```
<script src= "js/gamepad.min.js" ></script>
```

2. 建立 Gamepad 類別物件：

```
var gamepad = new Gamepad();
```

3. 透過 Gamepad 物件的 bind() 方法加入事件處理程式，例如，在 JS 控制台顯示類比桿值的敘述：

```
gamepad.bind(Gamepad.Event.AXIS_CHANGED, function(e) {
  console.log(e.axis +  '搖桿：'  + e.value);
});
```

偵測並顯示被按下的按鈕名稱的事件處理程式：

```
gamepad.bind(Gamepad.Event.BUTTON_DOWN, function(e) {
  console.log('按鈕：'  + e.control);
});
```

2 最後，初始化 Gamepad 物件，開始執行遊戲控制器程式：

```
if (!gamepad.init()) {
  // 若無法順利初始化，顯示警告訊息：
  alert('此瀏覽器不支援遊戲控制器，請改用最新版的 Firefox 或 Chrome。
');
}
```

實驗程式：請將 gamepad.min.js 存入 js 資料夾：

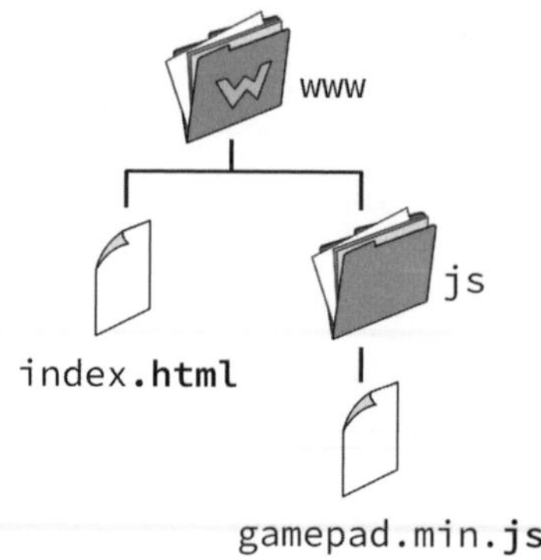

請在網頁中引用 socket.io, jQuery 和 gamepad 程式庫：

```
<script src= "/socket.io/socket.io.js" ></script>
<script src= "http://code.jquery.com/jquery-1.11.3.min.js">
</script>
<script src= "js/gamepad.min.js" ></script>
```

偵測搖桿值的自訂程式碼如下：

```
<script>
var socket = io.connect();

function sendJoy(val) {  // 傳送搖桿訊息給 Node 伺服器
  socket.emit('joy', {
    'stick' : val
  });
}

$(document).ready(function() {
  var stick = { 'x' :90,  'y' :90};    // 宣告儲存搖桿值的變數
  var gamepad = new Gamepad();         // 建立遊戲控制器物件

  gamepad.bind(Gamepad.Event.AXIS_CHANGED, function(e) {
    console.log(e.axis +  ' 搖桿：'  + e.value);

    if (e.axis == "LEFT_STICK_X") { // 讀取搖桿的水平值
      // 類比搖桿值介於-1~1，需要經過底下的算式轉成 0~180
      stick.x = 180 - Math.floor((e.value * 90) + 90);
    }

    if (e.axis == "LEFT_STICK_Y") { // 讀取搖桿的垂直值
      stick.y = 180 - Math.floor((e.value * 90) + 90);
    }

    sendJoy(stick);                 // 傳送搖桿值
  });

  // 若搖桿程式庫無法進行初始化...
  if (!gamepad.init()) {
    alert('此瀏覽器不支援遊戲控制器，請改用最新版的 Firefox 或
Chrome。');
  }
});
</script>
```

JavaScript 的嚴格模式

如果你開啟本文 gamepad.js 程式庫專案網頁，test 路徑底下的 ButtonGetterTest.js 範例檔，你將看到兩個特別的 JavaScript 語法：

1. 指定「嚴格模式」
2. 自我執行的函式

嚴格模式為 2009 發布的 ECMAScript 5 語法標準，只要在 JavaScript 程式開頭加入底下這一行：

```
'use strict' ;
```

在瀏覽器將以**嚴格模式（strict mode）**執行程式碼；若瀏覽器不支援嚴格模式，則該敘述將被當成普通的「字串」資料而忽略。

嚴格模式主要是為了改善 JavaScript 程式語法不嚴謹，而導致程式碼品質不佳、不易除錯的問題。最常見的問題是變數可以不用事先宣告就賦予值，以這個程式片段為例：

```
function quiz() {
  msg = "我們關切的是解答而非問題本身" ;
  alert(msg);
}

// 這一行在嚴格模式下將引發錯誤
msg = "大部分的人都在尋求問題的解答" ;
quiz();
```

其中有兩個 msg 變數都沒有用 var 宣告，因此，函式內部的 msg 屬於「全域變數」，沒有問題；但函式以外的變數在嚴格模式之下，必須事先用 var 宣告，否則將引發「變數未定義」錯誤。

另外，第一章的常數設定說明提到，嘗試改變常數值並不會引發錯誤，但如果是在嚴謹模式就會提示錯誤：

```
'use strict';
const $$$ = "存摺";     // 定義常數 $$$ 值為「存摺」
$$$ = "沉著";           // 不能把常數值「存摺」改「沉著」
```

自我執行的立即函式

用小括號像底下這樣包圍函式，它將能自我呼叫執行，因此稱為**立即函式（immediate function）**：

```
(function() {
 console.log("hello");
}());
```

或者這樣寫也行：

```
(function() {
 console.log("hello");
})();
```

立即函式的作用相當於 Arduino 的 setup() 函式，若程式要執行一些設定工作，而且只執行一次，例如，附加事件處理程式，這些敘述就可以寫在立即函式裡面。

閉包 (closure)

如果說區域變數是「免洗餐具」，那麼「閉包（closure）」就是自行攜帶的「環保餐具」了。一般情況下，在函式中以 var 宣告的變數，會在函式執行完畢時被回收。但是，**如果函式裡面有另一個函式引用該變數**（註：JavaScript 的函式在理論上可以無限制嵌套其他函式），**則該變數就不會被回收，得以一再重複使用。**

底下自訂函式的 return 敘述，將傳回引用了 num 區域變數的匿名函式，若直接執行 counter()，它將傳回匿名函式本體：

```
function counter() {
 var num = num || 0;
 return function() {
   return ++num;
 };
}
```

但如果先把此函式的傳回值（匿名函式）存入變數：

```
var acc = counter();   /* 儲存傳回的匿名函式 */
```

對此匿名函式，num 相當於全域變數，但 num 變數實際是在 counter 函式裡面宣告的。因此，執行此匿名函式，num 值就會被保留並且累增：

```
console.log(acc());    /* 執行匿名函式，顯示 1 */
console.log(acc());    /* 顯示 2 */
console.log(acc());    /* 顯示 3 */
```

"closure" 有「關閉」的意思。此例的 num 可以說被內部函式關起來綁架了，不被釋放，這樣的行為稱為閉包（closure），而閉包的形成條件為：

- 內部函式存取了外部函式所宣告的區域變數。
- 內部函式能被其他程式呼叫使用。

6-6 機器視覺（computer vision）應用

電腦視覺代表使用電腦對影像或視訊做分析、處理或者辨識。當今最著名且廣泛使用的電腦視覺程式庫，是由 Intel 公司發起的 **OpenCV（全稱是 Open Source Computer Vision Library，開放原始碼電腦視覺程式庫）**。OpenCV 本身使用 C++ 語言撰寫而成，但陸續支援 Java, Python, Node.js, .. 等程式介面，可開發出在 Windows, Mac OS X, Linux, iOS 和 Android 等平台上執行的視覺應用程式，包括：影像壓縮、物體移動偵測、擴增實境、人臉辨識、車牌辨識...等等。

在工廠自動化應用中，電腦視覺也廣泛用於檢測製品是否有瑕疵（如：焊接不良或破損）以及產品自動分類、歸位等作業。以往，電腦視覺處理主要是採用 C/C++ 語言寫成的應用軟體，現在，我們也可以用 JavaScript 程式開發。

本單元將採用開放原始碼的 tracking.js 程式庫，從電腦上的 Web Cam（攝影機）捕捉視訊，並且標示出其中的人臉。

動手編寫程式之前，先了解一點影像偵測的背景知識，有助於理解電腦視覺程式的運作邏輯。

Haar 特徵與人臉偵測

要分辨影像中的不同物件，可以比較它們的特徵。**特徵代表外觀特色，也就是可以當作標示的顯著特點**，例如：輪廓外型、尺寸、顏色、紋理、空間分佈...等等。

電腦視覺有多種描述特徵的方法，其中一種叫做 **Haar 特徵（Haar-like feature，哈爾特徵），它把數位影像中的像素加以分類，進而分析出目標影像的特徵**。數位影像是由一系列像素構成，當彩色影像被轉換成灰階（grayscale）之後，影像中的每一個像素都可以有 256 個階層變化，從全黑（0）到全白（255）。

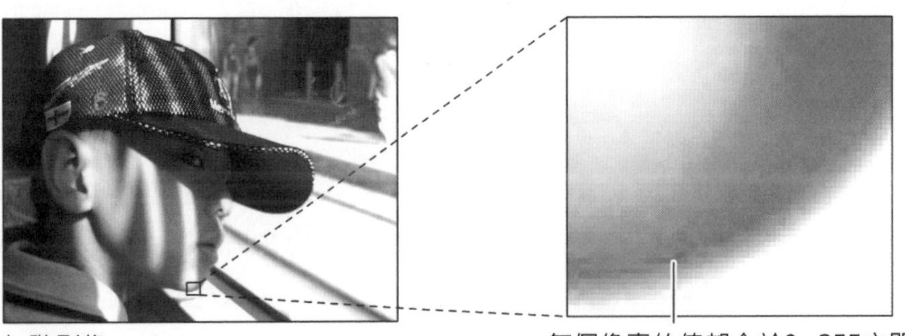

Haar 特徵會選取影像當中的一小塊矩形區域，然後把這塊區域裡的全部像素**強度值（intensity，亮度值）**加總，其值若高於某個臨界值，就把這個區域標示成「亮部」，否則視為「暗部」。

依照「亮度」和「暗部」的分佈形式，Haar 特徵把影像分成如下的四大特徵類型，每一種類型還細分成多種排列方式。

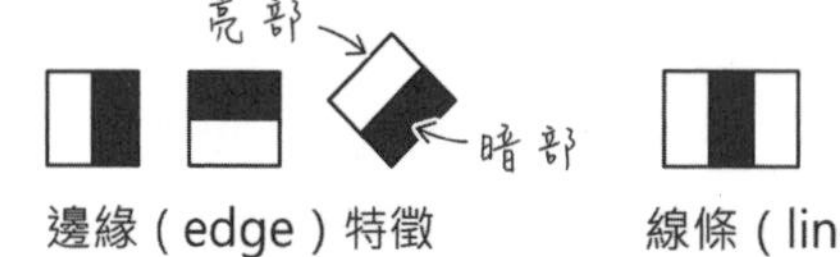

線條 (line) 特徵

被選取的矩形範圍，又稱為**窗型偵測區（detection window）**。以人臉為例，眼睛和眉毛區域的色澤比臉頰和額頭來得深，假若選取兩眼的範圍當作窗型偵測區域，眼睛部位的像素加總之後，將形成暗部，兩眼中間則是亮部，因此這塊區域可用一種 Haar 線條特徵標記下來。

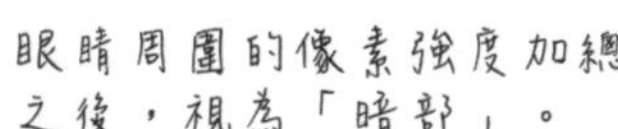

眉毛上方區域的像素強度加總，視為「亮部」。

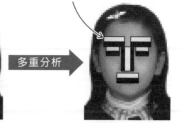

原始影像

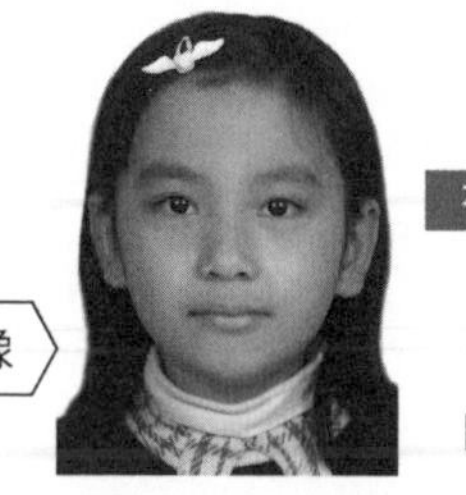

初步分析
Haar特徵

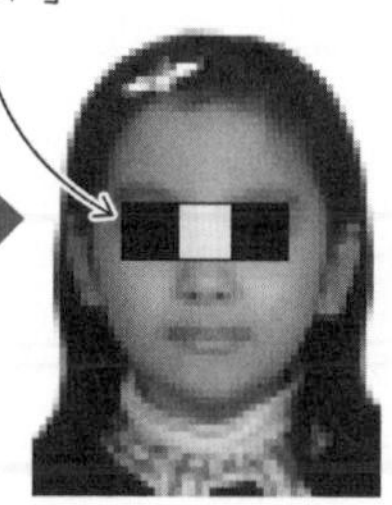

多重分析

進一步分析，不同人臉的額頭、眉毛、眼、鼻、口等區域，都能用類似的 Haar 特徵組合來標示；但如果把這組 Haar 特徵套用到狗、貓、無尾熊...等動物臉上，就無法匹配了。

2001 年，Paul Viola 和 Michael Jones 兩人發表了**第一個能透過電腦視覺，即時偵測物件的技術，稱為 Viola-Jones 演算法（維奧拉-瓊斯演算法）**。這個演算法就是採用 Haar 特徵來分析影像。在分析的過程中，它會在影像上面移動窗型偵測區，並且把該區域的亮部值減去暗部值，這個計算結果稱為**特徵分類值（classifiers）**。

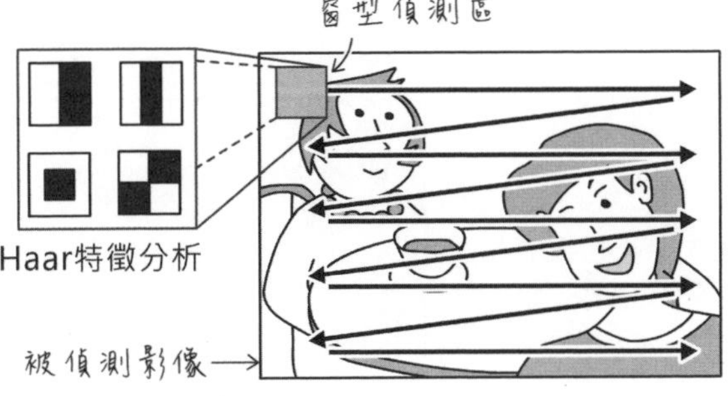

為了訓練程式偵測人臉，我們需要在電腦上輸入幾百甚至上千張人臉的影像（正樣本，"positive"）以及非人像照片（負樣本，"negative"），讓它使用 Haar 特徵來分析、比較每一張影像。經過一連串運算之後，它就能萃取出包含人像的照片的一組特徵分類值。以後，只要依此值跟任意影像的特徵分類相比，就能知道其中是否包含人臉了。

正樣本（人像）

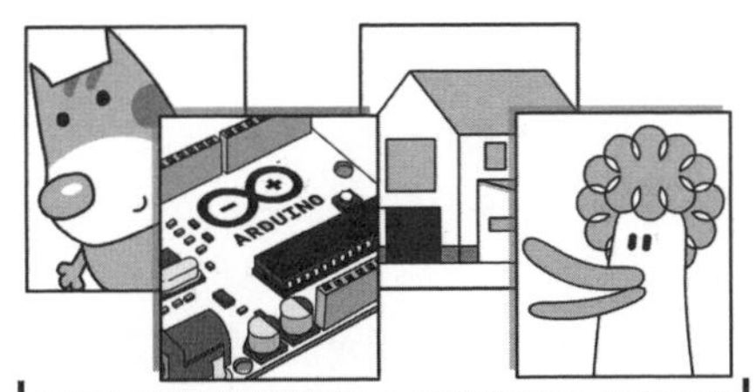

負樣本（非人像）

OpenCV 內建人臉的特徵分類檔（tracking.js 則是沿用 OpenCV 的特徵分類）；若有興趣想知道如何訓練 OpenCV 偵測其他人體部位或物件，例如手掌或者汽車，請上網搜尋關鍵字 "opencv haar-like training"，即可找到相關說明。

即便是同一張影像，因為遠近的關係，裡面的臉孔大小可能會有很大的差異，所以進行比對之前，程式會先建立不同尺寸的縮圖，構成所謂的「**影像金字塔（Image Pyramid）**」，讓採用固定尺寸窗型檢測區的演算法能有效地計算特徵分類值（程式先從最小的縮圖開始，逐一比對到大圖）：

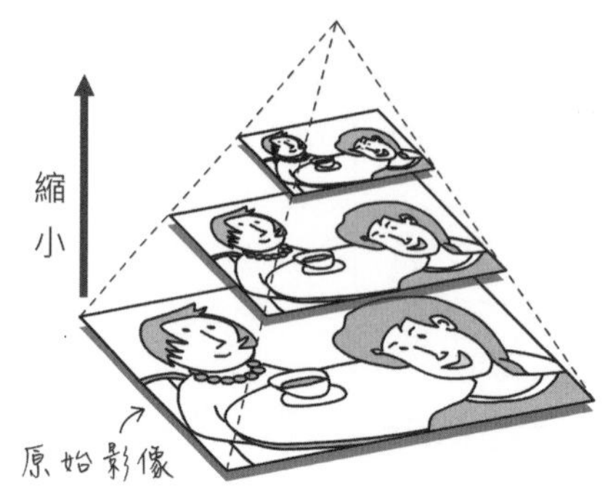

雖然 Viola-Jones 演算法能夠偵測不同類型的物體，但主要用在人臉偵測，這項技術（以及後來的研究人員對它的改良）被廣泛用於數位相機的臉孔自動對焦。

若搜尋 "computer vision", "object tracking" 等關鍵字，除了可以找到 Viola-Jones 演算法，還有其他演算法、學術論文和應用實例，例如，在自動駕駛汽車領域，需要即時分辨行人和其他物體，或者在視覺辨認手勢的場合，需要有效地擷取和偵測目標的輪廓而非五官位置，搭配「**邊緣偵測演算法**」可提昇識別效率和準確度（請參閱 Daniel Milstein 的手部追蹤專案文章，http://goo.gl/Y2uNzn）

底下是知名的 **Sobel 邊緣演算法**的效果示範。本單元使用的 tracking.js 物件偵測程式，整合使用了 Viola-Jones、Haar 特徵和 Sobel 演算法。

原始影像

Sobel 邊緣偵測演算之後

06

6-7 使用 tracking.js 偵測人臉

本單元使用 tracking.js 偵測 Web Cam(攝影機)畫面,若偵測到人臉,則在臉孔的位置標示一個紅色矩形框。

tracking.js 只能偵測正面的臉孔,無法偵測側面或者歪斜的臉孔。

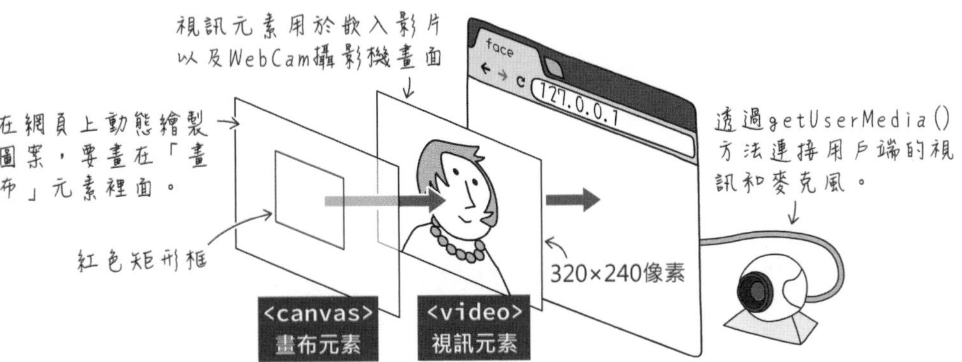

人臉**偵測(detection)**不同於人臉**辨識(recognition)**,「偵測」用於非特定人士,它只知道照片或視訊影像裡面是否包含人臉,無法得知其性別、人種、年齡...等資訊。tracking.js 有支援基本人臉辨識功能,在其專案網站(https://trackingjs.com/)的範例(Examples)單元,可看到 Tag Friends(標示朋友)、Color(偵測顏色)、Feature Dectection(特徵偵測)、Face(臉孔偵測)...等實例。

瀏覽器必須支援存取本機媒體裝置(如:攝影機和麥克風)的 getUserMedia 功能,在筆者撰寫本書時,火狐和 Edge 瀏覽器的支援度最高。電腦版的 Chrome 瀏覽器雖然也支援,但是存取攝影機功能的網頁,必須存放在具有加密機制的網站空間,也就是要採用 HTTPS 連線而非 HTTP。所以,請使用火狐或 Edge 瀏覽器測試本單元的網頁。

使用瀏覽器開啟本單元的網頁測試時,它將詢問你是否允許存取攝影機,以火狐為例,請按下**分享選擇的裝置**鈕:

從 "Can I Use" 網站（http://caniuse.com/）可查詢各瀏覽器對某項功能的支援性，例如，getUserMedia 的支援狀況：http://caniuse.com/#feat=stream。

製作人臉偵測網頁

請先到 trackingjs.com 下載 tracking.js 程式庫。

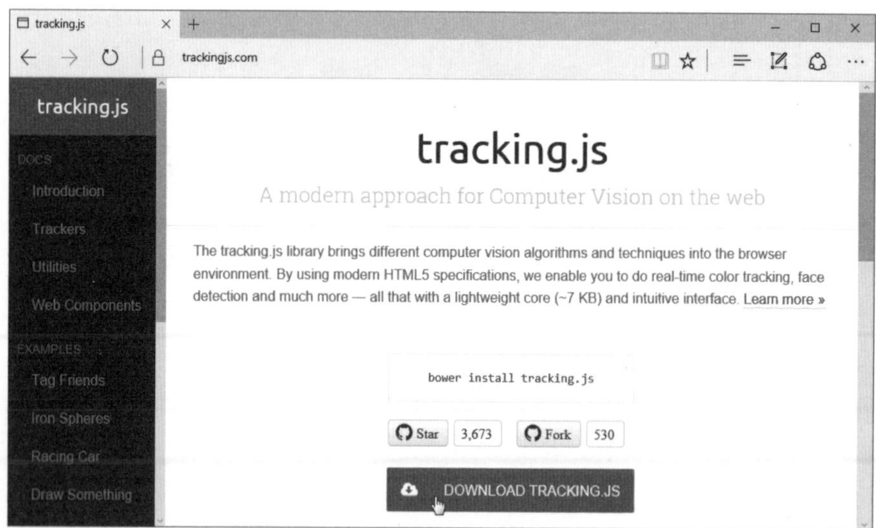

從下載的 tracking.js 壓縮檔，可以找到底下前三個 JavaScript 程式檔，請將它們複製到你的專案資料夾的 js 路徑裡面：

這些檔案放在 tracking.js 壓縮檔的不同資料夾，原程式作者忘了加入「控制參數調整面板」的 .js 檔，我們必須自行瀏覽 tracking.js 網站的範例原始碼，才能得知下載路徑，書本光碟包含已經整理好的完整程式檔。

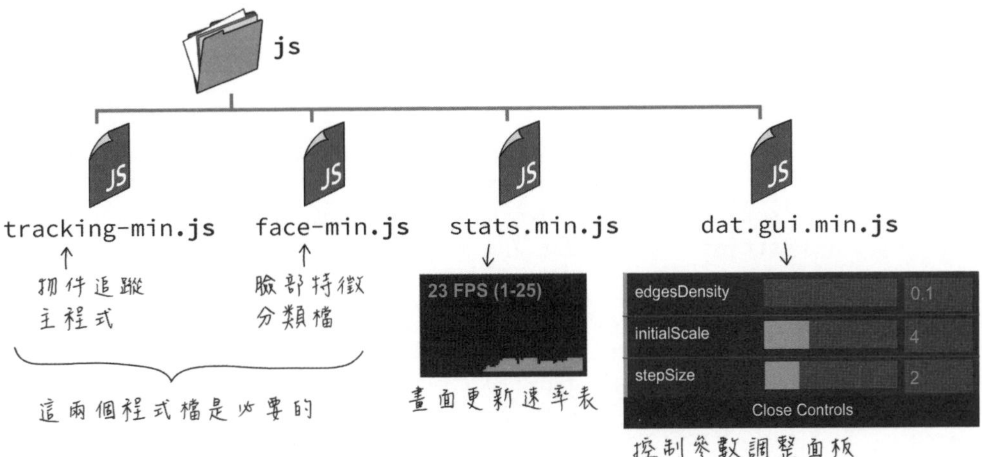

在專案資料夾內新增一個網頁，並在網頁的內文區插入 <video> 和 <canvas> 標籤元素，**視訊標籤裡面必須加入 preload（預先載入）和 autoplay（自動播放），才能顯示從 JavaScript 取得攝影機的影像：**

```
<html>
<head>
  <meta charset="utf-8">
  <title>臉孔追蹤</title>
</head>
<body>
  <video id="video" width="320" height="240"
                    preload autoplay muted></video>

  <canvas id="canvas" width="320" height="240"></canvas>
</body>
</html>
```

識別名稱（id）、寬（width）、高（height）；視訊標籤（<video）；preload：預先載入、autoplay：自動播放、muted：靜音

畫布標籤（<canvas），此標籤指令放在視訊後面，顯示時，會被擺在視訊前面。

接著在網頁檔頭區插入引用 JavaScript 程式庫和 CSS 樣式碼。視訊與畫布的顯示尺寸和位置都要一致，等一下在畫布裡繪製矩形偵測框時，才能正確地疊在視訊上。畫布與視訊依絕對座標（亦即，以網頁文件左上角為原點，設定它們在網頁空間的位置），放在 (120, 40) 的地方；左邊預留的 120 像素空間用來顯示「畫面更新速率表」。

```
<head>
  <meta charset="utf-8">
  <title>臉孔追蹤</title>
        <script src="js/tracking-min.js"></script>
        <script src="js/face-min.js"></script>
</head>  <script src="js/stats.min.js"></script>
        <script src="js/dat.gui.min.js"></script>
  :
  :     <style>
          video, canvas {
            margin-left: 120px;
            margin-top: 40px;
            position: absolute;
          }
        </style>
```

視訊和畫布重疊在一起

設定絕對座標位置

瀏覽器視窗

40px

120px

在 <canvas> 元素後面加入底下的 JavaScript 程式碼：

```
<script>
  var video = document.getElementById('video');      // 取得video元素
  var canvas = document.getElementById('canvas');   // 取得canvas元素
  var context = canvas.getContext('2d');           // 存取畫布的平面內容

</script>
```

程式透過此物件，在畫布上作畫。

代表「平面」

在此加入偵測物件（臉孔）的程式

使用 tracking.js 製作的偵測物件程式，主要由三段敘述構成：

1. 設定偵測物件類型

2. 設定偵測的視訊或影像來源

3. 設定偵測到目標物件時的事件處理程式

首先設定偵測臉孔類型（亦即，使用 face-min.js 特徵分類進行偵測），再指定從攝影機取得視訊：

```
var tracker = new tracking.ObjectTracker('face');
tracking.track('#video', tracker, {camera: true});
```

臉孔追蹤物件　偵測類型（臉孔）　開始追蹤　視訊或影像來源　追蹤物件　代表「從WebCam取得視訊」

每當 tracker（臉孔追蹤物件）偵測到人臉時，它就會觸發 "track"（追蹤）事件，因此我們要加入底下的事件處理程式接收偵測結果。此事件傳入的陣列資料當中的 rect 物件，包含偵測到的臉孔在視訊畫面上的座標位置和寬、高範圍：

```
tracker.on('track', function(event) {
      :
});
```

臉孔追蹤物件　事件名稱　接收臉孔偵測值

event.data[0].rect ← 可能包含多個偵測結果的陣列

```
{ width: 100, height: 100, x: 120, y: 90 }
```

偵測到的範圍寬　高　水平座標　垂直座標

程式將能依此偵測範圍值，在畫布上繪製紅色矩形框；繪製矩形框之前要先清除畫布。請在 "track" 事件處理程式裡面加入底下的繪圖敘述：

清除畫布的指令語法

畫布內容.clearRect(起始X, 起始Y, 結束X, 結束Y)

```
tracker.on('track', function(event) {
  context.clearRect(0, 0, canvas.width, canvas.height);
  event.data.forEach(function(rect) {
    context.strokeStyle = '#f00';  // 筆線樣式：紅色
    context.strokeRect(rect.x, rect.y, rect.width, rect.height);
  });
});
```

畫布寬　畫布高　在每個臉孔上畫個紅色矩形框

畫布內容.strokeRect(X, Y, 寬, 高)

繪製矩形的指令語法

由於影像可能包含多張臉孔，所以程式使用 forEach() 迴圈取出每個臉孔的偵測值。

在 Surface Pro 電腦(Intel Core i5-3317U CPU, 4GB RAM)用火狐瀏覽器測試，只得到約 5fps(每秒 5 個更新畫面)的效能，而且偵測效果不佳；假如把視訊畫面從 320x240 改成 640x480，效能會更差。為了提昇偵測成功率和效能，我們需要調整一些參數。

調整偵測物件的參數

上文提到，為了比對同一張影像裡的不同大小物件，程式會建立不同尺寸的影像縮圖，用固定大小的偵測窗口來比對 Haar 特徵。tracking.js 程式庫的作法剛好相反，它先用 Sobel 邊緣偵測演算法處理影像之後，再透過不同尺寸的檢測窗口來比對 Haar 特徵。

請在建立 tracker 物件敘述之後，加入底下三行參數設定，調整檢測窗口的初始縮放值(預設:1.0)、每次縮放的增量(預設:1.5)以及邊緣偵測強度(預設:0.2):

```
      :
var tracker = new tracking.ObjectTracker('face');
tracker.setInitialScale(4); ←設定檢測窗口的初始縮放值
tracker.setStepSize(2);
tracker.setEdgesDensity(0.1); ←設定邊緣檢測強度
tracking.track('#video', tracker, { camera: true });
      :
```

接著在 tracker 的事件處理程式之後，加入底下的「參數設定面板」:

```
var gui = new dat.GUI(); ←建立參數設定的圖形操控介面
gui.add(tracker, 'edgesDensity', 0.1, 0.5).step(0.01);
gui.add(tracker, 'initialScale', 1.0, 10.0).step(0.1);
gui.add(tracker, 'stepSize', 1, 5).step(0.1);
```

臉孔追蹤物件↗ 控制參數↗ 最小值 最大值 ↖每次調整的增量值

上面的程式片段將在網頁右側顯示如下圖參數設定面板:

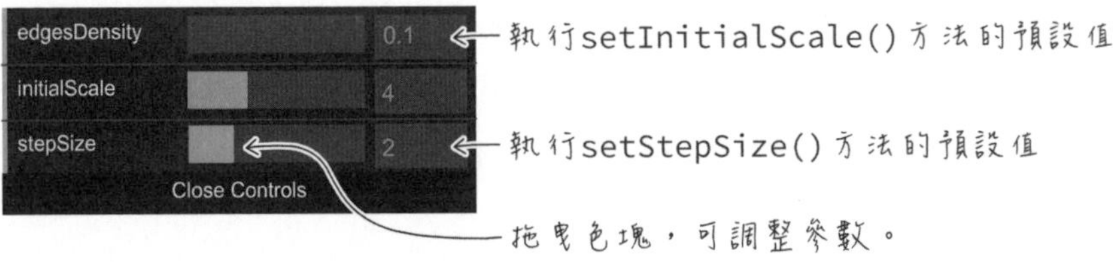

更新程式之後，在 Surface Pro 電腦的火狐瀏覽器測試，效能上升到 25fps，偵測成功率也有顯著的提昇。讀者可透過參數設定面板實驗不同的參數，找出最適合你的電腦的設定值。

動手做 臉孔偵測與伺服馬達連動

實驗原理：本單元程式將在偵測到臉孔時，經由 WebSocket（使用 socket.io）即時傳送臉孔座標給 Node 程式，再透過 Johnny-Five 控制 Arduino 伺服馬達：

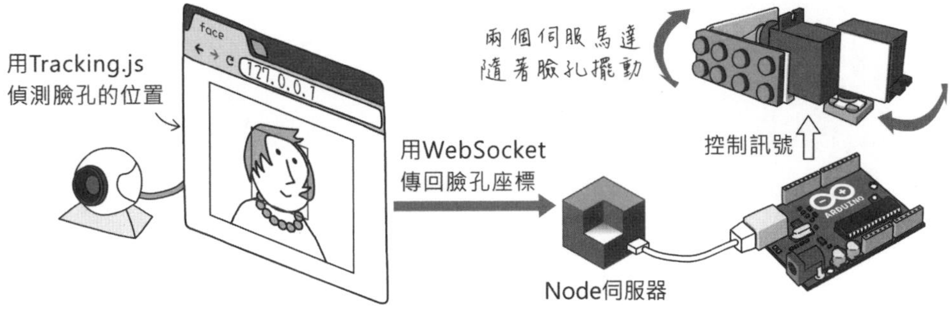

實驗器材：

具備攝影機的電腦（可用 USB 攝影機）	一台
Arduino UNO 控制板	一片
伺服馬達，控制輸入訊號分別接在 Arduino 的第 4 和 5 腳	二組

實驗電路：與「控制伺服馬達雲台」一節相同。

控制伺服馬達的 Node 程式：Node.js 端的程式碼類似上文的控制攝影機雲台，只是控制來源從「電玩控制器」改成「臉孔的位置」。請在新專案資料夾裡加入底下的 package.json 檔，然後執行 npm install：

```
{
  "name" : "face_servo",
  "version" : "0.0.1",
  "dependencies" : {
    "express" : "^4.12.0",
    "socket.io" : "^1.3.4",
    "johnny-five" : "^0.8.92"
  }
}
```

Node 程式專案資料夾內容如下，請把偵測臉孔的網頁，以及相關 JavaScript 程式庫複製到 www 資料夾：

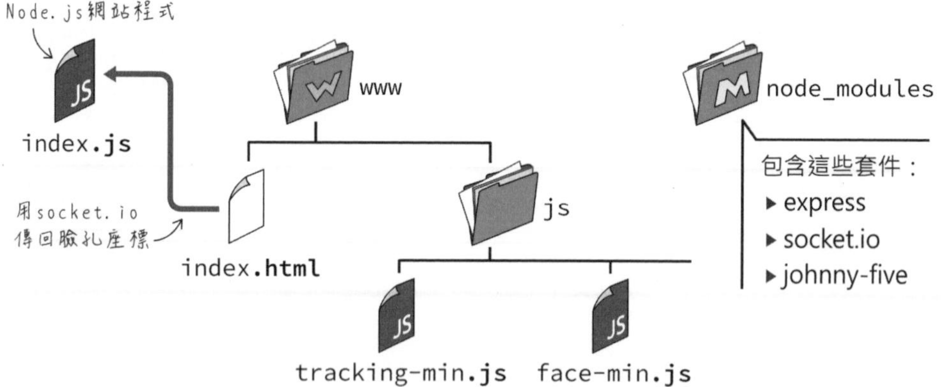

Node.js 中，設置伺服馬達雲台的霹靂五號程式與「攝影機雲台的 Node 伺服器程式碼」一節相同。瀏覽器將透過 socket 傳送 'face' 訊息，並夾帶伺服馬達的轉動資料。處理 socket 通訊的 Node 程式片段如下：

```
sio.on('connection', function(socket){
  // 接收用戶端傳來的 'face' 事件與資料
  socket.on('face', function(data) {

    // 在控制台顯示接收到的 x, y 座標
    console.log('馬達旋轉角度，x：' + data.x + ', y: ' + data.y);
    // 轉動伺服馬達
    servos.x.to(data.x);
    servos.y.to(data.y);
  });
});
```

即時傳送臉孔座標的程式：前端網頁 (index.html) 延續上個單元的程式，新增 socket.io 部份。由於在偵測到臉孔時，Tacking.js 會傳回偵測到的範圍寬、高和座標，我們可以直接傳送此座標值給 Node 程式。然而，tracking.js 程式偵測到的臉孔範圍經常忽大忽小地變動，導致偵測結果的前、後座標值 (左上角座標) 跟著變動。若改用偵測範圍的中心點座標，變動幅度會比較小：

X, Y座標

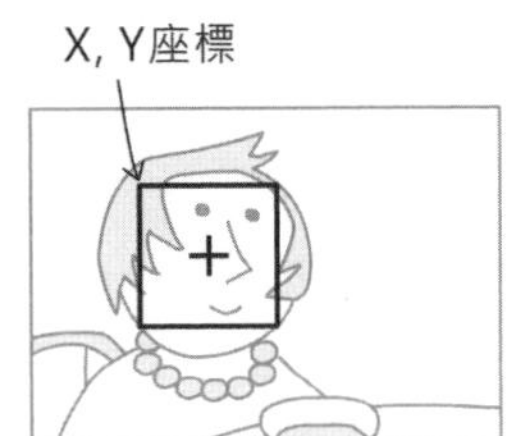

中心座標

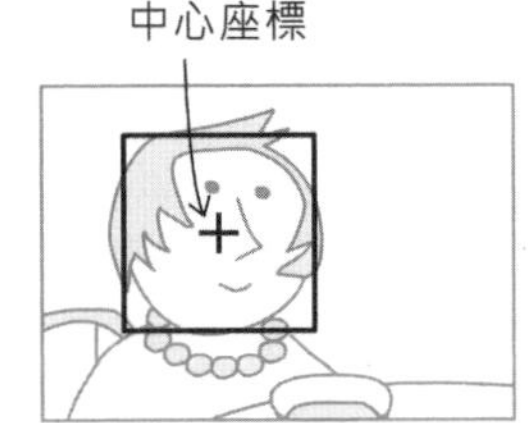

$$中心X = 左上角X + \frac{矩形寬}{2}$$

$$中心Y = 左上角Y + \frac{矩形高}{2}$$

請在上一節程式 track 事件處理程式中，增加一行自訂函式呼叫：

```
tracker.on('track', function(event) {
  context.clearRect(0, 0, canvas.width, canvas.height);
  event.data.forEach(function(rect) {
   context.strokeStyle = '#f00';
   context.strokeRect(rect.x, rect.y, rect.width, rect.height);
   controlServo(rect.x + (rect.width/2), rect.y + (rect.height/2));
  });
});
```

傳送值給Node　中心X座標　中心Y座標

controlServo() 自訂函式將把臉孔的座標轉成伺服馬達的轉動角度，傳送給 Node 程式。由於**伺服馬達的轉動角度介於 0~180**，因此在傳送角度之前，必須先把偵測範圍的座標值轉換成 0~180。以垂直轉動的角度為例，Y 座標要乘上 0.75：

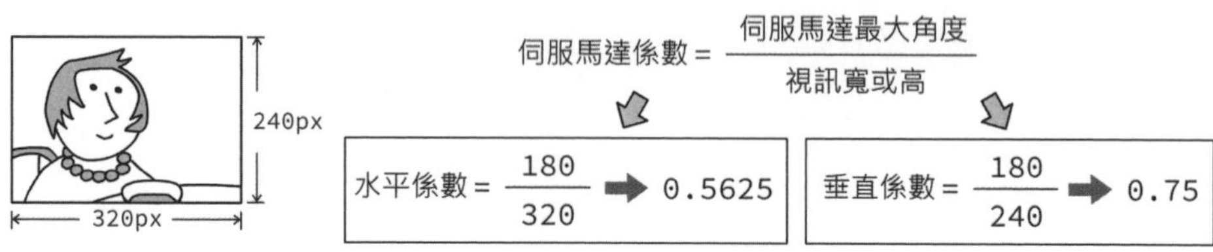

最後，在網頁的檔頭區引用 socket.io 程式庫；

```
<script src= "/socket.io/socket.io.js" ></script>
```

並在 track 事件程式之後加入底下傳送伺服馬達角度值給 Node 的自訂函式：

```
var socket = io.connect();
function controlServo( x, y ) {
  var dx = Math.floor( x * 0.56 );   ← 水平係數的概略值
  var dy = Math.floor( y * 0.75 );   ← 垂直係數
  socket.emit( 'face', {'x': dx, 'y': dy} );
}
```

（'face'：事件名稱；dx：水平馬達角度；dy：垂直馬達角度）

實驗結果：在終端機視窗啟動 Node 程式後，開啟瀏覽器連結到 Node 網站，伺服馬達就會跟著臉部在視訊中的位置轉動。

動手做 偵測顏色

實驗原理：tracking.js 程式庫包含色彩偵測功能，本單元將示範如何用它來偵測 Web Cam 視訊畫面中的藍色區域。

本書裡的許多控制板圖案都是藍色的，所以你可拿起書本對著攝影機測試。

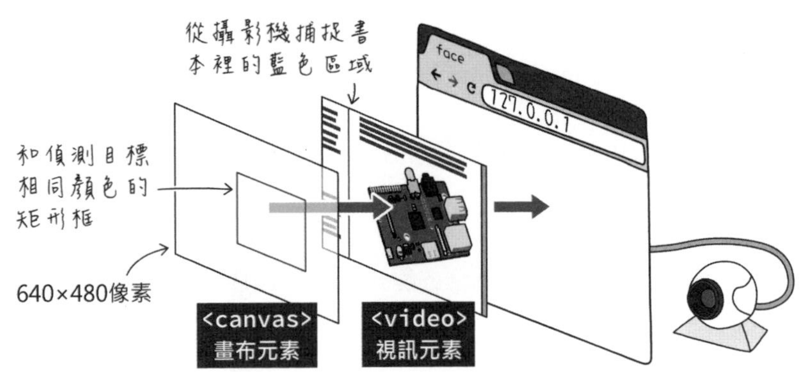

實驗程式：本單元的網頁程式和偵測臉孔的網頁基本相同，由於偵測顏色的演算法比較簡單，不需要花費大量計算資源，所以視訊影像畫面可以大一點。偵測顏色網頁專案，只有 tracking-min.js 檔是必要的，其 js 資料夾的內容如下：

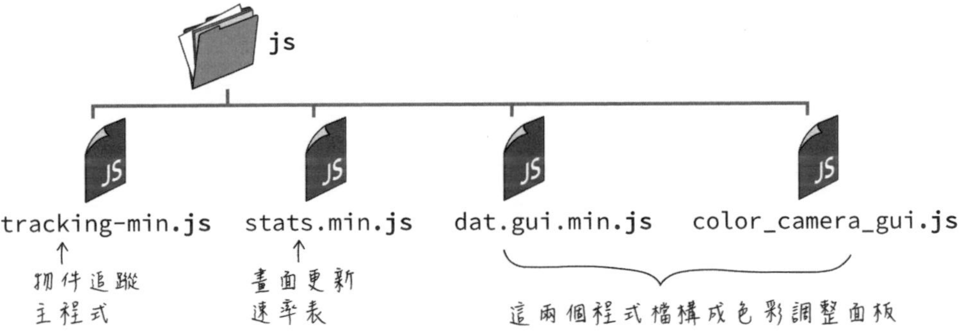

請在網頁的檔頭區引用 JavaScript 程式檔以及和偵測臉孔網頁一樣的 CSS 樣式，網頁內文區同樣插入 <video> 和 <canvas> 元素：

```
<head>
    :
             <script src="js/tracking-min.js"></script>
             <script src="js/stats.min.js"></script>
  <style>    <script src="js/dat.gui.min.js"></script>
     :       <script src="js/color_camera_gui.js"></script>
  </style>
</head>
<body>                          寬度值          高度值
   <video id="video" width="640" height="480"
          preload autoplay muted></video>
   <canvas id="canvas" width="640" height="480"></canvas>

                在此加入偵測色彩的程式
</body>
```

在網頁內文區底下的加入偵測顏色的程式碼，跟偵測臉孔的程式相比，主要有兩行不同：

```
<script>
  var video = document.getElementById('video');
  var canvas = document.getElementById('canvas');
  var context = canvas.getContext('2d');
  var tracker = new tracking.ColorTracker('cyan');
                              色彩追蹤      色彩名稱字串
  tracking.track('#video', tracker, { camera: true });
  tracker.on('track', function( event ) {
    context.clearRect(0, 0, canvas.width, canvas.height);
    event.data.forEach( function( rect ) {   透過觸發事件的色彩值，
      context.strokeStyle = rect.color;  ←設定矩形框的顏色。
      context.strokeRect(rect.x, rect.y, rect.width, rect.height);
    });
  });
</script>
```

06

tracking.js 內建三種顏色的偵測設定：cyan（水藍），magenta（洋紅、紅紫）和 yellow（黃）。每當偵測到目標物的 'track' 事件觸發時，rect 物件除包含矩形框的座標和寬、高，還包含偵測目標的色彩（color）屬性。

實驗結果：程式撰寫完畢後，使用火狐或 Edge 瀏覽器開啟網頁，即可測試色彩追蹤效果。

自訂偵測目標色彩的程式：我們可以在建立偵測色彩的 tracker 物件之前，透過底下的敘述建立自訂的偵測顏色：

代表「註冊顏色」

```
tracking.ColorTracker.registerColor('自訂色彩名稱', function(r, g, b) {
  if (欲偵測的RGB色彩範圍) {
    return true;
  }
  return false;
});
```

若影像包含指定範圍的色彩，則傳回true。

RGB（紅、藍、綠）色彩的取值範圍，可透過 colorpicker.com 之類，具備 RGB 調色盤介面的網站或軟體來實驗。以 Color Picker 網站為例，它提供 HSB（色相、飽和度和亮度）以及 RGB 兩種色彩值設定方式，我們只需留意 RGB 這三個欄位：

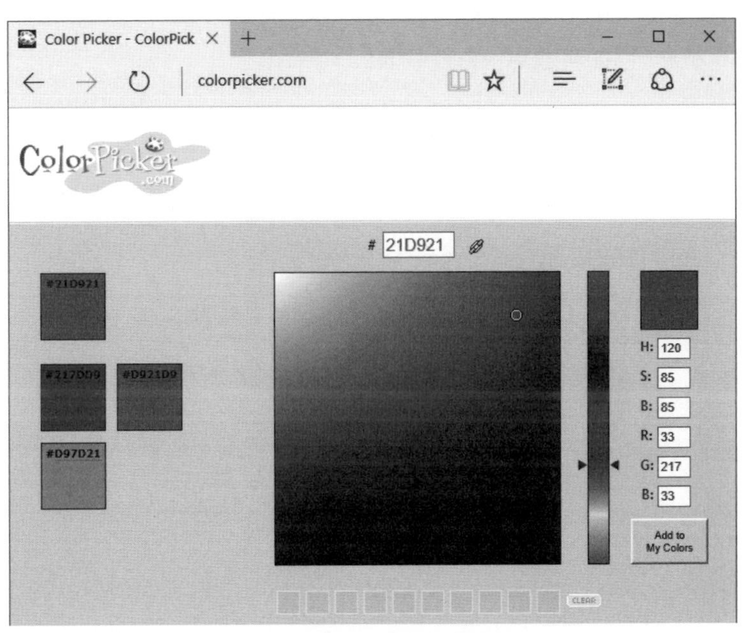

你可以直接在這些欄位輸入 0~255 的數值，數值越低，顏色越深。例如，R 輸入 0，G 輸入 255，B 輸入 0，可獲得明亮的純綠色。你也可以直接拖曳調色盤裡的小圓圈來選色；當你拖曳小圓圈時，右邊的 RGB 和 HSB 欄位值也會跟著變動。

為了廣泛偵測不同深淺的綠色，筆者設定了一個較大範圍的 RGB 值。底下的敘述可同時偵測水藍色和綠色：

```
tracking.ColorTracker.registerColor('green', function(r, g, b) {
  if (r < 120 && g > 120 && b < 120) {
    return true;
  }
  return false;
});
```

紅色值小於120，且
綠色值大於120，且
藍色值小於120

假如把 if 條件中的表達式改成：r < 50 && g > 180 && b < 50，可偵測的綠色色彩範圍就變小了。

顯示色彩控制面板的程式：我們已經在網頁引用 dat.gui.min.js 和 color_camera_gui.js 這兩個負責產生控制面板的程式檔，只要在偵測色彩的自訂程式最後，加入底下這一行，即可啟用色彩控制面板：

```
<script>
  var video = document.getElementById('video');
    :
  initGUIControllers( tracker );
</script>
```

初始化控制面板　　色彩追蹤物件

儲存程式檔之後，重新整理網頁，將能顯示如下的控制板：

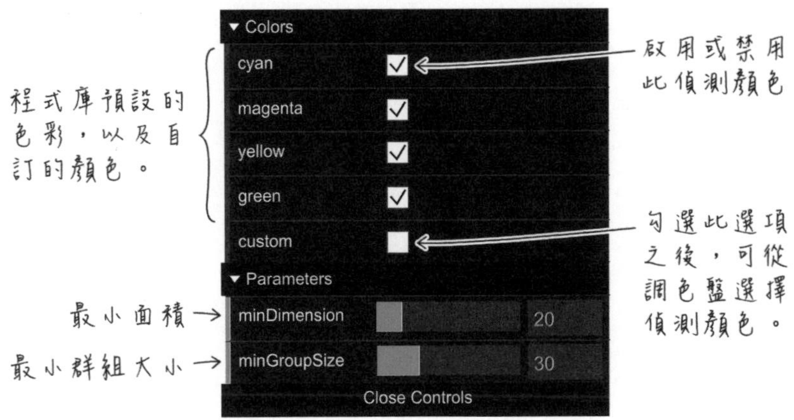

你可以試著調整**最小面積**選項，讓程式忽略面積較小的色塊。**最小群組大小**用於將鄰近幾個色塊當成一個矩形偵測範圍。這些設定可以直接寫在自訂程式當中，例如：

```
var tracker = new tracking.ColorTracker(['cyan', 'green']);
tracker.setMinDimension(30);  // 設定偵測顏色的最小面積
```

除了 tracking.js，讀者可搜尋 "javascript object tracking" 或 "javascript face detection" 等關鍵字，可找到其他相關程式庫。像偵測人臉和頭部轉動的 headtrackr (https://github.com/auduno/headtrackr)，以及超酷的 clmtrackr (https://github.com/auduno/clmtrackr) 程式庫，它除可人臉追蹤之外，還能幫你換一張臉孔或戴上虛擬面具。

若搜尋 "javascript image recognition" 可找到影像識別相關程式庫，像 QR Code（二維條碼）掃描辨識（http://dwa012.github.io/html5-qrcode/）以及 OCR（字元辨認）。

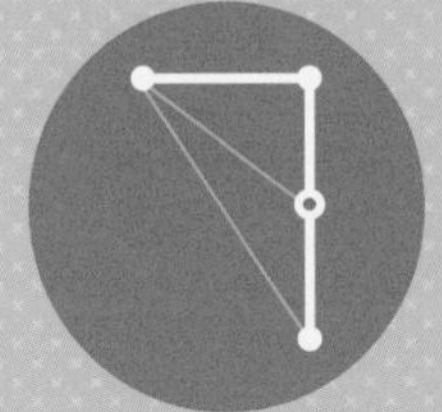

Espruino 控制板簡介

Espruino 控制板（http://www.espruino.com/）是英國 Gordon Williams 先生開發的開源軟/硬體微控制板，它最大的特色是採用 JavaScript 當作控制板的母語。

Espruino 控制板採用歐洲**意法半導體公司**（STMicroelectronics，簡稱 ST）製造的 **STM32 系列微控器**（STM32F103RCT6，32 位元 72MHz ARM Cortex M3 微控器，以下簡稱 STM32 微控器），其效能比不上同樣採 ARM 核心晶片的 Arduino DUE，但 STM32 的價格，跟 Arduino UNO 的 ATmega328 相差無幾，效能卻高出很多。

截至 2015 年底，Espruino 硬體有兩個官方版本：Original Espruino（初版，以下簡稱 Espruino，定價美金 39.95）以及 Espruino Pico（迷你版，以下簡稱 Pico，定價美金 24.95），初版的外觀約 Arduino UNO（定價美金 24.95）一半大小，正面有三個 LED、兩個按鈕，背後有一個 Micro USB 插座，用於連接 Espruino 開發軟體和上傳程式碼。

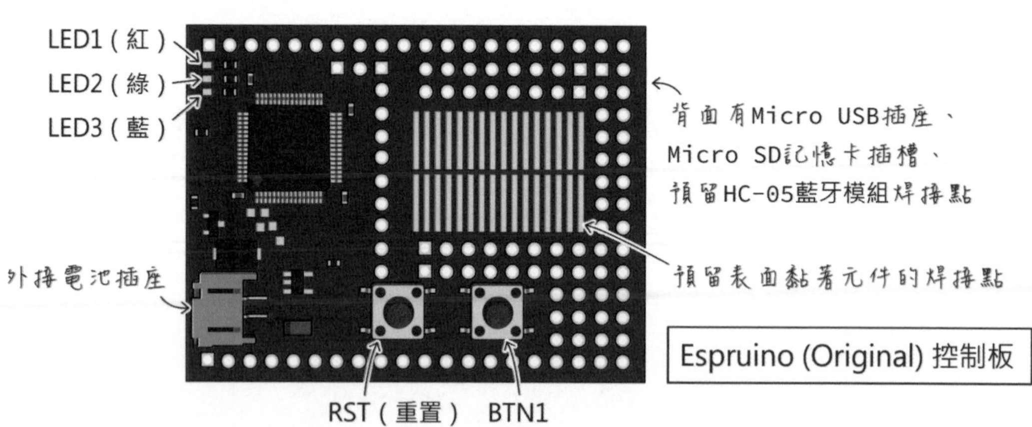

Espruino (Original) 控制板

Pico 則是普通隨身碟大小，電路板的一端做成 USB 插頭形式，不僅能用於序列通訊、燒錄程式，也支援 **USB HID（Human Interface Device，人機介面裝置）**模式，可用程式設置成滑鼠、鍵盤或搖桿等輸入裝置。

因為造型迷你，Pico 的 IO 腳數量只有初版的一半，但是 Pico 板採用的 ARM Cortex M4 處理器，效能高於初版的 ARM Cortex M3；內建的快閃記憶體和主記憶體容量也大於初版。哪天若想要嘗試其他程式語言，可以替它燒錄 eLua 或 MicroPython 韌體。Pico 的詳細技術規格、腳位和程式範例，請參閱官方產品說明頁（espruino.com/Pico）。

本書的範例皆採用 Espruino 初版以及相容的 STM32 微控制板，替 STM32 微控器板燒入 Espruino 韌體的說明，請參閱本章末「**STM32 微控器相容板**」。

STM32 微控器和 Espruino 控制板接腳簡介

STM32 微控器的主要規格如下，除了 Espruino 控制板，它也被其他品牌的控制板採用，像 OLIMEXINO-STM32、LeafLabs Maple 以及意法半導體公司自家的 STM32 Discovery。

- 記憶體：內建 256KB 快閃記憶體、48KB 主記憶體。
- 通訊介面：3 個序列埠（USART）、1 個 USB、2 個 SPI、2 個 I²C、1 個 CAN。
- 數位和類比轉換器：16 個 ADC（類比數位轉換器，也就是「類比輸入接腳」）、26 個 PWM（模擬類比輸出）和 2 個 DAC（數位類比轉換器）。
- 內建 RTC（Real-Time Clock，即時時鐘）：相當於安裝在微控器裡的時鐘，可供程式查詢日期與時間。Arduino 和 Raspberry Pi 不內建 RTC，需要使用外部時鐘模組（如：DS3231 晶片）。
- 晶片內建**溫度感測器**，可監測處理器的溫度。

Espruino 採用的這一款 STM32 微控器有 64 個接腳，其中 51 個是 I/O 腳，分成 A, B, C, D 埠，每個 I/O 腳位編號前面都會標上埠口字母，如：A0, A1, B0, C3, ...等，有些文件還會再加上 "P" （代表埠口，Port），如：PA1, PA1, PB0, ...。接線時，不用在意接腳是哪個埠口，可以混合使用（但通常**不同時使用相同編號的腳位**，如：A1 和 B1、A2 和 B2...，參閱下文 setWatch 指令說明）。

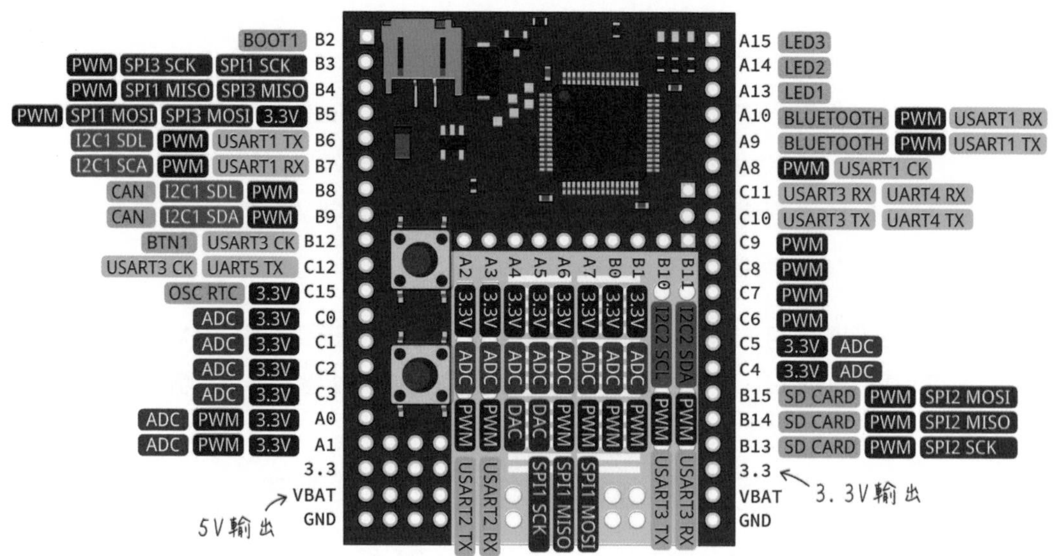

接腳的標示說明：

3.3V → 輸入電壓不能超過3.3V
ADC → 類比輸入（0~3.3V）接腳
PWM → 模擬類比輸出（0~3.3V）接腳
DAC → 類比輸出（0~3.3V）接腳
UART → 非同步序列埠
USART → 同步序列埠，需要搭配時脈（CK）接腳。

LED → 控制板的LED輸出
BTN1 → 控制板的BTN1按鈕輸入
OSC → 石英振盪器接腳
USB → 連接到USB插座
SD CARD → 預設連接到SD卡插座
BLUETOOTH → 預設連接到藍牙序列通訊板

就像 Arduino UNO 的 ATmega328 微控器，大部分接腳都具有多重功能。微控器本身採 3.3V 電源，**除了上圖中標示的 3.3V 腳之外，多數接腳都容許輸入 5V**。

CAN 是 **Controller Area Network（控制器區域網路）**通訊協定的簡稱，普遍用於工廠和汽車等，雜訊較多的場所，Espruino 目前並不支援 CAN 通訊協定。

某些接腳有特殊用途，鮮少挪作它用，接線時請避開它們。例如 OSC 與處理器石英振盪器的接腳相連，"OSC RTC" 則是內部時鐘的振盪器接腳，Espruino 沒有接此振盪器，但許多 STM32 控制板都有接。

Espruino 沒有引出 **Boot0**（參閱下文）以及底下的微控器腳位，因為它們都有特定的用途：

A11	CAN	USB	PWM
A12	CAN	USB	
C13	3.3V	USB	
C14	3.3V	OSC RTC	
D0	CAN	OSC	
D1	CAN	OSC	
D2	SD CARD	UART5 RX	

STM32 控制板上的石英振盪器是 8MHz，此時脈訊號會經由微控器內部的倍頻電路放大 9 倍，所以微控器實際上是以 72MHz 運作。

STM32F103xC 微控器的原廠（英文）技術文件記載的幾個電流特性：

- 從電源引用的最大電流為 150mA（第 41 頁，表格 8）
- **每個腳位最高可輸出或者引入 25mA**（第 41 頁，表格 8）
- 使用外部時脈並啟用所有週邊時，微控器最大約消耗 67mA~70mA（第 45 頁，表格 14 和 15）。因此，150mA-70mA，只剩下 80mA 可從 I/O 腳位輸出。

Espruino 控制板的電源電路有個 1A 保險絲，因此，整個控制板的電源輸出（含 5V 和 3.3V 輸出腳位）不會超過 1A。

7-1 Espruino 程式開發軟體

Espruino 整合開發工具 (IDE) 是個 Chrome 應用程式，請到 Chrome 應用程式商店搜尋 Espruino，即可找到此 IDE：

Espruino IDE 包含兩個可左、右或者上、下排列的窗格，左邊或上方的窗格是序列埠終端機，本文有時稱它「控制台」，你可在此輸入 JavaScript 程式，並立即在連線的 Espruino 控制板上執行。

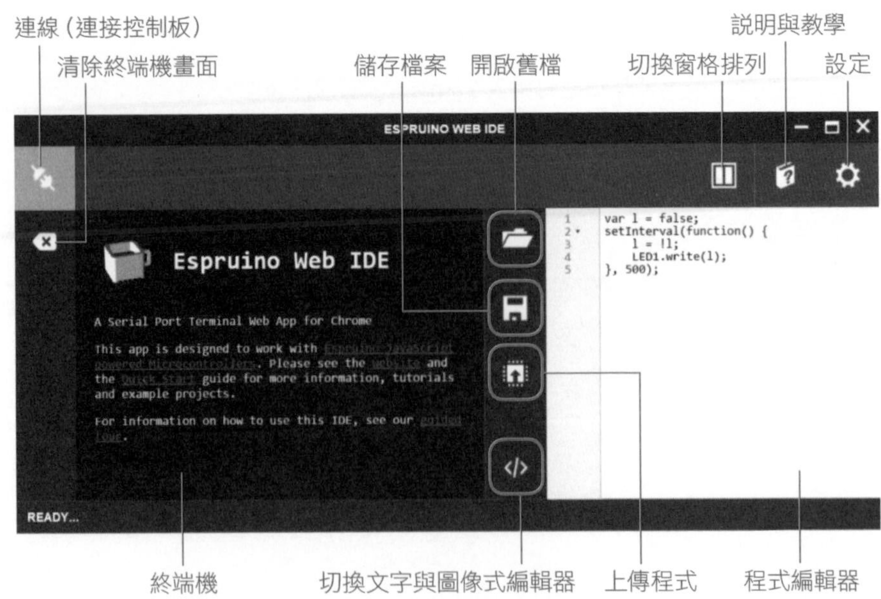

Espruino IDE 內建圖像程式編輯環境，操作方式如同製作 Android App 的 "App Inventor"。

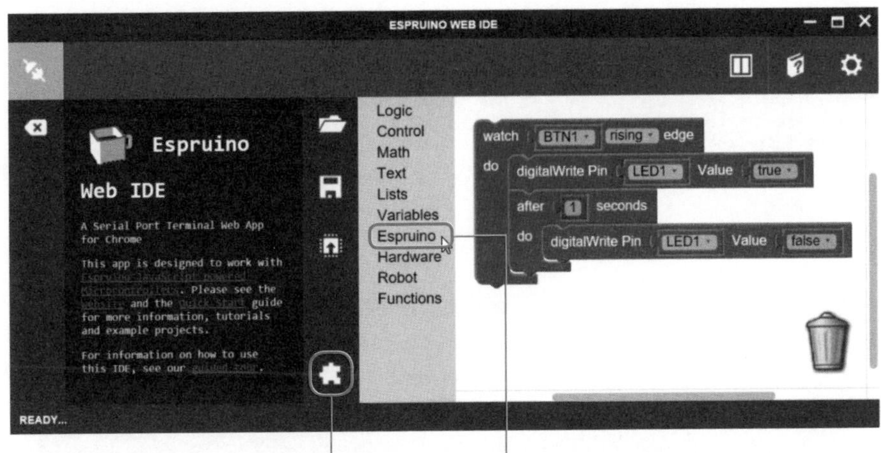

再按一下此鈕，可回到「文字程式」編輯器　Espruino 控制板相關指令

圖像編輯環境留給讀者自行探索，主因是 Espruino 官網的技術文件和討論區，也鮮少提及與討論這部份的功能，更遑論其他 JavaScript 相關程式論壇和文章了。不過，對於高中以下或者剛接觸微控制器的人士，圖像程式編輯器是個操控電腦的良好工具。

連接 Espruino 和電腦 USB 序列埠

先把 Espruino 控制板接上電腦的 USB 插槽，筆者在 Windows 7, 8 和 10 等系統測試，它都會自動安裝 ST 晶片的 USB 序列埠驅動程式，Mac OS X 系統則無需安裝驅動程式。接著，請確認 Espruino 板所在的序列埠編號，Windows 使用者請從**裝置管理員**查看埠號，此例顯示為 "COM9"：

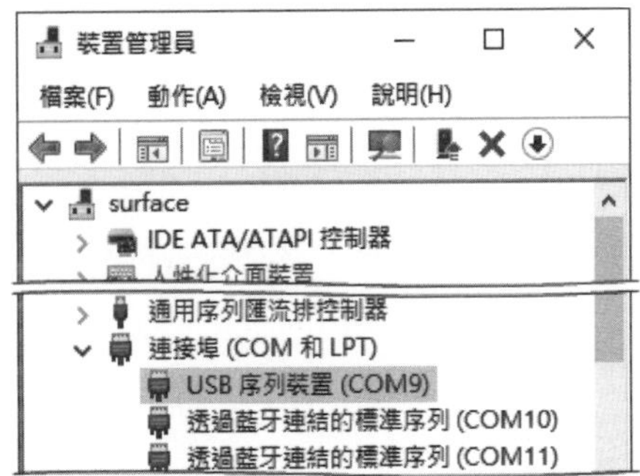

在 Mac OS X 的終端機輸入 "ls -la /dev/tty.*" 命令，可查看序列埠裝置；Mac 上的 Espruino 序列埠名稱格式為 "/dev/tty.usbmodem○○○○"：

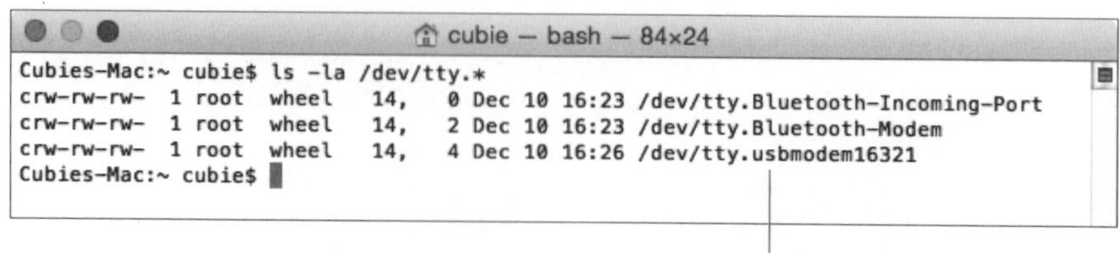

此為 Espruino 序列埠裝置

開啟 Espruino IDE，按下左上角的**連線**鈕，然後按下控制板所在的序列埠名稱，即可連線。

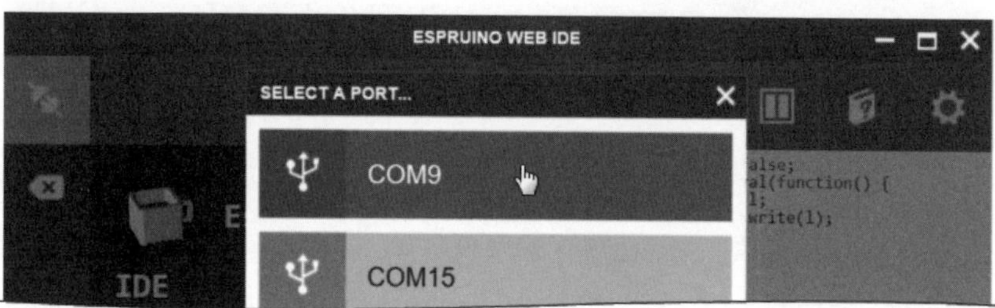

連線成功或失敗，IDE 右下角都會出現訊息提示，如果無法連線，請再次確認電腦分配給此控制板的序列埠編號。

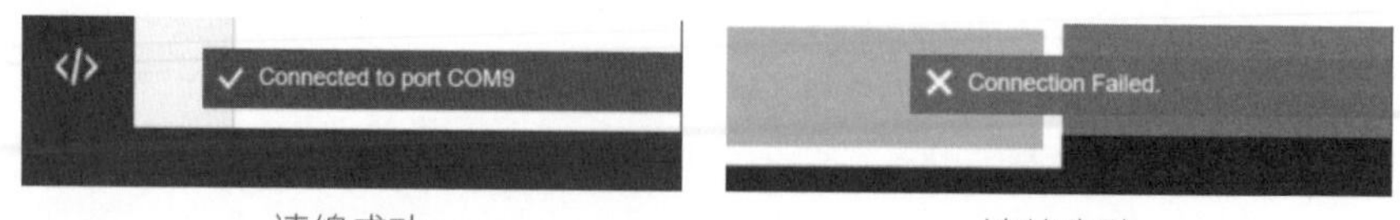

連線成功　　連線失敗

測試與上傳程式

與電腦連線成功後，你可以直接在終端機窗格輸入底下 JavaScript 敘述測試控制板：

```
digitalPulse(LED1, 1, 500);
```

按下 Enter 鍵，控制板的 LED1 將閃爍一次(點亮 0.5 秒)。就像電腦的終端機視窗，在此終端機窗格按上、下方向鍵，可瀏覽之前執行過的命令和指令敘述。

當然，我們可直接在程式編輯窗格輸入程式碼，請先輸入底下的程式片段：

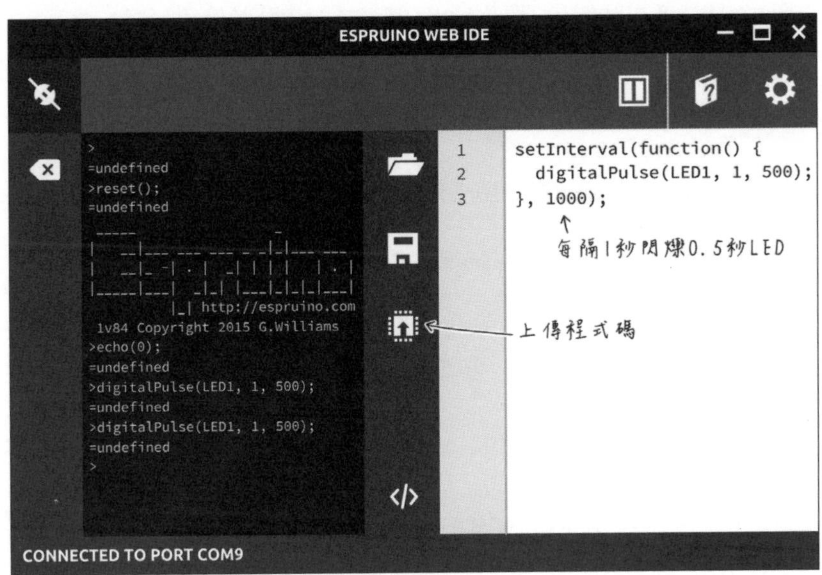

輸入完畢後，按下**上傳**鈕，即可將程式「暫存」在控制板並且立即執行。不過，當你拔除控制板的 USB 連線(中斷電源)，剛才的程式碼就跟著消失了。若要**將程式碼長期保留在微控器，也就是「快閃記憶體」或「程式記憶體」區域，請在程式最後一行加入 save()敘述**：

```
setInterval(function() {
  digitalPulse(LED1, 1, 500);
}, 1000);

save();  // 把程式存入快閃記憶體
```

再次按下**上傳**鈕，程式將被寫入微控器的快閃記憶體。日後，只要控制板通電，LED1 就會持續閃爍。

7-2 Espruino 的基本硬體操作指令

Espruino 許多硬體操作指令名稱都和 Arduino 相同，本單元將介紹數位輸出、偵測腳位的高、低訊號變化、類比輸出...等基本指令及其使用範例。

數位輸出

Espruino 控制板的數位輸出指令語法和 Arduino 一樣，可能的輸出值為 0 或 1：

```
digitalWrite(接腳編號, 值)
```

Espruino 還可輸出脈衝訊號（高、低電位變化）：

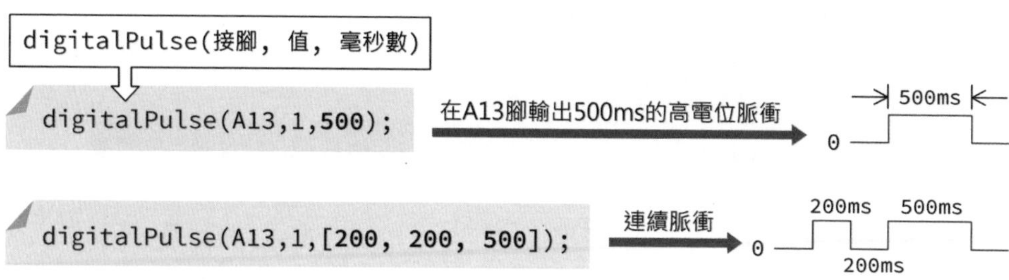

digitalPulse 透過微控器內部的計時器產生精確的短脈衝訊號，若不是要輸出數毫秒的脈衝，請改用 setTimeout：

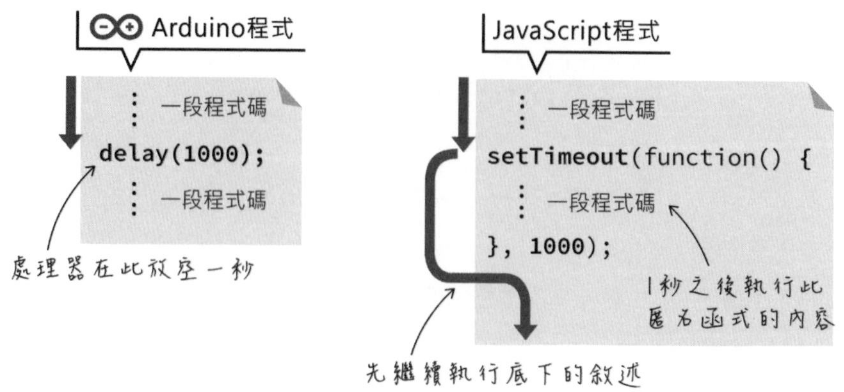

例如，底下的程式將讓 A14 腳的 LED2 每 1 秒閃爍 1 次：

```
setInterval( function() { ← 每隔2秒執行此函式
  digitalWrite(LED2, 1);     // 前一秒在A14腳輸出高電位

  setTimeout(function () {                    ← 1秒後執行此程式
    digitalWrite(LED2, 0);  // 後一秒A14腳輸出低電位
  }, 1000);
}, 2000);
```

Espruino 有個 **Pin 程式類別**，用來定義板子上的接腳，並且事先針對個別接腳建立了對應的物件，例如 A13、A14 等。另外，對於板子上預先接上 LED 或是按鈕的接腳，也定義了具說明意義的常數別名，例如：

- **LED1**：等同初版的 A13 腳或 Pico 的 B2。
- **LED2**：等同初版的 A14 腳或 Pico 的 B12。
- **LED3**：等同 A15 腳。
- **BTN**：等同初版的 B12 腳（控制板上的 BTN1 鈕）或 Pico 的 C13。

以上這些腳位，建議使用 LED1 等常數別名，因為在不同的板子，例如 Pico 上，LED1 的實際腳位並不相同，使用 LED1 這樣的別名，在不同板子上的韌體會指到正確的腳位，不需要因為使用的板子不同而更改程式。

Pin 物件也具有操控「數位接腳」的指令，例如：

```
// 將 A15 設定成「輸出模式」，等同 pinMode(A15, "output");
A15.mode("output");

A15.write(1); // 在 A15 腳輸出高電位，等同 digitalWrite(A15, 1);

B12.read();   // 讀取 B12 的輸入值，等同 digitalRead(B12);

D2.getInfo(); // 傳回 D2 接腳的資訊和功能說明
```

設定接腳模式與開汲極輸出

設定接腳模式的指令格式如下，若沒有事先設定，執行 digitalRead 和 digitalWrite 等指令時，它們會自動設定接腳模式。

```
pinMode(接腳, 模式)
```

常見的模式值（字串格式）：

- 'input'：數位輸入
- 'output'：（普通的）數位輸出
- 'analog'：類比輸入
- 'input_pullup'：數位輸入，啟用上拉電阻（約 40KΩ）。
- 'input_pulldown'：數位輸入，啟用下拉電阻（約 40KΩ）。
- 'opendrain'：開汲極數位輸出

底下的程式片段將把 LED3（A15 腳）設成「數位輸出」，然後在此腳輸出高電位：

```
pinMode(LED3,  'output');  // A15 腳設定成「輸出」模式
digitalWrite(LED3, 1);     // 在 A15 腳輸出高電位
```

底下是普通的數位輸出（**推挽式輸出**，push-pull 或 totem-pole）和**開汲極輸出**的比較。**開汲極代表晶片內部的 MOSFET 汲極腳直連到外部**（註：若晶片內部是電晶體，則稱為**開集極**，open collector）：

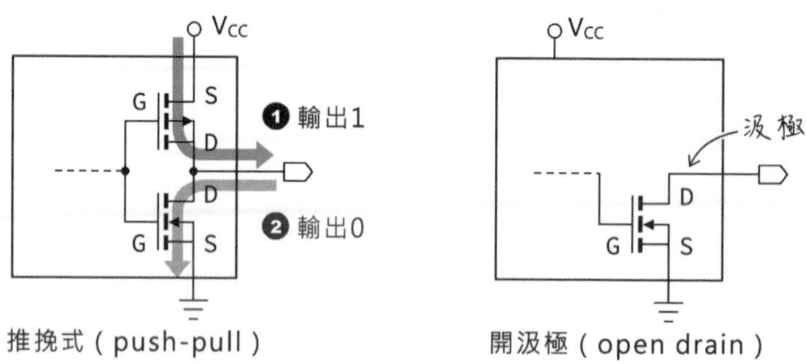

若把 MOSFET 假想成開關，開關的一邊必須連接電阻（通常用 4.7KΩ 或 10KΩ）和電源，才能輸出訊號，因為開關不會從無中產生電壓。

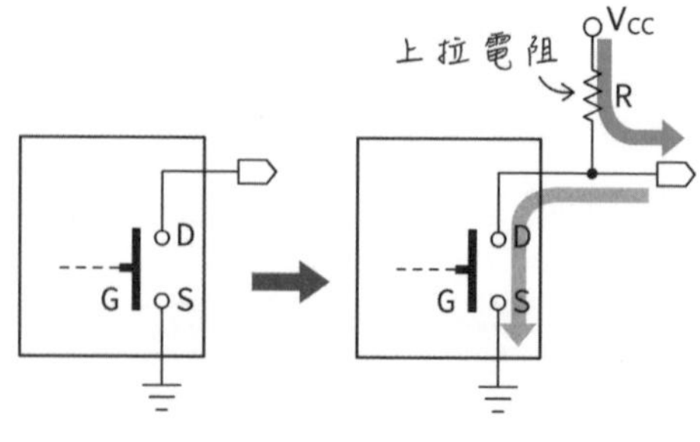

開汲集主要有兩個優點：

- 訊號的高電位電壓，由外部 Vcc 決定。假設電路需要輸出 5V 高電位，而非 STM32 的 3.3V，就能透過在 Vcc 接 5V 達到「轉換電平」的效果。
- 輸出電流大（視外部電源而定），不限於微控器的 25mA。

透過 setWatch() 偵測腳位變化

「偵測腳位變化」類似 Arduino 的中斷處理函式，程式無須輪詢腳位的狀態，而是在腳位發生變化時，自動執行「處理函式」，指令格式如下：

```
setWatch(處裡函式, 接腳編號, 選項物件)
```

不像 Arduino UNO 只有兩個（數位 2 和 3）能處理外部中斷的接腳，setWatch 可偵測 STM32 處理器的所有 I/O 接腳，但請注意，它**無法同時偵測兩個相同數字編號的腳位**，例如 A0 和 B0、A5 和 B5...等等。

底下的程式可偵測 **BTN（按鈕，B12 腳）**訊號，在它**從低電位變成高電位**時，閃爍 LED1（位於 A13 腳）：

```
setWatch( function() {
  digitalPulse(LED1,1,200);    // 閃爍一下A13腳的LED1（輸出200ms高脈衝）
}, BTN, { repeat:true, edge:'rising', debounce:30 } );
```


edge（訊號邊緣）參數有三個可能值，預設值是 'both'：

透過 setWatch 指令，微控器就不需要一直工作，可以**進入省電的睡眠狀態**（參閱下文說明）。

類比輸出與輸入

讀取與輸出類比訊號的指令和 Arduino 相同，只是 **Espruino 的類比輸出或輸入值都是介於 0~1**。

表 7-1　Espruino 與 Arduino 的類比輸出/入指令比較

指令	Arduino	Espruino
analogWrite()	輸出整數值：0~255	輸出浮點值：0~1
analogRead()	輸入整數值：0~1023	輸入浮點值：0~1

例如，analogWrite(C6, 0.5)，代表在 C6 腳輸出 50% 電位。

> STM32 輸出的高電位是 3.3V，C6 腳輸出為 PWM 模擬類比電位。

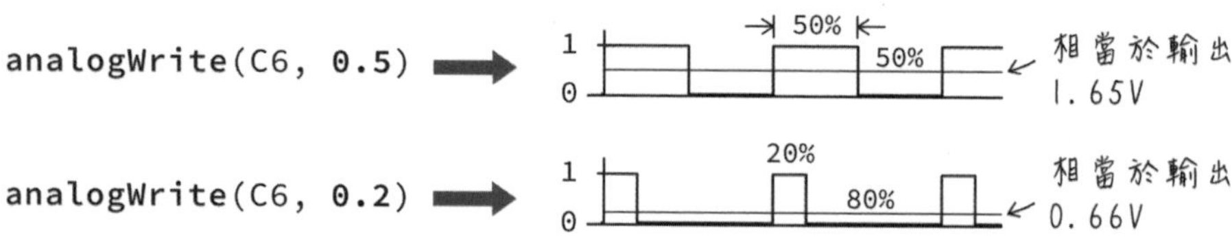

Arduino UNO 板類比和數位輸入接腳，都可接受 5V 電壓，**Espruino 的類比輸入腳位最大電壓是 3.3V**(極限為 3.6V)。所有標示 PWM 和 DAC 的腳位，都能輸出類比訊號(PWM 是模擬值，DAC 是實際值)。

```
analogWrite(A5, 0.3)  // 在 A5 腳輸出 0.99V
```

STM32 的類比數位轉換的解析度為 12 位元，可用 10 進位表示成 0~4095，每位元的解析度為：3.3V/4096=0.8mV。

> Arduino UNO 的 ADC 是 10 位元，可表達 0~1023。

動手做 使用光敏電阻製作小夜燈

實驗說明：使用光敏電阻分壓電路，感應光線變化，在黑夜自動點亮 LED；白天關閉 LED。

實驗材料：

Espruino 控制板	1 個
光敏電阻	1 個
電阻 10KΩ	1 個

實驗電路：光敏電阻分壓電路如右圖，電源請接 3.3V，訊號輸出可接 STM32 微控器的任何 ADC 接腳（本例接 A1）：

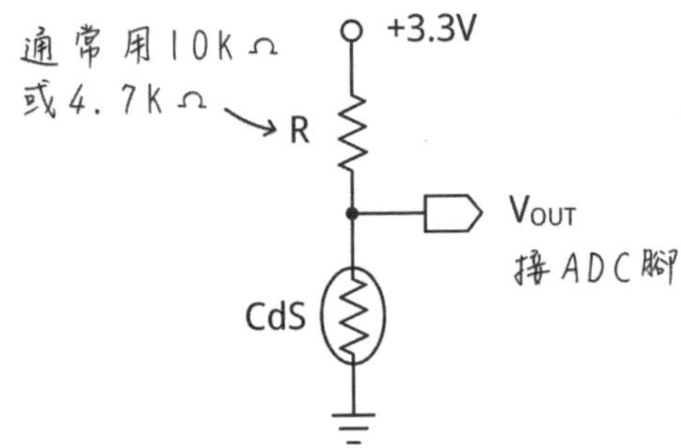

使用相容 STM32 控制板的接線示範如下，LED 接在 A14 腳，等同 LED2：

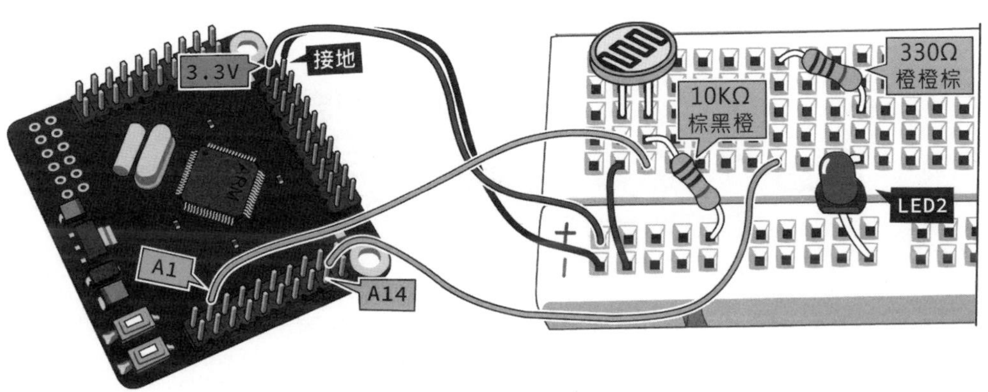

實驗程式：底下程式將每隔 0.1 秒檢測一次光敏電阻數據，若高於 0.5 則點亮 LED2：

```
setInterval(function () {
  var light = analogRead(A1);    // 讀取 A1 腳的類比輸入
  if (light > 0.5) digitalWrite(LED2, 1);  // 點亮 A14 腳的 LED2
  if (light < 0.4) digitalWrite(LED2, 0);
}, 100);

save();  // 把程式寫入快閃記憶體
```

實驗結果：上傳程式後，遮住光敏電阻，LED2 將點亮；用燈光照射光敏電阻，LED2 將熄滅。

動手做 呼吸燈效果

實驗說明：練習透過 PWM 輸出以及 setInterval 循環調整 LED 亮度。

實驗材料：

Espruino 控制板	1 個
電阻 330Ω（橙橙棕）	1 個
LED（顏色不拘）	1 個

實驗電路：請把 LED 和電阻接在 Espruino 板的 C6 腳：

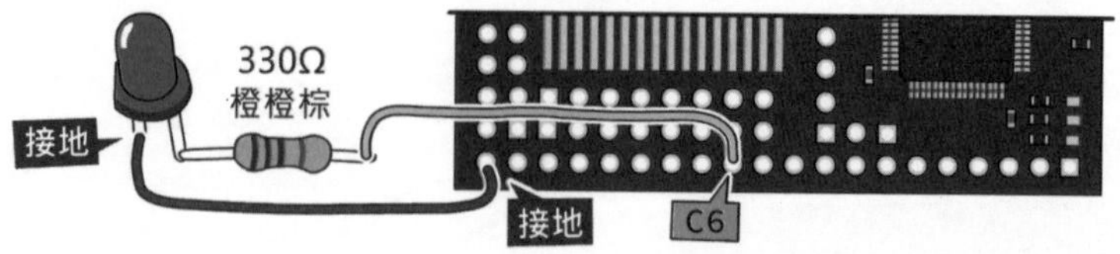

實驗程式：撰寫程式之前，要先規劃亮度變化的階段數及秒數。筆者假設亮度像左下圖一樣呈 25 階層、線性變化，從最暗（0）到最亮（1），歷時 1.5 秒。

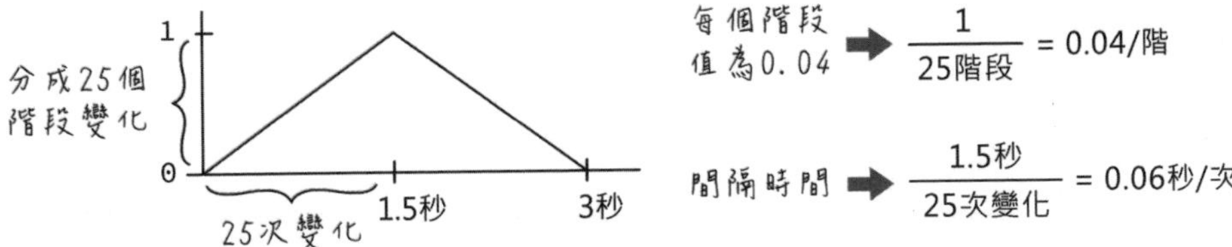

依據上圖右的計算，每個階段變化值為 0.04，間隔時間為 0.06 秒（60 毫秒）。也就是說，0.06 秒時的 PWM 輸出為 0.04、0.12 秒為 0.08、0.18 秒為 0.12、...以此類推。理論上，程式只要每隔 0.06 秒替 PWM 值加上 0.04，就能產生預期的效果。

但如果在 JS 控制台輸入 0.2 ＋ 0.04，得到的計算結果並非 0.24，而是：0.24000000000000002。解決方法是**先用整數形式相加，再換算成小數點數字**：

```
0.2 + 0.04  ➡  0.24000000000000002
(20+4)/100  ➡  0.24
```

筆者把亮度階段值，設定成 step 變數，原本的值應該是 0.04，為了避免計算誤差，所以改成 4。儲存類比輸出（亮度）值的變數是 pwm，當 pwm 累增到 100（亮度達到最大）時，step 值要變成-4，讓 pwm 逐次降到 0（關燈）；**只要把 step 乘上-1，即可轉換正、負值**，完整的程式碼如下：

```
var step = 4;    // 原本是0.04
var pwm = 0;

setInterval( function() {
  pwm += step;  // 逐漸增加或減少pwm值
  analogWrite( C6, pwm / 100 );   轉換成0~1之間的數值
  if ( pwm == 100 || pwm === 0 ) {
    step *= -1;
  }                 當pwm是100或是0時，切換step正負值。
}, 60 );
  每0.06秒改變PWM輸出值
```

實驗結果：上傳程式碼之後，接在 C6 腳的 LED 將開始呈現呼吸燈效果。

動手做 超音波控制燈光亮度

實驗說明：透過超音波感測器檢測控制器和手掌的距離，若距離在 10cm~30cm 之內，就依照距離調整燈光的亮度：

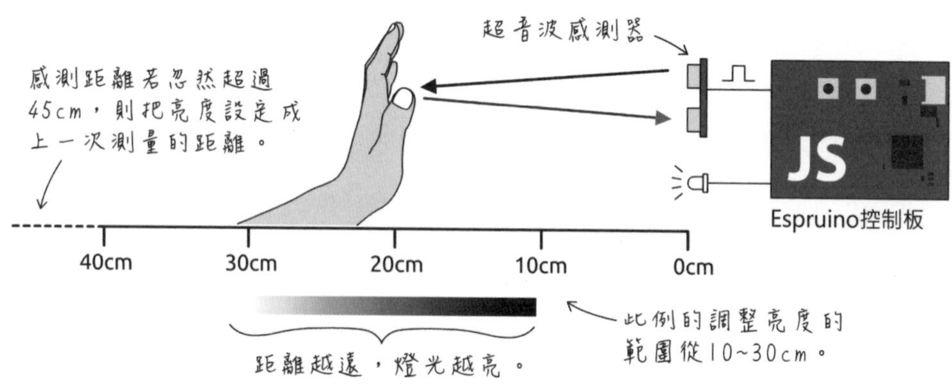

實驗材料：

Espruino 控制板	1 個
超音波感測器	1 個
電阻：330Ω (橙橙棕)	1 個
LED (任何顏色)	1 個

實驗電路：請參考下圖組裝電路：

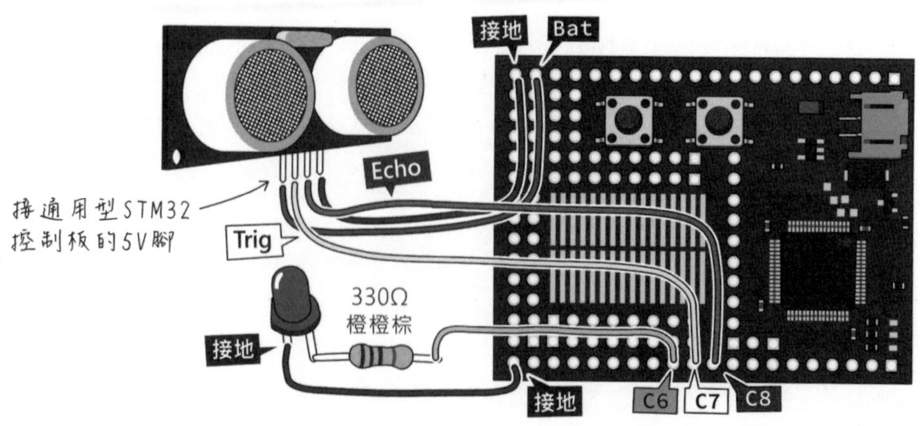

07

實驗程式一：檢測距離：使用超音波檢測距離時，需要**先向它的 Trig（觸發）腳輸出一個 10 微秒的脈衝，然後測量 Echo（回應）腳的高脈衝時間，即可將時間換算成距離**（詳閱**超圖解 Arduino 互動設計入門**第九章「認識超音波」單元）。

首先宣告腳位和時間、距離等變數：

```
var TRIG = C7;        // 超音波觸發接腳
var ECHO = C8;        // 超音波回應接腳
var t = 0;            // 暫存超音波回應訊號的時間
var dist = 0;         // 暫存距離值
```

每隔 0.05 秒（亦即，每秒 20 次）向超音波的 Trig（觸發）腳，傳遞 10 微秒的脈衝訊號，讓元件發出超音波的程式（註：**digitalPulse 的時間單位是 ms**）：

```
setInterval( function(){
  digitalPulse(TRIG,1, 10/1000);
},50);
```

↑ 每0.05秒發出高脈衝　　↑ 把毫秒轉換成微秒

10μS

TRIG訊號

發出超音波之後，便可透過 setWatch 函式，**偵測回應訊號的開始（rising，上昇）和結束（falling，下降）時間，計算兩者的時間差就能求出距離（公分）：**

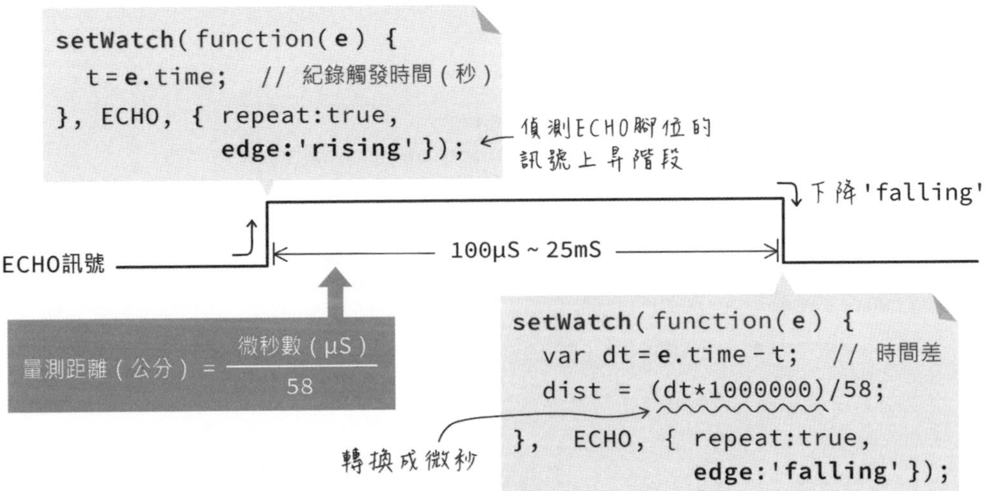

最後透過底下的敘述，每隔一秒在控制台顯示距離：

```
setInterval(function() {
  console.log(dist + " cm");
}, 1000)
```

實驗程式二：使用模組（程式庫）檢測距離：上文的程式碼需要我們閱讀超音波感測器的技術文件，知道它的運作方式，才能寫出正確的程式，這不是壞事。但如果有現成的程式**模組**（module，相當於 Arduino 的 Library）可用，盡量使用模組，因為模組程式都經過驗證，執行無誤，我們只要專注於開發和除錯主程式。

Espruino 程式模組都放在雲端，IDE 會在編譯程式階段，自動從網路下載。官方列舉的程式模組及其説明放在網址：http://www.espruino.com/Modules。

程式模組透過 **require() 指令**引用，底下的敘述將引用名叫 "HC-SR04" 的超音波模組，存入 sensor 物件：

```
var sensor = require("HC-SR04");
```

超音波模組提供 **connect（連結）**和 **trigger（觸發）**兩個函式，程式先執行 connect() 函式，指定硬體接腳並接收回應訊號，接著定時觸發超音波模組，完整的程式如下：

```
var sensor = require("HC-SR04");
sensor.connect(觸發腳,回應腳,function(接收距離值) {
   // 處理程式
}
```

兩段敘述可結合在一起　觸發　回應　距離

```
var sensor = require("HC-SR04").connect(C7,C8,function(dist){
   console.log(dist+"cm");
});

setInterval(function() {
  sensor.trigger();    // 每隔1秒觸發超音波
}, 1000);
```

程式模組的下載網址,紀錄在開發工具的 **COMMUNICATIONS(通訊)**選項中的 **Module URL(模組位址)**欄位:

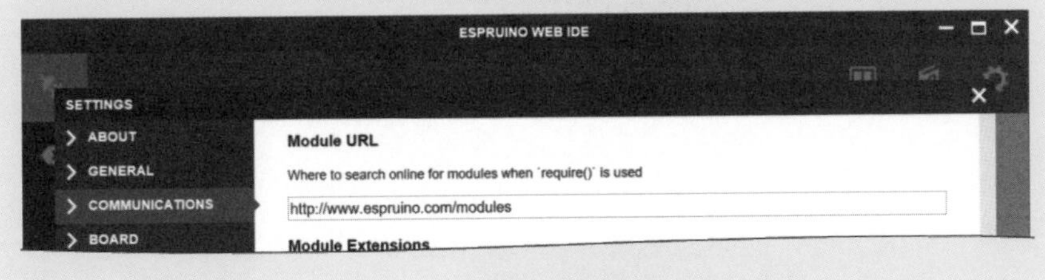

實驗程式三:依距離調控燈光亮度:綜合以上說明,先宣告幾個變數:

```
var minDist = 10,      // 最小距離(公分)
    maxDist = 30,      // 最大距離(公分)
    limitDist = 40;    // 偵測範圍上限(公分)
```

接著撰寫依照量測距離調整 PWM 輸出(亮度)的程式,假設距離是 25cm,根據底下的算式,輸出的 PWM 值為 0.75:

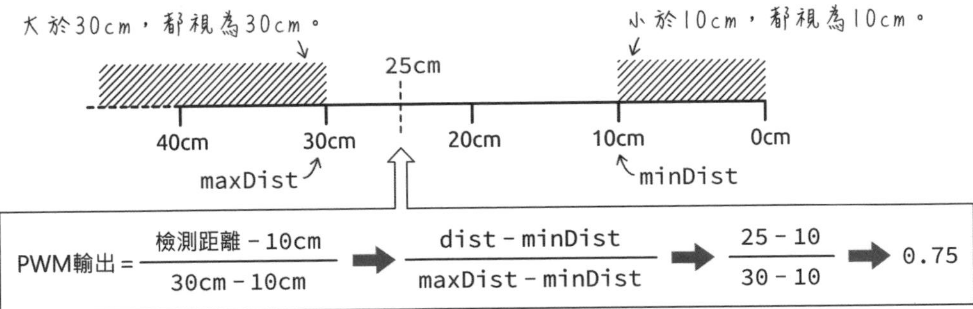

筆者將處理距離與輸出亮度的自訂函式命名為 "setPWM":

```
function setPWM(dist) {      // 依據輸入距離，調整輸出 PWM
  var pwm = 0;               // PWM 輸出值
  dist = (dist<minDist)?minDist:dist;  // 輸入值不低於最小值
  dist = (dist>maxDist)?maxDist:dist;  // 輸入值不超過最大值

  pwm = (dist-minDist) / (maxDist - minDist);
  analogWrite(C6, pwm);      // 調整 C6 腳的 LED 亮度
}

// 引用超音波模組，並且設定回應距離的事件函式
var sensor = require("HC-SR04").connect(C7, C8, function(dist)
{
  if (dist < limitDist) {  // 若距離在指定範圍內，才需要調整亮度
    setPWM(dist);
  }
});
```

最後，每 0.5 秒偵測一次距離：

```
setInterval(function() {
  sensor.trigger();    // 觸發超音波
}, 500);

save();
```

實驗結果：在 10cm~30cm 檢測範圍之內，LED 燈的亮度會隨著距離變化。

7-3 Espruino 的睡眠模式

在微控器不工作時，讓它進入睡眠模式，可大幅減少電力消耗，對於採電池供電的微控器尤其重要。Espruino 具有表 7-2 列舉的三種執行模式（消耗電流中的時數和天數，代表外接 2000mA/h 電池的情況）。

表 7-2

模式	消耗電流	備註
Run	約 35mA (57 小時)	「執行」模式,Espruino 以 72Mhz 時脈速率執行程式
Sleep	約 12mA (7 天)	「睡眠」模式,Espruino 停止 CPU 的時脈,但所有週邊仍繼續執行並且可以喚醒 CPU;當 Espruino 不做任何事時,它會自動進入這個模式
Deep Sleep	約 0.03mA (> 2 年)或 0.11mA (Espruino 1v3 版)	「深層睡眠」或者說 Stop (停止運作) 模式,Espruino 會停止除了 RTC (即時鐘) 以外的所有時脈 (包含產生 PWM 訊號的內部計時器)。CPU 可以在某個腳位狀態改變 (透過 setWatch 設定),或者某個時間到時 (透過 setInterval 或 setTimeout 設定) 被喚醒

STM32 微控器還具有 **Standby (待機) 模式** (消耗電流很低,但主記憶體的全部資料都會消失),Espruino 尚不支援「待機」模式。

讓 Espruino 進入深層睡眠模式

讓 Espruino 進入深層睡眠模式的指令是 **setDeepSleep(1)**,但**唯有下列條件都成立,Espruino 才會進入深層睡眠模式**:

- **Espruino 控制板沒有跟電腦的 USB 介面相連**。A11 腳被控制板用於偵測是否與電腦 USB 介面相連,所以若要啟用深層睡眠,**程式不可用 setWatch 監看 A11, B11 或 C11 腳**。

若只是透過 USB 連接外接電源,並不會影響它進入深層睡眠。

- 沒有準備透過序列埠或 USB 傳資料
- 在 1.5 秒內,沒有尚待執行的 setIntervals 或 setTimeout 函式。
- 沒有尚未執行完畢的 digitalPulse 脈衝輸出。

動手做 深層睡眠實驗

實驗說明：在連接電腦 USB 介面情況下，Espruino 不會進入睡眠模式；一旦進入深層睡眠模式，它將無法接收和傳送序列資料，但 setIntervals, setTimeout 和 setWatch 函式仍能運作。本單元程式將藉由 LED 燈光變化，顯示控制板是否被喚醒。

在「非深層睡眠」時點亮 → LED1（紅、A13腳）

每隔3秒閃爍一次 → LED2（綠、A14腳）

當B12腳（按鈕）狀態改變時，閃爍一次。 → LED3（藍、A15腳）

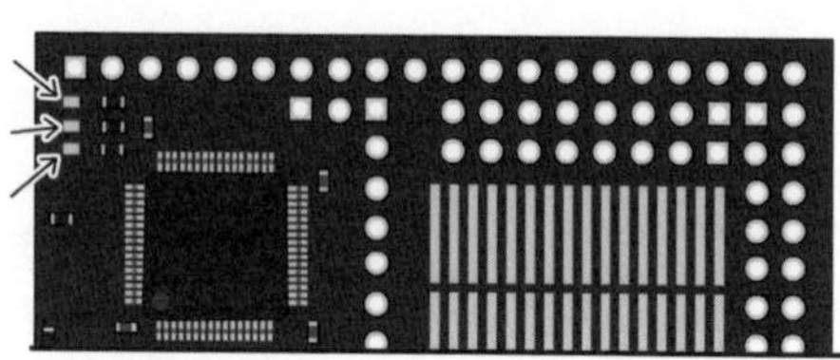

實驗程式：setSleepIndicator()指令會在控制板「從深層睡眠中甦醒」時，在指定腳輸出高電位訊號，點亮 LED。

```
function onInit() {    // 開機自動執行的初始化程式
  setSleepIndicator(LED1);  // 指定 A13 腳 (LED1) 為「甦醒」指示器
}

setInterval(function() {    // 每隔 3 秒，閃爍一次 LED2 (A14 腳)
  digitalPulse(LED2, 1, 50);
}, 3000);

setWatch(function() { // 按一下 B12 腳的按鈕時，閃爍一次 LED3 (A15 腳)
  digitalPulse(LED3, 1, 100);
}, BTN, {repeat:true, edge: 'rising', debounce:30});

setDeepSleep(1);      // 進入深層睡眠模式
save();               // 將程式寫入微控制板
```

以上程式裡的 **onInit() 函式，會在開機時自動被呼叫執行一次，相當於 Arduino 的 setup() 函式**。onInit() 函式也可以寫成底下的事件處理程式：

```
E.on('init', function() {  // 偵聽 init（初始化）事件
  setSleepIndicator(A13);  // 設定「睡眠甦醒」指示器
});
```

"E" 是 Espruino 內建的工具函式類別，提供初始化事件處理、讀取處理器內部溫度 (E.getTemperature())、卸載 SD 記憶卡 (E.unmountSD())、產生隨機數字種子 (E.hwRand()) ...等函式。

實驗結果：請使用外接電源連接 Espruino 板，每當 LED2 閃爍或者按鈕被按下時，微控器將被喚醒，LED1 也將閃爍一次。

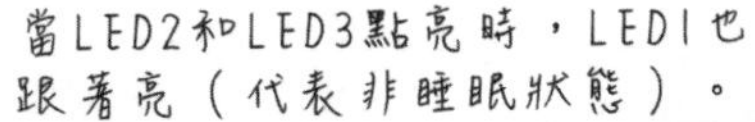

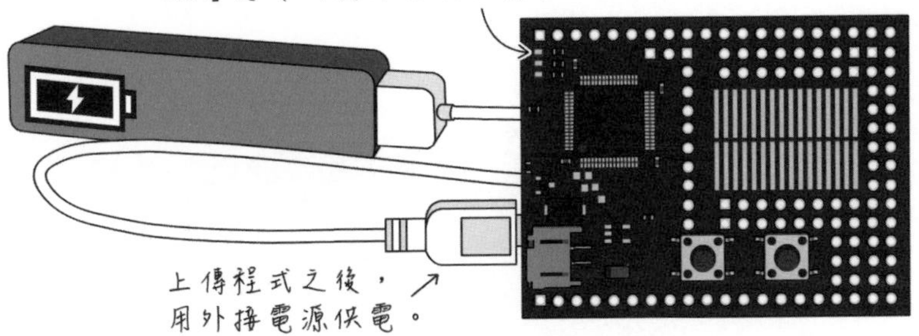

動手做 藍牙控制 LED

實驗說明：透過電腦或手機藍牙發送訊息，控制 Espruino 板的 LED 燈光變化。

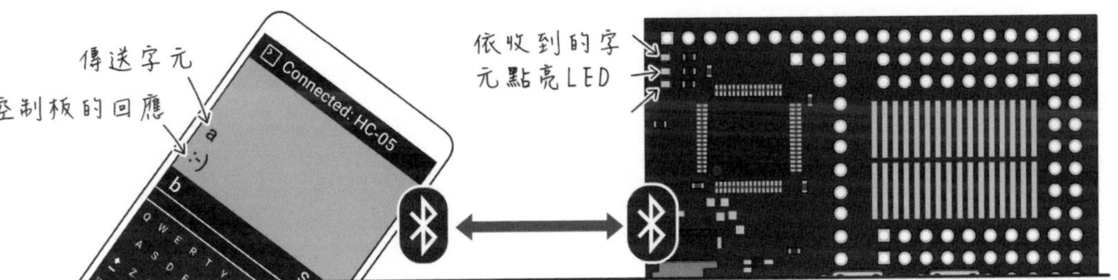

實驗材料：

HC-05 或 HC-06 藍牙序列通訊板	1 個
Espruino 控制板	1 個
電阻 10KΩ	1 個

若使用相容 Espruino 板，還需要：

電阻：330Ω（橙橙棕）	3 個
LED（顏色不拘）	3 個

實驗電路：原廠的 Espruino 板子背面有預留焊接藍牙序列通訊板的位置，為了方便觀察藍牙連線的狀態，筆者額外在藍牙板的第 31 腳，焊接一個 100Ω（棕黑棕）串連一個 LED。

藍牙板連接到 STM32 的 Serial1 介面，也就是 A9 和 A10 腳。使用非官方 Espruino 板的讀者，請參考下圖連接藍牙和 LED，實際的接腳位置以控制板的標示或廠商説明書為準；藍牙板的電源通常是 5V，有些要接 3.3V，請參閱筆者的部落格的「HC-05 與 HC-06 藍牙模組補充説明（一）」文章（http://swf.com.tw/?p=693）。

07

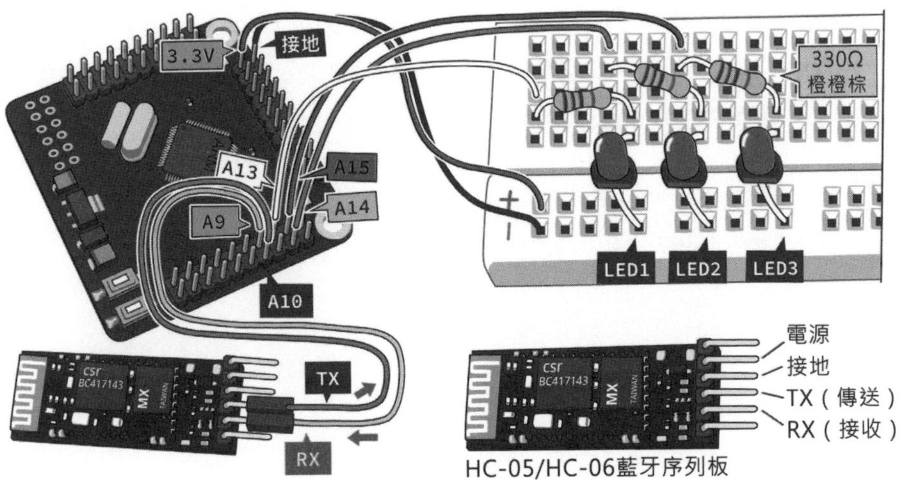

HC-05/HC-06藍牙序列板

實驗程式：Espruino 的「數位輸出」指令，可一次控制多個腳位的輸出狀態，像底下的敘述將可點亮 LED1 和 LED3、關閉 LED2：

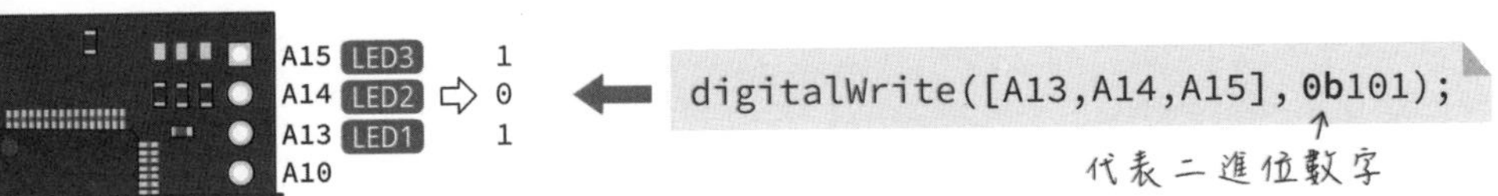

為了運用此便利的語法，請先把 LED 腳位存入 LEDS 陣列變數，燈光點、滅的模式則以物件格式存入 LITE 變數：

```
var LEDS = [A13, A14, A15];
var LITE = {A: 0b001, B:0b010, C:0b101};
```

如此一來，底下敘述的效果就和上面圖說裡的程式一樣了：

```
digitalWrite(LEDS, LITE.C); // 輸出 LITE 物件裡的 C 屬性值
```

藍牙序列板連接在 Serial1 物件所代表的腳位，啟用序列埠並接收資料的語法如下：

```
序列埠.setup(連線速率);  // 初始化序列埠
序列埠.on('data', function(接收資料) {
  // 處理接收到的資料......
});
```

從序列埠傳送字串的語法，跟 Arduino 一樣：**序列埠.print()**。因為本單元的藍牙通訊板接在 **A9 和 A10 腳**，因此「序列埠」要寫成 **Serial1；若接在 B10 和 B11 腳，則要寫成 Serial3**。接收藍牙序列資料的程式片段如下：

```
Serial1.setup(9600);    // 初始化 Serial1 序列埠
Serial1.on('data', function(cmd) {
  console.log(cmd);     // 在主控台顯示接收到的資料

  switch(cmd) {         // 根據收到的 'a', 'b' 或 'c'，切換燈光
    case  'a' :
      light(LITE.A);
      break;
    case  'b' :
      light(LITE.B);
      break;
    case  'c' :
      light(LITE.C);
      break;
  }
});
```

實際負責切換燈光的自訂函式：

```
function light(d) {
   digitalWrite(LEDS, d);    // 在LED1~LED3腳位輸出訊號
   setTimeout("digitalWrite(LEDS, 0);", 1000);
}
```

執行敘述可寫成字串形式，不一定要用函式包裝。

1秒鐘之後關閉LED1~LED3

07

最後加入底下的敘述，讓 Espruino 在開機啟動時，將 USB 介面的序列埠設定成「主控台」。因為**在未連接電腦的情況下，Espruino 預設會將 Serial1 設定成「主控台」，這樣會導致程式無法處理藍牙序列介面傳入的資料**，因此要透過底下的事件處理函式，將 USB 設定成「主控台」：

```
function onInit() {
  USB.setConsole();              // 指定 USB 序列埠為「主控台」
  console.log("ready...");       // 在主控台顯示 "ready..."
}

save();                          // 將程式寫入 Espruino 板
```

實驗結果：先在電腦安裝 AccessPort 或 CoolTerm（參閱：http://swf.com.tw/?p=499）等序列通訊軟體，或者在 Google Play 或 AppStore 市集搜尋 "Bluetooth Terminal" 關鍵字，也能找到手機或平板的藍牙序列埠通訊程式。

將電腦或手機的藍牙和 Espruino 配對之後，從電腦或手機發送 'a'，'b' 和 'c' 等字元，即可控制 LED 開關，而 Espruino 主控台也會顯示接收到的字元：

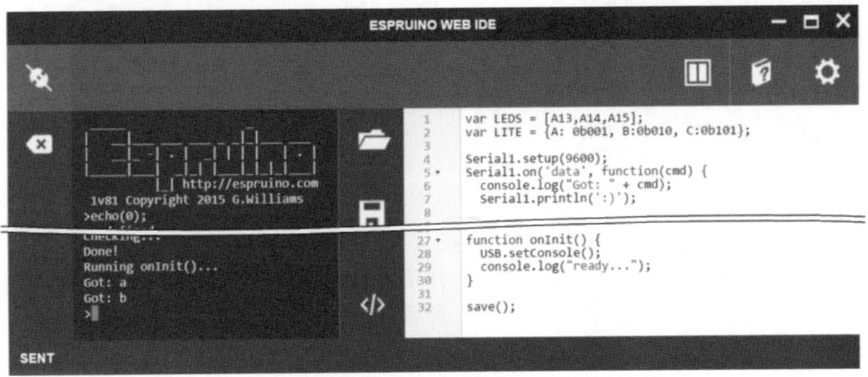

Espruino 接收到序列資料時的回應

動手做 藍牙遙控車（馬達控制）

實驗說明：延續上一節的程式，將 LED 替換成馬達驅動板，讓它依照 'w'，'a'，'s'，'d' 和 'x' 等字元輸入，控制兩個直流馬達的轉向。

實驗材料：

L298N 直流馬達驅動板	1 個
直流馬達（馬達可能需要自行焊接 0.1μF 電容）	1 個
藍牙序列通訊板	1 個

實驗電路：你可以用任何 L298N 馬達控制板，但為了簡化接線，本文採用包含 74HC14 IC 的控制板（其他 L298N 板子的說明，請參閱下文）。無論用那一款馬達控制板，它的電源都要外接。

採用非官方 Espruino 板的接線示範如下，實際接線腳位以控制板的說明文件為主：

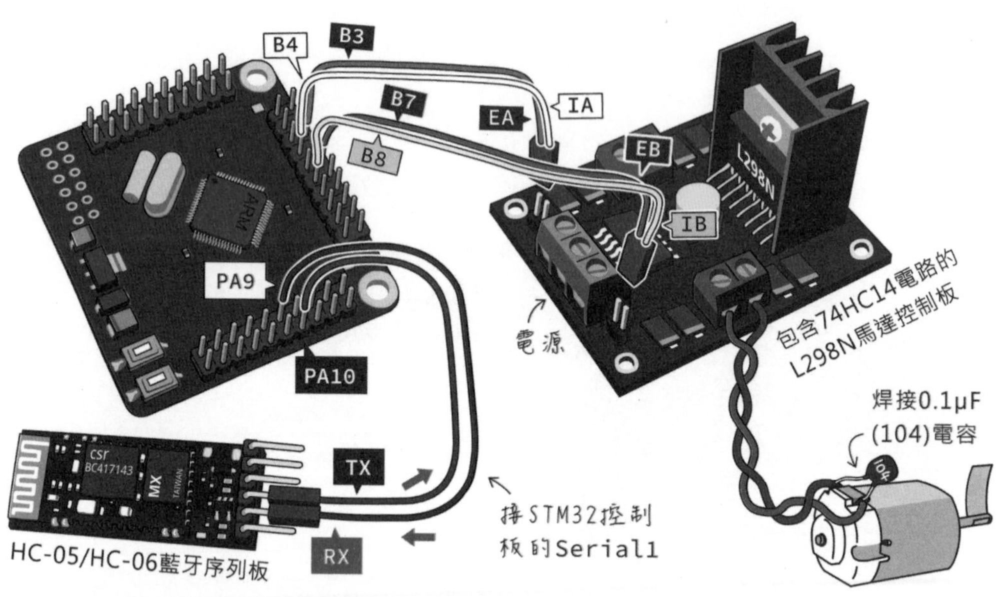

此馬達控制板的輸出/輸入關係表請參閱表 7-4。

表 7-4

輸入 / 輸出關係表

EA/EB（致能）	IA/IB（正反轉）	馬達狀態
高	高	正轉
高	低	反轉
低	x	停止（自由滑行）

代表是否送電給馬達　　代表「任何狀態」

07

實驗程式：從表 7-4 以及接線圖可知，輸出底下的數位訊號將能控制兩個馬達正、反轉：

```
                 馬達A      馬達B
digitalWrite( [B3,B4, B7,B8], 0b1111);   ➡ 兩個馬達都全速正轉
digitalWrite( [B3,B4, B7,B8], 0b1011);   ➡ 馬達A全速反轉、馬達B全速正轉
digitalWrite( [B3,B4, B7,B8], 0);        ➡ 兩個馬達都停止
               ↑  ↑   ↑  ↑
               EA IA  EB IB
```

不過，數位輸出無法控制轉速。**「致能」接腳若改接微控器的類比輸出，即可控制轉速**。analogWrite() 函式可加入選擇性的 PWM 頻率設置參數，單位是 Hz：

```
                       設定PWM訊號頻率（500Hz）
analogWrite( B3, 0.6, { freq: 500 } );   // 向馬達A輸出60%功率
analogWrite( B7, 0.6, { freq: 500 } );   // 向馬達B輸出60%功率
digitalWrite( [B4, B8], 0b01 );   // 馬達A反轉、馬達B正轉
```

本單元程式把以上敘述包裝成自訂函式，並且接收 dir（轉向）和 pwm（功率）兩個參數：

```
function motor(dir, pwm) {
  analogWrite(B3, pwm, { freq: 500 }); // 設定馬達 A 的輸出功率
  analogWrite(B7, pwm, { freq: 500 }); // 設定馬達 B 的輸出功率
  digitalWrite([B4, B8], dir);         // 設定馬達的轉向
}
```

為了增加程式碼的可讀性，我們可以用底下的物件資料紀錄馬達的轉向訊號：

```
var dir = {
  forward:0b11,     // 前進
  left:0b01,        // 左轉
  right:0b10,       // 右轉
  back:0b00         // 後退
};
```

初始化序列埠以及接收序列訊息的程式碼和 LED 燈光控制程式差不多：

```
Serial1.setup(9600);    // 初始化 Serial1 序列埠
Serial1.on('data', function(cmd) {
  console.log(cmd);     // 在主控台顯示接收到的資料

// 根據收到的 'w', 'a', 's', 'd' 或 'x'，控制馬達運作
  switch(cmd) {
    case 'w':        // 前進
      motor(dir.forward, 0.6);
      break;
    case 'a':        // 左轉
      motor(dir.left, 0.6);
      break;
    case 'd':        // 右轉
      motor(dir.right, 0.6);
      break;
    case 's':        // 後退
      motor(dir.back, 0.6);
      break;
    case 'x':        // 停止
      motor(0, 0);
      break;
  }
});
```

最後，加上設定 USB 主控台的程式敘述：

```
function onInit() {
  USB.setConsole();              // 指定 USB 序列埠為「主控台」
  console.log("ready...");       // 在主控台顯示 "ready..."
}
save();                          // 將程式寫入 Espruino 板
```

另一種 L298N 馬達控制器的輸入腳位包含 IN1~4，以及 ENA 和 ENB，控制板有多種外觀，請以輸入腳位的形式判斷控制板類型，而不是外表。這種控制板的輸入/輸出關係表如下：

這兩腳可控制轉速

輸入 / 輸出關係表

ENA/ENB	IN1/IN3	IN2/IN4	馬達狀態
高	高	低	正轉
高	低	高	反轉
高	IN2/IN4	IN1/IN3	快速停止（煞車）
低	x	x	停止（自由滑行）

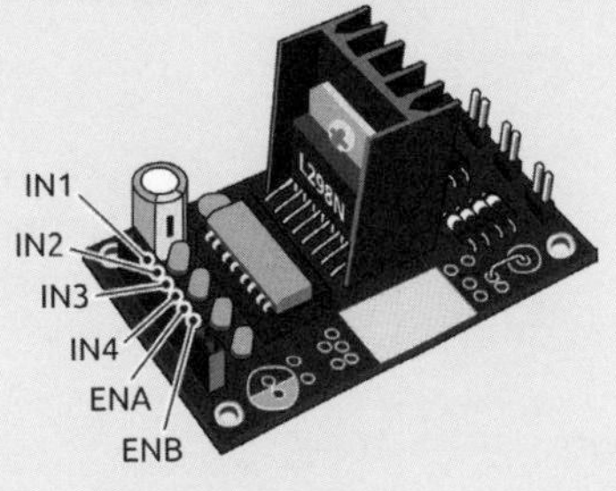

假設馬達控制板連接 Espruino 的 B3~B9 腳，設定控制馬達的程式如下：

馬達A 馬達B

```
digitalWrite( [B3,B4,B5, B7,B8,B9], 0b110110);  → 兩個馬達都正轉
digitalWrite( [B3,B4,B5, B7,B8,B9], 0b101110);  → 馬達A反轉、馬達B正轉
digitalWrite( [B3,B4,B5, B7,B8,B9], 0);         → 兩個馬達都停止
               ENA IN1 IN2 ENB IN3 IN4
```

儲存方向控制數據的 dir 物件，以及控制轉向和輸出功率的 motor 函式要改寫成：

```
var dir = {
  forward:0b1010,     // 前進
  left:0b1001,        // 左轉
  right:0b0110,       // 右轉
  back:0b0101         // 後退
};

function motor(dir, pwm) {
  analogWrite(B3, pwm, { freq: 500 });   // 設定馬達 A 的輸出功率
  analogWrite(B7, pwm, { freq: 500 });   // 設定馬達 B 的輸出功率
  digitalWrite([B4, B5, B8, B9], dir); // 設定馬達的轉向
}
```

動手做 利用 SD 記憶卡紀錄溫濕度變化

實驗說明：每隔 5 秒讀取 DHT11 感測器的溫溼度值，然後以底下的格式存入 SD 記憶卡：

```
2015.11.11_18.24.33,temp:23,RH:34
2015.11.11_18.24.38,temp:23,RH:34
2015.11.11_18.24.43,temp:23,RH:35
    ⋮
```

← 每5秒紀錄一次，每次都從新行開始寫入。

↑ 溫度　↑ 濕度

本單元將練習三個主題：

- 運用 STM32 微控器內部的 RTC 取得時間
- 透過程式模組讀取 DHT11 感測器的溫濕度值
- 將資料寫入 SD 記憶卡保存

實驗材料：

Espruino 板	1 個
DHT11 溫濕度感測器	1 個

若採用相容的 Espruino 板，還需要：

SD 或 MicroSD 記憶卡插座模組或 SD 轉接卡	1 個
電阻：330Ω（橙橙棕）	2 個
LED（顏色不拘）	2 個

實驗電路：官方 Espruino 板內建一個 microSD 記憶卡插座。**SD 記憶卡採用 SPI 介面**，它跟微控器的接線方式如下，有些 SPI 裝置的 MOSI 標示為 DI；MISO 標示成 DO：

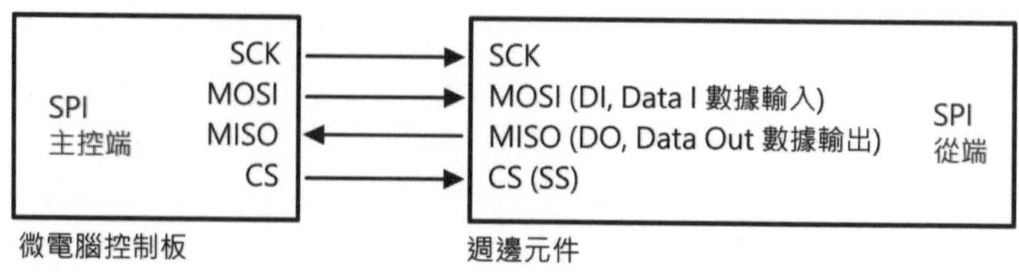

STM32 微控器有 2 個 SPI 介面，官方 Espruino 控制板內建的 MicroSD 插座連接在 SPI2（即：B13~B15 接腳，晶片選擇 "CS" 設定在 D2 接腳）。在相容 Espruino 板連接 SD 插座、DHT11 感測器以及兩個 LED 的接線示範：

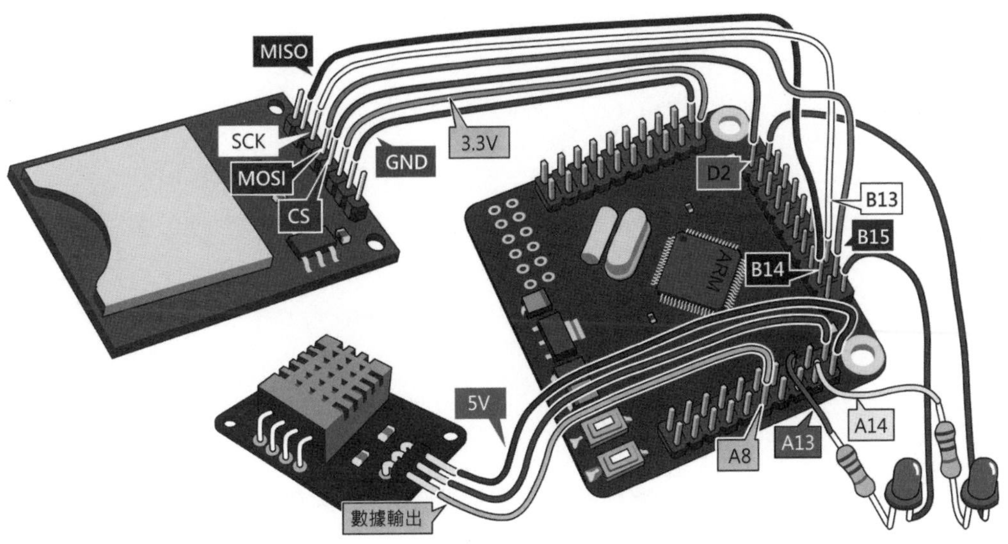

上圖的 LED 等同於官方控制板的 LED1 和 LED2。**SD 插座模組可用一般的 SD 轉接卡代替**（需要自行在轉接卡的銅片上焊接連線），連接線路示範如下：

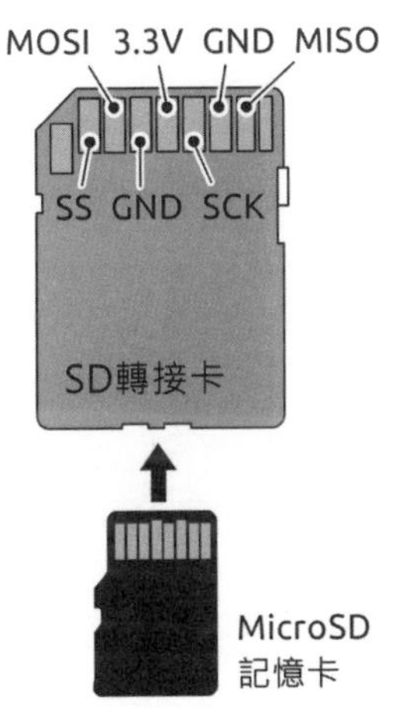

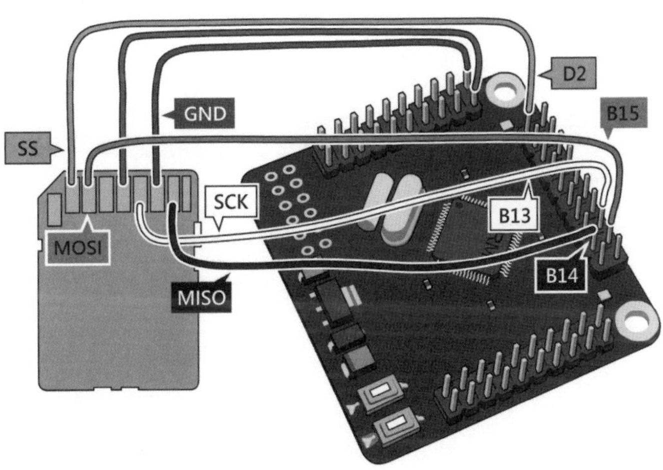

本單元程式由數個部份組成，各自需要了解不同的背景知識，因此筆者先分別介紹它們的概念，最後再拼湊起來。

實驗程式一：讀取 DHT11 模組溫濕度值：Espruino 有現成的 DHT11 程式模組，透過它在控制台顯示溫溼度值的程式碼如下：

```
var dht = require("DHT11").connect(A8); // DHT11 的數據輸出接在 A8 腳

function temp() {            // 讀取 DHT11 數據的自訂函式
  dht.read(function (d) {
    console.log("Temp: " +d.temp.toString()+ ", RH: " +
      d.rh.toString());
  });
}
setInterval(temp, 5000);    // 每 5 秒讀取 DHT11 數據
```

上傳程式碼之後，控制台將每隔 5 秒顯示最新的溫溼度值。

實驗程式二：讀取時間：STM32 微控器內建 RTC（即時鐘），除可透過 JavaScript 的 new Date() 產生包含當前日期與時間的日期物件，也可以用底下的方法建立某一天的日期物件：

```
new Date(字串)
new Date(年, 月, 日, 時, 分, 秒, 毫秒)  // 年、月、日為必填
new Date(毫秒數)
```

例如，下列兩個敘述都能建立 2020 年聖誕節零時的日期物件：

```
var xmas = new Date("2020-12-25");
var xmas = new Date(2020, 11, 25);
```

包含從1970年元旦零時到2020年聖誕午夜的毫秒值

月份值從0開始

日期物件實際是包含從 1970 年 1 月 1 日零時以來的毫秒數，因此，底下程式可在 JS 控制台顯示 2020 年聖誕節距今的天數：

包含從1970年元旦零時到當前的毫秒值

```
var today = new Date();        // 取得當前日期與時間
var xmas = new Date("2020-12-25");
var diff = xmas - today;       // 計算時間差（毫秒數）
console.log( Math.floor(diff / (24*60*60*1000)));
```

去除小數點　　一天的毫秒值

由於 Espruino 韌體始終傳回**世界標準時間** (UTC，Coordinated Universal Time)，而台灣與 UTC 的時差為正 8 小時。為了取得正確的本地時間，可在建立日期物件時，加上 8 小時的毫秒值，像底下修改自第四章「建立傳回目前日期與時間值的函式」一節的 time() 函式：

```
var time = function () {
  var now = new Date( Date()+28800000 );   // 8個小時的毫秒數

  var str = now.getFullYear() + '.' +
          ⋮
        ((now.getSeconds() < 10) ? "0" : "") + now.getSeconds();

  return str;
};
```

其中的建立日期物件的敘述，也能寫成以下其中一行：

```
var now = new Date(new Date().getTime() + 28800000);
var now = new Date(Date.now()+28800000);
```

若未調整時間，每次啟動 Espruino 時，它內部的即時時鐘都會「歸零」到 1970 年元旦零時。上傳程式之前，可依照底下的步驟，讓程式開發工具自動替控制板設定成目前的時間：

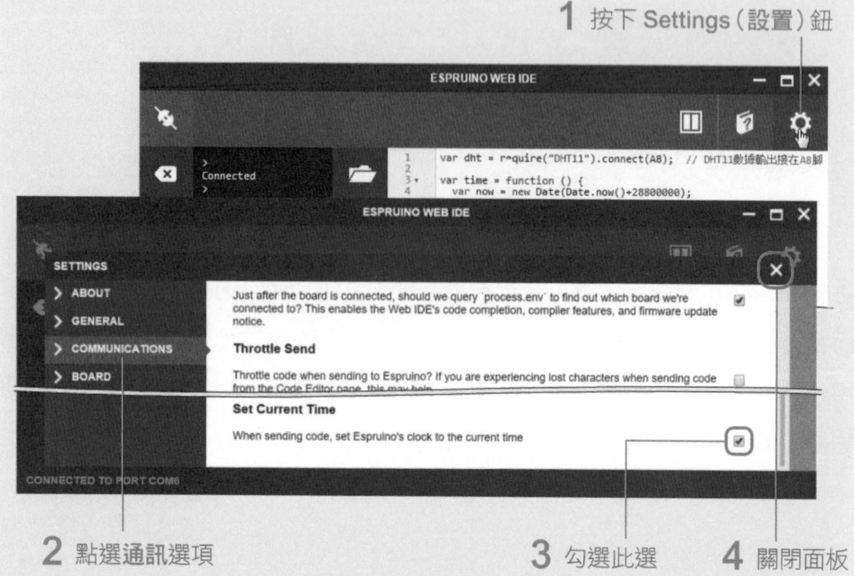

下次再上傳程式，控制板的時間就跟電腦同步了。

然而，若切斷控制板的電源，晶片的時鐘仍舊會歸零到 1970 年元旦。就像一般的電子錶必須安裝電池，STM32 的 VBAT 就是時鐘電池（**bat**tery）的專屬接腳，可連接 1.8V~3.6V，通常都採用 3V 的 CR1220 鈕扣型電池。不過，**官方 Espruino 控制板上面，標示為 VBAT 接腳是 5V 輸出**，所以右圖的時鐘電池接線僅適用於非官方 STM32 控制板：

實驗程式三：寫入 SD 記憶卡：Espruino 提供一個簡易的檔案 API，首先透過 **E.openFile() 指令**開啟檔案，它將傳回一個 File（檔案）類型的物件，透過此物件，程式將能讀取（read）或寫入（write）檔案。以寫入檔案為例，程式的操作流程如下：

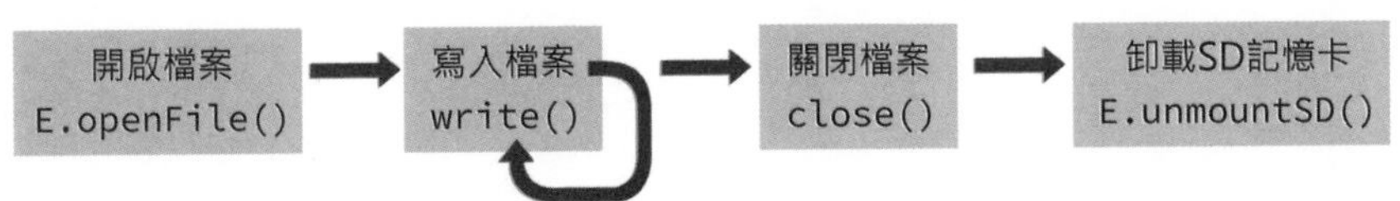

如果在寫入資料過程中取出 SD 記憶卡，可能會損毀裡面的資料甚至導致記憶卡故障。因此關閉檔案之後，最好執行「卸載 SD 記憶卡」指令；卸載記憶卡之後，若執行「開啟檔案」，它會自動重新「掛載（mount）」記憶卡。

底下是開啟檔案的指令語法，以及在記憶卡中建立一個 "test.txt" 檔案，並在其中寫入一行 "hello" 的程式片段：

```
E.openFile("檔名", "模式")
```

```
var logFile = E.openFile("test.txt", "a");
logFile.write("hello\r\n");
logFile.close();
E.unmountSD();
```

代表附加（append）

若指定的檔案不存在，它會新建一個。

寫入一行

檔案「模式」的可能值及意義如下：

- "r"：僅讀（read），開啟既有的檔案。
- "w"：覆寫（write new），覆蓋既有的檔案，或者建立新檔。
- "w+"：寫入（write existing），清除既有檔案的內容，重新寫入，或者建立新的檔案。
- "a"：附加（append），在既有檔案內容之後，寫入新的資料，或者建立新檔。

假如你把 SD 記憶卡連接在 SPI1 介面(即:A5~A7 腳),那就需要在開機啟動的 onInit 初始化事件函式加入底下的敘述:

```
function onInit() {
  // 初始化 SPI1 介面上的 SD 插座模組
  SPI1.setup({sck:A5, miso:A6, mosi:A7 });
  E.connectSDCard(SPI1, B1 /*指定 CS 腳位*/);
}
```

實驗程式四:溫濕度記錄器:底下是本單元的程式執行流程,按一下 Espruino 板子上的按鈕,它將開始紀錄溫濕度資料;再按一下按鈕,則停止紀錄。

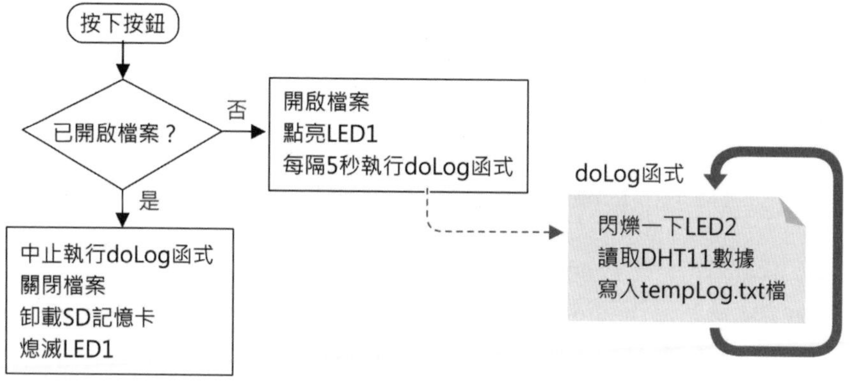

完整的程式碼如下(請自行加上讀取時間的 time()自訂函式):

```
var dht = require("DHT11").connect(A8); // DHT11 數據輸出接在 A8 腳
var myBtn = A0;                 // 原廠 Espruino 請設定成 BTN

function doLog() {
  digitalPulse(LED2, 1, 50); // 閃爍一下 LED2,告知目前正在寫入資料
  dht.read(function (d) {    // 讀取並寫入時間和溫濕度
    logFile.write(time() + ", temp: " +d.temp.toString()+
      ", RH: " +d.rh.toString() + "\r\n");
  });
}

// 偵測按鈕是否被按下的事件處理程式
```

```
setWatch(function() {
  // 如果 logFile 值為「未定義」，代表尚未開啟檔案...
  if (logFile === undefined) {
    // 以「附加」模式開啟檔案
    logFile = E.openFile("tempLog.txt", "a");
    digitalWrite(LED1, 1);          // 點亮 LED
    iid = setInterval(doLog, 5000); // 每 5 秒執行 doLog()函式
  } else {
    clearInterval(iid);     // 停止呼叫 doLog()函式
    iid = undefined;        // 清除變數值
    logFile.close();        // 關閉檔案
    logFile = undefined;    // 清除變數值
    E.unmountSD();          // 卸載 SD 記憶卡
    digitalWrite(LED1, 0); // 熄滅 LED
  }
  // 偵測按鈕的高電位訊號變化
}, myBtn, { repeat:true, edge: 'rising', debounce:30 });

setDeepSleep(1);  // 讓微控器進入深層睡眠模式
save();
```

實驗結果：採用外接電源或用電腦 USB 連接 Espruino 板，它將在按鈕被按下之後開始紀錄溫濕度值；再按一下按鈕停止紀錄。你可以取出 Micro SD 記憶卡，在電腦上讀取其中的 tempLog.txt 檔。

動手做 控制伺服馬達

實驗說明：練習透過 digitalPulse（數位脈衝）指令控制伺服馬達，以及轉換數值範圍程式的寫法。本單元的實驗將讀取光敏電阻的感測值（亮度），藉此控制伺服馬達的旋轉角度。

實驗材料：

Espruino 控制板	1 個
光敏電阻	1 個
電阻 10KΩ	1 個
SG90 微型伺服馬達	1 個

SG90 微型伺服馬達的主要參數如下：

- **操作電壓**：4.2~6V
- **消耗電流**：80mA（接 5V 運轉時）；650mA（堵轉時）
- **操作速度**：0.12 秒/60 °（無負載，接 4.8V 時）
- **PPM 脈衝寬度**：0.5~2.4ms（註：實測為 0.5~2.5ms）
- **堵轉扭力**（stall torque）：1.80 kg-cm
- **死區頻寬**（dead bandwidth）：10μs

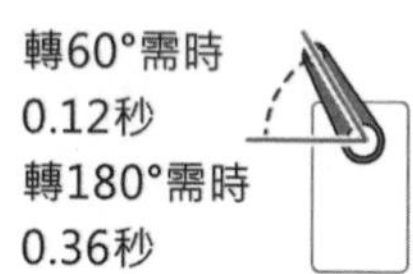

伺服馬達採用**脈衝比例調變（PPM）訊號**控制它的旋轉角度，SG90 馬達的 PPM 訊號週期為 20ms，脈衝寬度與旋轉角度變化對照如下（為了方便說明，此圖假設脈衝最大寬度值為 2.5ms）：

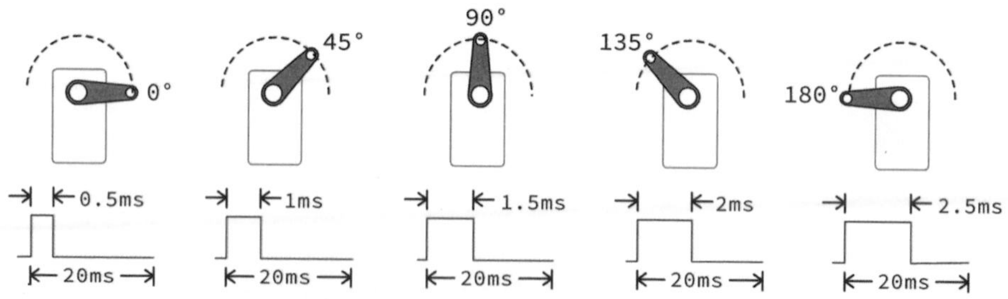

死區頻寬代表「伺服馬達忽略訊號變化的範圍」，也就是說，只有當脈衝訊號變化超過±10μs，伺服馬達才會改變角度。假設目前的 PPM 訊號寬度為 1.5ms，若 PPM 訊號變化小於 1.5ms±10μs，伺服馬達將維持在目前的角度。

實驗電路：請參考上個單元的光敏電阻分壓電路，將類比值的輸出接在 Espruino 板的 C4 腳；伺服馬達的輸入訊號腳接在 Espruino 的 A1 腳：

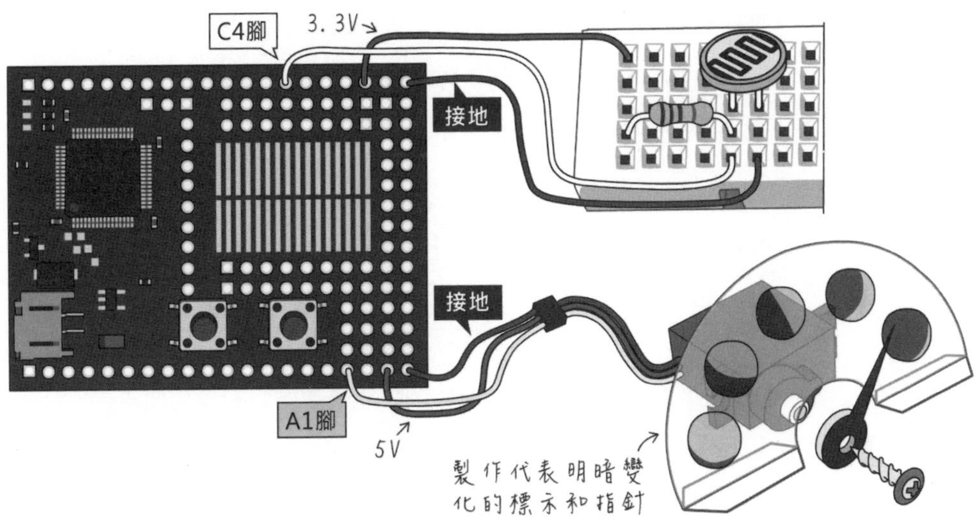

伺服馬達的擺臂可以像上圖一樣，用厚紙板（如：西卡紙）剪貼一個指針圖案，以及標示亮度值的立牌，組合成類比式亮度計。

使用 digitalPulse() 和 E.clip() 控制伺服馬達：Espruino 有一個伺服馬達控制模組（servo），其簡易範例如下，旋轉伺服馬達的 move() 方法的參數介於 0~1 之間：

```
// 使用 "servo" 模組連接 A1 腳的伺服馬達
var s = require("servo").connect(A1);

s.move(0);           // 1 秒旋轉到最小角度
s.move(0.5, 1500); // 1.5 秒旋轉到中間角度
```

不過，servo 程式模組產生的 PPM 脈衝寬度範圍介於 1~2ms 之間，不太適用於 SG90 微型伺服馬達（無法旋轉到最大角度）。

因此，本例將使用 digitalPulse 方法，直接控制脈衝訊號輸出。底下的敘述將在 A1 腳輸出 1.5ms 脈衝，讓伺服馬達約莫轉動到中間角度：

```
digitalPulse(A1, 1, 1.5);
```

為了避免脈衝範圍超過伺服馬達所能接受的範圍，我們可以把脈衝值透過 Espruino 內建的 **E.clip() 方法**限制在範圍內。像底下的敘述，將脈衝值預設為 3，但 E.clip() 方法會它縮限成 2.4：

```
var servoPos = 3;  // 脈衝寬度預設為3ms
digitalPulse( A1, 1, E.clip( servoPos, 0.5, 2.4 ) );
```

E.clip(原始輸入值, 下限值, 上限值)

Espruino 的類比值範圍介於 0~1，本單元的程式需要將它對應成伺服馬達的脈衝訊號寬度 0.5ms~2.4ms，但 JavaScript 沒有內建類似 Arduino 數值範圍轉換函式 (map)，我們要自行撰寫。為了降低小數點的運算誤差，筆者將轉換範圍設定為：0~1000 轉換成 500~2400，轉換式以及範例如下：

$$(輸入值 - 原始最小值) \times \frac{(輸出最大值 - 輸出最小值)}{(原始最大值 - 原始最小值)} + 輸出最小值$$

$$(500 - 0) \times \frac{(2400 - 500)}{(1000 - 0)} + 500 = \mathbf{1450} \xrightarrow{\div 1000} \mathbf{1.45ms}$$

脈衝寬度

底下是仿造 Arduino 的 map() 的自訂函式碼：

輸入值　原始值範圍　輸出值範圍

```
function map( val, oldMin, oldMax, newMin, newMax ) {
  return (val - oldMin) * (newMax-newMin) / (oldMax-oldMin) + newMin ;
}
```

假如程式每次都是把輸入值轉換成固定的數值範圍 (如本例的 0.5~2.4)，我們還可以進一步簡化算式，事先計算好轉換比例 (如底下的 1.9)，減輕處理器的負擔：

$$500 \times \frac{(2400 - 500)}{1000} + 500 \rightarrow 500 \times 1.9 + 500 = \mathbf{1450} \rightarrow \mathbf{1.45ms}$$

轉換比例

map 自訂函式可改寫成：

```
function map( val ) {
  val *= 1000;  // 把輸入的0~1類比值換算成0~1000
  return Math.floor(val * 1.9 + 500 ) / 1000;
}
```

捨去小數點數字　轉換成ms時間單位

本單元的完整程式碼如下，程式每隔 0.5 秒檢查與更新感測器資料，讓伺服馬達有足夠的時間轉動到定點：

```
var servoPos = 0.5;  // 預設脈衝寬度
var cdsPin = C4;     // 光敏電阻腳位
var servoPin = A1;   // 伺服馬達腳位

function map(val) {  // 轉換類比輸入值與 PPM 脈衝寬度
  val *= 1000;
  return Math.floor(val / 0.5263 + 500) / 1000;
}

setInterval(function() {   // 每 0.5 秒檢測一次亮度值
  var light = analogRead(cdsPin);
  servoPos = map(light);   // 把類比值轉換成脈衝寬度
}, 500);

setInterval(function() {   // 以 20ms 為週期，送出伺服馬達的脈衝訊號
  digitalPulse(servoPin, 1, servoPos);
}, 20);
```

實驗結果：SG90 伺服馬達將依光敏電阻檢測到的亮度旋轉。

7-4 STM32 微控器相容板

市面上很容易能買到採用 STM32 微控器的板子。就像每個人都能自製 Arduino，同樣採開放原始碼的 Espruino，只要**微控器的型號**和**運作時脈**相同（請在網拍搜尋關鍵字 "STM32F103RCT6 控制板"），替它**燒入 Espruino 韌體**，該 STM32 控制板就變成 Espruino 了。

筆者選購的是僅包含微控器、石英振盪器和 3.3V 電源轉換器等基本元素，並且在電路板引出微控器全部接腳的「最小系統板」，外觀類似下圖：

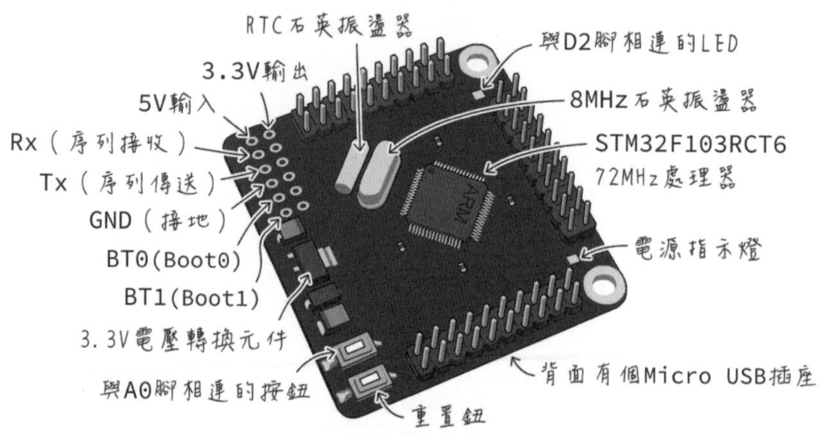

除了 8MHz 振盪器，市售 STM32 控制板通常包含另一個 **32.768kHz 石英振盪器，提供 RTC（即時時鐘）產生較精確的計時訊號**，否則大約會有± 1%~2% 的時間誤差（連續開機越久，誤差越擴大）。

> 32768 是 2 的 15 次方。

有些控制板還包含額外的快閃記憶體、LCD 介面、J-Link 介面、鈕扣型電池座...等等。官方的 Espruino 控制板，其實就相當於「最小系統板」，加上三個 LED、一個按鈕和一個 Micro SD 記憶卡插座，並且預留 HC-05/HC-06 藍牙序列通訊模組焊接點，它們透過底下電路連接 STM32 的接腳：

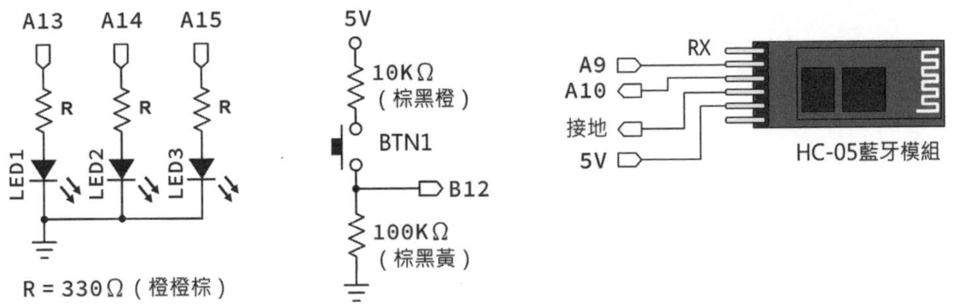

筆者的 STM32 控制板已經有一個按鈕（接在 A0，官方板接在 B12），所以只要按照下圖連接 LED，它就更像 Espruino 了。

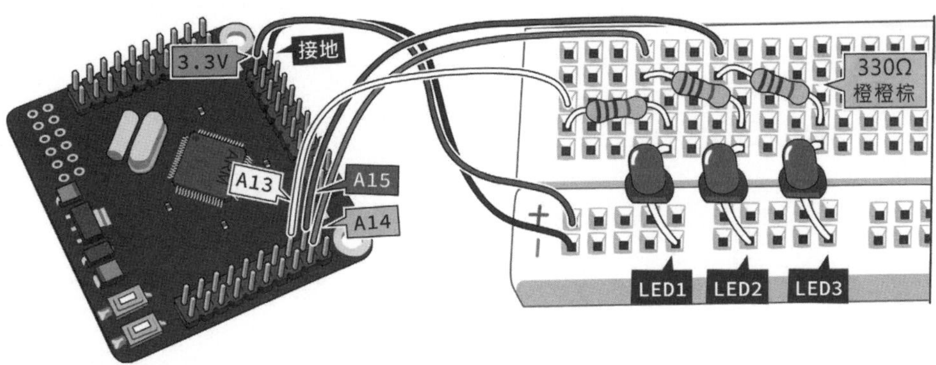

普通的 STM32 控制板通常依腳位順序引出微控器的接腳，而且除了被兩個石英振盪器佔用的 4 個接腳，全部的腳位都有引出。

Espruino 和 Arduino 控制板，都屬於**開源硬體（Open Hardware）**，電路圖、PCB 佈線圖和零組件清單，以及韌體原始碼都完整公開，所有零件都能在電子材料行或者網路商店買到。

相較之下，樹莓派雖然有公開電路圖（註：搜尋關鍵字 "Raspberry Pi schematic"），但是它的系統晶片（BCM2835）是客制產品，一般電子通路買不到，之前有一家韓國廠商推出小型化的樹莓派相容板，叫做 "ODROID-W"（W 代表 Wearable，穿戴式），但後來也停產了。

販售硬體產品是 Arduino 和 Espruino 開源廠商的主要收入之一，如果可能，請至少跟他們購買一片「原廠」控制板（當然啦～我們也可以直接在官網上捐款），讓他們有動力推出更好的產品。

動手做 替 STM32 控制板燒錄 Espruino 韌體

實驗說明：本節將示範在一般的 STM32 控制板燒錄 Espruino 韌體，讓它變成 Espruino 相容板。

STM32 微控器有兩個設定啟動模式的接腳，稱為 **boot0** 和 **boot1**。**boot0 預設接地**，當 STM32 控制板開機或重新啟動時，它會自動執行我們的程式碼。若要**透過序列埠燒錄韌體，boot0 必須接高電位**，boot1 可隨意設置，請參閱表 7-3 說明。

表 7-3

啟動模式選擇引腳		啟動模式	說明
BOOT0	BOOT1		
0	×	快閃記憶體	一般的啟動方式
1	0	系統記憶體	用於透過序列埠下載程式
1	1	SRAM	用於在 SRAM 中測試程式碼

實驗材料：

採用 STM32F103RCT6 微控器的控制板	1 個
USB 轉 TTL 序列轉換板（或者 Arduino UNO 板）	1 個

實驗電路：參閱下圖連接 USB 序列板和 STM32 控制板，微控制板的 **Boot0 腳接高電位（3.3V）**。不同廠商的控制板接腳位置不太一樣，實際接線以廠商的技術文件或者控制板上的標示為主。

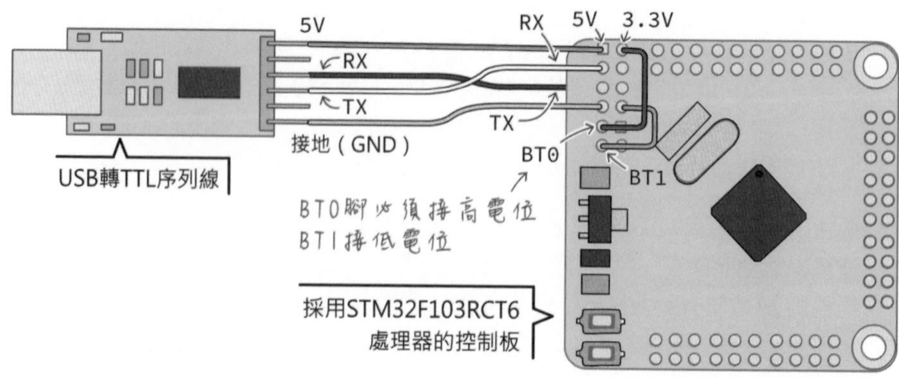

USB 轉 TTL 序列轉換板可用 Arduino UNO 替代，因為 Arduino 控制板內建 USB 轉 TTL 序列電路。請先把 UNO 板的 **RESET（重置）和 GND（接地）腳位相連**，讓 UNO 微控器始終處於「重置狀態」，如此，它就會忽略來自 USB 的資料；轉換成 TTL 電位的序列訊號，連接到 Arduino 板子的數位 0 和 1 腳，因此，讀者可採用底下的接線方式：

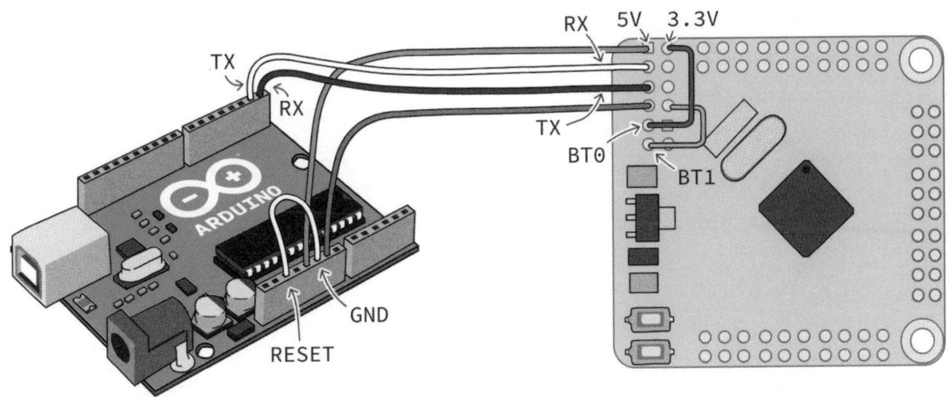

實驗程式：Espruino 官網提供一個用 Python 2.x 語言寫成的韌體燒錄程式（原始碼網址：https://goo.gl/QepnRS），此程式收錄在書本光碟 stm32loader.py 檔。請將此程式複製到本機電腦備用（筆者將它存在 C 磁碟機的 "esptool" 路徑）。

燒錄韌體的步驟：

1 到 Espruino 官網下載最新的韌體（網址：http://www.espruino.com/Download）。

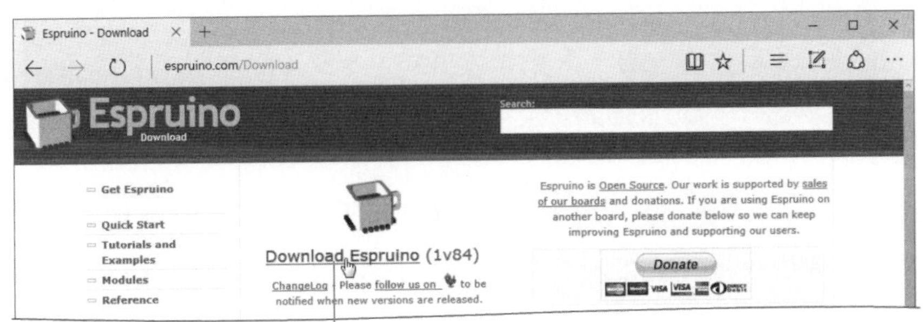

按此下載.zip 壓縮格式的韌體檔

2 壓縮檔裡面包含適用於不同控制板的韌體，請把其中的 "espruino_○○○_espruino_1r3.bin" 檔，○○○代表版本編號，例如 1v84，解壓縮到燒錄程式相同的資料夾。

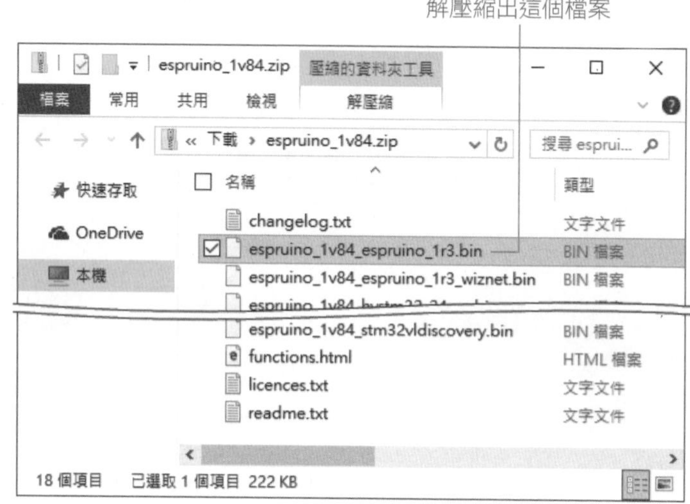

3 開啟命令列視窗，執行底下的 python 指令進行燒錄（筆者將原本的韌體檔重新命名成較簡短的 espruino.bin）。

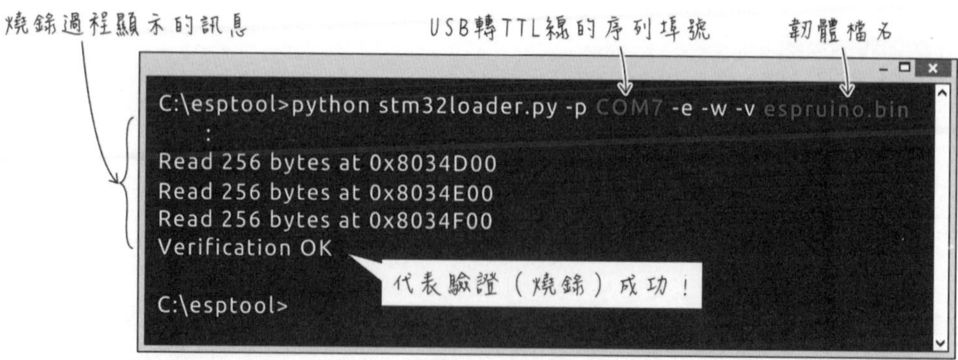

實驗結果：韌體燒錄完畢，請拔除 USB 轉 TTL 序列通訊板，然後**把 BOOT0 腳接回低電位**。將燒錄好 Espruino 韌體的控制板，用 USB 線連接電腦，再開啟 Espruino IDE 連線，試著在控制台輸入 "1+1" 之類的 JavaScript 敘述，它將能回應透過此控制板執行的結果：

若執行燒錄韌體命令時出現 "No module named serial" 錯誤，代表 Python 程式找不到序列通訊模組，請參閱本章末說明。

SMT32 微控器內建用於除錯與上傳程式的 JTAG 與 SWD 介面，它們的作用類似外科醫師使用內視鏡、核磁共振等儀器檢視人體內部的情況；JTAG 介面搭配名叫 "J-LINK" 的硬體設備和軟體，即可在程式運作時，從電腦觀察微控器內部的暫存器（記憶體）和 I/O 腳位的狀態，對於模擬程式和除錯很有幫助，但 Espruino 不支援（話說回來，用 JavaScript 高階語言開發微控器程式的人們，其實不太在意處理器的運作細節）。

J-LINK 搭配 J-Flash 軟體，也能從 USB 介面下載與燒錄微控器程式。

透過終端機直接控制 Espruino

除了使用 Chrome 版的 Web IDE 開發 Espruino 程式，我們可以透過電腦（Windows, Mac OS X 和 Linux 等系統）的文字命令（終端機）視窗，直接與 Espruino 連線並下達指令。

以 Windows 系統為例，假設 Espruino 連接在 COM10 埠，底下的命令將在 LED1 腳輸出高電位，點亮 LED1：

```
echo digitalWrite(LED1, 1) > \\.\COM10
```

詳細說明請參閱 Espruino 專案的 Interfacing to a PC（與 PC 相連，https://goo.gl/k8W2U7）這篇文章。

此外,Android 平台有個免費的 "DroidScript" 開發工具(http://droidscript.org/),能讓使用者直接在手機上用 JavaScript 寫 App。DroidScript 的 Samples(範例)裡面包含一些有趣的程式,像 Tilt and Draw(透過加速度感應器繪圖)、Speech Recognition(語音辨識)、Voice Command(語音命令)、Camera Faces(人臉辨識)、USB Serial(USB 序列埠控制)、Bluetooth Serial(藍牙序列埠控制)、USB Espruino(透過 USB 控制 Espruino)、USB Arduino(透過 USB 控制 Arduino)...等等。

底下是執行 USB Espruino 範例的步驟:

1 點選 **Samples（範例）**

2 點選 **USB Espruino**

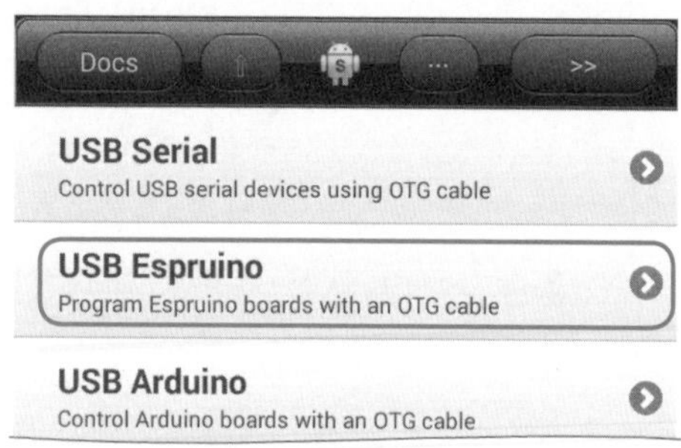

3 使用 USB OTG 線連接 Android 和 Espruino 板。手機畫面將出現右圖的訊息,詢問您「當連接此 USB 裝置時,是否開啟 DroidScript?」請按下**確定**。

4 按下 **Run** 鈕，執行 USB Espruino 程式。

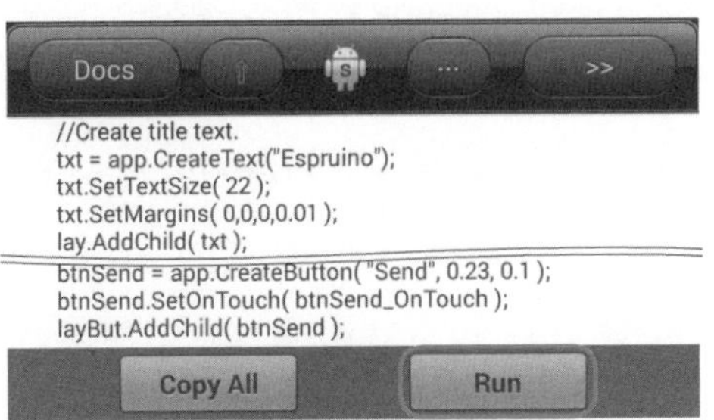

Docs
>>
//Create title text.
txt = app.CreateText("Espruino");
txt.SetTextSize(22);
txt.SetMargins(0,0,0,0.01);
lay.AddChild(txt);
btnSend = app.CreateButton("Send", 0.23, 0.1);
btnSend.SetOnTouch(btnSend_OnTouch);
layBut.AddChild(btnSend);
Copy All
Run

5 從畫面底下的選單選擇一個範例，例如 "Flash"（閃爍 LED），再按下 **Send（傳送）**或 **Save（儲存）**鈕。

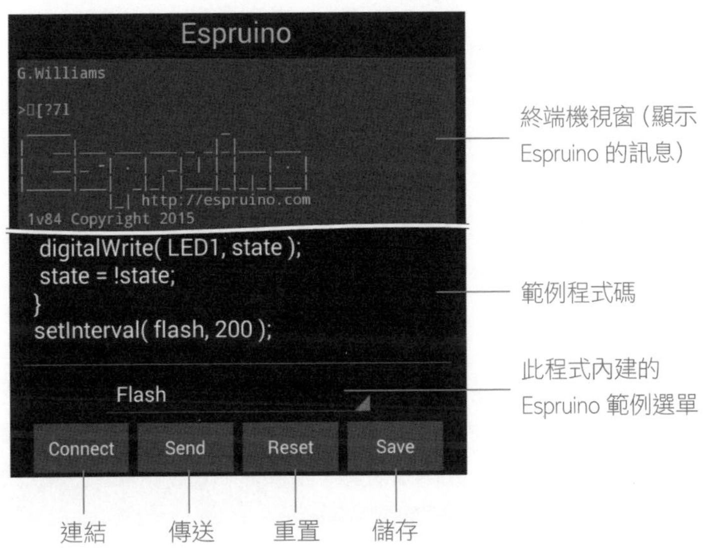

程式上傳完畢後，Espruino 板子上的 LED1 將開始閃爍。

安裝 Python 序列通訊模組：pyserial

燒錄 Espruino 韌體的 stm32loader.py 程式，必須藉由 pyserial 序列通訊模組（程式庫），才能連接序列裝置，Python 預設並沒有安裝此模組。

請到 Python 官網的 pyserial 網頁（https://pypi.python.org/pypi/pyserial）下載 .whl 格式的擴充模組（Python Wheel）：

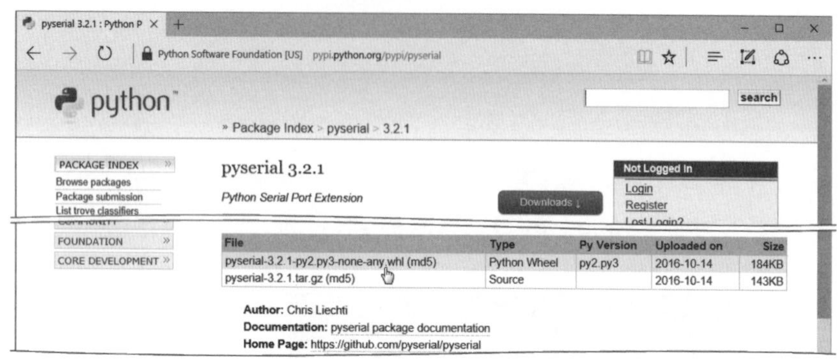

為了方便安裝，請將此 .whl 放到磁碟根目錄，例如，筆者把 "pyserial-3.2.1-py2.py3-none-any.whl" 複製到代號 G 的隨身碟根目錄。

開啟命令列視窗，輸入底下的指令即可安裝序列通訊模組；pip 是 Python 的套件管理程式（相當於 Node.js 的 npm）。

請留意，Windows 系統的路徑分隔符號是 "\"，但是在 pip 指令的參數中，請改寫成 "/"。

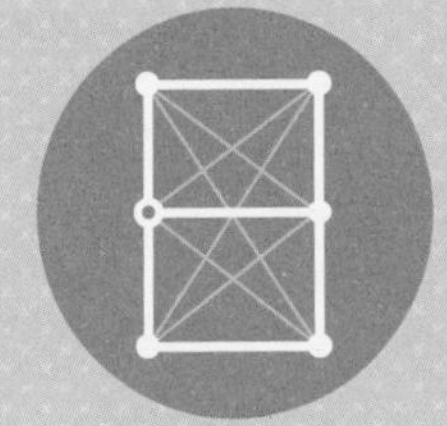

使用 MongoDB 資料庫以及 ejs 樣版引擎建立動態網頁

前面章節的 Node 程式，網站伺服器只負責傳遞事先寫好的 HTML 網頁，動態更新的資料透過 socket.io 處理。但並非所有網頁都需要即時連線、即時更新，比方說「一週天氣報告」，只要把過去一星期內收集到的數據整合成 HTML，推送給用戶端，就可以切斷和用戶的連線，此舉將能節省伺服器處理資源和網路頻寬。

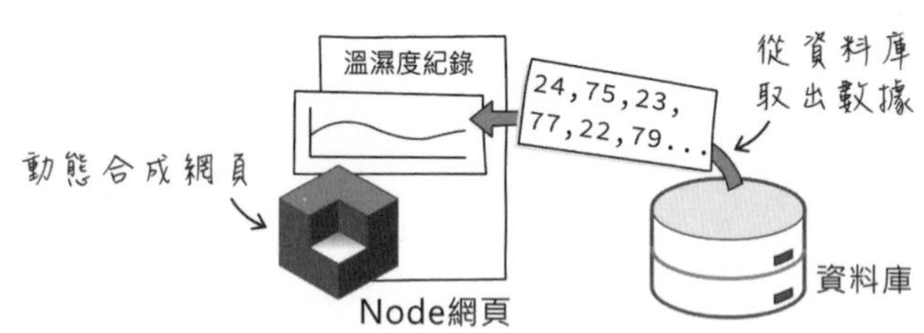

本章將說明如何使用 Node 的 **ejs 樣版引擎（template engine）**，動態合併資料庫內容與 HTML 頁面。

資料庫系統由「資料庫」和「資料庫管理系統」組成，前者可將資料分門別類地儲存起來，後者負責存取與管理資料。「資料庫」可比喻成「檔案櫃」，每個抽屜儲存不同資料。

8-1 資料庫簡介

在紀錄少許資料的記事或資料的場合，只需要「便條貼」或者用文字檔甚至 Excel。一旦資料量變多，最好交給資料庫有系統地歸納和儲存。本章採用的資料庫也是一種伺服器軟體，用戶端透過網路連線到資料庫，對它下達指令操作。

相較於純文字檔，採用資料庫儲存數據至少有下列優點：

- 方便透過程式執行查詢、更新與刪除等操作。
- 可替資料欄位加入「索引」，增快查詢速度。
- 允許多人透過網路存取資料。
- 比較安全可靠，資料庫管理系統可設置使用者帳號與權限，且資料並非以「明文」方式儲存，而是經過編碼，非人類可直接閱讀的形式。
- 可維護資料的完整性，在多人同時操作資料的場合，資料庫管理系統可確保資料的一致性，不會發生某個人在修改資料時，另一個人也在改寫相同的資料。

由於分析、整理和儲存資料的形式不同，資料庫分成不同的類型，目前被廣泛採用的是**以行、列表格形式來存放資料（此表格稱為「資料表」）的「關聯式資料庫（Relational Database）」**：

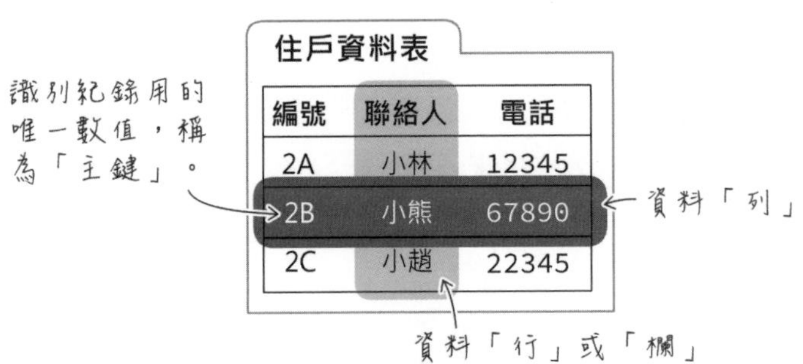

使用關聯式資料庫儲存資料之前，我們必須先定義好資料表的**架構**（schema，也譯作「綱要」），例如，表格的欄位數量（像上圖的「住戶資料表」包含了 3 個欄位）以及各個欄位所儲存的資料格式（如：字串、數字、日期...）。

存放在不同資料表中的相關資料，可透過識別資料的**鍵值**（如上表的「編號」）關聯/連結在一起（沒錯，這就是這種資料庫的名稱由來）。例如，「社區活動報名表」可透過「住戶編號」檢索到報名者的詳細資料：

社區康樂活動報名表

登記編號	住戶編號	參加人數
1	4D	3
2	6F	2
3	2C	4

關聯

住戶資料表

住戶編號	聯絡人	電話
2A	小林	12345
2B	小熊	67890
2C	小趙	22345

關聯式資料庫採用 **SQL 語言**操作資料庫，所以一些相關產品名稱多半有 "SQL" 字眼，像微軟的 MS SQL Server，以及開放原始碼的 MySQL 和 PostgreSQL。

認識 NoSQL

NoSQL 代表一種**非關聯式**、**不用資料表**儲存的資料庫類型，也不用 SQL 語言操作，適合處理**大數據（big data，或譯作「巨量資料」）**。雖然 NoSQL 的名稱對 SQL 有負面的涵義，但是它並非要消滅 SQL 資料庫，而是提供另一種資料庫系統的選擇方案。

當遇到效能瓶頸時，提昇關聯式資料庫處理效率的普遍作法，是把資料庫伺服器主機升級成處理器更快、記憶體更大但價格不菲的電腦，因為關聯式資料庫不容易被分散處理。這就好比貨運公司遇到處理龐大且無法切割的物品時，必須將小貨車升級成大卡車來載運一樣：

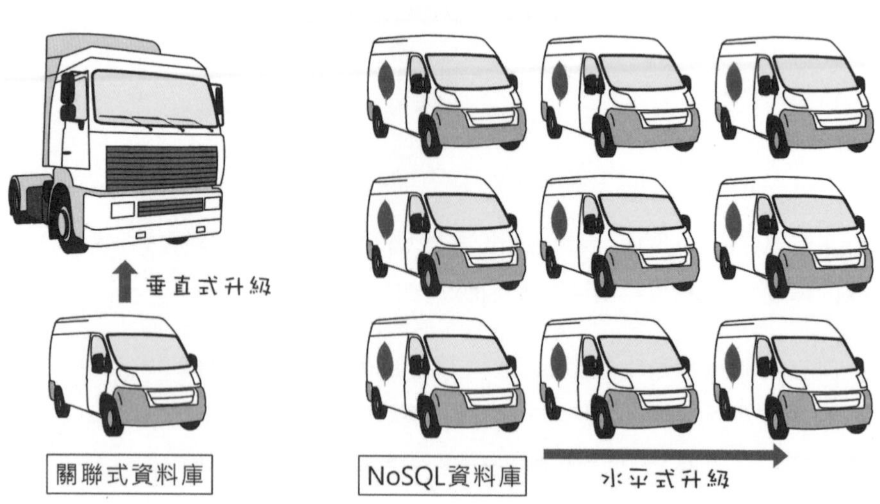

反觀 NoSQL 資料庫的原始設計就適合分散處理，需要提昇資料處理效能時，只要增加電腦數量，其建置和維護費用比起一台大型電腦低廉。就像 Google 的數據中心，是由成千上萬台 Google 自行研發的 Linux 電腦交織而成。

跨電腦儲存資料的機制稱為 Sharding。

NoSQL 特別適合處理**非一致性資料**。以通訊錄為例，SQL 資料庫需要事先規劃資料表儲存的每個欄位，如：姓名、地址、e-mail、電話、臉書、推特…。但是，並非每一筆資料都需要填寫所有欄位，而某些聯絡人也有可能需要額外的欄位，例如：生日和相片。因此，有時很難設想出一體適用的資料表格式。

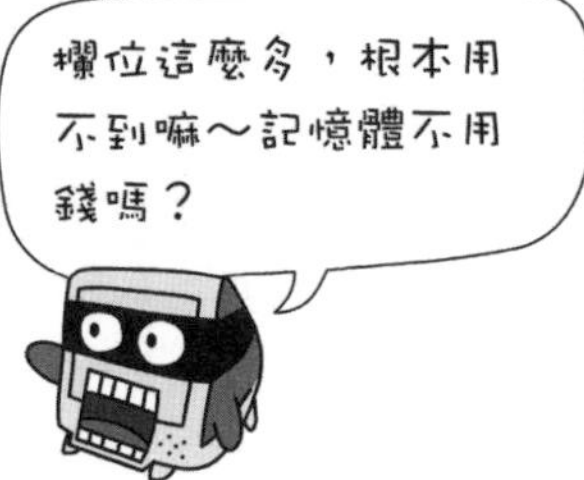

NoSQL 無須定義儲存資料的格式和架構，所以更具彈性，像底下的三筆通訊錄，可以存放在一起：

認識 MongoDB

NoSQL 是一種資料庫架構的「類型」名稱，採用這種架構類型的資料庫軟體有很多種，比較知名的有 MongoDB, CouchDB 和 Redis，但它們的結構和操作方式都不同。

本單元採用的是頗受 Node.js 開發人員歡迎的 **MongoDB**，根據 DB-engines 網站 2016 年四月的資料庫人氣排名統計（http://db-engines.com/en/ranking），MongoDB 名列第四（前三名依序為：Oracle, MySQL 和 Microsoft SQL Server，都是關聯式資料庫）。許多知名企業也有採用 MongoDB，像 eBay、GAP、Bosch（博世）、Adobe...等等。

MongoDB 採用 **JSON 語法**來描述儲存的資料格式和內容，底下的例子描述了三筆紀錄（文件）：

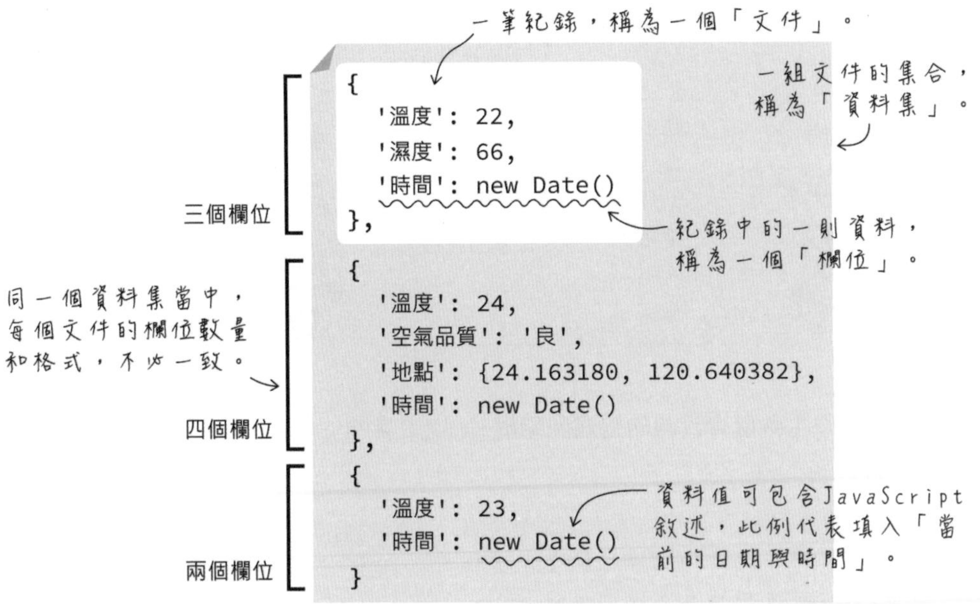

從這個簡單例子可看出，儲存在 MongoDB 的資料內容不限定於特定的形式。此外，MongoDB 的一些術語也不同於關聯式資料庫，例如，關聯式資料庫的資料儲存在「**資料表（table）**」，MongoDB 則是存在「**資料集（collection）**」。

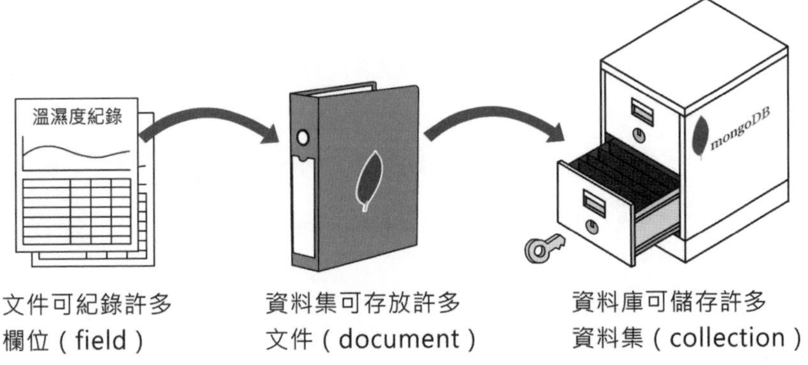

表 8-1 列舉關聯式和 MongoDB 資料庫的一些術語比較。

表 8-1

關聯式資料庫	MongoDB 資料庫
table（資料表）	collection（資料集）
row（列）、record（紀錄）	document（文件）
column（行）	field（欄位）
primary key（主鍵）	primary key（主鍵）

8-2 安裝 MongoDB

MongoDB 的官網（mongodb.org/downloads）提供 Windows, Mac OS X 和 Linux 系統的安裝程式。在 Windows 和 Mac 安裝的方式很簡單，以 Windows 為例，選擇 64 位元或 32 位元作業系統版本，再按下 **DOWNLOAD（下載）**鈕，即可下載 .msi 格式的安裝程式。

為了方便日後操作，請在底下安裝程式的安裝路徑中，設定將 MongoDB 安裝在 "C:\mongoDB\" 路徑。

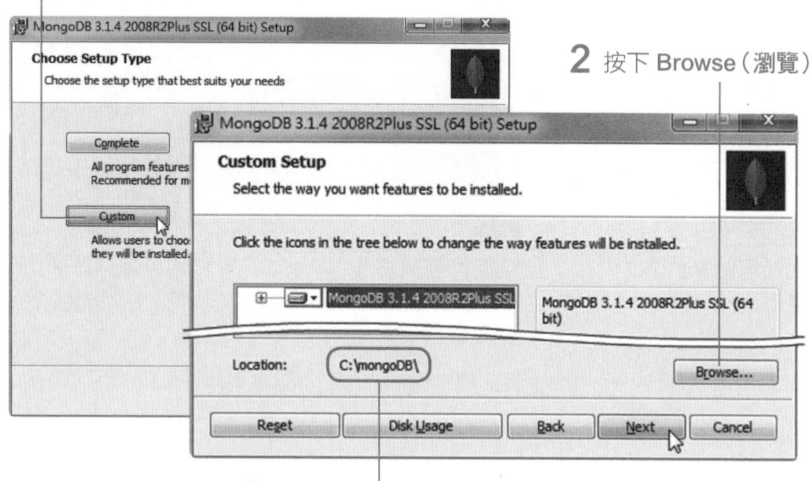

安裝完畢後，即可在 "C:\mongoDB\bin" 路徑找到 MongoDB 提供的所有程式，它們都要在「命令列」環境運作。本章主要用到的是 mongo.exe 和 mongod.exe：

- **mongod**：MongoDB 資料庫伺服器
- **mongo**：操作 MongoDB 資料庫的 JavaScript Shell (互動介面，以下統稱 "mongo 介面")

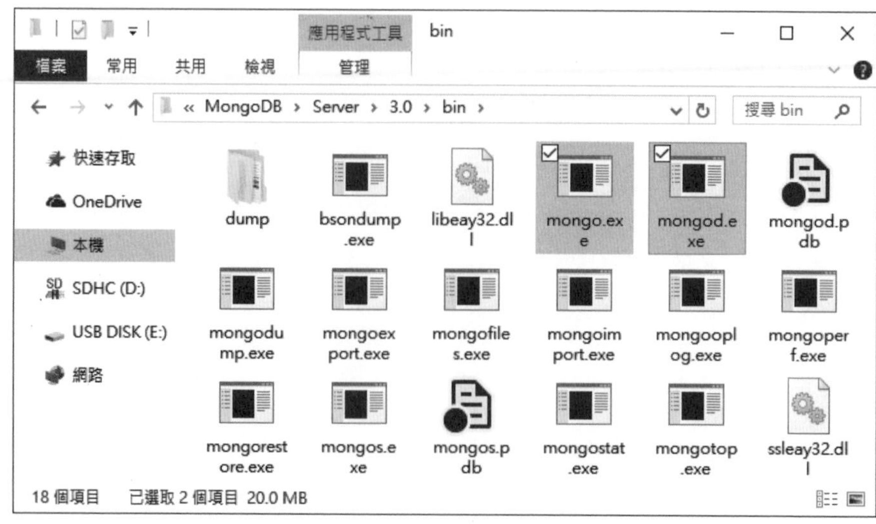

在 Raspberry Pi 安裝 MongoDB

MongoDB 的官網（mongodb.org/downloads）並未提供適合 Raspberry Pi 的安裝程式，使用者必須花費數小時自行編譯，或者找尋他人編譯好的可執行檔（binary file）。本文採用的是由 Mark Little 提供，預先編譯好的 2.1.1 版，雖然版本舊了一點，但已足夠練習與執行本文的程式碼。

雖然是已經編譯好的版本，但是安裝過程有點繁瑣，需要在終端機中輸入一連串指令，新增 mongodb 使用者權限、建立存放執行狀態紀錄（log）的目錄、設定目錄權限...等等，詳細的步驟可參閱 Emerson Veenstra 撰寫的說明（https://goo.gl/FDGyCv）。

Scott Vitaler 把上述安裝操作指令寫成命令稿（shell script），請先執行 git clone 命令下載事先編譯好的 MongoDB：

```
git clone git://github.com/svvitale/mongo4pi.git
```

下載完畢之後，切換到 mongo4pi 並執行該目錄裡的 install.sh 命令稿：

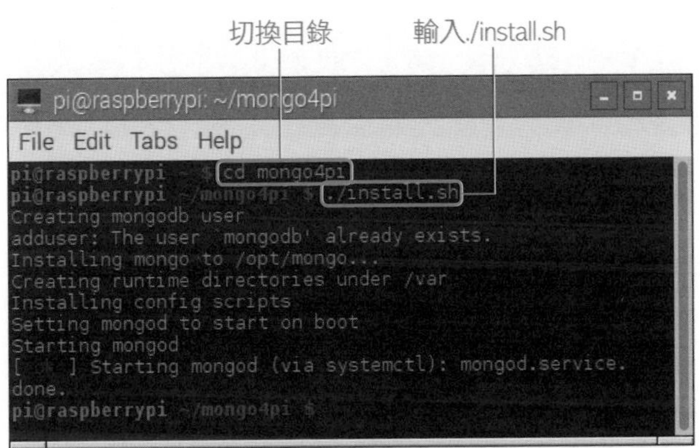

安裝完畢後，在終端機任何路徑輸入 mongo，系統應該會回應 mongoDB 的版本並且進入互動操作環境，代表 MongoDB 程式可正常執行。

按 Ctrl + C 可退出互動操作環境。

在 Raspberry Pi 2 和 3 編譯並且安裝 MongoDB 3.x 版的説明，請參閱筆者部落格的「**在樹莓派 2 代和 3 代（Jessie 版 Raspbian 系統）安裝 MongoDB 3.0.9**」貼文（swf.com.tw/?p=833）。

設定 Raspbian 系統環境變數

假如執行 mongo 時出現「命令找不到」錯誤，這也挺正常的，請依照下文説明解決這個問題。

因為上一節執行的安裝命令稿，把 MongoDB 程式安裝在 /opt/mongo/bin 目錄，而 Raspbian 系統的 PATH 變數並沒有包含這個路徑，所以系統找不到 mongo 程式。在終端機輸入 echo $PATH 即可列出 PATH 路徑變數值：

讀取變數值時，變數前面要加上金錢符號 ($)

從顯示結果可看出，PATH 變數值並未包含/opt/mongo/bin 路徑。Raspbian 系統的 **PATH 環境變數可在不同的配置檔案中設定**，例如：

全體使用者（全域）配置檔 → /etc/profile
單一使用者（個人）配置檔 → ~/.profile
針對bash shell操作環境的個人配置檔 → ~/.bashrc

系統讀取順序

筆者選擇在「家」目錄底下的 .bashrc 檔加入 MongoDB 路徑。請在終端機中輸入底下命令，用 nano 編輯器開啟 .bashrc 檔。

```
$ nano ~/.bashrc
```

請按 ↓ 方向鍵捲動到文件最底部，新增環境變數設定敘述：

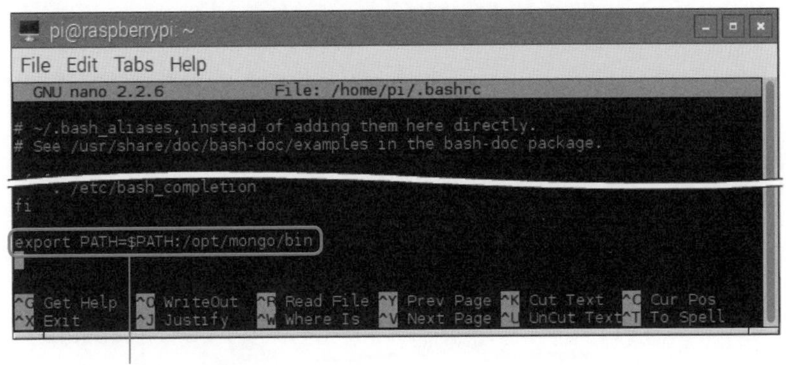

新增完畢後，按 Ctrl + O 寫入、按 Y 確定、按 Ctrl + X 退出。接著在終端機視窗執行底下的 source 指令（讓新設定的路徑生效），或者重新開機，就能在任意路徑輸入 mongo 啟動 MongoDB 前端操作程式了。

```
source ~/.bashrc
```

設定環境變數的語法說明：

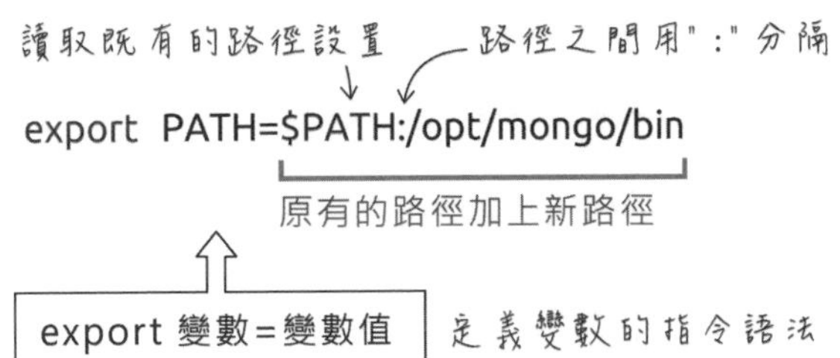

請注意，系統的全域配置檔（/etc/profile）已經定義了包含數個路徑的 PATH 變數，所以新增路徑時，需要包含既有的路徑。底下是**錯誤的寫法**，它會覆蓋整個 PATH 值，變成只有一個路徑：

```
export PATH=/opt/mongo/bin
```

這樣一來，許多位於 /usr/bin/ 路徑的程式（如：文字編輯器 "nano"）就無法在任意路徑下執行了。

8-3 MongoDB 的基本操作

下文將示範在 MongoDB 建立一個名叫 "sensors" 的資料庫，並在其中存入名叫 "dht11" 的資料集，接著練習輸入、查詢、修改和刪除文件的基本操作。

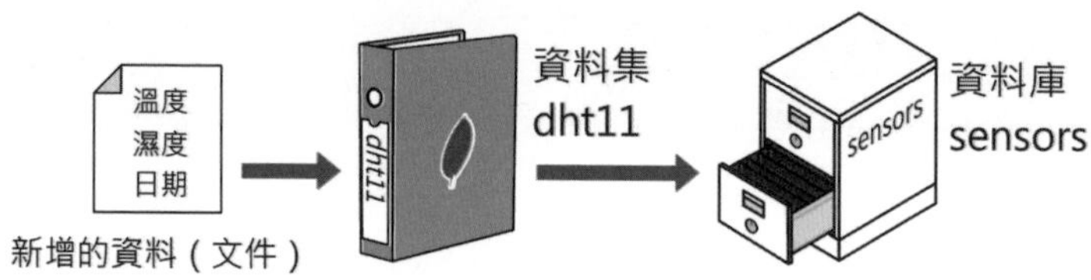

MongoDB 大致有三個操作步驟：

1. **設定資料檔案的儲存路徑**，這個步驟只須設定一次。在 Windows 電腦上，筆者先在 D 磁碟根目錄新增一個名叫 "mongo" 的資料夾，當作資料儲存路徑。

2. 在終端機視窗（Windows 命令處理程式），**執行 mongod 程式，啟動資料庫伺服器**。

3. 開啟另一個終端機視窗，**執行 mongo 程式，開始操作 MongoDB 資料庫**。

> 資料庫的建立（Create）、讀取（Read）、更新（Update）和刪除（Delete）四個基本操作，簡稱為 CRUD。

啟動 MongoDB 資料庫伺服器

安裝於樹莓派的 MongoDB（存在/var/lib/mongodb/路徑）被安裝程式設定成「開機自行啟動」，請略過本單元。在 Windows 命令列啟動 MongoDB 時，請在 mongodb 命令後面加上 "--dbpath" 參數（代表「資料庫路徑」）。啟動過程中，命令列將跑出一連串訊息，等到出現 waiting for connections on port 27017（於 27017 埠等待連線）而且畫面不再捲動，就表示已經正常啟動了。

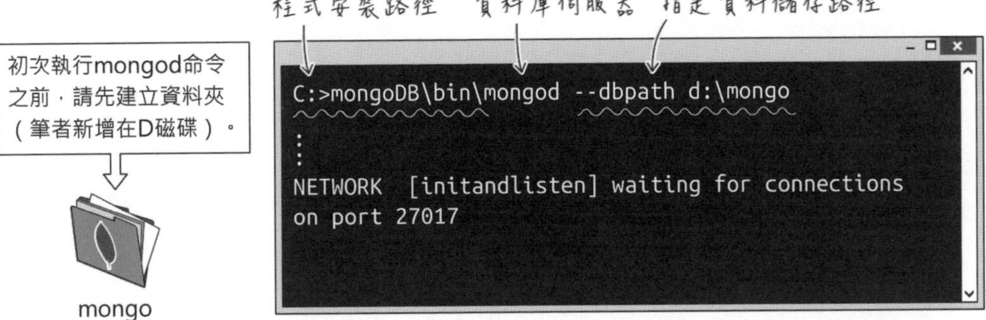

若啟動過程出現**安全性警訊**視窗，請按下**允許存取**，MongoDB 隨即開始運作。

建立 sensors 資料庫

啟動 MongoDB 伺服器之後，請再開啟一個終端機或 Windows 命令列視窗，在其中輸入 "mongo sensors" 命令，即可連接並操作 "sensors" 資料庫；如果 "sensors" 資料庫不存在，它會自動建立一個。

C:>mongoDB\bin\mongod --dbpath d:\mongo
NETWORK [initandlisten] waiting for connections on port 27017
NETWORK [initandlisten] connection accepted from 127.0.0.1:49749 #1 (1 connection now o
實際資料檔案存放在 d:\mongo 路徑。
欲連線的資料庫
C:>mongoDB\bin\mongo sensors
MongoDB shell version: 3.0.4
connecting to: sensors
>
此訊息顯示目前有一個連線用戶
前端的回應訊息：連線到sensors資料庫
在此輸入操作指令

資料庫命名注意事項：

- **資料庫名稱必須以字母或底線開頭**，不可包含金錢符號 ($) 字元，也不可以是空字串 ("")。
- 習慣上用英文小寫及複數形式命名，例如，"Book" 這個名稱比較不好，建議用 "books"。

每次在 Windows 系統中啟動 MongoDB 資料庫管理系統，都要先切換到它的安裝路徑，有點麻煩。除了將路徑加入 PATH 環境變數，還可以透過批次 (.bat) 檔啟動，這樣也不用每次輸入資料庫路徑參數了。

mongo.bat

mongodb.bat

請在記事本中輸入底下的內容，命名成 mongodb.bat (檔名隨意，但副檔名必須是.bat)。

此標題可用空字串，但雙引號不可少。　資料檔存放路徑

```
start "啟動MongoDB資料庫" "C:\mongoDB\bin\mongod.exe" --dbpath D:\mongo
```

命令列視窗的標題　MongoDB的安裝路徑與檔名

MongoDB 的前端程式也可以用同樣的方式建立批次檔，筆者將它命名成 mongo.bat：

要開啟的資料庫檔案

```
start "MongoDB互動式前端" "C:\mongoDB\bin\mongo.exe" sensors
```

把這兩個批次檔放在桌面上，日後只須雙按 monogodb.bat，就能啟動 MongoDB 資料庫，再雙按 mongo.bat 即可連線到 sensors 資料庫。

自訂的視窗標題

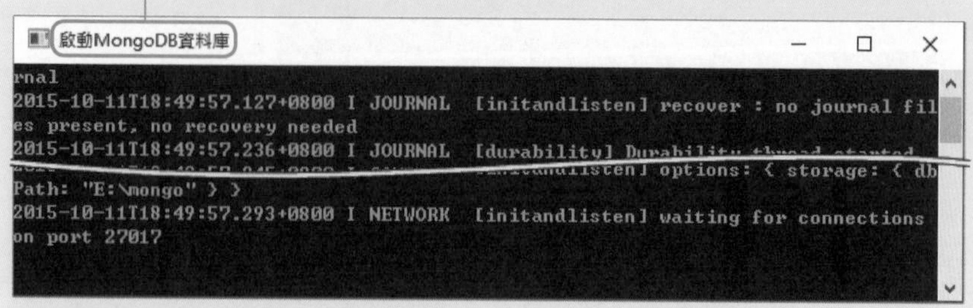

新增欄位資料

本單元將建立一個叫做 "dht11" 的資料集，並在其中新增一份包含溫度、濕度和日期等三個欄位的文件。新增文件的指令叫做 **insert**（代表「插入」），請在 "mongo 介面" 的指令提示符號 (>) 後面，輸入底下的指令：

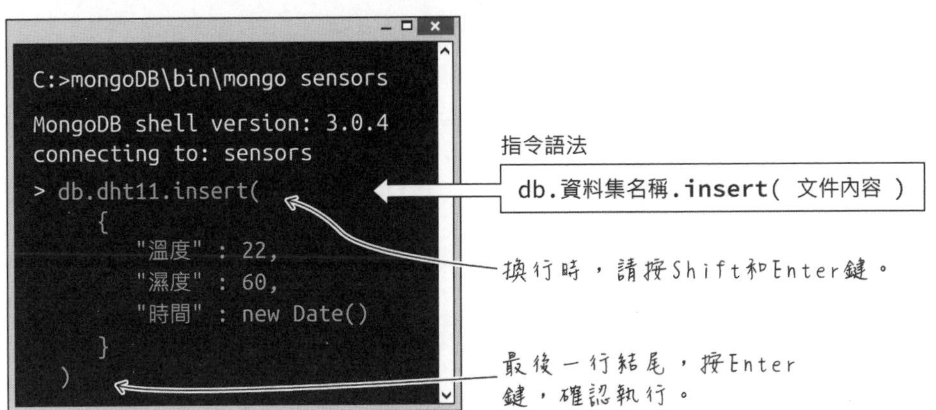

按下 Enter 鍵執行後，若寫入資料成功，它會回覆底下的訊息，代表寫入 1 筆資料：

> 樹莓派安裝的 2.1.1 版不會有此回應。

```
WriteResult({ "nInserted" : 1 })
```

若出現類似底下的訊息，代表指令語法錯誤 (Syntax Error)：

```
2015-06-06T23:52:30.913+0800 E QUERY SyntaxError:
Unexpected string
```

若要一次輸入多個文件，請使用**陣列語法**：

```
db.資料集名稱.insert(
  [
    { 資料欄位設置 1 ... },
    { 資料欄位設置 2 ... },
         :
    { 資料欄位設置 n ... }
  ]
)
```

使用陣列包含多個文件資料 → [

為了方便以下的操作練習，請複製書附光碟裡的 dht11_log.txt 檔，貼入 JS 互動介面執行：

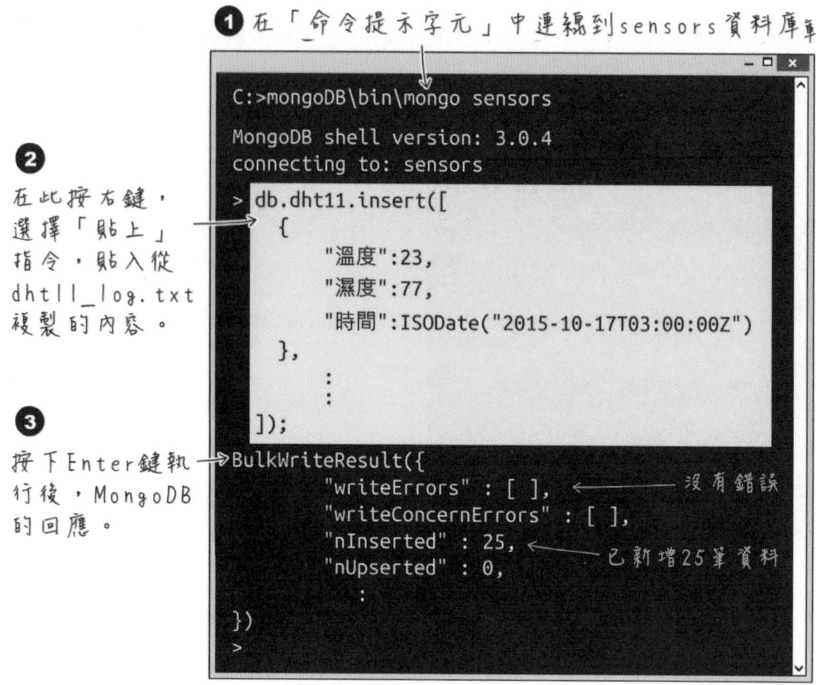

❶ 在「命令提示字元」中連線到sensors資料庫
C:>mongoDB\bin\mongo sensors
MongoDB shell version: 3.0.4
connecting to: sensors
❷ 在此按右鍵，選擇「貼上」指令，貼入從 dht11_log.txt 複製的內容。
> db.dht11.insert([
{
"溫度":23,
"濕度":77,
"時間":ISODate("2015-10-17T03:00:00Z")
},
]);
❸ 按下Enter鍵執行後，MongoDB 的回應。
BulkWriteResult({
"writeErrors" : [ ],
沒有錯誤
"writeConcernErrors" : [ ],
"nInserted" : 25,
已新增25筆資料
"nUpserted" : 0,
})
>

上面的指令將會在 dht11 資料集裡面輸入 25 個文件。

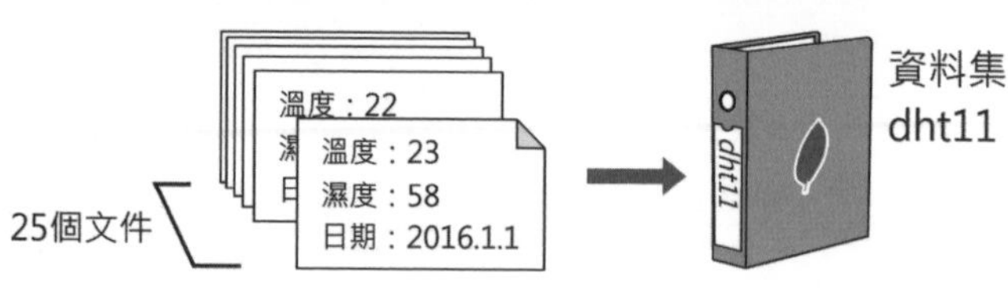

8-4 查詢資料

查詢資料的指令叫 find（註：「找尋」之意），底下的敘述將傳回 dht11 資料集裡的全部資料：

```
db.資料集.find(選擇性的篩選參數);

db.dht11.find();     // 傳回dht11裡的全部資料
```

傳回的資料格式範例如下：

```
{ "_id" : ObjectId("55812ec36e3b79ad6e22a417"), "溫度" : 30,
"濕度" : 60, "時間" : ISODate("2015-06-06T06:00:00Z") }
```

從查詢到的資料，可發現每一個文件都有一個_id 欄位，而日期的格式為 ISODate（代表「國際標準日期」，其寫作格式為 "年-月-日 T 時:分:秒"，最後的字母 Z 代表「世界標準時間」）。

每一個文件都包含一個**唯一且其值不可改變的_id 欄位**，若建立文件時沒有設定 _id，MongoDB 會自動建立一個。

_id 欄位的預設值是 MongoDB 的特殊資料格式，稱為 ObjectID，它是基於建立文件的時間、伺服器主機名稱和其他參數構成的唯一值。自行指定的 _id 屬性值，不必是 ObjectID 格式類型，只要其值不重複即可，例如，以身份證號碼當作 _id 屬性值 " _id " : "A1234567890"。

我們可自行產生 ObjectId 值，還能將它轉換成日期值，請嘗試在 mongo 介面輸入底下的 JavaScript 敘述：

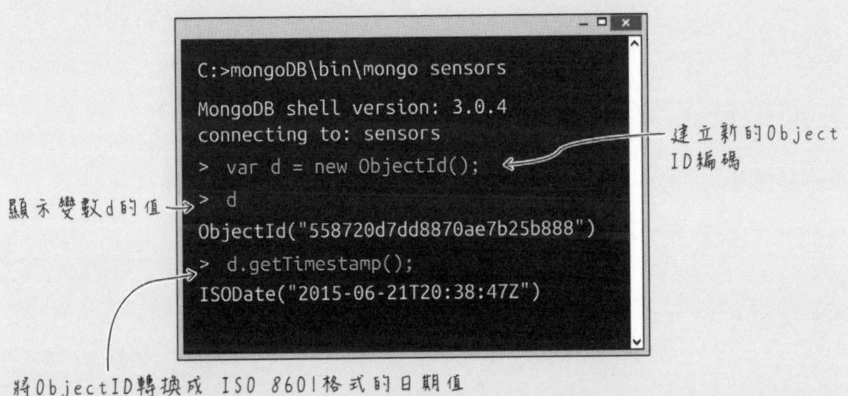

欄位命名注意事項：

- **欄位名稱必須以字母或底線開頭**，中間可以包含字母、底線或數字，不可包含金錢符號 ($)、點 (.) 和 null 字元。
- **" _id " 值必須是唯一**且設定之後不可改變。

底下的敘述將找出 dht11 當中，所有「溫度」屬性值**等於** 24 的資料。請留意 **MongoDB 資料庫的指令參數，都以 JavaScript 物件格式撰寫**（亦即，{ "參數1" :值 1, "參數 2" :值 2, ...} 的形式）：

```
db.dht11.find({ "溫度" :24 })
```

find() 指令之後可以加上 **pretty() 函式**，將查詢資料以容易閱讀的多行、縮排的方式呈現：

```
db.dht11.find().pretty()
```

美化輸出

```
{
   "_id" : ObjectId("55812ec36e3b79ad6e22a417"),
   "溫度" : 30,
   "濕度" : 60,
   "時間": ISODate("2015-06-06T06:00:00Z")
}
```

count() 指令（註：「計數」之意），可傳回資料數：

```
db.dht11.count()    // 傳回 dht11 資料集的總資料數
```

查詢指令的條件運算子

查詢敘述也能加入 **$gt**（大於）、**$lt**（小於）、**$in**（包含）...等條件運算子（註：MongoDB 的運算子以金錢符號開頭）：

```
// 所有溫度大於 25 度的資料
db.dht11.find({ "溫度" : { $gt: 25 }})
// 所有溫度大於 22 且小於 30 度的資料
db.dht11.find({ "溫度" : { $gt: 22, $lt: 30 }})
// 所有溫度為 22、23 或 24 的資料
db.dht11.find({ "溫度" : { $in: [22, 23, 24] }})
// 溫度大於 25 度的資料筆數
db.dht11.find({ "溫度" : { $gt: 25 }}).count()
```

表 8-2 列舉 MongoDB 的比較運算子，詳細的說明請參閱 MongoDB 官網的 Comparison Query Operators（比較查詢運算子）文件（http://goo.gl/lz7voc）。

表 8-2　查詢比較運算子

運算子	說明	運算子	說明
$gt	大於（>，greater than）	$gte	大於等於（>=，e 代表 equal）
$lt	小於（>，less than）	$lte	小於等於（<=）
$ne	不等於（!=，not equal）	$nin	不包含（not include）

表 8-3　查詢邏輯運算子

運算子	說明
$or	或，傳回符合任一條件的文件
$and	且，傳回完全符合條件的文件
$not	反相，傳回不符合條件的文件
$nor	反或，傳回不符合任一條件的文件

底下敘述代表「傳回溫度值大於或等於 24，**而且**，濕度值大於或等於 60 的資料」：

參數是物件格式　　邏輯運算元素放在陣列中，數量不限。

```
db.dht11.find({$and:[{'溫度':{$gte:24}}, {'濕度':{$gte:60}}]})
```

運算表達式也是物件

資料排序與資料分頁

sort() 指令能讓查詢資料依照某欄位值排序：

```
db.資料集.find().sort({'欄位名稱':1});
```

查詢所有資料　依指定欄位排序

1：「昇冪排序」，由小到大排列。時間從最早排到最近。
-1：「降冪排序」，由大到小排列。時間從最近排到最早。

底下的敘述將傳回依「日期」排序的資料：

```
db.dht11.find().sort({ '時間' :-1})  // 降冪排序（從最新排到最舊）
```

find() 指令會傳回所有符合的資料，如需限制傳回的資料數量，可以加上 **limit() 指令**（註：原意為「限制」）。底下敘述將限制傳回前 10 筆資料：

```
db.dht11.find().sort({ '時間' :-1}).limit(10)
```

在網頁上顯示龐大筆數的資料時，我們通常會將它們分頁顯示在不同的網頁，就像 Google 的查詢結果一樣。MongoDB 的查詢敘述，搭配 **skip() 指令**（註：原意為「略過」），可達成分頁顯示的效果。

假設每一頁最多顯示 10 筆，底下的敘述代表「依時間排序，傳回符合查詢條件的 11~20 筆文件」，也就是第 2 頁：

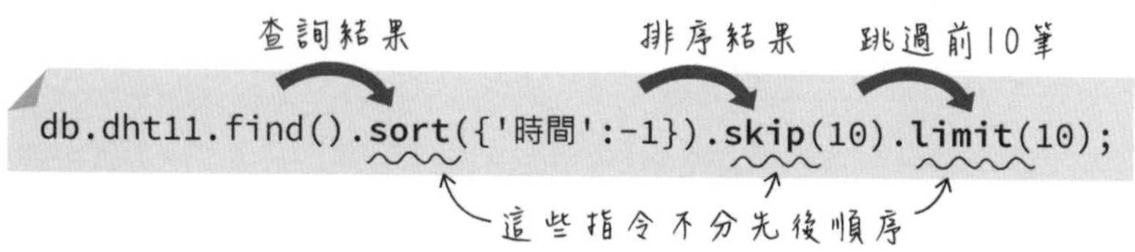

8-5 更新與刪除資料

更新文件資料的 **update 指令**和基本範例如下：

```
db.資料集.update(查詢條件, 更新內容, 其他選項)
```

```
db.dht11.update(
   { _id: ObjectId("55812fe06e3b79ad6e22a418") },
   {
      "溫度":18,
      "濕度":50
   }
)
```

透過唯一值指定要更新的文件

刪除原有的欄位，加入這兩個欄位。

更新資料時，通常會透過文件的唯一識別值找到該筆資料，舉例來說，假設班上有兩位「王小明」，程式可以透過「座號」指定更新對象。如果更新查詢到的資料不只一筆，例如，用 { "溫度" :21} 的條件查詢，**預設只有查詢結果中的第一筆資料會被更新**。若要更新所有查詢到的結果，可加入 **{multi:true} 參數**：

```
db.dht11.update(
   { 查詢條件 },
   { 更新內容 },
   { multi:true }
)        ↖更新多筆資料
```

```
db.dht11.update(
   { 查詢條件 },
   { 更新內容 },
   { multi:true,
     upsert:true }
)     ↖若查不到指定的資料，
       則新增這筆資料。
```

執行上面的更新敘述之後，該文件的 "時間" 欄位將會消失！因為它會**清除文件的整個欄位結構，再替換成更新內容。**

若希望能更新並保留原有的欄位，要搭配 $set 參數：

```
db.dht11.update(
   { _id: ObjectId("55812fe06e3b79ad6e22a418") },
   {
     $set: {
       "溫度":18,
       "濕度":50  ← 更新兩個欄位，
     }             其餘保留不變。
   }
)
```

移除文件和整個資料集

底下的敘述會刪除整個資料集（在 **remove 指令**中傳入空物件）：

```
db.dht11.remove({ })
```

若要移除指定的文件，通常都是透過 _id 欄位指定：

```
                                     選擇性參數，true代表只移除一個文件。
                                                                    ↓
db.dht11.remove({"_id":ObjectId("55812fe06e3b79ad6e22a418")}, true)
```

8-6 使用 mongoose 套件連結 MongoDB 資料庫

Node.js 需要借助驅動程式（模組或套件）才能連結與操作資料庫。驅動程式的角色類似翻譯員，它把資料庫的功能包裝成 API 指令，提供給 Node.js 操作。光是在 npmjs.com 查詢 "mongodb driver"（驅動程式）或 "mongodb query"（查詢），就能找到上百個不同的模組。

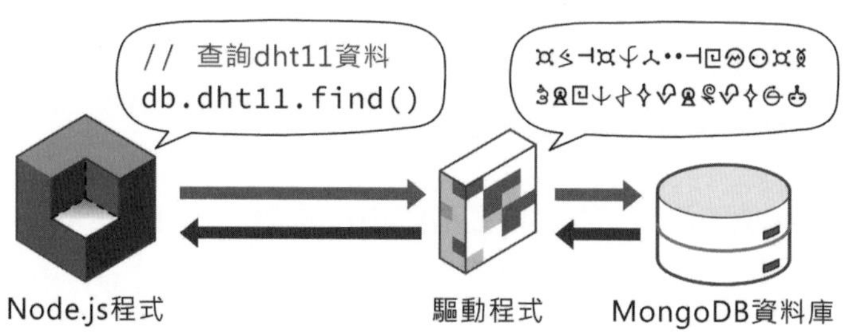

不同驅動程式（模組）所提供的 API 指令格式可能不一樣，本書採用的套件是頗受歡迎的 mongoose（專案網址：mongoosejs.com）。

在網站伺服器上運作的後端程式，往往會混合不同的語言，像關聯式資料庫系統有自己的 SQL 語言，在 PHP 和 Node 等後端程式中操作這類型的資料庫，就要透過 SQL。為了方便專案開發，程式設計師經常會導入 **ORM（Object Relational Mapping，物件關聯對應）**，也就是本文所說的「驅動程式」，在後端程式與資料庫系統之間擔任翻譯。

如此，程式設計師就不必寫 SQL，僅用原本的後端語言（如：PHP 或 Node）即可操作資料庫。本單元採用的 mongoose，就是一種 ORM。

請新增一個 Node 專案資料夾（筆者命名成 mongo），並在其中建立一個包含底下內容的 package.json 檔，指定使用 3.0.0 或更新版的 mongoose 套件：

08

```
{
  "name":"sensorDB",
  "version":"0.0.1",
  "dependencies": {
    "mongoose":"^3.0.0"
  }
}
```

mongo

package.json

描述檔設置完畢後，進入命令列視窗，在專案路徑底下輸入 **npm install** 指令安裝套件。實際撰寫程式碼之前，以下各節先介紹 mongoose 的幾個基本操作概念。

亂中有序：認識綱要

NoSQL 的無綱要機制，替資料儲存帶來很大的彈性，但太過自由有時會帶來紊亂，適當的管理與約束是必要的。請將資料庫想像成一家商店，裡面有許多陳列商品的貨架。假如未經規劃與管理，讓乾糧、生鮮、飲料、調味料、文具...任意擺放在各個貨架，而店裡的食品，也用公斤、台斤和磅等不同單位計價，其後果就是災難性地收場。

為了避免這種雜亂的狀況，mongoose 預設要求操作資料之前，必須先建立**綱要**，也就是定義儲存資料的欄位和格式。

採用綱要的好處之一是，**能在儲存資料時檢驗資料格式是否正確**。假設有個「用戶資料庫」，其中的 e-mail 欄位要求必填，我們可以在綱要中將此欄位設定為 String（字串類型）、required（必填）以及 unique（唯一，不可重複）。將來輸入 e-mail 資料時，若沒有符合這些要求，將無法存入資料庫。

設定綱要與方法

透過 mongoose 操作資料庫需要經過 3 大步驟：

1. 定義綱要（**schema**）：規劃資料結構
2. 建立模型（**model**）：依據**綱要**生產資料容器
3. 產生實體（**instance**）：實際可操作的資料物件

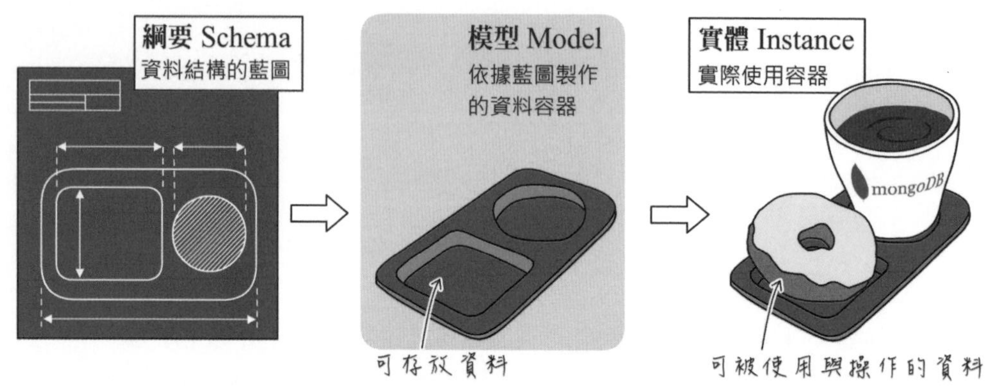

本單元程式需要儲存三個欄位的資料，分別是數字格式的溫度和濕度，以及日期格式的時間。每個「綱要」都要有個名字，為了方便閱讀與識別，**綱要名稱通常以小寫字母開頭，並以 Schema 結尾**，筆者將此綱要命名成 dht11Schema，設置內容如下（註：欄位儲存的先後順序不重要）：

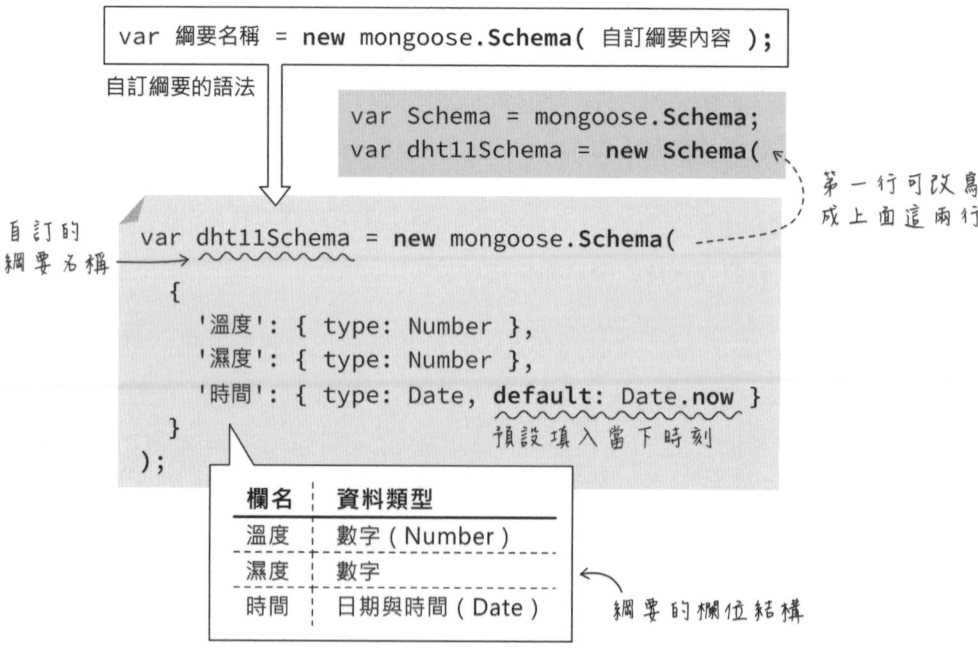

欄名	資料類型
溫度	數字 (Number)
濕度	數字
時間	日期與時間 (Date)

根據以上的設定，若用戶在儲存資料時，未指定「時間」值，系統將自動填入當時的日期與時間。

網要設定支援的資料類型如下：

- Number：數字
- String：字串
- Boolean：布林值
- Date：日期
- Array：陣列
- ObjectId：12 位元長度的唯一值
- Buffer：二進位資料（如：影像檔）
- Mixed：任意值

除可設定儲存的資料，**綱要**還能設定資料的**操作指令**，也就是**方法**（**method**）。例如，設定一個能在終端機顯示文件資料的操作指令，並將它命名為 **show**：

```
綱要名稱.methods.方法名稱 = function () { 方法內容 }
```

自訂方法的語法

```
dht11Schema.methods.show = function () {
  var msg = "溫度：" + this['溫度'] + "度、濕度：" +
            this['濕度'] + "%、時間：" + this['時間'];

  console.log(msg);
}
```

讀取此文件的「時間」欄位值

每次執行 show()，它就會在終端機輸出溫度、濕度和時間。

建立資料模型與實體

綱要規劃好之後，就可以建立資料模型。底下的敘述將依據上一節的綱要產生名叫 "dht11" 的**模型類別**，存入 DHT11 變數（此變數名稱習慣用大寫字母開頭），請注意，**模型名稱**就是資料庫裡的資料集**名稱**。

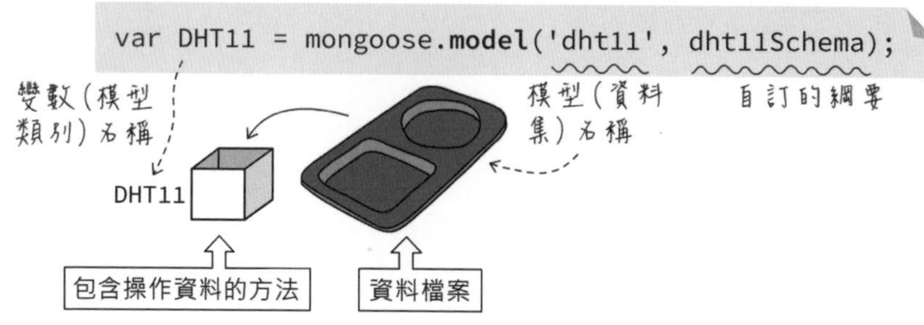

產生「模型」之後，程式便能在其中放置資料。建立一個名叫 temp 的資料物件，填入 DHT11 模型的程式片段如下，由於**綱要**已經預設在「時間」欄位填入目前的時間，所以無需額外設定。

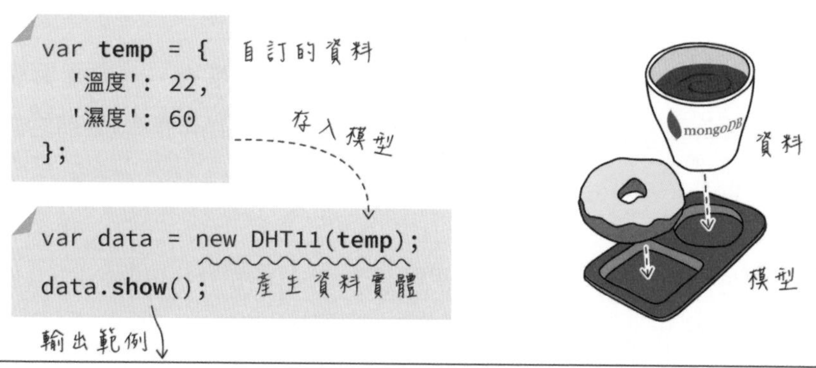


```
溫度：22度、濕度：60%、時間：Sat Jun 06 2015 06:00:00 GMT+0800 (CST)
```

以上程式裡的 data 為**資料實體**，就是「可操作的資料物件」，我們可以透過它執行預先定義的操作指令（方法），例如，顯示資料內容的 show()。

8-7 連結 MongoDB 並讀取資料的程式

本節將撰寫一個 Node 程式檔，透過 mongoose 套件連結 MongoDB 資料庫系統裡的 sensors 資料庫，並且在終端機列舉其中 dht11 資料集的全部文件資料。筆者將此程式檔命名為 find.js，存在 mongo 專案資料夾裡面：

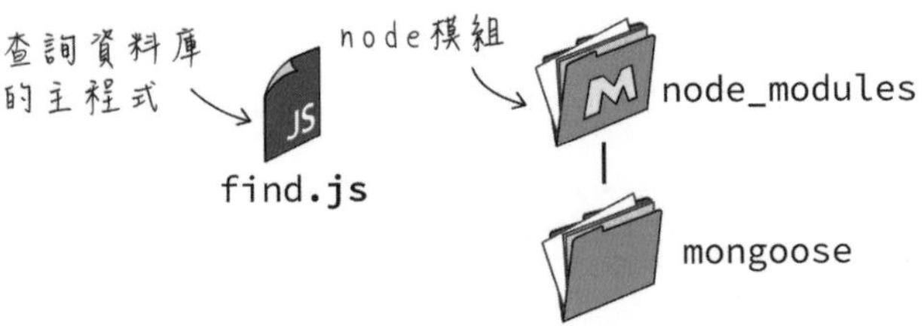

首先引用 mongoose 套件並連線到 MongoDB 資料庫（主機位址後面不用指定埠號，預設連結到 27017 埠）：

```
var mongoose = require('mongoose');
mongoose.connect('mongodb://localhost/sensors');
```

與mongoDB連線

mongodb://主機位址/資料庫名稱

connect（連線）指令不需要加上「於連線成功時執行」的回呼函式，這是因為 mongoose 會暫存資料庫的操作指令，然後在連上 MongoDB 時自動把操作指令傳遞給它。

接著設定綱要、自訂方法和模型：

```
// 設置綱要
var dht11Schema = new mongoose.Schema(
  {
    '溫度' : Number,
    '濕度' : Number,
    '時間' : { type: Date, default: Date.now }
  }
);

// 定義自訂的 show()方法
dht11Schema.methods.show = function () {
  var msg = "溫度：" + this[ '溫度' ] +
    "、濕度：" + this[ '濕度' ] +
    "、時間：" + this[ '時間' ];

  console.log(msg);  // 在控制台輸出溫、濕度和時間資料
}

// 建立模型
var DHT11 = mongoose.model('dht11', dht11Schema);
```

最後執行模型類別的 find() 方法查詢資料，此方法將在收到資料時執行匿名回呼函式：

```
find({查詢條件}, 回呼函式)  ← find()的參數全都能省略

DHT11.find( function (err, docs) {   ← 接收查詢結果（陣列格式）
  if ( err || !docs) {
   console.log("找不到dht11的資料！");
  } else {                            ← 每次處理一筆資料
   docs.forEach( function(d) {
     var data = new DHT11(d);   // 產生資料物件
     data.show();
   });                                ← 逐一取出每個陣列元素，轉換成資料物件。
  }
})
```

上面的程式省略 find() 的查詢條件參數，因此會傳回全部資料：

```
D:\mongo>node find.js
溫度：23、濕度：77、時間：Sat Oct 17 2015 11:00:00 GMT+0800
溫度：23、濕度：70、時間：Sun Oct 18 2015 11:00:00 GMT+0800
溫度：20、濕度：77、時間：Mon Oct 19 2015 11:00:00 GMT+0800
  :
```

底下是加入比較運算子進行篩選的例子：

```
                  ↙ 篩選出於溫度值大於或等於24的資料
DHT11.find( {'溫度' : { $gte: 24 }}, function (err, docs) {
   :
   :  程式碼不變
})
```

如果在執行 Node 程式時，發生類似底下的錯誤，代表程式無法跟 MongoDB 資料庫連線，請確定您有啟動 MongoDB。

```
D:\mongo>node top10.js
網站伺服器在5438埠口開工了！

D:\mongo\node_modules\mongoose\node_modules\mongodb\lib\server.js:228
        process.nextTick(function() { throw err; })
                                      ^
Error: connect ECONNREFUSED 127.0.0.1:27017   ←—— 連線錯誤
```

資料查詢補充說明

mongoose 套件的**模型（model）**物件提供的常見操作指令如下：

- find：根據搜尋條件（預設為空物件，代表沒有限制條件），傳回所有結果
- findOne：根據搜尋條件，傳回一筆結果
- save：儲存資料
- count：計算資料筆數
- remove：刪除資料
- update：更新資料

完整的指令列表請參閱官方文件：http://goo.gl/xeVPrU。**若 find() 方法沒有指定回呼函式，則不會執行查詢，而是傳回 Query（查詢）物件**，這相當於 find 把查詢的工作交給其他人辦理。

底下列舉一些查詢物件提供的方法，我們可以透過這些方法組成「查詢子句」，最後**呼叫 exec() 執行查詢**，完整的 Query 物件指令請參閱官方文件（http://goo.gl/06mtYU）。

- select()：選取或者剔除某些欄位
- sort()：依照指定的欄位排序
- gt()：大於（**g**reater **t**han），Query 物件支援所有 MongoDB 的條件運算子，但指令前面沒有金錢符號。

- **and()**：「且」邏輯運算子，支援所有 MongoDB 的邏輯運算子，但指令前面沒有金錢符號
- **exec()**：執行查詢

透過 Query 物件的查詢「溫度值大於 24」的資料，其結果與上一節相同：

傳回Query（查詢）物件　呼叫查詢物件的gte方法　參數非物件格式　開始執行查詢

```
DHT11.find().gte('溫度', 24).exec(function(err, docs) {
  if ( err || !docs) {
   console.log("找不到dht11的資料！");
  } else {
   docs.forEach( function(d) {
     var data = new DHT11(d);  // 產生資料物件
     data.show();
   });
  }
});
```

未指定回呼函式　回呼函式　查詢結果儲存在docs參數

以上的查詢範例總是傳回文件裡的所有欄位，透過 **select 子句**（註：代表「選取」），**在欄位名稱前面加上減號（-），即可將該欄位從查詢中剔除**。因此，底下的敘述將剔除 _id 和「時間」欄位，傳回溫度值大於或等於 24，而且濕度值大於或等於 60 的查詢結果（直接以陣列格式顯示在終端機視窗）：

減號　空格　'-_id -時間' 可改寫成：{_id:0, '時間':0}　0代表剔除，1代表保留

```
DHT11.find()
  .select('-_id -時間')
  .and([{'溫度' : { $gte: 24 }}, {'濕度': {$gte:60}}])
  .exec(function(err, docs) {
    if ( err || !docs) {
      console.log("找不到dht11的資料！");
    } else {
      console.log(docs);
    }
  });
```

輸出結果

```
[ { '溫度': 30, '濕度': 60 },
  { '溫度': 24, '濕度': 60 },
  { '溫度': 24, '濕度': 63 } ]
```

08

動手做 儲存 Arduino 上傳的溫溼資料

實驗說明：延續第三章「**從 Arduino 傳遞溫溼度值給 Node 網站**」一節的內容，本文將撰寫一個 Node.js 程式，接收溫濕度值並存入資料庫。

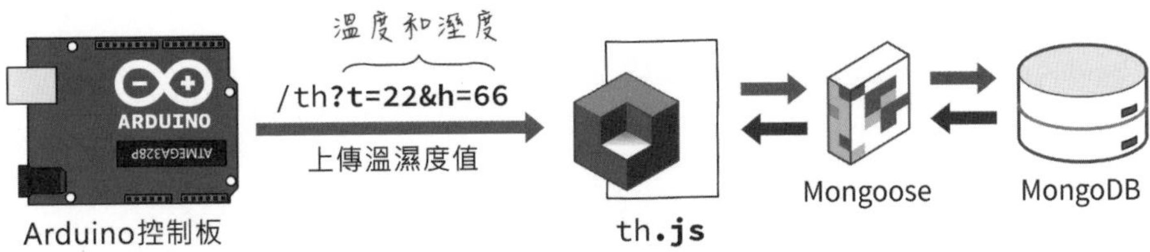

Node 專案中的不同程式檔，可能都有連接資料庫的需求，因此，習慣上我們會把資料庫的核心程式獨立成一個自訂模組，並且存在 "models" 目錄底下（註：**在程式設計領域，model 代表「資料」**），像底下的 dht11.js：

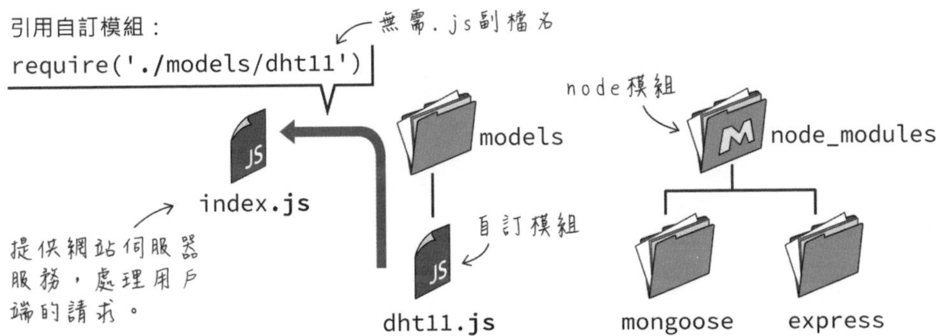

實驗程式：dht11.js 的原始碼如下，最後一行透過 exports 指令，將存取 dht11 資料集的 DHT11 物件提供給外部程式：

```
var mongoose = require('mongoose');
mongoose.connect('mongodb://localhost/sensors');

var dht11Schema = new mongoose.Schema({
    '溫度': Number,
    '濕度': Number,
    '時間': { type: Date, default: Date.now }
});

var DHT11 = mongoose.model('dht11', dht11Schema);
module.exports = DHT11;
```

引用node_modules裡的模組，不需要指定路徑。

提供外部程式存取DHT11

module.exports 可寫成exports

```
exports = DHT11;
```

index.js 主程式檔修改自「**從 Arduino 傳遞溫溼度值給 Node 網站**」一節的接收查詢字串程式，加入執行模型 (model) 物件的 save() 方法來儲存資料：

```
var DHT11 = require('./models/dht11'); /* 引用 models 路徑中
                                          的 dht11 模組 */
var express = require('express');  /* 引用 node_modules 路徑
                                      裡的 express 套件 */
var app = express();

app.get("/th", function(req, res) {
  var temp = req.query.t;    // 讀取查詢字串的 t (溫度) 值
  var humid = req.query.h;  // 讀取查詢字串的 h (濕度) 值

  // 只要 temp 和 humid 都有值...
  if (temp != undefined && humid != undefined) {
    // 依據模型建立資料
    var data = new DHT11({'溫度':temp,'濕度':humid});
    // 儲存資料，回呼函式將接收錯誤訊息
    data.save(function (err) {
      if (err) {     // 如果 err 有值，代表儲存過程出現問題
        console.log('出錯啦～');
      } else {
        console.log('儲存成功！');
        // 在網頁上顯示接收到的溫濕度值
        res.send("溫度: " + temp + "&deg;C，濕度：" +
```

```
            humid + "%");
        }
      });
    } else {
      console.log("沒收到資料！");
    }
  });
```

8-8 認識樣版引擎

網站的不同頁面，通常包含相同部份，以部落格網站來說，每一頁的編排樣式、頁首（擺放標誌）、導覽列和頁腳（擺放版權資訊）都一樣，只是內文不同。

每頁固定不變的部分，可以製作成**樣版（template）**，變動的部份則交由程式填入。如此，看似許多頁面的網站，美術設計只需要維護一頁。合併樣版與動態內容的程式，稱為**樣版引擎（template engine）**。

ejs 樣版引擎入門

ejs（Embedded JavaScript templates，嵌入式 JavaScript 樣版）是 Node.js 上頗受歡迎的樣版引擎之一，下文將採用 ejs 建置網頁。

樣版引擎使用的「樣版檔」，基本上就是普通的 HTML 網頁，再加入只有樣版引擎看得懂的標籤指令。樣版檔和普通的 HTML 文件的主要區別：

1. 副檔名不同：ejs 樣版的副檔名是 **.ejs**，預設要存放在 **views 路徑**底下。
2. 執行端不同：HTML 檔只包含「全部都在用戶端執行的程式」；樣版檔則同時包含「在用戶端與伺服器端執行的程式」。**於「伺服器端」執行的程式，放在 "<%" 和 "%>" 之間。**

底下是一個簡化的例子，假設提供網站服務的 Node 程式是 app.js，樣版檔是 index.ejs，網站檔案結構如下：

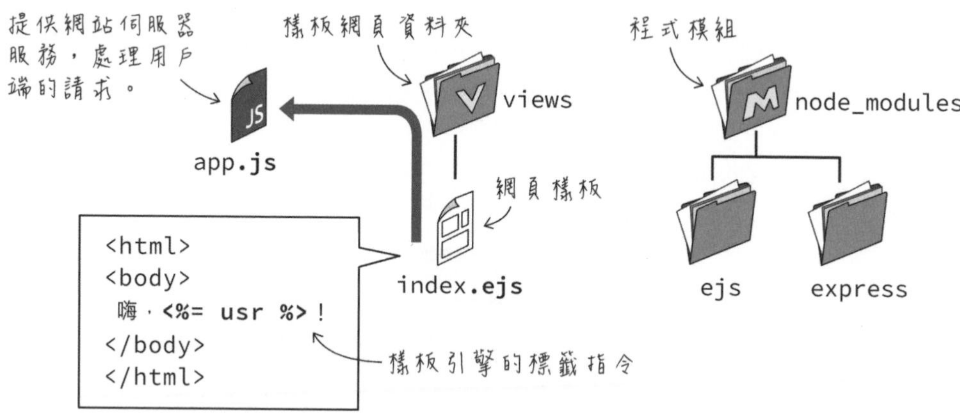

請在專案路徑（上個單元的 "mongo" 資料夾）輸入 "npm install ejs --save" 命令，安裝 ejs 樣版引擎模組：

```
D:\mongo>npm install ejs --save
npm WARN package.json sensorDB@0.0.1 No description
npm WARN package.json sensorDB@0.0.1 No repository field.
npm WARN package.json sensorDB@0.0.1 No README data
npm WARN package.json sensorDB@0.0.1 No license field.
ejs@2.3.4 node_modules\ejs
```

請忽視這些警告訊息

命令後面的 **--save 參數，將會自動在 package.json 檔案中新增 ejs 的模組資訊**：

自動新增的欄位

```
{
  "name": "sensorDB",
  "version": "0.0.1",
  "dependencies": {
    "ejs": "^2.3.4",
    "express": "^4.13.3",
    "mongoose": "^3.0.0"
  }
}
```

mongo

package.json

當用戶連結到網站時，app.js 處理該用戶的請求，接著產生一個資料（用戶名稱）丟給樣版引擎，樣版引擎取出名稱資料並產生最終的 HTML，再傳回給用戶。

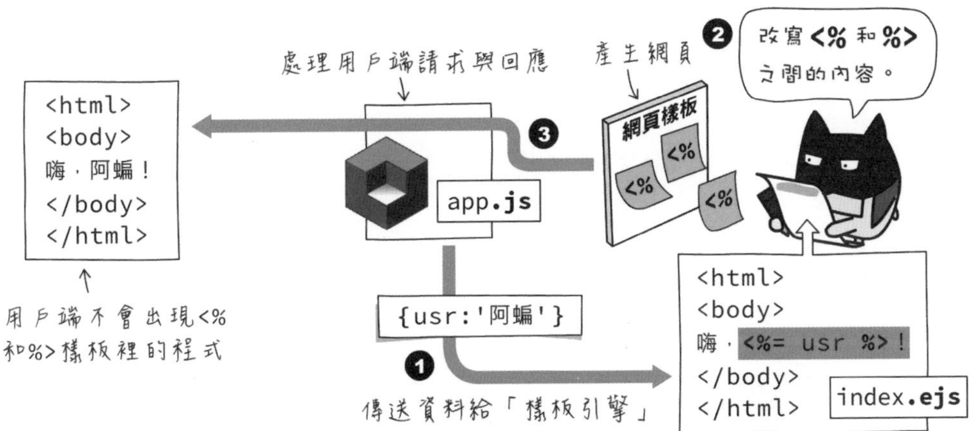

app.js 的程式碼如下，主要是透過三行敘述達成整合資料與樣版：

```
var express = require('express');
var app = express();

app.set('view engine', 'ejs');
	❶指定ejs為樣版引擎

app.get('/', function (req, res) {
  var data = {usr: '阿蝙'};
	❷準備JSON格式的樣版資料
  res.render('index', data);
});
	❸合併樣板檔與資料

var server = app.listen(5438, function() {
  console.log('網站在5438埠口開通了！');
});
```

樣版中的 "<%=" 和 "%>" 會在伺服器端把傳入的資料轉成字串，顯示在當前的位置，所以用戶看到的網頁內容是「嗨，阿蝙！」。

搭配樣版引擎建立網站的好處是，我們可以**把處理用戶請求的程式（也就是「運作邏輯」部份）和回應給用戶的外觀呈現（HTML 碼）分開來**。這有點像是讓工程師和美術設計師各司其職，減少彼此間的干擾，通力合作完成一個專案。

在樣版中讀取與呈現陣列資料

本單元將練習把 Node 程式的陣列元素傳入 ejs 樣版，最後以清單形式呈現於網頁。

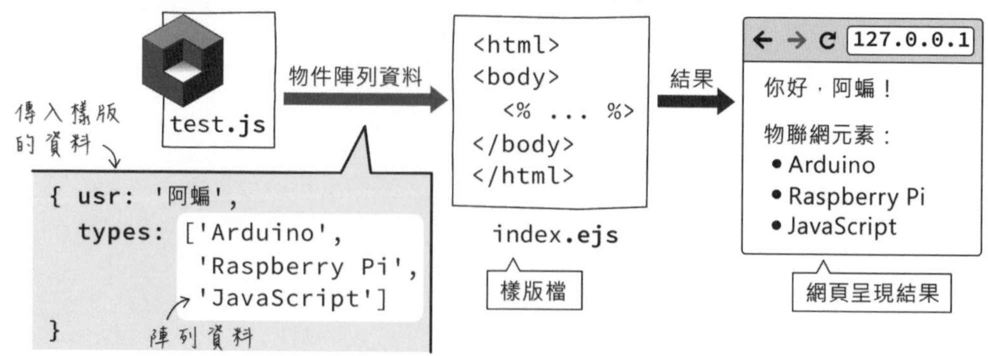

此專案檔的結構如下，Node 主程式命名成 test.js：

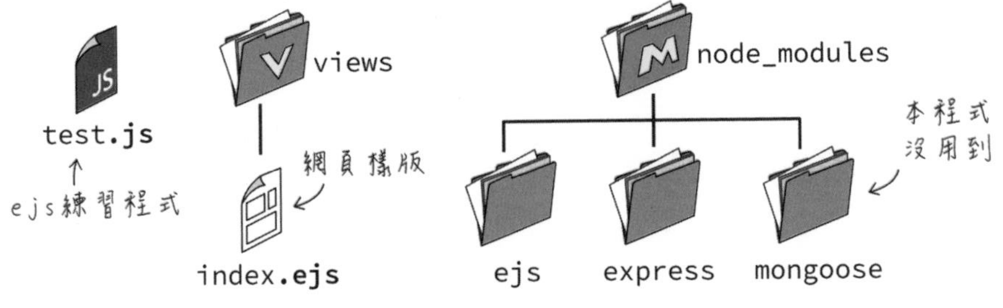

預設的樣版檔路徑位於 views 資料夾，若要改成其他資料夾，例如：www，請在 Node 程式中加入底下的敘述：

```
app.set('views', __dirname + '/www');
```

路徑名稱

test.js 檔的程式內容跟上一節 app.js 檔相似，只是 data 變數多了 types 陣列值：

```
app.get('/', function (req, res) {
  var data = {
            usr: '阿蝙',
            types: ['Arduino', 'Raspberry Pi', 'JavaScript']
          };
  res.render('index', data);
});
```

合併樣板檔與資料

index.ejs 樣版包含底下的 for 迴圈，取出 types 陣列的所有元素：

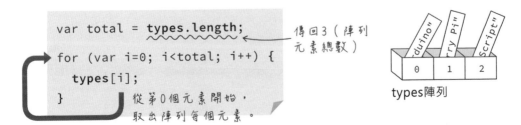

```
var total = types.length;
for (var i=0; i<total; i++) {
  types[i];
}
```

傳回3（陣列元素總數）

從第0個元素開始，取出陣列每個元素。

types陣列

由於取出的陣列值要放在 <li> 元素中，因此 for 迴圈實際被分成三個部份，以便融入 HTML。下圖左是放在 views 資料夾裡的 index.ejs 原始碼（註：僅列舉 body 部份）：

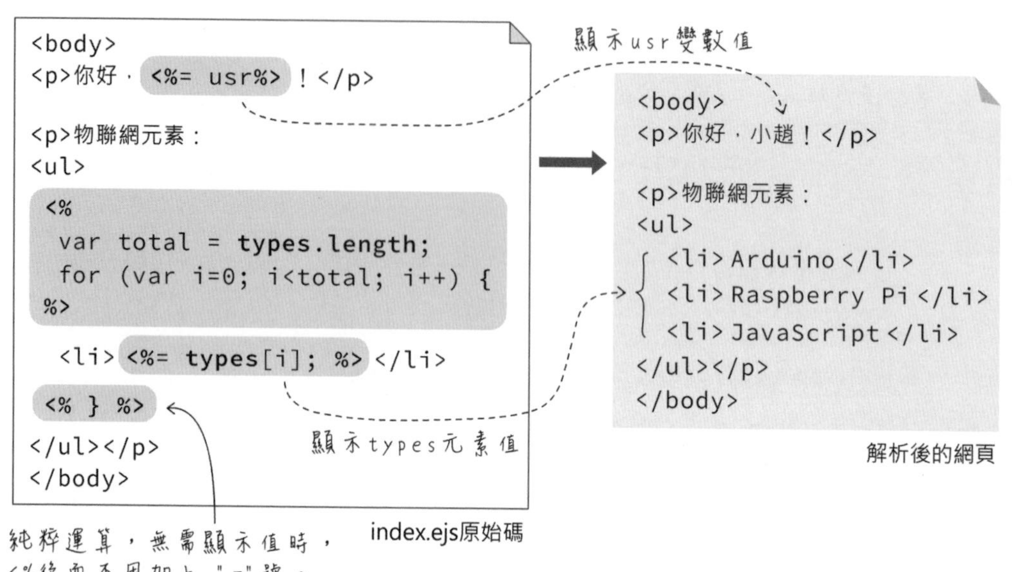

樣版檔裡的 <%和%> 標籤，有以下三種寫法：

- <% 程式碼 %>：在伺服器端執行的 JavaScript 程式，例如 for 迴圈。
- <%= 變數 %>：在樣版上輸出「**編碼**（escaped）」內容
- <%- 變數 %>：在樣版上輸出「**原始**（unescaped）」內容

在樣版上輸出「編碼」和「原始」內容的比較結果如下，假設傳入樣版的資料是 ">阿蝙"：

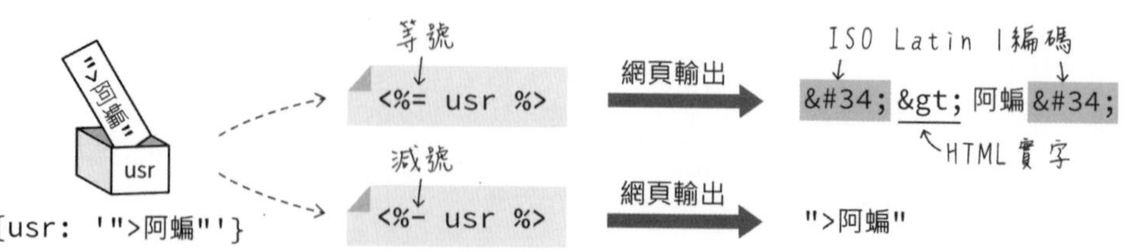

使用 "<%=" 輸出值，字串裡的特殊字元都會被轉換成 ISO Latin 1（拉丁字元）編碼或 **HTML 實體（entity，相當於具有特殊意義的字元）**，例如，雙引號 (") 變成 "，大於符號 (>) 變成 >，如此可確保特殊字元能正確地在瀏覽器上呈現。

讀取陣列值的 for 迴圈可用 forEach() 方法代替：

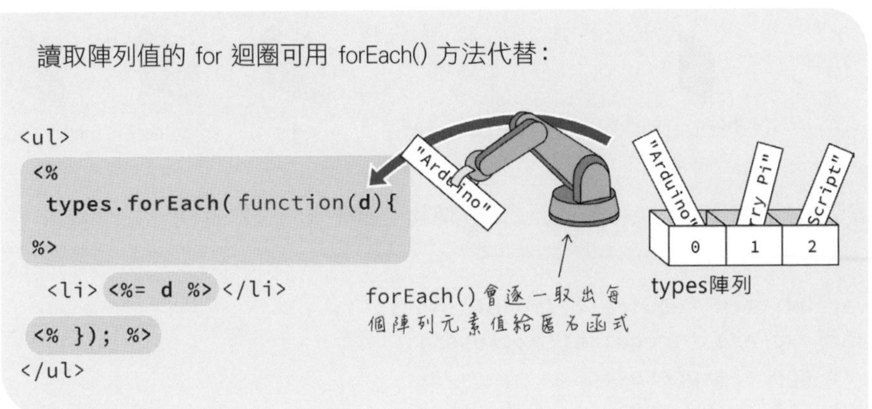

<ul>
<%
types.forEach(function(d){
%>
<li> <%= d %> </li>
<% }); %>
</ul>
"Arduino"
"Arduino"
"...rry Pi"
"...Script"
0
1
2
types陣列
forEach() 會逐一取出每個陣列元素值給匿名函式

動手做 在 ejs 樣版中顯示最近 10 筆溫濕度資料

實驗說明：本單元將結合 Mongoose 套件與 ejs 樣版建立如下的網頁：

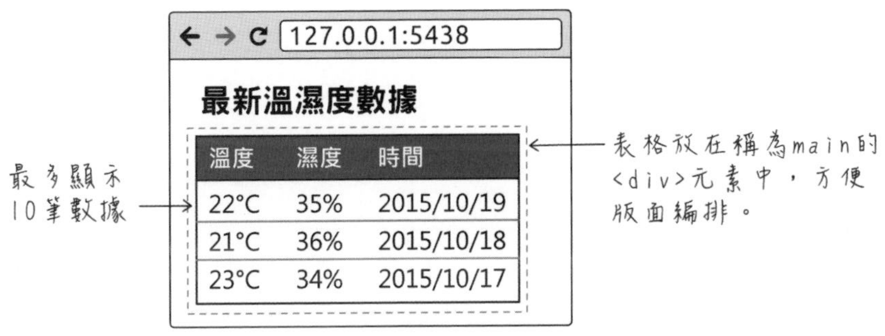

專案的架構如下，資料庫連結同樣是透過自訂的 dht11 模組，樣版檔則命名成 "table.ejs"：

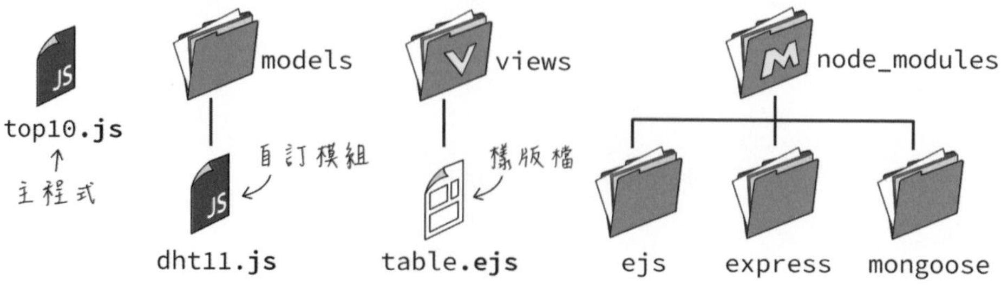

實驗程式：底下是 top10.js 的原始碼，傳給 ejs 樣版的資料存在 docs 屬性：

```
var DHT11 = require('./models/dht11');
var express = require('express');
var app = express();
app.set('view engine', 'ejs');

app.get("/", function(req, res) {
  DHT11.find().select('-_id -__v').sort({'時間': -1})
      .limit(10)
      .exec( function(err, data) {
        res.render('table', {docs:data});
      });
});

app.listen(5438);
```

剔除兩個欄位

依時間排序

最多傳回10筆資料

樣版檔名

傳入樣版的資料

{docs:data}

table.ejs

當 Mongoose 初次建立資料文件時，它會在每個文件插入一個 versionKey 屬性（直譯為「版本鍵」），用於追蹤紀錄文件的版本，此屬性欄位的預設名稱為 "__v"

HTML 的表格標籤：網頁上的溫濕度值編排在表格裡面，完整的表格由 <table>、<tbody>（表格本體，此標籤可省略）、<th>（表格標題）、<tr>（表格列）和 <td>（儲存格）構成：

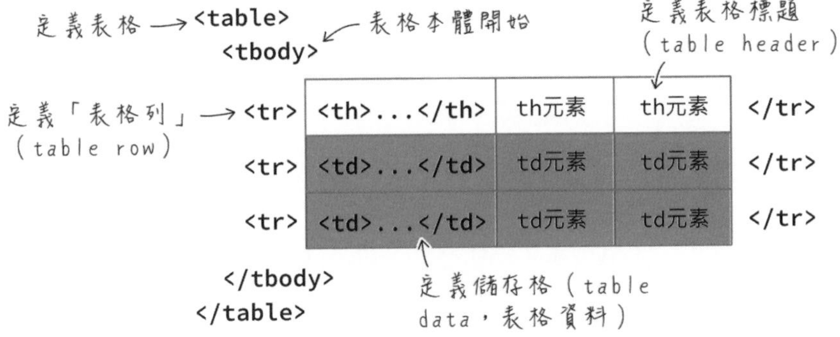

底下的 HTML 片段將在網頁上構成一個 3 欄 2 列的表格，第一列是表格標題：

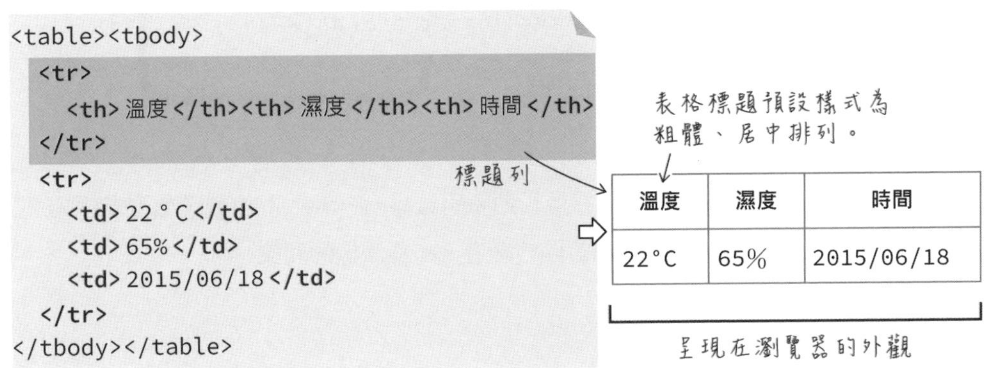

本單元的樣版檔 (table.ejs) 的表格包含 3 個動態區域，其實際值依主程式 (top10.js) 傳入的變數值而定：

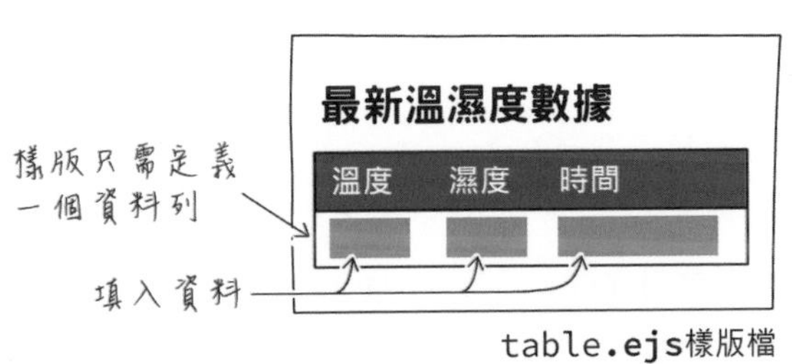

表格的實際列數，由資料筆數決定。温濕度數據（物件陣列）存放在 docs 變數，ejs 樣版程式透過 forEach 迴圈，逐一取出每個元素裡的物件屬性，填入適當的儲存格：

```
<tbody>
  <tr>
    <th>溫度</th><th>濕度</th><th>時間</th>
  </tr>
  <%
    docs.forEach( function(d) {
  %>
  <tr>
    <td> <%= d['溫度'] %> &deg;C</td>
    <td> <%= d['濕度'] %> %</td>
    <td> <%= formatDate(d['時間']) %> </td>
  </tr>
  <% }); %>
</tbody>
```


自訂函式 formatDate() 將接收日期時間資料，並傳回 "4 位數年/2 位數月/2 位數日" 的格式字串。這個自訂函式放在 ejs 樣版檔的開頭：

```
<%
function formatDate(date) {      // 格式化日期資料
  var year = date.getFullYear();
  var month = (1 + date.getMonth()).toString();
  month = month.length > 1 ? month :  '0'  + month;
  var day = date.getDate().toString();
  day = day.length > 1 ? day :  '0'  + day;
  return year +  '/'  + month +  '/'  + day;
}
%>
```

完整的程式碼請參閱書附光碟的 paging/index.js。請在此專案路徑下，執行 "node top10.js" 命令，再開啟瀏覽器瀏覽到本機網址："127.0.0.1:5438"，即可呈現前 10 筆數據。

08

動手做 分頁顯示資料

實驗說明：本節將建立一個如下圖的網頁，提供「上一頁」和「下一頁」連結：

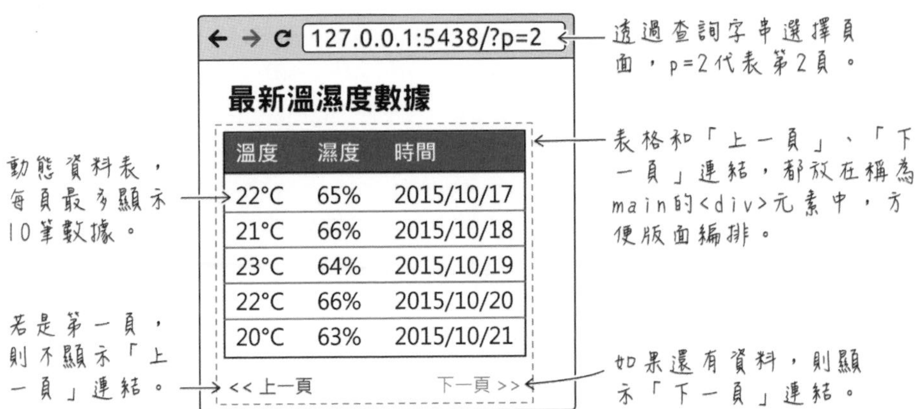

專案程式架構如下，當 node 程式接收到頁碼的請求時（如 p=2 參數代表第 2 頁），它將從資料庫擷取該分頁的數據，再交給 ejs 樣版更新頁面：

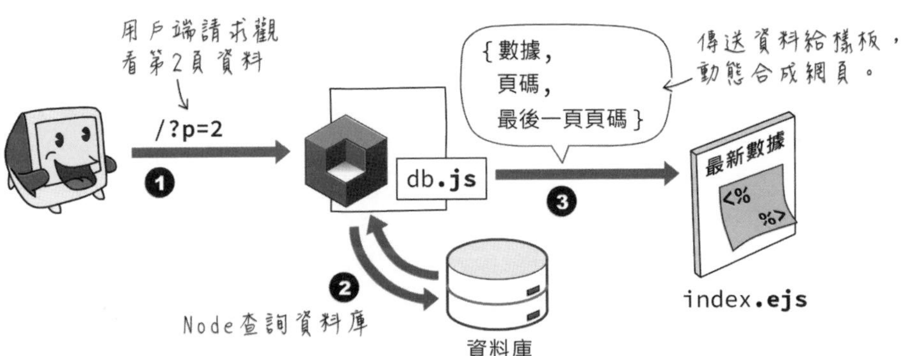

實驗程式：本單元的主程式是 index.js，樣版檔是 index.ejs：

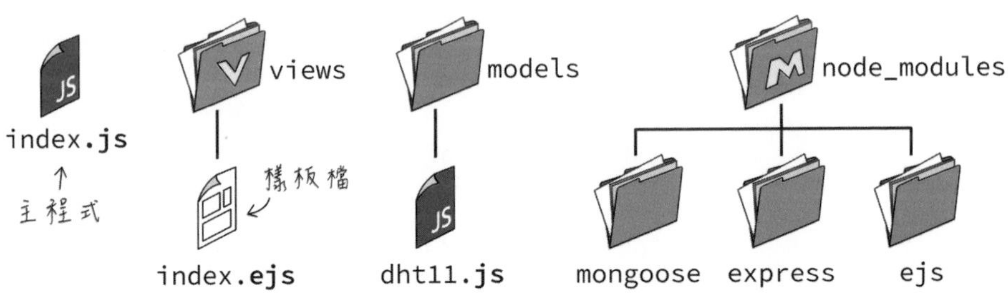

相較於上個單元僅顯示前 10 筆數據的網頁，為了達到分頁顯示的功能，程式必須要知道全部文件數（也就是總資料筆數）以及每頁的文件數（亦即，一個頁面最多可呈現的資料數），此外，為了判斷是否要顯示「下一頁」連結，程式也要先求出最後一頁的頁碼：

```
var paginate = 10;   // 每頁的文件數
var totalDocs;       // 全部文件數
var lastPage;        // 最後一頁的頁數

DHT11.count( function( err, count){
    totalDocs = count;
    lastPage = Math.ceil(totalDocs / paginate);
});
```

統計全部文件數量

接收文件數目

傳回最大整數

全部文件數 / 每頁文件數

假設資料總數為 14 筆，每一頁顯示 10 筆資料，執行以上敘述之後，totalDocs 的值將是 14，lastPage 的值將是 2。接收查詢字串，並藉此篩選資料的程式片段如下：

?p=2

```
app.get('/', function(req, res) {
  var page = req.query.p || 1;     // 接收頁碼，若沒有傳入頁碼，則將頁碼設成1
  if (page < 1) page = 1;          // 如果頁碼值小於1，則將「頁碼」設成1

  var skipDocs = (page-1)*paginate;
  // 如果跳過的文件數大於或等於總文件數，則將「跳過文件數」設成0
  if (skipDocs >= totalDocs ) skipDocs = 0;

  DHT11.find().select('-_id -__v')      // 剔除_id和__v欄位
     .sort({'時間': -1})                 // 依照時間排序
     .skip(skipDocs).limit(paginate)    // 分頁：設置跳過的文件與上限數
     .exec(function(err, docs) {        // 執行查詢
        res.render('index',
             {docs:docs, page:page, lastPage:lastPage});
   });
});
```

接收資料查詢結果（物件陣列）

傳入樣版的變數名稱　本程式裡的變數

{ docs：數據, page:本頁頁碼, lastPage:最後一頁頁碼 }

建立 ejs 樣版檔：此樣版檔包含下列 5 處變動部份：

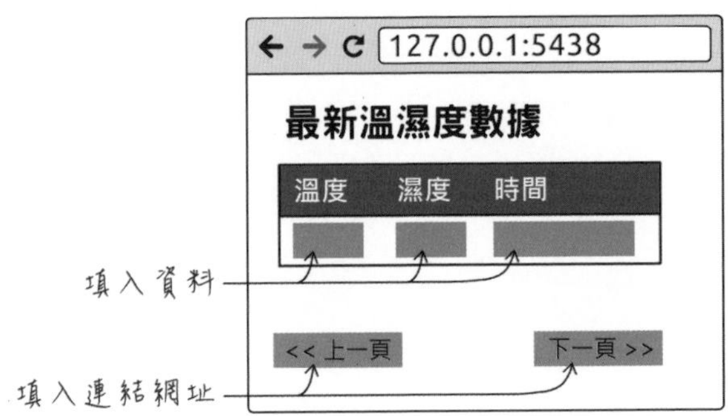

從 index.js 傳入的 page（頁碼）變數，用於產生「上一頁」和「下一頁」連結位址。此外，若 page 值大於 1，頁面才會顯示「上一頁」超連結；若 page 值不等於總頁數，才會顯示「下一頁」連結。

```
<br>
<% if (page > 1) { %>
  <a href="/db?p=<%= page-1 %>" class="prev">上一頁</a>
<% } %>
<% if (page != lastPage) { %>
  <a href="/db?p=<%= Number(page)+1 %>" class="next">下一頁</a>
<% } %>
```

此條件成立，才會顯示「上一頁」連結。

樣式類別名稱

page強制轉換成數字類型

執行結果

```
<a href="/db?p=2" class="next">下一頁</a>
```

下一頁的連結

上面的程式先把 page 值轉換成數字再相加，免得變成「字串相連」（亦即："1" +1 變成 "11"）。

完成 ejs 樣版檔之後，請先確認 MongoDB 伺服器有啟動，接著在命令列啟動此 Node 程式測試：

```
> node index.js
```

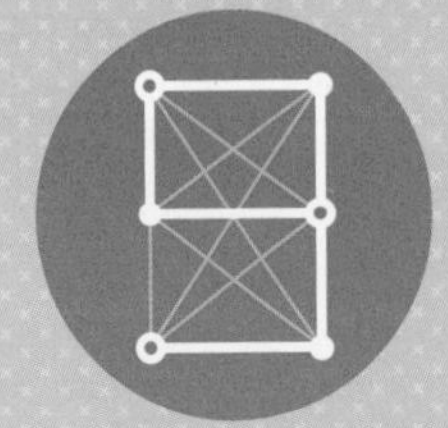

資料視覺化—使用 C3.js 與 D3.js 繪製圖表

本章將示範用 JavaScript 圖表程式庫，在網頁上以折線圖和動態量表 (gauge) 呈現溫濕度資料和即時類比數據：

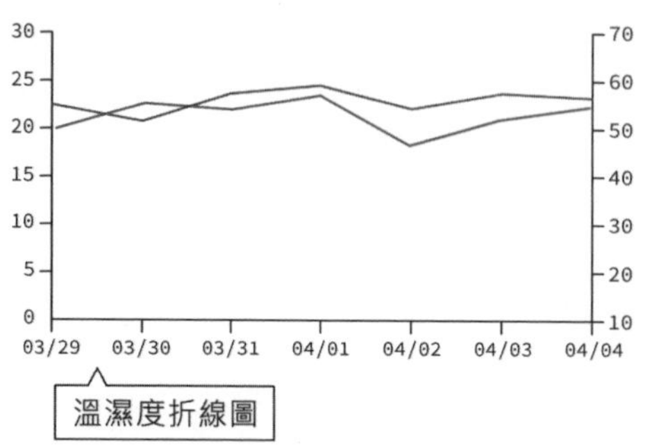

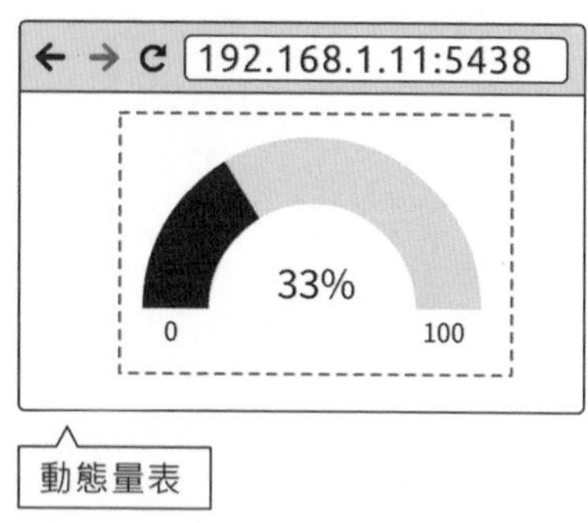

搜尋 "JavaScript Chart" 關鍵字，可找到許多繪製資料圖表的程式庫，其中不乏免費、開放原始碼的方案。本章將採用**開放原始碼的 C3.js (簡稱 C3) 和 D3.js 程式庫 (簡稱 D3，網址：d3js.org)**，D3 的全名是 Data-Driven Documents (直譯為「資料驅動文件」)，文件指的是「網頁文件」，data 則是我們提供的數據，D3 則是在背後驅動 (drive) 及駕馭數據，讓資料以圖像形式躍動在網頁上。

D3 並不是專門繪製統計圖表的程式庫，而是操作資料和 HTML 元素，以及動態繪製網頁向量圖的程式庫。D3 就像是個透過 JavaScript 程式操作的插畫軟體，你可以用它來建立各種靜態與動態向量圖，並不限於圖表。

除了通用的 "chart" (圖表)，搜尋關鍵字 "javascript gauge"，可找到許多 "gauge" (量表) 程式庫。例如 justGage.js (http://justgage.com/)，它採用 HTML5 的向量圖格式 (SVG) 顯示、支援電腦和手機的瀏覽器、開放原始碼且設置語法也像 C3.js 一樣簡單。

另一個有意思的量表是 industry.js (http://goo.gl/DoFBHz)，包含水位錶、溫度計、LED 燈號、大氣壓力計...等等，請讀者自行參閱該網站說明。

9-1 使用 C3.js 繪製圖表

D3 的功能強大，也是許多資料視覺化應用網站的首選，但缺點是需要一段時間學習才能上手，因而催生 C3。**C3 像是 D3 的翻譯器，讓我們用簡單的語法來製作 D3 圖表**。底下是 C3 支援的部分圖表類型外觀和名稱：

用 C3 製作圖表，網頁需引用底下的 CSS 樣式表和 JavaScript 程式庫，請先把必要的 .css 和 .js 檔複製到對應的資料夾裡面：

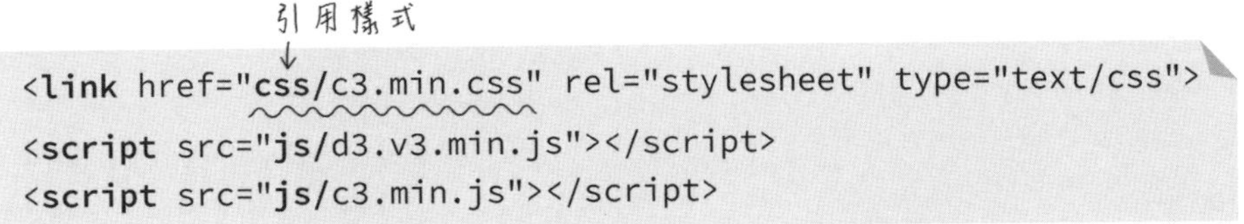


```
<link href="css/c3.min.css" rel="stylesheet" type="text/css">
<script src="js/d3.v3.min.js"></script>
<script src="js/c3.min.js"></script>
```

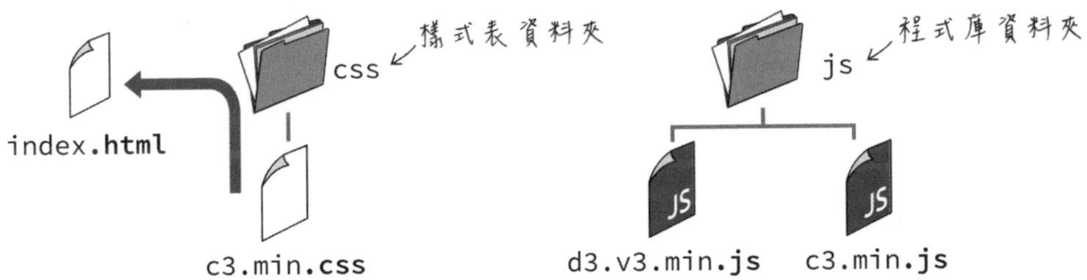

接著在網頁內文區，透過 div 標籤**設定圖表的顯示區以及唯一的識別名稱**，C3 的圖表若沒有特別指定，預設會放在識別名稱為 "chart" 的區域內：

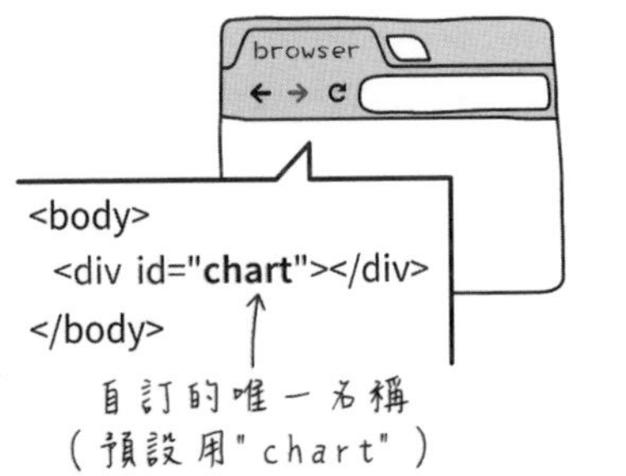

透過 C3 產生圖表的語法如下：

```
var 圖表物件名稱 = c3.generate({
    data: {
        columns: [
            ['名稱1', 值1, 值2, ..., 值n ],
            ['名稱2', 值1, 值2, ..., 值n ],
                   :
        ]
    }
});
```

資料欄位，因為可能要顯示多欄數據，所以採用陣列形式。

設定欄位名稱及數值，因為資料通常不只一筆，所以用陣列形式。

底下程式將繪製一條「亮度」線條圖，並顯示在預設的名叫 "chart" 的元素區域：

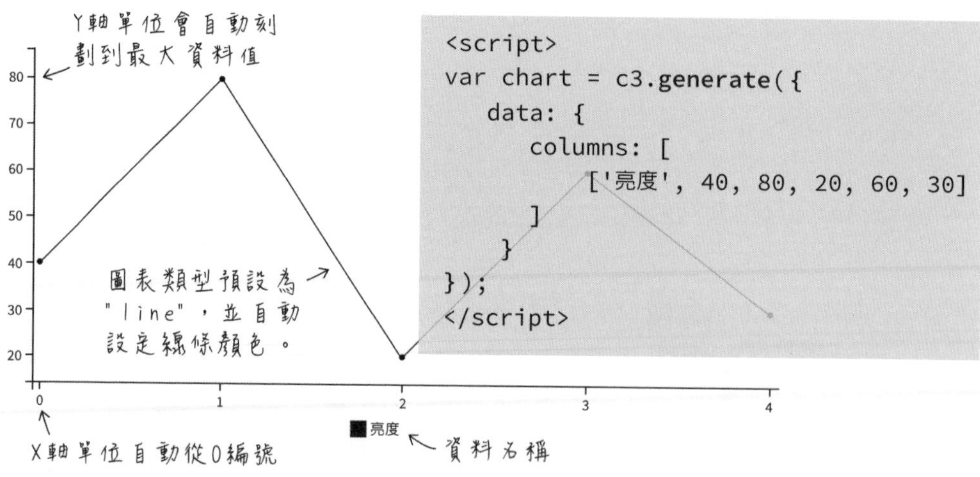

C3.js 圖表參數

本節將示範 C3 的幾項參數設置，把圖表改成底下的外觀：

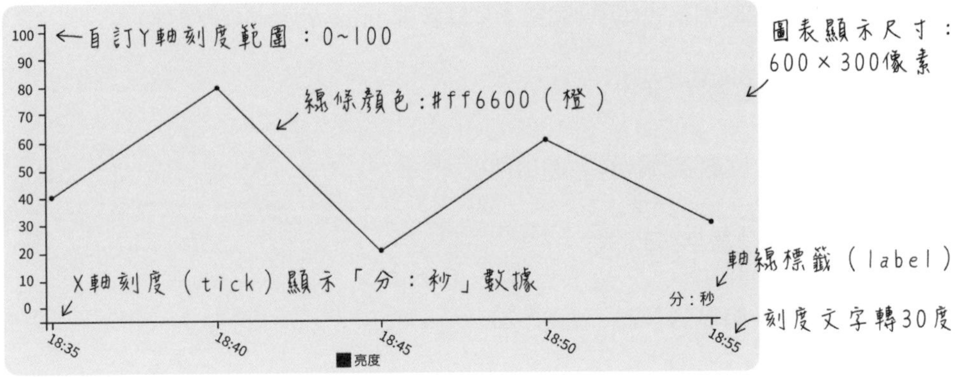

請在上一節程式的 data 區塊裡面加入底下敘述；新增的「時間」欄位資料，將被當成 X 軸刻度：

```
var chart = c3.generate({                                  ← 設定圖表尺寸
    size: { width: 600, height: 300 },
    data: {                                                ← 新增「時間」欄位與資料
        columns: [ ['時間','18:35','18:40','18:45','18:50','18:55'] ,
                   ['亮度', 40, 80, 20, 60, 30] ],
        x: '時間',                    ← 指定水平軸的欄位
        xFormat: '%M:%S',             ← 指出水平軸的輸入資料格式（分：秒）
        colors: { '亮度': '#ff6600' },   ← 設定「亮度」資料的色彩
    },

});        這裡將加入設定軸線的敘述
```

如果**未用 xFormat 設定輸入資料格式，C3 將無法正確判讀資料**，也不會繪製任何線條，%M 和 %S 分別代表「分」、「秒」時間格式。

時間資料：	50:33	2015-12-20	2015.12.20 17:50:33
	⇩	⇩	⇩
對應的格式字串設定：	%M:%S	%Y-%m-%d	%Y.%m.%d %H:%M:%S

本章使用的時間格式如下，完整清單請參閱 https://goo.gl/JNWFGQ

- %Y：四位數字「年份」
- %m：兩位數字「月份」，從 01~12
- %d：兩位數字「日」，從 01~31
- %H：24 時制的「時」，從 00~23
- %I：12 時制的「時」，從 01~12
- %M：兩位數字「分」
- %S：兩位數字「秒」
- %L：三位數字「毫秒」，從 000~999

軸線（axis）部分的程式設定如下：

```
axis: {
   x: {                    ← 軸線類型設成「時間序列」（預設是數字）
      type: 'timeseries',
      label: '分：秒',  ← 軸線標籤文字
      tick: { rotate: 30, format:'%M:%S' }  ← 刻度文字轉30度，顯示格式「分：秒」。
   },
   y: { max: 100, min: 0 }  ← Y軸刻度範圍：最大100；最小0
}
```

微調 Y 軸和 X 軸的顯示刻度

上一節程式的圖表顯示結果，Y 軸的顯示刻度範圍將介於 -10~110。我們可以藉由 **padding（「留白」或「內距」）參數**，調整刻度的顯示範圍，例如，調整成 0~100：

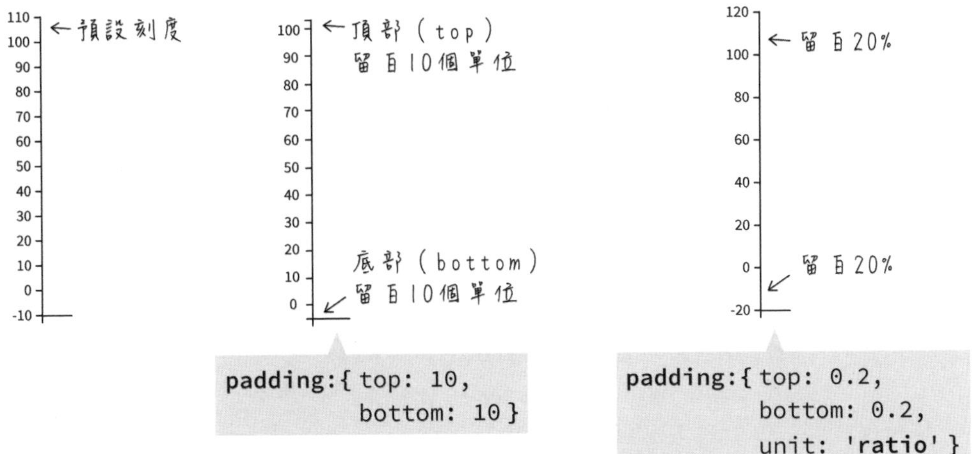

這個 padding 參數要加在 axis 區塊的 y 軸設定區塊中：

```
y: {
    max: 100, min: 0,
    padding:{ top: 10, bottom: 10 }
}
```

新增 Y 軸上、下留白設定

若要**以「空間比例（ratio）」設定留白**，請在 padding 區塊裡面加入 unit:'ratio' 屬性，留白空間值 1 代表 100%、0.5 代表 50%，以此類推。

此外，上一節圖表的 X 軸最右邊的刻度值，因為超出圖表的顯示空間而被切掉：

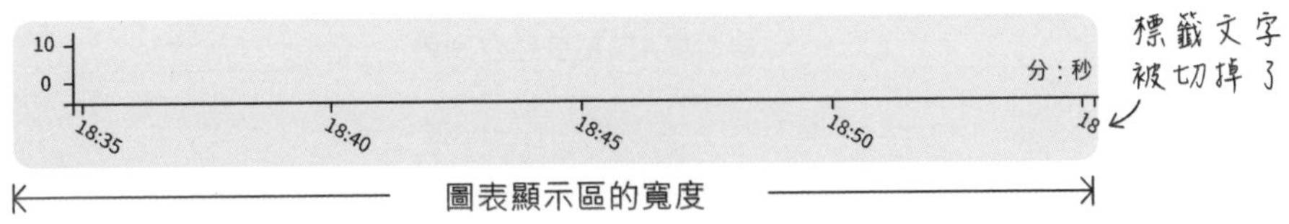

解決的辦法是在整個圖表的右側，添加一點留白：

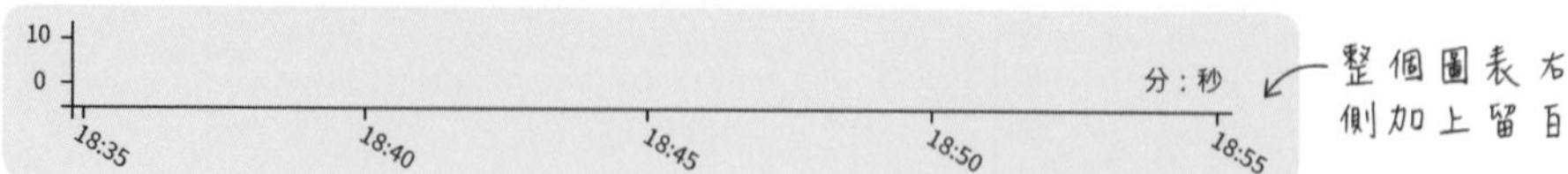

這個 padding 參數是套用在整個圖表，所以要加在最外層的區塊中：

```
var chart = c3.generate({
    padding:{ right: 50 },
    size: {height: 300, width: 600},
      :
}
```

新增圖表右側留白設定

9-2 顯示動態平移的即時線條圖

C3 程式庫內建動畫效果，可以在更新數據造成圖表內容變化時，自動產生動態轉變效果。以上一節的線條圖為例，透過 **flow()** 方法新增一筆數據時，圖表的線段和時間刻度將往左邊滑動一個刻度單位距離：

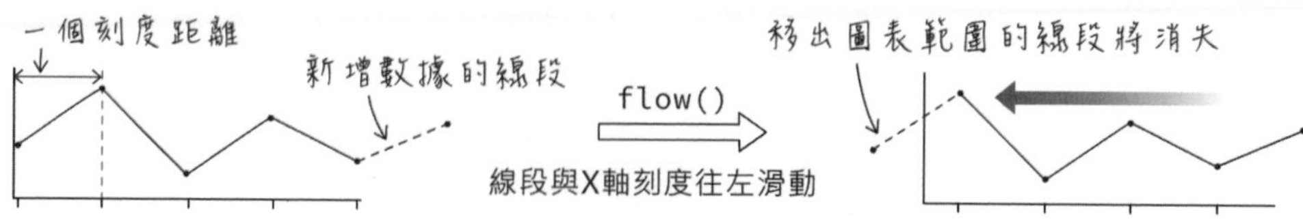

假設我們要讓 C3 在兩秒之後，在圖表上新增一個數據線段，請在上一節的程式碼之後，加入底下的 setTimeout() 函式：

```
var chart = c3.generate({
  :  // 原本的程式不變
});

setTimeout( function() { ← 兩秒到時，執行一次此函式。
  chart.flow ( {
    columns: [
      ['時間', '19:00'],
      ['亮度', 48]
    ],
    length: 1,   // 移動一個刻度單位距離
    duration: 500
  })
}, 2000);
```

控制對象 → chart.flow

新增的數據 → ['時間', '19:00'],

duration: 500 ← 移動持續時間：0.5秒

length: 1 → 若length為0，則線段不往外移動，而是增加刻度、水平擠壓線段。

在瀏覽器中重新載入網頁，即可看到線段平移的動態效果。

新增數據並且動態平移線條圖

假設我們要建立像下圖的應用程式，網頁圖表一開始是空白的（沒有數據），隨著即時傳入的資料不停地更新線條圖。

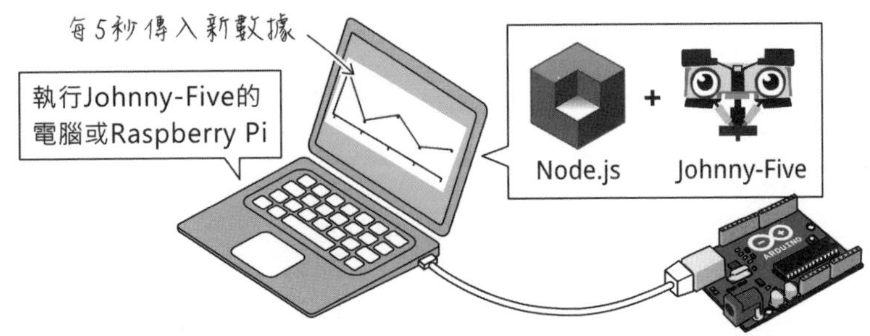

在實際連接 Arduino 控制板之前，我們先在電腦上透過程式產生的隨機數字模擬輸入訊號。筆者將圖表設定成：收集五個數據之後，新增的數據才會讓圖表產生平移效果：

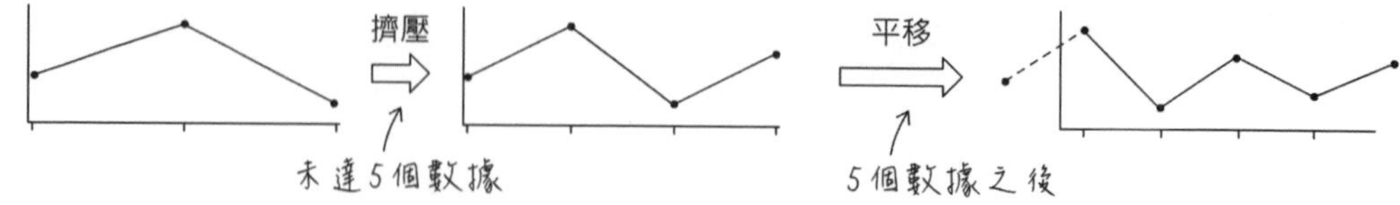

先設定兩個與刻度相關的變數:

```
var tckCount = 0;   // 暫存刻度數量
var totalTck = 5;   // 水平刻度上限為 5
```

建立傳回目前時間與模擬 0~100 類比訊號的自訂函式:

```
function minSec() {  // 傳回目前「分:秒」格式字串的函式
  var d = new Date();
  var min = d.getMinutes();
  min = (min < 10) ? ( '0'  + min) :min;

  var sec = d.getSeconds();
  sec = (sec < 10) ? ("0" + sec) :sec;

  return min +  ':'  + sec;
}

function pseudo() {  // 傳回 0~99 隨機數字的函式
  return Math.floor(Math.random() * 100);
}
```

產生線條圖的主程式,改成顯示一筆資料:

```
var chart = c3.generate({
  data:{
    columns:[
      ['時間', minSec()],  // 設定為目前的「分:秒」
      ['亮度', pseudo()]   // 設定為 0~99 隨機數字
    ],
    :  // 其餘程式不變
});
```

最後透過 setInterval() 函式，每隔兩秒鐘新增一筆圖表數據：

```
setInterval( function() {
  chart.flow({
    columns: [
      ['時間', minSec()],
      ['亮度', pseudo()]
    ],
    length: (tckCount < totalTck) ? 0 : 1,
    duration: 500,
    done: function() {
      if (tckCount < totalTck) ++tckCount;
    }
  })
}, 2000);
```

每隔兩秒，產生新數據。

如果刻度未達5組，則不平移圖表。

平移完成時，此函式將被觸發。

如果刻度數量小於5，則增加刻度數量。

實際透過 Node.js/Socket.io/Johnny-Five 連接 Arduino 的程式，請參閱下文「動態顯示 Arduino 檢測類比值」一節，以及書附光碟的 c3_4.html 檔。

呈現兩個線條和兩個 Y 軸的圖表

本單元將建立如下，具有兩個垂直軸的溫、濕度圖表。C3 稱左邊的垂直軸為 "y"，右邊的垂直軸則是 "y2"：

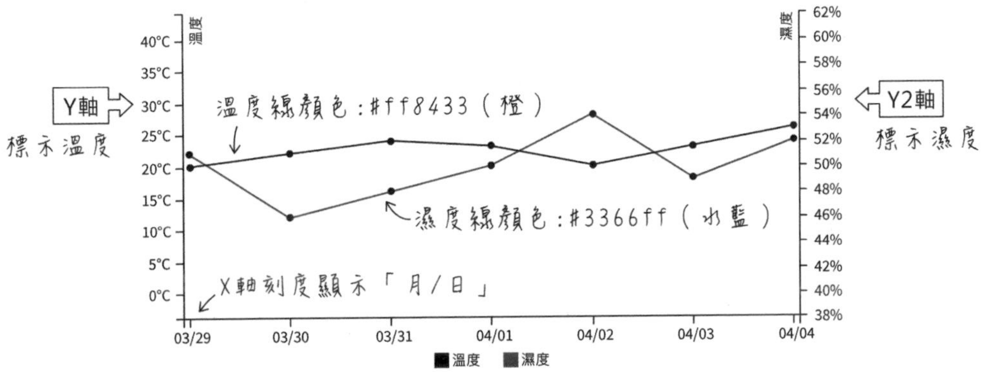

此圖表同樣放在網頁內文，名叫 "chart" 的 div 元素裡面。圖表主程式和單一 Y 軸的程式差異，在於 axes 和 axis 兩「軸」屬性設定，axes 用於設定垂直軸的資料來源：

```
var chart = c3.generate({
  data: {
    columns: [ ['日期', '2015-03-29', '2015-03-30', '2015-03-31',
          '2015-04-01', '2015-04-02', '2015-04-03', '2015-04-04' ],
          [ '溫度', 20, 22, 24, 23, 20, 23, 26 ],
          [ '濕度', 51, 46, 48, 50, 54, 49, 52 ]],
    x: '日期',  ← 水平軸刻度來自「日期」值
    xFormat: '%Y-%m-%d',
    axes: { '溫度': 'y', '濕度': 'y2' },  ← 左垂直軸是「溫度」；右垂直軸是「濕度」。
    colors: { '溫度':'#ff8433', '濕度':'#3366ff' },
  },

});  ← 這裡將加入設定軸線的敘述
```

軸線（axis）用於設定顯示刻度和標籤等參數，其中大多和之前的程式類似：

```
axis:{
  x:{
    type:'timeseries',
    tick:{ format:'%m/%d'}  // 水平刻度格式為「月/日」
  },
  y:{   // 設定左垂直軸
    label:'溫度',
    max:40, min:0,  // 溫度的刻度範圍限制在 0~40
    tick:{          // 自訂刻度文字
      format:function (d) { return d + '° C'; }
    }
  },
  y2:{              // 設定右垂直軸
    label:'濕度',
    show:true,      // 必需要設定成 true，否則不會顯示右垂直軸
    tick:{
      format:function (d) { return d + '%'; }
    }
  }
}
```

特別要說明的是自訂刻度文字部份，只要加入 **format（格式）函式**，它就會被自動執行，在每個刻度文字後面加上 "° C"：

```
tick: {
    format: function (d){ return d + '°C'; }
}
```


動手做 使用資料庫數據描繪折線

實驗說明：本單元將從 MongoDB 資料庫讀取 dht11 資料集的前 20 筆溫濕度數據，傳給 ejs 樣版呈現 C3 圖表。筆者將此專案的 Node 主程式命名成 temp.js，樣版檔命名為 temp.ejs，views 資料夾裡面存入 C3 相關的 CSS 和 JS 程式：

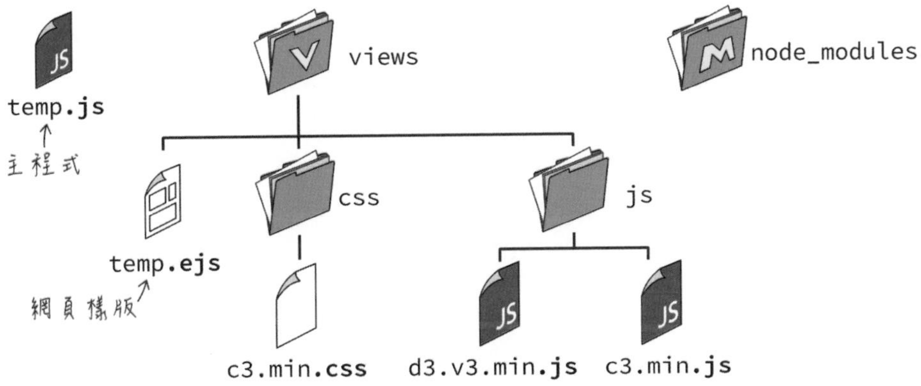

實驗程式：讀取 MongoDB 資料以及合併樣版檔的程式碼，修改自第八章「在 ejs 樣版中顯示最近 10 筆溫濕度資料」一節的程式：

```
app.get("/", function(req, res) {
  DHT11.find().select('-_id -__v').sort({'時間': -1}).limit(20)
       .exec(function(err, data) {
         res.render('temp', {docs:data});
       });
});
```

09

由於樣版檔引用了 views 路徑裡的 .css 和 .js 檔，Node 程式必須加入此路徑的路由：

```
var app = express();
app.use('/', express.static(__dirname + '/views'));
app.set('view engine', 'ejs');
```

允許用戶端讀取views底下的css和js路徑，若缺少這一行，temp.ejs將無法讀取.css和.js檔。

上文的 C3 圖表數據都是採用陣列格式定義，像這樣：

```
data: {
   columns: [ ['時間', '2015-11-10T03:00:00.000Z',
        '2015-11-09T03:00:00.000Z',...],
     [ '溫度', 20, 23, ...],
     [ '濕度', 71, 74, ...]]
}
```

陣列格式數據

其實 C3 也支援 JSON 資料格式，若採用 JSON 格式定義圖表資料，**data 物件裡面必須定義 keys 屬性來設置折線圖的資料來源**：

```
data: {
  json: [{"溫度":20,"濕度":71,
     "時間":"2015-11-10T03:00:00.000Z"},
     "溫度":23,"濕度":74,
     "時間":"2015-11-09T03:00:00.000Z"},...],
  keys: {
     x: '時間',
     value: ['溫度', '濕度']
   }
}
```

JSON格式數據

若使用JSON格式，一定要設置keys屬性。

指定X軸資料來源

指定折線圖的資料來源

底下是 temp.ejs 中，接收來自 Node 主程式的 JSON 變數值的程式片段。請注意，**輸出變數值採用 <%- 和 %> 標籤**而非 <%= 和 %>，否則雙引號將變成 #34; 編碼值：

```
<script>
var chart = c3.generate( {
    data: {
      x:'時間',
      xFormat:'%Y-%m-%dT%I:%M:%S.%LZ',
      json: <%- JSON.stringify( docs ) %>,
      keys: {
        x: '時間',
        value: ['溫度', '濕度']
      }
    },

});
</script>
```

「時間」欄位的輸入格式

未編碼輸出JSON變數值

把JSON資料轉成字串

```
[{"溫度":20,"濕度":71,
  "時間":"2015-11-10T03:00:00.000Z"},...]
```

來自Node主程式的JSON資料

設定X, Y軸格式的程式碼

此外，程式也要明確指出輸入的時間格式，否則會發生錯誤。底下是設定 X, Y 軸格式的程式碼：

```
axis: {
  x: {
    type: 'timeseries',
    tick: {format: '%m/%d'}
  },
  y: {
    label: {
      text: '溫濕度',
      position: 'outer-middle'
    }
  }
}
```

「時間」軸的顯示格式：月/日

垂直軸的文字和顯示位置

實驗結果：最後測試程式之前，請得先啟動 MongoDB 資料庫，再執行本節的 temp.js。本範例的執行結果：

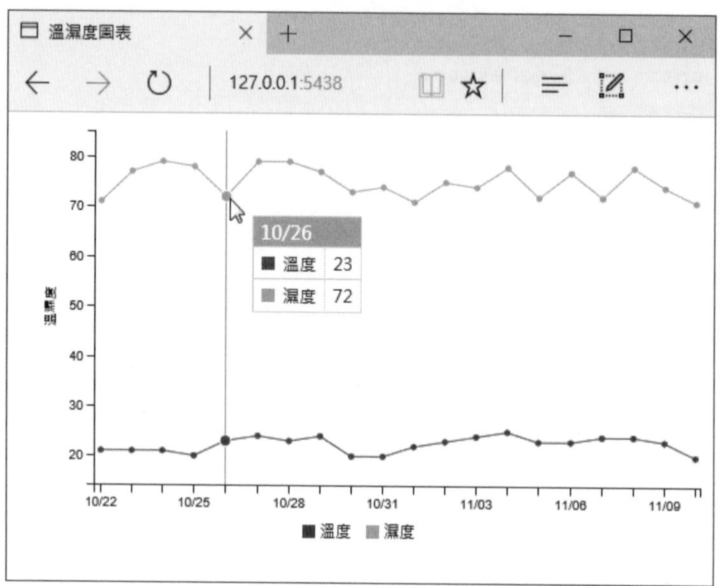

9-3 動態顯示 Arduino 檢測類比值

本節將採用 C3 製作如下圖的量表(gauge),結合從 Arduino 即時傳入的類比感測數據(本例採用光敏電阻檢測亮度),在網頁上呈現動態變化。

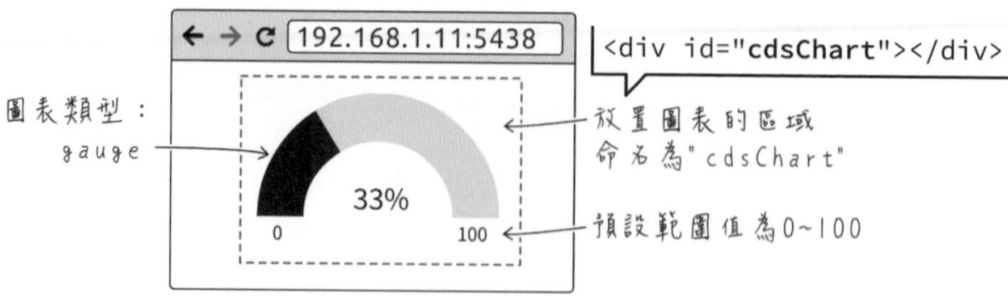

連接 Arduino 之前,我們先用虛構的數據來建立量表。我們其實可以在同一個頁面,放置多個 C3 圖表,前提是這些圖表的顯示區域名稱不能都是 "chart"。像本單元的圖表顯示區域叫做 "cdsChart",所以 C3 的主程式就要**透過 bindto(繫結)屬性,明確指定圖表顯示區**:

```
<script>
var chart = c3.generate({
  bindto: '#cdsChart',
  data: {
     columns: [
        ['亮度', 33]
     ],
     type: 'gauge'
  }
});
</script>
```

bindto：將圖表附加到指定的元素，元素的id名稱前面要加"#"號。

['亮度', 33]：設定欄位名稱（亮度）與資料值33。

type：圖表類型為量表（gauge）

若未透過 type 屬性設定圖表類型，C3 預設將顯示線條圖。本例採用的量表圖，一次只能顯示一個數值，所以「亮度」欄位是單一值。

動手做 使用圖表動態顯示感測器數據

實驗說明：使用「霹靂五號」讀取 Arduino 的類比值，再透過 Node.js 的 socket.io，即時傳遞給前端網頁，動態更新圖表。

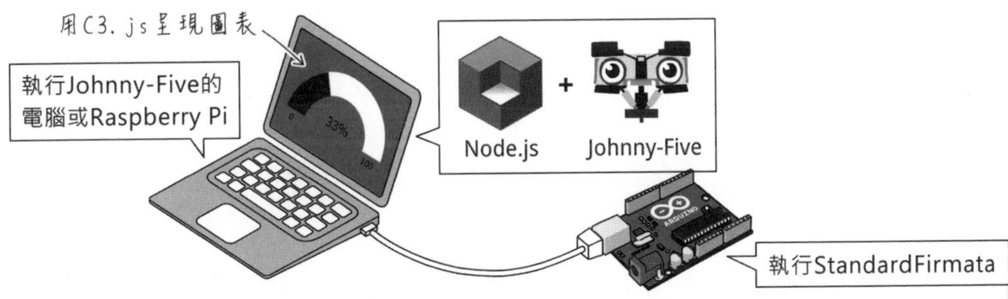

實驗材料：

Arduino UNO 板	1 片
光敏電阻	1 個
電阻 10KΩ（棕黑橙）	1 個

實驗電路:光敏電阻分壓電路如右圖,訊號輸出接 Arduino 板的 A0 類比輸入腳:

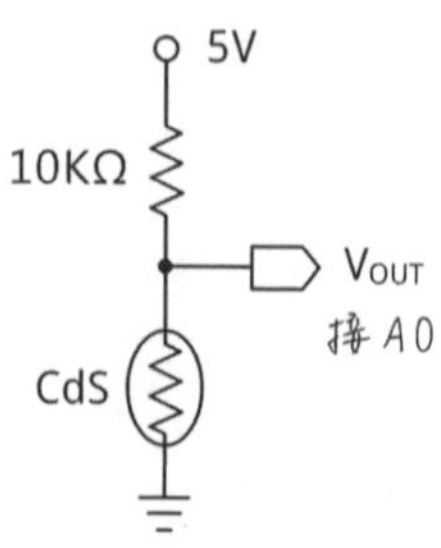

麵包板接線示範如下:

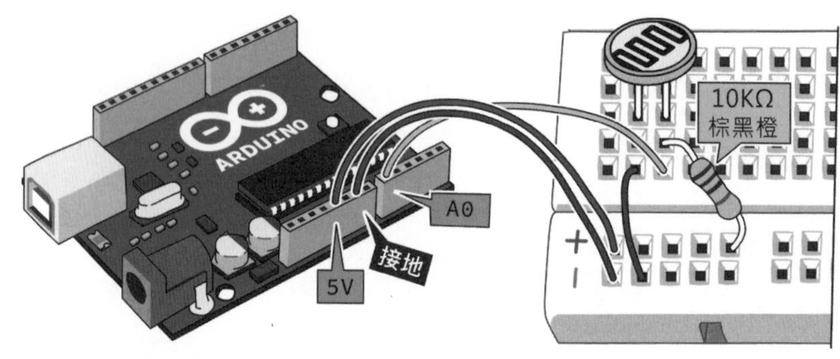

實驗程式一:**使用霹靂五號的 readAnalog() 指令讀取類比值**

請先在此專案資料夾根路徑新增一個 package.json 檔,紀錄本專案所需的 express、socket.io 和 johnny-five 模組:

```
{
  "name" :"cdsChart",
  "description" :"即時監控類比數據",
  "version" :"0.0.1",
  "dependencies" :{
    "express" :"^4.12.0",
    "socket.io" :"^1.3.4",
    "johnny-five" :"^0.9.14"
  }
}
```

本範例的專案檔案結構如下（此圖省略 www 路徑裡的 js 和 css 資料夾）：

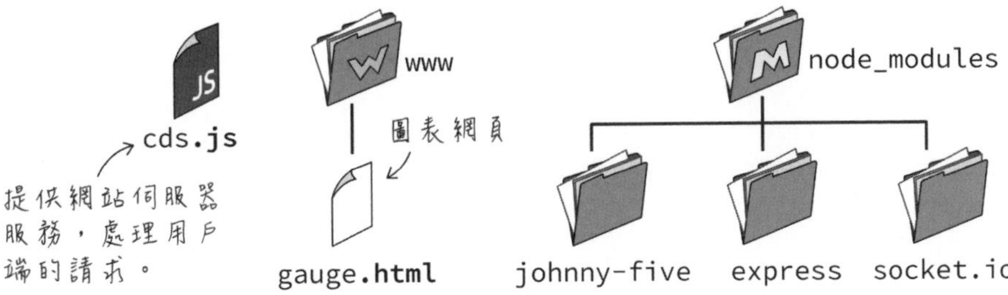

接著在命令列視窗，於此專案路徑中，輸入 "npm install" 指令，安裝模組。

霹靂五號提供和 Arduino 相同的讀取類比輸入的 analogRead() 指令，它會持續讀取指定的接腳值（可能值：0~1023），底下程式假設控制板接在電腦的 COM4 埠：

```
var five = require("johnny-five");
// 請自行修改序列埠
var board = new five.Board({port:"COM4", repl:false});

board.on("ready", function() {
  this.pinMode(0, five.Pin.ANALOG);    // A0 腳設定成「類比輸入」
  this.analogRead(0, function(val) {   // 持續讀取 A0 腳輸入值
    console.log("亮度：" + val);        // 在控制台顯示 A0 輸入值
  });
});
```

實驗程式二：使用霹靂五號的 sensor 物件偵測類比資料變化

本單元程式需要把讀取到的類比值調整為 0~100 之內的整數，並且只在資料發生變化時，才更新顯示。不過偵測變化的 change 事件依據的是原始值，例如從 512 變成 515，但是這兩個值經調整到 0~100 範圍內的整數都是 50，並沒有發生變化，因此我們必須在 **change 事件**內進行額外的檢查。

為此，主程式可以設置一個暫存上一次檢測值的變數，只有前、後值不同才會顯示：

```
board.on("ready", function() {
  var cds = new five.Sensor("A0");  // 偵測 A0 腳位
  var oldVal = 0;  // 儲存上次紀錄的類比值，預設為 0

  // 將傳回值調整在 0~100 範圍
  cds.scale([0, 100]).on("change", function() {
    // 讀取檢測值並去除小數點
    var newVal = Math.floor(this.value);

    if (newVal != oldVal) {  // 若這次和上次的檢測值不同...
      console.log("亮度：" + newVal);  // 顯示亮度值
    }
    oldVal = newVal; // 下回執行時，這次的感測值將變成「上一次」值
  });
});
```

實驗程式三：使用 socket.io 即時傳遞類比數據

讀取類比值（亮度）程式測試完畢，只要替它加上 express 和 socket.io 程式，就能將類比數據即時傳遞給用戶端。筆者將此即時訊息命名成 "cds"，它將附帶 val 屬性和資料：

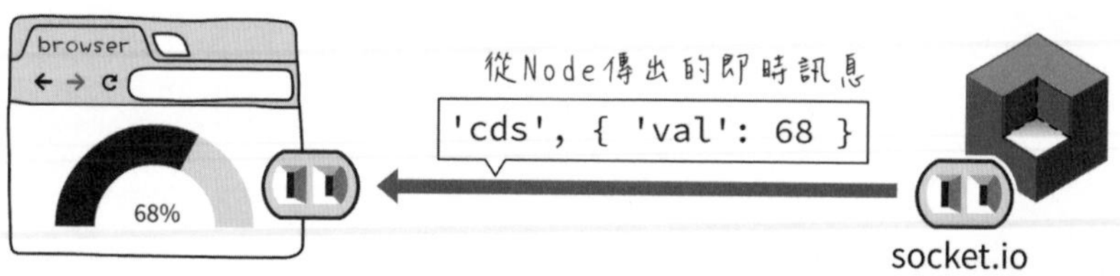

Node.js 的主程式檔命名成 cds.js，首先引用必要的程式庫來建立網站伺服器：

```
var five = require("johnny-five"); // 引用霹靂五號程式庫
var board = new five.Board({port:"COM4", repl:false});
var io = require( 'socket.io');    // 引用 socket.io
var express = require("express");  // 引用 express
var app = express();

app.use(express.static( 'www'));   // 設定靜態網頁資料夾
```

```
var server = app.listen(5438, function(req, res) {
  console.log("網站伺服器在 5438 埠口開工了！");
});
```

接著開啟 socket.io 即時通訊服務，每當有新的用戶端連線時，就累增 users 值；若有用戶端離線，就把 users 值減掉 1：

```
var sio = io(server);
var users = 0;        // 紀錄目前線上人數
var newVal = 0;       // 紀錄新的類比檢測值
sio.on('connection', function(socket){
  console.log("用戶連線");
  ++users;            // 增加線上用戶數
  // 傳送當前的即時數據給新連線用戶
  sio.sockets.emit('cds', {'val':newVal}); // 傳出即時感測資料

  socket.on('disconnect', function(socket){
    console.log("用戶離線");
    --users;          // 減少線上用戶數
  });
});
```

最後加入霹靂五號的程式，讀取 Arduino 的 A0 類比腳輸入值：

```
board.on("ready", function() {
  var cds = new five.Sensor("A0");
  var oldVal = 0;

  cds.scale([0, 100]).on("change", function() {
    newVal = Math.floor(this.value);

    if (users > 0) {    // 只要仍有用戶連線...
      if (newVal != oldVal) {
        // 傳出即時感測資料
        sio.sockets.emit('cds', {'val':newVal});
      }
      oldVal = newVal;
    }
  });
});
```

伺服器端程式到此完成，下文將建立在用戶端呈現圖表的網頁。

實驗程式四：**在網頁即時更新圖表**

在專案資料夾的 www 路徑中，新增一個 gague.html 檔，除了 c3.js 所需的 JavaScript 和 CSS 樣式檔，這個網頁還要引用 socket.io.js：

```
<link href= "css/c3.min.css" rel= "stylesheet" type= "text/css" >
<script src= "js/d3.v3.min.js" ></script>
<script src= "js/c3.min.js" ></script>
<script src= "/socket.io/socket.io.js" ></script>
```

底下的程式敘述將在 cdsChart 區域呈現圖表，並且在收到伺服器 'cds' 訊息時，即時更新圖表的 "亮度" 欄位。更新圖表欄位值採用 **load（載入）方法**，它和上文的 **flow（流動）方法**的不同點在於，**flow() 會在既有的資料後面附加新數據，而 load() 將用新的資料取代舊有的全部資料**：

```
圖表物件.load({
  columns:[
    // 更新資料的欄位名稱和數值
  ]
});
```

透過 socket.io 更新 "亮度" 欄位值的程式如下：

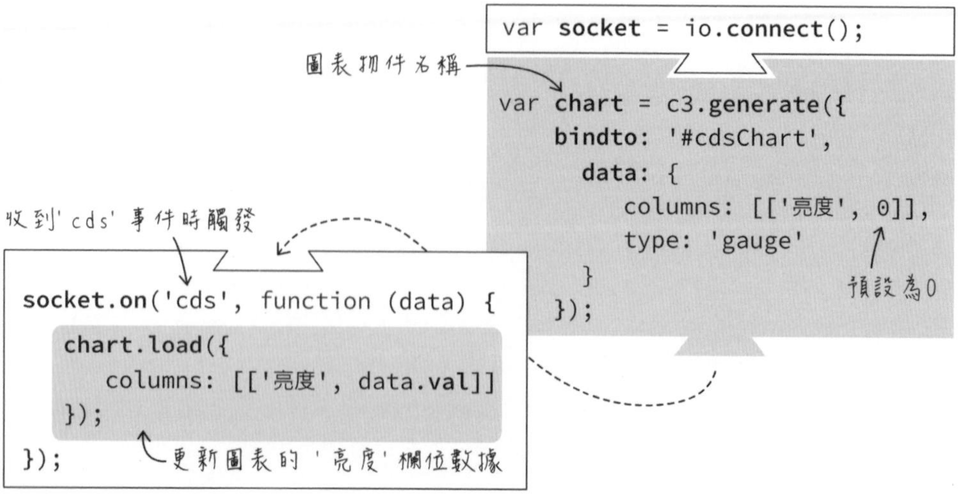

```
var socket = io.connect();
```

圖表物件名稱

```
var chart = c3.generate({
    bindto: '#cdsChart',
      data: {
         columns: [['亮度', 0]],
         type: 'gauge'
      }
    });
```

預設為0

收到'cds' 事件時觸發

```
socket.on('cds', function (data) {
   chart.load({
      columns: [['亮度', data.val]]
   });
});
```

更新圖表的 '亮度' 欄位數據

實驗結果：在命令列執行 node cds.js 啟動實驗程式三的 Node 程式後，開啟瀏覽器瀏覽本機網站的 gauge.html，例如：http://127.0.0.1/gauge.html，即可看到類比數據圖表。

9-4 簡易數位濾波

上一節的程式有個問題：由於感測器太靈敏、電路雜訊或者周遭環境使然，即使在看似光源穩定的場合，微控器的輸入值仍有微小的變化（註：Arduino UNO 的類比電壓基本單位值是 4.88mV），例如，在室內固定位置和光源測試時，感測值始終在 21 和 22 之間變動，所以網頁的儀錶也跟著不停跳動，

從原始訊號中篩選出某一部份訊號，稱為濾波（filter）。像**超圖解 Arduino 互動設計入門**動手做 6-3 的麥克風放大器電路，就透過電阻和電容構成的 RC 高通濾波器，屬於「類比濾波器」。

微控器內部的類比數位轉換器（ADC），將讀入的 0~5V 電壓變化轉換成數位訊號 0~1023。透過程式從 0~1023 數字中篩選取特定範圍的值，則是「數位濾波」。取**平均值（average）**和取**中數值（median）**是兩種常見的簡易數位濾波方式。

平均值代表將連續讀入的幾個訊號加總、平均；中數值代表將連續讀入訊號（通常是奇數個資料，例如 5 個）排序之後，取出中間值。下圖的黑線代表取輸入訊號中間值的結果，由於需要先讀取幾個原始訊號，才能得到中間值，所以輸出訊號會有些微遲滯現象：

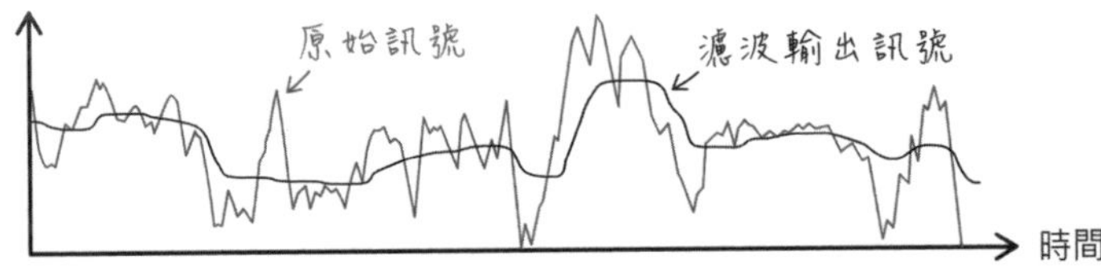

比較原始與濾波後的訊號，可以看出濾波輸出訊號平穩多了。取中數值的實際運作情況如下：先準備兩個陣列，一個儲存原始輸入值（新資料始終存入第一個元素，最後一個元素則被丟棄），另一個則存放排序值：

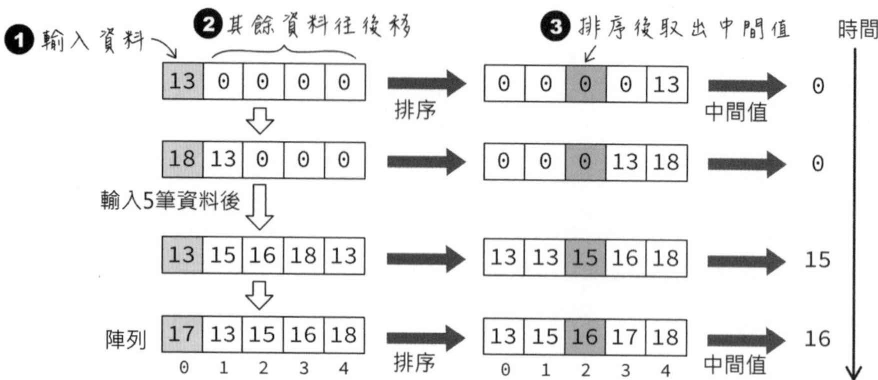

陣列排序

JavaScript 陣列的 **sort（排序）方法，預設是比較字元的 Unicode 內碼值**，底下是排序字串資料的結果：

```
var arr = ['espruino', 'raspberry', 'arduino'];
arr.sort();   // 依字元順序排列
console.log( arr.join() );
```

以字串形式輸出 ⇨ 排序結果：'arduino,espruino,raspberry'

排序數字時預設也是**將數字轉成字串後排序**，因此排序的結果就不符合一般的認知了：

```
var num = [33, 26, 109, 46, 28, 8];
num.sort();
console.log( num.join() );
```

⇨ 排序結果：'109, 26, 28, 33, 46, 8'

為了讓數字依序排列，必須傳給 sort() 設定排序方式的比較函式，例如，底下的比較函式會讓數字由小到大排列 (a, b 參數代表前後兩個陣列元素)：

```
var num = [33, 26, 109, 46, 28, 8];
num.sort( function(a, b) {   ←讓數字由小到大排列的比較函式
  return a - b;
} );
console.log( num.join() );   ⇨ '8, 26, 28, 33, 46, 109'  (排序結果)
```

給 sort() 方法的比較函式包含兩個參數 (通常命名成 a 和 b)，並依照參數的大小關係傳回三種可能值，讓 sort() 決定排列順序：

- 若 a > b，則傳回大於 0 的值，sort() 將把 b 值排在 a 前面。
- 若 a = b，則傳回 0，a 和 b 值的位置保持不變。
- 若 a < b，則傳回小於 0 的值，b 值會排在 a 後面。

依據上述規則，比較函式最簡單的作法就是直接傳回參數 a-b 的值。

底下的範例把取中數值寫成自訂函式 median()，執行之後，JS 控制台將顯示 "中數值：36"：

```
var data = [72, 12, 46, 28, 36];  // 測試資料
console.log("中數值：" + median(data));

function median(arr) {
  // 如果陣列沒有元素，則中止函式並傳回 null
  if (arr.length == 0) return null;
    arr.sort(function (a, b){return a - b}); // 由小到大排列陣列
    var mid = Math.floor(arr.length / 2);    // 求取中間索引編號

  return arr[mid];  // 傳回陣列中間元素的值
}
```

輸出濾波值

在陣列最前面和最後面，新增和刪除元素的四個指令如下：

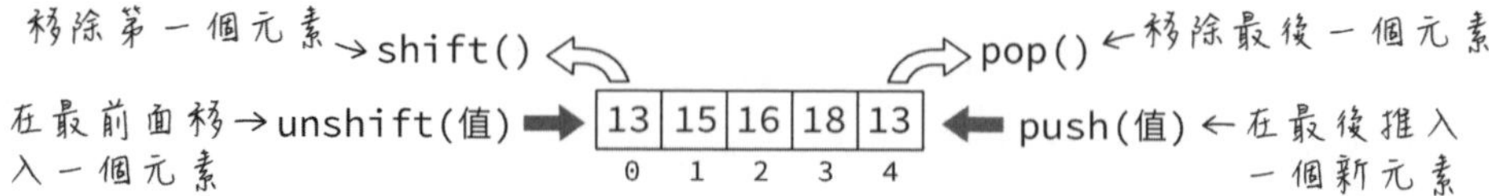

本單元使用 pop() 和 unshift() 兩個指令來刪除和新增元素。為了不讓程式更動到原始陣列的排列，在執行 sort 排序之前，程式要先把 cdsArr 陣列複製給 tempArr（註：陣列元素要透過迴圈逐一複製）：

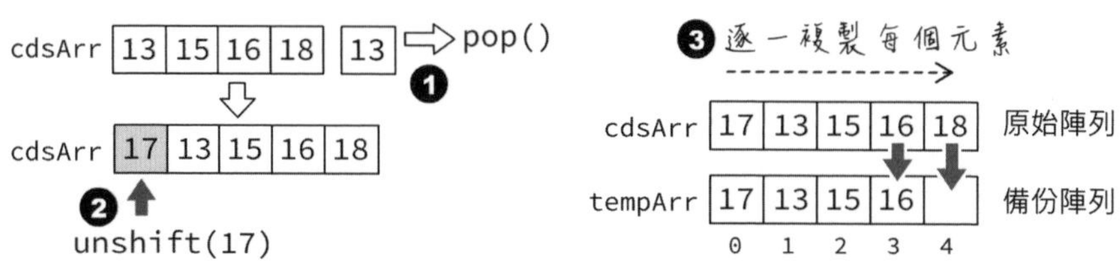

底下的程式將在控制台顯示真實的原始亮度和濾波後的數值：

```
var five = require("johnny-five");
var board = new five.Board({port:"COM4", repl:false});

var filterVal = 0; // 濾波後的數值
var cdsArr = [0, 0, 0, 0, 0];        // 儲存原始值
var tempArr = [0, 0, 0, 0, 0];       // 儲存備份與排序原始值
var total = cdsArr.length;           // 紀錄陣列元素數量

board.on("ready", function() {
  var cds = new five.Sensor("A0"); // 讀取 A0 腳位值

  cds.scale([0, 100]).on("change", function() {
    var val = Math.floor(this.value);
    filter(val);    // 過濾輸入值
  });
});
```

負責過濾輸入值並且在控制台輸出原始值和濾波值的程式碼：

```
function filter(val) {
   cdsArr.pop();    // 移除最後一個元素
   cdsArr.unshift(val);   // 在最前面插入新元素

   for (var i=0; i<total; i++) { // 複製陣列，total值為5
     tempArr[i] = cdsArr[i];
   }

   tempArr.sort(function (a,b){return a - b})
   filterVal = tempArr[2];   // 取中間(第3個)元素值

   console.log("原始亮度：" + val + "，濾波:" + filterVal);
}
```

原始陣列

cdsArr	17	13	15	16	18

執行sort()之後

tempArr	13	15	16	17	18
	0	1	2	3	4

中值元素

顯示濾波值的動態圖表

在實際使用濾波顯示圖表的程式中，筆者只紀錄三個原始值，而濾波值則是取陣列的第一個元素值，測試效果也不錯，Node.js 的主要程式如下（霹靂五號部份幾乎一樣，請參閱原始碼），顯示圖表的前端網頁程式不變：

```
var filterVal = 0;          // 濾波後的值
var oldVal = 0;             // 舊的濾波值
var cdsArr = [0, 0, 0];     // 原始值陣列
var tempArr = [0, 0, 0];    // 暫存處理資料
var total = cdsArr.length;

sio.on( 'connection', function(socket){
  ++users;
  // 送出濾波值給連線用戶
  sockets.emit( 'cds', {'val':filterVal });

  socket.on( 'disconnect', function(socket){
    --users;
  });
});

function filter(val) { // 濾波函式，接收一個原始值參數
  cdsArr.pop();
  cdsArr.unshift(val);
```

```
  for (var i=0; i<total; i++) {  // 複製陣列
    tempArr[i] = cdsArr[i];
  }

  tempArr.sort(function (a, b){return a - b});  // 排序
  filterVal = tempArr[0];  // 取第一個濾波元素值

  if (users > 0) {           // 如果仍有用戶連線...
    if (filterVal != oldVal) {  // 如果新、舊濾波值不同...
      // 即時傳送濾波值
      sio.sockets.emit( 'cds', {'val':filterVal });
      oldVal = filterVal;
    }
  }
}
```

重新啟動 Node 程式，再連結網頁就能顯示濾波後的檢測值了。C3 圖表程式的說明和應用範例到此結束，底下單元介紹 C3 背後的老大哥「D3 程式庫」以及 SVG 向量圖，提供有興趣的讀者參考。

9-5 使用 D3 程式庫

HTML 文件必須引用 D3 程式庫，才能執行下文的程式碼。引用 D3 程式庫的方法有兩種：

1. 透過 CDN 連結引用。

2. 引用事先下載到本機的程式庫檔案。

讀者可在 d3js.org 或者 GitHub 的 d3 專案網頁（https://github.com/mbostock/d3/），下載最新版程式庫：

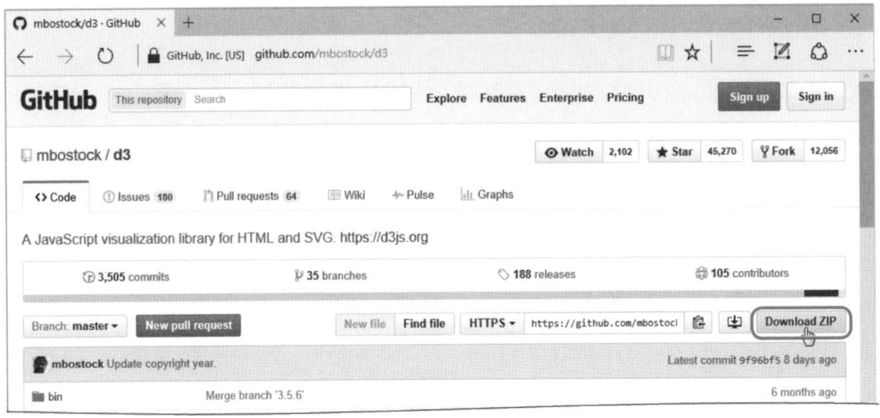

zip 格式的壓縮檔裡面包含兩個 .js 檔，請使用 d3.min.js 檔減少用戶的下載時間。

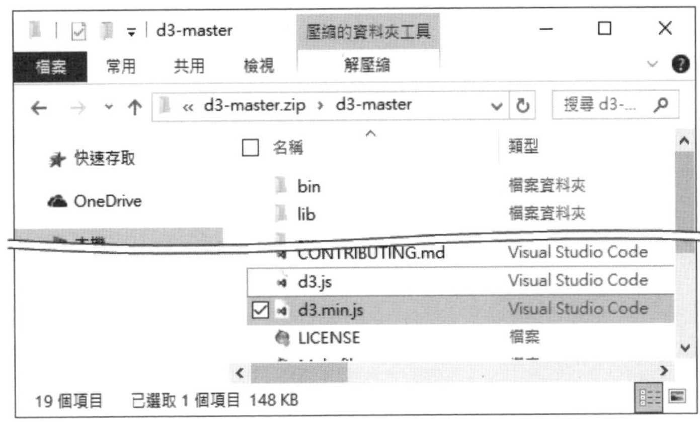

假設 D3 程式檔存放在 js 資料夾，底下的標籤指令將能引用它：

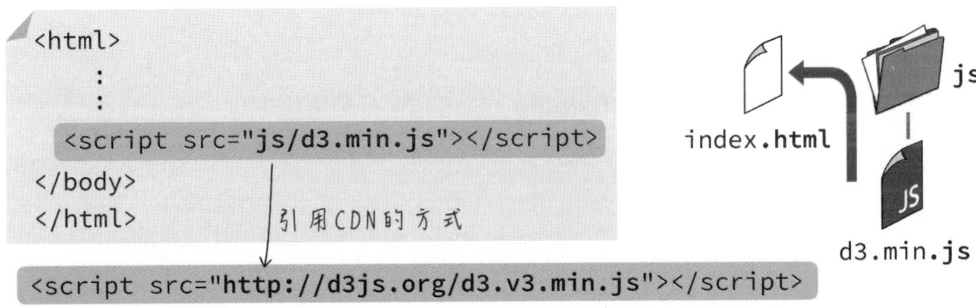

選取與操作網頁元素

D3 具備類似 jQuery 的 DOM（文件物件模型）操控功能，像是選取標籤元素、動態附加標籤、改變標籤外觀樣式...等等。本單元將練習使用 D3，讓網頁上的清單文字色彩，依陣列變數值而改變。

下圖是本單元的 HTML 內文程式碼，ul 標籤包含 id 屬性，設定其識別名稱 "list"：

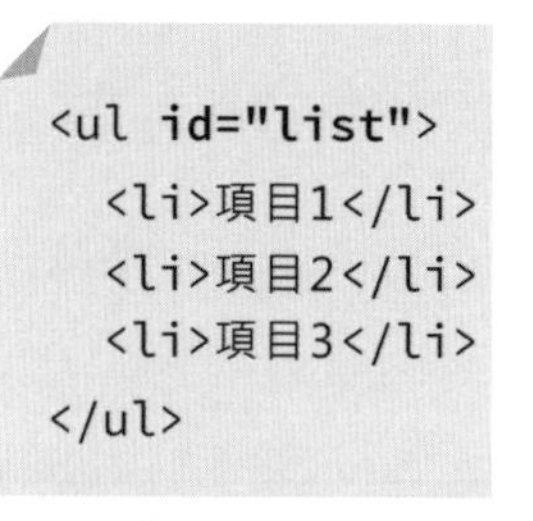

HTML原始碼

在瀏覽器的呈現畫面

執行 D3 的指令（方法或屬性）時，都要用 d3 開頭（換句話說，D3 的程式物件叫做 d3），就像 jQuery 的指令敘述用 $ 起頭一樣。D3 的 **select() 方法用於選取一個標籤元素，selectAll() 方法用於選取所有符合條件的標籤**：

```
d3.select('#list')    // 選取 id 名稱為 "list" 的元素
d3.selectAll('li')    // 選取網頁上的所有 li 元素
```

本程式的目標是選取 "list" 底下的所有 li 元素，程式有兩種寫法，這是第一種：

```
// 先選取 list 元素（ul 標籤），再選取它內部的 li 元素
d3.select('#list').selectAll('li');
```

D3 程式通常採用**鏈接（chaining）**語法，若不用這種寫法，以上的敘述要寫兩行：

```
var ul = d3.select('#list');
ul.selectAll('li');
```

第二種寫法：

```
d3.selectAll('#list li');
```

選取目標元素之後，即可下達操控指令。底下的敘述將令 "list" 裡的 li 元素文字都呈現紅色：

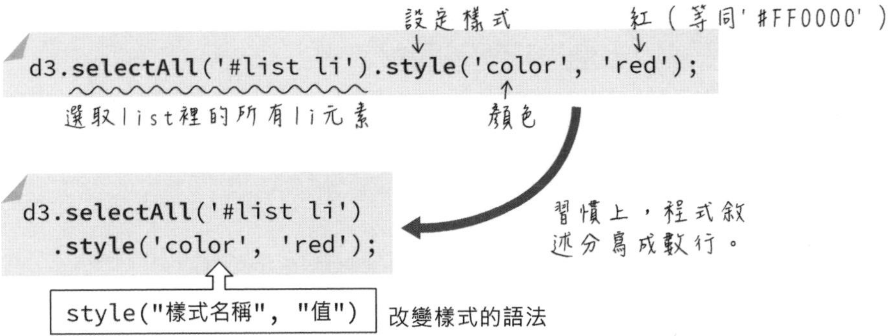

透過 D3.js 操控資料

D3 提供一個 **data() 方法，用於結合被選取的元素和陣列資料**，像底下程式裡的 ds 陣列，定義 'red'（紅）和 'blue'（藍）兩個元素：

```
var ds = ['red', 'blue'];

d3.selectAll('#list li')
  .data(ds)
  .style('color', ds[0]);
```

選取id為list的元素裡面的所有li元素

讀取陣列格式的資料，並依照資料元素的順序，逐一傳遞給後面的敘述。

設定樣式　文字色彩

由於 ds 陣列包含兩個元素，所以底下的 style() 方法將被執行兩次，設定被選取的 HTML 元素的文字顏色：

程式碼執行後，「項目 1」和「項目 2」清單文字將被變成紅色。

當 data() 方法執行後面的指令時，它其實也會傳遞資料陣列的元素值；若要接收 data() 的參數，後面的敘述必須準備一個函式，通常採用匿名函式：

函式程式碼很單純，就是原封不動地傳回接收到的元素值，而傳回值將作為樣式設定的色彩值。因此，以上程式敘述將令「項目 1」和「項目 2」清單文字，分別變成紅色和藍色。

9-6 認識 SVG

D3 採用的圖像格式為 SVG。SVG 是 **Scalable Vector Graphics（可縮放向量圖形）的縮寫**，它是在網頁上繪製向量圖的標籤語言，也是 HTML5 支援的開放向量圖形格式；在 SVG 之前，網頁上最常見的向量圖形是 Flash。新版本的瀏覽器都支援 SVG，無須安裝外掛程式。

向量影像最主要的優點是：縮放不失真、高品質輸出。底下是點陣影像與向量影像放大三倍的比較：

SVG 不單只能描繪靜態圖像，它也具備濾鏡和動畫效果，還能搭配 JavaScript 程式做出互動內容。

設定 SVG 畫布並繪製矩形

首先透過繪製一個矩形來認識 SVG 指令。**<svg> 標籤的作用相當於定義「畫布」或「圖像空間」的尺寸和底色（預設底色是透明的）**，所有 SVG 的繪圖標籤指令都要放在 <svg> 和 </svg> 之間。

底下的範例將在網頁上建立一個如右圖般，600×300 像素大小的向量圖，其中包含一個 165×85 像素大小的白邊藍色矩形：

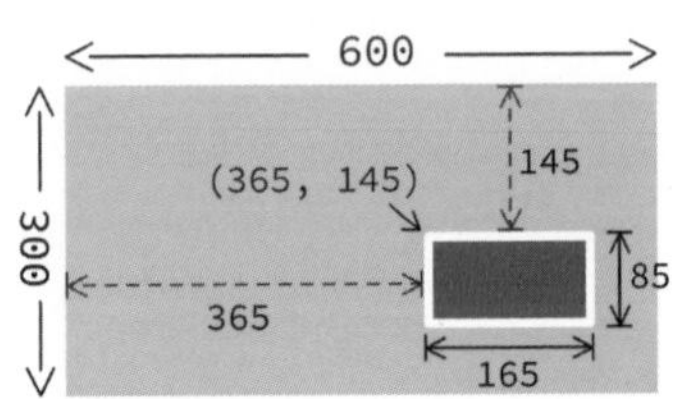

實際的 SVG 標籤指令如下：

```
<svg width="600" height="300" style="background:#BAE3F9">
    <rect x="365" y="145" width="165" height="85"
          style="stroke:#ffffff; stroke-width:5; fill:#00A0E9;"/>
</svg>
```

矩形 畫布背景 線條顏色 線條粗細 填色顏色

把上面這個 SVG 標籤置入網頁的內文區（<body>...</body> 標籤之間），就能在瀏覽器中顯示 SVG 矩形圖像。

就像 HTML 標籤指令，SVG 標籤的屬性可以定義在 CSS 樣式表之中。以底下的 CSS 樣式定義為例：

```
<style type="text/css">
  svg {
    width:600px;                    /* 寬：600像素 */
    height:300px;                   /* 高：300像素 */
    background-color:#BAE3F9;       /* 背景色 */
  }

  rect {
    stroke:#FFFFFF;       /* 筆線：白色 */
    stroke-width:5px;     /* 筆線粗細：5像素 */
    fill:#00A0E9;         /* 填色：顏色 */
  }
</style>
```

除了0以外的數值，請加上單位，數值和單位之間不能有空格。

設置svg標籤的樣式

設置rect標籤的樣式

在網頁檔頭區置入 CSS 樣式，內文的 <svg> 標籤即可簡化成：

```
<svg>
  <rect x= "365" y= "145" width= "165" height= "85" />
</svg>
```

許多向量插畫軟體具備匯出 SVG 格式圖像的功能，如：Adobe Illustrator, Flash 以及開放原始碼的 Inkscape，或者可直接在瀏覽器執行的 SVG Editor。因此，不一定要用程式碼來描述 SVG 圖像。

從向量插畫軟體匯出的 SVG 圖像副檔名為 .svg，它們可透過 <object> 或 <img> 標籤指令語法插入網頁：

```
<object type="image/svg+xml" data="image.svg">
  您的瀏覽器不支援SVG
</object>
```

圖像檔名

若瀏覽器不支援SVG，網頁上將出現這段文字。

或者：

```
<img src="image.svg" />
```

繪製圓形和文字

SVG 提供矩形（rect）、圓形（circle）、橢圓形（ellipse）、多邊形（polygon）、線段（line）...等基本造型的繪圖指令。本章的折線圖範例將用到 **circle（圓形）和 text（文字）指令**，它們的語法範例如下：

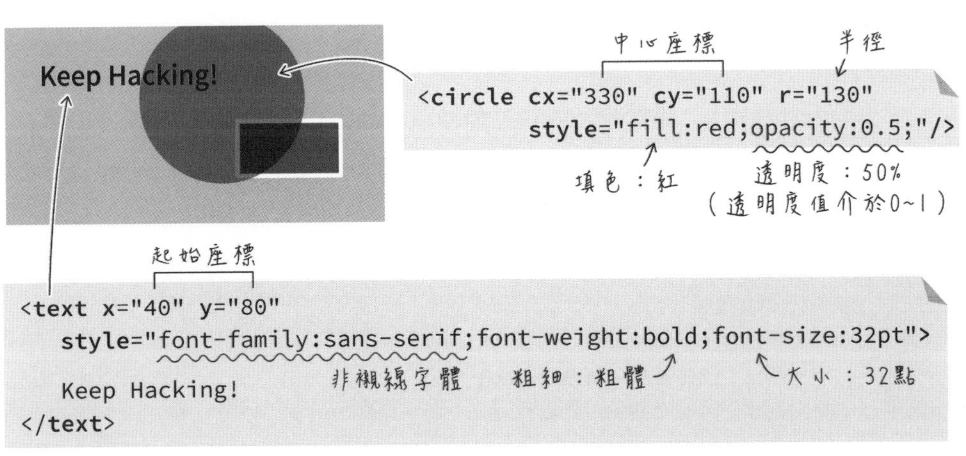

圓形和文字指令的樣式，同樣能用 CSS 定義，底下的例子把樣式設定留在標籤指令中，它將在網頁呈現上圖的 SVG 外觀，完整的網頁原始碼請參閱 svg_2.html 檔。

```
<svg>
  <rect x="365" y="145" width="165" height="85"/>
  <circle cx="330" cy="110" r="130"
          style="fill:red;opacity:0.5;"/>
  <text x="40" y="80"
    style="font-family:sans-serif;
           font-weight:bold;font-size:32pt">
    Keep Hacking!
  </text>
</svg>
```

排在後面的繪圖指令所產生的圖像，會擺在上層。

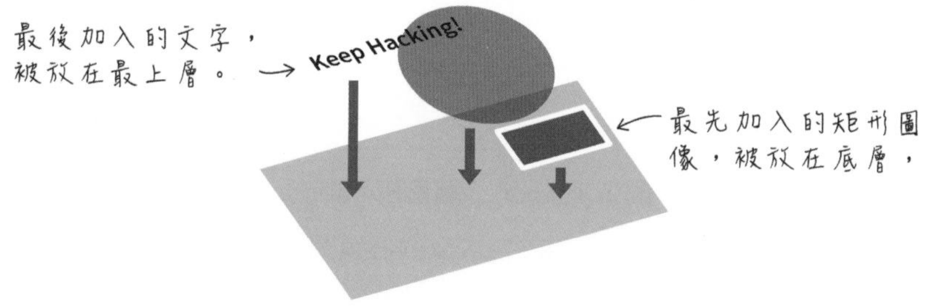

使用 path（路徑）標籤繪製折線圖

若要**繪製任意造型，請使用 <path> 標籤指令**（註：path 直譯為「路徑」），下文將使用 path 繪製折線圖，底下是個簡單的例子：

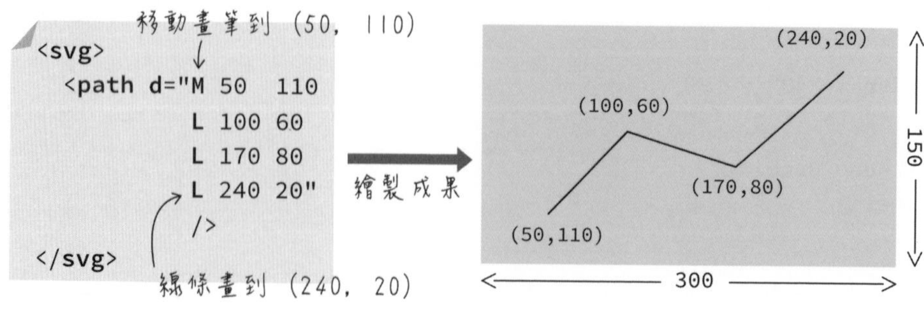

<path> 標籤的 d 屬性(代表 "data"),除了包含線條的起始座標點,還要搭配描繪指令。本文只用到兩個指令:**M**(代表 "move",移動畫筆,相當於設置**描繪的起點座標**)和 **L(代表 "line",畫直線),指令的大小寫有差別**,大寫 M 代表採用絕對座標;小寫 m 代表採用相對座標。path 還提供繪製垂直線(V)、水平線(H)、曲線(C)...等指令,詳細的語法請上網搜尋關鍵字 "svg path"。

底下的 CSS 樣式設置 <svg> 的尺寸與背景,以及 <path> 的線條(路徑)樣式:

```
<style type="text/css">
  svg {
    width:300px;                   /* 寬:300像素 */
    height:150px;                  /* 高:150像素 */
    background-color:#BAE3F9;      /* 背景色 */
  }

  path {
    stroke:#00A0E9;          /* 線條顏色 */
    stroke-width:2px;        /* 線條粗細:2像素 */
    fill:none;               /* 沒有填色 */
  }
</style>
```

設置svg標籤的樣式 → svg {

設置path標籤的樣式 → path {

<svg> 元素可包含多個繪圖標籤,<path> 的 d 屬性值可寫成一行,像底下的指令:

```
<svg>
  <path d="M50 110L100 60L170 80L240 20"/>
  <path d="M50,25L100,40L170,20L240,50"
        style="stroke:#333333"/>
</svg>
```

x, y座標值之間要用空格或逗號分隔

線條顏色,鐵灰色。

排在後面的繪圖指令所產生的圖像,會擺在前面。

將繪製兩條線段:

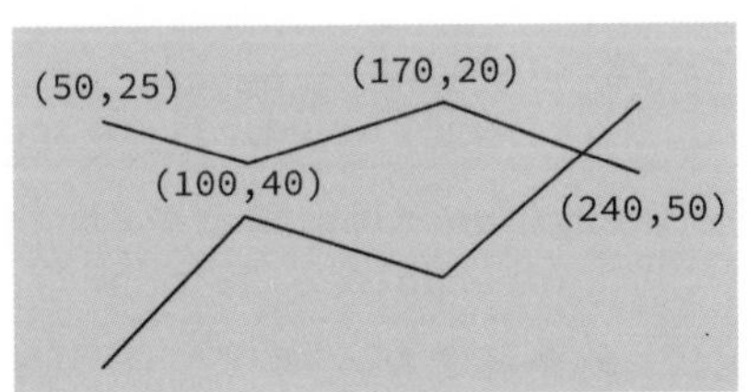

9-7 使用 D3 繪製 SVG 圖像

本文將示範採用 D3 繪製 SVG 格式的折線圖。D3 具有類似 jQuery 的基本選取以及操作網頁元素的功能，本實驗將使用 D3，在 id 名稱為 "graph" 的 div 元素中，插入 svg 元素，如下圖左所示：

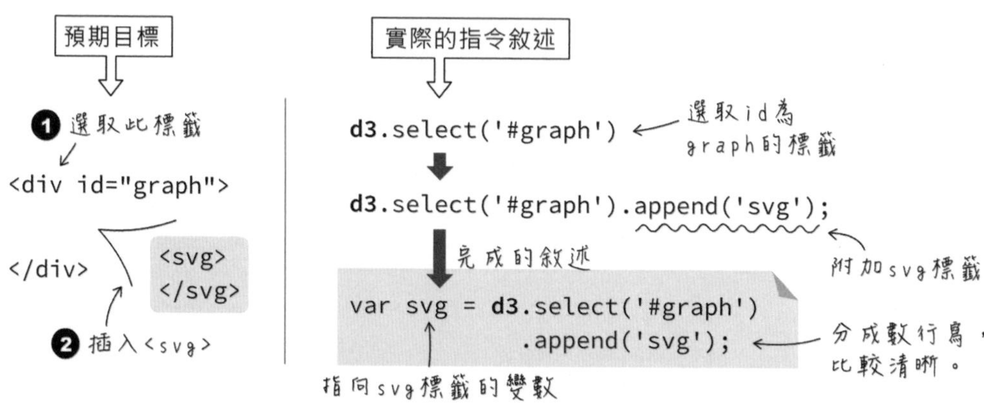

D3 的 select() 方法用於選取單一元素；append() 方法用於附加標籤元素。

```
var lineData = [ { x:50, y:110}, { x:100,  y:60},
                 { x:170, y:80 }, { x:240,  y:20} ];
```

程式要先將座標轉換成繪製指令，例如：M50, 110L100, 60L170, 80L240, 20。幸好，D3 程式庫的 **svg 物件的 line() 方法，提供了轉換座標點的功能**。一般的寫法如下，看起來有點奇怪，不過這一串鏈接敘述，將傳回一個能將輸入座標轉成繪製指令敘述的函式：

```
var drawLine = d3.svg.line()
                 .x(function(d) { return d.x; })
                 .y(function(d) { return d.y; })
                 .interpolate("linear");
```

接收資料

取出並傳回資料裡的x屬性值

此變數值為「函式」

座標點之間，用「直線」描繪。

把"linear"參數改成"cardinal"試試看！

其中的 x 和 y 方法裡的匿名函式，將接收座標值（此例為 lineData 變數），最後一行的 **interpolate("linear") 方法，代表用直線描繪**。"linear" 可改成其他參數，例如，改用 "cardinal"，將產出繪製曲線的指令。

透過 console.log() 方法執行 drawLine() 函式，即可在 JS 控制台看到轉換成的繪製指令：

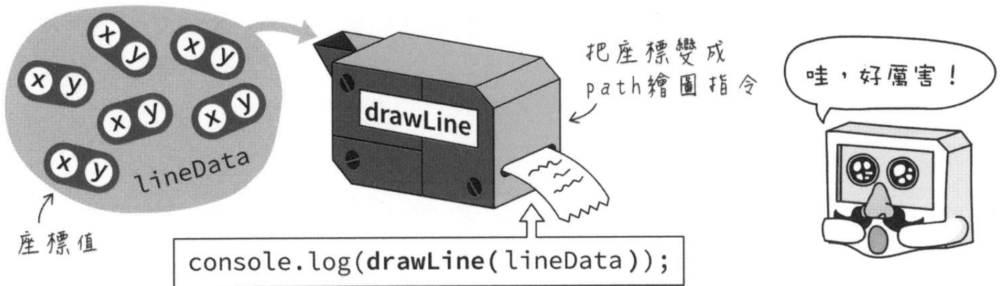

動態在網頁中插入 svg 標籤，並且寫好 drawLine() 函式，請再透過 append() 方法，附加 path 標籤並設置 d 屬性：

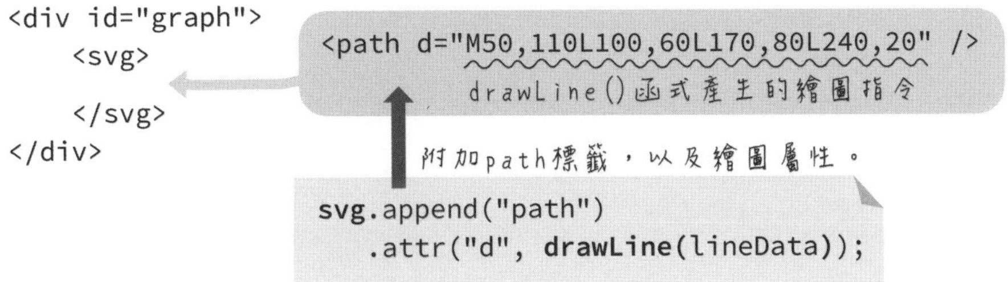

完整的程式碼請參閱書附光碟 D3 資料夾裡的 svg.html 檔，透過瀏覽器開啟此網頁，即可看見 D3 程式庫產生的折線圖。

換算比例量尺

製作圖表經常需要換算比例，以下圖「顯示 A, B 兩支鉛筆的長短比例」來說，假設以 A 鉛筆長度為基準（100%），在量尺範圍之內顯示兩支鉛筆的長度比，我們必須將它們的長度乘上一個比例值，才能正確呈現：

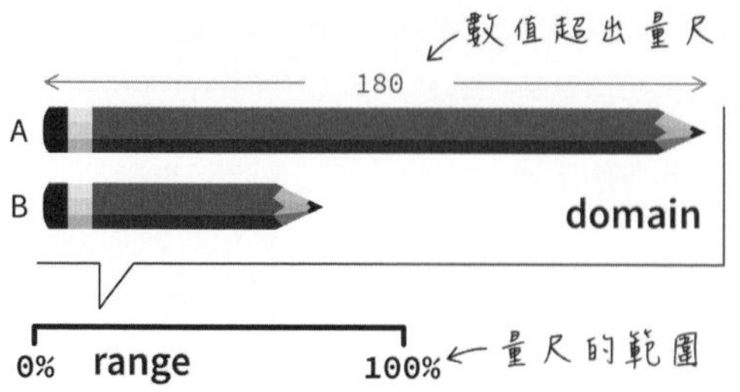

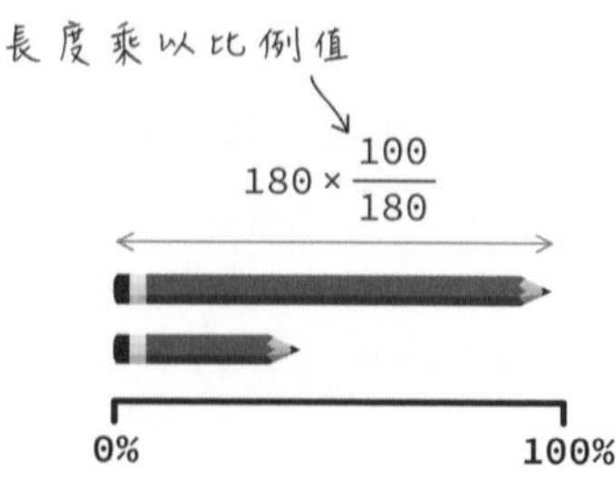

D3 內建比例量尺換算功能，**原始資料值的範圍**（以上圖的鉛筆長度為例，最小值為 0，最大值為 180）**稱為 domain（值域）；比例量尺的範圍則稱作 range**。

一般的 D3 程式寫法如下，傳入 domain（值域）和 range（量尺範圍）給 scale 物件裡的 linear() 方法，建立一個比例量尺函式（此變數通常命名成 scale）：

處理比例縮放的物件　最常用的方法（線性比例）

```
var scale = d3.scale.linear()
              .domain([50, 350])
              .range([0, 100]);
```

計算比例值的函式（指向 scale）

原始數值範圍（陣列）（指向 .domain([50, 350])）

量尺的範圍（陣列）（指向 .range([0, 100])）

以上的程式敘述假設原始資料值介於 50~350，量尺介於 0~100。如此，只要輸入資料值給 scale() 自訂函式，它就會換算出正確的比例，例如：

```
console.log(scale(320));  // 輸入 320，換算得 90
console.log(scale(65));   // 輸入 65，換算得 5
```

9-8 使用動態資料繪製折線圖

本單元將建立一個寬 800 像素、高 300 像素的 svg 元素「畫布」，折線圖和「畫布」四周邊界之間，保留 30 像素的留白空間（正式的說法是「內距」，padding），預備用來顯示軸線，如下圖右所示：

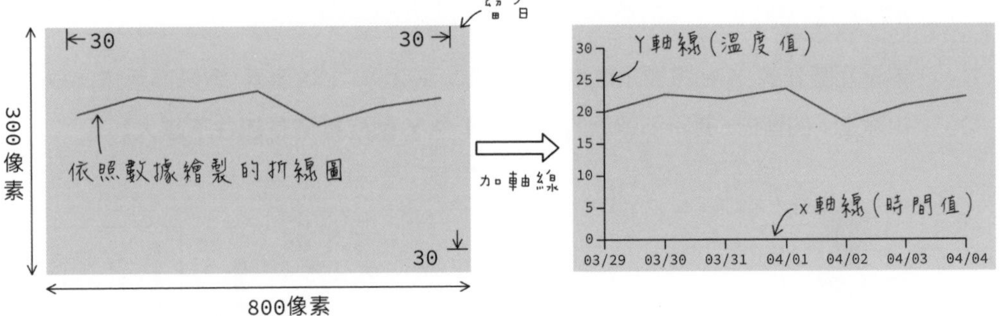

範例程式先採用底下的變數資料來繪製折線，稍後再說明如何導入 MongoDB 資料。

```
var dht11Data = [
  {'溫度':20, '濕度':71, '日期':'2015-03-29T00:00:00Z'},
  {'溫度':22, '濕度':66, '日期':'2015-03-30T00:00:00Z'},
  {'溫度':24, '濕度':68, '日期':'2015-03-31T00:00:00Z'},
  {'溫度':23, '濕度':70, '日期':'2015-04-01T00:00:00Z'},
  {'溫度':20, '濕度':74, '日期':'2015-04-02T00:00:00Z'},
  {'溫度':23, '濕度':69, '日期':'2015-04-03T00:00:00Z'},
  {'溫度':26, '濕度':72, '日期':'2015-04-04T00:00:00Z'}
];
```

為了確保 D3 能正確執行，程式首先透過 forEach() 方法，依序取出輸入資料的「日期」屬性，將它轉換成 JavaScript 的 Date (日期) 格式，溫、濕度值則轉換成「數字」格式：

逐一取出陣列的每個元素

```
dht11Data.forEach(function(d) {
   d['日期'] = new Date(d['日期']);
   d['溫度'] = +d['溫度'];
   d['濕度'] = +d['濕度'];
});
```

讀取屬性值、轉換資料，再存回。

設定垂直軸（溫濕度值）的比例轉換式

本單元圖表的 Y 軸將顯示溫度，圖表的 Y 高度為 300 像素，實際顯示空間要扣除上下的留白。要特別留意的是，**SVG 中 Y 軸座標值是越往下越大**：

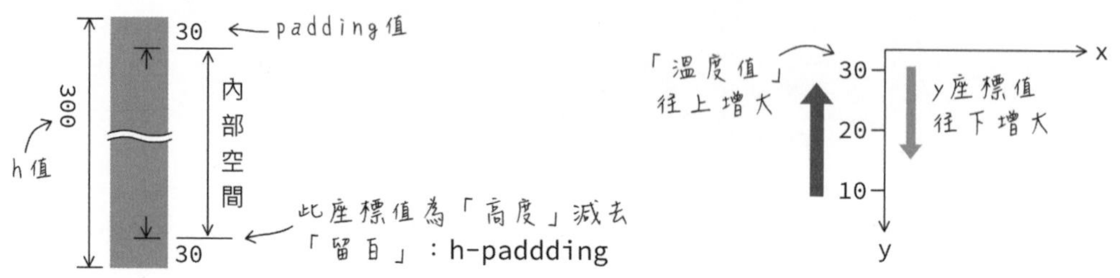

如果沿著 Y 軸高度值描繪圖表，它將變成下圖左的形式，但通常都是顯示成下圖右的形式，讓刻度是越往下越小：

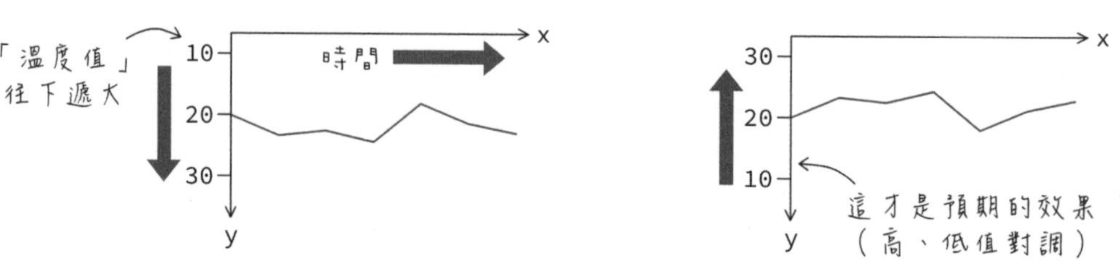

因此，垂直軸比例轉換式的 range（量尺範圍）值要對調：

```
var yScale = d3.scale.linear()
                .domain([
                   0,
                   d3.max(dht11Data, function(d) {
                     return d['溫度']; })
                 ])
                .range([ h-padding, padding ]);
```

原始溫度值範圍（從0到最高溫）

取出最高溫度值

y軸量尺範圍（最高到最低）

最高座標值

設定水平軸的時間比例轉換式

折線圖的水平軸依照數據的時間資料，從小（較早）到大（較近）排列，同樣地，水平軸的顯示空間要扣除左、右邊的留白，因此水平最大顯示寬度僅到「顯示寬度減去留白」：

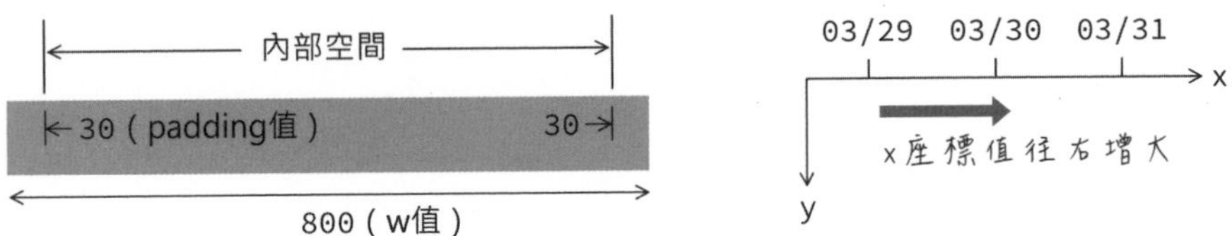

底下的敘述**透過 min（取最小值）和 max（取最大值），找出日期的範圍**，並透過 time 物件的 scale() 方法，產生比例轉換式：

依時間值縮放比例

```
var xScale = d3.time.scale()
                   .domain([
                       d3.min(dht11Data, function(d) {
                         return d['日期']; }),
                       d3.max(dht11Data, function(d) {
                         return d['日期']; })
                    ])
                   .range([ padding, w-padding ]);
```

取出最小（最早）日期值

原始日期值範圍（最早到最近）

x軸量尺範圍（最小到最大）

最大座標值

D3 具有**可傳回最小和最大值的 extent() 方法**，因此上面的敘述可簡化成：

```
var xScale = d3.time.scale()
                  .domain(
                     d3.extent(dht11Data, function(d) {
                       return d['日期']; })
                  )
                  .range([ padding, w-padding ]);
```

以陣列形式傳回最小和最大值

這裡面不用加上方括號

建立繪圖路徑產生函式

設定插值的 interpolate() 方法可省略不寫，預設以 "linear"（線性）方式繪製：

```
var drawLine = d3.svg.line()
    .x(function(d) { return xScale(d['日期']); })
    .y(function(d) { return yScale(d['溫度']); });
```

傳入日期資料，轉換成比例值。

最後在 <svg> 標籤中加入 path 標籤，以及繪圖路徑的 d 屬性。

```
svg.append("path")
   .attr("d", drawLine(dht11Data));
```

本節的完整程式碼：

```
<script src= "http://d3js.org/d3.v3.min.js" ></script>
<script>
var w = 800,        // SVG 圖像寬
    h = 300,        // SVG 圖像高
    padding = 30;   // 留白

// 折線圖數據
var dht11Data = [
  {'溫度':20, '濕度':71, '日期':'2015-03-29T00:00:00Z'},
  {'溫度':22, '濕度':66, '日期':'2015-03-30T00:00:00Z'},
  {'溫度':24, '濕度':68, '日期':'2015-03-31T00:00:00Z'},
  {'溫度':23, '濕度':70, '日期':'2015-04-01T00:00:00Z'},
  {'溫度':20, '濕度':74, '日期':'2015-04-02T00:00:00Z'},
  {'溫度':23, '濕度':69, '日期':'2015-04-03T00:00:00Z'},
  {'溫度':26, '濕度':72, '日期':'2015-04-04T00:00:00Z'}
];

// 轉換（確認）資料類型
dht11Data.forEach(function(d) {
  d['日期'] = new Date(d['日期']);          // 轉換成日期類型值
  d['溫度'] = +d['溫度'];                   // 轉換成數字類型值
```

```
  d['濕度'] = +d['濕度'];          // 轉換成數字類型值
});

// 在 id 名為 "graph" 的元素中，插入 <svg> 標籤
var svg = d3.select("#graph")
            .append("svg")
            .attr("width", w)
            .attr("height", h);

// 建立垂直與水平比例轉換函式
var yScale = d3.scale.linear()
               .domain([
                 0,
                 d3.max(dht11Data,
                   function(d) { return d['溫度']; })
               ])
               .range([h-padding, padding]);

var xScale = d3.time.scale()
               .domain(d3.extent(dht11Data, function(d) {
                 return d['日期'].setHours(0, 0, 0, 0); }))
               .range([padding, w-padding]);

// 根據比例函式，將日期與溫度轉換成座標值
var drawLine = d3.svg.line()
                 .x(function(d) { return xScale(d['日期']); })
                 .y(function(d) { return yScale(d['溫度']); });

// 在<svg>元素中插入<path>標籤以及繪圖指令
svg.append("path")
   .attr("d", drawLine(dht11Data));
```

附加溫度與日期單位軸線

圖表需要標示單位數字，D3 也幫我們打理好了。它的 axis（直譯為「軸線」）方法能繪製軸線並且標示單位數字。本文將在圖像左邊附加垂直（溫度）軸線，建立繪製軸線函式的最基本語法：

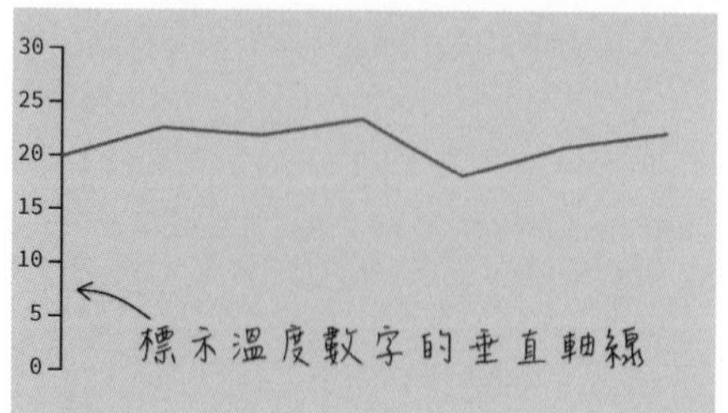

建立軸線的自訂函式名稱

```
var yAxis = d3.svg.axis();
```

代表「軸線」

軸線呈現的單位數字必須能對應到之前繪製的折線，所以它要透過相同的比例轉換函式（yScale），來調整單位數字的顯示位置；垂值軸線的單位數字能設定成朝左（left）或朝右（right）：

```
yAxis.scale( yScale );
```

依之前設置的比例調整單位顯示位置

```
yAxis.orient("left");
```

單位標示朝左

以上多道敘述可以串鏈成一個：

```
var yAxis = d3.svg.axis()
                 .scale(yScale)
                 .orient("left");
```

把軸線放上網頁之前，先設定好它的外觀樣式（註：底下的 line 樣式用於座標軸線的刻度）：

定義axis類別裡的path和line標籤的樣式

自訂樣式類別

```
.axis path,
.axis line {
    stroke-width: 1px;      /* 線條粗細: 1像素 */
    stroke: grey;           /* 線條: 灰色 */
    fill: none;             /* 填色: 無 */
    shape-rendering: crispEdges;  /* 外型呈現: 清晰邊緣 */
}
```

軸線預設會被放在 SVG 圖像的原點 (0, 0) 座標，如果不調整位置，我們將看不見單位數字：

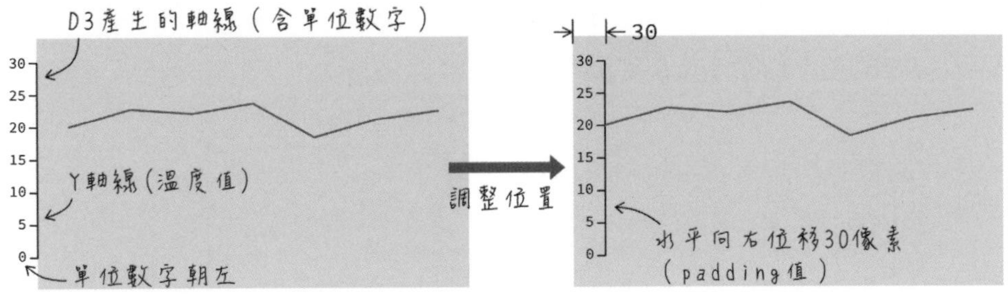

axis() 產生的軸線不只有線條，還包含單位數字。為了方便後續操作（例如：調整顯示位置），軸線（連同單位數字）通常被放置在 <g> 標籤中。

> "g" 代表 group，群組。

底下是 D3 動態產生的 SVG 圖像標籤，以及附加 <g> 標籤，並且在群組中加入軸線的程式敘述：

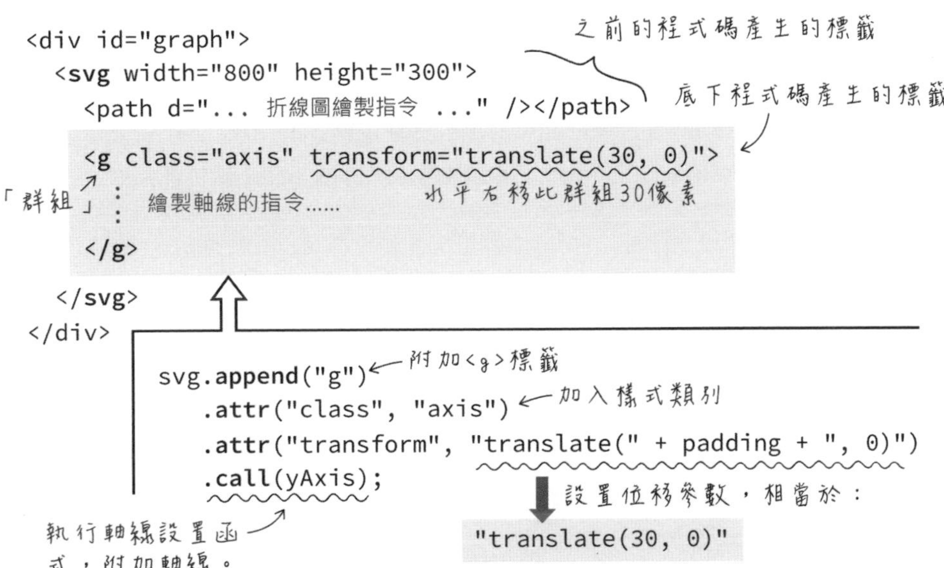

設置軸線單位數字的顯示間隔

本單元範例程式的溫度軸線單位數字間隔比較緊湊，若要讓**單位數字編排得寬鬆**一些，可執行 **ticks() 方法**。底下是以 5 和 3 為參數執行的結果 (分別代表儘可能把刻度分成 5 等份或 3 等份)：

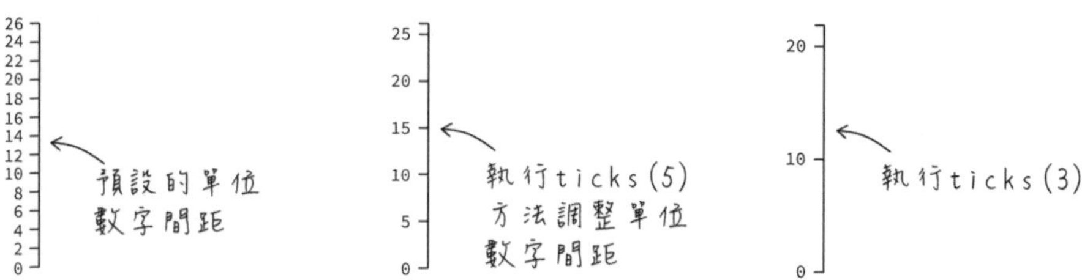

ticks() 方法呼叫要放在軸線繪製函式定義敘述裡面，axis() 方法之後，擺放順序不重要：

```
var yAxis = d3.svg.axis()
                  .scale( yScale )
                  .orient("left") ;
                           .ticks(5)
```

調整單位顯示的間隔空間

D3 會依據 ticks() 的參數，盡可能地調整單位顯示的空間，但不會完全依照程式的要求。例如，輸入 4, 5, 6, 7, 8 等參數，在此例的顯示結果都一樣。

附加日期軸線

本單元圖表下方的水平軸線，將顯示「日期」。水平軸線預設也是會被附加在原點 (0, 0)，也就是圖表的最上方，我們要將它移到圖表下方：

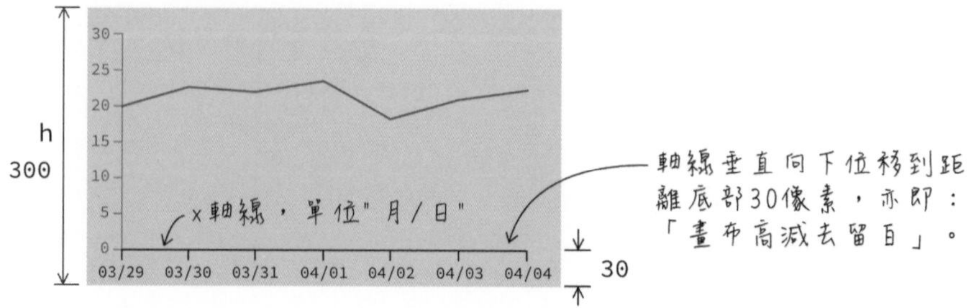

繪製水平軸線的自訂函式敘述，和垂直軸線大同小異：

```
var xAxis = d3.svg.axis()
                .scale( xScale )
                .orient( "bottom" );
```

自訂的水平軸線繪製函式

依水平比例調整單位標示

單位標示朝下

水平軸的原始資料包含日期和時間，**軸線的顯示單位預設以英文縮寫日期呈現**，底下將改成數字格式的日期：

Mar 29　12 PM　Mon 30　12 PM　Tue 31　12 PM　Sat 04

日期（英文）　時間

調整格式

03/29　03/30　03/31　04/01　04/02　04/03　04/04

日期

請在自訂水平軸線的函式中，加入 ticks() 調整顯示的時間或日期間隔，並呼叫 tickFormat() 設置單位格式（詳細說明請參閱下文）：

```
var xAxis = d3.svg.axis()
                .scale( xScale )
                .orient( "bottom" )
                .ticks( d3.time.days )
                .tickFormat( d3.time.format("%m/%d") );
```

以「一天」為間隔顯示單位

設定顯示的時間格式："月/日"

最後，在此 SVG 折線圖內附加 <g> 標籤，並在群組裡面附加水平軸線：

```
svg.append("g")
   .attr("class", "axis")
   .attr("transform", "translate(0, " + (h - padding) + ")")
   .call(xAxis);
```

附加 x 軸線

設置位移參數，相當於：

```
"translate(0, 270)"
```

顯示濕度折線

本單元將在溫度折線圖上，附加濕度折線以及單位軸線，完成的結果如右：

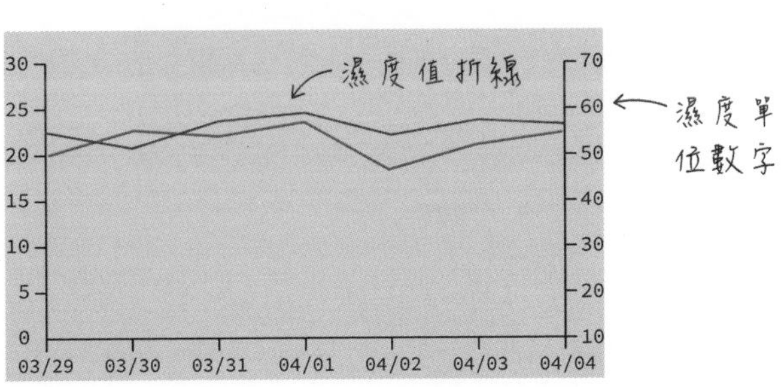

動態繪製溫度和溼度折線圖的程式邏輯如出一轍，底下直接列舉程式碼：

```
// 建立垂直比例轉換函式
var yScaleHum = d3.scale.linear()
                  .domain([
                    0,
                    d3.max(dht11Data,
                      function(d) { return d['濕度']; })
                  ])
                  .range([h-padding, padding]);

// 根據比例函式，將日期與濕度轉換成座標值
// 「日期」軸沿用上文的比例轉換函式
var drawLineHum = d3.svg.line()
      .x(function(d) { return xScale(d['日期']); })
      .y(function(d) { return yScaleHum(d['濕度']); })
```

在 <svg> 標籤中加入 path 標籤，以及繪圖路徑的 d 屬性：

```
svg.append("path")
   .attr("d", drawLineHum(dht11Data))
   .style("stroke", "blue");
```

← 線條顏色改成藍色

設置濕度單位軸線。

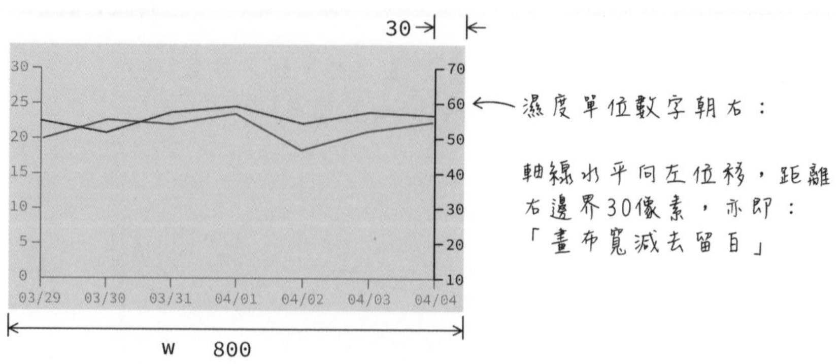

```
// 繪製垂直（濕度）軸線的自訂函式
var yAxisHum = d3.svg.axis()
                   .scale(yScaleHum)
                   .orient("right").ticks(10);
```

在 SVG 圖像中插入 <g> 標籤，並在此群組內加入濕度折線：

```
svg.append("g")
   .attr("class", "axis")
   // 移到畫面右邊
   .attr("transform", "translate(" + (w-padding) + ", 0)")
   .call(yAxisHum);
```

9-9 結合數據動態附加 HTML 元素

繼續修飾折線圖之前，先來認識 D3 的 **enter() 方法**，它能**結合數據動態修改 HTML 元素**。以下圖為例，D3 以 ds 陣列的值當作新 HTML 元素的文字，產生項目清單內容：

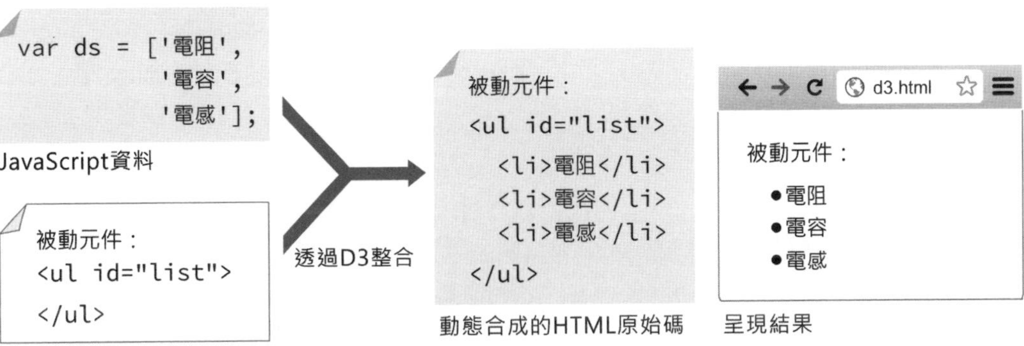

enter() 會先在記憶體中組合資料與標籤元素，然後把組合成品放到程式第一行末尾，selectAll 所代表的位置。

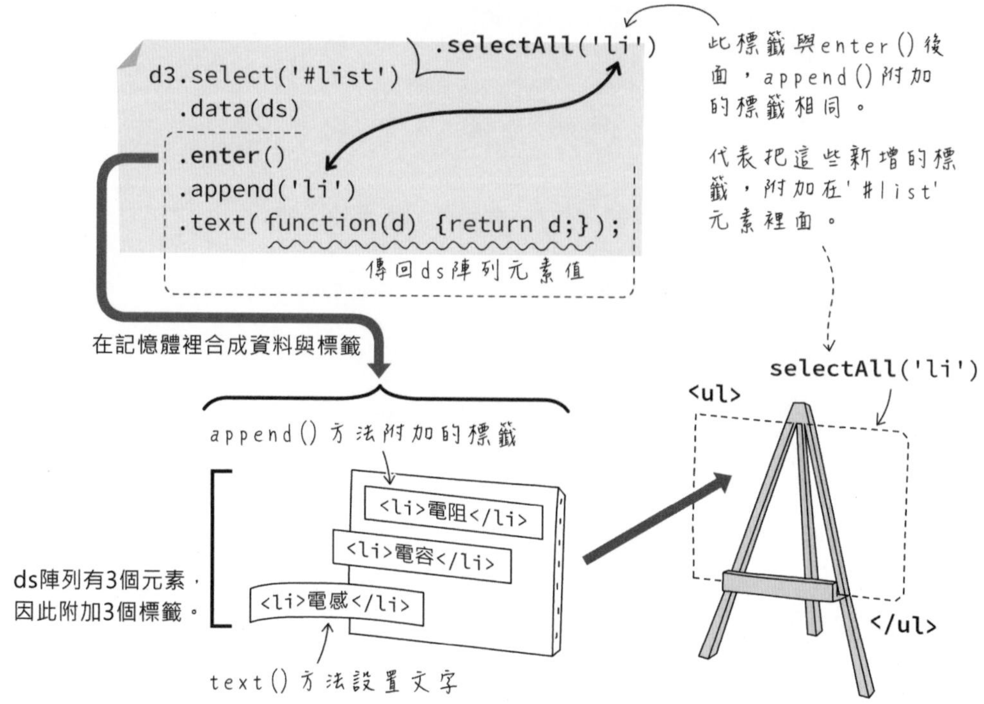

這整個敘述需要花點時間習慣，如果光看第一行，它的意思是「選取 list 裡的所有 li 元素」：

```
d3.select('#list').selectAll('li')
```

但實際網頁 HTML 並沒有 li 元素，直到 enter() 方法之後，才被動態加入。若修改程式並執行：

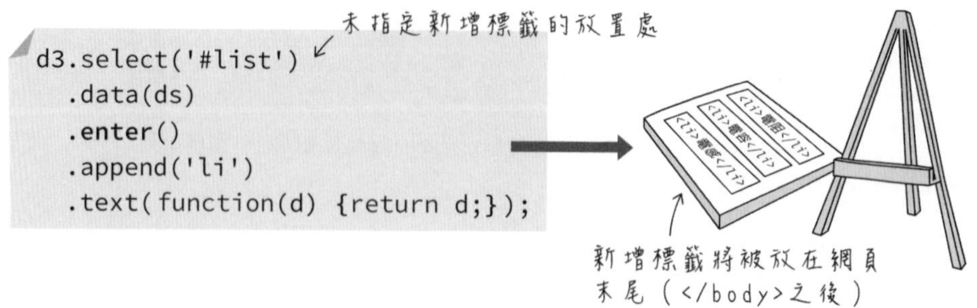

再從瀏覽器的檢視元素觀察網頁結構，你將發現新增的 li 元素被擺在 </body> 後面。因此，之前的第一行是以**倒敘法**描述：

```
d3.select('#list').selectAll('li')
```

把新增的一組li元素放在#list裡面

在折線上繪製小圓點

本單元將執行 enter() 方法，用日期與溫度當作水平與垂直座標，在折線上附加小圓點，並且讓它在滑鼠游標滑入時，顯示該點的溫度提示文字：

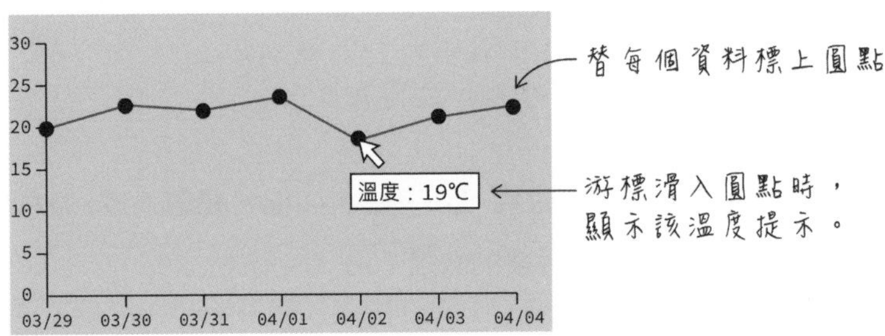

小圓點要用 svg 的 circle 圓形指令產生，座標值則和之前的折線一樣。完整的程式碼如下：

```
d3.select('svg').selectAll('circle')
  .data(dht11Data)
  .enter()
  .append('circle')
  .attr({
     cx: function(d) { return xScale(d['日期']); },
     cy: function(d) { return yScale(d['溫度']); },
     r: 7
  });
```

這些圓形將被放在svg元素裡面

附加半徑7像素的圓形

依比例縮放溫度值

為了便於操作一系列圓點，例如，全部套用紅色填色，最好把所有相關圓點都包含在 **<g> 群組元素**裡面。

附加<g>標籤　　設置id屬性

```
.append('g').attr('id', 'tempDot')
d3.select('svg') .selectAll('circle')
  .data(dht11Data)
    :
```

動態產生HTML

```
<g id="tempDot">
  <circle cx="30" cy="85" r="7" />
  <circle cx="153" cy="66" r="7" />
    :
</g>
```

所有圓形圖案都附加在<g>標籤之中

```
#tempDot circle {
  fill:red;
}
```

CSS樣式設定：將#tempDot裡的circle元素填色，設定成紅色。

滑鼠滑入圓點顯示提示文字的效果，乃是透過 **<title> 標籤**達成，請在附加圓點的程式後面，鏈接附加 title 元素的敘述：

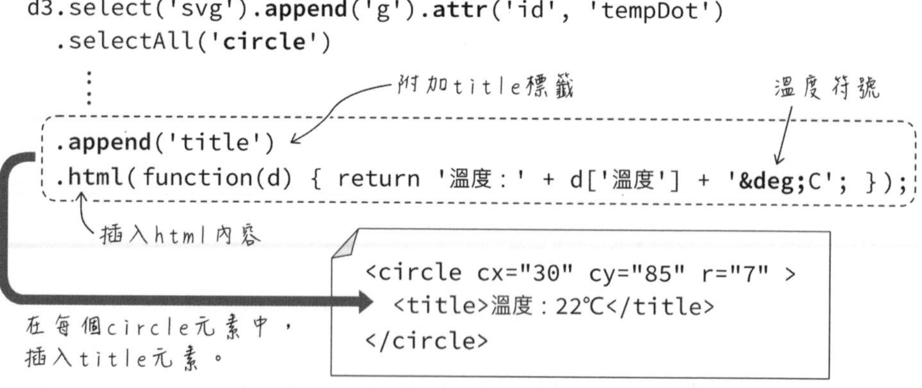

提示文字當中的**溫度符號，採用 HTML 的 ° 編碼**，為了正確顯示該符號，不可使用 text() 方法插入提示文字，要用 html()，否則 "°" 會原封不動地顯示在網頁上。

替濕度折線圖加上圓點的程式邏輯與上文相同，完整程式碼請參閱書附光碟 line_chart_dot.html 檔。

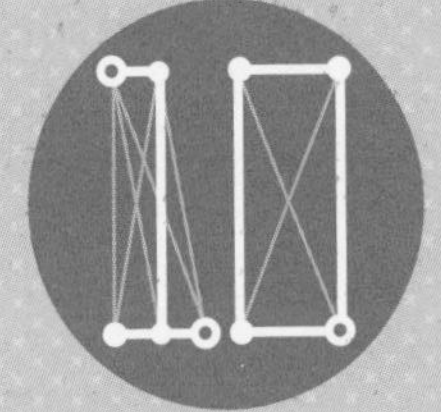

使用 Cordova 開發行動裝置 APP

本章將介紹一款讓開發者使用 HTML5, JavaScript 和 CSS 等 Web 技術，開發手機、平板等行動 App 的框架：PhoneGap/Cordova，以及建立行動 App 操作介面外觀的 jQuery Mobile 框架。

PhoneGap 最初由 Nitobi 公司開發，後來被 Adobe 公司買下並將原始碼捐贈給 Apache（阿帕契）軟體基金會。由於 Adobe 保留了 PhoneGap 的商標所有權，Apache 基金會的專案不得使用該名稱，因此他們採用 Nitobi 公司所在的街道名稱 "Cordova" 來命名；簡單來說，PhoneGap 是「付費版」，Cordova 是「免費版」，兩者功能基本上是相同的，本書採用 Cordova。

10-1 認識 Cordova

除了用網頁技術開發 App，「跨平台」是 PhoneGap/Cordova 的另一項特色。以往，iOS, Android 和 Windows 等不同平台的開發人員，要分別採用不同的程式語言和開發工具：

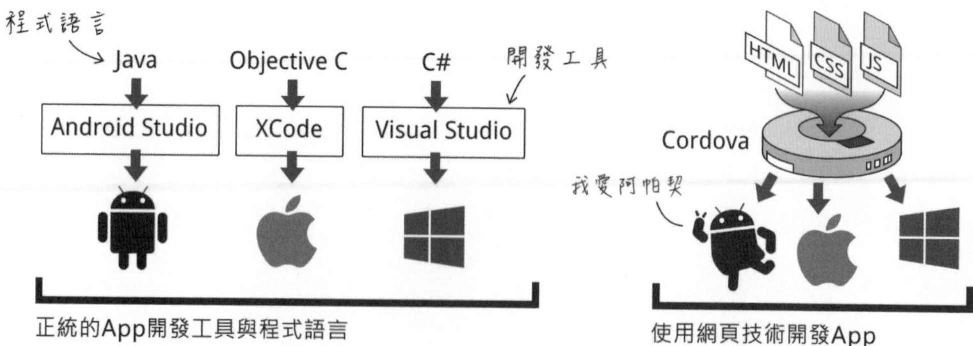

PhoneGap Build 是 Adobe 公司推出的雲端編譯工具，只要把製作好的 HTML 和 JavaScript 等檔案，上傳至 PhoneGap Build 網站（https://build.phonegap.com/），它就能編譯出各種系統平台格式的 App，開發人員的電腦無需額外安裝軟體。這個網站允許每個帳號製作一個私有（亦即，非開放原始碼）的 App 專案；月繳一筆費用，可製作多個 App。

手機網頁與手機 App 的不同

説穿了，**Cordova 就是由一個 Web 瀏覽器核心，加上外掛程式所組成的框架（Framework）**。這就是為什麼我們可以用網頁技術建立 App——因為每個 Cordova App 就相當於一個客製化的 Web 瀏覽器。

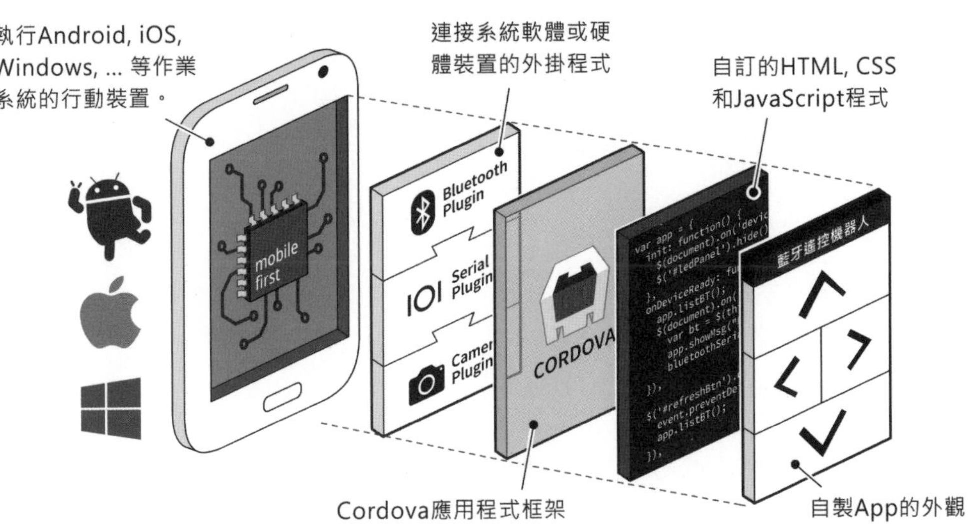

Cordova 應用程式框架的外掛（plugin），能讓我們的網頁程式存取手機或平板通訊錄、相機、藍牙、USB 序列埠以及各種感測器（如：加速度感測器、數位羅盤和 GPS），這是普通的 Web 瀏覽器和一般的 HTML 網頁做不到的事情。

10-2 設置 Cordova 的 Android 開發環境

採用 Cordova 開發 App，程式語言用的是 Web 技術，開發者的電腦需依照目標平台（iOS, Android, ...等）安裝對應的編譯軟體。以開發 iOS App 為例，電腦要採用 Mac OS X 系統，並且安裝 Xcode。

> Xcode 是蘋果公司的軟體開發工具。

本書將示範開發 Android App，因為它的開發工具可以安裝在 Windows, Mac OS X 和 Linux 系統。底下是開發 Android App 需要安裝的軟體：

- Java 軟體開發套件 (JDK)
- Node.js (以及內建的 npm)
- Apache Ant
- Android 的軟體開發工具 (SDK)
- Cordova 命令列工具

除了之前已安裝的 Node.js，其餘軟體的安裝說明請參閱以下各節。

下載與安裝 JDK

1 連結至 Oracle 官網的 JDK 下載頁 (http://goo.gl/blhFCZ)，按下**下載**鈕：

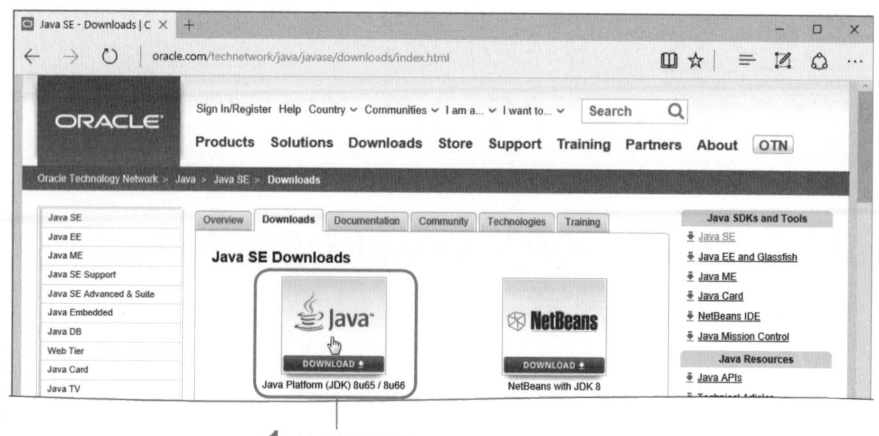

1 按此下載鈕

2 點選您電腦系統的版本，以 Windows 為例，請點選 Windows x86 (32 位元) 或 Windows x64 (64 位元) 版本。

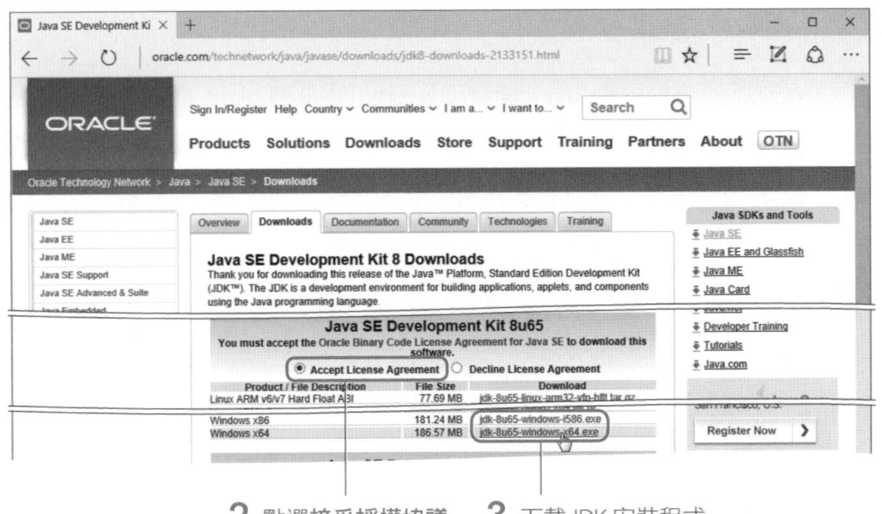

下載完成後，雙按 JDK 安裝程式，基本上只需要一直點選 **Next** （下一步）採用預設模式安裝即可，需要留意的是底下的畫面，請記下「安裝路徑」，稍後會用到：

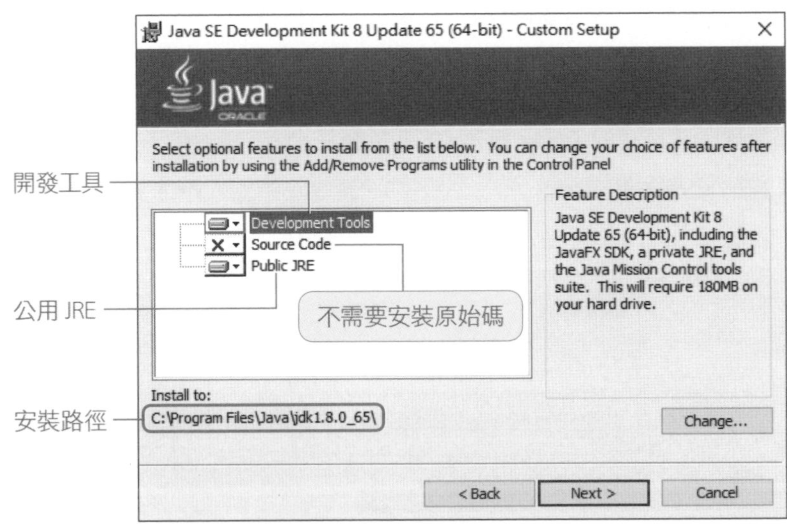

「開發工具」包含 Java 的程式編譯器，必須要安裝。「原始碼」則是 Java 類別庫原始程式，我們用不著。JRE 是「Java 程式執行環境」，也請安裝它。

設定 Java 程式路徑

為了方便從不同路徑啟動 Java 開發工具，我們需要將 Java 的安裝路徑紀錄在系統的**環境變數**中。設定步驟和第四章「設定 Path 環境變數」一節的方式相同。請在 Windows 的**進階系統設定**的**環境變數**面板中，按下**新增**鈕：

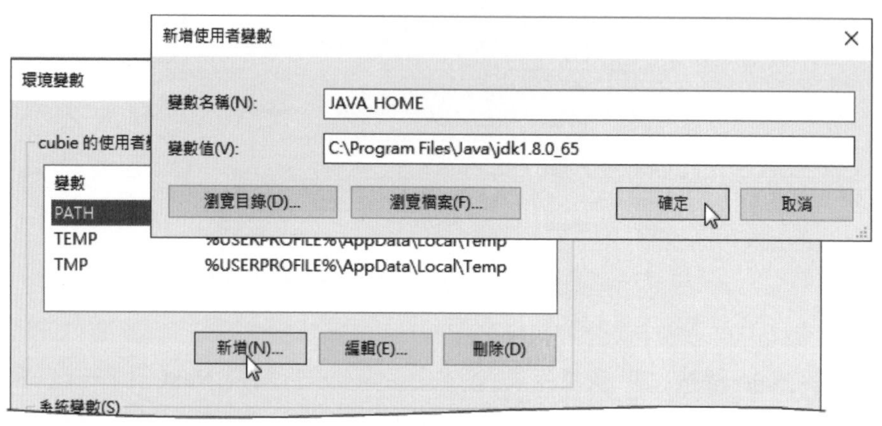

將此環境變數命名成 **JAVA_HOME**，變數值則是 JDK 的安裝路徑。

Java 編譯器等工具程式，實際位於 JDK 安裝路徑裡的 "bin" 目錄，所以我們還需要增加一個路徑設定。

點選環境變數清單裡的 PATH 變數，按下**編輯**鈕，它將開啟如下的**編輯環境變數**面板（註：此畫面是 Windows 10 版本），請在其中加入剛才設定的 JAVA_HOME 變數和 "\bin" 路徑，路徑設定中的**變數名稱**前後要加上**百分比符號**：

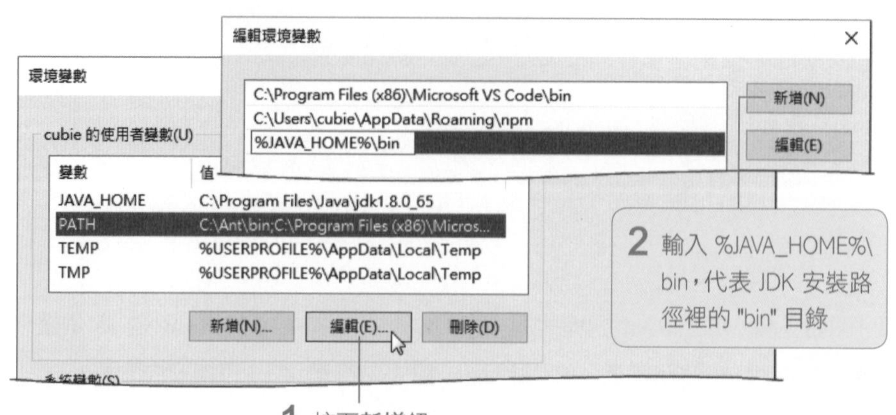

Windows 7 系統的環境變數編輯畫面跟 Win 10 不太一樣，要**在既有的 PATH 變數值之後附加新路徑，請先加入一個 ";"（分號），再輸入路徑**，例如：";%JAVA_HOME%\bin"。

其實不一定要先新增 JAVA_HOME 變數，可直接在 PATH 變數值附加完整的路徑：";C:\Program Files\Java\jdk1.8.0_65\bin"，只是上文的設定方式比較層次分明，將來若是更新 JDK 版本，也只需要編輯 JAVA_HOME 變數值。

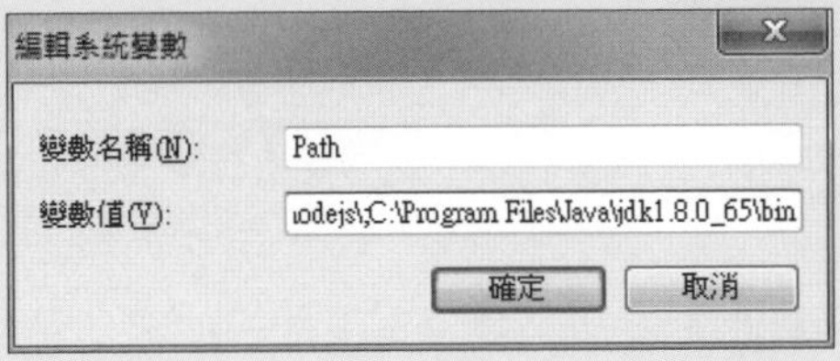

編輯系統變數

變數名稱(N): Path

變數值(V): odejs\;C:\Program Files\Java\jdk1.8.0_65\bin

確定 取消

設定完畢後，重啟電腦，然後開啟命令提示字元視窗，輸入 "javac -version"，將能顯示「Java 編譯器的版本」，代表 JDK 開發環境已正確設定完成。

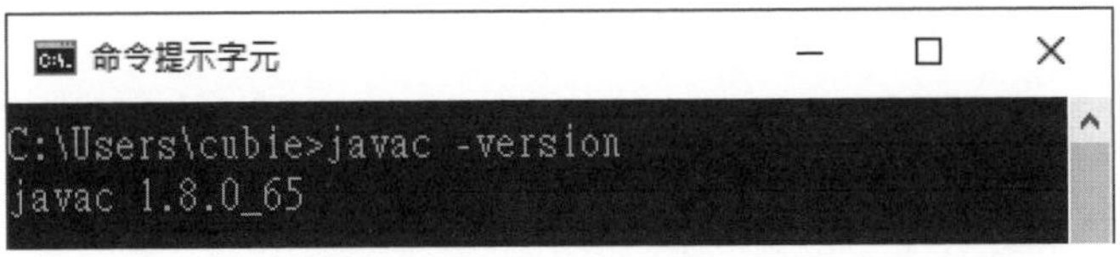

命令提示字元

```
C:\Users\cubie>javac -version
javac 1.8.0_65
```

10-3 下載與設置 Android SDK

Android 開發者網站提供的標準程式開發工具叫做 **Android Studio**（註：以前的開發工具是 Eclipse），主要針對採用 Java 程式語言的程式設計師使用。網頁 HTML 及 JavaScript 程式設計師，通常有自己慣用的工具軟體，而且本書的程式設計語言也不是 Java，所以讀者無須下載整套 Android Studio。

我們只須下載核心部份的 SDK，也就是負責編譯與除錯的工具，請在 Android SDK 下載頁(http://developer.android.com/sdk/index.html)的 "**SDK Tools Only**"(僅 SDK 工具)單元，下載 SDK 工具，Windows 系統用戶，建議下載 .exe 格式的安裝檔，可以免除後續的一些設定操作。

新版 Android SDK 下載、安裝與設定方式，請參閱筆者網站的《設置 Cordova Android 編譯環境》這篇文章，網址：swf.com.tw/?p=1057。

安裝 Android SDK 時，大多只要採用預設選項，一路按 **Next**(下一步)鈕即可。不過，SDK 預設的安裝路徑位於：

```
C:\Users\使用者帳號名稱\AppData\Local\Android\android-sdk
```

建議改成其他路徑，方便日後的系統參數設定操作：

```
C:\Users\使用者帳號名稱\Android\android-sdk
```

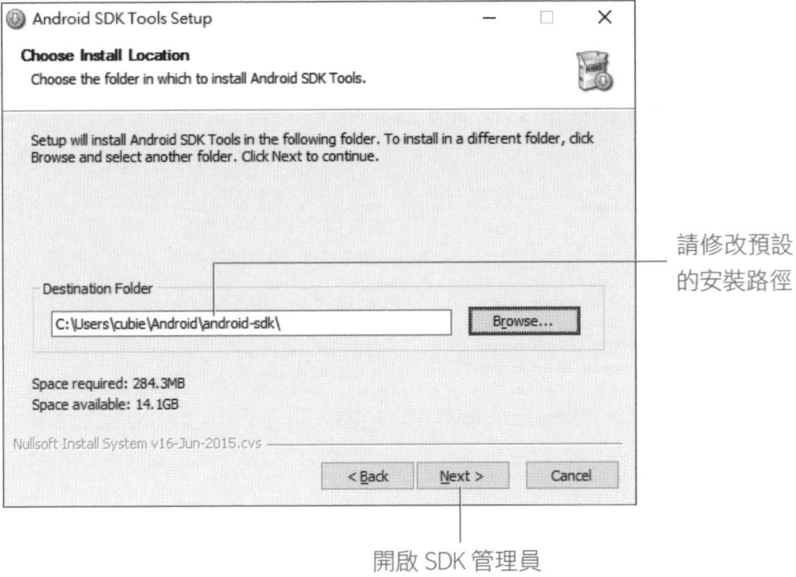

SDK 安裝程式最後預設會開啟 **SDK Manager（SDK 管理員）**，讓我們下載其他必要的開發工具程式庫。底下是 SDK 管理員的畫面，我們也可從『**開始**』選單，選擇『**所有應用程式/Android SDK Tools/SDK Manager**』開啟它：

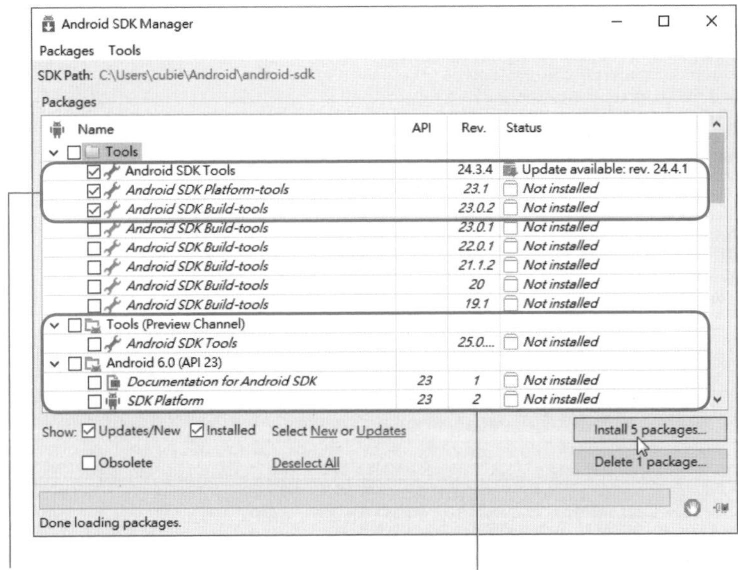

請維持預設選取的 Tools 裡的三項工具，以及 **Extra** 裡的兩個選項：**Android Support Library（安卓支援程式庫）**以及 **Google USB Driver（驅動程式）**。按下 **Install 5 packages（安裝 5 個套件）**鈕，進行安裝：

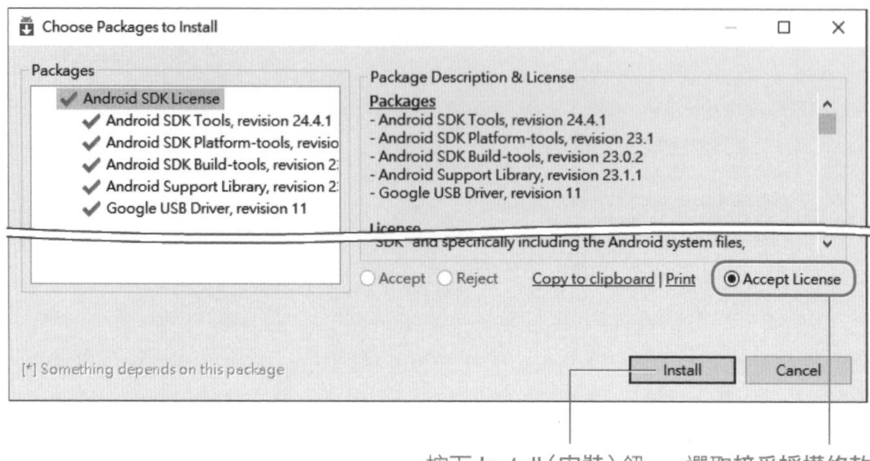

最後，按下 **Close（關閉）**鈕：

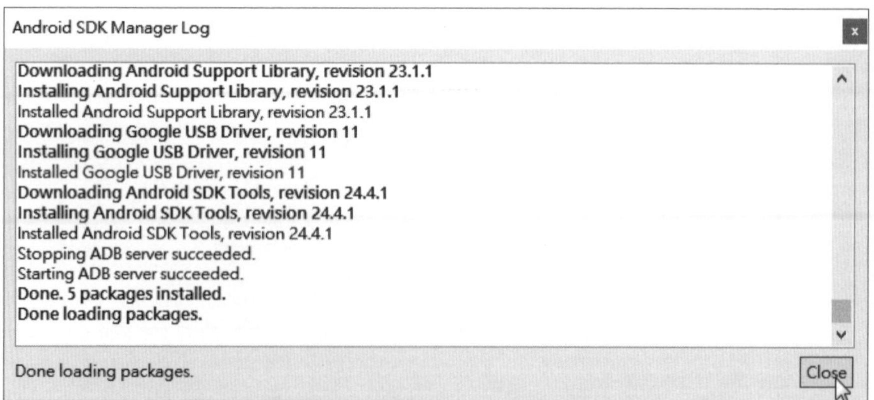

Android SDK 安裝的 USB Driver（手機驅動程式）可能不適用於您的手機，如果手機與電腦的 USB 連線之後，電腦沒有出現代表手機的「磁碟機」圖示，請自行到手機廠商的官方網站下載專屬驅動程式。

設定環境變數

為了方便從任意路徑執行 Android SDK 程式，SDK 的安裝路徑同樣需要儲存在作業系統的 PATH 環境變數中。

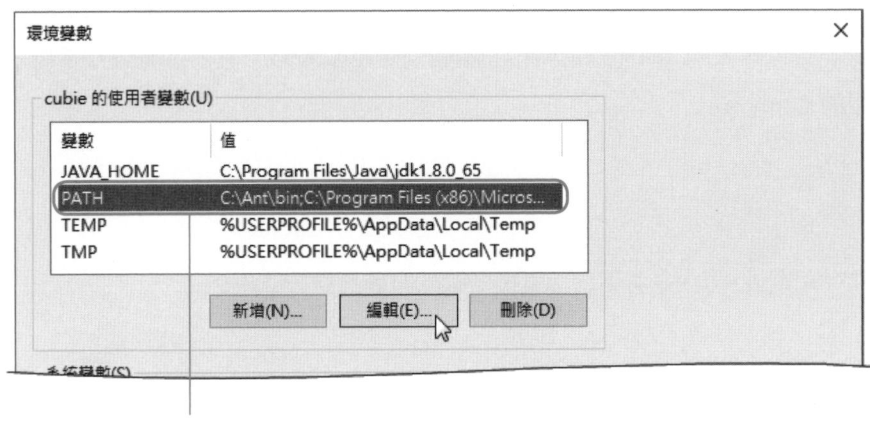

編輯 PATH 環境變數

請在環境變數 PATH 中，新增兩項路徑設定：

```
%ANDROID_HOME%\tools
%ANDROID_HOME%\platform-tools
```

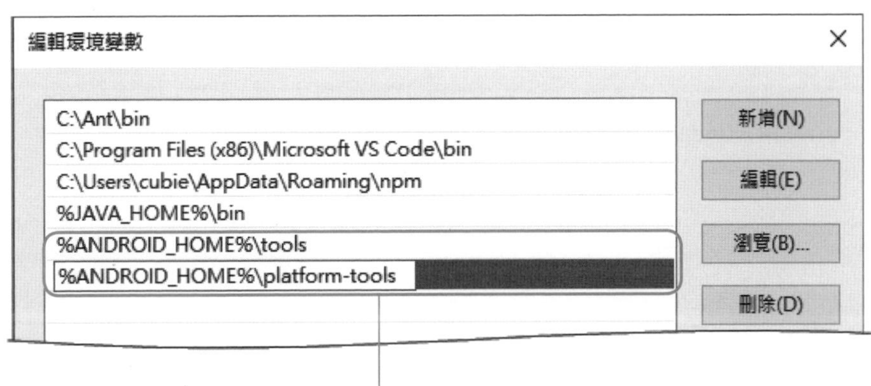

新增這兩項路徑

10-4 安裝 Cordova 工具程式和 Ant

Cordova 工具程式透過 npm 安裝，請在命令提示字元視窗中輸入底下的指令（Mac OS X 或 Linux 系統，請在命令前面加上 sudo），它將下載並安裝最新版的 Cordova：

```
> npm install -g cordova
```

執行完畢後，可透過底下的版本指令確認安裝無誤：

```
> cordova -version
```

若安裝成功，它將回報安裝版本編號（如：6.0.0）。

日後要升級到最新版的 Cordova，可透過 **update 指令檢查並下載更新版本**（Mac/Linux 系統請加 sudo）：

```
> npm update -g cordova
```

若要解除安裝 cordova，請執行底下的指令（Mac/Linux 系統請加 sudo）：

```
> npm uninstall -g cordova
```

補充說明，安裝 Cordova 時可指定版本，例如，底下的敘述將安裝 6.0.0 版（Mac/Linux 系統請加 sudo）：

```
> npm install -g cordova@6.0.0
```

下載與設定 Ant

Apache Ant（原意為 Another neat tool，另一個好工具）是 Java 的自動化編譯工具，編譯 Cordova 專案時會用到它，請到 Apache Ant 專案的二進位檔下載頁面（Binary Distributions，也就是已經編譯好的程式），下載 .zip 壓縮格式檔：

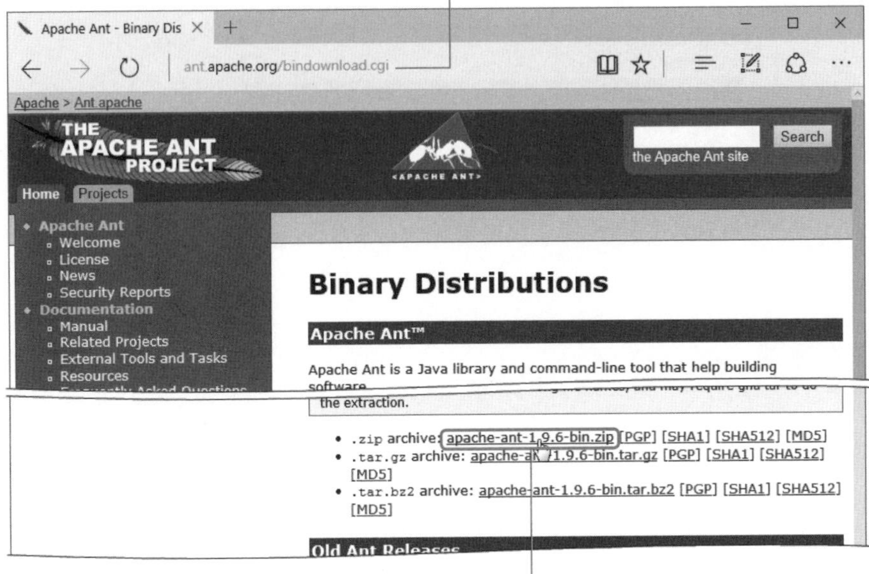

下載之後，請在 C 磁碟機根目錄新增一個 "Ant" 資料夾，把剛才下載的 Ant 程式解壓縮到此資料夾：

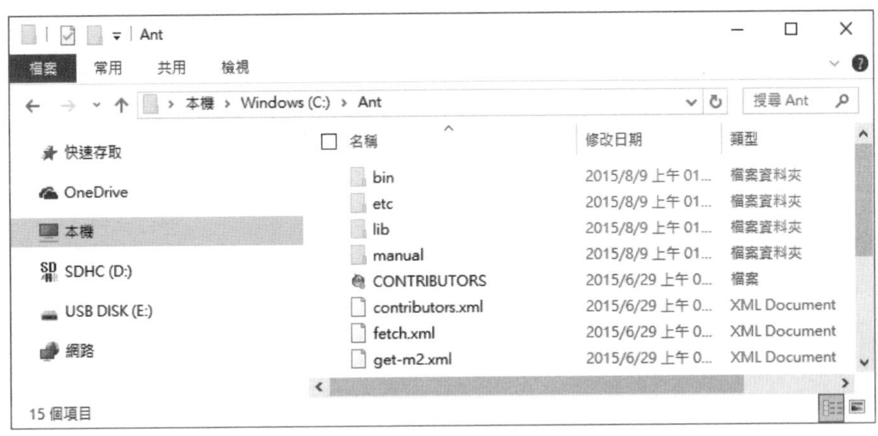

最後，請將 Ant 的執行檔所在路徑，加入**進階系統設定**裡的**環境變數**中的 PATH 變數：

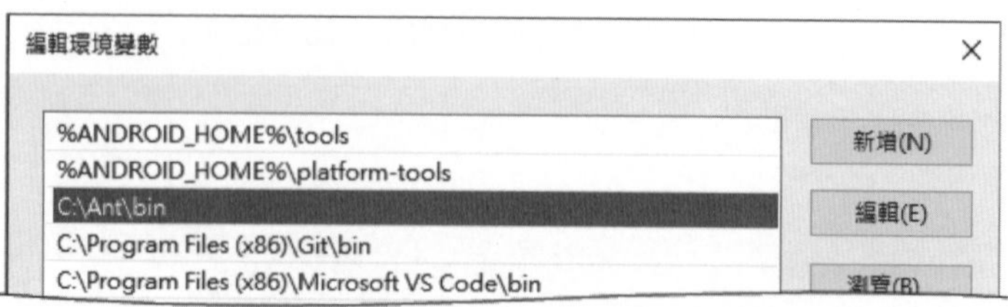

到此，Android App 的開發環境已經就緒。

10-5 使用 Cordova 建立手機 App

Cordova 工具可幫助我們建立一個基本的 App。建立 App 之前，需要先新增一個儲存 App 的資料夾。筆者在 E 磁碟機建立一個 "cordova\hello" 路徑，在其中建立一個叫做 "Hello" 的 App 指令語法如下：

「套件名稱」相當於 App 的身份證字號，App 製作單位都以該公司的網域名稱（如：swf.com.tw），加以反向（稱為「**逆域名**」），再加上唯一的識別名稱，當作套件名稱：

swf.com.tw ➡ tw.com.swf ✓ hello ➡ tw.com.swf.hello

網域名稱　逆域名　加上專案的識別名稱

這樣就不會和其他公司的 App 識別名稱重複了。指令執行之後，它將產生如下的目錄結構：

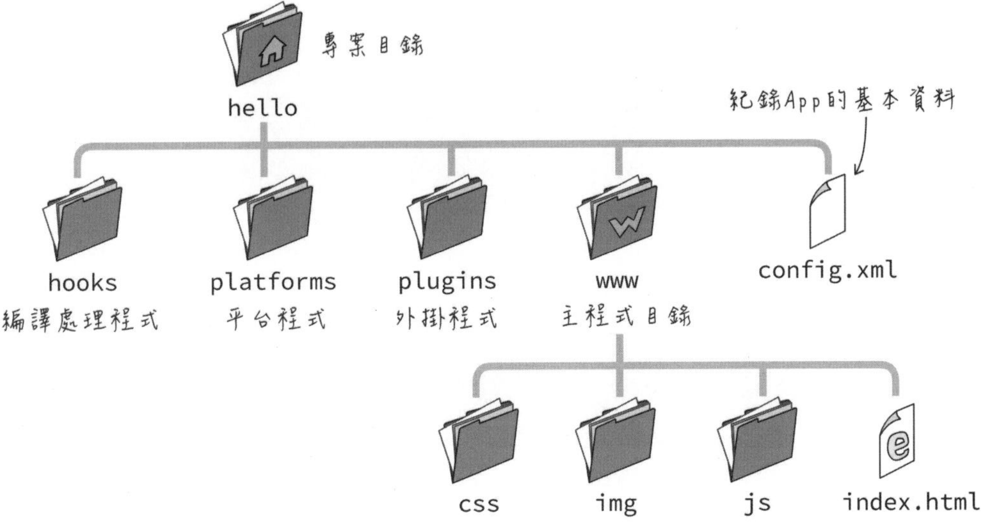

這些目錄和檔案儲存如下的程式與資料：

- **hooks**：存放編譯前、中、後所要執行的自動化工作的程式碼。例如，美術設計人員可能把圖像設計的 Photoshop (.psd) 原始檔留在專案資料夾中，這樣會把原始圖檔編譯到 App 裡面，雖然不會影響程式碼運作，但是會造成 App 檔腫大。

  程式設計師可用 node.js 寫一個排除贅餘檔案的程式碼，並且放入 hooks 資料夾，編譯器就會在編譯 App 程式之前，先執行這裡面的程式。本單元的範例程式不會用到這項功能，因此這個資料夾內容將維持不變；預設內含一個 README.md 說明文件（純文字檔）。

- **platforms**：存放各平台（Android, iOS, Windows, ...等）所需的支援檔案；預設為空白。

- **plugins**：存放擴充 App 功能的外掛程式；預設為空白。

- **www**：存放 App 應用程式的原始碼。

新增 Android 平台

新增平台的 cordova 命令參數為 "**platform add**"，請先切換到 App 專案路徑：

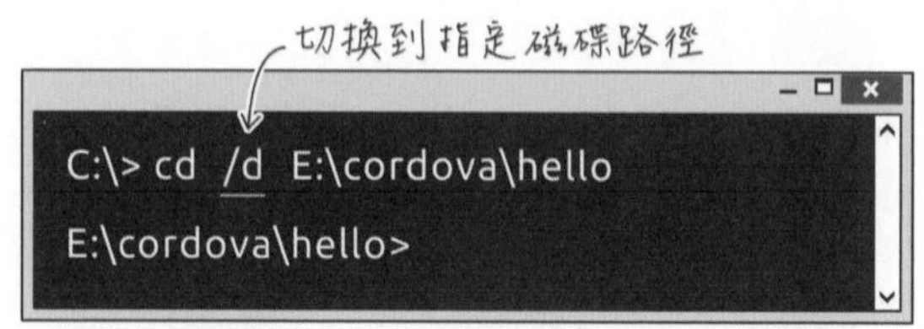

再執行底下的命令替此專案加入 Android 平台：

按下 Enter 鍵之後，它將執行一連串指令並且下載 Android 相關檔案到 platform 目錄，以及下載 cordova-plugin-whitelist（白名單）外掛程式到 plugins 目錄。

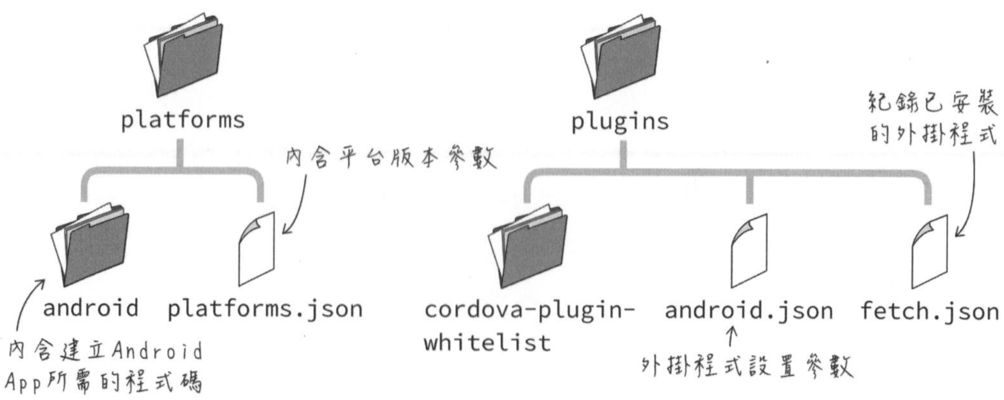

「白名單」外掛用於設置 App 可瀏覽的外部網站名單，如果你的 App 具有外部網站的連結，卻沒有設置「白名單」外掛，則外部網站連結都將傳回 HTTP 404 的錯誤訊息。本單元內容沒有用到「白名單」功能，但請保留這個外掛。

編譯 Android App 與安裝 SDK 平台

編譯 App 的 cordova 參數為 "**build**"，請在專案路徑中執行底下的命令：

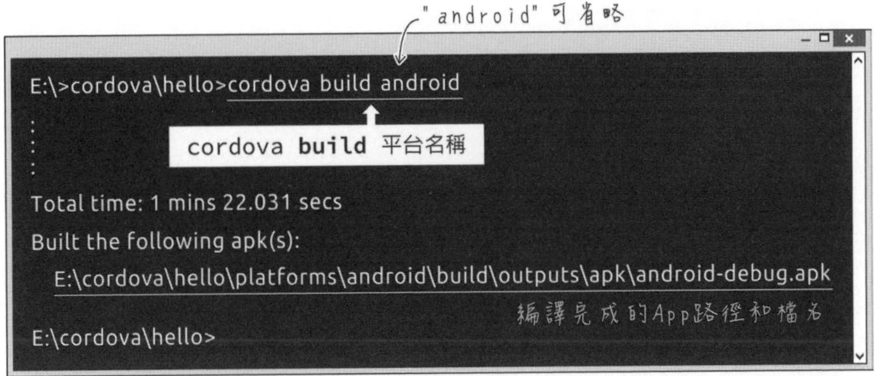

從最後編譯的訊息可得知，編譯完成檔案所存放的路徑和檔名（android-debug.apk），我們可以用 Android 模擬器或者真實的手機或平板測試此 App。由於軟體模擬器的功能有限（如：無法建立藍牙序列埠連線），本單元將直接在手機上測試。

如果在編譯過程中，出現如下的錯誤訊息，代表開發工具缺乏 Android 系統平台的程式庫：

開啟 "SDK Manager（SDK 管理員）"，**依照錯誤訊息指示，勾選 android 平台版本**，例如：android-22（亦即，Android 5.1 版）：

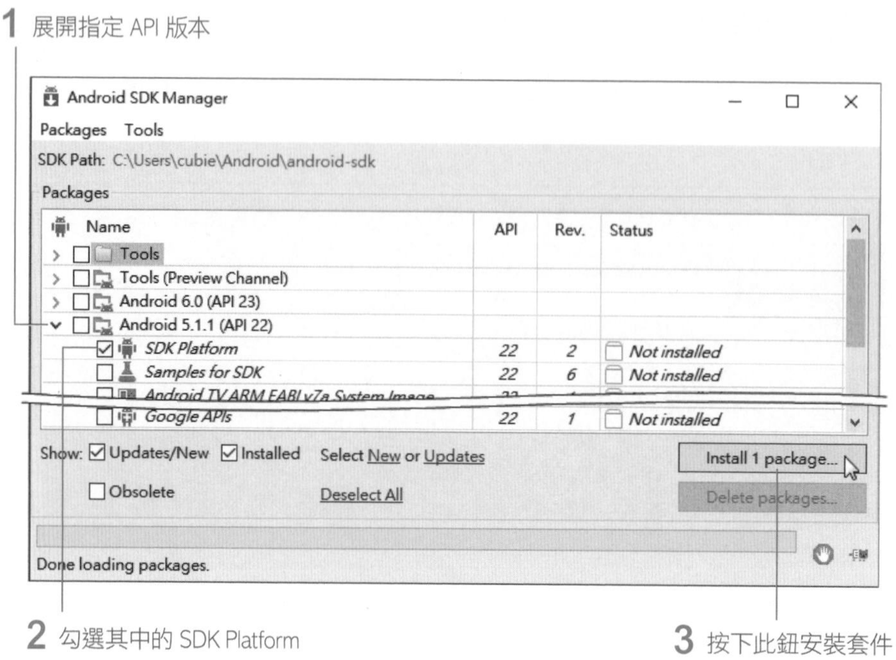

1 展開指定 API 版本

Android SDK Manager

Packages Tools

SDK Path: C:\Users\cubie\Android\android-sdk

Packages

Name	API	Rev.	Status
Tools			
Tools (Preview Channel)			
Android 6.0 (API 23)			
Android 5.1.1 (API 22)			
SDK Platform	22	2	Not installed
Samples for SDK	22	6	Not installed
Android TV ARM EABI v7a System Image			
Google APIs	22	1	Not installed

Show: Updates/New Installed Select New or Updates Install 1 package...

Obsolete Deselect All Delete packages...

Done loading packages.

2 勾選其中的 SDK Platform

3 按下此鈕安裝套件

SDK 下載完畢之後，再次執行 "cordova build" 命令，就能順利編譯成功了。

build (建立) 指令預設會編譯出 debug (除錯) 版，它可以在 App 執行過程中輸出狀態訊息給除錯工具，例如：Android Studio 的「除錯視窗 (Debug)」，但除錯版的程式未經最佳化，而且檔案也比較大。

如要輸出「發行版 (release)」，請在 build 指令之後加上 "--release" 參數：

```
> cordova build                  # 輸出所有加入專案的平台的除錯版
> cordova build android          # 僅輸出 Android 平台的除錯版
> cordova build android --debug   # 僅輸出 Android 平台的除錯版
> cordova build android --release # 僅輸出 Android 平台的發行版
```

10-6 啟用 Android 手機的 USB Debug 功能

Cordova 專案建立完成時，可直接上傳到 Android 手機測試。設定步驟如下：

1 在 Android 手機的設定畫面的**開發人員選項**設定頁，勾選 **USB 偵錯**選項。

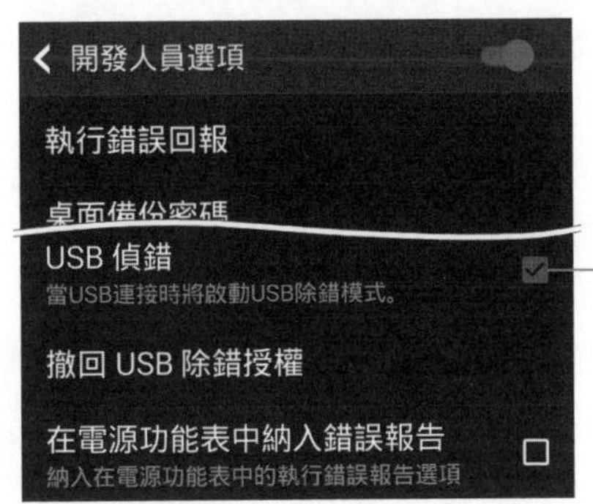

從 Android 4.2 版本之後，手機系統預設不會顯示**開發人員**選項。請進入手機的『**設定/關於裝置**』畫面，快速點選**版本號碼** 7 次，即可開啟**開發人員選項**。

10

2 將手機透過 USB 線材連接到電腦，然後在命令提示字元視窗輸入底下的指令，列舉目前連接到電腦上的 Adnroid 裝置。初次連接時，系統通常會回應「未授權 (unauthorized)」訊息：

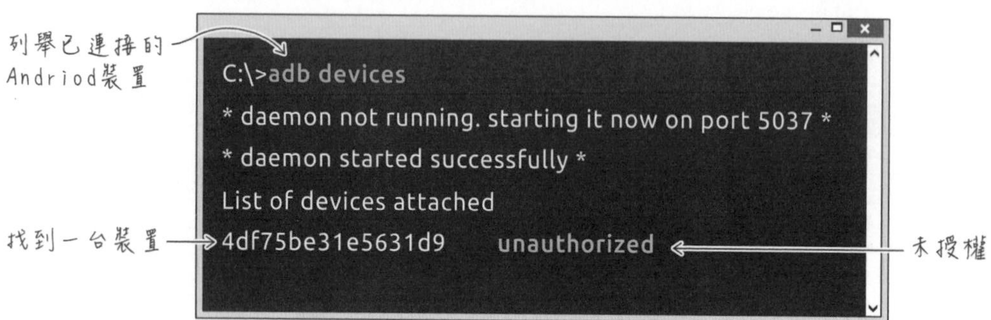

"adb" 是 Android Device Bridge（安卓裝置橋接器）程式的縮寫，用於連接開發工具和 Android 裝置或模擬器。

3 若系統回應 unauthorized（未授權），請進入手機設定畫面的**開發人員選項**，按一下**撤回 USB 除錯授權選項（Revoke USB debugging authorization）**。

4 執行底下兩道命令，重新啟動 adb 伺服器：

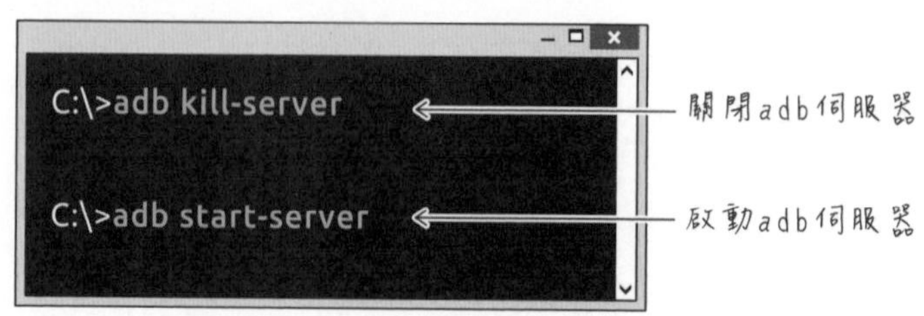

5 此時，手機將出現右圖的訊息，詢問你是否同意與此編號的電腦相連：

6 按下**確定**後，再次執行底下的指令，你將看到手機可與電腦相連了！

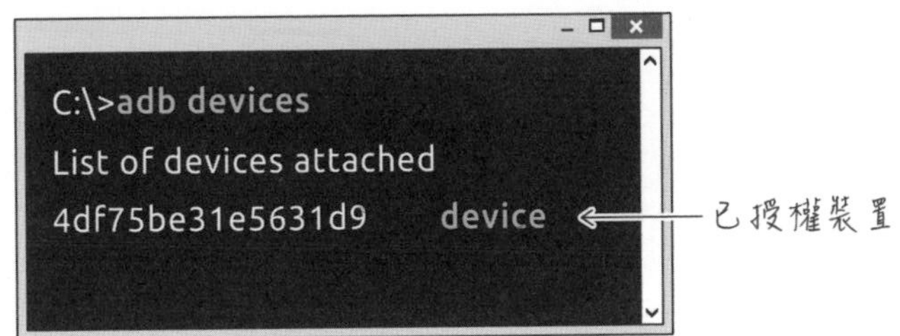

將 App 佈署到目前連線的手機上測試

在專案路徑中執行 cordova 命令的 "**run**" 和 "**--device**" 參數，adb 工具就會自動上傳、安裝 App 到目前連線的手機並啟動執行：

這是 Cordova 自動產生的 App 的執行畫面：

10

若在佈署到手機測試的過程中，發生底下的錯誤訊息：

```
ERROR:Failed to deploy to device, no devices found.
```

（錯誤：無法佈署到裝置，找不到裝置。）

請確認：

1. 手機的 **USB 偵錯**選項是否有開啟。
2. 電腦上是否安裝了手機 USB 驅動程式。

參考上一節的步驟，重新啟動 adb 伺服器。

10-7 Cordova 網頁的基本程式架構

Cordova 建立的 App，包含兩大程式區塊，一部分是 Cordova 框架提供的手機系統原生程式，它透過 WebView 元件搭建一個瀏覽器環境，以便執行我們自訂的網頁程式。

自訂程式必須等網頁和App
都準備完畢，方可執行。

App準備好了沒？

網頁準備好了沒？

WebView元件
（相當於瀏覽器）

放在www目錄裡的網頁檔案
（HTML, CSS和JavaScript
程式），只有這部份要自己
動手完成。

Cordova應用程式
（Java原始碼）

選擇性的外掛
（Java程式）

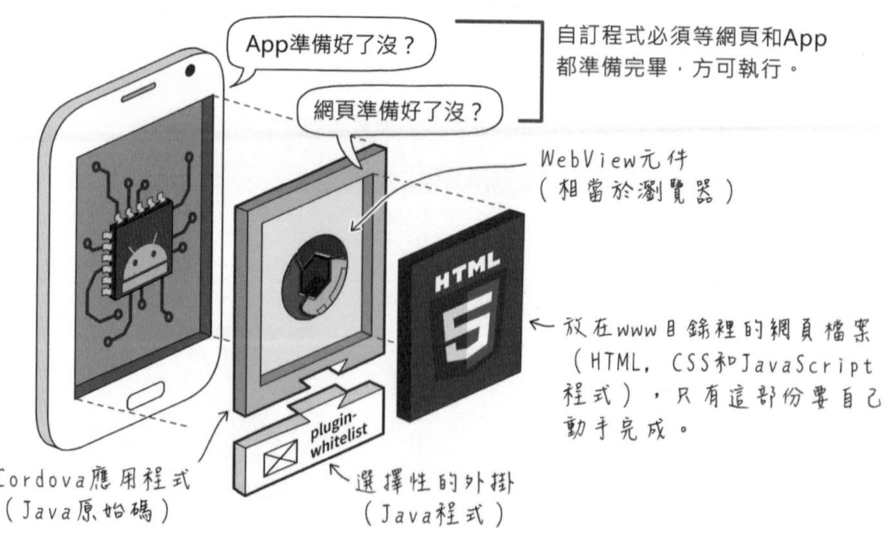

一般網頁程式都是等到瀏覽器確實載入網頁之後，才開始執行。**Cordova App 的網頁程式還需要等待 App 載入完畢，確認底層的程式可存取手機系統資源時才能執行**。

基本的 Cordova 網頁程式架構如下，務必要引用 cordova.js，才能處理手機系統相關事件（註：**cordova.js 不在 www 目錄**，而是放在平台系統路徑裡，如：platforms/android）：

在App程式編譯階段，Cordova編譯器會自動找尋並載入此程式庫檔案。

```
<head>
  <script type="text/javascript" src="cordova.js"></script>
  <script type="text/javascript">
    function onLoad() {
      document.addEventListener("deviceready", onDeviceReady, false);
    }

    function onDeviceReady() {
      ⋮ 這裡的程式碼可安全地執行手機平台的API
    }
  </script>
</head>
<body onload="onLoad()">
</body>
```

「裝置準備完成」事件

設定元素接收事件的順序，預設false代表「內部的元素優先處理事件」。

當頁面載入完畢時，執行onLoad()自訂函式。

以上的程式片段顯示，在網頁載入完成後（即：onLoad 事件被觸發），程式便開始偵聽 **"deviceready"（裝置準備完成）事件**；主程式可放在 onDeviceReady() 函式裡面執行。

事件的觸發時機設定說明

偵聽事件的 addEventListener() 方法的最後一個參數，用於設定**事件的觸發時機（phase）**。

```
觸發事件的物件.addEventListener("事件名稱", 事件處理函式, 觸發時機);
```

以底下的網頁結構為例，影像 (img) 元素包含在一個 div 元素裡面 (註：圖解裡的藍色框線代表 div 元素，實際網頁並不會顯示藍色邊框，而且 div 元素的預設邊框粗細和留白都是 0，但是寬度為網頁的 100%)：

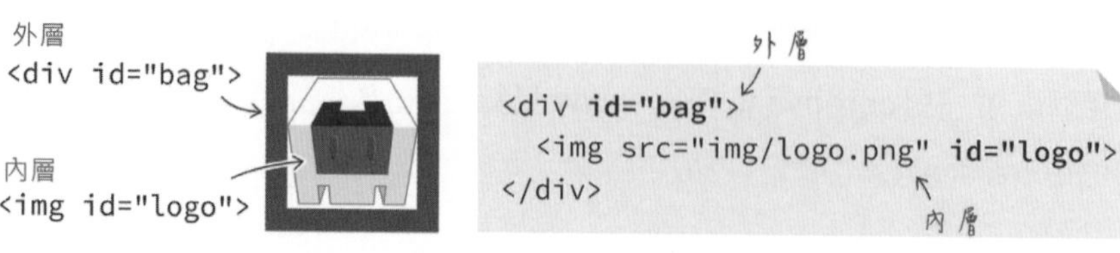

在此網頁加入一個名叫 touch 的自訂事件處理函式，它將在 JS 控制台顯示觸發此事件函式的 id 名稱：

```
function touch() {
  console.log('id: ' + this.getAttribute('id'));
}
```

指向觸發此函式的物件 (div或img標籤)

讀取標籤的 'id' 屬性

所有瀏覽器 (除了 IE 9 以下的版本)，都有兩個事件觸發時機/階段：事件先由外側物件往內傳遞，稱為**捕捉 (capture)** 階段，接著再從內部往外部傳遞，稱為**浮昇 (bubble)** 階段。

就本單元的例子，讀者不妨把 div 元素想像成包裝袋，img 元素放在袋子裡面：

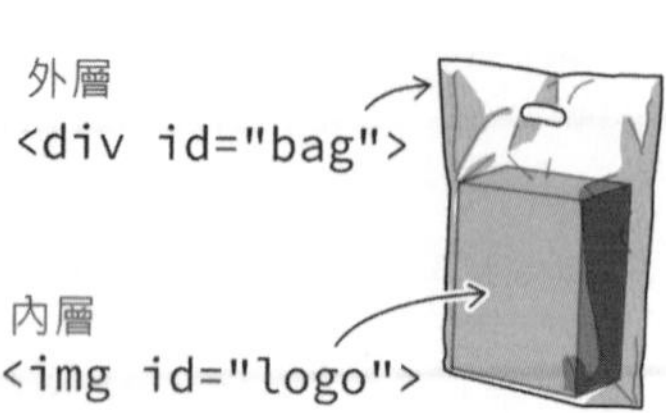

用戶的碰觸目標 (target) 是影像 (本例的 "logo")，但首先會接觸到外包裝 ("bag")。替 bag 和 logo 標籤物件設定 click (按一下) 事件處理程式時，**若觸發階段參數設成 "true" (代表「捕捉」事件)**：

那麼，在瀏覽器中按一下網頁圖像，JS 控制台將顯示底下的訊息（bag 先觸發執行事件程式）：

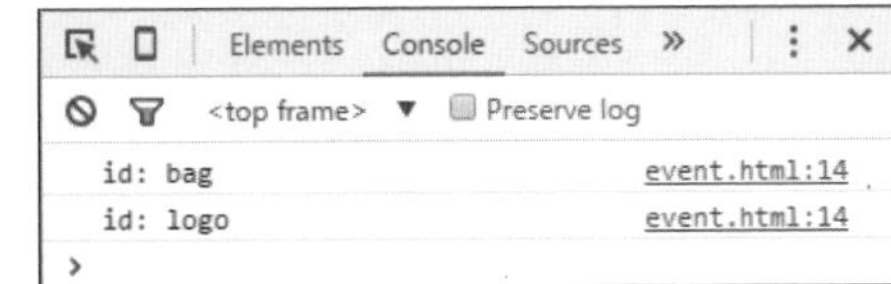

如果把**觸發時機參數設成 false**：

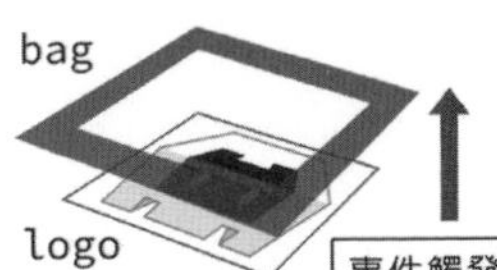


```
bag.addEventListener("click", touch, false);
logo.addEventListener("click", touch, false);
```

浮昇

事件觸發順序：由內而外（浮昇）

將變成內部的 logo 物件先觸發：

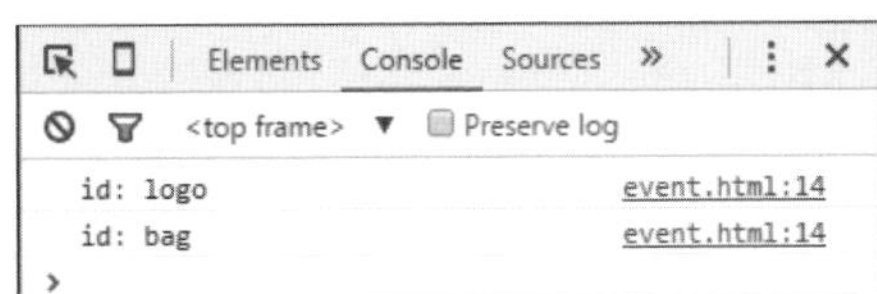

絕大多數的事件處理程式都是採用「浮昇」模式，因此若省略最後一個參數不填，就代表採用預設的 **false** 值：

```
logo.addEventListener("click", touch);
```

HelloWorld 的程式碼

由 Cordova 產生的 www/index.html 檔案，其引用 JavaScript 程式檔的敘述，位於 body 元素最下方兩行。

```
<body>
    ：  網頁內文省略（註：此App背景圖由css樣式設定）
    ：
  <script type="text/javascript" src="cordova.js"></script>
  <script type="text/javascript" src="js/index.js"></script>
</body>
```

App的主程式

因為 .js 程式是最後被載入的，故能省略偵聽網頁載入的 onLoad 事件。

App 主程式位於 js 目錄裡的 index.js 檔。此程式的架構和上一節的基本架構類似，**只是為了避免函式名稱衝突，所有函式都放在 app 物件中**。程式的執行流程如下：

```
var app = {
    initialize: function() {
        this.bindEvents();
    },                          ❷ 執行底下的函式
    bindEvents: function() {                   偵聽「裝置準備好了」事件
        document.addEventListener('deviceready',
                                  this.onDeviceReady,
                      執行底下的函式  false);
    },                                       ❸
    onDeviceReady: function() {
        app.receivedEvent('deviceready');
    },        ❹
    receivedEvent: function(id) {
      ⋮ 主程式碼在此執行
    }
};
❶
app.initialize();  ←─執行app物件裡的initialize()方法
```

這個 App 的主程式內容並不重要，重點是它設置事件程式的語法結構；網路上許多範例程式都是依照這個結構來撰寫 App 程式。下文的程式也把事件函式放在 app 物件裡，並且透過 jQuery 程式庫簡化程式碼。

10-8 jQuery Mobile 框架入門

傳統的網頁是為電腦螢幕和鍵盤、滑鼠操作設計的，行動裝置的螢幕尺寸比較小，而且以手指碰觸螢幕操作，因此對「行動裝置友善」的網頁和 App 的介面元素都要重新設計、加大處理。

Cordova 框架並未提供 App 的視覺外觀程式，我們需要自行設計或者套用既有的框架。jQuery Mobile 就是一款受歡迎的，針對行動裝置和觸控螢幕設計的使用者介面框架，底下列舉一些原始 HTML 網頁和套用 jQuery Mobile 框架的介面元素外觀對比（最左邊是原始的 HTML 外觀，所有介面元素的外觀和範例，請參閱 jQuery Mobile 官網的 Demo 頁：http://demos.jquerymobile.com/）：

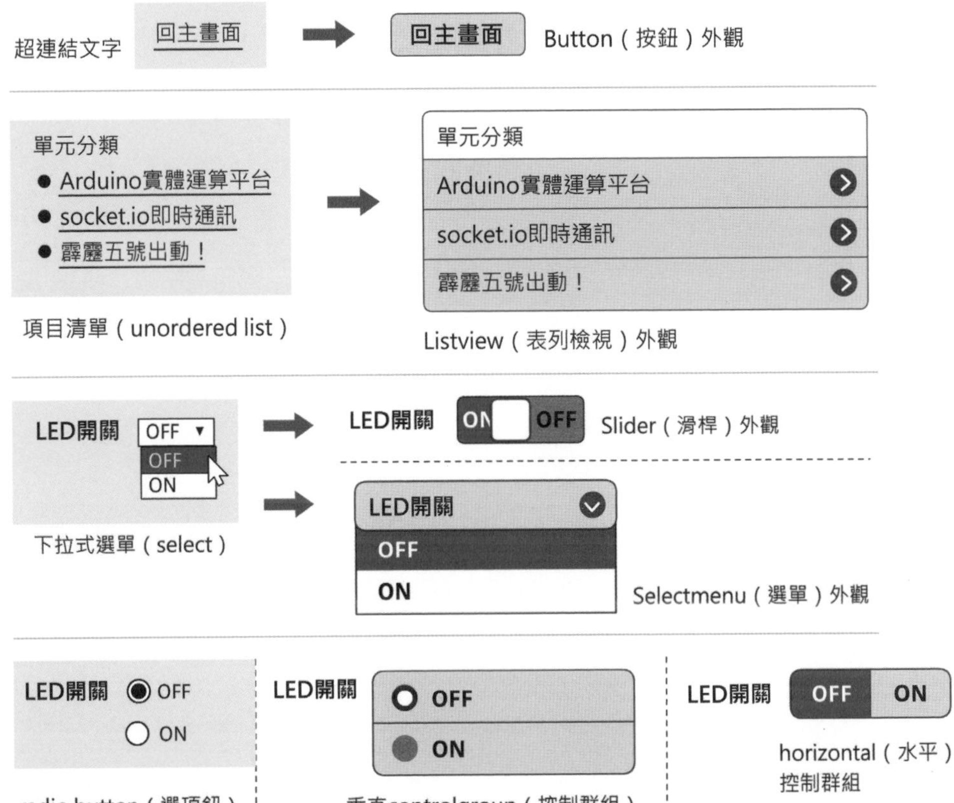

透過 jQuery Mobile，網頁設計師只要在 HTML 元素中設定一些參數，就能將該元素以行動裝置介面外觀呈現。以網頁常見的下拉式選單為例：

實際的 HTML 碼如下，變換外觀的關鍵在於 select（下拉式選單）元素裡的 **data-role 參數**值：

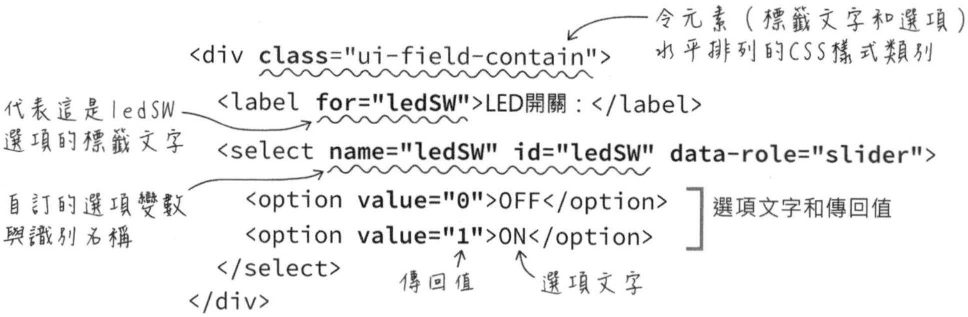

在網頁的執行階段，jQuery Mobile 會讀取所有 HTML 標籤當中的 "data-" 屬性，讀到 data-role= "silder" 參數，就知道要把下拉式選單改成「滑動選單」外觀和行為。在此特別強調，套用 jQuery Mobile 程式庫的網頁，也可以在電腦上瀏覽，並不僅限於手機和平板。

下載和引用 jQuery Mobile 框架

jQuery Mobile 框架基於 jQuery 程式庫，在官網（jquerymobile.com）可下載最新的穩定版：

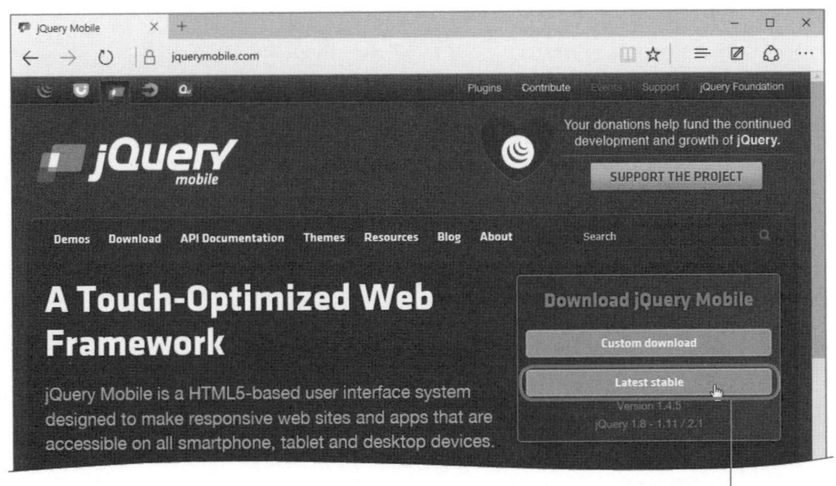

下載之後，請解壓縮出其中 min 形式的 .css 和 .js 程式檔，分別存入 Android 專案資料夾裡的 www 主程式目錄底下的 css 和 js 資料夾：

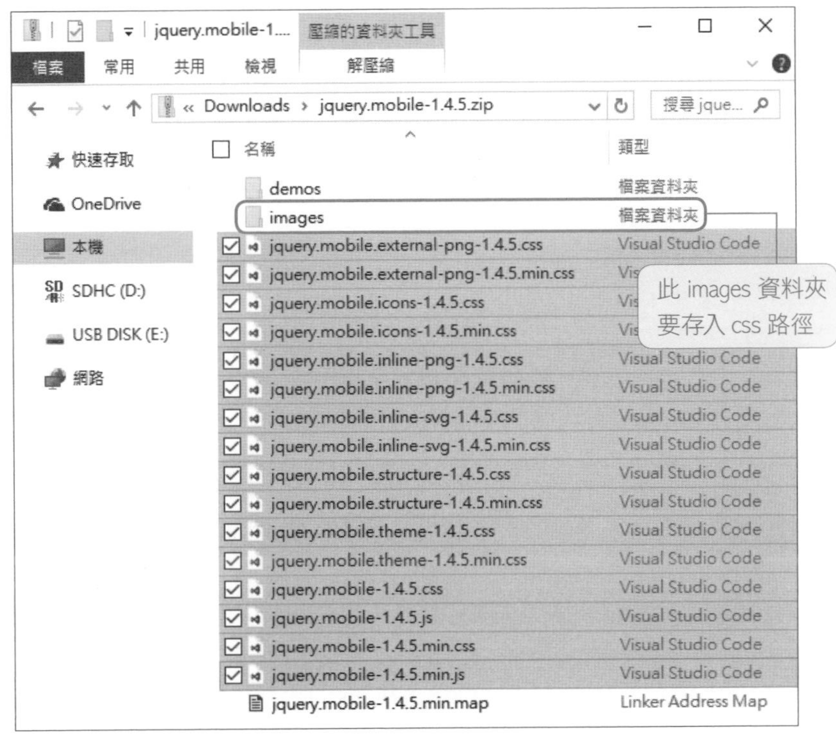

jQuery Mobile 壓縮檔裡的內容

請將 .css 檔和 .js 檔（以及 jquery 程式檔）分別存入 css 和 js 資料夾：

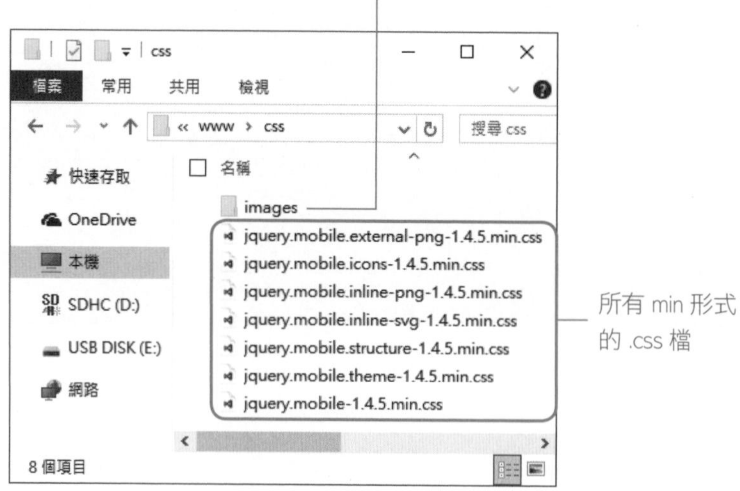

css 資料夾的內容

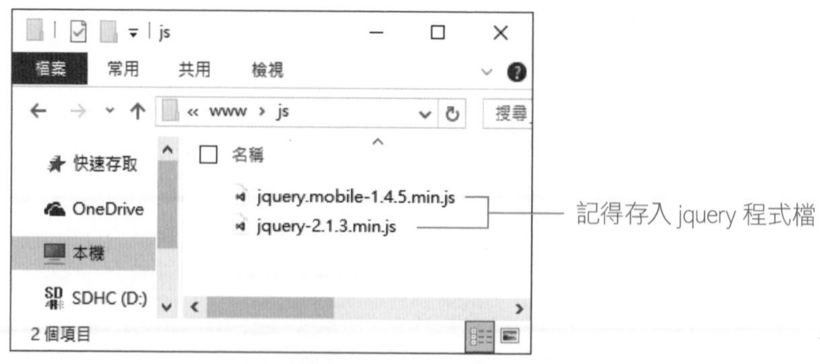

js 資料夾的內容

在 HTML 原始碼的檔頭區引用 CSS 和 JavaScript 的標籤指令如下，請注意！因為 jQuery Mobile 依賴 jQuery 程式庫，所以**要先引用 jQuery 程式庫**。

> 也請在網頁檔頭區加入 UTF-8 編碼設定，以便正確顯示中文。

```
<!DOCTYPE html>
<html>
<head>
 <meta charset="utf-8">
 <meta http-equiv="Content-Security-Policy"
  content="default-src 'self' data: gap: https://ssl.gstatic.com
  'unsafe-eval'; style-src 'self' 'unsafe-inline'; media-src *">
   :
 <title>我的App</title>
 <meta name="viewport" content="width=device-width, initial-scale=1">
 <link rel="stylesheet" href="css/jquery.mobile-1.4.5.min.css" />
 <script src="js/jquery-2.1.3.min.js"></script>
 <script src="js/jquery.mobile-1.4.5.min.js"></script>
</head>
```

<!DOCTYPE html> ← jQuery Mobile網頁必須是HTML5版本

<meta charset="utf-8"> ← 加入UTF-8編碼設定

<meta http-equiv...> ← Cordova建立的內容

引用CSS檔

先引用jquery，再引用jquery.mobile

設定手機瀏覽器的 viewport (視界) 參數

iOS 和 Android 裝置的瀏覽器預設會以 980 和 800 像素的**虛擬顯示寬度（viewport，視界）**來呈現網頁，假設 Android 手機螢幕實際是 480 像素寬，瀏覽器用 800 像素寬來呈現，網頁將整個被縮小顯示：

為了讓 iOS 與 Android 裝置的瀏覽器，以實際的螢幕解析度來呈現網頁，請在網頁的檔頭區加入底下的 <meta> 標籤設定：

```
<meta name="viewport"                        ← 禁止用戶縮放畫面
      content="user-scalable=no,
      initial-scale=1,    ←—— 初始縮放率：1
      maximum-scale=1,    ←—— 最大縮放率：1
      minimum-scale=1,    ←—— 最小縮放率：1
      width=device-width"
>                  ↖ 內容寬度設為裝置的螢幕寬度
```

標籤的 data-role 參數

HTML5 語言允許設計師在標籤指令中，加入**以小寫字母 "data-" 開頭的自訂屬性**（"data-" 之後要跟著英文字母，中間沒有空白）。上文的 "data-role"，就是 jQuery Mobile 自訂的屬性名稱，而 **"role" 代表「角色」**。最常見的是定義**頁面（page）**、**標題（header）**、**內容（content）**和**註腳（footer）**的角色。

一個 App 操作畫面，在 jQuery Mobile 當中稱為一個頁面（page），每個頁面可以劃分成標題、內容和註腳這三個基本顯示空間：

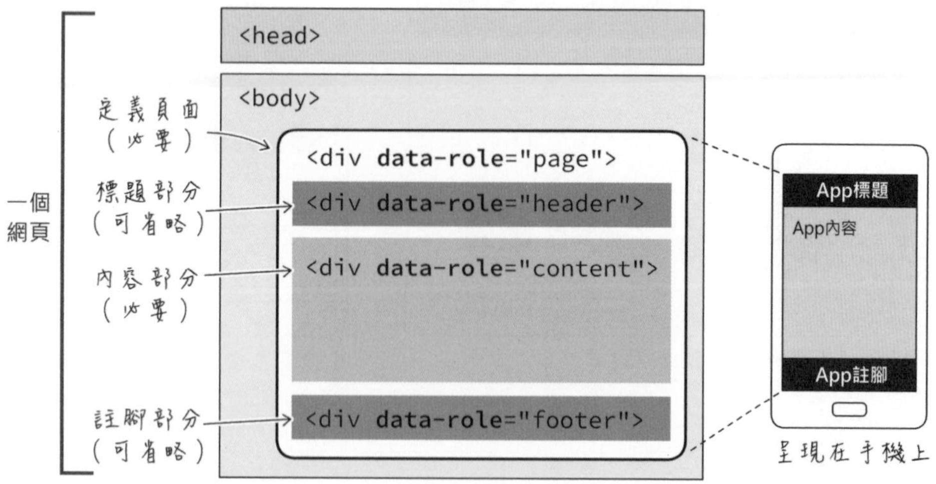

HTML 的 **div 元素（原意為 division，區塊）用於劃分區域**，每個區域透過 data-role 屬性設定成不同的角色，實際程式碼如下：

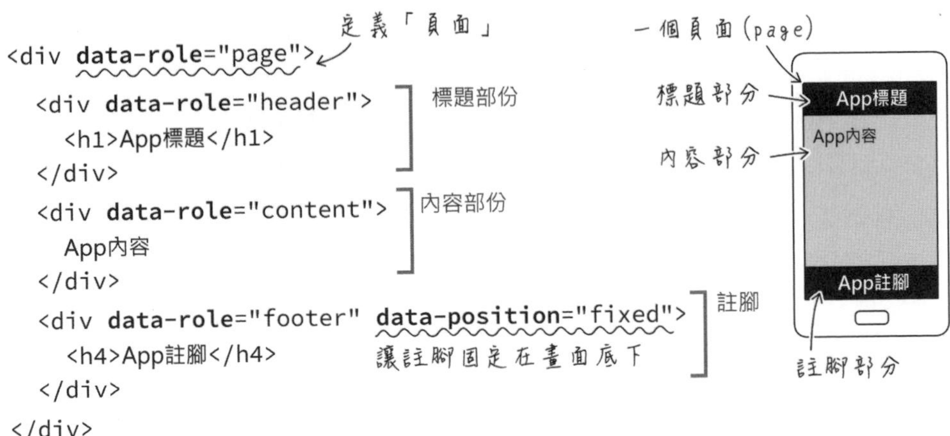

> jQuery Mobile 僅負責把網頁改成行動網頁外觀，並提供適合觸控螢幕的操作模式，而不是把網頁轉成 APP，因此也有網頁設計師將它用在一般網頁，方便透過行動裝置瀏覽網站的用戶操作。

具有多個分頁畫面的 App

同一個網頁可以包含許多 "page" 角色，形成多個頁面效果。為了讓程式分辨不同分頁，每個 "page" 都要加上唯一的 id 名稱：

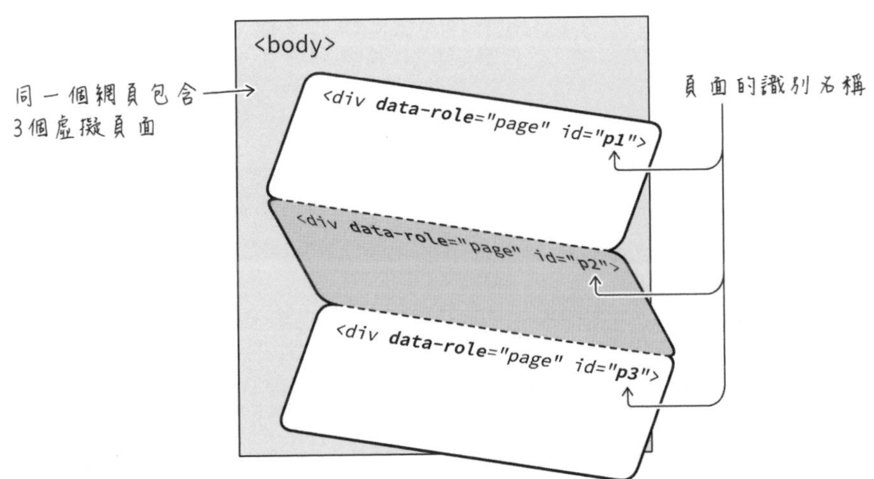

本單元將建立具備 3 個畫面的 App，第一個分頁包含可讓使用者點選的「**清單檢視（ListView）**」介面，第 3 頁包含「回到第一頁」按鈕，為了精簡程式，這些分頁的底部都沒有「註腳」：

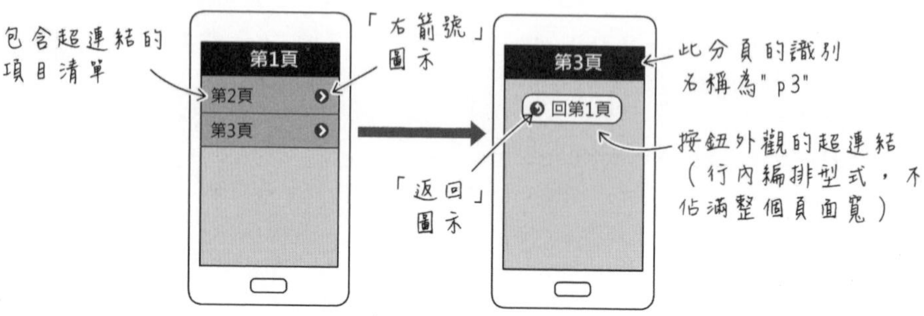

底下是第 1 個分頁的程式碼，「清單檢視」介面效果其實是普通網頁的「超連結項目清單」，再套上 "listview" 角色構成的：

```
<div data-role="page" id="p1">
  <div data-role="header">
    <h1>第1頁</h1>
  </div>
  <div data-role="content">
    <ul data-role="listview">
      <li><a href="#p2">第2頁</a></li>
      <li><a href="#p3">第3頁</a></li>
    </ul>
  </div>
</div>
```

頁面的識別名稱

以「清單檢視」形式呈現

包含超連結的項目清單

井號加上分頁識別名稱，可連結到相同HTML檔裡的不同分頁。

第 3 分頁的「按鈕」介面，其實是設定成 "button" 角色的超連結元素（註：data-inline 屬性值若是 "false"，按鈕將與頁面同寬）：

```
<div data-role="page" id="p3">
  <div data-role="header">
    <h1>第3頁</h1>
  </div>
  <div data-role="content">
    <a href="#p1" data-role="button"
    data-inline="true" data-icon="back">回第1頁</a>
  </div>
</div>
```

頁面的識別名稱

「按鈕」形式

連結目標名稱前面要加井號

「行內」形式

附加「返回」圖示

第 2 分頁包含一個上文提到的「滑動開關」以及一個按鈕，請讀者自行參閱範例程式碼。**除了使用 "data-" 參數，設定元素的外觀，也可以直接套用 jQuery Mobile 框架提供的 CSS 樣式類別**。jQuery Mobile 的使用者介面樣式名稱都以 "ui-" 開頭，例如，底下的樣式設定會讓超連結呈現「按鈕」外觀：

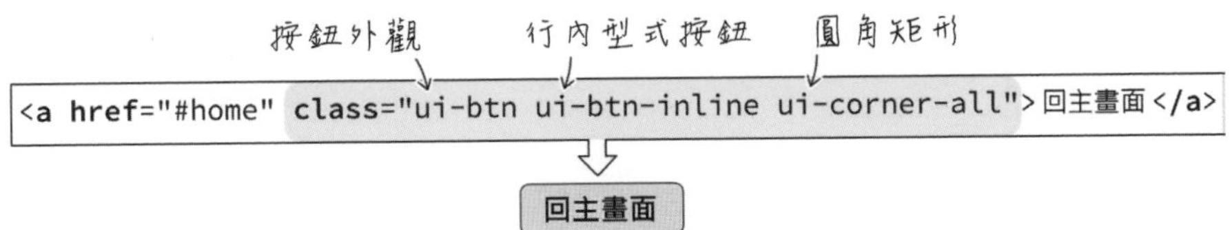

網頁執行結果與 Chrome 安全性問題

在 Edge 瀏覽器執行本單元的 index.html 網頁的畫面如下：

但是同樣的檔案在 Chrome 瀏覽器，會因為本機安全性的問題無法順利執行（網頁會一直顯示代表「載入中」的 GIF 動畫）。按下 F12 鍵，可看到 Console（控制台）的錯誤訊息：

以 "file://" 協定讀取本機網頁

如果把 www 資料夾上傳到某個網站，或者透過 Node.js 的網站存取，也就是通訊協定不是 "file://" 開頭，網頁將能順利執行。

請在引用 jquery.mobile 程式檔之前，新增底下的程式敘述並刪除 Cordova 加入的一行 <meta> 標籤，即可解決本機安全性的問題：

刪除這個<meta>元素

```
    :
<meta http-equiv="Content-Security-Policy"
  content="default-src 'self' data: gap: https://ssl.gstatic.com
  'unsafe-eval'; style-src 'self' 'unsafe-inline'; media-src *">
<meta name="format-detection" content="telephone=no">
    :
<script src="js/jquery-2.1.3.min.js"></script>
 <script>
   $(document).on('mobileinit',function(){
      $.mobile.pushStateEnabled = false;
   });
 </script>
 <script src="js/jquery.mobile-1.4.5.min.js"></script>
```

加入這段程式碼

使用線上編輯器編排 jQuery Mobile 版面

jQuery Mobile 的標籤屬性很多，我們不太可能記得每個指令，而且如果每次都要上官網查閱相關語法也有點麻煩。所幸網路上有一些好用的線上編排工具，可直接在瀏覽器安排與編輯 jQuery Mobile 頁面，像國內中冠資訊開發的 EZoApp 和 JQM Designer（如下圖所示）：

在編輯器上的操作，例如：從**元件**面板拖放 **header（標題）**到編排畫面，會立即在 HTML 窗格產生對應的程式碼。這些 HTML 碼可直接貼入引用 jQuery Mobile 程式庫的網頁內文區：

```
<html>
<head>
 <meta charset="utf-8">
 <title>我的App</title>
 <meta name="viewport" content="width=device-width, initial-scale=1">
 <link rel="stylesheet" href="css/jquery.mobile-1.4.5.min.css" />
 <script src="js/jquery-2.1.3.min.js"></script>
 <script src="js/jquery.mobile-1.4.5.min.js"></script>
</head>
<body>
                在此貼入編排程式產生的HTML碼
</body>
</html>
```

用這種方式建立與編輯 jQuery Mobile 網頁就簡單多了。

超連結補充說明

jQuery Mobile 網頁把 App 裡的所有虛擬分頁，全都放在同一個 HTML 檔。所以，從一個分頁裡的超連結按鈕，連結到另一個分頁，**連結網址的格式為 "#" 符號加上分頁的 id 名稱**。

連結外部檔案

如果要連結到外部網頁，連結網址的格式就是外部檔案的路徑和檔名。底下是連結到 faq.html 的寫法，但是點選此連結時，頁面上會出現 "Error Loading Page" 錯誤訊息：

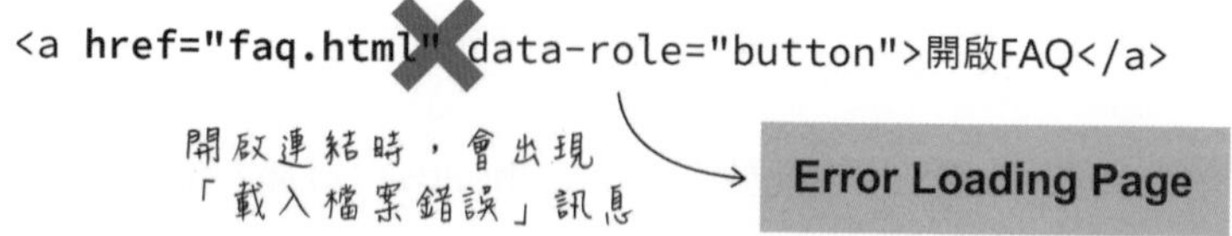

如果要連結外部網頁，並且取代目前開啟的頁面，請在超連結標籤之中加入 **rel= "external"** 或者 **data-ajax="false"**，這樣就能順利執行了：

```
<a href="faq.html" data-role="button" rel="external">開啟FAQ</a>
```

也可以改成：**data-ajax="false"**

設定並開啟彈出式面板

jQuery Mobile 的彈出式面板使用 <div> 標籤定義，假設要建立一個如右圖的彈出式面板，在用戶按下某個按鈕時，呈現在畫面上：

15像素留白

App簡介

這是用jQuery Mobile打造的App介面

其 HTML 原始碼如下，重點是透過 data-role 屬性，將此 div 元素的角色設定成 **"popup"（彈出式面板）**，若省略 ui-content 樣式類別，則面板裡的文字將緊鄰邊框：

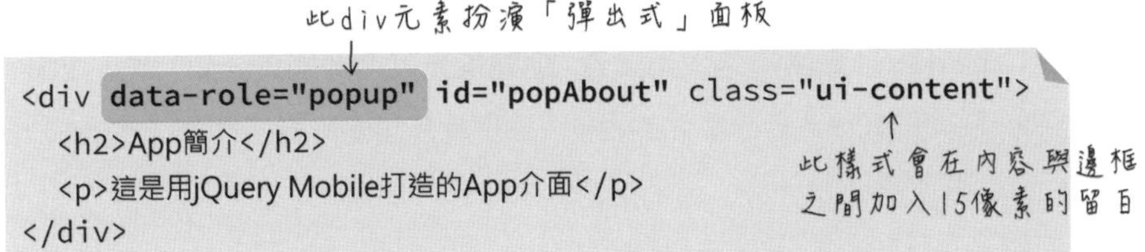


```
<div data-role="popup" id="popAbout" class="ui-content">
  <h2>App簡介</h2>
  <p>這是用jQuery Mobile打造的App介面</p>
</div>
```

彈出式面板預設是隱藏的，它可以透過底下的超連結元素開啟。超連結的 **href 屬性要填入彈出式面板的識別名稱**，另外還要加入 **data-rel= "popup" 屬性**：

```
<a href="#popAbout" data-rel="popup" data-role="button">App簡介</a>
```

這個超連結，以及定義彈出式面板的 div 元素，必須放在同一個頁面才會有作用。開啟彈出式面板後，按一下**上一頁**鈕或者頁面的空白處，即可關閉面板。

附帶說明，在超連結中加入 data-rel= "back" 屬性，它就變成**回上一頁**鈕：

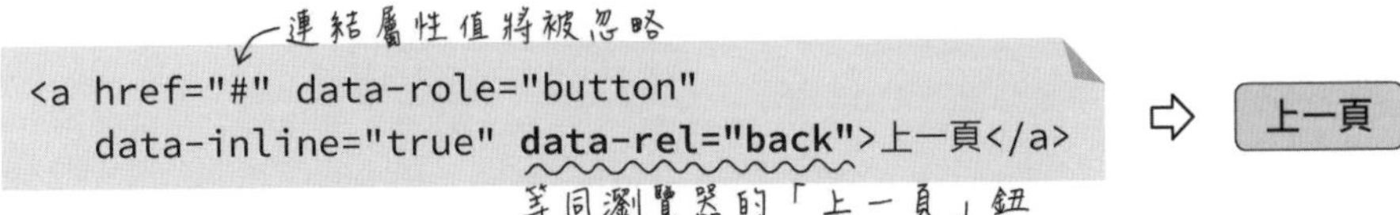


```
<a href="#" data-role="button"
   data-inline="true" data-rel="back">上一頁</a>
```

動手做 手機 App 網路控制 Arduino

實驗說明：本單元將示範在手機 App 上建立滑動開關以及滑桿調光介面，分別連結到 Arduino 乙太網路程式的 "/sw" 和 "/pwm" 路徑，控制數位腳的開關和輸出功率，Arduino 也將回應 "ok" 訊息，確認收到指令。

實驗材料：

Arduino UNO 或相容控制板	1 片
採用 W5100 晶片的乙太網路介面卡	1 片
LED（顏色不拘）	1 個
電阻：220Ω（紅紅棕）～680Ω（藍灰棕）	1 個

實驗電路和程式：實驗電路與第二章「**調整燈光亮度的網頁介面**」單元相同，Arduino 實驗程式也改自該單元的程式，請直接參閱書附光碟裡的 ledPWM.ino 檔。

筆者將本單元的 App 專案命名為 "wifiBot"，存放在 D 磁碟的 wifiBot 目錄。請依序執行底下的命令，建立 Android App 專案：

C:\> cordova create D:\wifiBot tw.com.swf.wifiBot Wifi_Bot
專案路徑
套件名稱
C:\> cd /d D:\wifiBot
D:\wifiBot> cordova platform add android
新增Android平台

接著，參閱上文「下載和引用 jQuery Mobile 框架」一節，把 jQuery Mobile 所需的 .js 與 .css 檔，複製到此專案路徑裡的 js 和 css 資料夾：

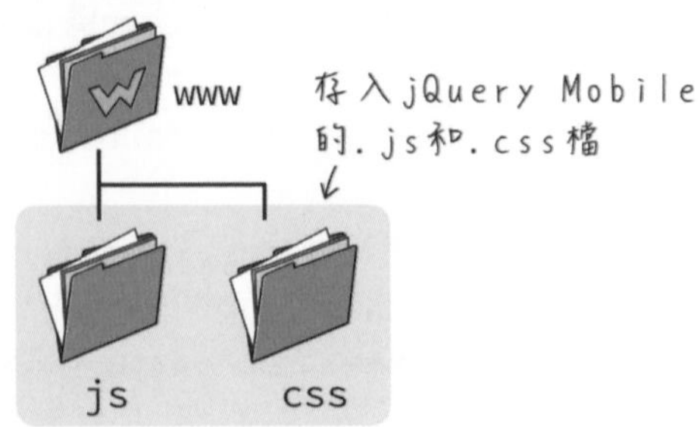

為了讓此 App 能夠連結到任意網址，請刪除 index.html 的檔頭區裡的 "Content-Security-Policy" （直譯為「內容安全原則」）meta 標籤：

```
<!DOCTYPE html>
<html>
<head>                加入UTF-8（萬國碼）編碼設定
 <meta charset="utf-8">
                                              刪除此<meta>標籤
 <meta http-equiv="Content-Security-Policy"
  content="default-src 'self' data: gap: https://ssl.gstatic.com
  'unsafe-eval'; style-src 'self' 'unsafe-inline'; media-src *">
   :
 <title>燈光控制器App</title>
 <meta name="viewport" content="width=device-width, initial-scale=1">
 <link rel="stylesheet" href="css/jquery.mobile-1.4.5.min.css" />
                                                        引用CSS檔
 <script src="js/jquery-2.1.3.min.js"></script>
 <script src="js/jquery.mobile-1.4.5.min.js"></script>
</head>
              先引用jquery，再引用jquery.mobile
```

前置作業完成後，即可開始編輯 index.html 檔，建立 App 的操作介面。

建立 App 介面元素：這個 App 包含 3 個分頁。每次啟動 App 時，程式預設會開啟第一個分頁（**splashPage，啟動畫面**），3 秒鐘之後，再自動切換到**主控頁面**（**ctrlPage**）或者**網路連結設定頁面**（**netPage**）。每個分頁的板型以及元素的識別名稱如下：

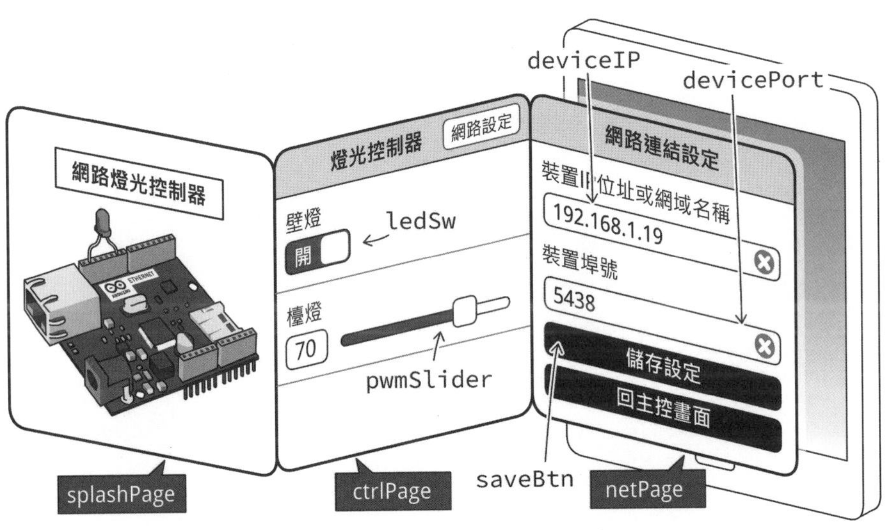

啟動畫面包含大標文字和一張 300×300 像素的圖像，為了在不同解析度的手機螢幕上達到最佳顯示效果，筆者採用 SVG 向量圖。此分頁的 HTML 碼如下：

```
<div data-role="page" id="splashPage">   ← 分頁識別名稱
  <div role="main" class="ui-content">
    <h1>網路燈光控制器</h1>
    <img src="images/app_logo.svg" width="300" height="300">
  </div>                                 ↖ 嵌入SVG向量圖檔
</div>
```

主控畫面包含一個滑動開關和滑桿介面，App 標題右側包含一個按鈕外觀的「網路設定」超連結，連結到「網路連結設定（"netPage"）」分頁。主控畫面的 HTML 碼如下：

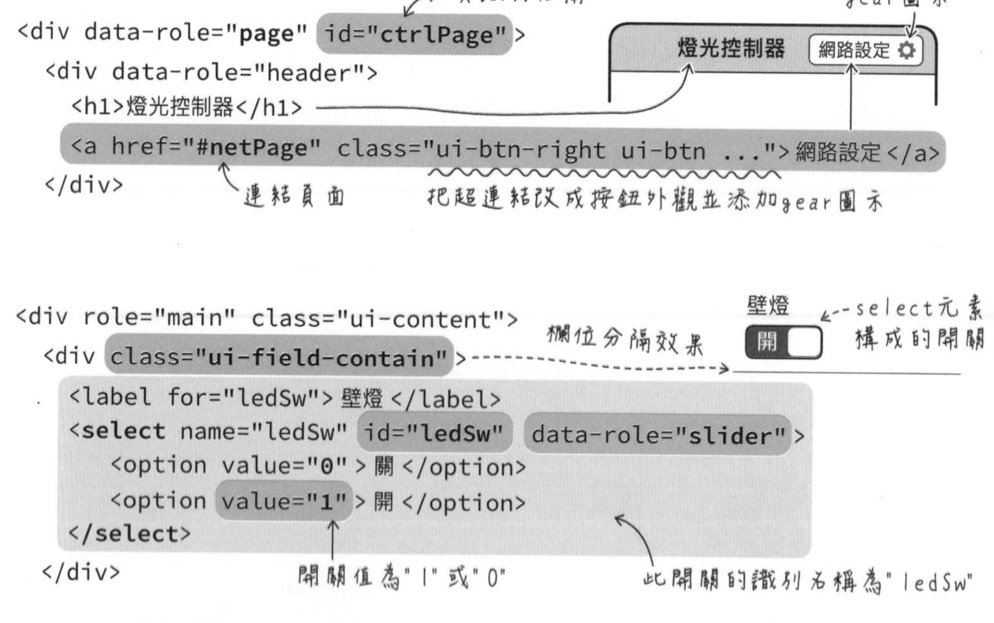

滑桿介面的數值範圍設定成 0~100：

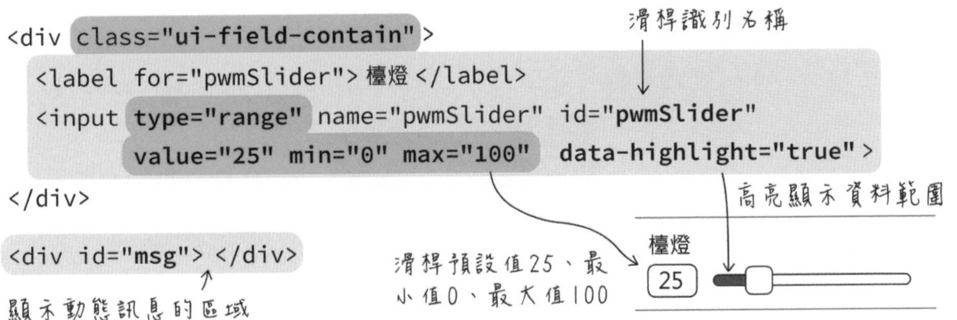

此分頁畫面底下的 "msg" 區域，將用於顯示傳送資料內容、接收到的回應以及錯誤訊息。「網路連結設定」頁面包含兩個輸入欄位：

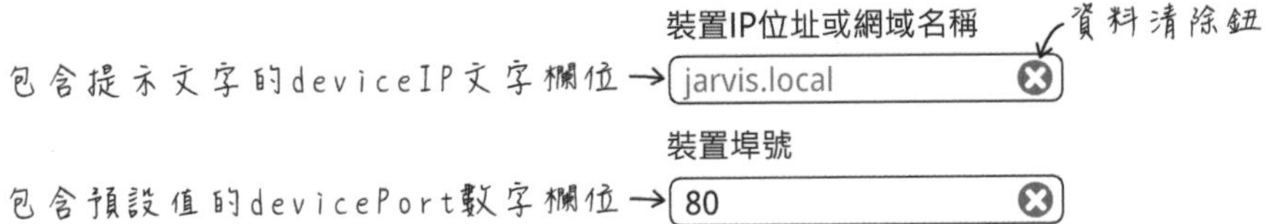

設定 IP 位址的欄位允許使用者輸入數字和文字，所以設定成**文字（text）類型**；**埠號欄位**僅允許輸入數字，因此設定成**數字（number）類型**。點選數字類型的欄位時，Android 系統的虛擬鍵盤將只會顯示數字鍵。為了方便使用者清除輸入內容，欄位可加上**資料清除鈕**。

此分頁的兩個按鈕都是超連結元素，**儲存設定**鈕的行為將由程式設定，**回主控畫面**鈕則包含主控頁的連結位址。

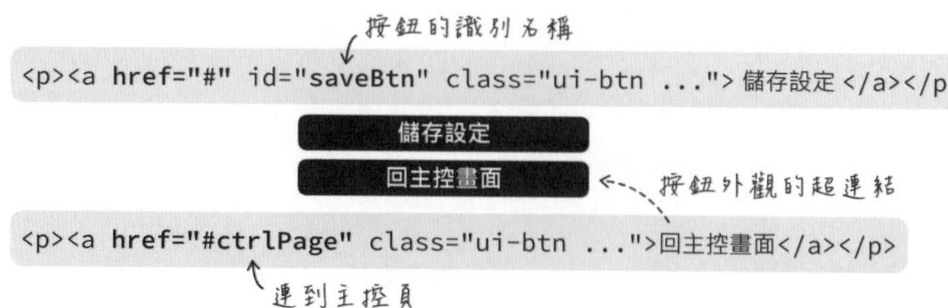

完整的 HTML 碼，參閱書附光碟 wifiBot 裏的 index.html 檔，底下內容將介紹此 App 的運作程式。

存取瀏覽器的本機儲存資料

本單元的 App 運用瀏覽器的本機資料儲存功能，紀錄連線裝置（Arduino 控制板）的連線位址，而不是把裝置位址寫死在 App 程式裡面。早期的瀏覽器僅提供在本機儲存極少量數據的 **cookie（直譯為「餅乾」，每個網域可儲存 4KB）**；支援 **HTML5 的瀏覽器則具備下列本機（離線）儲存功能**：

- **Local stroage**（本機儲存）：以「**名稱值對（key-value pair）**」，也就是 **JavaScript 的物件格式儲存數據**，但僅支援字串資料類型，每個網域或 App 可儲存最大約 **5MB** 資料。若要儲存字串以外的格式，如：陣列，必須先透過 "JSON.stringify(陣列變數)" 語法，把資料轉換成字串；讀取資料時，再透過 "JSON.parse()" 解析成陣列。
- **WebSQL**：嵌入在瀏覽器的小型 SQL 資料庫（表格式資料），使用 SQL 語言操作。火狐，以及微軟的 IE 和 Edge 瀏覽器都不支援 WebSQL，因此**不建議使用**。
- **IndexedDB**：相當於嵌入在瀏覽器的 NoSQL 資料庫，支援多種資料類型、功能比 Local storage 強大，但操作上也相對複雜。目前的主流瀏覽器都支援 IndexedDB，某些瀏覽器，如：火狐，沒有限制儲存檔案的大小，只有在儲存超過 50MB 的單一檔案時會要求用戶許可，因此**極適合在用戶端儲存大量離線內容的場合**。

本單元採用 local storage 方案，在本機儲存連線裝置的 IP 位址或網域名稱以及埠號。儲存和讀取 local storage 資料的指令格式如下：

"window." 可以省略

```
window.localStorage.setItem("資料名稱", 資料值)
window.localStorage.getItem("資料名稱")
```

儲存 → localStorage → 讀取

網路設定畫面包含兩個欄位，以及**儲存設定**鈕（saveBtn）。筆者把 saveBtn 鈕的事件處理程式放在 deviceReady（裝置準備完成）事件程式中。

```
var app = {
  nextPage:"",          // 紀錄「下一頁」的識別名稱
  host:"",              // 儲存IP位址或網域名稱
  port:80,              // 儲存埠號
  splashTime:3000,      // 「開啟畫面」等待時間
  init: function() {
    $(document).on( "deviceready", app.onDeviceReady );
  },
  onDeviceReady: function() {
        $("#saveBtn").on("tap", function() {
          app.host = $("#deviceIP").val();
          app.port = $("#devicePort").val();
          localStorage.setItem("deviceIP", app.host);
          localStorage.setItem("devicePort", app.port);
          location.hash = 'ctrlPage';
        });
  },
};
```

碰觸 "saveBtn" 鈕時，讀取並儲存網路設定。

這裡放入showMsg和splahTimer定時程式

`location.hash = '頁面識別名稱';`

每次按下**儲存設定**鈕，deviceIP 和 devicePort 資料將被存入手機的 local storage。讀者可自行在儲存資料之前，加入判斷資料格式（如：IP 位址格式）是否正確，並適時提醒用戶輸入正確資料的程式。網路資料儲存之後，替 location.hash 屬性設定頁面識別名稱字串，即可自動切換到該頁面（此例為「主控頁面」）。

在「啟動頁面」中讀取並自動切換畫面

開啟 App 時，程式首先會讀取 deviceIP 資料，若資料值為 **null（空），代表找不到資料**，App 應該要切換到**網路設定**畫面：

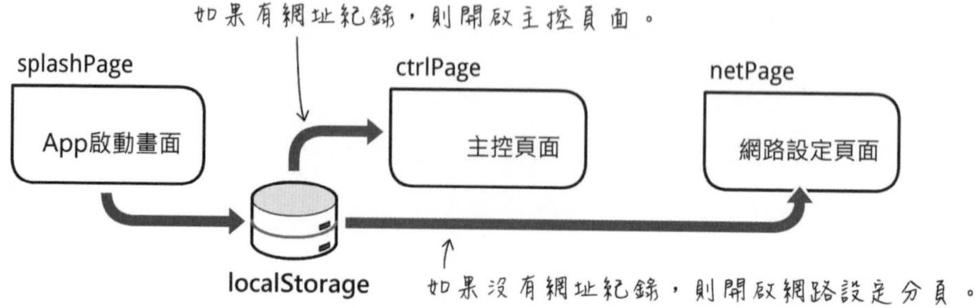

自動切換頁面的判斷程式片段如下：

```
$("document").on( "pageshow", "頁面識別名稱", 事件處理函式 )
```

當「啟動頁面」顯現時…

```
$(document).on("pageshow", "#splashPage", function(e) {
    var host = localStorage.getItem('deviceIP');
    if (host === null) {
      app.nextPage = "netPage";
    } else {
      app.host = host;
      app.port = window.localStorage.getItem('devicePort');
      $("#deviceIP").val(app.host);
      $("#devicePort").val(app.port);
      app.nextPage = "ctrlPage";
    }
    app.splashTimer();
});
```

- 讀取本機儲存的 deviceIP 資料
- 如果沒有紀錄，則將「下一頁」設成"netPage"
- 讀取本機儲存的 devicePort 資料
- 替文字欄位設定網址資料
- 將「下一頁」設成"ctrPage"
- 啟動計時器

啟動定時器的 splashTimer 函式，放在 app 物件裡面，程式碼如下：

```
splashTimer : function () {
  setTimeout ( function () {
    location.hash = app.nextPage;
  }, app.splashTime );
}
```

計時程式

計時時間到，切換到此變數紀錄的頁面。

計時毫秒數（3000）

設定滑桿和滑動開關的事件處理程式

jQuery Mobile 的滑桿事件處理程式，要放在網頁文件的 "pageshow"（頁面顯現）事件程式當中。**每當滑桿被拖動之後，它會發出 "slidestop"（滑動停止）事件**。因此，偵測使用者拖動滑桿的程式片段大致像這樣：

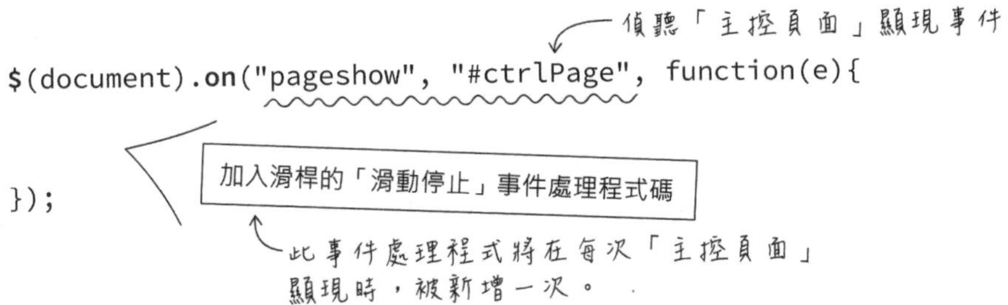

然而，依據上面的架構，偵測滑桿「滑動停止」的事件程式，將**在每一次切換到「主控頁面」被新增一次**，導致手機記憶體當中包含多個「滑動停止」事件程式副本，會被重複觸發。為了避免這種情況，我們可以在加入「滑動停止」事件程式之後，移除偵聽 "pageshow"（頁面顯現）事件。

替物件新增事件處理程式的指令是 "on"，移除事件處理程式的指令則是 "off"。請把可發出事件的物件，例如：document（文件），想像成一個插座，假若要偵聽某個事件（如：pageshow），就透過 on 指令把處理程式插入該插座；若執行 off 指令，該事件處理程式就被拔除，App 程式就再也收不到該事件。

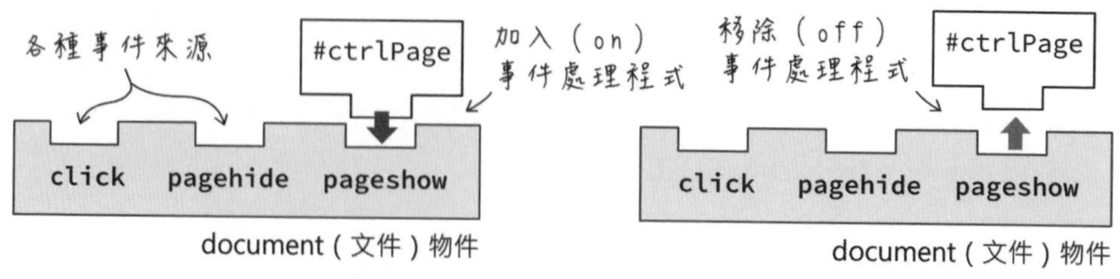

筆者把處理「主控頁面」顯現的事件程式，包裝成 pageEvt 自訂函式，底下的敘述將在 App 切換到「主控頁面」時，執行 pageEvt：

```
$(document).on("pageshow", "#ctrlPage", pageEvt);
```

加入偵聽「主控頁面」顯現事件　自訂的事件處理函式

pageEvt 函式的程式包含處理滑桿「滑動停止」的事件程式。每當用戶滑動滑桿，它將透過 ajax 函式，用預設的 GET 方法，傳遞 pin 和 pwm 值。由於滑桿介面的數值範圍設定成 0~100，所以實際的 PWM 要乘上 2.55 並取整數值：

```
function pageEvt ( e ) {
  $("#pwmSlider").on( "slidestop", function ( e ) {
    var pwm = Math.ceil( $(this).val() * 2.55 );
    var pwmData = { "led":9, "pwm":pwm };
    $.ajax( {
      url: "http://" + app.host + ":" + app.port + "/pwm",
      data: pwmData,
      success: function ( d ) {
        app.showMsg("收到伺服器回應：" + d );
      }
    } );
  } );
  $(document).off("pageshow", "#ctrlPage", pageEvt);
} );
```

滑動停止時…

PWM值轉換成0~255，取無條件進位整數值。

用GET方法送出第9腳的PWM訊號

透過自訂函式在msg區域顯示訊息

移除偵聽「主控頁面」顯現事件

當 pageEvt 函式被執行時，除了設定滑桿的事件處理之外，最後一行的 off 指令，將移除事件偵聽程式；無論使用者切換到「主控頁面」多少次，pageEvt 函式都不會再被觸發執行。

透過 off 移除事件時，其參數內容必須和透過 on 附加事件時一致，否則無法移除該事件。因為同一個事件可以被附加不同的處理程式，假設我們替 "#ctrlPage" 頁面的 "pageshow" 事件，附加另一個 "pageHandler" 處理程式：

```
$(document).on("pageshow", "#ctrlPage", pageHandler);
```

底下的移除事件敘述，只能移除 pageEvt 處理程式，上面的事件仍可正常執行：

```
$(document).off("pageshow", "#ctrlPage", pageEvt);
```

設定移除事件時，事件處理程式不能用匿名函式，一定要採用像上面的 pageEvt 一般的具名函式。

透過此「滑動停止」事件送出的 GET 請求連結範例如下：

```
http://192.168.1.19:80/pwm?pin=9&pwm=128
```

app.host值　app.port值　滑桿值

動態顯示訊息的 showMsg() 函式放在 app 物件裡面，程式碼如下：

```
showMsg: function(msg) {
  if (app.timeoutId) {
    clearTimeout(app.timeoutId);
  }
  $('#msg').text(msg);   // 顯示訊息文字
  app.timeoutId = setTimeout( function() {
    $('#msg').text("");
  } , 4000);
}
```

msg：接收要顯示的訊息文字

if 區塊：如果計時物件識別碼不是0，則清除該計時物件（亦即，準備重新計時）。

setTimeout：建立新的計時物件，並且保存其識別碼。

function()：4秒鐘之後，執行此函式，清除訊息文字。

假設我們要在 "msg" 元素中顯示 "我愛阿帕契!",只須執行底下的敘述(此訊息將在 4 秒之後自動消失):

```
app.showMsg("我愛阿帕契!");
```

最後在 onDeviceReady(裝置準備完成)事件處理程式中,加入底下的滑動開關處理程式:

```
$("#ledSw").on("change", function(e) {
  var val = $(this).val();  // 讀取開關值
  var swData = {"pin":13, "sw":val};
  $.ajax({
    url: "http://" + app.host + ":" + app.port + "/sw",
    data: swData,
    success: function(d) {
      app.showMsg("收到伺服器回應:" + d);
    }
  });
});
```

偵聽開關變化事件

組織將透過GET方法傳送的資料

以GET方法傳遞開關值到/sw路徑

完整的程式碼請參閱書附光碟裡的 wifiBot 資料夾。請在文字命令列(終端機視窗)中,於此專案路徑底下,執行 cordova build 命令建立 Android App,再用手機測試。

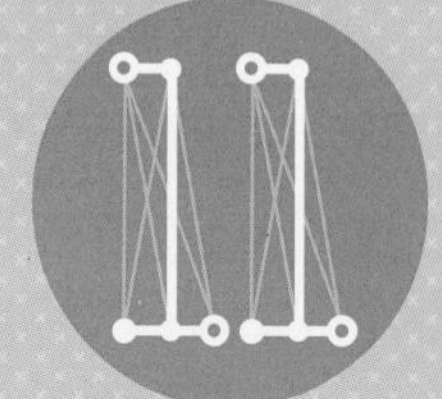

製作藍牙手機遙控 App

11

智慧型手機具備觸控螢幕、無線上網、藍牙和 NFC 無線通訊、GPS...等功能，以及相對高效能的處理器和多媒體處理能力。透過無線或有線的方式結合 Android 和 Arduino 板，Arduino 板當作手機的實體控制器或其他感測器的資料來源，而 Arduino 也能運用手機的網路、感測器、輸入設備和強大的處理能力，兩者相輔相成。

本章將採用 Cordova 框架製作下列行動 App：

- 手機藍牙遙控 LED 燈
- 藍牙遙控 App：用手機藍牙遙控 Arduino 機器昆蟲
- 用體感（手機加速度感測器）控制伺服馬達
- 使用 USB 有線方式連接 Android 手機與 Arduino 板

11-1 製作藍牙遙控 LED 燈 App

以下單元將製作藍牙開關 LED 的 Android App，筆者將此專案目錄命名成 "led"。首先在**命令提示字元**視窗執行底下的指令，新建 Android 專案：

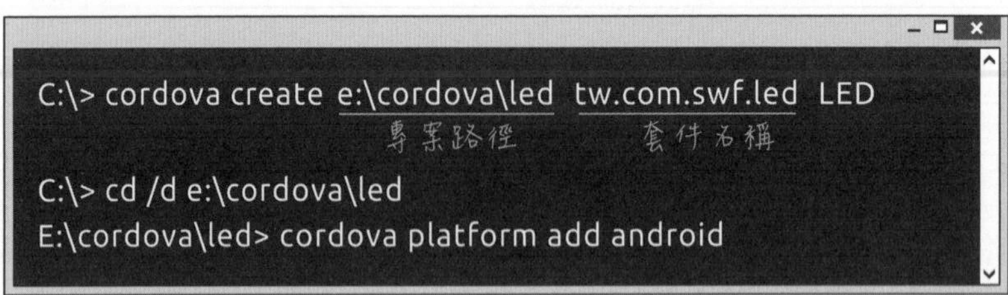

```
C:\> cordova create e:\cordova\led  tw.com.swf.led  LED

C:\> cd /d e:\cordova\led
E:\cordova\led> cordova platform add android
```


Cordova 框架並無內建藍牙通訊程式，我們必須自行安裝外掛。Cordova 的外掛程式，可到 plugreg.com 或者 npmjs.com 網站搜尋。以藍牙序列通訊為例，在 plugreg.com 輸入 bluetooth serial 關鍵字，即可找到數十個相關外掛。筆者選用的是排名（星星數）第一的 Bluetooth Serial 外掛（網址：http://plugreg.com/plugin/don/BluetoothSerial）。

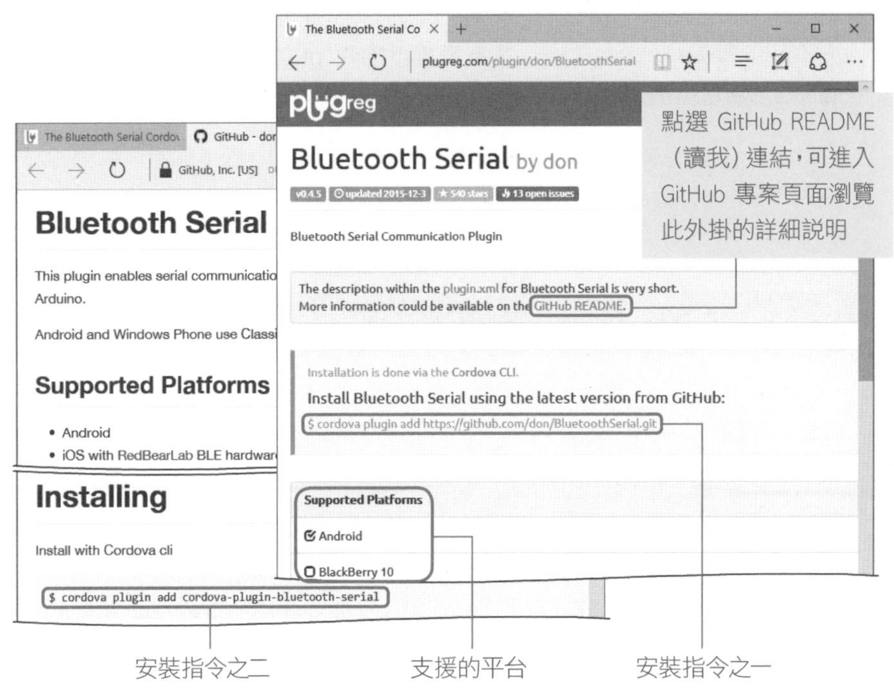

外掛元件透過 cordova 文字命令安裝，在外掛元件的介紹頁面以及 GitHub 專案頁面的 Installing（安裝）單元可以找到安裝指令（有兩種安裝命令，可選用任何一種）。以本單元的藍牙序列外掛為例，請在 led 路徑輸入底下的指令：

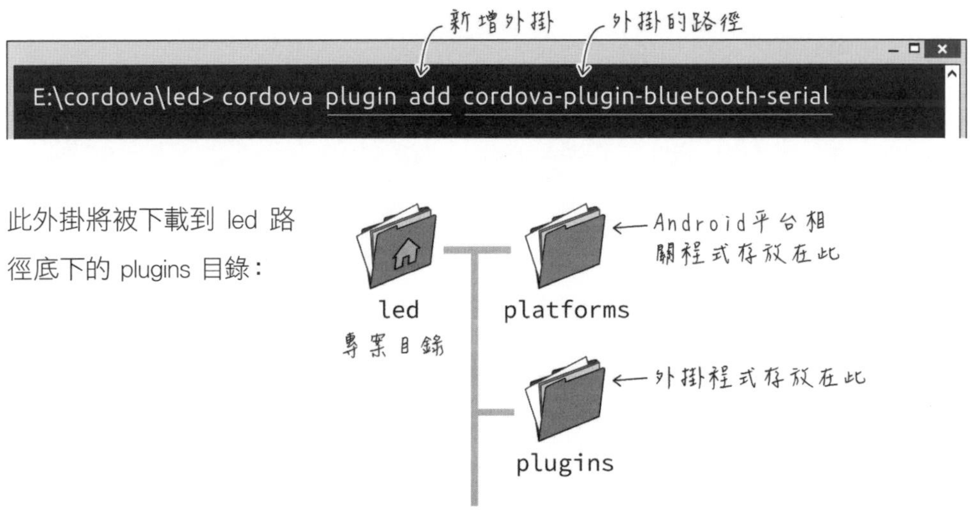

此外掛將被下載到 led 路徑底下的 plugins 目錄：

11

若要移除專案中的多餘外掛，請**不要直接刪除 plugins 目錄裡的外掛檔案**，因為該路徑裡的 android.json 檔仍保有外掛的資訊紀錄。

移除外掛的指令參數是 **"rm"（代表 remove，移除）**，底下的指令將移除「藍牙序列」外掛：

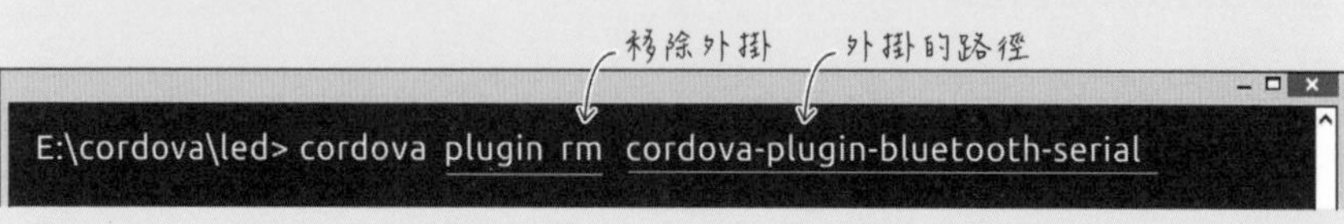

安裝 Git 工具軟體

許多開放原始碼專案都存放在 GitHub 網站，要從該網站**下載 .git 格式的程式檔，電腦要事先安裝 Git 工具程式**。Mac OS X 和 Linux 系統（如：樹莓派）已經內建 Git 工具，Windows 系統需要自行安裝。請到 git-for-windows.github.io 網址下載 Git 工具：

下載完畢後，使用預設值一路按 **Next（下一步）**安裝，直到這個畫面，請選擇中間選項，讓它自動新增 PATH 變數設定：

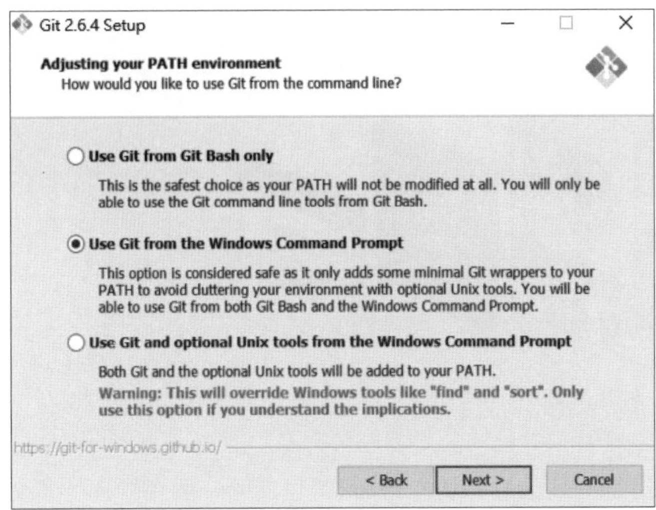

安裝完畢後，開啟命令列視窗，輸入 "git --version" 指令，它將回報安裝的 Git 版本。底下是在 Mac OS X 系統確認內建 Git 版本的結果：

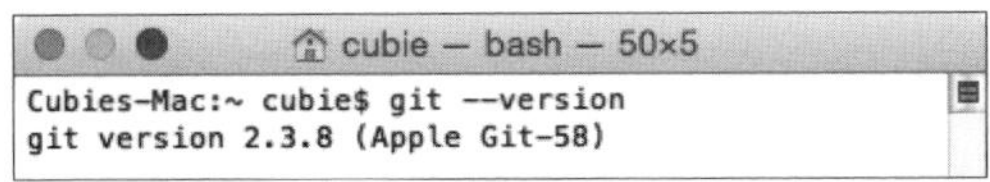

安裝 git 工具後，便能依照外掛程式網頁上 git 安裝指令進行安裝，以 BluetoothSerial 外掛為例： 。

```
> cordova plugin add https://github.com/don/BluetoothSerial.git
```

若安裝過程遇到底下的錯誤訊息，代表你的電腦尚未安裝 Git 工具程式，或者沒有在系統變數中儲存它的執行路徑：

```
[Error:Error fetching plugin:Error:git command line is not installed]
```

11

製作 App 的「藍牙裝置清單」畫面

藍牙燈光開關 App 的外觀和架構如下：

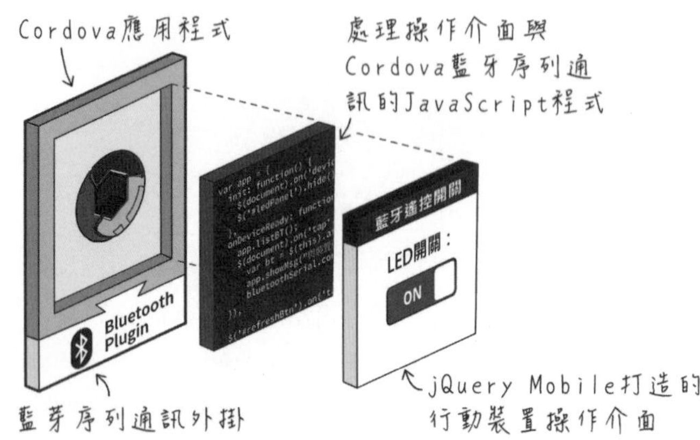

此藍牙開關介面有兩個動態切換畫面（都位於同一個頁面）：一開始顯現的是已配對的藍牙裝置清單；當使用者點選其中一個藍牙序列裝置並連線成功時，將切換顯示「LED 開關」介面：

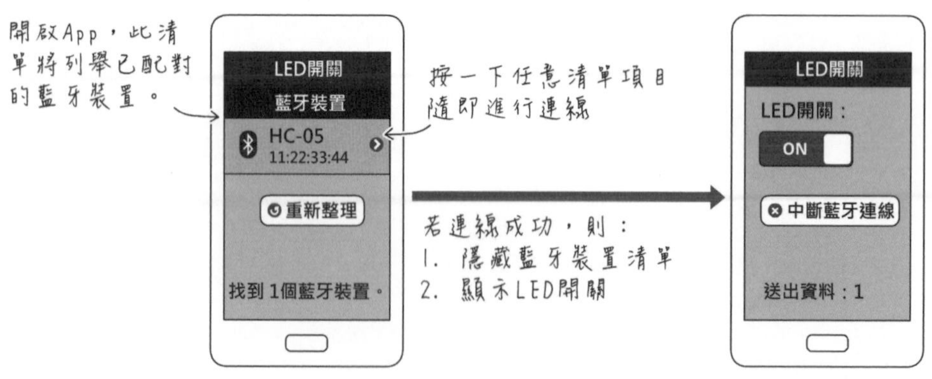

筆者把「藍牙裝置清單」介面放在命名為 btPanel 的 div 元素中，裝置清單第一個元素是「藍牙裝置」標題（也稱為「分隔列」）；實際找到的已配對藍牙裝置名稱（像本例的 HC-05），是透過 JavaScript 附加上去的，不會出現在 HTML 裡面。

下圖列舉第一個畫面上的各個元素名稱：

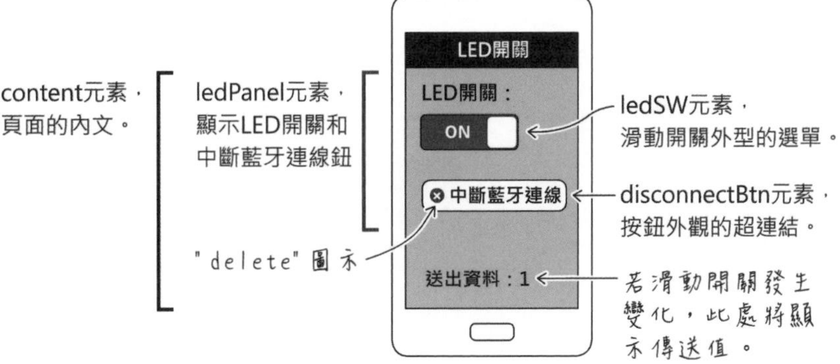

位於畫面最下方，命名為 msg 的元素，只是一個空白的 div 元素，實際的訊息文字（如："送出資料：1"）也是由 JavaScript 填入。這個畫面的程式碼如下：

```
<div data-role="content">
  <div id="btPanel">
    <ul data-role="listview" id="btList">
      <li data-role="list-divider">藍牙裝置</li>
    </ul>

    <div style="margin: 10px">
      <a href="#" id="refreshBtn"
         data-role="button"
         data-inline="true"
         data-icon="refresh">重新整理</a>
    </div>
  </div>

  <div id="msg"></div>
</div>
```


「重新整理」超連結被設定成 **button（按鈕）**角色。此超連結只用於觸發 JavaScript 程式，而非連結到其他網頁，所以它的 href 屬性值設定成 "#"。

製作 LED 開關畫面

滑動開關介面都放在名叫 "ledPanel" 的 div 元素裡面，而此 div 元素同樣放在 content (內容) 元素之中，各個元素的名稱如下：

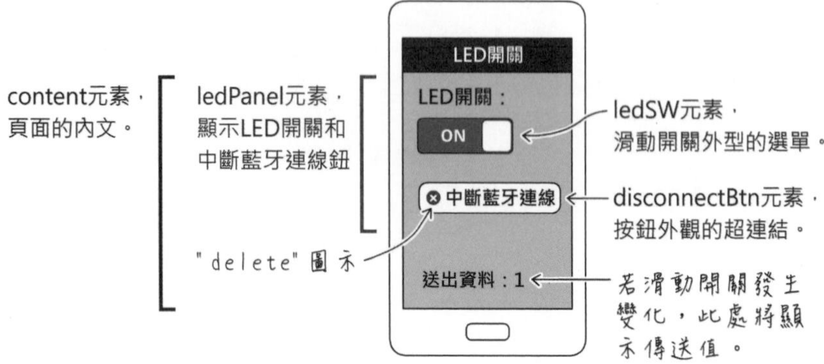

這個畫面的 HTML 原始碼如下，滑動開關元素已經在第十章介紹過：

```
<div id="ledPanel">
  <div class="ui-field-contain">
    <label for="ledSW">LED開關：</label>
    <select name="ledSW" id="ledSW" data-role="slider">
      <option value="0">OFF</option>
      <option value="1">ON</option>
    </select>
  </div>

  <p>
    <a href="#" id="disconnectBtn"
       data-role="button"
       data-inline="true"
       data-icon="delete">中斷藍牙連線</a>
  </p>
</div>
```

滑動開關

此超連結只用來觸發 JavaScript程式

附加「刪除」圖示

藍牙 LED 開關的 Cordova 主程式

藍牙 LED 開關的 JavaScript 程式碼，放在 www/js 路徑裡的 index.js 檔。主程式都寫在 app 物件裡面，程式從呼叫 app.init() 開始，先隱藏「滑動開關」畫面，接著偵聽「裝置準備完成」事件：

```
app.init();
var app = {
    init: function() {
    ❷ $('#ledPanel').hide();   // 隱藏'ledPanel'元素（滑動開關畫面）
    ❸ $(document).on('deviceready', app.onDeviceReady);
    },
    onDeviceReady: function() {
        ⋮ // 列舉已配對的藍牙裝置、建立所有按鈕的事件處理程式
    },
    timeoutId: 0,    // 儲存計時物件識別碼（用於下方的showMsg函式）
    showMsg: function(msg) {
        // 在頁面上顯示訊息文字（如：連線狀態和開關的值）
    }
}
```

❶ app.init() → init: function()

app.onDeviceReady ← 裝置準備完成時，執行此函式。

列舉已配對的藍牙裝置

「藍牙序列通訊」外掛程式專案頁面（https://github.com/don/BluetoothSerial）的 API 單元，列舉此外掛支援的所有指令（方法），本文只用到下列四個：

- bluetoothSerial.list()：**列舉**已跟手機配對的藍牙裝置。
- bluetoothSerial.connect()：**連結**指定 MAC 位址的藍牙序列裝置。
- bluetoothSerial.write()：向藍牙序列裝置**輸出**資料。
- bluetoothSerial.disconnect()：**中斷**先前的藍牙連線。

底下是 app 物件裡的 listBT 函式，它將執行「列舉已配對的藍牙裝置」的指令：

```
listBT: function() {
  app.showMsg("探尋藍牙裝置...");   // 在msgDiv顯示此訊息4秒鐘

  bluetoothSerial.list(app.onListBT, function() {
    app.showMsg("探尋藍牙裝置時出現問題...");
  });
},
```

```
bluetoothSerial.list(執行成功的回呼函式, 執行失敗的回呼函式);
```

列舉裝置上的已配對藍牙

若執行 list() 方法發生錯誤，上面的匿名函式將在畫面上顯示「探尋藍牙裝置時出現問題...」訊息 4 秒鐘。

若 list() 方法執行成功，它將呼叫 app 物件裡的 onListBT 函式，並接收藍牙外掛自動傳入的已配對裝置資料：

```
onListBT: function(devices) {   ← 接收已配對藍牙裝置陣列資料
  var listItem, MAC;

  $('#btList').html('<li data-role="list-divider">藍牙裝置</li>');
  app.showMsg("");
                        加入動態產生藍牙裝置清單的程式碼
                        （請參閱下文）

  if (devices.length === 0) {
    app.showMsg("請先配對好藍牙裝置。");
  } else {
    app.showMsg("找到 " + devices.length + " 個藍牙裝置。");
  }                        裝置陣列值的元素數量
}
```

傳入此函式的裝置資料，是個類似這樣的陣列物件：

```
[{                    ← 裝置類型代號
    "class": 7936,
    "id": "20:13:05:14:24:17",        ← MAC（實體）位址
    "address": "20:13:05:14:24:17",
    "name": "HC-05"
},  {                  ← 裝置名稱
    "class": 7936,
    "id": "20:13:05:14:67:01",        ← id和address的值相同
    "address": "20:13:05:14:67:01",
    "name": "six"
}]
```

Android 系統透過藍牙裝置的 class 屬性，分辨該裝置的類型，例如：電腦、輸入設備、語音設備...等等，**7936 代表序列通訊裝置**。本應用程式最需要的是藍牙裝置的 "address"（實體位址）屬性。

使用 jQuery 語法動態建立 HTML 元素

onListBT 函式要從這個陣列資料，取出裝置的**名稱（name 屬性）**和**位址（address 屬性或 id 屬性）**，動態拼湊成底下的「清單項目」元素（每個裝置一個）：

請注意，在上面的 li 清單項目中，**藍牙裝置的實體位址被附加在 "data-mac" 自訂屬性，以利後面的程式碼讀取此值**。此外，清單元素前面的藍牙圖示，是透過 img（影像）標籤附加上去的，此元素套用了 jQuery Mobile 內定的 "ui-li-icon" 樣式類別，它會自動排列影像並且以 16×16 像素大小呈現。

動態產生的清單元素要附加在 "btList" 元素底下，才能顯現出來。因為裝置資料陣列可能包含多個元素值，因此這部份的程式採用 forEach 迴圈來處理：

```
devices.forEach( function(bt) {
 if ( bt.hasOwnProperty("address") ) {
   MAC = bt.address;
 } else {
   MAC = "出錯了：" + JSON.stringify(bt);
 }

listItem = $('<li class="BTitem"></li>')
           .attr({ 'data-mac' : MAC })
           .html('<a href="#">' +
              '<img src="img/bluetooth.png" class="ui-li-icon">' +
              bt.name + '<br><em>' +
              MAC + '</em></a>');
 $('#btList').append(listItem);
 $("#btList").listview("refresh");
});
```

逐一取出陣列的每個元素

確認bt具有address屬性

<li>元素

動態產生藍牙清單項目（參閱下文註解）

附加清單項目

重新整理清單，若缺少此行，清單將無法以正確的樣式呈現。

```
{
  "class": ○○○,
  "id": ○○○,
  "address": ○○○,
  "name": ○○○
}
```

bt物件資料

動態產生的清單元素最後被附加（append）在 "btList" 元素底下，因而顯現在畫面上。請特別留意，**每個動態清單 li 元素，都有套用 "BTitem" 自訂樣式類別。**

jQuery 的 append() 方法可新增 DOM 元素，例如，底下的程式將在 "btList" 項目清單中，新增一個「樹莓派」項目：

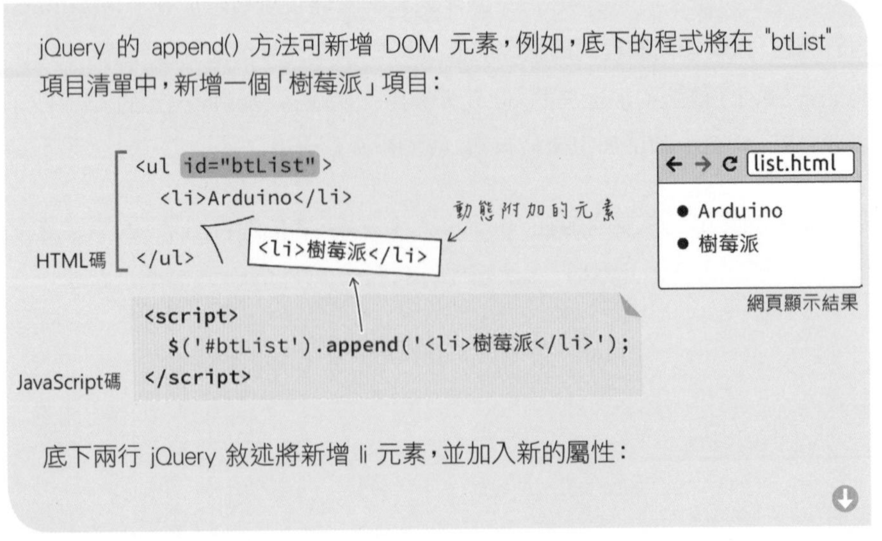

底下兩行 jQuery 敘述將新增 li 元素，並加入新的屬性：

```
$('<li class="BTitem"></li>')
  .attr({ 'data-mac' : MAC })
```
新增屬性　　儲存實體位址的變數

→ data-mac="20:13:05:14:24:17"

<li class="BTitem" ></li>

新增的li元素

html() 方法則會在指定的元素中，添加 HTML 內容：

把新增的標籤元素存入變數備用

```
listItem = $('<li class="BTitem"></li>')
         .attr({ 'data-mac' : MAC })
         .html('<a href="#">' +
           '<img src="img/bluetooth.png" class="ui-li-icon">' +
           bt.name + '<br><em>' +
           MAC + '</em></a>');
```
在新元素中加入HTML內容

執行結果

```
<li class="BTitem" data-mac="20:13:05:14:24:17">   </li>
<a href="#">
  <img src="img/bluetooth.png" class="ui-li-icon">HC-05<br>
  <em>20:13:05:14:24:17</em>
</a>
```

連結已配對的藍牙裝置

底下是「裝置準備完成」事件處理程式的片段，一開始先執行上一節的 listBT() 函式，所以當 App 啟動時，畫面上就會顯示已配對的藍牙。

```
onDeviceReady: function() {
  app.listBT();
  $(document).on('tap', '.BTitem', function() {
    var mac = $(this).attr('data-mac');
    app.showMsg("與裝置連線中...");
    bluetoothSerial.connect(mac, app.onConnect, app.onDisconnect);
  });
},
```
列舉已配對的藍芽

替每個"BTitem"類別套用碰觸事件

取出被碰觸的選項的 data-mac 屬性值

connect(實體位址, 連線回呼函式, 斷線回呼函式);

與藍牙裝置連線

加入「重新整理」、「中斷連線」和「滑動開關」的事件程式

11

以上程式碼替每個 "BTitem" 類別元素（也就是列舉藍牙裝置的清單元素）設定「碰觸（tap）」事件的處理程式。**觸控螢幕的 "tap" 事件，相當於電腦滑鼠的 "click"（按一下）事件**。表 11-1 列舉 jQuery Mobile 提供的觸控螢幕操作事件。

表 11-1

事件名稱	說明
tap	碰觸某元素並且放開時觸發，相當於電腦滑鼠的 click
taphold	長按某元素超過 1 秒鐘時觸發
swipe	在某元素上**水平滑動**超過 30 像素時觸發
swipeleft	在某元素上**向左滑動**超過 30 像素時觸發
swiperight	在某元素上**向右滑動**超過 30 像素時觸發

當使用者碰觸任一藍牙裝置清單時，**事件函式裡的 this 將指向觸發此事件的物件**，也就是被碰觸的 li 元素；而 attr('data-mac') 將取出此 li 元素紀錄的藍牙實體位址值。

jQuery 具有專門取出標籤裡的 "data-" 屬性值的 **data() 函式**。因此，取出實體位址資料值的敘述可改寫成：

```
// "data-mac" 屬性名稱前面的 "data-" 不用寫
var mac = $(this).data('mac');
```

若藍牙連線成功，底下的回呼函式將被執行：

```
onConnect: function() {
  $('#btPanel').hide(200);     // 隱藏btPanel（藍牙裝置選單）
  $('#ledPanel').show(200);    // 顯示ledPanel（LED開關）
  app.showMsg("已連線");
},
```

選擇性的轉場效果持續時間

若連線不成功，則執行底下的回呼函式：

```
onDisconnect:function() {
  $('#btPanel').show(200);
  $('#ledPanel').hide(200);
  app.showMsg("已斷線");
},
```

傳送藍牙序列資料

當使用者滑動 LED 開關，改變開關選項的狀態時（如：從 OFF 變成 ON），它將發出 **change（改變）事件**。底下的程式片段將偵聽「滑動開關」發出的 change 事件，從而讀取當前的選項值，再透過藍牙序列外掛的 write() 方法輸出藍牙資料（此例的可能值為 '1' 或 '0'）：

```
// 「滑動開關」的事件處理程式
$('#ledSW').on('change', function () {
  var data = $(this).val();        // 讀取這個選項的值

  bluetoothSerial.write(data);   // 向藍牙序列埠輸出選項值
  app.showMsg("送出資料：" + data);
});
```

程式最後加上**重新整理**已配對藍牙，以及**中斷連線**鈕的事件處理程式，就可以進行編譯了：

```
// 「重新整理」按鈕（超連結）的事件處理程式
$('#refreshBtn').on('tap', function(e) {
  e.preventDefault();   // 取消超連結的預設行為（連結網頁）

  app.listBT();   // 列舉已配對的藍牙
});

// 「中斷連線」按鈕（超連結）的事件處理程式
$('#disconnectBtn').on('tap', function(e) {
  e.preventDefault();

  app.showMsg("中斷連線中...");
  bluetoothSerial.disconnect(app.onDisconnect);
});                                          斷線回呼函式
```

這個 App 需要搭配藍牙序列通訊裝置（如：HC-05 板）操作，因此，執行底下兩個命令編譯並測試之前，請先完成下一節的 Arduino 實驗。

```
> cordova build
> cordova run android --device
```

動手做 Arduino 端的藍牙 LED 開關程式

實驗說明：讓手機 App 透過藍牙連接 Arduino，並控制 LED 燈光開關。

實驗材料：

Arduio UNO 控制板	1 片
藍牙序列通訊模組（HC-05 或 HC-06）	1 片
電阻：2.2KΩ（紅紅紅）	1 個

實驗電路：請依底下的電路連接 Arduino 和藍牙模組：

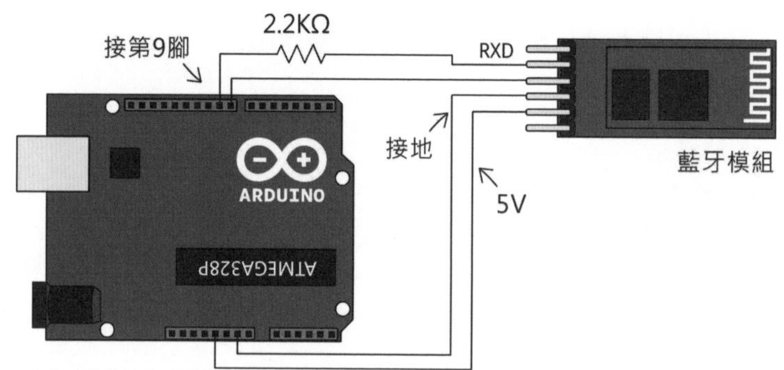

實驗程式：使用 SoftwareSerial 程式庫，在 Arduino 的第 8 和 9 腳建立藍牙模組的序列埠連線。主程式將依接收到的 '1' 或 '0' 字元，開啟或關閉第 13 腳的 LED。

```
#include <SoftwareSerial.h>      // 引用程式庫

// 定義連接藍牙模組的序列埠
SoftwareSerial BT(8, 9);         // 接收腳, 傳送腳
char val;                        // 儲存接收資料的變數
const byte LED_PIN = 13;
```

```
void setup() {
  Serial.begin(9600);    // 與電腦序列埠連線
  Serial.println("BT is ready!");
  pinMode(LED_PIN, OUTPUT);
  // 設定藍牙模組的連線速率
  BT.begin(9600);
}

void loop() {
  // 若收到藍牙模組的資料，則送到「序列埠監控視窗」
  if (BT.available()) {
    val = BT.read();
    Serial.println(val);

    if (val == '1') {
      digitalWrite(LED_PIN, HIGH);
    } else if (val == '0') {
      digitalWrite(LED_PIN, LOW);
    }
  }
}
```

實驗結果：測試上一節完成的手機 App 之前，請先接通 Arduino 板的電源，CH-05 藍牙序列通訊板上面代表連線狀態的 LED 將快速閃爍。接著開啟手機的藍牙連線並與 HC-05 板配對：

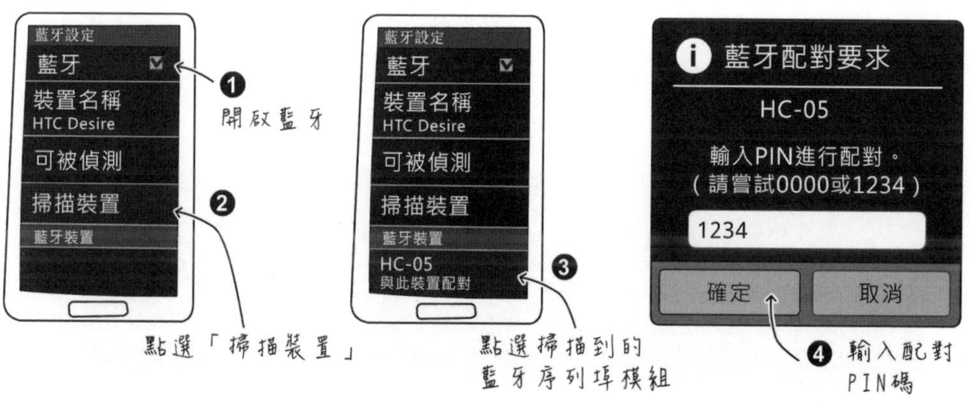

配對成功後，HC-05 板子上的連線狀態燈將以慢速閃爍。除非更換藍牙通訊板，否則只需要配對一次，此藍牙通訊板的資料將被存在手機系統中。

最後，開啟自製的藍牙 LED 控制 App，選擇剛才配對的 HC-05 板，就能進行燈光控制了。

11-2 製作藍牙機器昆蟲遙控 App

本單元將採用 Cordova 重建**超圖解 Arduino 互動設計入門**第十四章的藍牙機器昆蟲遙控器。本單元的 App 介面外觀如下：

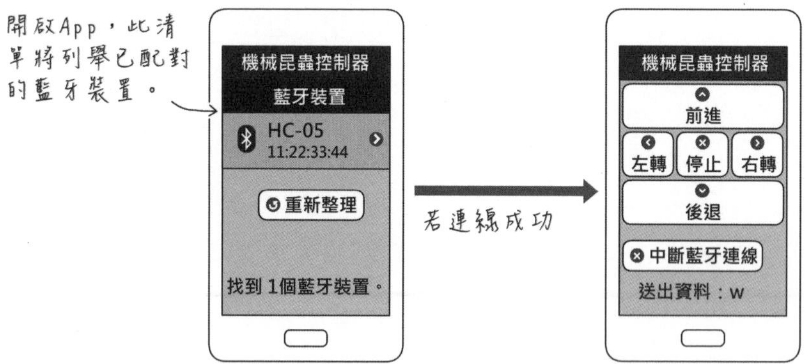

筆者將此 App 專案存放在 bot 路徑，首先執行下列敘述建立 Cordova 專案、加入 Android 平台和藍牙外掛：

這個 App 的程式結構和 LED 藍牙開關大同小異，只不過這個 App 的控制鈕比較多。這些控制鈕（超連結）都放在名叫 "botPanel" 的 div 元素中，它們的命名如下：

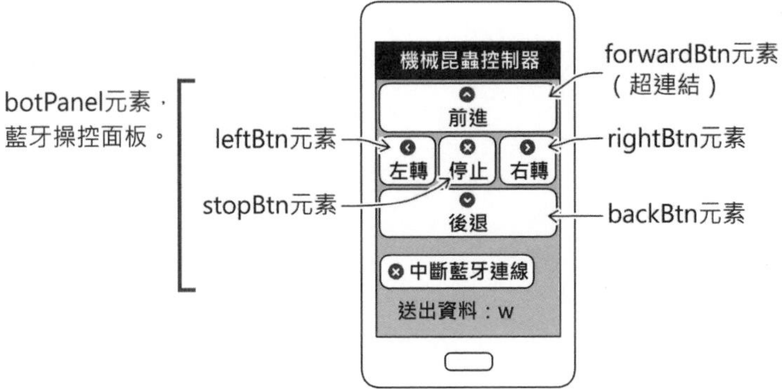

每個按鈕的事件處理程式結構都一樣，只是發送的字元不同。底下是其中兩個按鈕的程式碼，其餘程式請參閱光碟裡的原始碼：

「前進」鈕

```
$('#forwardBtn').on('tap', function () {
  bluetoothSerial.write('w');
  app.showMsg("送出資料： w");
});
```

「左轉」鈕

```
$('#leftBtn').on('tap', function () {
  bluetoothSerial.write('a');
  app.showMsg("送出資料： a");
});
```

動手做 手機體感（加速度感測器）控制伺服馬達

實驗說明：本單元將運用手機內建的加速度感測器，並透過藍牙連線，控制兩個伺服馬達的旋轉角度。

實驗材料：

Arduino UNO 板	1 片
藍牙序列埠通訊板	1 片
伺服馬達	2 個

實驗電路：請依照下圖接好伺服馬達和藍牙序列通訊模組（圖中未標示藍牙模組的電源接線）：

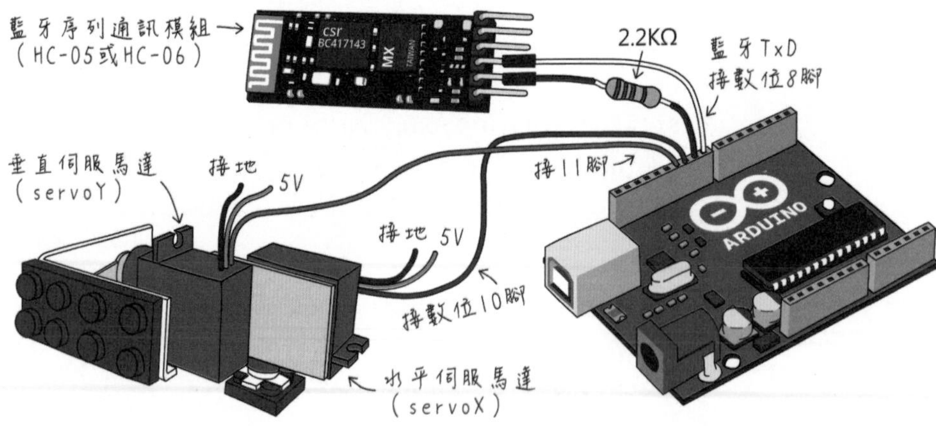

加速度感測器外掛：手機內部的加速度感測器能夠偵測手機在 x, y 和 z 軸方向的移動速度；**在水平靜止狀態下，感測器會測到 1g 的重力加速度，因此 z 方向值為 9.81**（註：標準重力值為 9.81 公尺/秒^2），x 和 y 方向值為 0。

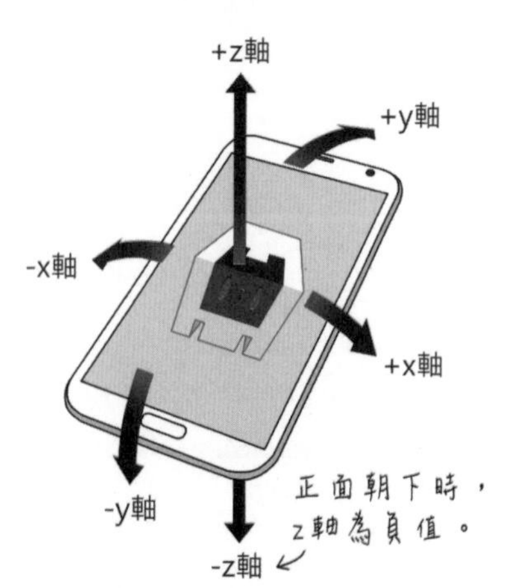

Cordova 官方提供的加速度感測器外掛，稱為 **Device Motion**（裝置動態，說明文件請參閱：https://goo.gl/Rd3gG9），這個外掛提供下列操作方法：

- navigator.accelerometer.**getCurrentAcceleration**：取得當前 x, y 和 z 軸方向的加速度值（其值大約介於 -10~10 之間）。
- navigator.accelerometer.**watchAcceleration**：每隔一段時間（預設為 1000ms），讀取（監看）加速度值。
- navigator.accelerometer.**clearWatch**：停止監看加速度值。

筆者將此專案儲存在 "motion" 資料夾，請先在命令列視窗輸入下列指令，建置專案的環境和外掛：

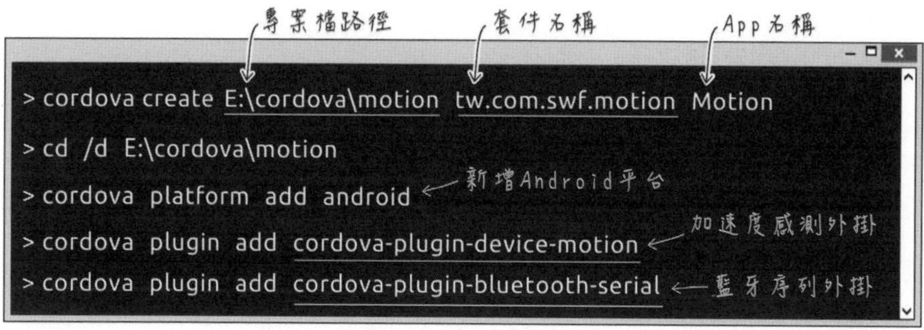

加速度感測器程式：本節的 App 同樣有兩個畫面，第一個是「已配對的藍牙裝置」選單，另一個是如下的操作畫面：只有當「偵測加速度」選項為 ON，App 才會偵測並傳送加速度值。

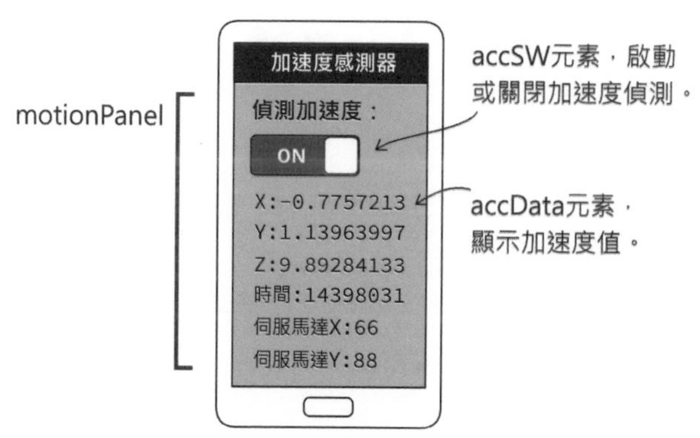

底下是「偵測加速度」選項（accSW）的事件處理程式碼，當其值為 "1"（ON）時，它將每隔 0.1 秒（100ms）讀取一次加速度值：

```
watchID:0,    // 儲存監看加速度值的函式代號
  ⋮ ...處理藍牙通訊的程式碼不變
$('#accSW').on('change', function () {
  var data = $(this).val();       // 讀取滑動開關值
  var motionOpt = {frequency:100};
                  ↖ 讀取加速度值的時間間隔（100ms）
  if (data == '1') {
    app.watchID = navigator.accelerometer.watchAcceleration(
                    成功讀取的回呼函式 → app.onMotionSuccess,
                    讀取失敗的回呼函式 → app.onMotionError,
                              設置選項 → motionOpt);
  } else {
    // 若data值為0，則停止監聽加速度值。
    navigator.accelerometer.clearWatch(app.watchID);
  }                        取消指定監看代號的函式的作用
});
```

執行 watchAcceleration() 時，它會傳回一個代表執行編號的值，程式將此值存入 watchID 變數。稍後要停止監看加速度時，就需要 watchID。

原始加速度值介於-10~10 之間，而伺服馬達的旋轉角度介於 0~180，因此需要透過簡單的換算，把加速度位移變成旋轉角度：

```
原始加速度     10    +10    20    ×9    180 ← 伺服馬達的輸入範圍值
位移值    ↘    ~    ━━▶    ~    ━━▶    ~
              -10           0           0
```

換算後的旋轉角度值僅需要保留整數部份，因此底下的回呼函式透過 Math.floor() 捨去小數點：

```
onMotionSuccess: function(acc) {
  // 整理X和Y軸方向的加速度位移值，存入自訂servo物件。
  var servo = {
    x: Math.floor((acc.x + 10) * 9),
    y: Math.floor((acc.y + 10) * 9)
  };

  var str = 'X: ' + acc.x + '<br>' +
            'Y: ' + acc.y + '<br>' +
            'Z: ' + acc.z + '<br>' +
            '時間：' + acc.timestamp + '<br><br>' +
            '轉換值：<br>' +
            '伺服馬達X: ' + servo.x + '<br>' +
            '伺服馬達Y: ' + servo.y;

  $('#accData').html(str);     // 在accData元素中顯示加速度資料
  bluetoothSerial.write(servo.x + ',' + servo.y + '\n');
},
```

接收加速度物件值

經由Math.floor()，捨去小數點。

取出Y軸方向的加速度位移值

把資料合併成一個HTML字串

"伺服馬達X,伺服馬達Y\n"

經由藍牙輸出加速度值

以上程式將傳回兩個伺服馬達的旋轉角度字串，中間以逗號分隔，最後以 "\n" 結尾。

接收加速度值的 Arduino 程式：Arduino 控制板需要從收到的字串資料，解析出兩個伺服馬達的角度值。筆者透過一個名叫 "servo" 的二維陣列儲存「角度字串」值，假設收到 "38,112\n" 字串，在分隔字元之前的是第 1 個角度值；結束字元之前，則是第 2 個角度值：

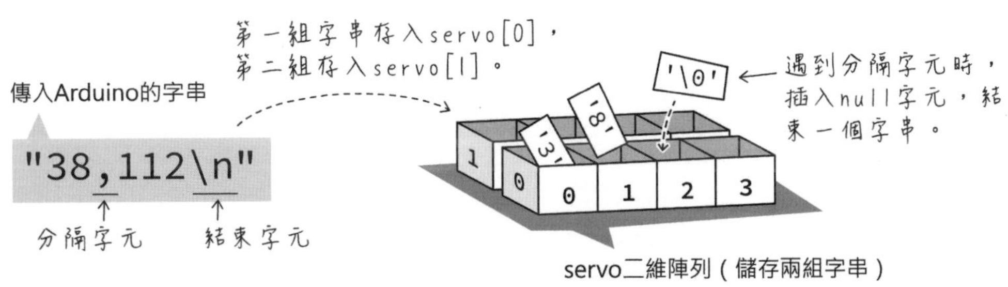

因為 C 語言的字串是一個字元陣列，如果一個字串包含 3 個字元（如："128"），該陣列就要有四個元素空間（**字串結尾要加上 null 字元**）。所以本單元的二維陣列為 2×4。

程式一開始先引用程式庫並宣告一些變數：

```
#include <SoftwareSerial.h> // 引用軟體序列埠程式庫
#include <Servo.h>          // 伺服馬達程式庫

// 定義連接藍牙模組的序列埠
SoftwareSerial BT(8, 9);    // 接收腳, 傳送腳
Servo servoX, servoY;       // 宣告兩個伺服馬達物件

char servo[2][4];           // 儲存序列字元資料的 2×4 二維陣列
byte i = 0;                 // 二維陣列的索引值
byte j = 0;
int posX = 90;              // 伺服馬達的轉動值，預設為中間值
int posY = 90;

void setup() {
  servoX.attach(10);        // 設定伺服馬達的接腳
  servoY.attach(11);

  // 設定藍牙模組的連線速率
  BT.begin(9600);
}

void loop() {
  checkSerial();            // 不斷確認是否有新資料傳入的自訂函式

  servoX.write(posX);       // 控制伺服馬達
  servoY.write(posY);
}
```

本程式的核心功能位於 checkSerial() 自訂函式，它每次只處理一個序列字元，遇到分隔字元或者結尾時，再將字元組成字串並轉換成數字存入 posX 和 posY 變數：

```
void checkSerial() {
  char val;

  if (BT.available()) {
   val = BT.read();
   // 確認資料值介於'0'和'9'...
   if(val >= '0' && val <= '9') {
     servo[i][j] = val; // 存入陣列
     j ++;
   // 若遇到分隔字元...
   } else if (val == ',') {
     servo[i][j] = '\0';  // 插入字串結尾
     i++;      // 移到第二維陣列
     j = 0;  // 從頭開始存入
   // 若遇到結尾字元...
   } else if (val == '\n') {
     servo[i][j] = '\0';  // 插入字串結尾
     i = 0;
     j = 0;
     // 把兩個字串值轉成數字
     posX = atoi(servo[0]);
     posY = atoi(servo[1]);
   }
  }
}
```

將程式碼上傳 Arduino，即可透過本節的自製 App 測試。

動手做 透過手機 USB 介面連接 Arduino 板

實驗說明：透過 USB 序列埠連接 Android 和 Arduino，從 Android 手機傳遞和接收來自 Arduino 的資料（以接收 A0 類比腳的光敏電阻檢測值為例）。

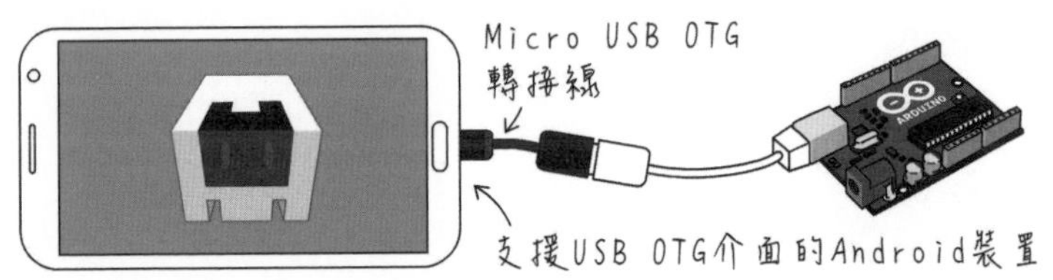

實驗材料：

支援 USB OTG 介面的 Android 手機	1 隻
Micro USB OTB 轉接線	1 條
Arduino UNO 板	1 片
10KΩ電阻（棕黑紅）	1 個
光敏電阻	1 個

只要手機可外接隨身碟或者鍵盤、滑鼠，就代表它支援 USB OTG。

實驗電路：請參考下圖組裝麵包板：

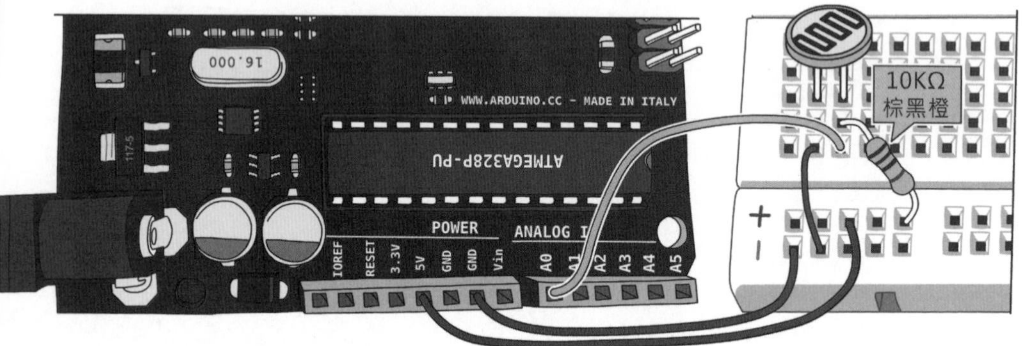

Arduino 實驗程式：底下的 Arduino 程式將透過序列埠（傳輸速率 9600bps）接收 '1' 或 '0' 字元，藉此控制 13 腳的 LED 開、關；此外，它將每隔 1 秒（1000ms）傳送 A0 腳的類比值（字串資料以 "\n" 結尾）。

```
const byte CDS_PIN = A0;
const byte LED_PIN = 13;

int interval = 1000;              // 間隔時間 1000ms
unsigned long preMillis = 0;      // 紀錄前次間隔時間

void setup() {
  Serial.begin(9600);
  pinMode(CDS_PIN, INPUT);
  pinMode(LED_PIN, OUTPUT);
}
```

```
void loop() {
  if (Serial.available() > 0) {
    char val = Serial.read();      // 讀取序列資料
    switch (val) {
      case  '0':
      digitalWrite(LED_PIN, LOW);
      break;
    case  '1':
      digitalWrite(LED_PIN, HIGH);
      break;
    }
  }
  // 每隔一段時間（1000ms），
  if (millis() - preMillis >= interval) {
    int value = analogRead(CDS_PIN);
    // 從序列埠發出類比資料（以 '\n' 結尾）
    Serial.println(value);
    preMillis = millis();
  }
}
```

請將以上程式上傳到 Arduino 備用。

製作 USB 序列埠通訊 App：有個叫做〝**Cordovarduino**〞的外掛，支援具備 USB OTG 介面的 Android 平台透過 USB 序列埠與週邊裝置通訊。本單元透過此外掛，建構如下的 App，前端網頁包含一個 LED 切換鈕和一個顯示類比值的區域：

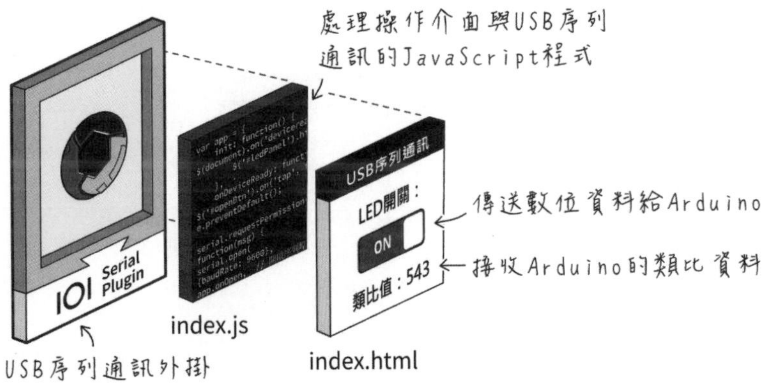

筆者將此 App 專案設置在 "serial" 資料夾，透過底下的命令列指令建置 App 的環境並安裝序列通訊外掛：

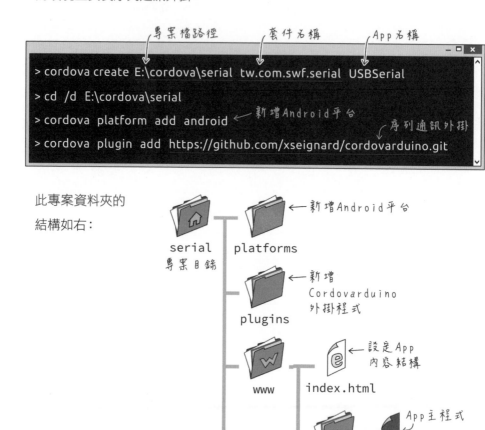

專案檔路徑　套件名稱　App名稱

```
> cordova create E:\cordova\serial tw.com.swf.serial USBSerial
> cd /d E:\cordova\serial
> cordova platform add android
> cordova plugin add https://github.com/xseignard/cordovarduino.git
```

- `E:\cordova\serial` ← 專案檔路徑
- `tw.com.swf.serial` ← 套件名稱
- `USBSerial` ← App名稱
- `cordova platform add android` ← 新增Android平台
- `https://github.com/xseignard/cordovarduino.git` ← 序列通訊外掛

此專案資料夾的結構如右：

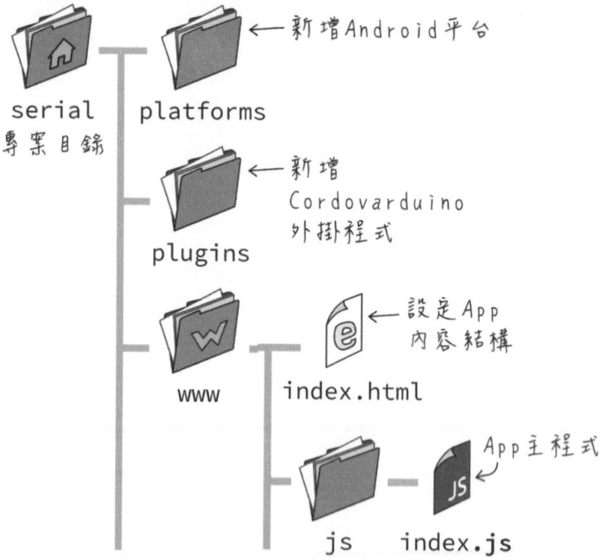

```
serial 專案目錄
├── platforms      ← 新增Android平台
├── plugins        ← 新增Cordovarduino外掛程式
└── www
    ├── index.html ← 設定App內容結構
    └── js
        └── index.js ← App主程式
```

App 程式的操作畫面（index.html 檔）一開始顯示一個**開啟序列埠**鈕：

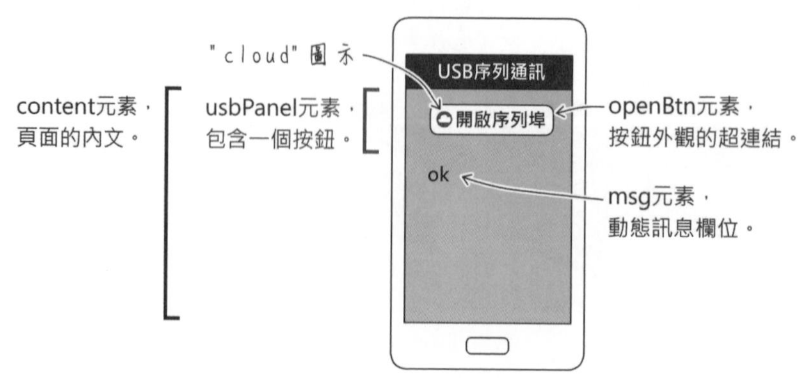

開啟序列埠成功之後，畫面將顯示 LED 開關和類比值欄位：

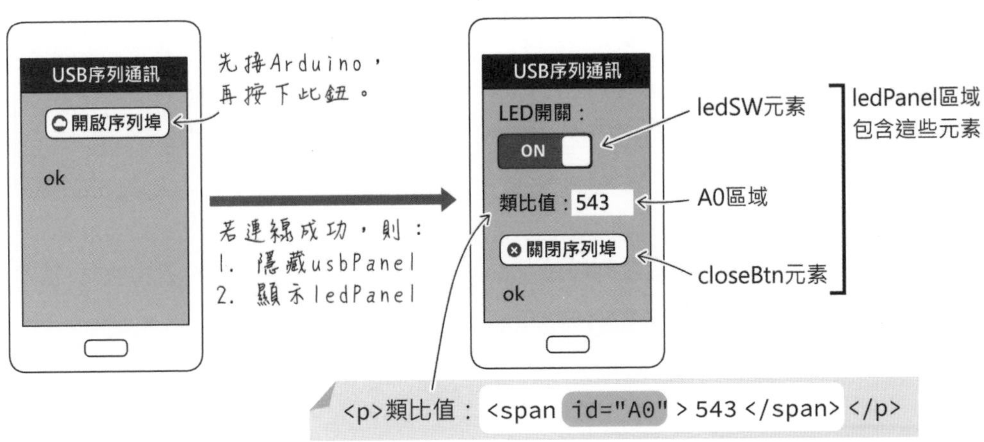

序列埠通訊外掛程式："Cordovarduino" 外掛提供 App 程式一個叫做 "serial（序列通訊）" 的物件，來操作 USB 序列埠，它提供這些方法（詳細的指令說明請參閱此外掛的官網：https://github.com/xseignard/cordovarduino）：

- **requestPermission**：請求使用序列裝置，每次連接序列埠都要先執行此方法，Android 系統詢問您是否允許此 App 存取 USB 裝置（如右圖），只有按下**確定**鈕，程式才能進行序列通訊。

- **open**：開啟並設定序列埠連線參數（如：傳輸速率）。
- **write**：輸出序列資料。
- **registerReadCallback**：註冊讀取序列資料的回呼函式，每當有序列資料輸入時，回呼函式將被自動執行。

「請求使用序列裝置」以及「開啟序列埠」的指令語法如下，「開啟序列埠」的敘述放在「請求成功」的回呼函式當中：

序列通訊物件　請求序列埠連線

```
serial.requestPermission( 請求成功的回呼, 請求失敗的回呼 )

function () {
  serial.open( 連線設置參數, 開啟成功的回呼, 開啟失敗的回呼 )
}
```

開啟序列埠

實際的程式放在**開啟序列埠**鈕 (openBtn)」的 "tap" (碰觸) 事件函式裡面，當序列埠開啟成功時，app 物件中的 onOpen 自訂函式將被執行：

```
$('#openBtn').on ('tap', function (e) {
  e.preventDefault();
  serial.requestPermission (
    function (msg) {
      serial.open(
        { baudRate: 9600 }, // 設定資料傳輸速率
        app.onOpen,  // 開啟序列埠成功的回呼
        app.showMsg("偵聽程式設置出錯了：" + msg);
      );
    },
    app.showMsg("無法開啟序列埠：" + msg);
  );
});
```

請求序列埠連線；開啟序列埠；請求成功的回呼；請求失敗時執行的回呼函式

傳送與接收序列埠資料：底下是「LED 開關」(ledSW) 的事件處理程式，當它的狀態改變時，就從序列埠傳出開關的值 (0 或 1)：

```
$('#ledSW').on( 'change', function () {
  var data = $( this ).val();
  serial.write(data);
});
```

傳回觸發這個事件函式的物件 (也就是 ledSW) 的值

從序列埠輸出資料

LED開關：

ON

底下是位於 onOpen 函式中，在開通序列埠時註冊讀取序列資料的程式，其中的匿名函式將接收來自 Arduino 的序列資料 (假設傳入的字串值為 "512")：

```
var str = '';
serial.registerReadCallback(
  function (data) {
    // 處理輸入資料
  },
  app.showMsg(msg);
);
```

註冊接收資料的偵聽程式

從Arduino傳入的字串 "512\n"

在匿名函式中，實際處理序列資料的程式如下。**實際輸入的序列資料為 ASCII 編碼格式**，所以要透過 **fromCharCode() 方法**，逐一**將每個編碼轉換成字元**，直到結尾的 '\n' 為止。

```
var raw = new Uint8Array(data);
var total = raw.length;   // 儲存陣列長度
for( var i=0; i < total; i++ ) {
  if(raw[i] != 10) {   // 若非 '\n' 字元編碼......
     var temp_str = String.fromCharCode(raw[i]);
     str += temp_str;
  } else {
     $('#A0').text(str);
     str = '';
  }
}
```

依序列資料建立8位元陣列

把ASCII值轉成字元

把字元連結成字串

在A0區域填入資料字串

字元'5'的ASCII編碼

'\n'的ASCII編碼

raw: 0 1 2 3 — 53 49 50 10

每次接收到完整的字串，就顯示在 App 畫面的 'A0' 空間。

程式撰寫完畢後，在命令列視窗執行下列指令編譯程式並且在 Android 手機測試：

```
> cordova buid
> cordova run android --device
```

Uint8Array 是 ECMAScript 6 版定義的型別陣列（TypedArray，亦即「明確指定儲存元素類型的陣列」）中的一種，表 11-2 列舉數個型別陣列類型。型別陣列的主要目的是讓 JavaScript 能更有效率地處理二進制資料（如：聲音和視訊），底下是宣告 Uint8Array 類型陣列的語法中的兩種：

```
var 陣列物件 = new TypedArray(長度);
var 陣列物件 = new TypedArray(陣列資料);
```

底下是儲存 4 個 8 位元數字的型別陣列範例，其中的 chr 變數值將是 '5'：

```
var raw = new Uint8Array([53, 49, 50, 10]);
var chr = String.fromCharCode(raw[0]);
console.log("解碼後的字元：" + chr);
```

表 11-2

資料類型	說明	等同 C 語言的資料類型
Int8Array	元素值為 8 位元帶正負號整數	int8_t
Uint8Array	8 位元不帶正負號整數值	uint8_t
Int16Array	16 位元帶正負號整數值	int16_t
Float32Array	32 位元的浮點數字值	float
Float64Array	64 位元的浮點數字值	double

11-3 透過返回（Back）鍵關閉 App

本章的最後一個範例，要替前一章的網路控制 App 加上「按返回鍵關閉程式」的功能：如果 App 目前顯示的是**網路連結設定**畫面，按下**返回**鍵將回到前一個畫面（如：主控畫面）；若是在**主控畫面**按下**返回**鍵，則會顯示如右下圖的提示（確認）方塊。

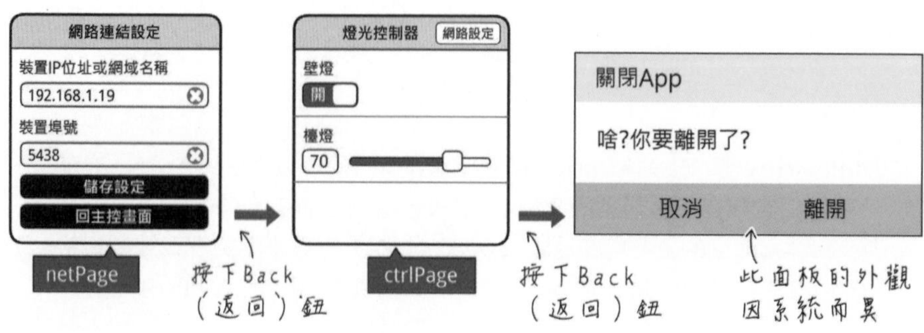

按下提示方塊裡的**取消**鈕，只會關閉提示方塊；按下**離開**，則會關閉 App。

安裝提示方塊外掛

由於 Cordova 的程式本體是在瀏覽器中運作，所以它的程式也能夠執行 alert() 和 confirm() 等指令，在螢幕上呈現警告方塊和確認方塊，然而，使用這兩個指令產生的提示方塊，並不具有系統原生 App 的外觀和感覺，也沒有振動提示功能。

因此，Cordova 程式大多採用外掛來顯示系統原生的提示方塊。請在專案根路徑中，輸入底下兩行命令，新增**振動（vibration）**和**對話方塊（dialogs）**外掛：

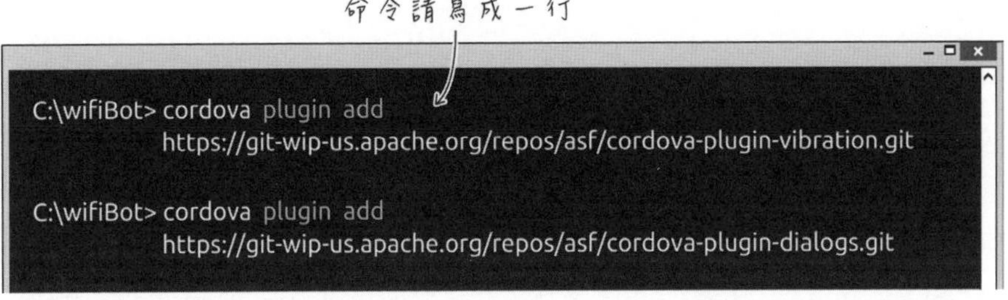

命令請寫成一行
C:\wifiBot> cordova plugin add
https://git-wip-us.apache.org/repos/asf/cordova-plugin-vibration.git
C:\wifiBot> cordova plugin add
https://git-wip-us.apache.org/repos/asf/cordova-plugin-dialogs.git

開啟 wifiBot 專案的 js 目錄裡的 index.js 檔，在程式碼後面加入底下偵測**返回鍵（backbutton）**被按下的事件處理程式：

```
$(document).on('backbutton', function (e) {
    var page = $('body').pagecontainer('getActivePage')[0].id;
    if (page == 'ctrlPage') {
        提示方塊的程式碼
    } else {
        navigator.app.backHistory();
    }
});
```

當Back（返回）鍵被按下時，觸發此事件。

取得目前作用中（顯示）的頁面

取得頁面的識別名稱

如果目前不在「主控頁」，則回到「上一頁」。

pagecontainer ('getActivePage') 指令，將傳回目前顯示的頁面資料 (陣列)，其中的元素 0 裡的 id 屬性，包含頁面的識別名稱。如果頁面識別名稱是 "ctrlPage" (主控畫面)，則執行底下顯示提示方塊的程式。

```
navigator.notification.confirm('訊息', 按鈕事件處理程式, '標題', '按鈕文字')
```

```
e.preventDefault();
navigator.notification.confirm( '啥?你要離開了?',
  function (btn) {
    if (btn == 1) {
      return false;
    } else {
      navigator.app.exitApp();
    }
  },
  '關閉App', '取消,離開'
);
```

若碰觸「按鈕1」，則關閉提示方塊。

若碰觸「按鈕2」，則關閉App。

按鈕1　按鈕2，中間用逗號分隔。

標題　訊息

關閉App

啥?你要離開了?

取消　離開

按鈕1　按鈕2

其中的第一行 **"e.preventDefault()"，用於停止返回鍵的預設行為** (也就是停止「回上一個畫面」功能)，接著才執行顯示提示方塊的程式。根據提示方塊的按鈕事件處理程式的設定，若用戶按下代表編號 1 的**取消**鈕，則關閉提示方塊，否則關閉 App。

最後，在程式末尾加入 ajax 連線錯誤的事件處理程式，如此，若主控畫面裡的開關無法送出訊號 (例如：手機沒有連線或者找不到網站伺服器)，手機將會振動 1 秒鐘，並且顯示「連線出錯了！」訊息。

```
$(document).ajaxError ( function () {
  app.showMsg("連線出錯了！");
  navigator.notification.vibrate(1000);
});
```

振動毫秒數

程式完成後，在文字命令列 (終端機視窗) 中，於此專案路徑底下，執行 cordova build 命令即可重新建立 Android App。

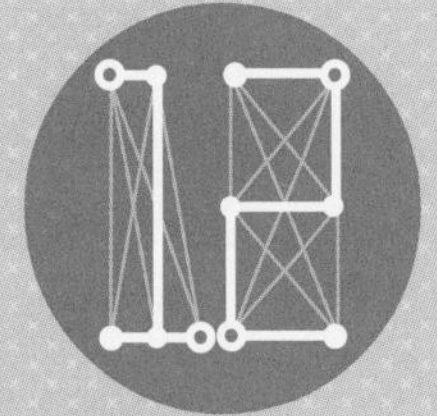

ESP8266 物聯網應用入門

ESP8266 是個 Wi-Fi 轉序列通訊的模組，也是具備 Wi-Fi 聯網功能的 32 位元微控制板。此模組於 2014 年問世時，儘管製造商並沒有特別的行銷計畫，但憑藉著美金 5 元的震撼售價（註：當時在歐美地區的實際販售價格約美金 7 元），相較於 Arduino 原廠的 Wi-Fi Shiled 擴充板（當時定價約美金 90 元），ESP8266 的名號迅速遠播各大社群媒體，轟動自造者圈。

12-1 ESP8266 模組簡介

市面上的 ESP8266 模組有不同的包裝形式，名稱用 "ESP" 開頭加上數字編號，從 ESP-01 到 ESP-12。這些模組都採用相同的微控器，主要差異在於尺寸、I/O 腳位數量、天線類型（印刷電路、陶瓷或 U-FL 外接天線插孔）和（外接的）快閃記憶體容量。

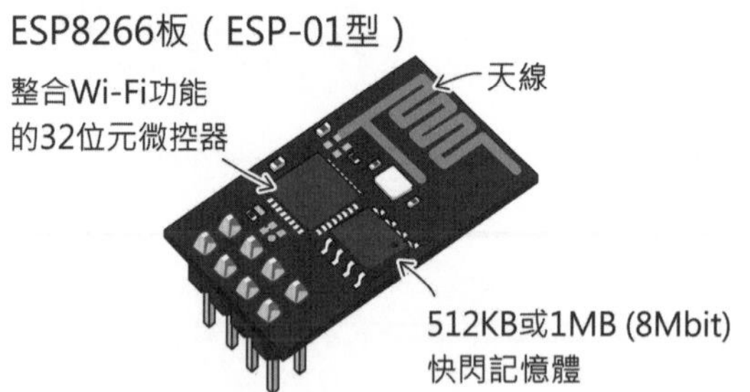

這些不具備電源電路和 USB 轉序列埠晶片的 ESP8266 模組，通稱為 **Generic ESP8266 Module（通用型 ESP8266 模組**，以下簡稱「通用型 ESP 模組」）。

有些廠商替通用型模組加上電源和 USB 序列埠晶片，變成更適合開發實驗的控制板，甚至預先燒入自訂的韌體。像下圖這個稱為 NodeMCU 的控制板，只要用 USB 線接上電腦，就能著手開發物聯網應用。

一開始，ESP8266 模組只有提供簡體中文版技術文件，亟欲探索這個模組的老外，只好透過 Google 線上翻譯，推敲它的功能和操作指令。因此，ESP8266 模組的第一份英文技術文件，是由 Google 翻譯和網路鄉民編寫而成。

ESP8266 模組的主要硬體規格如下：

- **工作電壓與電流：**3V~3.6V，通常採 3.3V；Wi-Fi 聯網時最大約消耗 215mA 電流。
- **處理器核心：**32 位元 Tensilica Xtensa LX106，運作時脈 80~160MHz（通常都是 80MHz）。
- **Wi-Fi 無線網路：**支援 802.11 b/g/n 協定與 WPA/WPA2 加密，以及三種工作模式：AP（無線接入點）、STA（無線終端）和 AP-STA（接入點以及終端）。
- **支援的介面標準：**UART（非同步序列埠）、I2C 和 SPI。
- **GPIO（通用輸出/入埠）：**16 個，最大輸入電壓 3.6V，最大輸出電流 12mA。
- **類比輸入埠：**一個，輸入準位 **0~1V**，10 位元解析度。

- 記憶體：
  - 96KBytes 資料記憶體（DRAM）
  - 64KBytes 指令記憶體（IRAM, Instruction RAM），用於開機啟動程式（bootloader）。
  - 微控器本身沒有內建 Flash（快閃記憶體），透過 SPI 介面連接外部 Flash，其容量視模組而定，有 512KB, 1MB 和 4MB，最大可支援 16MB。

> Arduino UNO 採用的 ATmega32 微控器內建的 Flash 記憶體大小為 32KB。

依照 ESP8266 模組的韌體而定，它大致可分成兩大應用類型：

12

- 充當微控制板（如：Arduino 或 Espruino）的**序列埠轉 WiFi 網路**的橋接器。
- 當成獨立的微控制板，並且至少可用下列其中一種語言來操控它，本書後續單元將介紹使用 Arduino 語法和 JavaScript 語言操控方式。
  - C 或 C++ 語言（包含 Arduino 的語法版本）
  - JavaScript
  - Lua
  - MicroPython
  - BASIC

3.3V 直流電源轉換電路

ESP8266 控制板的消耗電流，超過 Arduino 板和普通 TTL 序列介面板的負荷：

- Arduino UNO 板 3.3V 最大輸出電流約 150mA
- TTL 序列介面板 3.3V 最大輸出電流約 100mA

因此，連接通用型 ESP 模組時，需要額外準備 3.3V 電源供應器。實驗時，可以採用如下圖右的麵包板直流電源模組，或者自行使用直流電壓轉換 IC，例如：**LD1117（最大輸出電流約 800mA）**或 **LM317（最大輸出電流約 1.5A）**。

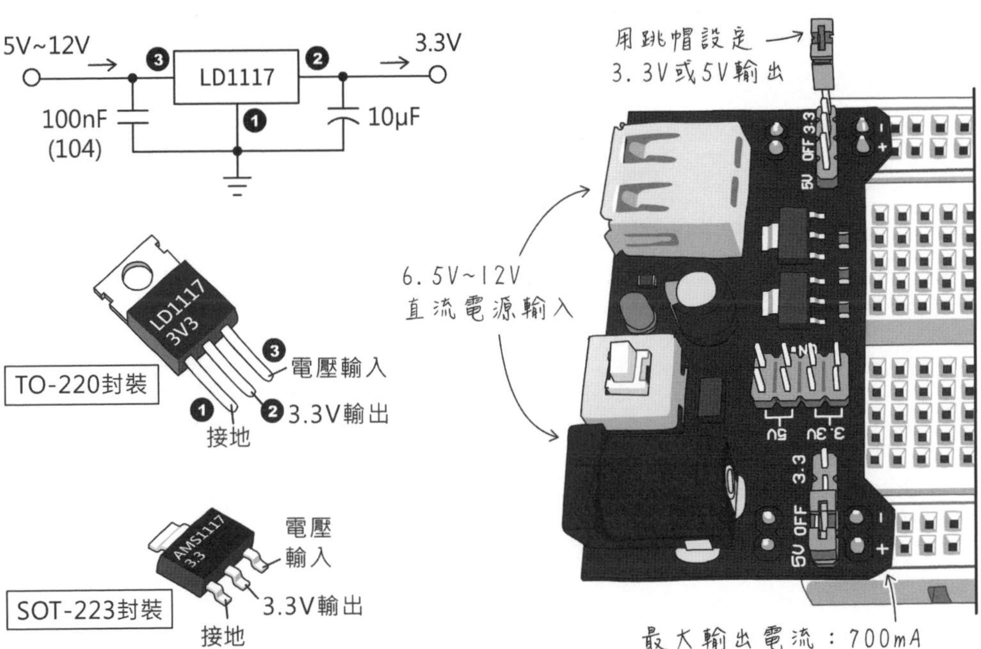

上圖左是 LD1117 元件的電壓轉換電路，組裝此電路需要三個零件，電容用於吸收電源的突波（雜訊），實際的組裝方式請參閱下文「透過 Arduino 執行 ESP8266 的 AT 命令」一節。

- LD1117（電壓輸出 3.3V）×1："LD" 是製造商代碼，不同生產廠商的 1117 代碼也不同（如：AMS1117），**接腳定義也可能隨製造商變化**，請查閱廠商提供的規格書（datasheet）確認。
- 100nF 電容 ×1
- 10μF 電容（耐電壓 10V 或更高）×1

12-2 NodeMCU 開發版簡介

NodeMCU (nodemcu.com) 是對岸研發的一款基於 ESP8266 模組的控制板，出貨時已事先燒錄自製的開放原始碼韌體，讓自造者透過 Lua 程式語言開發 IoT 應用。由於 NodeMCU 控制板包含 USB 轉序列介面、3.3V 電壓轉換電路和兩個按鍵，而且接腳寬度和麵包板相容、價格低廉，很適合當作 ESP8266 的實驗板。我們可自行燒錄其他韌體，不一定要執行 Lua 程式。

筆者在撰寫本書時，NodeMCU 有 0.9 和 1.0 兩種版本，它們主要有三點差別：

- ESP 模組不同：1.0 版採用 **ESP-12E，內建 4MB 快閃記憶體**，I/O 腳比較多。
- USB 序列通訊 IC 不同，但不影響使用。
- 尺寸不同：1.0 版比較窄，更適合麵包板接線。

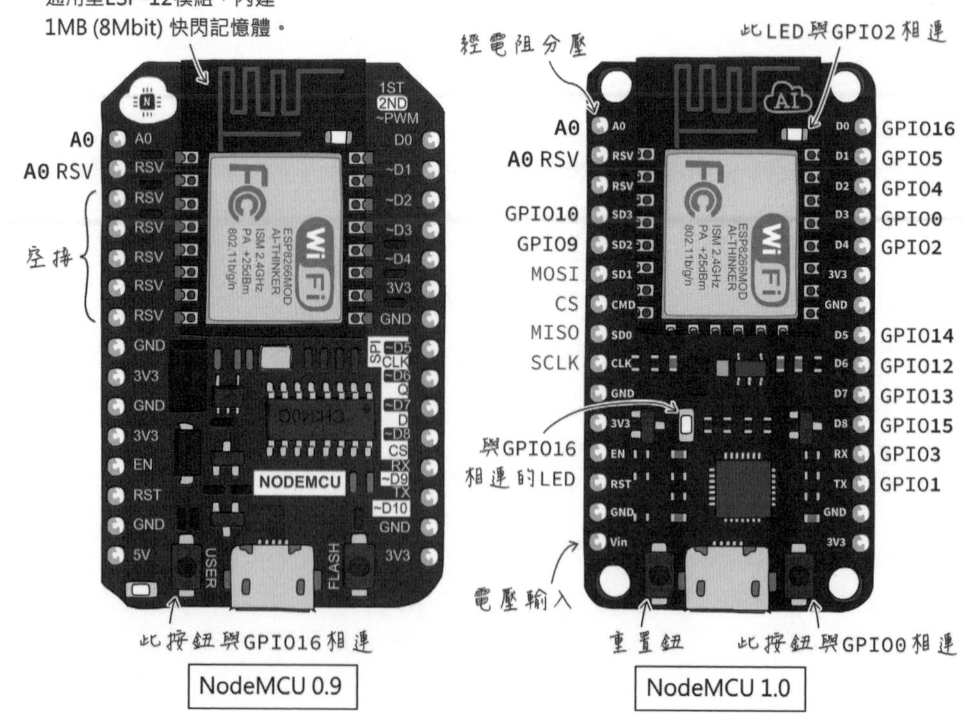

NodeMCU 0.9

NodeMCU 1.0

0.9 版左邊有許多空接的腳位（RSV 代表 Reserved，保留）。下圖左是 ESP-12E 模組外觀，NodeMCU 1.0 控制板有引出 ESP 模組的全部接腳。下圖右則是控制板左上角第 1 和第 2 腳的類比輸入腳位，**A0 因為有接電阻分壓，所以最高可接受 3.3V 電壓；第 2 腳（標示為 RSV）只接受 1V。**

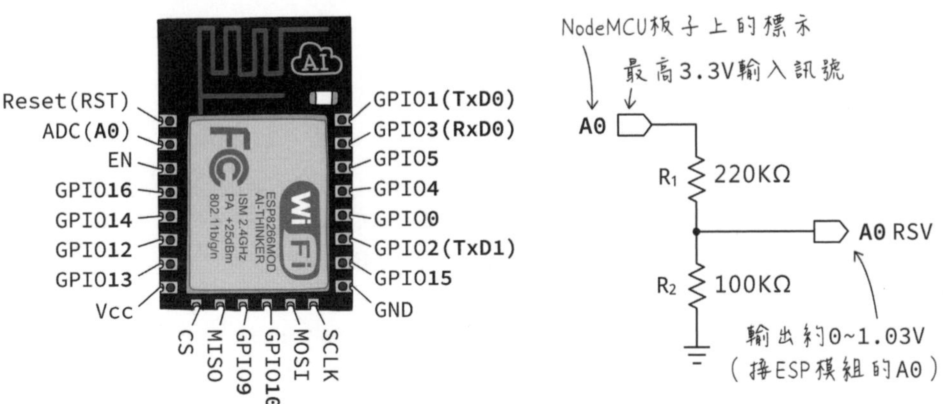

NodeMCU 1.0 板左側（ESP-12E 模組底下）的 **SPI 接腳（MOSI, CS, MISO 和 SCLK）跟模組裡的快閃記憶體相連**，所以目前的韌體無法使用這些腳位。表 12-1 列舉 NodeMCU 和 Arduino UNO 的輸出/入腳位的幾個不同點。

表 12-1 比較 NodeMCU 和 Arduino UNO

	NodeMCU	Arduino UNO
數位腳數量	13	20（含 A0~A5 腳）
高電位電壓	3.3V。若直接輸入 5V，可能會損壞 ESP 模組。	5V
數位腳模式	GPIO0~15 腳可設置成下列四種模式之一： • **INPUT**：輸入 • **OUTPUT**：輸出 • **INPUT_PULLUP**：啟用晶片內部的上拉電阻 • **OUTPUT_OPEN_DRAIN**：開汲極輸出 GPIO16 腳可設置成 **INPUT** 或 **OUTPUT**。	數位腳可設置成三種模式之一： • **INPUT**：輸入 • **OUTPUT**：輸出 • 上拉電阻：透過底下兩行程式啟用指定接腳內部的上拉電阻： pinMode(腳位, INPUT); digitalWrite(腳位, HIGH);

	NodeMCU	**Arduino UNO**
接腳最大輸出電流	12mA	40mA
PWM 輸出腳數量	12（除 GPIO16 以外）	6（數位 3, 5, 6, 9, 10, 11 腳）
序列埠數量	1.5 **Serial 物件**：具傳送（GPIO1）和接收（GPIO3） **Serial1 物件**：僅傳送（GPIO2）	1
中斷腳位數量	12（除 GPIO16 之外），中斷觸發時機： • **CHANGE**：改變 • **RISING**：上昇 • **FALLING**：下降	2（數位 2, 3 腳），中斷觸發時機： • **CHANGE**：改變 • **RISING**：上昇 • **FALLING**：下降 • **LOW：低電位** • **HIGH：高電位**
類比輸入腳數量	1	6
類比輸入電壓	0~1V 或 0~3.3V（經電阻分壓）	0~5V

NodeMCU 控制板的上拉和下拉電阻

NodeMCU 1.0 控制板採用的 ESP-12E 模組，在開機時，有些腳位必須接高電位，GPIO15 腳要接低電位才會啟動：

- **接高電位**：Reset, EN, GPIO0, GPIO2。Reset 接腳在晶片內部已經有上拉電阻，所以預設（也就是空接時）為高電位。
- **接低電位**：GPIO15。

因此，NodeMCU 板子已經在這些腳位接好電阻，這部份的電路如下。由於 NodeMCU 也是開源硬體，完整的電路圖可在它的 GitHub 專案網頁（https://github.com/nodemcu）或者搜尋 "NodeMCU schematic" 關鍵字找到。

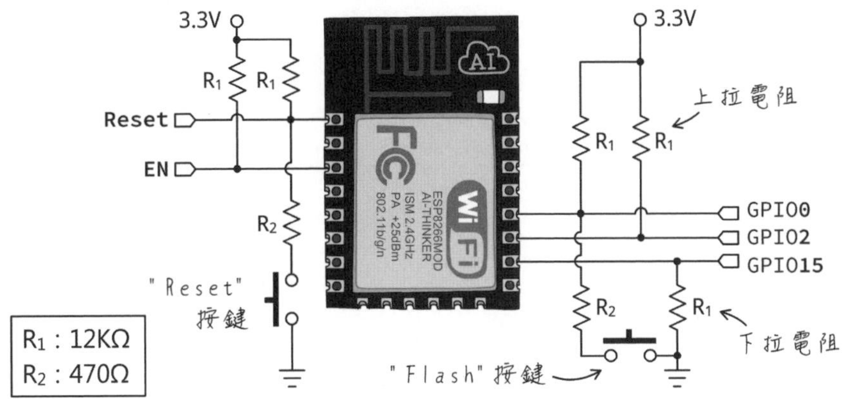

12-3 使用 AT 指令操作通用型 ESP 模組（ESP-01）

通用型 ESP 模組在出貨之前，大都已經寫入一個支援 **AT 命令**操作的韌體。"AT" 命令是 ATtention（代表「注意」）的縮寫，最早出現在 80 年代初期的數據機商品（Modem，讓電腦透過電話線連接網路的裝置），用於操控數據機撥號、掛斷、切換鮑率...等功能；這些指令以 "AT" 開頭，因而得名。設定藍牙模組的命令，也是用 "AT" 開頭，例如，"AT+VERSION" 命令可傳回藍牙模組的韌體版本資訊。

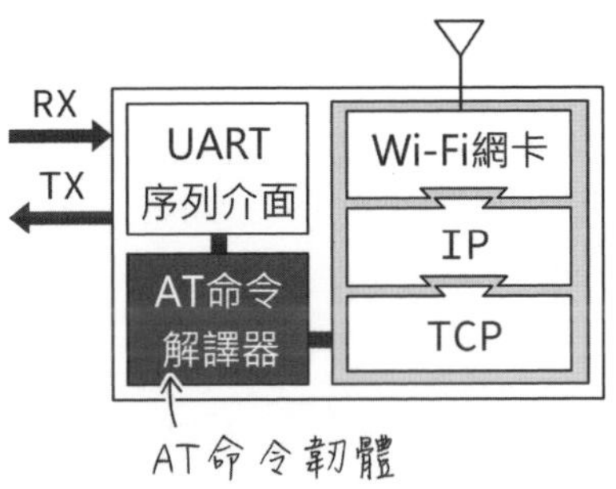

上圖是 ESP8266 的微控器晶片的簡化圖，它透過序列埠接收從其他裝置（如：Arduino）發出的 AT 命令，以及傳送 AT 命令的回應。

ESP8266 的 AT 命令韌體，提供一個簡單操控該模組的方式，依照用途區分，AT 命令語法可概括分成表 12-2 所列舉的四大類型。

表 12-2

用途	語法格式	說明
執行	AT+命令名稱	執行命令，例如： AT+RST 將重新啟動 ESP8266。
設定	AT+命令名稱=設定值	設定參數值，例如： AT+CWMODE=1 代表把 ESP8266 的 Wi-Fi 設定成網路終端(Station) 模式。
查詢	AT+命令名稱?	查詢參數設置，例如： AT+CWMODE? 將傳回代表 Wi-Fi 工作模式的數字。
測試	AT+命令名稱=?	查詢參數設定值的範圍，例如： AT+CWMODE=? 將傳回+CWMODE:(1-3)，代表 CWMOE 指令接受參數 1~3 數字。

設置 ESP 模組的無線網路工作模式、取得模組的 IP 位址、回應訊息給連線用戶...等作業，全都透過 AT 命令設置。不過，**AT 命令並非程式語言，它沒有變數、判斷條件、迴圈...等指令**，所以程式運作邏輯要由其他語言 (如：Arduino) 完成。

動手做 透過 Arduino 執行 ESP8266 的 AT 命令

實驗說明：透過 Arduino 的序列埠傳送 AT 命令給 ESP-01 模組，並接收 ESP-01 模組的回應。

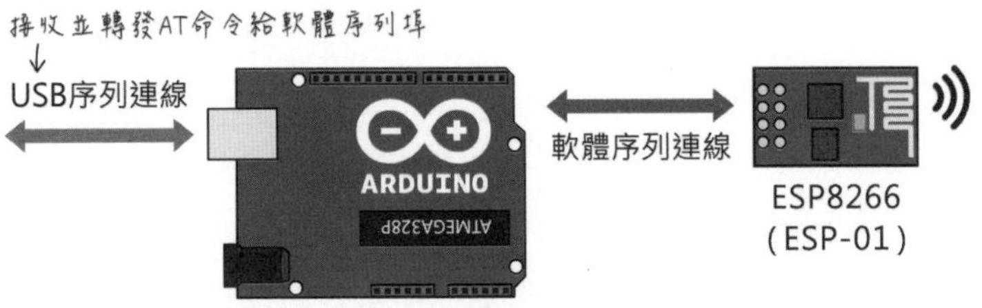

實驗材料：

Arduino UNO 板	1 片
ESP-01 模組	1 片
5V 轉 3.3V 電源轉換模組（或者使用 LD1117 晶片）	1 個

實驗電路：右圖是 ESP-01 模組的接腳：

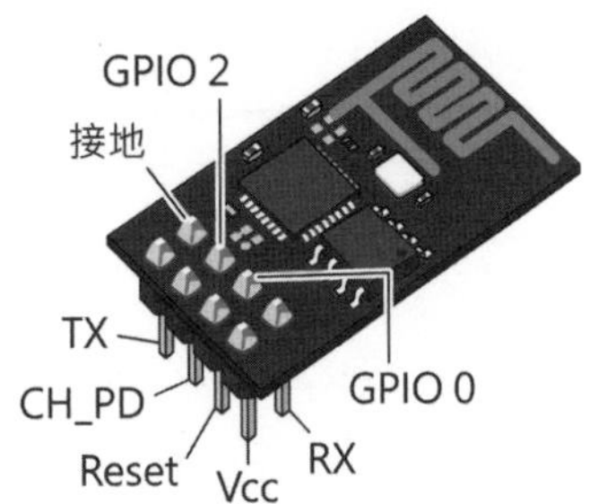

其中四個腳位說明如下：

- **Reset（重置）：**低電位重置；接**高電位**運作。
- **CH_PD：**Chip Enable（晶片致能），接**高電位**運作。在 ESP-12 模組中，此腳標示成 "EN"。有網友提到，直接將此腳接高電位，ESP 模組的耗電量會提高，建議串接一個約 10KΩ 的上拉電阻（亦即，電阻另一端接電源）。
- **GPIO 0：**平時可當作數位輸出/入和 PWM 輸出；開機時接低電位，將令模組進入**韌體燒寫**模式。
- **GPIO 2：**數位輸出/入腳和 PWM 輸出。

在麵包板組裝 LD1117 3.3V 直流電壓轉換電路，以及連接 ESP-01 模組和 Arduino UNO 的示範如下：

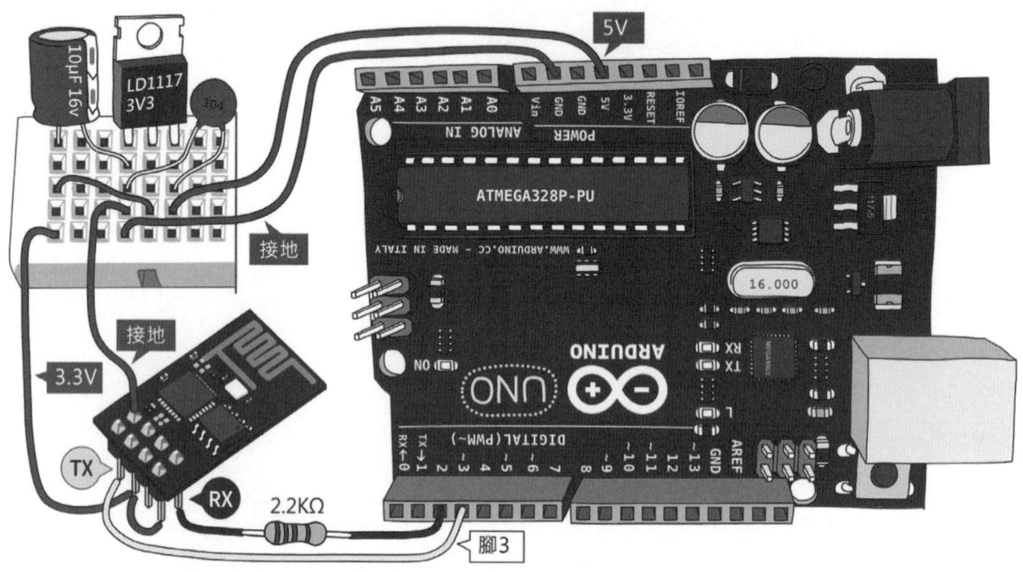

讀者也可以把 3.3V 電源電路、4x2 排插以及排針焊接在電路板，底下是筆者在洞洞板焊接好的成品外觀，方便直接插在麵包板做實驗。

3.3V 電源和 ESP-01 模組的插座

插入 ESP-01 模組的樣子

實驗程式：本程式使用 SoftwareSerial 程式庫，在 Arduino 的數位腳 2 和 3 建立序列埠。這個程式將把 USB 序列埠的資料轉發到軟體序列埠，反之亦然。因此，我們在序列埠監控視窗輸入的 AT 命令，都會透過軟體序列埠傳給 ESP-01 模組。

需要留意的是，AT 命令韌體有不同的版本，**早期的韌體設定採用 9600bps 速率通訊，新的版本則採用 115200**。如果讀者透過底下的程式設定發送 AT 命令，ESP 模組沒有回應，請把連線速率改成 115200。

```
#include <SoftwareSerial.h>     // 引用程式庫

SoftwareSerial ESP(3, 2);       // 接收腳, 傳送腳

void setup() {
  Serial.begin(9600);  // 與電腦序列埠連線，也能改成 115200
  ESP.begin(9600);     // 與 ESP-01 模組連線或採用 115200
  Serial.begin("Serial is ready!");
}

void loop() {
  // 若收到「序列埠監控視窗」的資料，則送到 ESP-01 模組
```

```
  if (Serial.available()) {
    ESP.print(Serial.read());   // 若 ESP 沒有回應，請把 print
                                   改成 write
  }

  // 若收到 ESP-01 模組的資料，則送到「序列埠監控視窗」
  if (ESP.available()) {
    Serial.print(ESP.read());
  }
}
```

實驗結果：上傳程式之後，開啟序列埠監控視窗，傳送 "AT" 指令看看，應該會收到 ESP 模組的 "OK" 回應。下圖是筆者測試的幾個 AT 命令：

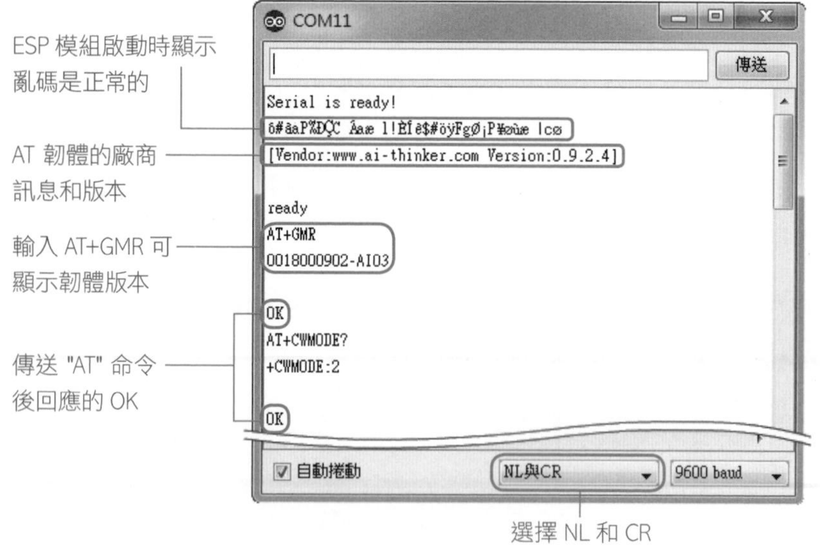

12-4 Wi-Fi 無線網路簡介

Wi-Fi 是基於 IEEE 802.11 標準的無線網路技術，也就是讓聯網裝置以無線電波的方式，加入採用 TCP/IP 通訊協定的網路。

> 蘋果公司把他們的 802.11 網路產品稱作 AirPort。

Wi-Fi 網路環境通常由兩種設備組成：

- **Access Point（「存取點」或「無線接入點」，簡稱 AP）**：允許其它無線設備接入，提供無線連接網路的服務，像住家或公共區域的無線網路基地台，就是結合 Wi-Fi 和 Internet 路由功能的 AP；AP 和 AP 可相互連接。提供無線上網服務的公共場所，又稱為 Wi-Fi 熱點（hotspot）。
- **Station（「基站」或「無線終端」，簡稱 STA）**：連接到 AP 的裝置，一般可無線上網的 3C 產品，像電腦和手機，通常都處於 STA 模式；**STA 模式不允許其他聯網裝置接入**。

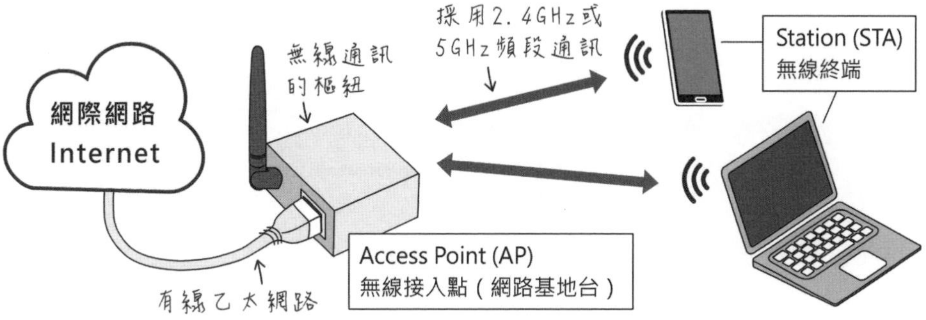

802.11 標準有不同的版本，主要的差異在於電波頻段和傳輸速率，底下列舉其中幾個版本：

- **802.11b**：2.4 GHz 頻段，最大傳輸率 11 Mbit/s。
- **802.11g**：2.4 GHz 頻段，最大傳輸率 54 Mbit/s。
- **802.11n**：2.4 GHz 或 5 GHz 頻段，最大傳輸率 600 Mbit/s。

AP 會每隔 100ms 廣播它的**識別名稱（Service Set IDentifier，服務設定識別碼，簡稱 SSID）**，讓處於通訊範圍內的裝置辨識並加入網路。多數的 AP 會設定密碼，避免不明人士進入網路，同時也保護暴露在電波裡的訊息不會被輕易解譯。Wi-Fi 提供 WEP, WPA 或 WPA2 加密機制（註：可透過無線基地台提供的介面設定），彼此連線的設備都必須具備相同的加密功能，才能相連；WEP 容易被破解，不建議使用。

ESP 模組通常都以 STA（無線終端）模式運作，而非 AP 模式，由於 STA 一次只能連接一個 AP，假如手機透過 Wi-Fi 連接 ESP 模組的「基地台」，手機就只能存取 ESP 模組的資源：

動手做 透過 ESP-01 的 AT 命令建立 HTTP 伺服器

實驗說明：連接 Arduino 和 ESP-01 模組，從 Arduino 發出 AT 命令控制 ESP-01，把 Arduino 類比 A0 腳的狀態包裝成 HTML 網頁傳遞給用戶端。實驗電路與實驗材料同上個單元。

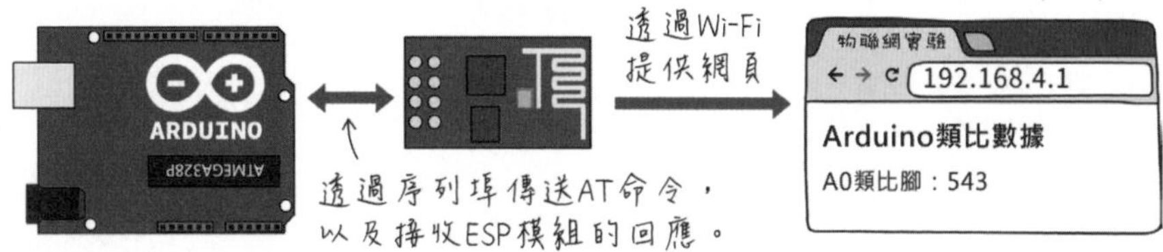

透過 AT 命令把 ESP-01 設置成 AP（無線接入點）模式、啟動伺服器、接收用戶端的訊息、並且傳遞 HTML 內容給用戶端的設置流程如下：

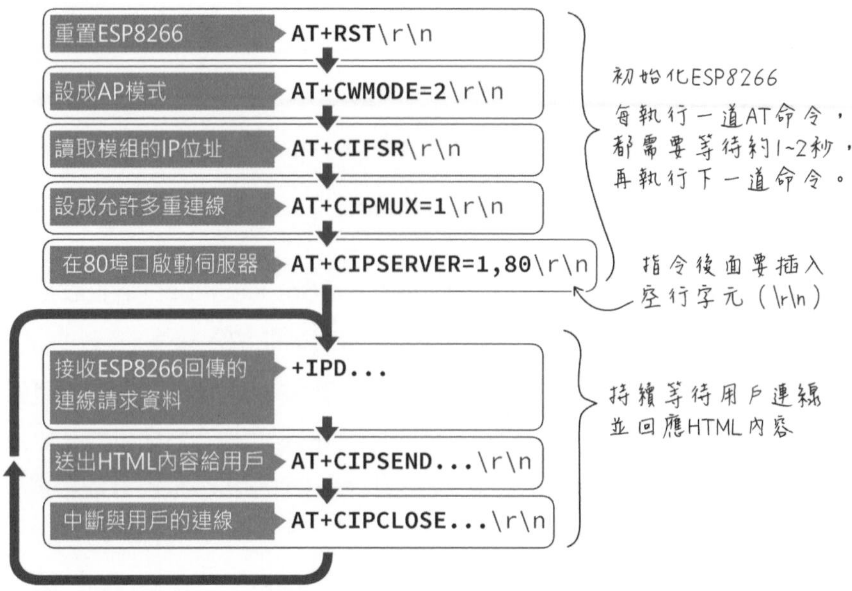

每當收到來自用戶端的連線請求訊息時，AT 韌體將傳回 +IPD 訊息，其中最重要的是緊接在 "+IPD," 之後的**連線編號**，程式將透過它來分辨不同的連線用戶：

連線編號　訊息長度　訊息內容

```
+IPD,1,358:GET /favicon.ico HTTP/1.1
Host: 192.168.4.1
  :
```

回應訊息時，需要指定**連線編號**，以及**訊息的長度**（字元數），訊息內容（此例為 HTML）接在下一行，最後再切斷與用戶端的連線：

連線編號　HTML 內容長度　HTML 內容

```
AT+CIPSEND=1,163\r\n
<html><head><meta charset="utf-8">
 :
</body></html>
AT+CIPCLOSE=1\r\n
```

連線編號

實驗程式：使用 SoftwareSerial 程式庫建立軟體序列埠：

```
#include <SoftwareSerial.h>
SoftwareSerial ESP(3, 2);  // 接收腳, 傳送腳
```

接著建立發送 AT 命令的自訂函式。此自訂函式將接收「命令字串」及「執行命令之後的等待時間」兩個參數。**等待時間應盡可能採用 while 迴圈判斷時間差，而非 delay()**。

接收AT命令字串　　等待時間（毫秒）

```
void sendATcmd ( String cmd, unsigned int time ) {
    String response = "";  // 接收ESP回應值的變數
    ESP.print( cmd ); // 送出AT命令到ESP模組
    unsigned long timeout = time + millis();
    while ( ESP.available() || millis() < timeout ) {
      while( ESP.available() ) {
        char c = ESP.read(); // 接收ESP傳入的字元
        response += c;
      }
    }

    Serial.print(response);  // 顯示ESP的回應
}
```

當前的毫秒值應該用最大正整數類型儲存

等待的時間

持續執行此迴圈，直到收到回應或者經過等待時間。

其餘程式內容如下：

```
void setup() {
  Serial.begin(9600);
  ESP.begin(9600);

  sendATcmd("AT+RST\r\n", 2000); // 重置 ESP 模組，等待 2 秒
  sendATcmd("AT+CWMODE=2\r\n", 1000); // 設成 AP 模式，等待 1 秒
  sendATcmd("AT+CIFSR\r\n", 1000); // 取得 IP 位址，等待 1 秒
  sendATcmd("AT+CIPMUX=1\r\n", 1000); // 允許多重連線，等待 1 秒
  // 在 80 埠啟動伺服器，等待 1 秒
  sendATcmd("AT+CIPSERVER=1, 80\r\n", 1000);
}

void loop() {
  if (ESP.available()) {
    // 若接收到 "+IPD,"，代表有用戶連線了...
    if (ESP.find("+IPD,")) {
      float x = analogRead(A0);  // 讀取 A0 類比值
      delay(100);

      // 讀取連線編號 (1~5) 並轉成數字
      byte connID = ESP.read()-48;
```

```
    // 建立 HTML 內容
    String HTML = "<html><head><meta charset=\"utf-8\">";
    HTML+= "<meta http-equiv=\"refresh\"content=\"10\">";
    HTML+= "<title>物聯網實驗</title></head>";
    HTML+= "<body><h1>Arduino 類比數據</h1><p>A0 類比腳：";
    HTML+= x;  // 顯示 A0 類比腳位值
    HTML+= "</p></body></html>";

    // 建立 AT+CIPSEND 命令字串
    String cipSend = "AT+CIPSEND=";
    cipSend += connID;             // 附加連線編號
    cipSend += ",";
    cipSend +=HTML.length();       // 取得 HTML 內容的長度
    cipSend += "\r\n";

    sendATcmd(cipSend, 1000);      // 送出 HTML 內容
    sendATcmd(HTML, 1000);

    // 建立 AT+CIPCLOSE 命令字串
    String cipClose = "AT+CIPCLOSE=";
    cipClose+=connID;              // 附加連線編號
    cipClose+= "\r\n";

    sendATcmd(cipClose, 1000);     // 送出「中斷連線」命令
   }
  }
}
```

以上程式透過 Serial 程式庫的 find() 函式讀取序列埠傳入的字串，若找到指定的字串(如："+IPD,")則傳回 true，否則傳回 false。由於 **ESP 模組最多僅允許 5 個同時連線數**，因此連線編號始終是個位數(0~4)，所以將代表連線編號的字元減去 48，即可得到對應的數字。

實驗結果：上傳程式碼之後，可從序列埠監控視窗觀察到 ESP 模組的運作狀態，以及它的 IP 位址。請用電腦或手機的 Wi-Fi 搜尋並連接 ESP 模組的基地台，其 SSID 採 "ESP" 開頭(例如：ESP_1234)，不需要密碼。

連上 ESP 模組的基地台之後，開啟瀏覽器輸入它的 IP 位址（註：基地台的預設 IP 位址是 192.168.4.1），就能看到 Arduino 的類比埠數據了，網頁將每隔 10 秒自動更新。

12-5 使用 Arduino 開發 ESP8266 程式

ESP 模組內建一個 32 位元的微控器，比 Arduino UNO 強大，只把它當成「序列埠轉 Wi-Fi」介面卡，實在太可惜了。其實 ESP 模組可以像 Arduino 控制板一樣單獨控制週邊設備，在很多應用場合足以取代 Arduino UNO。但畢竟 ESP 模組起步較晚，技術文件、範例以及軟硬體週邊的支援度都還比不上 Arduino，也不像 Arduino 有標準的介面卡（shield）規格，所以 ESP 模組最大的優勢在於物聯網應用。

從 1.6.4 版（arduino.cc 版）開始，Arduino IDE 新增 "**Boards Manager（控制板管理員）**"，相當於 IDE 的外掛，讓原本不屬於 Arduino 家族的微控制板（如：ESP8266 和 Intel Edison），也能透過 Arduino 的 C/C++ 語言和開發工具來編寫、編譯和上傳程式碼。

因此，若有開發者或廠商提供新控制板的「管理員」，原本已接觸過 Arduino 的使用者只需認識新控制板的特性，如：工作電壓和接腳定義，就能立刻動手編寫程式。下文將採用 Arduino 程式在 NodeMCU 板子上做實驗。程式開發的基本概念、流程和語法，都跟 Arduino UNO 一樣。

然而，非 Arduino 家族的控制板可能無法使用某些 Arduino 程式庫，因為有些程式庫會直接存取 ATmega 處理器的硬體功能（暫存器）。所以不是全部 Arduino 程式都能順利在非 Arduino 板子編譯執行。

一群 ESP8266 愛好者編寫了 ESP8266 版的管理員和程式庫，原始碼和相關說明都放在 GitHub 網站：https://github.com/esp8266/Arduino。

筆者使用 Arduino 1.6.5 之後的版本（如：1.6.6）安裝測試 ESP8266 外掛，遇到無法順利編譯程式的狀況，改用 1.6.5 版就沒問題了。

筆者使用 Arduino 1.6.5 版示範安裝步驟：

1 選擇『**檔案/偏好設定**』，在下圖的欄位輸入 ESP8266 管理員的路徑：

```
http://arduino.esp8266.com/stable/package_esp8266com_index.json
```

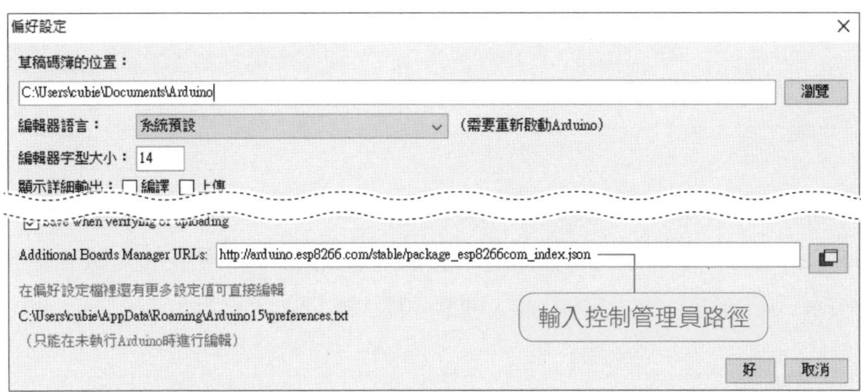

2 按下**好**之後，選擇『**工具/板子/Boards Manager（控制板管理員）**』，開啟下圖的面板：

開發工具將開始從網路下載和安裝必要的檔案。安裝完畢後，**『工具/板子』**指令底下將出現新的 ESP8266 相關選項。

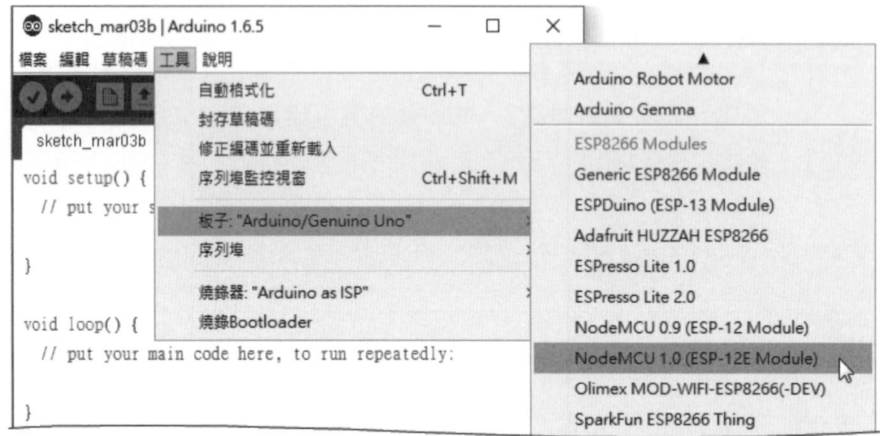

1.6.5 版會把下載的 ESP8266 外掛相關檔案安裝在 "C:\Users\使用者名稱\AppData\Roaming\Arduino15\packages\esp8266" 路徑，底下是安裝在路徑底下的\hardware\esp8266\2.0.0\libraries 裡面的程式庫：

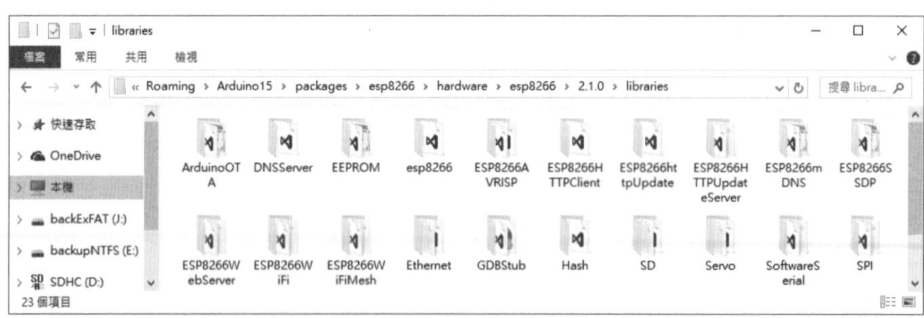

替 NodeMCU 燒錄 Arduino 程式

讀者可透過閃爍 LED 程式，測試 ESP8266 管理員是否能如期運作。NodeMCU 控制板有兩個 LED，一個是 **ESP-12E 模組內建的 LED，與 GPIO2 腳相連；**另一個是 NodeMCU 板子**外接的 LED，與 GPIO16 相連。**

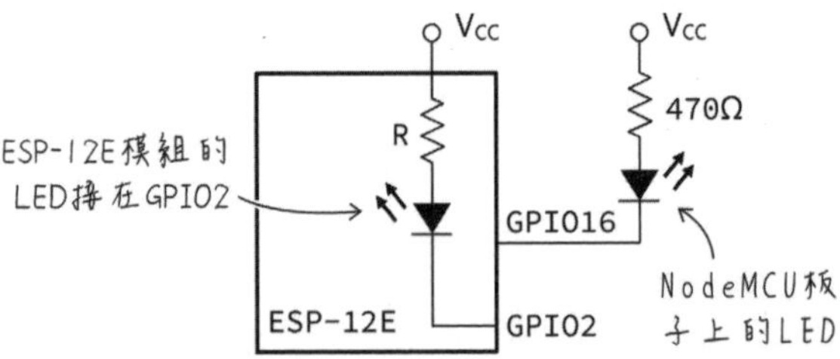

本單元程式將控制 GPIO2 腳的 LED。請先在『**工具/板子**』，選擇正確的 ESP8266 控制板，筆者選用的是 NodeMCU 1.0 版，序列埠位於 COM5，其餘選項採用預設即可：

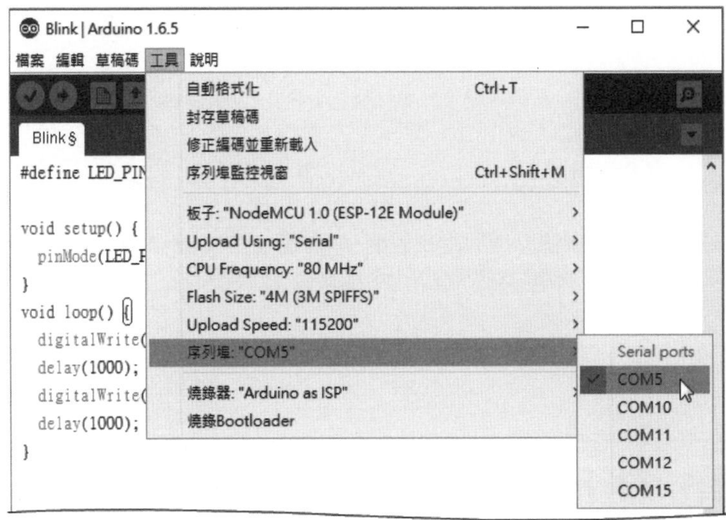

接著選擇『**檔案/範例/01. Basics→Blink**』，並且把 LED 腳位從 13 改成 2：

```
#define LED_PIN 2  // LED 位於腳 2

void setup() {
  pinMode(LED_PIN, OUTPUT);
}
void loop() {
  digitalWrite(LED_PIN, HIGH);
  delay(1000);
  digitalWrite(LED_PIN, LOW);
  delay(1000);
}
```

編譯和上傳程式碼花費的時間比 Arduino UNO 板還要久一點，上傳成功之後，板子上的 LED 將開始閃爍。

『**工具**』選單裡的 **Flash Size** 選項中，快閃記憶體大小括號裡的 SPIFFS 是 SPI Flash File System（SPI 介面的快閃記憶體檔案系統）的縮寫，其作用是讓 ESP 模組把快閃記憶體的剩餘空間，當成 SD 記憶卡之類的儲存媒介使用。

下圖是 ESP8266 模組的快閃記憶體空間規劃，SPIFFFS 接在自製韌體儲存區後面。ESP8266 模組規劃兩個存放自訂韌體的空間，上傳程式時，它只會佔用其中一個空間，另一個空間保留給透過 **OTA（Over The Air，網路下載）**的韌體，請參閱第十三章「透過 OTA 更新 ESP8266 的韌體」一節。

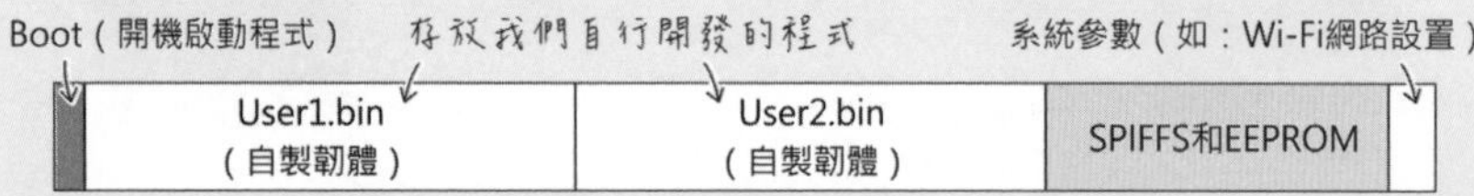

更多關於檔案系統的介紹與指令說明，請參閱 ESP8266 Arduino 原始碼專案的 File System（檔案系統）單元：https://goo.gl/y60ZwU

12-6 使用 ESP8266WiFi 程式庫連接無線網路

Arduino 官方有個 WiFi.h 程式庫，用於官方的 Wi-Fi 無線網路擴充板（採用 HDG204 無線網路晶片）。ESP8266WiFi.h 則是 ESP8266 管理員提供的 Wi-Fi 程式庫，其指令名稱與格式，和官方程式庫相同。

底下列舉 ESP8266WiF 程式庫的部份函式：

- **WiFi.mode()**：設定 WiFi 的操作模式，其可能值為：
    - **WIFI_OFF**：關閉 WiFi。
    - **WIFI_STA**：設置成 Wi-Fi 終端。
    - **WIFI_AP**：設置成 Wi-Fi 網路接入點（基地台）。
    - **WIFI_AP_STA**：設置成 Wi-Fi 網路接入點以及終端。
- **WiFi.begin(網路 ssid, 密碼)**：以 STA（網路終端）模式連接到基地台，並從基地台取得 IP 位址。若連線的基地台不需要密碼，則寫成：WiFi.begin(ssid)。
- **WiFi.config(IP 位址, 閘道位址, 網路遮罩)**：Wi-Fi 程式庫預設採用 DHCP（動態分配 IP）方式連線，若要用靜態 IP，則須執行這個函式。
- **WiFi.status()**：查詢 Wi-Fi 聯網狀態，若傳回 WL_CONNECTED 常數值（數字 3），代表已經連上 Wi-Fi 基地台。
- **WiFi.localIP()**：若 ESP 模組設定成「終端」，可透過此函式讀取它的 IP 位址。
- **WiFi.macAddress()**：讀取終端模式的 MAC（實體）位址。
- **WiFi.RSSI()**：讀取當前的無線網路接收訊號強度指標（Received Signal Strenth Indicator）。
- **WiFi.printDiag(序列埠)**：向序列埠輸出（顯示）網路資訊，如：ESP 模組的 Wi-Fi 工作模式、IP 位址、基地台的 SSID 和密碼...等等。
- **WiFi.disconnect()**：中斷連線。

基本的 WiFi 網路連線程式如下，程式開頭必須引用 ESP8266WiFi.h 檔：

```
#include <ESP8266WiFi.h>

void setup() {
  Serial.begin(115200);
  WiFi.begin("WiFi網路SSID", "密碼");

  while (WiFi.status() != WL_CONNECTED) {
    delay(500);
  }
  Serial.println("");
  Serial.println("IP address: ");
  Serial.print(WiFi.localIP());
  Serial.println("WiFi status:");
  WiFi.printDiag(Serial);
}
void loop() {
}
```

若連線不需要密碼，則寫成：`WiFi.begin("WiFi網路SSID");`

若要指定靜態IP位址，請在此執行 `WiFi.config()`敘述（參閱下文）

連線狀態

代表「已連線」的常數

此迴圈將重複執行，直到連線成功。

讀取分配到的IP位址

在序列埠顯示WiFi狀態

將程式上傳到 NodeMCU，再開啟序列埠監控視窗，將能看到類似下圖的結果：

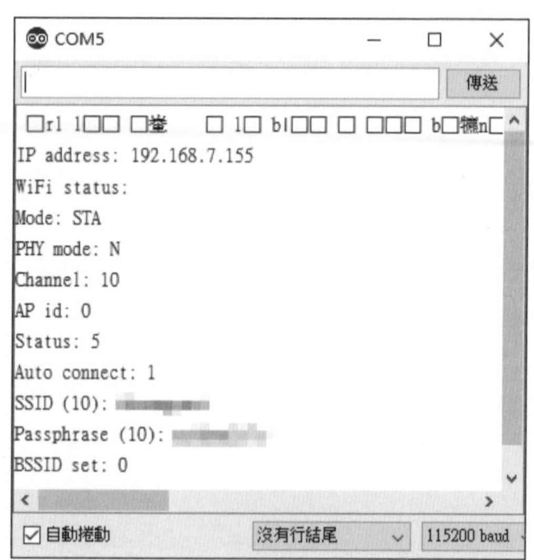

為了方便修改程式參數，建議使用變數存放 Wi-Fi 的 SSID 和密碼，例如：

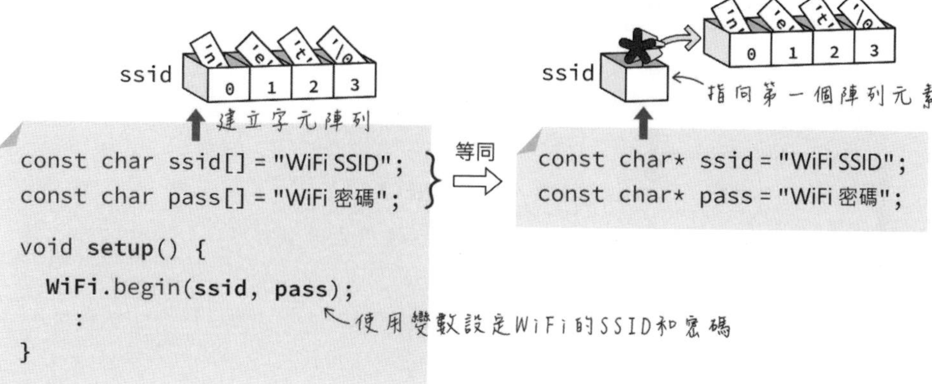

在非 DHCP（動態指定 IP）環境下連線，裝置需要自行設定 IP，請在 WiFi.begin() 敘述之後，執行 WiFi.config() 依序設定 IP 位址、閘道位址和網路遮罩，例如：

```
WiFi.begin("WiFi 網路 SSID", "密碼");
WiFi.config(IPAddress(192, 168, 1, 50),    // IP 位址
            IPAddress(192, 168, 1, 1),     // 閘道 (gateway) 位址
            IPAddress(255, 255, 255, 0)); // 網路遮罩 (netmask)
```

12-7 使用 ESP8266WebServer 程式庫建立 HTTP 伺服器

ESP8266WebServer.h 程式庫提供 HTTP 伺服器的核心功能，以及一個**回應用戶端連線請求的 on() 函式**。基本的 HTTP 網站伺服器程式碼如下，筆者把伺服器物件命名為 server：

```
#include <ESP8266WiFi.h>
#include <ESP8266WebServer.h>

ESP8266WebServer server(80);   ← 在埠口80建立網站伺服器，
                                 server是自訂的伺服器物件名稱。
void setup() {
  WiFi.begin("WiFi網路SSID", "密碼");

  while (WiFi.status() != WL_CONNECTED) {   ↖確認已連上WiFi
    delay(500);
  }
  server.on("/", 處理首頁連線請求的函式);
  server.begin();   ←啟動網站伺服器
}
void loop() {
   server.handleClient();  ← 處理用戶連線
}
```

底下是透過 on() 函式設定網站根路徑（/index.html 和/）的處理程式的例子，每當用戶端請求根路徑連線時，rootRouter 函式就會被執行，此函式再透過 send() 函式，傳遞 HTTP 狀態碼以及訊息內容給用戶端。

```
server.on("/index.html", rootRouter);
server.on("/", rootRouter);

void rootRouter() {
  server.send(200, "text/html", "Hello from <b>ESP8266</b>!");
}
   伺服器物件.send( 狀態碼, 內容類型, 內容 )
```

處理連線請求的函式可採用 C++（亦即，Arduino 的母語）的**匿名函式**語法改寫（函式名稱改用一對**方括號**）：

```
server.on("/", []() {   ← C++語言的匿名函式寫法
  server.send(200, "text/html", "Hello from <b>ESP8266</b>!");
});
```

完整的基本 HTTP 伺服器程式碼如下：

```
#include <ESP8266WiFi.h>         // 提供 Wi-Fi 功能的程式庫
#include <ESP8266WebServer.h>  // 提供網站伺服器功能的程式庫

const char ssid[] = "你的 WiFi 網路 SSID";
const char pass[] = "你的 WiFi 密碼";

ESP8266WebServer server(80);   // 宣告網站伺服器物件與埠號

// 定義處理首頁請求的自訂函式
void rootRouter() {
  server.send(200, "text/html", "Hello from <b>ESP8266</
b>!");
}

void setup() {
  Serial.begin(115200);
  WiFi.begin(ssid, pass);
  // 若要指定 IP 位址，請自行在此加入 WiFi.config()敘述

  while (WiFi.status() != WL_CONNECTED) {
    delay(500);   // 等待 WiFi 連線
    Serial.print(".");
  }
  Serial.println("");
  Serial.print("WiFi connected, IP:");
  Serial.println(WiFi.localIP());// 顯示 ESP8266 裝置的 IP 位址

  server.on("/index.html", rootRouter); // 處理首頁連結請求的事件
  server.on("/", rootRouter);

  server.onNotFound([](){   // 處理「找不到指定路徑」的事件
    server.send(404, "text/plain", "File NOT found!");
  });

  server.begin();
  Serial.println("HTTP server started.");
}

void loop() {
  server.handleClient();   // 處理用戶連線
}
```

實驗結果：上傳程式碼到 NodeMCU 控制板之後，請開啟序列埠監控視窗，查看微控器的 IP 位址。接著在瀏覽器中輸入該 IP 位址，即可看到 NodeMCU 提供的網頁內容。

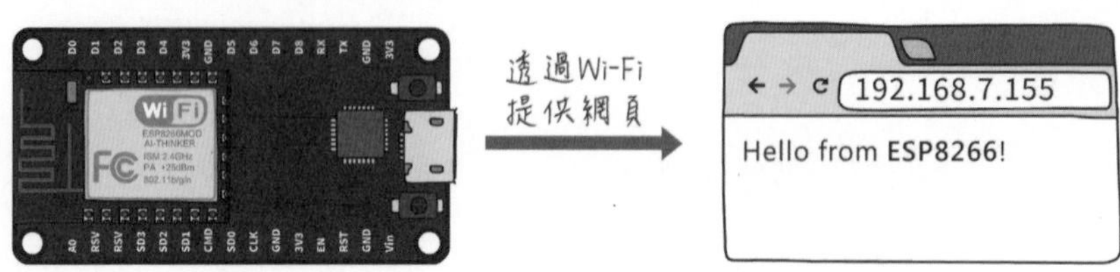

動手做 處理 GET 或 POST 請求

實驗說明：替 ESP 伺服器加上接收 GET 或 POST 請求的程式，讓 ESP 模組依參數值點亮或關閉 LED。實驗電路與材料跟上個單元相同。

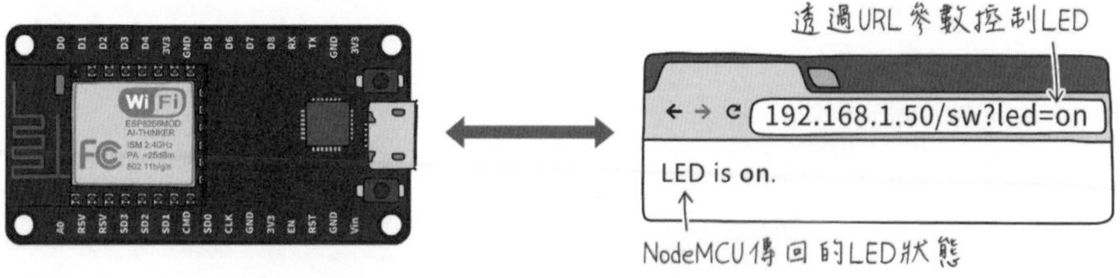

實驗程式：WiFi 程式庫的伺服器物件，提供讀取 GET 與 POST 參數值的 arg() 方法。處理 /sw 路徑請求，並接收 led 參數的程式片段如下：

在程式開頭定義LED腳

請改成你的裝置IP位址

http://192.168.1.50/sw?led=on

接收"led"參數

```
#define LED_PIN 2
  :

server.on("/sw", []() {
  String state = server.arg("led");  ← 伺服器物件.arg( "GET或POST參數名稱" )

  if (state == "on") {
    digitalWrite(LED_PIN, LOW);  ← 接在2腳的LED是「低電位」點亮
  } else if (state == "off") {
     digitalWrite(LED_PIN, HIGH);
  }
  server.send(200, "text/html", "LED is <b>" + state+"</b>.");
});
```

回應HTML網頁給用戶端，顯示LED的狀態。

其餘程式碼跟上一節的伺服器程式相同。

在程式記憶體區儲存靜態網頁

以上網站的 HTML 網頁和 Arduino 程式混合寫在同一個主程式檔，有兩個缺點：

- 程式碼維護不易，例如，每次要修改網頁內容，都得找出 HTML 在原始碼的位置，而且還要避免 HTML 裡的雙引號影響到其他程式。
- 佔用主記憶體空間

最好是把每個靜態頁面的 HTML 另存在快閃記憶體（或稱「程式記憶體」），這部份的程式寫法比想像簡單，只需要三個步驟：

1 把靜態網頁的 HTML 寫在副檔名為 .h 的外部檔案（h 代表 "header"，「標頭」或「檔頭」之意），並且替它定義一個識別名稱（本例定義成 "PAGE_INDEX"）。

2 在主程式檔(.ino 檔)引用定義 HTML 內容的外部程式檔(本例為 index.h 檔)。

3 修改回應用戶端請求的敘述，送出靜態網頁。

❷ 引用包含HTML內容的index.h檔

❶ 定義網頁的常數(存入程式記憶體)

❸ 傳回PAGE_INDEX定義的網頁

```
#include "index.h"
     :
void rootRouter() {
  server.send (200, "text/html", PAGE_INDEX );
}
     :
```

httpServer.ino(主程式檔)

```
const char
PAGE_INDEX[]
PROGMEM
```

index.h

外部檔名

在外部程式檔案中，HTML 內容用 **R"=====(** 和 **)====="** 包圍起來，編譯器就會原封不動地把裡面的字串存入快閃記憶體(程式記憶體區)：

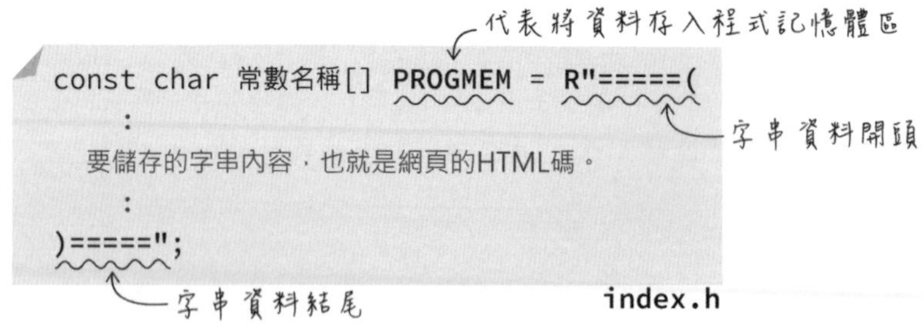

代表將資料存入程式記憶體區
const char 常數名稱[] PROGMEM = R"=====(
:
要儲存的字串內容，也就是網頁的HTML碼。
:
)=====";
字串資料開頭
字串資料結尾
index.h

將資料存入程式記憶體區的 ESP8266 Arduino 程式，採用的是 C++ 語言的 Raw String(直譯為「原始字串」)語法，和 Arduino Uno 控制板的寫法不同，後者的說明，請參閱**超圖解 Arduino 互動設計入門**第八章「將常數保存在『程式記憶體』裡」。

在 Arduino 軟體中，新增 index.h 檔的操作步驟如下:

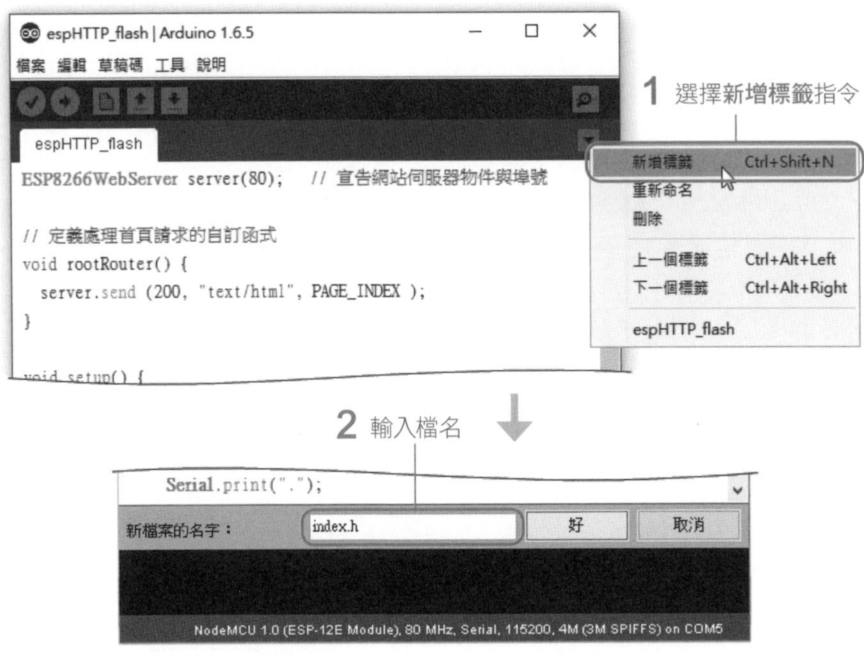

按下**好**之後，index.h 檔被儲存在目前開啟的 .ino 檔的相同路徑底下。

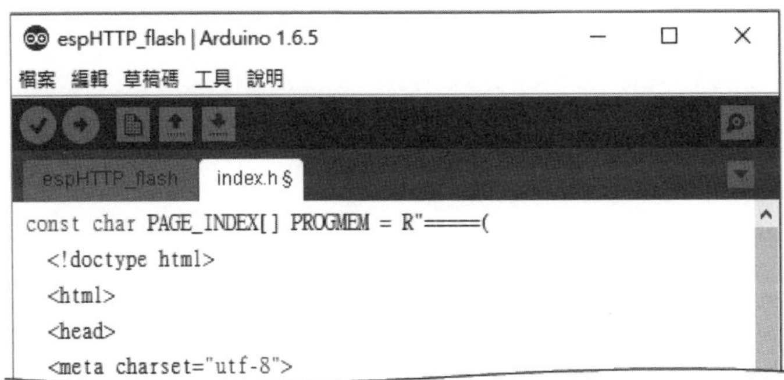

完整的 index.h 檔案內容如下，可以直接貼入 HTML 碼，不需要修改雙引號：

```
const char PAGE_INDEX[] PROGMEM = R"=====(
  <!doctype html>
  <html>
  <head>
  <meta charset= "utf-8" >
```

```
  <meta name= "viewport" content=
    "width=device-width, initial-scale=1">
  <title>ESP8266 物聯網</title>
  </head>
  <body>
  <h1>ESP8266 物聯網</h1>
  <p>您正在瀏覽 ESP8266 提供的資訊</p>
  </body>
  </html>
)=====";
```

最後記得在主程式檔案中引用 index.h 外部檔：

```
#include "index.h"
```


上傳至 NodeMCU 之後，連結到控制板的首頁，將看到這樣的網頁畫面：

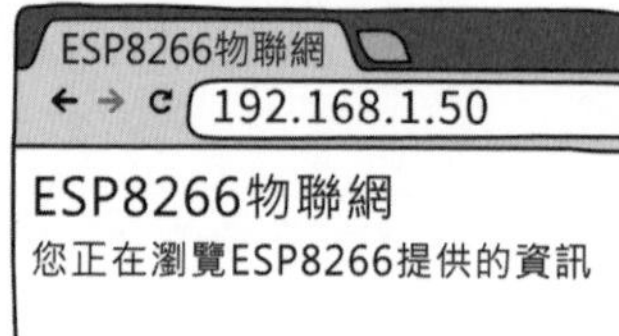

另一種在快閃記憶體儲存網頁資源的方式，請參閱筆者網站的「**在 ESP8266 的 SPIFFS 檔案系統存放網頁檔案**」貼文（http://swf.com.tw/?p=905）。

12-8 讓 NodeMCU 扮演網路前端上傳資料（IFTTT）

IFTTT 的名稱是 "If This, Then That." 的縮寫，代表「若發生這個事件，則執行那個動作」，該公司創辦時同時推出網站和手機 App，其核心理念是「讓網際網路為你工作（"Put the Internet to work for you"）」，自動串聯你愛用的 App、網站和裝置，帶來更便利的生活。

ITFFF 提供的服務是讓使用者設定 App 和裝置的協同運作規則，例如，你可以設定讓小孩的手機偵測在抵達以及離開校園時，自動發送 e-mail 或簡訊告知家人。或者，你也可以設定讓 Instagram 在拍攝照片之後，自動發布訊息到 Twitter 或者備份到 Dropbox；或者，自動收集免費 App 或 eBay 拍賣商品，每天發送訊息你...

IFTTT 的運作規則設置，稱為 "Recipe（方案）"，每個方案都包含一個叫做 "Trigger Channel" 的觸發事件來源，以及叫做 "Action Channel" 的動作處理方式。

IFTTT 的 "channel"（管道）一詞其實等同於 "service"（服務），筆者在撰寫本文時，IFTTT 已經提供將近 200 個「管道」可供選擇，從常見的 Facebook、YouTube、Google 行事曆...到聯網 3C 產品都有（如：Nest、手錶和洗衣機）；IFTTT 也提供 Maker 管道，讓你自製的物聯網裝置跟其他管道協同運作。

本單元將透過 IFTTT，在 NodeMCU 控制板的按鈕被按下時，發送一則 Gmail 郵件，並且順帶附上溫度和濕度數據。讀者可以把這個案例延伸到其他領域，例如，把「按鈕」替換成門窗上的磁簧開關，它就能應用在居家保全。你也可以將發送郵件，改成 Twitter、Facebook 或其他動作。

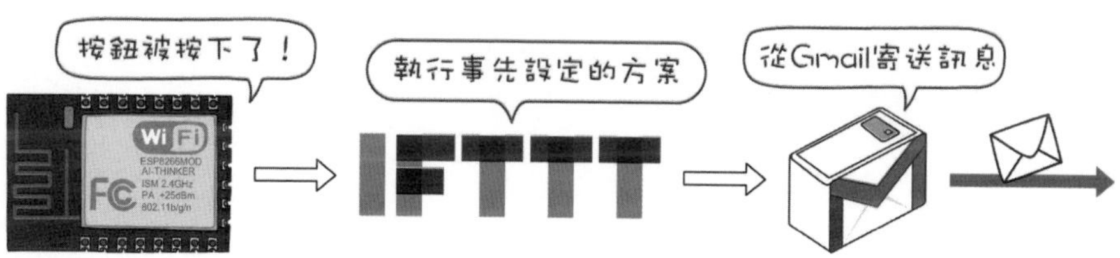

註冊與設置 IFTTT 服務

若是第一次使用 IFTTT 服務，請按下 **Sign Up（註冊）**鈕，接著設定您的 e-mail 和密碼：

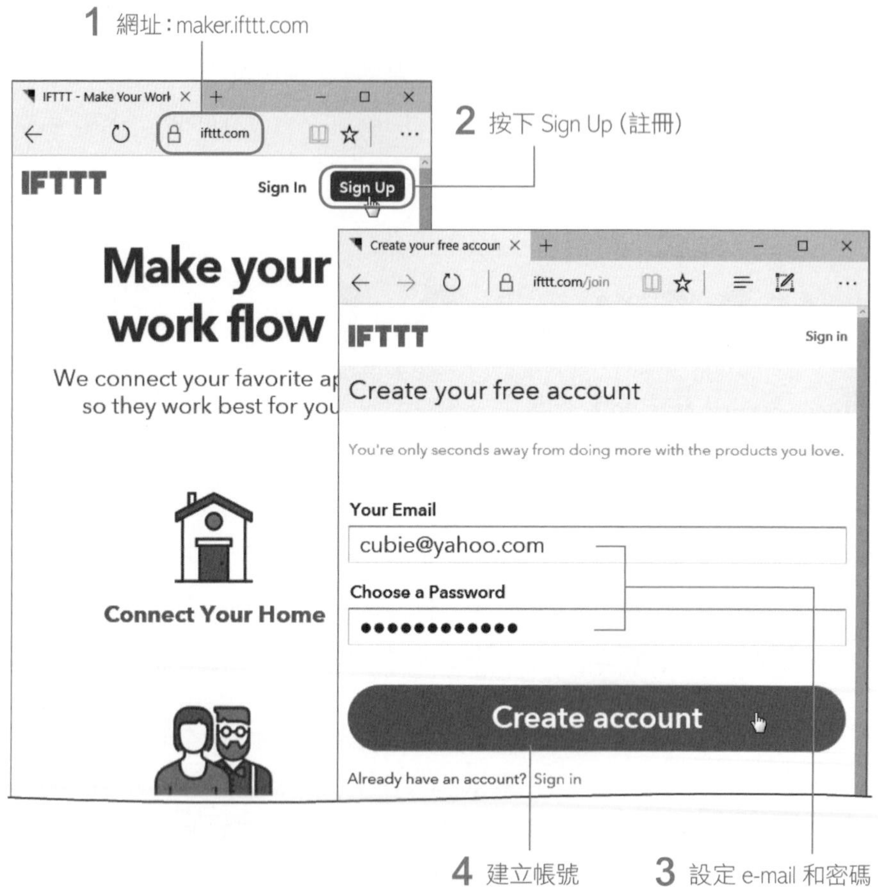

建立帳號之後，網頁會切換到 **Maker 管道（maker.ifttt.com）**，請依底下步驟設定提供裝置連結的路徑：

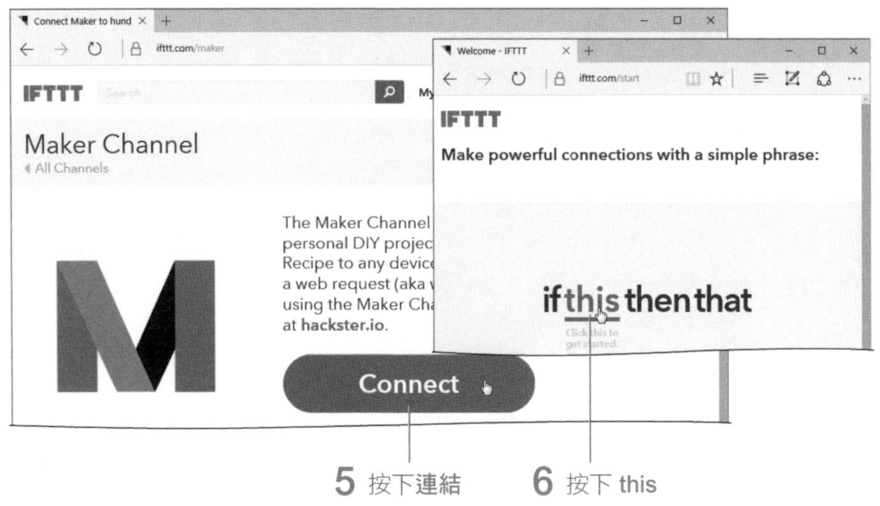

IFTTT 將產生一個**你專屬的鍵碼（key）**，稍後的 Arduino 程式將會用到它。接下來，你就可以自行設定多個事件觸發器。本單元將建立一個「當按鈕（開關）被按下時，透過 Gmail 通知使用者」的觸發器。請點選此網頁下角 **Triggers（觸發）**單元裡的連結：

12

底下的頁面說明「接收 web 請求」的事件，會在每次 IFTTT 網站收到用戶端的連結請求時，觸發指定的事件。請按下**建立一個新方案(Recipe)**，準備建立請求的連結網址，以及被觸發的事件：

按下 **this** 之後，就開始總共 7 大步驟的設置過程。首先選擇觸發事件的管道類型，此處為 "Maker"。在搜尋欄位輸入 "maker"，就能找到它：

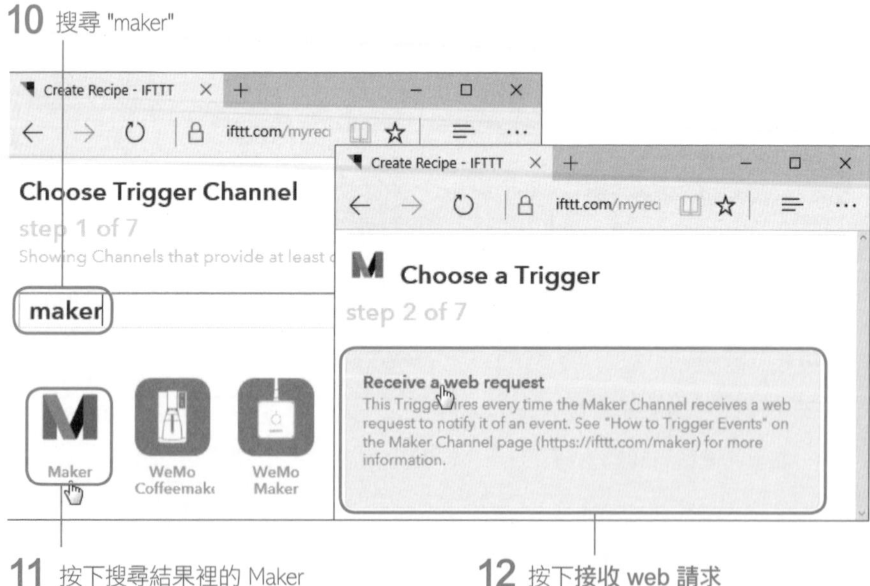

接著在 **EventName** 欄位，設定事件名稱。此事件名稱將是連結網址的一部分，請使用英文、數字和底線，並盡量設定一個有意義的名字，例如：button_pressed，其字面上的意義是「按鈕被按下」。

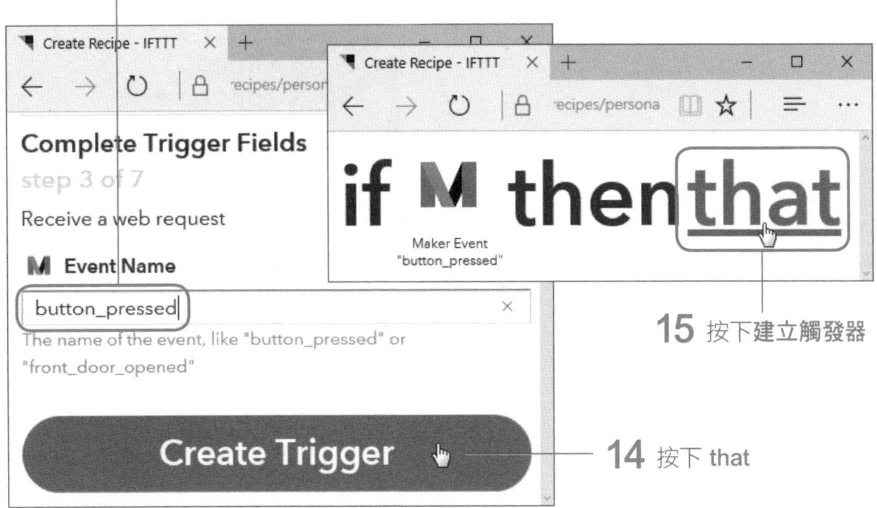

按下 that 之後，開始設定事件觸發之後的回應動作（action）。此例的動作是透過 Gmail 傳送電郵，請在底下的搜尋欄位輸入 "email" 或 "gmail"：

按下**連結**鈕之後，Gmail 將要求你授權給 IFTTT 存取一些資訊：

接著 IFTTT 要求你授權 Gmail 的離線存取權：

接著設定動作的詳細內容。我們可選擇性地在訊息中加入感測器參數，參數的名稱為 Value1~Value3（最多 3 個參數），此例假設我們的物聯網裝置會在觸發事件時，附帶傳遞溫度和濕度資料。

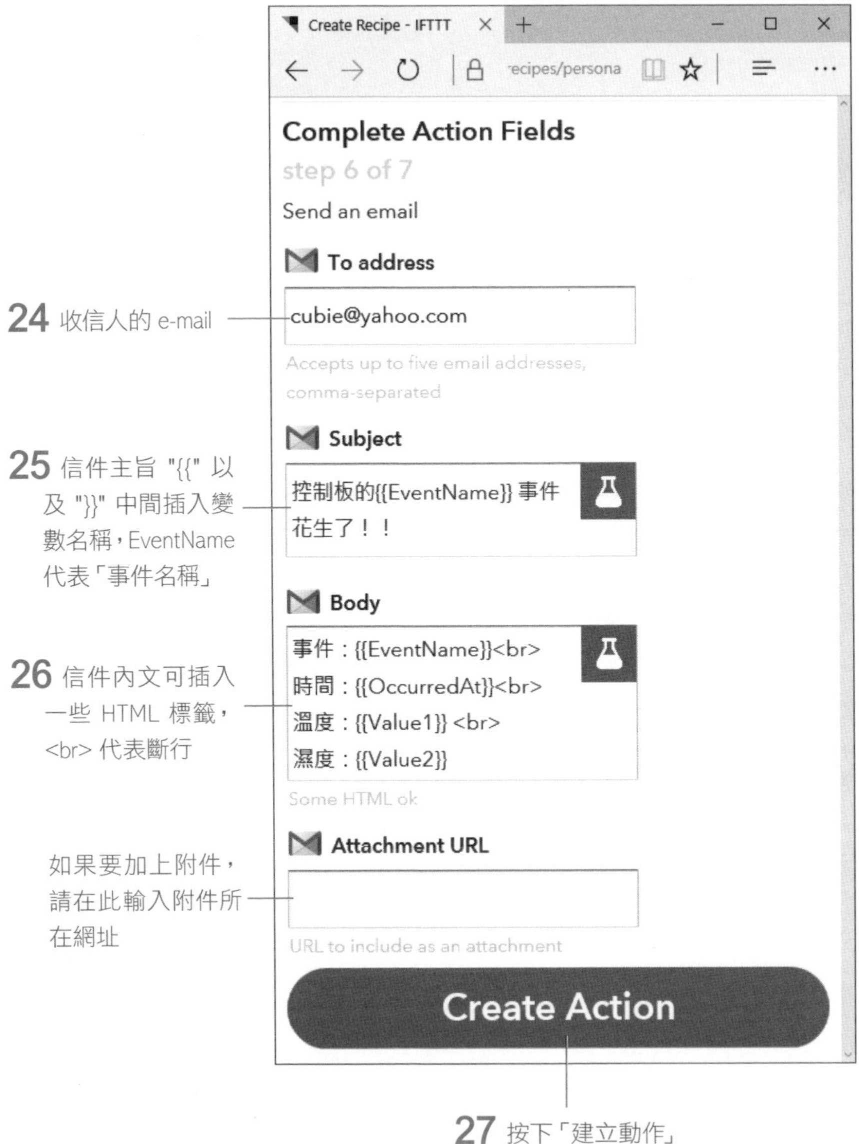

最後，替此方案設定一個標題：

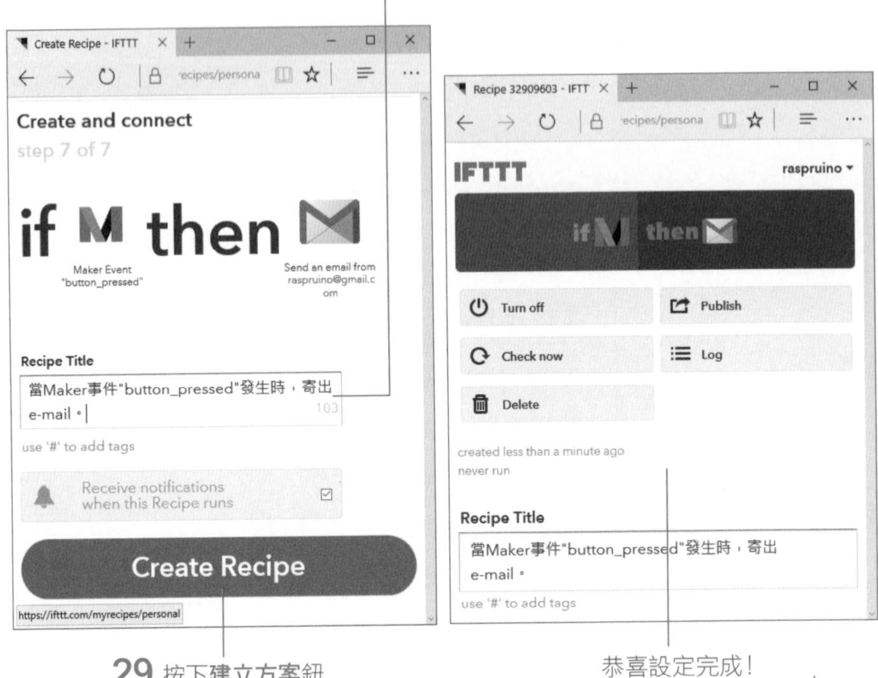

從 ESP8266 連結 IFTTT

IFTTT 的 Maker 方案的觸發連結網址格式如下：

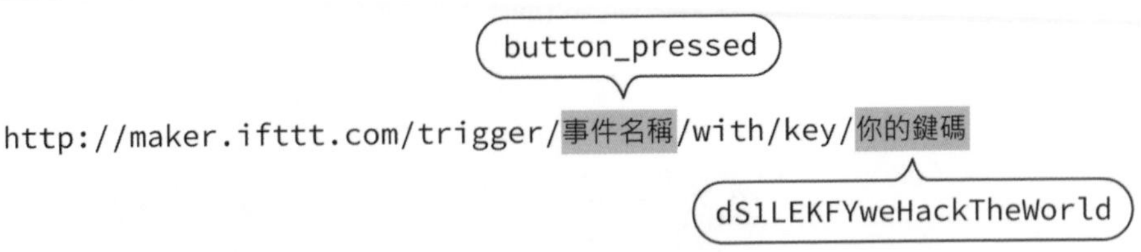

我們可以先用瀏覽器測試，請在瀏覽器中輸入完整的觸發連結網址，IFTTT 將回應「事件已經觸發」之類的訊息，你也將收到此觸發器傳送的 e-mail。

因為沒有上傳溫度和濕度數據，所以這兩個欄位值呈現空白輸入你的觸發器網址（[maker.ifttt.com/trigger/button_pressed/with/key/鍵碼]）

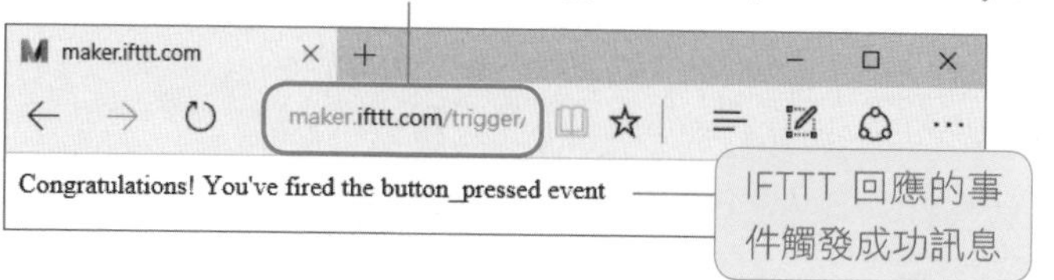

ESP8266 的 Arduino 程式具有扮演 HTTP 用戶端功能的 "ESP8266HTTPClient" 程式庫，本單元將透過它對 IFTTT 發起連線請求。請先在程式開頭引用程式庫，並宣告一些變數：

```
#include <ESP8266WiFi.h>
#include <ESP8266HTTPClient.h>  // 引用 HTTP 用戶端程式庫

const char ssid[] = "Wi-Fi SSID";
const char pass[] = "Wi-Fi 密碼";

HTTPClient http;  // 建立 HTTP 前端物件
```

接著設定連結 IFTTT 的自訂函式。發出 HTTP 請求之後，如果收到伺服器回應 **HTTP 代碼 200**，代表請求成功，可進一步透過 getString() 方法讀取回應內容 (payload)；若**收到負值，代表無法連線**：

HTTP前端物件.begin("連線主機", 埠號, "連線路徑")

```
void IFTTT() {
  http.begin("maker.ifttt.com", 80,
             "/trigger/button_pressed/with/key/鍵碼");   ← 請輸入你的鍵碼

  int httpCode = http.GET();  // 發出GET請求，並傳回伺服器回應代碼。
  // 若HTTP代碼大於0，代表HTTP連線成功。
  if (httpCode > 0) {
    Serial.println("HTTP code: %d", httpCode);  // 顯示HTTP代碼
                                  ↑ 代表接收數字類型的參數
    if (httpCode == 200) {
      String payload = http.getString();
      Serial.println(payload);   ← 讀取伺服器傳回的內容
    }
  } else {
    Serial.println("HTTP connection ERROR!");  // 顯示HTTP連線錯誤
  }
}
```

其餘程式碼如下：

```
void setup() {
  Serial.begin(9600);
  WiFi.begin(ssid, pass);
  Serial.println("");
  while (WiFi.status() != WL_CONNECTED) {
    delay(500);
    Serial.print(".");
  }
  Serial.println("Wi-Fi ready...");
  IFTTT();  // 連線到 IFTTT
}

void loop() {
}
```

12

上傳程式碼之後，ESP8266 將對 IFTTT 發出一次連結請求。

使用 POST 方法傳遞 JSON 資料

本單元將把上一節的程式行為改成：當 NodeMCU 上的 "FLASH" 按鈕被按下時，才發出連結請求，並且上傳兩個參數值。IFTTT 規定，上傳的參數必須包裝成 JSON 格式，用 POST 方法傳遞。

請在 IFTTT() 自訂函式中，加入新增 HTTP 標頭的敘述，並將 GET() 請求改成 POST()：

```
void IFTTT() {
  http.begin("maker.ifttt.com", 80,
             "/trigger/button_pressed/with/key/鍵碼");
  http.addHeader("Content-Type", "application/json");  // 新增HTTP標頭
                                  內容類型設成JSON
  int httpCode = http.POST("{ \"value1\":22, \"value2\":56 }");
  if (httpCode > 0) {                { "value1":22, "value2":56 }
    ⋮ // 程式碼不變                      代表溫度       代表濕度
  }
}
```

上面的 JSON 敘述固定傳回 22 和 56 參數值，讀者可自行改成其他感測器的資料值。讀取 DHT11 感測器温濕度數據的範例程式，請參閱下文。

NodeMCU 板子上的 "FLASH" 按鈕，與 ESP8266 晶片的 GPIO 0 腳相連（電路如下圖），搭配連接在微控器外部的上拉電阻，**若 FLASH 鈕被按下，GPIO 0 腳的輸入值將是低電位**；放開按鈕，GPIIO 0 腳的輸入為高電位。

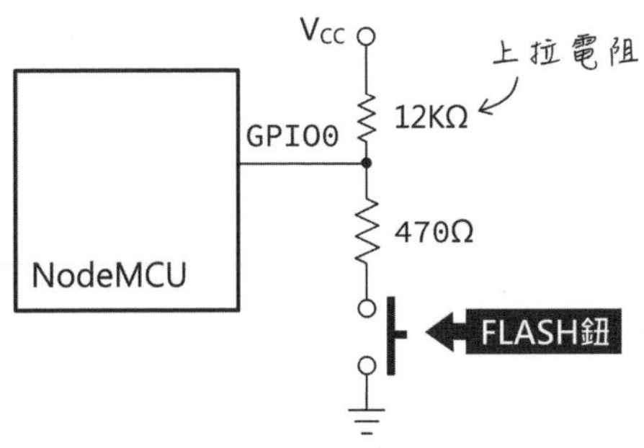

本單元程式將透過 FLASH 鈕來觸發 IFTTT() 函式。為了避免發生「按著按鈕時，連續觸發」IFTTT() 函式的情況（註：在短時間內重複對網站發出連結請求，會產生錯誤），筆者將按鈕程式設定為：若與上次按鈕時間相差超過 60 秒，才會觸發 IFTTT()。請修改上一節的程式，在開頭新增變數宣告：

```
const byte BTN_PIN = 0; // 按鈕腳位
const byte LED_PIN = 2; // LED 腳位

unsigned long previousMillis = 0;  // 儲存上次按鈕時間（毫秒）
const long interval = 60000;       // 預設的間隔時間（60 秒）
```

接著修改 setup() 函式的內容，刪除原本的 IFTTT() 函式呼叫：

```
void setup() {
  pinMode(LED_PIN, OUTPUT);    // LED 腳設成「輸出」
  pinMode(BTN_PIN, INPUT);     // 按鍵腳設定「輸入」

  Serial.begin(9600);
  WiFi.begin(ssid, pass);
    Serial.println("");
```

```
    while (WiFi.status() != WL_CONNECTED) {
      delay(500);
      Serial.print(".");
    }
    Serial.println("Wi-Fi ready...");
}
```

在 loop() 函式裡面加入偵測按鈕腳位變化，以及判斷時間間隔的程式：

```
void loop() {
  unsigned long currentMillis = millis();  // 讀取目前的時間
  boolean btnState= digitalRead(BTN_PIN);  // 讀取按鈕值

  if (btnState == LOW) {                  // 若偵測到按鈕被按下
    digitalWrite(LED_PIN, LOW);           // 點亮 LED
    // 若第一次按下（前次時間為 0），或者按鈕時間差大於間隔時間
    if ((previousMillis == 0) ||
        (currentMillis - previousMillis) >= interval) {
      previousMillis = currentMillis;
      IFTTT();  // 執行 IFTTT
    }
  } else {
    digitalWrite(LED_PIN, HIGH);          // 關閉 LED
  }
 }
```

上傳程式碼之後，按下 NodeMCU 板的 FLASH 鈕，LED 將會點亮並執行 IFTTT() 函式。

本單元以及 MQTT 通訊協定的補充說明，請參閱筆者網站的《從 ESP8266 連結 Node.js 並傳送 JSON 數據》這篇文章，網址：swf.com.tw/?p=997，以及《MQTT 教學（一）：認識 MQTT》，網址：swf.com.tw/?p=1002。

ESP8266 物聯網實作

本章將繼續探討 ESP8266 在物聯網方面的應用，介紹如何替 ESP 模組設定區域網路的域名、替 ESP-01 模組燒錄 Arduino 程式、透過網路更新 ESP 模組的韌體、連接 OLED 顯示器，以及燒錄並透過 Espruino (JavaScript 程式) 控制 ESP8266。

13-1 設置區域網路域名

物聯網設備最好能像烤麵包機一樣，插上電源就能使用，不需要繁複的網路設定。例如，新買的手機，只要開啟「畫面同步/AirPlay」投放功能，它就會自動探索區域網路中的可用裝置 (如：電視或媒體播放器) 並且連線播送影音。

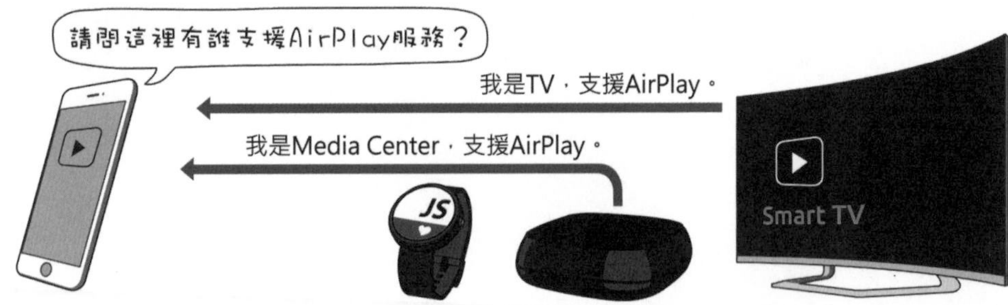

這種讓設備自動聯網的便捷功能通稱 **Zeroconf (Zero-configuration networking，零配置聯網)**，主要包含三種功能：

- **自動配置 IP 位址 (稱為 Link-local 位址)**：無需手動設定 IP 也不需要透過 DHCP 指定。
- **自動配置並解析網域名稱 (domain name)**：這項技術稱為 **mDNS (Multicast Domain Name Service，多點傳送域名服務)**。
- **在網路上傳播和接收自己與其他設備所能提供的服務**：這項技術稱為 **DNS-SD (DNS-based Service Discovery，直譯為「基於 DNS 的服務探索」)**。

蘋果公司的 Bonjour(原意為法文「你好」),就是一種零配置聯網技術,內建在 iOS 和 Mac OS X 系統。為了擴大此技術的應用範圍,蘋果將它開放原始碼,也提供 Windows 版本。Linux 上的 Avahi 就是基於此開放原始碼的零配置聯網服務軟體。

替 ESP8266 設定專屬網名和服務回應訊息

假設我們在家裡佈署數個 ESP8266 無線控制器,如果可以透過網域名稱而非 IP 位址存取它們,使用起來會更方便。例如,位於廚房的控制器,可以用 kitchen.local 來連接,而非 192.168.1.7:

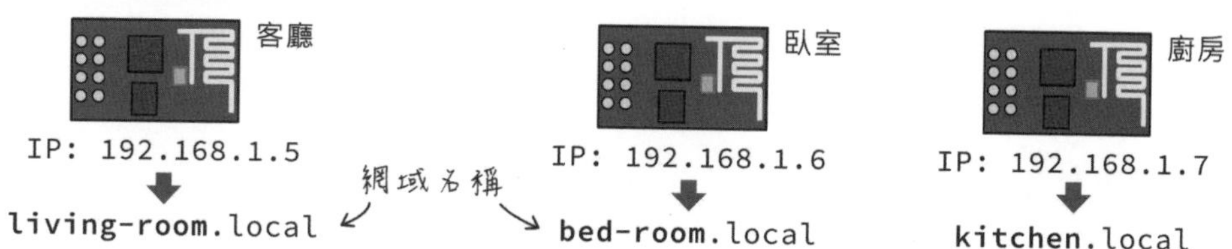

網域名稱的點之後的部份,稱為**頂級域名(Top-level Domain,簡稱 TLD)**,零配置聯網裝置的 TLD 使用**區域網路設備專屬的 .local**。例如,假設我們把 ESP8266 控制板命名成 "jarvis",則它的域名為 "jarvis.local":

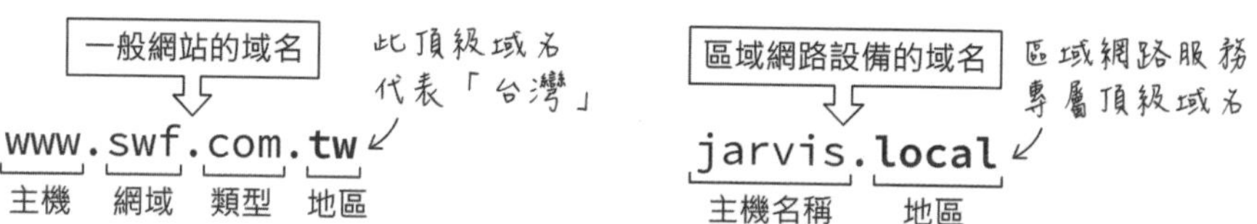

一般的網站(如:swf.com.tw)都要透過 DNS 伺服器,把網域名稱轉換成對應的 IP 位址,替零配置聯網裝置解析域名的則是 mDNS。蘋果公司的 Bonjour 包含 mDNS,微軟也有開發自己的 mDNS 技術,稱為 LLMNR(Link-local Multicast Name Resolution,連結本機多點傳送名稱解析),但並未獲得廣泛採用。當今市面上的零配置聯網裝置大都採用蘋果的 Bonjour 相關技術。

ESP8266 的 **ESP8266mDNS 程式庫，可提供設定裝置的域名以及服務項目的基本功能。**

> IP 位址配置不屬於 ESP8266mDNS 程式庫的功能，它會使用 ESP8266 從基地台取得的動態 IP 位址或者程式設定的固定 IP。

裝置提供的服務類型，透過底下的格式描述，假設此裝置提供 HTTP 網路服務，每當其他裝置開始探索週邊的「HTTP 服務」時，此裝置就會發出如下的回應訊息 (responder)：

實體名稱.服務類型.網域 ⇨ Cubie's ESP8266.**_http._tcp**.local

服務類型

其中：

- 實體名稱：可供人類閱讀的任何 UTF-8 編碼的字串。
- 服務類型：**底線開頭，加上標準 IP 協定的名稱**，例如：_http (代表 HTTP 服務)、_ipp (列印服務) 或 _daap (音樂服務)，後面跟著同樣**以底線開頭的傳輸協定**，例如：_tcp 或 _udp。因此，_http._tcp 代表基於 TCP 傳輸協定的 HTTP 網站服務，可用瀏覽器存取；_daap._tcp 代表基於 TCP 傳輸協定的數位音樂服務，可用 iTunes 軟體存取。
- 網域：標準的 DNS 網域格式，例如 swf.com.tw 或者只能從區域網路存取的 local。

本單元的範例程式將建立一個基本 HTTP 伺服器服務，並使用 ESP8266mDNS 程式庫設置控制板的域名，以及 HTTP 服務的回應訊息。

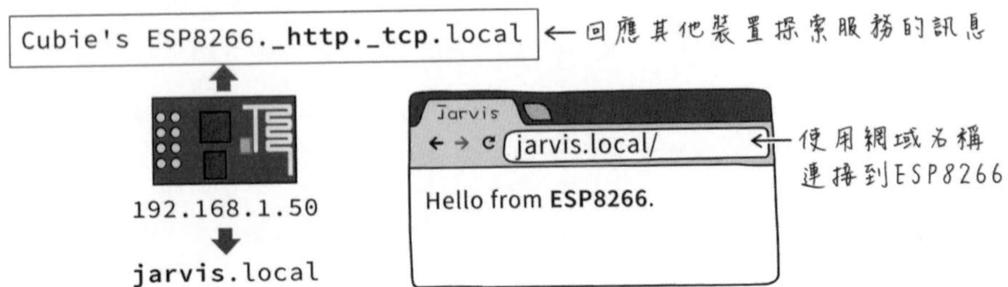

大部分的程式碼跟一般的 Wi-Fi 網站伺服器程式相同，完整的程式請參閱 mDNS.INO 檔：

```
#include <ESP8266WiFi.h>
#include <ESP8266WebServer.h>
#include <ESP8266mDNS.h>

ESP8266WebServer server(80);

void setup() {
  WiFi.begin(ssid, password);  // 連線到網路基地台
    ⋮        ←—— 此為確認WiFi連線成功的迴圈敘述

  if (!MDNS.begin("jarvis")) {   ← 設定主機名稱（無須加入.local域名）
    while(1) {
      delay(1000);
    }   ← 若無法成功設置mDNS，程式將停在這裡。
  }

  server.on("/", [](){
    server.send(200, "text/html", "Hello from <b>ESP8266</b>.");
  });
  server.begin();    // 啟用HTTP服務

  MDNS.setInstanceName("Cubie's ESP8266");  // 設置實體名稱
  MDNS.addService("http", "tcp", 80);        // 設置服務描述
}
        不用底線開頭，全部小寫。   http服務的埠號
```

編譯並上傳程式到 ESP8266，即可透過 "jarvis.local" 網址連結到此裝置網頁。

在手機或平板上，安裝 Bonjour Browser（Android 系統）或者 Network Explorer（iOS 系統）免費 App，探索區域網路中 Zeroconf 裝置。底下是 Bonjour Browser 探索到的 ESP8266 控制板資訊，從這個畫面可得知此裝置提供 HTTP 服務（位於 80 埠），以及它的實體名稱、域名和 IP 位址。

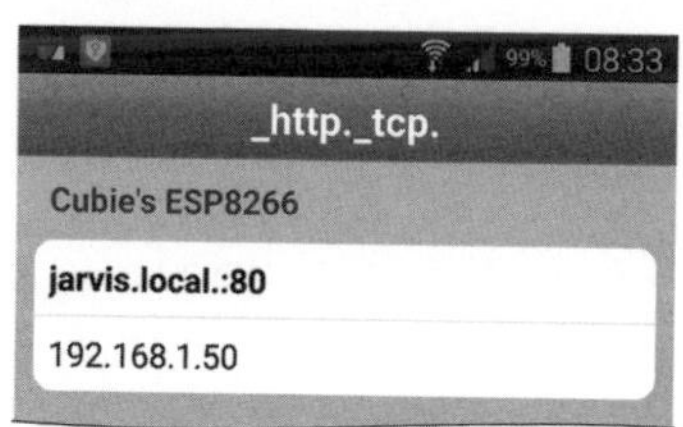

仔細看 App 顯示的網域名稱，**local 後面有個點(.)**，那並非 App 顯示錯誤，而是**代表「絕對網域名稱」**。如果在輸入網址時，例如："swf.com.tw"，後面加上點："swf.com.tw." 是合法的，因此讀取網站的根路徑可以寫成 "swf.com.tw./"。這點類似在 Linux 系統中，執行目前所在路徑底下的某個檔案(假設叫做 "arduino")，檔名前面要加上 "./"(如："./arduino")。實際上，在網際網路的 DNS 伺服器軟體中設置網域和對應的 IP 位址時，網域名稱後面必需要加上點，否則無法順利運作。

Windows 系統沒有內建蘋果的 Bonjour 服務，如果你的瀏覽器無法瀏覽到 .local 網址的裝置，簡單的解決方法是安裝蘋果的 iTunes，它會一併安裝 Bonjour 服務。

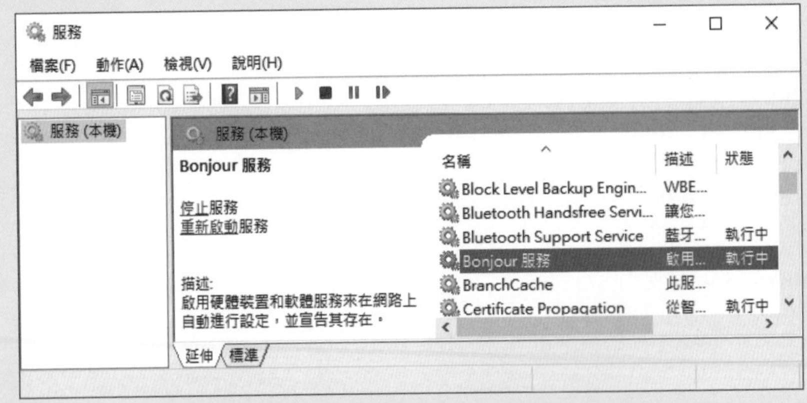

Windows 裡的 Bonjour 服務

或者，到蘋果的 Bonjour 開發者網站(https://developer.apple.com/bonjour/)下載 Windows 版的 **Bonjour Printer Service 軟體**，雖然它的名稱是「列印服務」，但它也將在 Windows 系統中加入 mDNS/Bonjour 服務。

Linux 系統(如：樹莓派的 Raspbian)可安裝支援 mDNS 和 DNS-SD 協定的 Avahi 免費軟體。Raspbian Wheezy 版系統使用者請在終端機視窗輸入底下的指令，安裝 Avahi(Jessie 版已預先安裝此軟體)：

```
sudo apt-get update
sudo apt-get install avahi-daemon
```

安裝完畢之後不用重新開機，即可透過 "主機名稱.local" 連結到此樹莓派。Raspbain 系統的預設主機名稱是 "raspberrypi"。下圖是在 Windows 系統的命令列視窗中，輸入 ping 指令，得到樹莓派回應的畫面：

如果在樹莓派上執行第三章的 Node 網站伺服器程式，就能透過 "raspberrypi.local" 連結到該主機網站。

動手做 使用 ESP-01 模組開發 Arduino 物聯網

實驗說明：使用 NodeMCU 控制板開發 Arduino 的物聯網應用很方便，但是如果你的 IoT 專案只用到少數接腳，那麼，ESP-01 模組是個不錯的選擇。本文將使用 ESP-01 模組，製作一個 Wi-Fi 調光器和開關。透過 jarvis.local 網址連線到 ESP-01 模組，即可從網頁調節 LED 亮度或者控制另一個 LED 的開關。

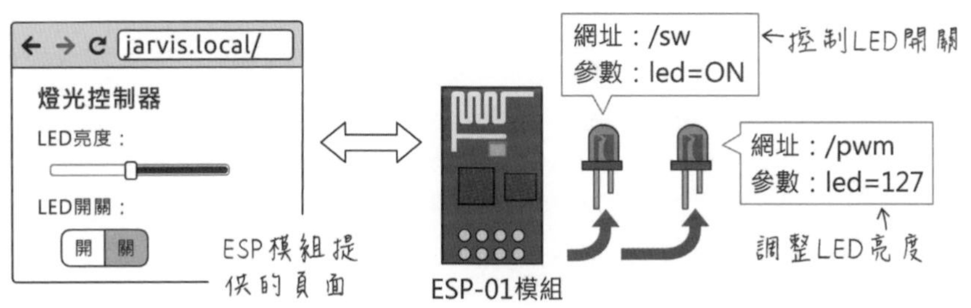

讀者可自行將 LED 部份的驅動電路，更換成 110V 電壓的調光器，或者改接繼電器驅動模組，即可控制電器開關。

實驗材料：

材料	數量
ESP-01 模組（筆者使用的 ESP 模組快閃記憶體大小為 1MB）	1 片
Arduino UNO 控制板（只用於燒錄 ESP-01 模組的韌體，實際運作時不需要它）	1 片
電阻 220Ω（紅紅棕）	2 個
電阻 2.2KΩ（紅紅紅）	2 個
LED（顏色不拘）	2 個

實驗電路：開機時，ESP-01 模組的 CH_PD 腳必須接高電位，LED 可用 220Ω~680Ω 電阻限流：

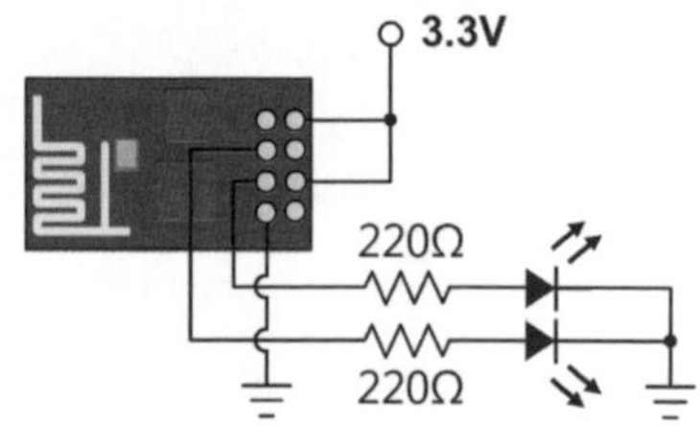

實驗程式：本單元使用 jQuery UI 程式庫，建立滑桿和開關介面。滑桿介面請參閱第二章說明；開關介面使用單選按鈕（Radio button）建立，再透過 jQuery UI 的 buttonset() 方法，改變它的外觀：

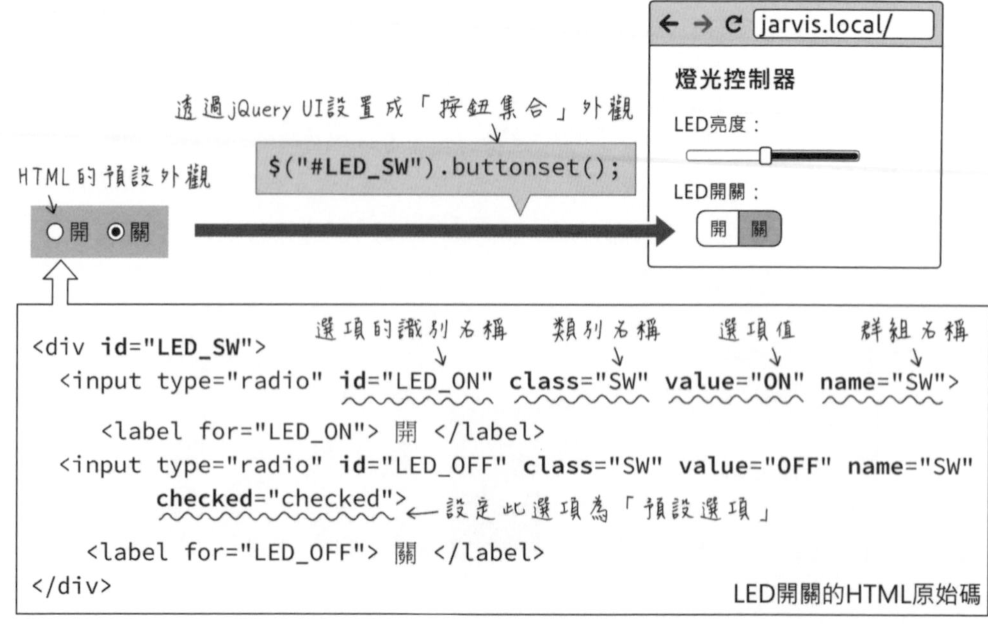

LED開關的HTML原始碼

當使用者調整滑桿或者按下開關鈕時，此頁面的 jQuery 程式都將對 ESP-01 模組的 HTTP 伺服器，發出 POST 請求，並透過 pwm 參數傳遞調光值或者 sw 參數傳遞開關狀態值。

處理選項鈕改變 (change) 的事件程式碼如下，當開、關按鈕狀態改變時，它將發出 "/sw" 網址的 POST 請求並傳遞 led 參數：

```
$(".SW").change( function() {
  var state = $(this).val();
  $.post( "/sw", { led:state } );
});
```

替所有SW類別元素，設置change事件。

取出狀態改變的選項按鈕值

此值將是"ON"或"OFF"

筆者將 HTML 網頁程式命名為 INDEX_PAGE 常數，存入快閃記憶體：

```
const char PAGE_INDEX[] PROGMEM = R"=====(
  <!doctype html>
  <html>
   ⋮
  </html>
)=====";
```

這裡面包含引用CDN的jQuery和CSS程式碼

網頁內容

index.h檔

主程式中，接收並處理 POST 參數值的片段如下，其餘部份的程式寫法和邏輯都已在第十二章其他單元解說過了。

```
server.on ("/sw", []() {                     // 處理/sw 連結的請求
  String state = server.arg("led");          // 讀取 "led" 參數值
  if (state == "ON") {                       // 如果是 "ON"，則點亮 LED
    digitalWrite(LED_PIN, HIGH);
  } else if (state == "OFF") {               // 如果是 "OFF"，則熄掉 LED
    digitalWrite(LED_PIN, LOW);
  }
});
```

```
server.on ("/pwm", []() {                // 處理/pwm 連結的請求
  String pwm = server.arg("led");        // 讀取 "led" 參數值（字串類型）
  int val = pwm.toInt();                 // 把參數轉換成整數值
  analogWrite(PWM_PIN, val);             // 輸出 PWM 訊號
});
```

使用 Arduino UNO 燒錄 ESP-01 模組程式：透過序列埠燒錄 ESP-01 模組的韌體時，可直接使用 Arduino 或 USB 轉序列埠的 3.3V 電源供電。

ESP-01 模組的 GPIO 0 腳必須接地，模組才會進入燒錄模式。由於 ESP-01 的腳位只接受 3.3V 電壓，因此，凡是**從 UNO 板輸入訊號到 ESP-01 模組的接腳，都要串接 2.2KΩ 電阻**。請參考下圖的接線方式，先拔除 UNO 板子上的 ATmega328 微控器，僅使用 UNO 板的 USB 轉 TTL 序列訊號器：

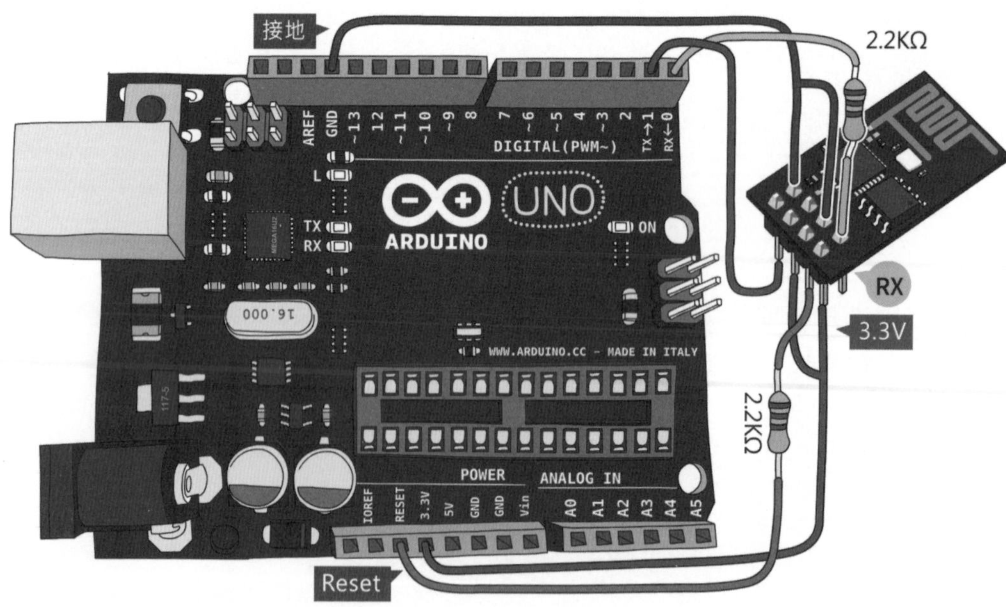

Arduino 軟體的『**工具/板子**』功能表，請選擇 **Generic ESP8266 Module**，其餘跟控制板相關的選項，請參閱下圖設定：

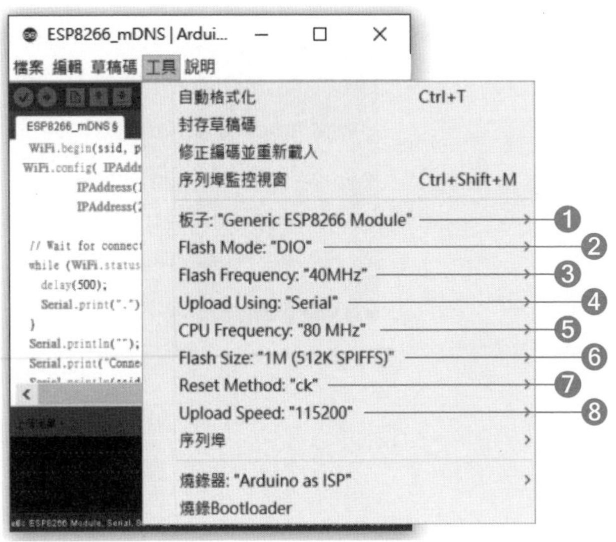

❶ 板子：通用型 ESP 模組	❺ CPU 頻率：80MHz
❷ 快閃記憶體模式：DIO（雙線 IO）	❻ 快閃記憶體大小：1M (512K SPIFFS)
❸ 快閃記憶體頻率：40MHz	❼ 重置方式：ck（時脈）
❹ 上傳方式：Serial（序列）	❽ 上傳速率：115200

其中，**Flash Mode**（快閃記憶體模式）有 DIO 和 QIO 兩種選項，分別代表 **Dual IO（雙線 IO，使用兩條線傳輸數據）以及 Quad IO（四線 IO，使用四條線傳輸數據，燒寫程式時的傳輸速度更快）**。實際的選項需視控制板採用的記憶體型號而定，例如：25Q32B 記憶體支援 DIO 及 QIO 模式，25Q32A 只支援 DIO。ESP8266 模組採用的快閃記憶體，多半僅支援 DIO 模式，若不確定的話，請選擇 DIO 模式。

Flash Size（快閃記憶體大小）選單，請依照你的 ESP-01 模組上面的快閃記憶體大小選擇 512K 或 1M。**SPIFFS** 選用預設值即可，例如 512K (64K SPIFFS)。

此燒錄韌體方式也適用於其他 ESP 模組。如果模組（如：ESP-12E）的引腳包含 GPIO15，則 GPIO15 和 GPIO0 都必須接地，模組才會進入燒錄模式。底下是 ESP-12E 的燒錄韌體電路，其中的電阻都是 2.2KΩ。

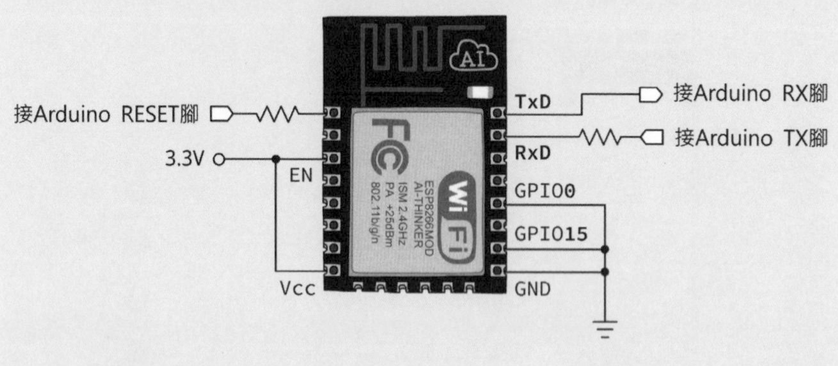

> 也可以參考 NodeMCU 的電路圖，在 EN、GPIO0 和 GPIO15 腳位各串接一個 10KΩ 左右的電阻。

13

實驗麵包板電路：上傳程式碼之後，請拆除 Arduino UNO 板重新接線。麵包板接線示範如下，通電之後不久，即可透過 "jarvis.local" 網址連結並控制 ESP-01 模組。

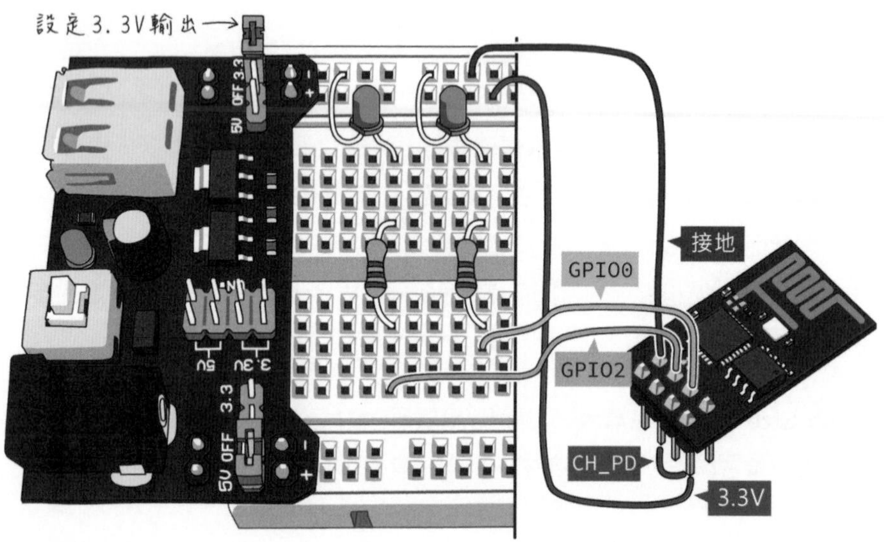

13-2 透過 OTA 更新 ESP8266 的韌體

OTA 更新韌體功能，能讓 ESP 模組像手機一樣，透過網路下載並更新系統，這項功能有助於開發人員更新佈署在各地的裝置。第十二章提到，ESP 模組的快閃記憶體規劃兩個「自訂韌體」空間，**第一次上傳自訂韌體時，必須透過序列埠**，韌體會被上傳到其中一個空間。開機時，將自動執行該韌體：

ESP 模組裡的開機啟動程式，會自動執行包含最新可用韌體區域裡的程式。當我們以 OTA 方式上傳韌體時，新的韌體會被存入另一個空間，只要安裝新韌體的過程沒有發生錯誤，**ESP 模組會自動重新啟動並且執行新韌體**：

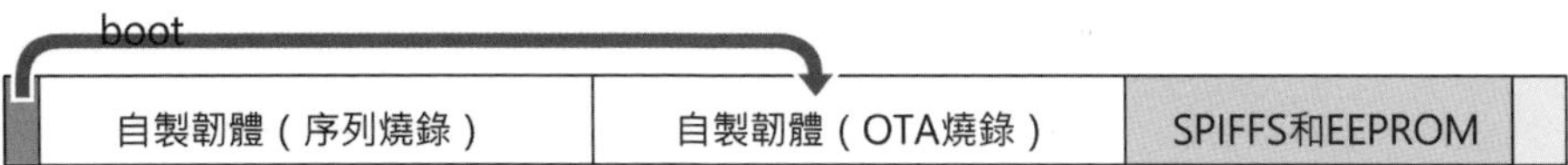

日後若再透過 OTA 更新韌體，新韌體會被下載到另一個空間，以此類推：

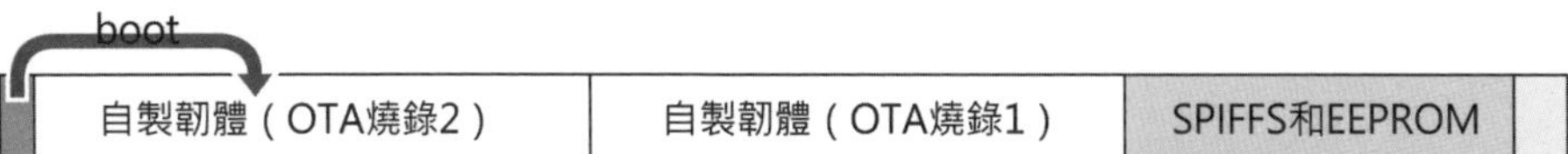

認識 OTA 更新程式

ESP 模組提供下列 OTA 更新韌體的方式：

- **Web 瀏覽器**：ESP 模組提供網頁，讓用戶上傳新韌體。
- **HTTP Server**：ESP 模組定時到指定的網址，檢查是否有新版韌體並自動更新。

● **Arduino IDE**：在 Arduino 軟體的『**工具**』選項，上傳方式選擇 **OTA**，詳細設置步驟請參閱筆者網站上的這一篇文章：swf.com.tw/?p=1034。

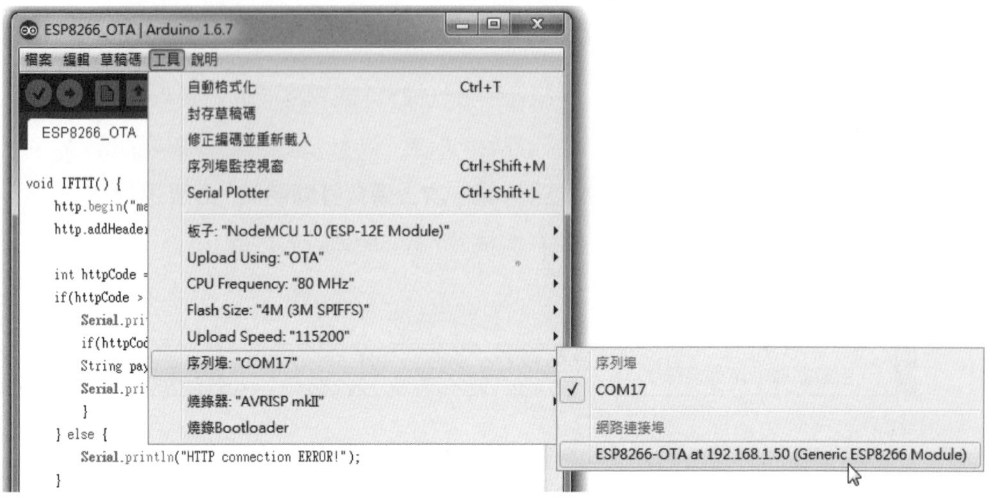

無論用哪一種方式，都要額外撰寫 OTA 處理程式，而且每一種程式的寫法都不太一樣。本文將使用 Web 方式，其餘方式的說明，請參閱 ESP8266 的 GitHub 專案網頁（https://goo.gl/lvNzfV）。

13

本單元將採用 **Web 瀏覽器上傳更新韌體**的方式，這種 OTA 的程式寫法，跟前面章節中介紹過的 Web 伺服器與 mDNS 程式相比，只有三處不同：

1. 引用處理透過網頁更新韌體的程式庫：ESP8266HTTPUpdateServer.h：

```
#include <ESP8266HTTPUpdateServer.h>
```

由於韌體是透過網頁更新，所以 ESP 模組本身一定要具備 HTTP 伺服器功能，底下的程式庫也是必要的：

```
#include <ESP8266WebServer.h>
```

2. 建立負責上傳韌體的 ESP8266HTTPUpdateServer 物件：

```
ESP8266HTTPUpdateServer httpUpdater;
```

負責處理網頁更新韌體的物件

也需要建立 HTTP 伺服器物件:

```
ESP8266WebServer server(80);  // 在 80 埠建立 HTTP 伺服器
```

3. 設置上傳韌體的物件程式:

前面要加&　HTTP伺服器物件

```
httpUpdater.setup( &server );    // 設置網頁更新韌體程式
server.begin();                  // 啟動HTTP伺服器
```

就這麼簡單!日後,你將能透過這個網址上傳韌體:

```
http://IP 或者域名/upload
```

整合 OTA 功能與自訂的程式

本單元將替發送 IFTTT 訊息的程式加入 OTA 功能。為了方便連結到此 ESP 模組,我們將使用 mDNS 設定主機名稱。首先在程式開頭引用程式庫:

```
#include <ESP8266WiFi.h>
#include <ESP8266HTTPClient.h>
#include <ESP8266mDNS.h>       // mDNS程式庫
#include <ESP8266WebServer.h> // 網站伺服器程式庫
#include <ESP8266HTTPUpdateServer.h>
```

←原先引用的程式庫(前兩行)

←處理網頁更新韌體的程式庫(最後一行)

新增的程式:

```
   :
HTTPClient http;

void IFTTT() {
   :
}
```

←原先的程式碼

```
const char host[] = "jarvis";

ESP8266WebServer server( 80 );
ESP8266HTTPUpdateServer httpUpdater;
```

主機名稱(指 "jarvis")

負責處理網頁更新韌體的物件(指 httpUpdater)

在原有的 setup() 函式最後加上 HTTP 伺服器、mDNS 與網頁更新韌體的相關程式：

```
void setup(){
  pinMode(LED_PIN, OUTPUT);
  pinMode(BTN_PIN, INPUT_PULLUP);
     ⋮
                MDNS.begin( host );     // 啟用mDNS
}
                httpUpdater.setup( &server );    // 設置網頁更新韌體程式
                server.begin();                  // 啟動HTTP伺服器

                MDNS.addService( "http", "tcp", 80 );
                MDNS.setInstanceName( "Cubie's ESP8266" );
```

最後，在 loop() 函式的第一行加入處理用戶連線的敘述：

```
void loop(){    server.handleClient();    // 處理用戶連線

  unsigned long currentMillis = millis();
  boolean btnState= digitalRead(BTN_PIN);
     :
}
```

程式修改完畢後，請同樣透過 USB 序列連線上傳程式到 NodeMCU 模組。現在，NodeMCU 控制板同時具備觸發 IFTTT 訊息，以及網頁更新韌體的功能。

測試 OTA 上傳程式

為了測試上傳韌體功能，請再修改上一節 IFTTT() 函式裡的 POST 參數：

```
void IFTTT() {
      :
   int httpCode = http.POST( "{\"value1\":12, \"value2\":34}" );
      :                                  ↑修改參數          ↑修改參數
}
```

> 若想要保留網頁上傳韌體功能，新的程式（韌體）裡面也要像上一節程式一樣，引用 ESP8266HTTPUpdateServer.h 並撰寫相關程式，否則只能透過序列埠更新韌體。

接著選擇 Arduino 軟體『**草稿碼/Export compiled Binary（匯出已編譯的二進位檔）**』指令，它將把編譯好的程式檔（.bin 檔）存放在原始檔（.ino 檔）的資料夾：

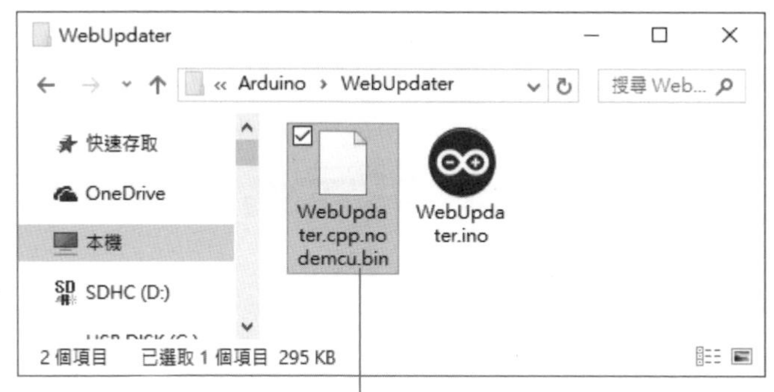

編譯好的二進位檔

開啟瀏覽器連結 "jarvis.local/upload" 網址，進入上傳韌體頁面：

按下 **Update（更新）** 鈕後，過一會兒，它顯示 OK，NodeMCU 板也將自動重新啟動，執行新韌體。

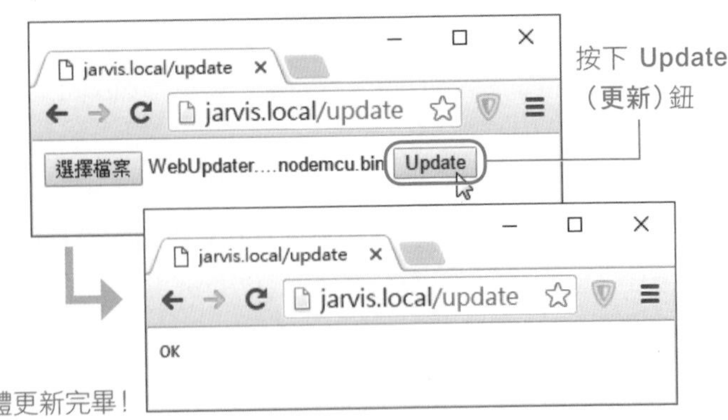

13-3 使用 OLED 顯示器呈現 IP 位址和溫濕度值

本單元將採用 0.97 吋、128×64 像素的 OLED「圖像式」顯示器模組（以下簡稱 OLED 模組），來呈現 Wi-Fi 圖標、控制器的 IP 位址，以及溫濕度資料。OLED 模組和文字型 LCD 顯示器一樣，同樣內建一個控制晶片，這個晶片型號是 SSD1306，它具有 I²C, SPI 和並列埠介面，有些 OLED 模組同時提供 I²C 和 SPI 兩種介面，有些只有 I²C。

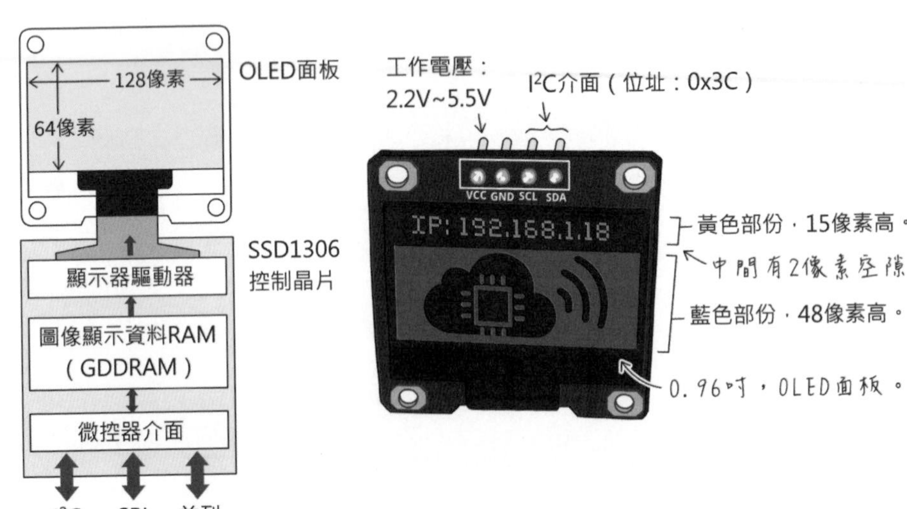

SPI 介面的優點是傳輸速度快，但是需要用到的接線數比較多，如果要銜接 ESP-01 模組，就只能選用 I^2C 介面。就單色顯示器來說，每個像素佔用一個位元，整個畫面佔用 8Kb（128×64÷1024=8K bit），以 I^2C 介面的標準 100kbps 傳輸速率計算，每秒最多可更新 12 個完整畫面。

實際傳輸速度還要扣除控制指令佔用的位元。

筆者購買的是 I^2C 介面、黃藍雙色 OLED 螢幕，「雙色」並非指每個像素可以顯示兩個顏色，而是一個螢幕分成兩種固定色彩的顯示區域，不能切換。

連接 I^2C 介面的 OLED 顯示器

由於 I^2C 從端（slave）設備的 SDA（資料）與 SCL（時脈）腳都是**開汲極**，因此訊號線要個別連接上拉電阻（通常接 1.8KΩ 或 1.9KΩ）：

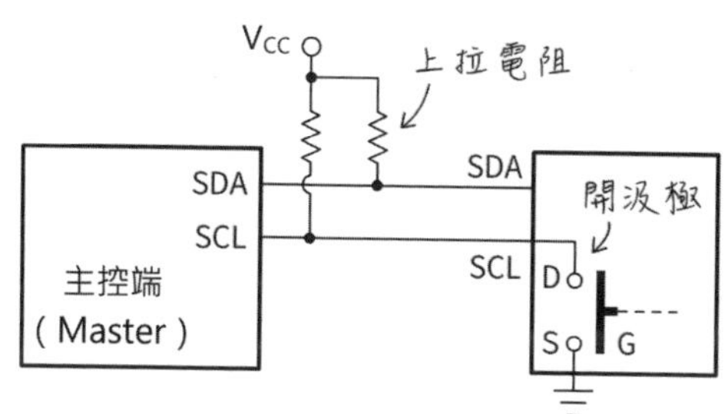

NodeMCU 控制板標示為 D3 (GPIO0) 和 D4 (GPIO2) 的接腳，包含 12KΩ 上拉電阻，所以可直接與 I^2C 週邊相連。DHT11 模組和 OLED 顯示器的電路接線示範如下，OLED 模組的電源可接 3.3V 或 5V。DHT11 若非使用現成的模組，可參考下圖右的方式接線（實驗時，可省略 DHT1 資料輸出的 10KΩ 上拉電阻）：

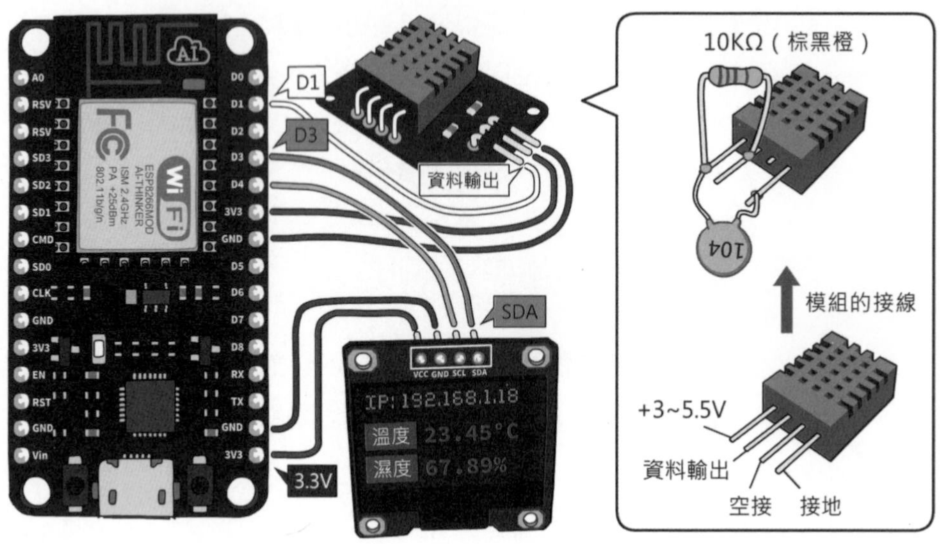

底下 OLED 顯示器的相關單元，全都使用上圖的電路。

OLED 程式庫的字型定義與 XBM 圖像轉檔

SSD1306 晶片內部沒有預設字體，需要由程式提供。所幸，每個 OLED 程式庫都已預先定義好字體。本單元的 ESP8266 Arduino 程式採用的是 Mike Rankin 撰寫的 OLED 程式庫 (https://goo.gl/Cgil01)。

假設本單元的專案資料夾為 "espOLED"，除了主程式檔之外，資料夾裡面還需要字型和 OLED 模組的程式檔（這些檔案位於書附光碟 OLED_basic 資料夾）：

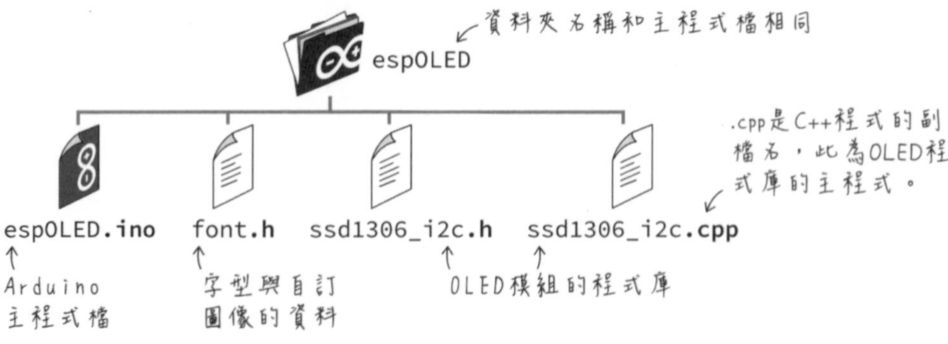

OLED 程式庫提供的 font.h 字型定義檔，包含從空白字元開始，依 ASCII 編碼排列的 96 個字元，每個字元佔用 8×8 像素空間。底下是其中的 '@' 字元定義：

	行1	行2	行3	行4	行5	行6	行7	行8
列1	0	0	1	1	1	0	0	0
列2	0	1	0	0	0	1	0	0
列3	0	0	0	0	0	1	0	0
列4	0	0	1	1	0	1	0	0
列5	0	1	0	1	0	1	0	0
列6	0	1	0	1	0	1	0	0
列7	0	0	1	1	1	0	0	0
列8	0	0	0	0	0	0	0	0

2進位 →

列8 ↓ … 列1 ↓

```
{
  0b00000000,
  0b00110010,
  0b01001001,
  0b01111001,
  0b01000001,
  0b00111110,
  0b00000000,
  0b00000000
}
```

16進位 →

```
{
  0x00,   ← 行1
  0x32,
  0x49,
  0x79,
  0x41,
  0x3E,
  0x00,
  0x00    ← 行8
}
```

在 OLED 螢幕上呈現圖文，大致要經過底下五個步驟：

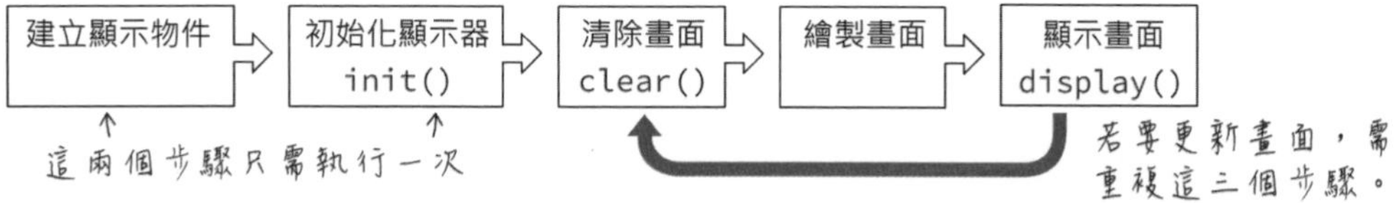

Arduino 程式透過 Wire.h 程式庫處理 I²C 通訊，**ESP8266 的 I²C 接腳可自由設定，僅支援主控端（master）模式**，若不指定接腳，則採用預設的 GPIO4 (SDA) 和 GPIO5 (SCL) 腳。

底下的程式碼將能在 OLED 顯示器的 (10, 20) 座標位置顯示 "Hello!" 文字。跟電腦顯示器一樣，OLED 畫面左上角是座標原點 (0, 0)，水平軸座標往右邊遞增；垂直軸座標往下遞增：

```
#include <Wire.h>
#include "ssd1306_i2c.h"
#include "font.h"

SSD1306 oled(0x3c, 0, 2);

void setup() {
  oled.init();   // 初始化顯示器
  oled.clear();  // 清除畫面
  oled.drawString(10, 20, "Hello!");

  oled.display();
}

void loop() {
}
```

建立顯示物件

I²C位址，SDA腳，SCL腳

繪製字串

顯示物件.drawString(水平座標，垂直座標，"字串")

開始顯示（更新畫面）

(0,0)

VCC GND SCL SDA

(10,20)

Hello!

OLED 程式庫的 drawString() 方法，會自動提取 font.h 定義的字元像素資料，傳遞給 OLED 顯示器。

13

定義 OLED 顯示器的點陣圖像資料

顯示在 OLED 螢幕上的內容，都要像上文提到的 "@" 字元一樣，事先定義像素資料。以顯示 Wi-Fi 標誌為例，我們要把圖像中的每個黑色或白色像素對應為 1 或 0，編寫成陣列資料：

WiFi

.BMP黑白點陣圖

```
const unsigned char wifi [] = {
  0x00, 0x00, 0x00, 0x00, 0x00, 0x00, 0x00, 0x00,
  0x0F, 0xFE, 0x00, 0x00, 0x00, 0x00, 0x3F, 0xFF,
  0x80, 0x00, 0x00, 0x00, 0xFF, 0xFF, 0xE0, 0x00,
  0x00, 0x01, 0xFF, 0xFF, 0xF0, 0x00, 0x00, 0x03,
   :
};
```

像素資料陣列

所幸我們不需要手動編寫這些資料，有些網站提供線上點陣圖轉換服務（搜尋關鍵字：oled bitmap converter，例如：http://goo.gl/m7UMMO），也有免費的點陣圖轉換工具可用，如：LCD Assistant（下載網址：http://goo.gl/E69iu7），上面的 Wi-Fi 標誌就是用這個工具把 .BMP 圖檔轉換成像素陣列資料。

LCD Assistant 操作畫面

除了上述的點陣資料形式，本書採用的 OLED 程式庫還支援另一種 **XBM 點陣格式**（X BitMap，最早用於 Unix 系統的 X Window 視窗環境中，定義游標和 icon 圖像）。本單元程式採用 XBM 格式，讀者可預先準備 .PNG, .BMP, .GIF, ...等常見的點陣圖檔，透過免費的線上轉檔工具轉換成 XBM。

把包含「溫度」中文字的圖像（書附光碟裡的 temperature.png 檔），透過下圖的網站（http://goo.gl/JFN9cT）轉換成 XBM 格式的步驟：

1 確認目標檔案格式 XBM

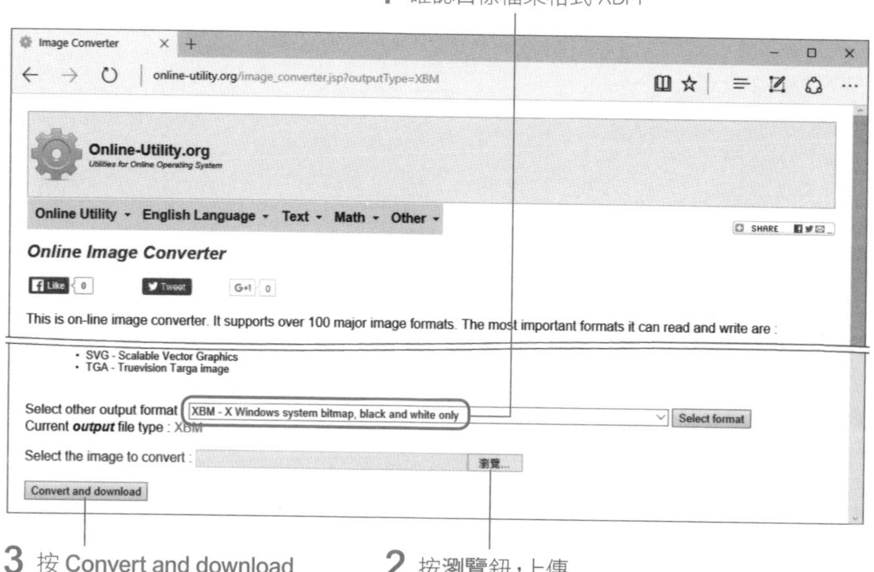

3 按 Convert and download（轉換並下載）鈕

2 按瀏覽鈕，上傳 "temperature.png" 檔

轉換成 XBM 之後，你將取得一個 .XBM 檔（temperature.XBM）。使用文字編輯器軟體（如：記事本）開啟它，可看到類似底下的內容：

以時間毫秒數命名

```
#define 1454398343556_width 32
#define 1454398343556_height 16
static char 1454398343556_bits[] = {
  0xFF, 0xFF, 0xFF, 0xFF, 0xFF, 0xFF, 0xFF, 0xFF, 0x77, 0x80, 0xFF, 0xFE,
  ⋮ 中間的資料省略
  0xFF, 0xFF, 0xFF, 0xFF, };
```

影像的寬、高數據，在 Arduino 程式中可省略。

影像資料

XBM 檔原始碼最前面兩行的寬、高定義，OLED 程式庫用不到這兩個定義，可以刪除。預設的陣列資料識別名稱採用「時間毫秒數」加上 "_bits" 結尾命名，請複製 .XBM 裡的點陣資料，改寫成底下的陣列資料定義，存入 font.h 檔：

識別名稱　將影像資料存入程式（快閃）記憶體

```
const char temperature[] PROGMEM = {
  0xFF, 0xFF, 0xFF, 0xFF, 0xFF, 0xFF, 0xFF, 0xFF, 0x77, 0x80, 0xFF, 0xFE,
  ⋮ 中間的資料省略
  0xFF, 0xFF, 0xFF, 0xFF, };
```

影像資料無需修改

上面的敘述將在程式（快閃）記憶體存入識別名稱為 "temperature" 的「溫度」文字圖檔。請重複上述步驟，在 font.h 檔裡面插入另一個命名為 "humidity"（濕度）的「濕度」文字圖像，以及另一個代表攝氏溫度（℃）的圖像，並命名為 "degree"。

在 OLED 顯示器呈現圖文

本節將說明如何在 OLED 顯示器上呈現虛構的 IP 位址和溫濕度資料，畫面元素的座標設定如下，其中的「溫度」、「濕度」文字和 "℃" 單位，都是圖像：

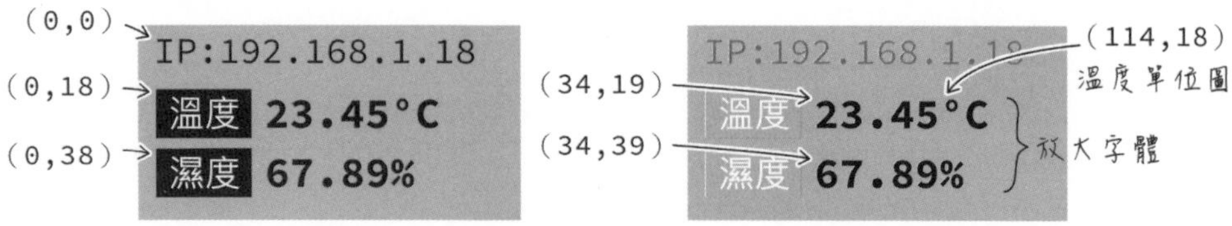

(0,0) → IP:192.168.1.18
(0,18) → 溫度 23.45°C
(0,38) → 濕度 67.89%

(34,19) → 23.45°C ← (114,18) 溫度單位圖
(34,39) → 67.89% } 放大字體

繪製點陣圖像的指令語法如下，這個敘述將在 (0, 18) 座標顯示 32×16 像素大小的「溫度」圖像：

```
oled.drawXbm(0, 18, 32, 16, temperature);
```

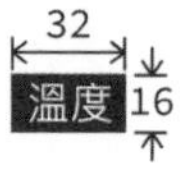

顯示物件.drawXbm(水平座標, 垂直座標, 影像寬, 影像高, 影像資料識別名稱)

32 × 16 溫度

OLED 程式庫具有把文字放大兩倍顯示的指令，傳入 false 參數代表用普通大小顯示：

```
oled.setFontScale2x2(false);
oled.drawString(0, 0, "IP:192.168.1.18");
```

false：代表「不要」放大字體
"IP:192.168.1.18"：用普通大小顯示此字串

底下的敘述將在 (34, 19) 座標，放大兩倍顯示字串：

```
oled.setFontScale2x2(true);
oled.drawString(34, 19, charTemp);
```

true：代表放大字體
charTemp：放大兩倍顯示此變數內容（字串）

筆者把顯示 IP 和溫、濕度的畫面寫成 displayData() 函式，它將接收浮點數字格式的溫度 (t) 和濕度 (h) 參數，然後把它們顯示在 OLED 螢幕：

```
String ipStr = "IP:192.168.1.18" ; // 暫存 IP 位址的字串變數

void displayData(float t, float h) {
  char charTemp[6];  // 暫存溫度值的字元陣列
  char charHum[6];   // 暫存濕度值的字元陣列

  dtostrf(t, 5, 2, charTemp);  // 把溫度參數轉成字串
  dtostrf(h, 5, 2, charHum);   // 把濕度參數轉成字串
```

```
  oled.clear();                        // 清除畫面
  oled.setFontScale2x2(false);         // 普通字體大小
  oled.drawString(0, 0, ipStr);        // 繪製 IP 位址
  oled.setFontScale2x2(true);          // 放大文字
  // 繪製「溫度」文字圖像
  oled.drawXbm(0, 18, 32, 16, temperature);
  // 繪製「濕度」文字圖像
  oled.drawXbm(0, 38, 32, 16, humidity);
  oled.drawString(34, 19, charTemp);          // 繪製溫度值
  oled.drawXbm(114, 18, 16, 16, degree);      // 繪製℃圖像
  oled.drawString(34, 39, charHum);           // 繪製濕度值
  oled.drawString(114, 39, "%");              // 繪製 "%" 文字
  oled.display();                             // 更新/顯示畫面
}
```

修改上個單元顯示 "Hello!" 的程式，主要是加入暫存 IP 位址的字串變數，以及呼叫自訂函式的敘述：

```
void setup() {
  oled.init();                         // 初始化顯示器
  displayData(23.45, 67.89);           // 顯示溫濕度
}
```

上傳程式到 NodeMCU 板，即可在 OLED 螢幕顯示虛構的 IP 和溫濕度值。

動手做 在 OLED 顯示 IP 位址與動態溫濕度

實驗說明：本單元程式將整合 ESP8266WebServer（網站伺服器）程式庫、OLED 程式庫和 DHT11 程式庫，製作一個能在 OLED 顯示伺服器 IP 位址與 DHT11 溫濕度值，同時可接受 HTTP 請求（路徑：/th.json），傳回 JSON 格式的溫濕度資料的程式。

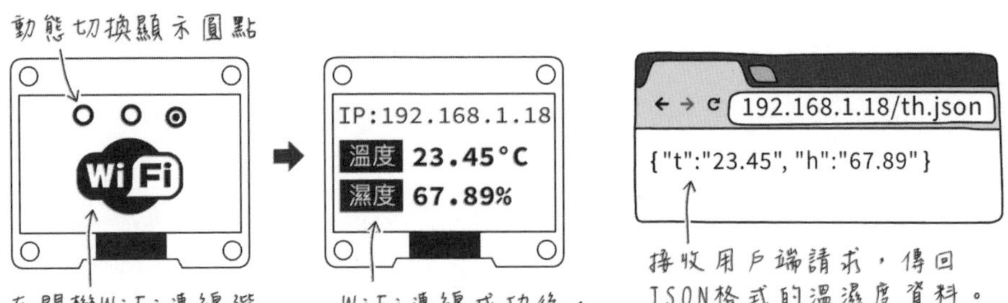

開啟 NodeMCU 電源或重置時，OLED 畫面將首先呈現 Wi-Fi 圖案並且動態切換顯示上方的圓點，代表系統正在連線中。連線成功後，畫面將自動顯示 IP 和溫濕度。

實驗程式：首先引用必要的程式庫並宣告一些變數和物件：

```
#include <ESP8266WiFi.h>
#include <ESP8266WebServer.h>
#include <Wire.h>
#include "ssd1306_i2c.h"
#include "font.h"
#include <dht11.h>
#define DHT11PIN 5   // DHT11輸出接第5腳

const char ssid[] = "WiFi SSID名稱";
const char pass[] = "WiFi密碼";
String ipStr;  // 儲存IP位址

ESP8266WebServer server(80); // HTTP伺服器物件
SSD1306 oled(0x3c, 0, 2);    // OLED顯示器物件
dht11 DHT11;                 // DHT11感測器物件

float temp;  // 儲存溫度
float hum;   // 儲存濕度
```

WiFi網路和網站伺服器程式庫

I²C通訊，以及OLED顯示器相關程式庫。

DHT11感測器程式庫

呈現 Wi-Fi 標誌的程式片段和圖像，取自 OLED 驅動程式的 Icon_Based 範例（https://goo.gl/TMvOqR），筆者把 icons.h 檔裡的三個圖像定義複製到本單元程式的 font.h 裡面。

```
const char active_bits[] PROGMEM = {      // 實心圓點
   0x00, 0x18, 0x3c, 0x7e, 0x7e, 0x3c, 0x18, 0x00 };

const char inactive_bits[] PROGMEM = {    // 空心圓點
   0x00, 0x18, 0x24, 0x42, 0x42, 0x24, 0x18, 0x00 };

const char WiFi_Logo_bits[] PROGMEM = {   // WiFi標誌
     ⋮ // 內容省略
};
```

icons.h檔案的部份內容

底下是本單元程式，setup() 函式裡的等待 Wi-Fi 連線的迴圈程式，新增的部份將顯示 Wi-Fi 標誌，其中的 drawSpinner() 函式（取自 OLED 範例裡的 Icon_Based.ino 檔）負責繪製三個動態圓點：

```
display.init();

int counter = 0;
while (WiFi.status() != WL_CONNECTED) {
  delay(500);
  Serial.print(".");

    display.clear();    // 清除畫面
    display.drawXbm(34, 18, 60, 36, WiFi_Logo_bits);
    drawSpinner(3, counter % 3);   // 繪製三個動態圓點

    display.display();
    counter++;
}
```

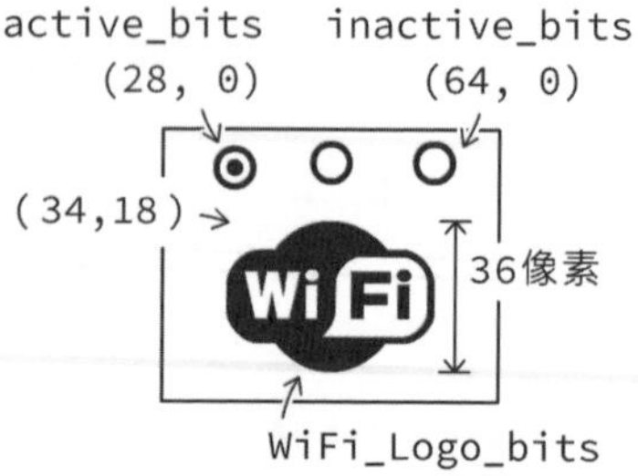

一旦 Wi-Fi 連線成功，底下讀取 IP 位址的程式碼將被執行：

更新畫面之前，先清除畫面。

```
oled.clear();
IPAddress ip = WiFi.localIP();  // 讀取裝置的IP位址
ipStr = "IP:" + String(ip[0]) + '.' + String(ip[1]) +
        '.' + String(ip[2]) + '.' + String(ip[3]);
oled.setFontScale2x2(false);
oled.drawString(0, 0, ipStr);
oled.display();  // 先在第一行顯示IP位址
```

把IP位址轉成字串

接著設定來自用戶端的 "/th.json" 路徑請求回應，並啟動網站伺服器：

儲存溫度值的變數　　儲存濕度值

```
server.on("/th.json", [](){
  String str = "{\"t\":" + String(temp) + ",\"h\":" + String(hum) + "}";
  server.send(200, "text/javascript", str);
});
server.begin();
```

回應訊息為JSON類型

讀取 DHT11 感測器的程式，和**超圖解 Arduino 互動設計入門**書籍第九章「數位溫濕度感測器」單元雷同。筆者將它包裝成 readDHT11() 函式，並且在程式開頭宣告兩個儲存時間的變數，讓讀取 DHT11 資料的程式至少隔兩秒才會執行一次：

```
unsigned long previousMillis = 0;  // 儲存前次偵測時間（毫秒）
const long interval = 2000;        // 讀取 DHT11 的間隔時間（毫秒）

void readDHT11() {
  unsigned long currentMillis = millis(); // 儲存目前的偵測時間

  // 若偵測時間間隔大於 2 秒
  if(currentMillis - previousMillis >= interval) {
```

```
    // 將前次偵測時間設定成目前的時間
    previousMillis = currentMillis;

    int chk = DHT11.read(DHT11_PIN);    // 讀取 DHT11 資料

    if (chk == 0) {    // 若 read()函式傳回 0，代表讀取正常
      temp = DHT11.temperature;          // 儲存溫度值
      hum = DHT11.humidity;              // 儲存濕度值

      displayData(temp, hum);            // 更新 OLED 畫面
    } else {     // 否則，在序列埠監控視窗顯示「資料讀取錯誤」
      Serial.println("DHT11 reading error.");
    }
  }
}
```

完整的程式碼請參考書附光碟裡的 OLED_DHT11.ino 檔，底下是本單元的 loop() 函式：

13

```
void loop() {
  server.handleClient();  // 處理用戶連線
  readDHT11();            // 讀取 DHT11 感測值
}
```

透過 dtostrf() 函式可把 float (浮點數字) 轉換成字串，例如，底下兩行敘述執行之後，浮點數字串將儲存於 charTemp 陣列：

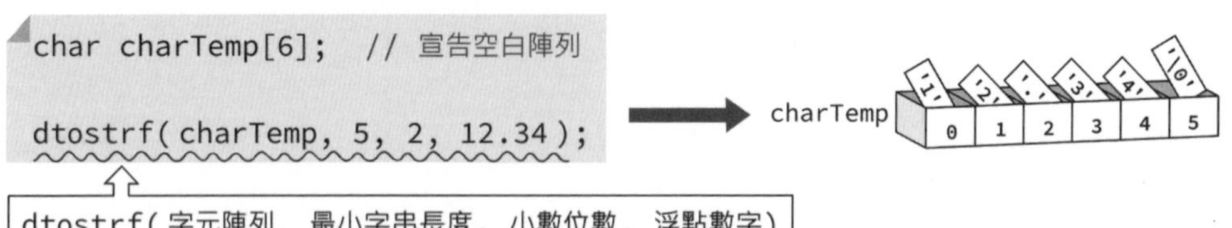

上傳程式到 NodeMCU 板，即可看到動態的 Wi-Fi 連線畫面和溫濕度顯示。使用 Arduino 程式開發 ESP8266 控制板的說明到此告一段落。

13-4 使用 JavaScript 程式開發 ESP8266 程式

至少有兩種 JavaScript 語言開發環境可用於 ESP8266 模組：Espruino 和 Smart.js (https://www.cesanta.com/developer/smartjs)，不過，它們受關注度和成熟度都不及 ESP 模組的 Arduino 語言版本，畢竟在微控器領域，Arduino 生態體系比較龐大、完整。

相較於第七章介紹的 STM32 微控板，ESP8266 模組的優點是內建 Wi-Fi 網路功能，缺點是 IO 腳位比較少，而且在筆者撰寫本文時，ESP8266 版本的 Espruino 仍處於 Beta 測試階段，有些指令會發生預料之外的問題。例如，把 Espruino 程式寫入韌體的方式是在程式結尾加上 save()，筆者在 Espruino 1.83~1.85 版寫入本書最後一個 Wi-Fi 程式範例，始終無法順利運作，但如果刪除 save()，也就是僅上傳測試程式，不燒寫到韌體，就能正常運作。

因此，本單元只介紹使用 Espruino 程式開發 NodeMCU 1.0 板（4MB 快閃記憶體）控制板的要點。

下載並使用 nodemcu-flasher 工具程式燒錄 Espruino 韌體

Espruino 官方網站（espruino.com/Download）提供的韌體壓縮檔，包含用於 ESP8266 模組的版本，筆者下載的是 1.85 版，檔名為 espruino_1v85.zip。

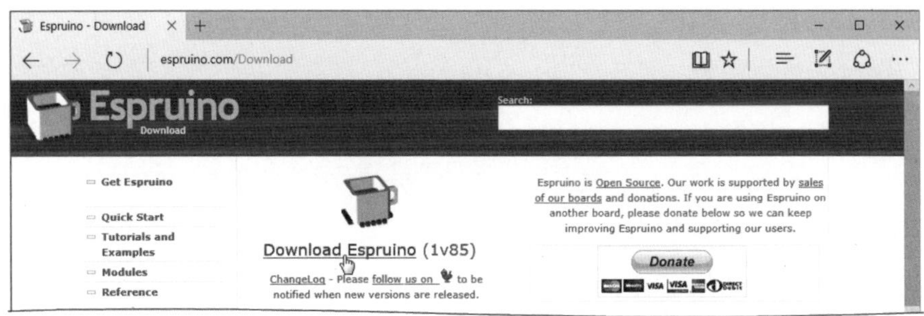

下載之後，雙按開啟 espruino_1v85.zip，取出其中的 espruino_1v85_esp8266.tgz 壓縮檔：

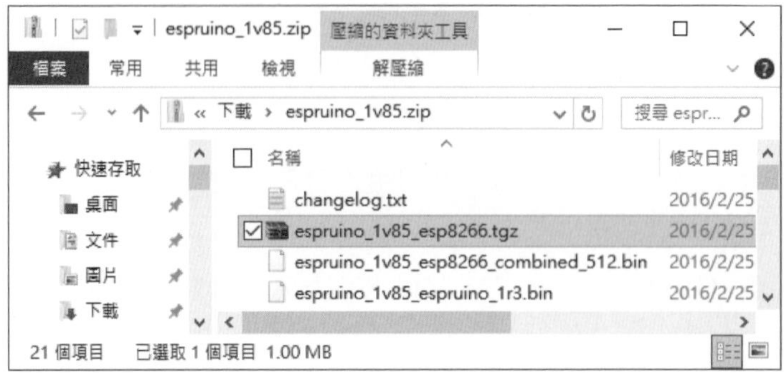

espruino_1v85_esp8266.tgz 裡面包含 .bin 格式的韌體檔，以及燒錄指令說明的 README_flash.txt 檔。韌體燒錄方式類似第七章介紹的「STM32 相容板」。燒錄指令說明文件使用 esptool.py 文字命令工具燒錄韌體，讀者可在 https://goo.gl/eXKbNc 網址下載。

我們也能使用其他燒錄工具，例如 NodeMCU 網站提供的 **nodemcu-flasher** 圖形操作介面工具（下載位址：https://github.com/nodemcu/nodemcu-flasher），這個軟體已經包含在書本光碟中（檔名是 ESP8266Flasher.exe）。

請先把 espruino 韌體壓縮檔裡的全部 .bin 檔，解壓縮出來（筆者將它們存放在 C 磁碟的 esptool 路徑，你可以把它們存在任何路徑）：

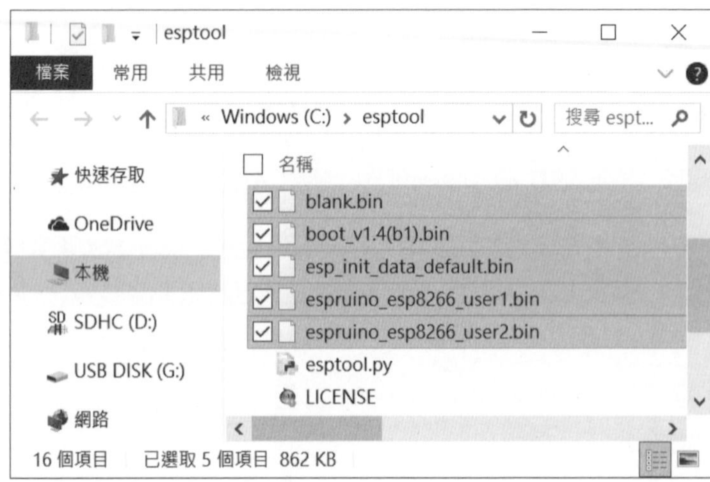

請把 NodeMCU 1.0 板接上電腦 USB 並確認它所在的 COM 埠編號（筆者的控制板接在 COM5）。接著執行 ESP8266Flasher.exe 燒錄工具程式，它的操作畫面如右：

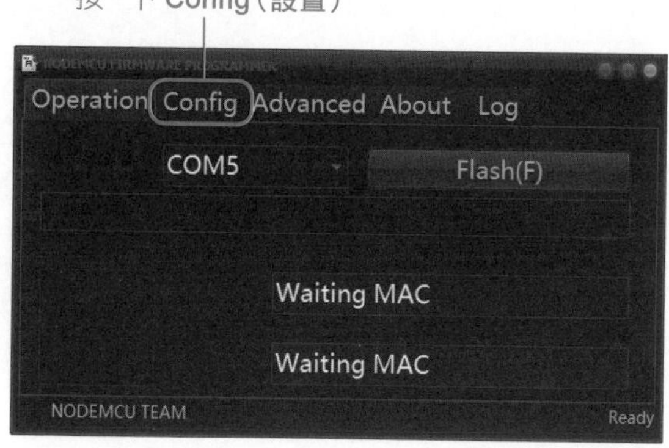

按下 **Config（設置）**，切換到**設置**窗格，請依照右圖說明，設定三個 .bin 檔的路徑和燒錄位址：

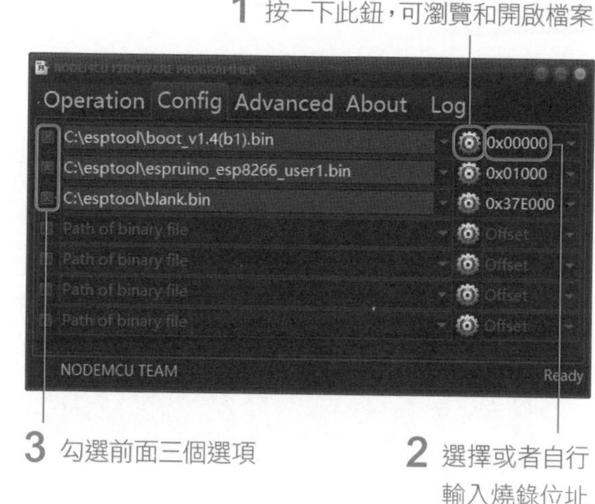

韌體檔案設置完畢後，切換到 **Advanced（進階）**畫面，可設定燒錄檔的上傳速率、快閃記憶體的大小（此控制板為 4MByte）、速度（頻率）和 SPI 介面模式：

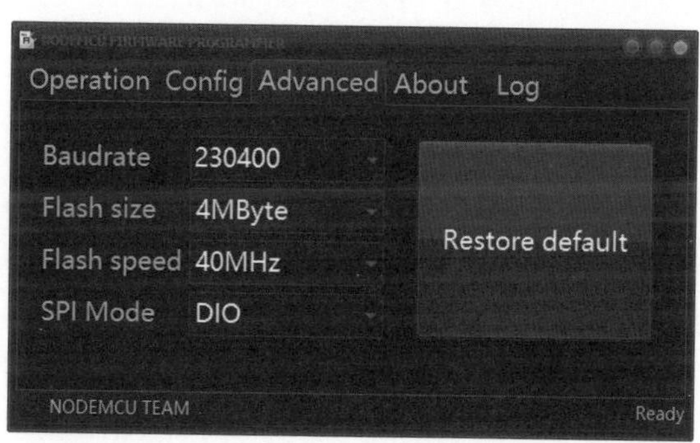

你可以用上圖的預設值，或改成 Espruino 燒錄說明文件的設定值（參閱下文說明）：

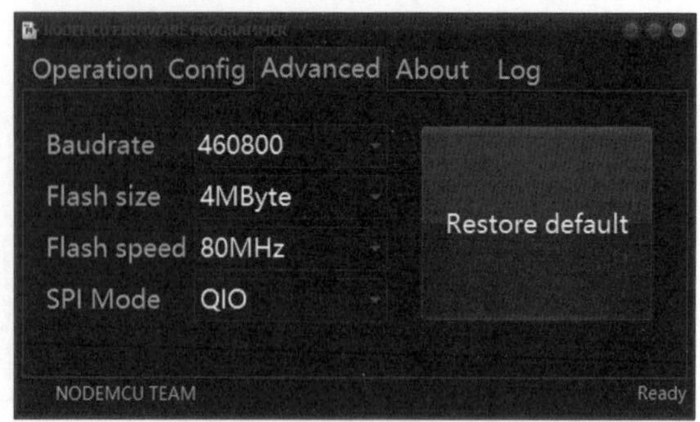

最後，回到 **Operation（操作）** 畫面，確認 NodeMCU 1.0 板所在的 COM 埠編號，再按下 **Flash** 鈕，旋即開始燒錄。

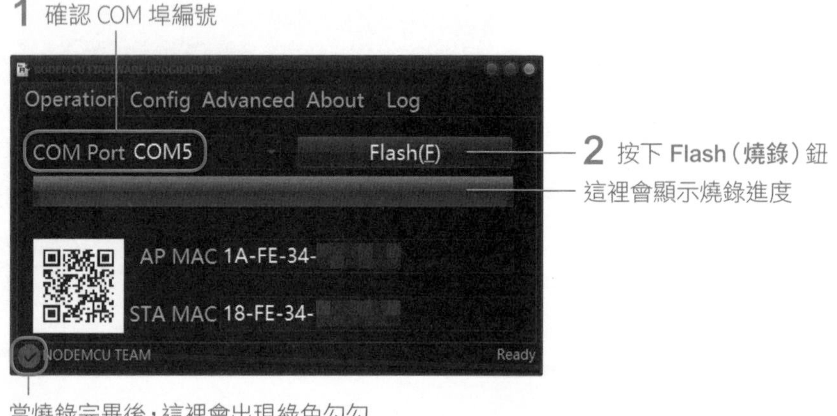

Espruino 韌體的燒錄位址設定，紀錄在壓縮檔裡的 README_flash.txt 文件當中，底下是採用 esptool.py 程式燒錄韌體的命令（請寫成一行）：

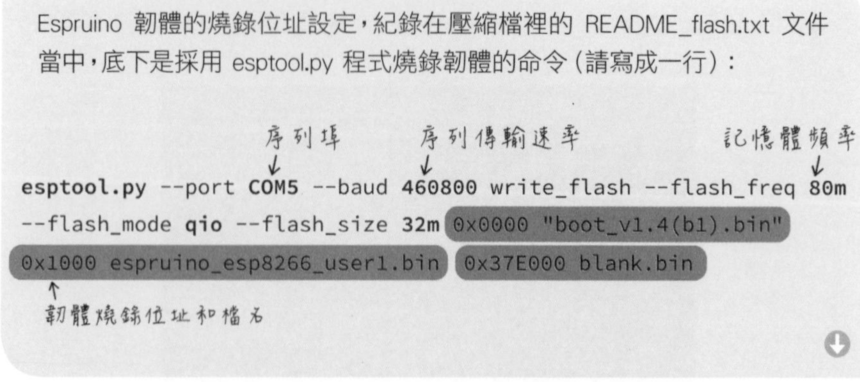


```
esptool.py --port COM5 --baud 460800 write_flash --flash_freq 80m
--flash_mode qio --flash_size 32m 0x0000 "boot_v1.4(b1).bin"
0x1000 espruino_esp8266_user1.bin 0x37E000 blank.bin
```

燒錄指令裡的 "flash_size"(快閃記憶體大小)參數值單位是 bit(位元),所以 4MByte 容量要寫成 "32m"。附帶一提,執行此命令的燒錄畫面如下:

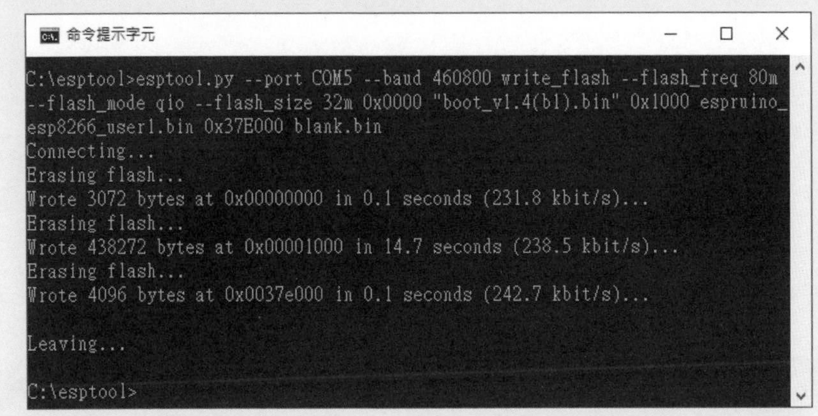

```
命令提示字元
C:\esptool>esptool.py --port COM5 --baud 460800 write_flash --flash_freq 80m
--flash_mode qio --flash_size 32m 0x0000 "boot_v1.4(b1).bin" 0x1000 espruino_
esp8266_user1.bin 0x37E000 blank.bin
Connecting...
Erasing flash...
Wrote 3072 bytes at 0x00000000 in 0.1 seconds (231.8 kbit/s)...
Erasing flash...
Wrote 438272 bytes at 0x00001000 in 14.7 seconds (238.5 kbit/s)...
Erasing flash...
Wrote 4096 bytes at 0x0037e000 in 0.1 seconds (242.7 kbit/s)...

Leaving...

C:\esptool>
```

連接 NodeMCU 與 Espruino Web IDE

韌體燒錄完畢後,開啟 Espruino Web IDE,把通訊連線速率改成 115200:

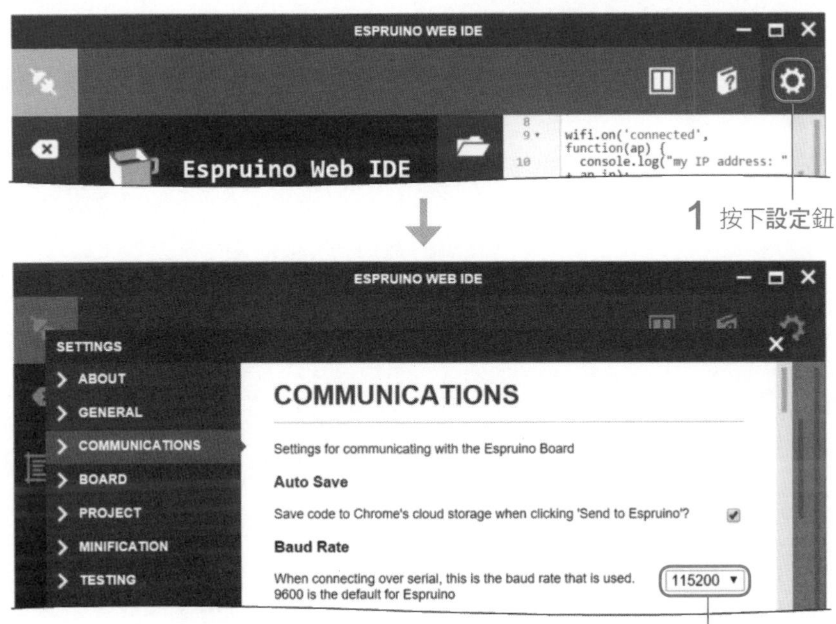

關閉設定視窗之後，按下左上角的**連線**鈕，再選擇 NodeMCU 板所在的序列埠：

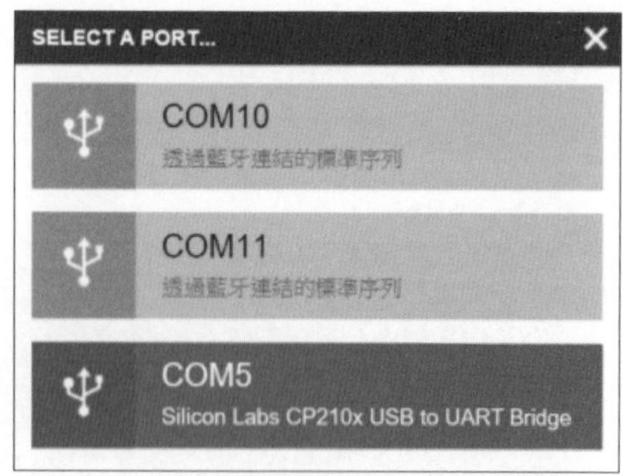

連接成功後，即可在控制台看到 Espruino 的標誌和版權資訊：

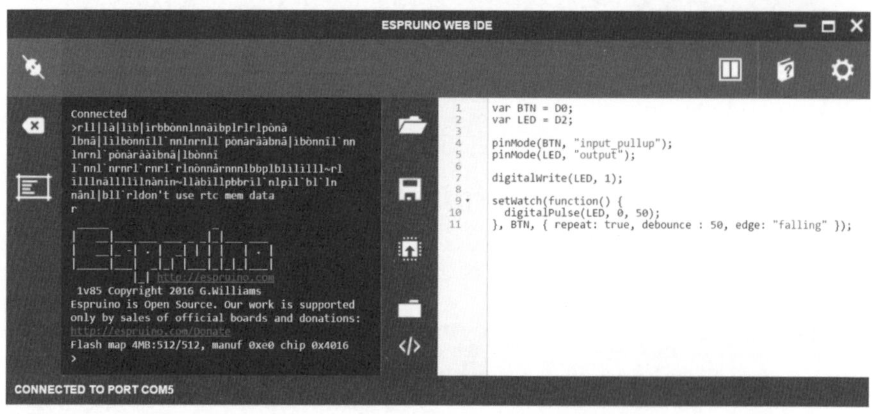

在程式編輯窗格輸入底下的程式碼測試：

```
var BTN = D0;    // 定義按鍵腳
var LED = D2;    // 定義 LED 腳

pinMode(BTN, "input");       // 按鍵腳設置成「輸入」
pinMode(LED, "output");      // LED 腳設置成「輸出」

digitalWrite(LED, 1);        // 關閉 LED 燈

setWatch(function() {        // 檢測按鍵
  digitalPulse(LED, 0, 50);  // 閃爍一下 LED
}, BTN, { repeat:true, edge:"falling", debounce :30 });
```

程式上傳 NodeMCU 板之後，每次按下控制板的 "Flash" 鈕，LED 就會閃一下。

執行 Espruino 的 NodeMCU 控制板接腳說明

底下是 ESP-12E 和 NodeMCU 控制板的接腳定義，切記！**所有 IO 腳都只允許 3.3V！**

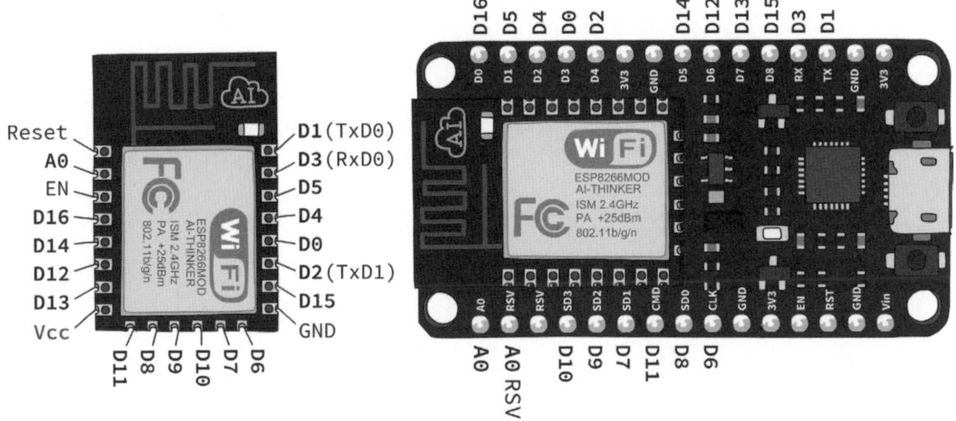

雖然 Espruino 列舉了 D0~D16，共 17 個 GPIO 腳，但是**目前的韌體無法使用 D16 以及 D6~D11**（Espruino 官方技術文件的說明是，D6~D11 腳用於連接 ESP 模組內部的快閃記憶體）；D1 和 D3 序列埠接腳，用來和 IDE 的控制台通訊，因此也盡量不要使用 D1 和 D3。

GPIO 腳可透過 pinMode() 設定成下列模式之一：

- 'input'：數位輸入
- 'output'：（普通的）數位輸出
- 'input_pullup'：數位輸入，啟用上拉電阻（約 20KΩ ～ 50KΩ）
- 'opendrain'：開汲極數位輸出

例如，底下的敘述將把 D5 腳設定成「輸出」模式：

```
pinMode(D5, "output");
```

可用的 GPIO 腳都能輸出 PWM，底下的敘述將在 D5 腳輸出 50% 功率：

```
analogWrite(D5, 0.5);
```

從 A0 腳位讀取類比訊號時，請用 "0" 指定腳位，因為 "A0" 這個名字未定義：

```
analogRead(0);    // 讀取 A0 腳位，傳回 0~1 範圍的類比值
```

可用的 GPIO 腳都能設置成 I^2C 介面，僅支援主控端 (Master) 模式。被指定成 I^2C 的腳位，將自動變成「開汲極」，所以這些腳位要加入上拉電阻；由於 **ESP-12 模組的 GPIO15 在開機時必須接低電位**，而且 NodeMCU 的 GPIO15 腳有加入**下拉電阻**，所以 D15 不適合連接 I^2C 週邊。

可用的 GPIO 腳都能設置成 SPI 介面，**ESP 模組硬體預設的 SPI 接腳為 D12 (MISO)、D13 (MOSI)、D14 (時脈) 和 D15 (晶片選擇)**。

Espruino 韌體預設將 esp8266 時脈設置成 160Mhz，以便提昇執行效能，若要改成 80Mhz (理論上，以低時脈運作可降低 ESP 模組功耗，但未經實測證明)，請在程式開頭加上這一行敘述：

```
require("ESP8266").setCPUFreq(80);
```

13-5 使用 Espruino 的 Wifi 程式庫

Espruino 官方的 Wifi 程式庫目前僅支援 ESP8266 模組，透過它的 connect() 方法，即可用 STA (網路終端) 模式連接網路基地台 (AP)。連結網路 AP 的語法如下：

首字母大寫

wifi物件.connect("SSID", 選項物件, 回呼函式);

```
var wifi = require("Wifi");

wifi.connect("網路SSID", {password:"網路密碼"},
  function (err) {
    if (err === null) {
      ⋮ // 執行連線成功後的敘述
    } else {
      console.log("Connect ERROR: " + err );
    }
  }
);
```

若無須密碼，則省略此參數。

若err值非null，代表連線錯誤。

顯示連線錯誤訊息

connect() 方法的「選項物件」主要用於設定 Wi-Fi 網路密碼，將來會加入靜態 IP、閘道器和網路遮罩等參數設定，目前僅支援 DHCP 動態 IP。若「回呼函式」的 err 參數值**不是 null**，代表連線產生錯誤（如：密碼輸入錯誤）。

底下的程式片段將在連接 Wi-Fi 網路之後，透過 **Wifi 物件的 getIP() 方法**，取得 IP、閘道器、網路遮罩和 MAC 位址。

```
var wifi = require("Wifi");
var ssid = "你的網路SSID";
var pass = "你的網路密碼";
var netInfo;    // 儲存網路資訊

wifi.connect( ssid, {password:pass},
  function (err) {
    if (err === null) {
      netInfo = wifi.getIP();
      console.log( "Net info: ", netInfo );
      console.log( "IP: " + netInfo.ip );
    } else {
      console.log( "Connect ERROR: " + err );
    }
  }
);
```

取得IP、閘道等資訊

此處請用逗號

以上讀取網路資訊的 console.log() 方法，使用逗號分開字串和物件，避免 netInfo 變數值被強置轉換成字串。執行上面的程式，將在控制台顯示：

```
Net info:{
 "ip" :"192.168.7.155",
 "netmask" :"255.255.255.0",
 "gw" :"192.168.7.1",
 "mac" :"18:fe:34:○○:○○:○○"
 }
IP:192.168.7.155
```

若是用 "+" 號連接 netInfo 物件，也就是寫成：console.log("Net info:" + netInfo)，控制台將顯示：

代表此資料為「物件」類型　　代表物件資料

```
Net info: [object Object]
IP: 192.168.7.155
```

如果網路密碼錯誤，控制台將顯示：

```
Connect ERROR:bad password
```

建立 HTTP 服務

http 程式庫提供建立 HTTP 伺服器以及回應用戶請求的功能。以提供一個網頁服務為例，請先在程式開頭加入上一節的 Wi-Fi 連線程式，然後修改 connect() 方法裡的回呼函式，讓它在建立 Wi-Fi 之後，透過 HTTP 程式庫的 createServer() 方法，在 80 埠提供 HTTP 網站服務：

```
var wifi = require("Wifi");
  :
var http = require( "http" );

wifi.connect( ssid, {password:pass},
  function (err) {
    if (err === null) {
        :
      http.createServer( onHttpReq ).listen( 80 );
    } else {
      console.log( "Connect ERROR: " + err );
    }
  });
```

處理連線請求的自訂函式（onHttpReq）；埠號（80）

筆者把處理用戶連線請求的自訂函式命名為 onHttpReq，完整的程式如下：

```
function onHttpReq( req, res ) {
  res.writeHead( 200, {'Content-Type': 'text/html'} );
  res.write( "<h1>Hello, Espruino!</h1>" );
  res.end( );
}
```

接收請求的物件（req）；回應物件（res）；設置回應訊息的標頭（res.writeHead）；回應的HTML內容（res.write）；中斷與用戶的連線（res.end）

每當用戶透過瀏覽器連結到此控制板，將能看到 "Hello, Espruino!" 文字頁面。

解析 URL 參數

本單元將使用 Espruino 程式建立 HTTP 服務，讓用戶透過瀏覽器點亮或關閉 NodeMCU 控制板上的 LED。

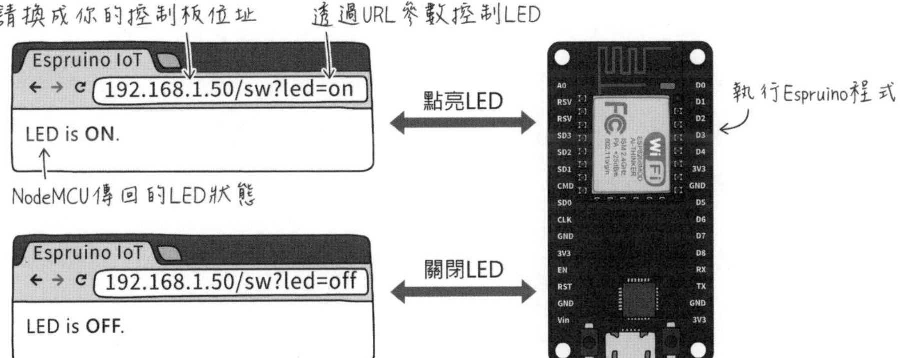

Espruino 內建一個 url 類別，它只有一個 **parse() 方法，用於解析 GET 請求傳入的查詢字串**，其語法和範例如下（假設連線請求的 URL 位址是 "/sw?led=on&pwm=128"）：

網址字串　是否解析成物件

```
url.parse("/sw?led=on&pwm=128", true);
```

```
{ "method":"GET","host":"","path":"/sw?led=on&pwm=128",
"pathname":"/sw","search":"?led=on&pwm=128","port":80,
"query":{"led":"on","pwm":"128"} }
```

路徑名稱

查詢字串內容

parse() 方法會把查詢字串解析成物件（若把 true 參數值改成 false，則維持字串格式），其中的兩個重點屬性是 "pathname"（路徑名稱）和 "query"（查詢字串）。

延續上個單元的程式碼，請在程式開頭新增兩個設定 HTML 內容的變數，以及一個定義 LED 腳位的變數：

```
var htmlHead = '<!doctype html><html><head><meta charset= "utf-8">' +
  '<meta name= "viewport" content= "width=device-width,
  initial-scale=1">' +
  '<title>Espruino IoT</title></head><body>';

var htmlFoot = '</body></html>';
var LED = D2;
```

因為回應用戶端的網頁中，只有中間的內文不同，所以筆者把 HTML 原始碼前、後兩個不變的部份，分別存入 htmlHead（代表「頁首」）和 htmlFood（頁腳）變數。附帶一提，由於 **Espruino 目前不支援 Unicode 編碼，若在 HTML 裡面輸入中文，將會變成亂碼**。

接著改寫處理用戶端請求的 onHttpReq() 自訂函式，加入處理 "/sw" 路徑和解析查詢字串的程式：

```
function onHttpReq( req, res ) {
  var q = url.parse(req.url, true);

  res.writeHead(200, {'Content-Type': 'text/html'});
  res.write(htmlHead);    // 輸出網頁的前半部
  if (q.pathname == "/sw") {      // 如果路徑名稱為'/sw'...

    if (q.query.led == 'on') {  // 如果led參數為'on'...
      digitalWrite(LED, 0);       // 點亮LED
      res.write("<p>LED is <b>ON</b>.</p>");
    } else {
      digitalWrite(LED, 1);       // 關閉LED
      res.write("<p>LED is <b>OFF</b>.</p>");
    }
  } else {
    res.write(htmlHead);
    res.write("<h1>Espruino IoT Home.</h1>");
  }
  res.end(htmlFoot);      // 輸出網頁的後半部並中斷連線
}
```

req的url屬性，紀錄了連線網址。

處理"/sw"路徑的請求

非"/sw"路徑的請求，一律顯示這個內容。

上傳程式碼之後，即可開啟瀏覽器連線測試。

13-6 觸發執行 IFTTT 網路程式

本節將使用 Espruino 改寫第十二章「讓 NodeMCU 扮演網路前端上傳資料（IFTTT）」一節的程式。首先引用必要的程式庫並設定一些變數：

```
var wifi = require("Wifi");
var http = require("http");
var ssid = "你的網路 SSID";
var pass = "你的網路密碼";
var IFTTTKEY = "你的[IFTTT]鍵碼";
var BTN = D0;    // 定義按鍵的接腳
```

建立 Wi-Fi 連線的程式碼如下。這個程式只扮演前端，沒有接受其他用戶端連線，所以我們不需要知道它的 IP 位址：

```
wifi.connect(ssid, { "password" :pass},
  function(err){
    if (err === null) {
      console.log("Connected!");    // 連線成功！
    } else {
      console.log("Connect ERROR:" + err);
    }
});
```

http 程式庫具有發出連線請求的 request() 方法，所以我們要在程式開頭引用它。發出請求之後，若收到遠端伺服器的回應，request() 方法的回呼函式將被觸發，程式再依據不同的回應類型（收到資料或者中斷連線）做出處置：

```
var http = require("http");

http.request( 選項物件, function (res) {      ← 接收網站伺服器的回應
    res.on( 'data', 回呼函式 ); ←—— 每當收到資料，即觸發此回呼函式。
    res.on( 'close', 回呼函式 );
}                    ↖—— 每當伺服器關閉連線，即觸發此回呼函式。
```

request() 方法的「選項物件」參數的格式如下：

```
var opts = {
  host:'欲連線的主機名稱',
  port:'埠號',
  path:'連線路徑',
    method:'GET 或 POST 等方法', // 送至伺服器的 HTTP 命令，必須全部大寫
    headers:{ 選擇性的 HTTP 檔頭物件 }
};
```

假設要發起一個連接到 IFTTT 網站的 GET 請求(亦即，對 maker.ifttt.com 主機，請求 "/trigger/button_pressed/with/key/鍵碼" 路徑的連線)，程式寫法如下：

```
// 定義連線請求的「選項物件」
var opts = {
  host:'maker.ifttt.com',  // 連線主機名稱
  port:'80',
  path:'/trigger/button_pressed/with/key/' + IFTTTKEY,
  method:'GET'              // 使用 GET 方法
};

// 發出連線請求
http.request(opts, function(res) {
  var d = "";           // 接收網站伺服器傳回內容的變數
  res.on('data', function(data) {
    d += data;          // 把收到的字串連結在一起
  });
  res.on('close', function() {
    // 在控制台顯示收到的內容
    console.log("msg:" + d);
  });
});
```

若執行上面的程式片段，控制台將顯示 IFTTT 網站的回應："Congratulations! You've fired the button_pressed event"。

筆者把上面的程式包裝在名叫 "sendEvent" 的自訂函式裡面，並且改用 POST 方法傳送 JSON 格式的資料。這個自訂函式將接收兩個參數，分別是觸發 IFTTT 的事件名稱(如："button_pressed")以及資料物件(如：溫、濕度)：

```
function sendEvent(event, data) {
  var str = JSON.stringify(data);  ← 把物件資料透過這個敘述轉成字串，才能透過HTTP協定送出。
  var opts = {
    host:'maker.ifttt.com',
    port:'80',
    path:"/trigger/"+event+"/with/key/"+IFTTTKEY,
    method:'POST',  ← 用POST方法傳送
    headers: {
      "Content-Type":"application/json",   ← 傳遞的內容類型為JSON
      "Content-Length":str.length }
  };  內容長度↑          ↑資料(字串)的長度

  http.request(opts, function(res) {
     ⋮  // 程式不變
  }).end(str);
}       ↑發出請求時，傳出資料。
```

對遠端伺服器傳送 POST 訊息時，通常都需要在 HTTP 訊息中加入 "Content-Length"（內容長度）資訊，告訴 HTTP 伺服器上傳的資料量。傳送的資料是在發出 request() 請求之後，透過 end() 方法夾帶過去。

最後加入偵測按鍵的程式，當用戶按下控制板上的 "Flash" 按鍵，它就會觸發 IFTTT 的連線請求：

```
setWatch(function(){                           準備送至IFTTT網站的資料
  console.log("fire event!");                       ↓
  var temp = {"value1":"23", "value2":"56"};
  sendEvent("button_pressed", temp);  // 執行自訂函式
}, BTN, {repeat:true, edge:'falling', debounce:30});
   ↑當按鍵被按下時，觸發此程式。
```

關於 ESP8266 模組的程式開發說明，到此結束。